Oldenbourg

Oldenbourg Lehrbücher für Ingenieure

Herausgegeben von
Prof. Dr.-Ing. Helmut Geupel

Das Gesamtwerk

Assmann, Technische Mechanik

umfaßt folgende Bände:

Band 1: Statik
Band 2: Festigkeitslehre
Band 3: Kinematik und Kinetik
Aufgaben zur Festigkeitslehre
Aufgaben zur Kinematik und Kinetik

Technische Mechanik

Lehr- und Übungsbuch

Band 1 · Statik

von
Bruno Assmann
Fachhochschule Frankfurt/Main

15., verbesserte Auflage

Mit 572 Abbildungen, 75 Beispielen, 6 Tabellen
und 385 Aufgaben mit Lösungen

Oldenbourg Verlag München Wien

Die Deutsche Bibliothek - CIP-Einheitsaufnahme

Assmann, Bruno:
Technische Mechanik : Lehr- und Übungsbuch / von Bruno Assmann. – München ; Wien : Oldenbourg
Literaturangaben

Bd. 1. Statik : mit 75 Beispielen, 6 Tabellen und 385 Aufgaben mit Lösungen
[Hauptbd.]. – 15., verb. Aufl. - 1999
ISBN 3-486-25285-2

Rosenheimer Straße 145, D-81671 München
Telefon: (089) 45051-0, Internet: http://www.oldenbourg.de

Lektorat: Martin Reck
Herstellung: Rainer Hartl
Umschlagkonzeption: Kraxenberger Kommunikationshaus, München
Gedruckt auf säure- und chlorfreiem Papier
Druck: R. Oldenbourg Graphische Betriebe Druckerei GmbH

Inhalt

Vorwort

Dieses Buch ist als Lehrbuch konzipiert. Es richtet sich vornehmlich an Studenten von Fachhochschulen.

Ein Lehrbuch muß auf ein bestimmtes Lernziel ausgerichtet sein. Welches Lernziel habe ich mir gestellt? Vielleicht wird diese Frage klarer beantwortet, wenn ich mit der Negation beginne. Dieses Buch sieht seine Aufgabe nicht darin, Lösungsrezepte für verschiedene Aufgabentypen aus dem Bereich der Statik zu vermitteln.

Das Hauptanliegen dieses Buches ist es, ein Gefühl für die Wirkung von Kräften und Momenten an verschiedenen Gebilden bei unterschiedlichen Belastungen zu vermitteln. Ohne dieses Einfühlungsvermögen für die Wirkung von Belastungen ist z.B. ein guter Konstrukteur nicht denkbar. Jeder, der als Ingenieur gearbeitet hat, weiß, daß viele Probleme nicht durch eine exakte Berechnung lösbar sind. Hier findet der Ingenieur die günstigste Lösung, der sich in die Ursachen und Wirkungen am besten hineindenken kann. Im diskutierten Fall sind das Belastungen und die durch diese verursachten Wirkungen in verschiedenen Bauteilen. Dieses Gefühl für die angesprochenen physikalischen Vorgänge ist nicht ersetzbar. Es stellt den „human factor" im Lösungsprozeß dar, dem der Computer allenfalls als Hilfsmittel dient.

Wie habe ich versucht, dieses Lernziel zu erreichen? Nach einem Einführungskapitel sind im Kapitel 2 sechs Lehrsätze zusammengefaßt. Diese formulieren sehr einfache Tatbestände, die aus allgemeiner Erfahrung einsichtig sind. Die Lehrsätze stellen die Grundlage der gesamten Statik dar. Ich bin immer wieder von ihnen ausgegangen, bzw. habe diskutierte Fälle auf sie zurückgeführt. Der Benutzer dieses Buches bleibt aufgefordert, die erarbeiteten Lösungsverfahren nicht schematisch zu „lernen" sondern die Lösung von den Grundlagen her zu verstehen. Insofern hängt das Erreichen des Lernzieles weitgehend vom Studenten selbst ab.

Aus Erfahrung weiß ich, daß diejenigen Fragen am meisten zum Verständnis beitragen, die auftauchen, nachdem man alles verstanden zu haben glaubt. Diese Fragen stellen sich aber erst, nachdem der Stoff in den verschiedensten Anwendungen durchgearbeitet wurde. Das oben postulierte Lernziel ist demnach nur zu erreichen, wenn man viele Aufgaben löst. Diese sind hauptsächlich mit dem Ziel gestaltet worden, solche klärenden Fragen aufzuwerfen. Mir erscheint es besonders wichtig, daß man sich jedoch nicht mit der Lösung einer Aufgabe zufrieden gibt, sondern daran anschließend das Ergebnis analysiert. Erhält man z.B. in einem Stabverband für einen Stab in der Rechnung eine Druckbelastung, dann sollte man sich überlegen, wieso in dieser Anordnung von Stäben und Kräften der Stab gedrückt sein muß. Das nicht zu unterschätzende Nebenprodukt dieser Arbeit ist die Fähigkeit zu einer zusätzlichen Kontrolle der Rechnung.

Das eben beschriebene Grundkonzept des Buches hat sich bewährt. Das kann ich im Vorwort zur 13. Auflage schreiben.

Auch die Darstellung einer so klassischen Wissenschaft wie der Statik unterliegt im Laufe der Zeit einer Entwicklung und Änderung. In fast jeder Auflage wurde dem mehr oder weniger Rechnung getragen. Jedoch gibt es einen Punkt, an dem der Autor das Bedürfnis hat, umfassender zu „renovieren“. In diesem Zusammenhang ist der Neusatz, in dem dieses Buch erscheint, zu sehen.

Der ausgewogene Anteil der graphischen Verfahren stellt bei der Darstellung der gesamten Technischen Mechanik ein besonderes Problem dar. Die Entwicklung in den letzten Jahren ging eindeutig zu den analytischen Verfahren. Das liegt in der zunehmenden Verbreitung des Computers begründet. Deshalb stellt sich durchaus die Frage, wozu graphische Verfahren überhaupt nötig sind.

In einem Lehrbuch spielen didaktische Gründe naturgemäß eine besondere Rolle. Zusammenhänge kann man sich an Zeichnungen (Kräfte-, Lageplan) wesentlich besser klar machen als an Gleichungen. Diese sind letztlich nicht anschauliche Abstraktionen. Dies gilt hier im besonderen Maße, da Ingenieurstudenten wohl weit überwiegend optisch geprägt sind. Der Lösungsweg kann oft durch Kombination von Zeichnung und Rechnung besonders anschaulich und kurz gehalten werden. Graphische Verfahren stellen eine unabhängige Kontrolle der Rechnung dar. Selbst wenn alle Kontrollgleichungen erfüllt sind, kann bei sehr ungünstiger Verkettung von Fehlern die Lösung falsch sein. Jeder Ingenieur, der Werte verantworten muß, an denen letztlich Leib und Leben hängen können, weiß, wie wertvoll eine völlig unabhängige Kontrolle ist.

Trotz dieser Gesichtspunkte habe ich im m.E. vertretbaren Maße in dieser Auflage den Schwerpunkt weiter zu den analytischen Lösungen verschoben. Das Kapitel 8 (Seil) wurde herausgenommen nachdem wichtiges an andere Stellen verlagert wurde. Das Seileck – hier teilweise gekürzt –, hat über die Statik hinausgehende Bedeutung. Es stellt eine zweifache graphische Integration dar. Diese wird besonders günstig bei der Bestimmung der Biegelinie einer mehrfach abgesetzten Welle nach MOHR angewendet. Ich habe im Band 2 diesen Lösungsweg mit dem FÖPPLschen Formalismus zu einem analytischen Verfahren umgesetzt, das dieses wichtige Problem gut programmierbar löst. Die CULMANNsche Konstruktion scheint mir wegen ihrer Einfachheit unstrittig zu sein. Der CREMONA-Plan ist in diesem Zusammenhang sicher ein Grenzfall. Ich habe ihn u.a. als Beispiel für eine sehr gute ingenieurmäßige Rationalisierung einer Lösungsmethode beibehalten.

Auch bei der Bearbeitung dieser Auflage konnte ich mich nicht entschließen, die Schnittreaktionen im Balken aufzunehmen. Nach meiner Meinung befaßt sich die Statik mit den Kräften *am* Körper, die Festigkeitslehre mit denen *im* Körper. Das ist jedoch nicht der ausschlaggebende Grund. Die Begriffe Biegemoment und Querkraft sind durchaus schwierig. Sie sind m.E. nur dann wirklich zu verstehen, wenn man sich vorher mit Vorgängen im Bauteil (Spannung, Dehnung) befaßt hat und darüberhinaus sie auch unmittelbar anwendet. Beides ist in der Statik nicht gegeben, wohl aber in der Festigkeitslehre (Band 2), wo ich die Schnittreaktionen im Kapitel „Biegung“ darstelle.

Nach einigen Verbesserungen kann wieder eine Neuauflage herausgegeben werden. Ich danke dem Verlag für eine nun seit vielen Jahren andauernde sehr gute Zusammenarbeit.

Frankfurt am Main im Mai 1999 Bruno Assmann

Verwendete Bezeichnungen
(Auswahl)

F, $\mathbf{F}$	Kraft allgemein
S	Seilkraft; Stabkraft
A	Fläche
Cu	Culmannsche Gerade
$a, b, h, l \ldots$	Längen allgemein
d	Durchmesser
f	Arm der rollenden Reibung
g	Fallbeschleunigung
M	Moment
m	Masse
q	Streckenlast
r	Radius
V	Volumen
$\alpha, \beta, \gamma, \delta$	Winkel allgemein
ϱ	Reibungswinkel; Dichte
μ	Reibungszahl

Indizes

x, y, z	Richtungssinn nach vorgegebenem Koordinatensystem
A, B, C …	bezogen auf so bezeichnete Punkte
G	Gewichtskraft
a	axial
o	Ruhezustand (Haftreibung)
n	Normalrichtung
R	Reibung
res	resultierend
t	Tangentialrichtung
u	Umfangsrichtung
z	Zapfen

Hinweis:

Falls nichts gegenteiliges in den Beispielen und Aufgaben formuliert ist, gilt:

1. **Die Eigengewichte von Trägern, Wellen, Stützen, Seilen u.s.w. werden nicht berücksichtigt.**
2. **Lager und Gelenke sind reibungsfrei.**

Zur Schreibweise von Vektoren

Nach DIN 1303/1338 werden Vektoren durch halbfette kursive Typen gekennzeichnet, z.B. Kraftvektor $\boldsymbol{F}$, während physikalische Größen kursiv gedruckt werden, z.B. F. Bei der bildlichen Darstellung eines Vektors durch einen Pfeil gibt es zwei Möglichkeiten der Bezeichnung, erstens mit $\boldsymbol{F}$, zweitens mit F. Im ersten Fall enthalten sowohl Pfeil als auch die Bezeichnung $\boldsymbol{F}$ die vollständige Charakterisierung als Vektor. Im zweiten Fall gibt der gezeichnete Pfeil die Vektoreigenschaft an, die Bezeichnung F stellt die skalare Größe der Kraft in Richtung des Pfeils dar. Im vorliegenden Buch wird vorweigend nach der zweiten Methode verfahren.

In einem Lehrbuch ist es notwendig, wichtige Gleichungen (hier numeriert) und Ergebnisse von Beispielen hervorzuheben. Das geschieht normalerweise durch Verwendung halbfetter Drucktypen. Der sich daraus ergebende Widerspruch ist nicht befriedigend zu lösen. Die Erfahrung zeigt, daß der Leser damit keine Schwierigkeiten hat.

1. Einführung

1.1 Was ist Mechanik?

1.1.1 Begriffsbestimmung

Die Mechanik ist die Lehre von der Wirkung von Kräften auf Körper. Sie ist ein Teilgebiet der Physik. Die Technische Mechanik wendet die physikalischen Erkenntnisse auf Gegenstände und Vorgänge der Technik an. Man kann das Gebiet nach der Beschaffenheit der betrachteten Körper (starr, elastisch, flüssig, gasförmig) und nach ihrem Zustand (Ruhe, beschleunigte Bewegung) einteilen. Im nachfolgenden Schema sind die einzelnen Zweige der Technischen Mechanik aufgeführt.

Technische Mechanik

Körper	Statik	Kinetik	
starr	Statik starrer Körper	Kinetik fester Körper	
elastisch	Festigkeitslehre	Kinetik fester Körper	
flüssig	Hydrostatik	Hydrodynamik	Strömungslehre
gasförmig	Aerostatik	Gasdynamik	Strömungslehre

Dieses Buch befaßt sich mit der Statik starrer Körper. Da eine Verwechslung mit der Festigkeitslehre, der Hydro- und Aerostatik nicht möglich ist, spricht man einfach von Statik. In diesem Sinne *ist die Statik die Lehre von der Wirkung von Kräften auf starre Körper im Gleichgewicht.*

Die in dieser Definition gebrachten Begriffe werden nachfolgend erläutert.

1.1.2 Die Kraft

Zunächst wird nach der Wirkung einer Kraft gefragt. Eine Kraft kann eine ruhende Masse in Bewegung setzen. Sie kann einen Körper, der bereits in Bewegung ist, aus seiner Bahn ablenken und ihn dabei beschleunigen oder verzögern. Eine Kraft ist demnach in der Lage, den Bewegungszustand eines Körpers zu ändern.

Kräfte vermögen auch Deformationen an Körpern zu verursachen. Ein belasteter Träger biegt sich durch, eine gezogene Feder wird länger.

Zusammenfassend kann man sagen, *eine Kraft ist die Ursache von Bewegungs- und/oder Formänderungen.*

Kräfte werden auf einen Körper durch materielle Berührung übertragen. Das geschieht z.B. durch Aufsetzen einer Last auf einen Träger. Jedoch können Kräfte auch ohne materielle Verbindung zwischen zwei Körpern wirken. Das ist z.B. der Fall bei Gravitations- und magnetischen Kräften.

Die Größe einer Kraft wird als Vielfaches einer Einheit angegeben. Im SI-System ist diese Einheit das *Newton* (siehe Abschnitt 1.2). Die Angabe der Größe ist für die Beschreibung der Wirkung einer Kraft nicht ausreichend. Es kommt auch auf die Angriffsrichtung an. Diese wird durch die Lage der *Wirkungslinie* und den *Richtungssinn* entlang dieser Linie festgelegt.

Für die Beschreibung der Wirkung einer Kraft ist die Angabe von drei Daten notwendig:

1. Größe,
2. Lage der Wirkungslinie,
3. Richtung entlang dieser Linie.

Eine physikalische Größe, die eindeutig nur durch diese drei Angaben festgelegt ist, nennt man einen *Vektor*. Zeichnerisch dargestellt wird ein Vektor durch einen in der Wirkungslinie liegenden Pfeil. Die Pfeilrichtung gibt den Wirkungssinn, die Pfeillänge die Größe der Kraft an.

Eine vektorielle Größe wird im Druck halbfett dargestellt, z.B. Kraftvektor $\boldsymbol{F}$. Man kann auf diese besondere Kennzeichnung verzichten, wenn die Vektoreigenschaft offensichtlich ist. Als Beispiel seien genannt die Bezeichnung eines Kraftpfeils (Abb. 1-1) oder ein Text, der sich auf

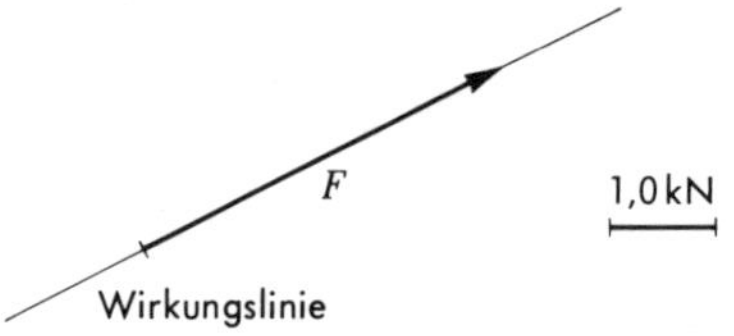

Abb. 1-1: Kraftvektor

einen Kraftpfeil in einer Abbildung bezieht. Ohnehin eindeutige Verhältnisse liegen bei indizierten Kraftkomponenten vor. Die x-Komponente einer Kraft $\boldsymbol{F}$ wird mit F_x bezeichnet. Hier ist die Wirkungsrichtung durch den Index x angezeigt. In diesem Buch wird vorwiegend wie oben diskutiert, verfahren (siehe auch Hinweis auf S. 12).

1.1.3 Das Gleichgewicht

Ein Körper ist im Gleichgewicht, wenn er in Ruhe ist. Es sollte aber dabei bedacht werden, daß Ruhe ein Sonderfall der geradlinigen Bewegung mit konstanter Geschwindigkeit ist. Ausführlicher wird der Gleichgewichtszustand in den Kapiteln 2 und 6 erläutert.

1.1.4 Der starre Körper

Jeder feste Körper wird durch angreifende Kräfte deformiert. Ein Körper wird als *starr* angesehen, wenn die Deformationen (z.B. Längenänderungen) verglichen mit den Abmessungen des Körpers vernachlässigbar klein sind.

Mit den relativ sehr kleinen Deformationen dieser hier als starr angenommenen Körper befaßt sich die Festigkeitslehre.

1.2 Das internationale Einheitensystem

Das Ergebnis einer technischen Berechnung besteht aus einer *Maßzahl* und einer *Einheit.* Als Beispiel sei $F = 50$ N betrachtet. Eigentlich müßte $F = 50 \cdot 1$ N geschrieben werden. Dabei sind 50 die Maßzahl und 1 N die Einheit.

Für die Mechanik starrer Körper müssen drei *Basiseinheiten* definiert werden. Im SI-System sind das

Meter für die Länge,
Kilogramm für die Masse,
Sekunde für die Zeit.

Aus diesen werden andere Einheiten abgeleitet, z.B. für die Geschwindigkeit m/s, die Beschleunigung m/s^2 usw.

Das Meter

Das Meter war ursprünglich als der Abstand von zwei Strichen auf dem bei Paris aufbewahrten Urmeter definiert. Die Formbeständigkeit dieses Metallstabs entspricht nicht mehr den Anforderungen an die Rekonstruierbarkeit. Deshalb hat man, nachdem zunächst die Wellenlänge eines bestimmten Lichts zur Definition benutzt wurde, die Basiseinheit der Länge auf die Basiseinheit der Zeit bezogen. Dazu benutzt man die Universalkonstante Lichtgeschwindigkeit. Das Meter ist jetzt definiert als die Länge, die das Licht in einer bestimmten Zeit zurücklegt. Diese Festlegung ist erst nach der Entwicklung von extrem genauen Atomuhren möglich geworden.

Das Kilogramm

Der Prototyp der Masseneinheit 1 kg wird bei Paris in Form eines Platin-Iridium-Zylinders aufbewahrt. Diese Masse entspricht sehr genau der von 1000 cm^3 Wasser bei 4°C.

Die Sekunde

Die Sekunde ist die Zeiteinheit. Sie entspricht sehr genau dem 86400sten

Teil eines mittleren Sonnentages. Sie ist definiert als ein Vielfaches der Periode einer bestimmten atomaren Strahlung.

Die für die Statik besonders wichtige Größe Kraft wird nach dem NEWTONschen Gesetz*) abgeleitet. *Als Einheit wird diejenige Kraft definiert, die einer Masse von 1 kg die Beschleunigung von 1 m/s² erteilt.* Diese Krafteinheit wird „Newton" (N) bezeichnet.

Kraft = Masse · Beschleunigung.

$$1\,\mathrm{N} = 1\,\mathrm{kg} \cdot 1\,\frac{\mathrm{m}}{\mathrm{s}^2}$$

$$\mathbf{1\,N = 1\,\frac{kgm}{s^2}}$$

Folgende, auf dem Dezimalsystem basierenden Einheiten sind noch üblich

1 kN = 1000 N
1 MN = 10^6 N

Eine ruhende Masse übt auf ihre Unterlage die *Gewichtskraft* aus. Es gilt

Gewichtskraft = Masse · Erdbeschleunigung

$$\boldsymbol{F_G = m \cdot g.} \qquad \textbf{Gl. 1-1}$$

Die Erdbeschleunigung ist wegen der nicht homogenen Beschaffenheit und der Abplattung der Erde nicht konstant. Der Wert $g = 9{,}80665\ \mathrm{m/s^2}$ ist als Mittelwert genormt. Für die Berechnung der Gewichtskräfte genügt die Näherung $g = 9{,}81\ \mathrm{m/s^2}$.

Mit Hilfe der Gleichung 1-1 kann man sich die Krafteinheit Newton veranschaulichen. Eine Masse von 1 kg verursacht auf der Erde eine Gewichtskraft von etwa 10 N, die Kraft 1 kN entspricht mit guter Näherung der Gewichtskraft, die 100 kg ausüben.

1.3 Einiges zur Lösung von Aufgaben

Der angehende Ingenieur sollte sich möglichst früh das exakte und systematische Arbeiten beim Lösen einer technischen Aufgabe aneignen. Dadurch werden Fehler vermieden und Kontrollen sind viel leichter, auch

*) Sir Isaac Newton (1643-1727) englischer Naturforscher

von anderen Personen, durchführbar. Nachfolgend sollen dafür einige Hinweise gegeben werden, die, sinngemäß angewendet, für alle technischen Aufgaben gelten.

1. Nach dem Durchdenken der Aufgabe sollte immer eine Skizze angefertigt werden, die in den Proportionen möglichst genau sein sollte, um Täuschungen vorzubeugen. Die wirkenden Kräfte werden eingetragen. Diesem Vorgang, Freimachen genannt, ist wegen der Wichtigkeit ein eigenes Kapitel (5) gewidmet. Es ist vorteilhaft, mit mehreren Farben zu arbeiten. Die Skizze soll so groß sein, daß Bezeichnungen eingetragen werden können. Ist es nicht offensichtlich, ob ein System statisch bestimmt ist, dann müssen die gesuchten und gegebenen Größen systematisch zusammengestellt werden.
2. Wahl des Lösungsweges

   Analytische Lösung

   Die verwendeten Gleichungen sollen in allgemeiner Form, am besten links außen geschrieben werden, z.B.

$$\Sigma M = 0; \qquad a F_1 - b F_2 = 0$$

Es sollte soweit wie möglich mit allgemeinen Größen gearbeitet werden, da die Rechnung damit leichter kontrollierbar ist. Bei der Ausarbeitung der Lösung soll kein Schritt übersprungen werden, eventuell sind einzelne Schritte durch kurze Bemerkungen zu erläutern. Bei Zahlenwertgleichungen ist dringend zu empfehlen, die Maßeinheiten mitzuschreiben. Die reine Zahlenrechnung kann durch Anwendung der 10er-Potenzen übersichtlicher gehalten werden.

Ein Ergebnis soll immer kritisch mit gesundem Menschenverstand daraufhin untersucht werden, ob es überhaupt technisch möglich ist. Man kann immer zusätzliche Kontrollgleichungen aufstellen. In diese werden die vorher errechneten Werte eingesetzt. Die Gleichungen müssen erfüllt sein. Diese Kontrolle für die richtigen Ergebnisse sollte immer durchgeführt werden. Bei sehr ungünstiger Verkettung von Fehlern sind trotz erfüllter Kontrollgleichungen falsche Ergebnisse möglich. Hier hat die graphische Lösung als völlig unabhängiges Verfahren ihren besonderen Wert.

Bei Kräften muß neben dem Betrag auch eindeutig die Wirkungsrichtung angegeben werden. Am besten geschieht das durch einen Pfeil, der in Klammern hinter der Maßzahl und der Einheit erscheint, z.B.

$F_x = 125\,\mathrm{N}\,(\leftarrow)$ 125 N nach links wirkend,

$F_y = -230\,\mathrm{N}\,(\uparrow$ am Teil II) 230 N nach oben wirkend.

Für Kräfte senkrecht zur Zeichenebene benutzt man

⊙ aus der Ebene herausragend,

⊕ in die Ebene hineinragend.

Graphische Lösung

Die Zeichnung soll wegen der notwendigen Genauigkeit nicht zu klein ausgeführt werden. Die Maßstäbe müssen eindeutig angegeben sein. *Lage- und Kräfteplan sind sauber zu trennen.* Alle gezeichneten Linien sind sofort zu bezeichnen. Die Ergebnisse sollen getrennt zusammengestellt werden.

1.4 Rechengenauigkeit

Die Genauigkeit einer technischen Berechnung hängt von zwei Faktoren ab, erstens von der Genauigkeit der Ausgangsdaten, zweitens von der Genauigkeit der Rechnung. Bei Verwendung eines Rechners darf man den zweiten Faktor vernachlässigen.

Das Ergebnis einer technischen Berechnung wird demnach nur von den Toleranzen beeinflußt, mit denen die Ausgangswerte gegeben sind. Diesen Einfluß untersucht die Fehlerrechnung.

Für die lineare Abhängigkeit gilt: das Ergebnis einer Berechnung ist mit dem gleichen prozentualen Fehler behaftet, wie die Ausgangswerte, die in diese Rechnung eingehen. An einem Beispiel soll das erklärt werden. Die Belastungen, denen eine Getriebewelle ausgesetzt ist, sind z.B. mit einer Toleranz von ca. $\pm 10\%$ bekannt. Unter diesen Umständen kann man die in den Lagern wirkenden Kräfte auch nur mit einer Genauigkeit von $\pm 10\%$ berechnen.

Ausgangswerte für eine technische Berechnung haben selten Toleranzen von 1% oder sogar weniger. Man denke z.B. an die Schwierigkeiten, Belastungen genau festzustellen oder an die Streuungen, denen die Festigkeitswerte eines Werkstoffs unterliegen.

Welche Konsequenzen ergeben sich für eine Berechnung? Der in der Materie Mitdenkende sollte nicht sinnlos die Ergebnisse des Rechners übernehmen, sondern sie kritisch auf ihre mögliche Genauigkeit untersuchen und sinnvoll runden. Dies sollte schon bei eventuellen Zwischenergebnissen erfolgen.

2. Lehrsätze der Statik

Die Arbeitsverfahren und Lösungsansätze der Statik beruhen auf einigen wenigen Überlegungen. Diese Überlegungen führen zu Aussagen, die nicht beweisbar sind, da sie selbst Ausgangspunkt einer Theorie sind. Solche Aussagen nennt man „Axiome". Sie werden jedoch hier Lehrsätze genannt, da der Begriff „Axiom" einer schärferen Definition genügen muß.

Da diese Sätze selbst nicht beweisbar sind, können sie nur einfache und übersichtliche Tatbestände formulieren, die aus unmittelbarer Ansicht und Einsicht als richtig anerkannt werden müssen. Alle aus diesen Sätzen gezogenen Schlußfolgerungen dürfen nicht zu Widersprüchen führen und müssen Ergebnisse liefern, die überprüfbar richtig sind.

Nach den oben gemachten Ausführungen ist es offensichtlich, daß jede Aufgabe aus dem Bereich der Statik von den Lehrsätzen ausgehend, gelöst werden kann. Dieses Verfahren kann jedoch sehr zeitraubend sein. Es ist einfacher, aus den Lehrsätzen schlußfolgernd, sich Arbeitsverfahren zu erarbeiten, die schneller eine Lösung ergeben. Jedoch ist es ein Ziel dieses Buches, dem Leser die Fähigkeit zu vermitteln, eine beliebige Aufgabe der Statik zu analysieren und auf einfache Grundlagen zurückzuführen. Deshalb wird immer wieder auf diese Lehrsätze verwiesen. Der Leser bleibt aufgefordert, nicht Lösungsverfahren schematisch zu „lernen", sondern die Lösung von den Grundlagen her zu verstehen. Nur dann ist es möglich, das erarbeitete Wissen auf die verschiedensten Gebiete anzuwenden.

1. Lehrsatz (Gleichgewichtssatz)

Zwei Kräfte sind im Gleichgewicht, wenn sie

1. **gleich groß sind,**
2. **entgegengesetzt gerichtet sind,**
3. **gleiche Wirkungslinie haben (kollinear sind).**

Das ist die Formulierung einer trivialen Erfahrung, die jeder unzählige Male gemacht hat. Man kann z.B. zwei Federwaagen nach Abb. 2-1 miteinander verbinden und sie auseinanderziehen. Im Gleichgewicht, d.h. für ruhendes System, zeigen beide Waagen die gleiche Kraft an.

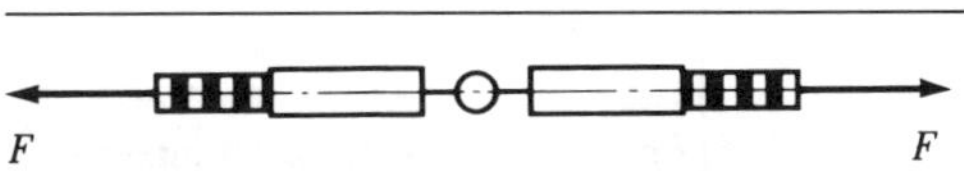

Abb. 2-1: Zwei Kräfte an einer Federwaage

2. Lehrsatz (Reaktionssatz)

Kräfte treten nur paarweise auf, wobei sie gleich groß, entgegengesetzt gerichtet und kollinear sind. Man bezeichnet sie als Aktions- und Reaktionskräfte.

Dieser Satz gehört zu den drei von NEWTON in seinem Hauptwerk über die Mechanik formulierten Gesetzen. Er wird verkürzt „actio = reactio" genannt (s. Band 3, Kap. 5).

Jede Kraft erzeugt an der Angriffsstelle eine gleich große Gegenkraft. Drückt man mit der Hand gegen einen Körper, dann verspürt man selber die Kraft, die man ausübt. Auch das vorhin beschriebene Experiment (Abb. 2-1) ist geeignet, diesen Satz zu belegen. Wenn man das System an den beiden Enden hält, ist es nicht möglich, nur eine der beiden Waagen zur Anzeige zu bringen. Die notwendige Gegenkraft belastet zwangsläufig auch die andere Waage. Eine Kraft kann ohne eine gleich große, entgegengesetzt wirkende Kraft nicht auftreten.

3. Lehrsatz (Verschiebungssatz)

Die äußere Wirkung einer Kraft bleibt unverändert, wenn man die Kraft entlang ihrer Wirkungslinie verschiebt.

Als Beispiel sei der Träger Abb. 2-2 gegeben. Die Belastung der beiden Auflagepunkte A B ist offensichtlich davon unabhängig, ob die Masse m auf den Balken gesetzt, unmittelbar darunter gehängt oder an einem Seil befestigt wird. In jedem Falle müssen die beiden Auflager zusammen die Gewichtskraft aufnehmen, z.B. im Falle einer symmetrischen Anordnung sind A und B mit jeweils der halben Gewichtskraft belastet. In die symbolische Sprache der Vektoren übersetzt heißt das, der Kraftvektor

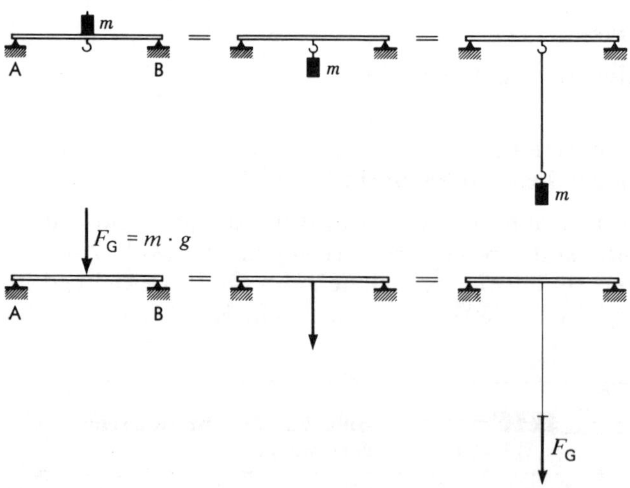

Abb. 2-2: Verschiebbarkeit einer äußeren Kraft

$\boldsymbol{F}_G$ kann entlang seiner Wirkungslinie verschoben werden. Man spricht von *äußerer Wirkung,* weil die Reaktionskraft im Auflager von außen auf den Träger wirkt. Das wird ausführlich im Kapitel 5 behandelt. Im Gegensatz dazu steht die *Wirkung im Inneren* eines belasteten Bauteils. Das soll am Beispiel des Stabes Abb. 2-3 erläutert werden. Dieser ist in A befestigt. Greift eine Kraft *F* im Punkt B an, dann ist nur der Bereich A B belastet und muß ausreichend dimensioniert sein, während der Teil B C, soweit es die Belastung betrifft, beliebig schwach ausgebildet werden könnte. Ganz anders sieht es aus wenn man die Kraft $\boldsymbol{F}$ entlang ihrer Wirkungslinie in den Punkt C verschiebt. Jetzt ist auch der Bereich B C voll belastet.

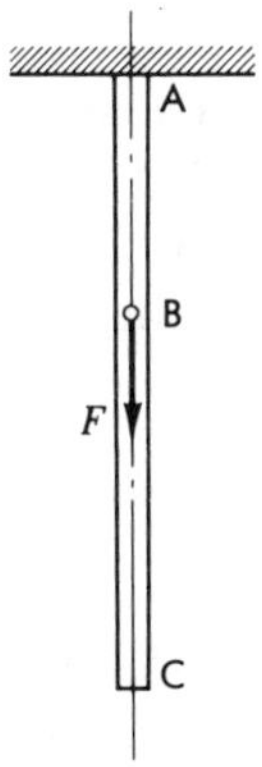

Abb. 2-3: Innere Wirkung einer Kraft im Stab

An einem weiteren Beispiel soll der Unterschied zwischen äußerer und innerer Wirkung einer Kraft erläutert werden. Die Abb. 2-4 zeigt zwei einfache Fachwerke. Im links abgebildeten Fall wird die oben am Knoten abgebildete Kraft von den Stäben 1 und 3 auf die Auflager übertragen, wobei die Stäbe 4 und 5 gezogen werden.

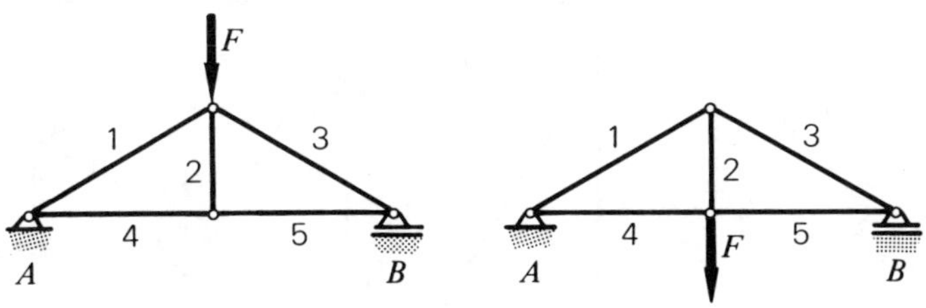

Abb. 2-4: Innere Wirkung einer Kraft am Fachwerk

Der Stab 2 hat, was die Belastung durch *F* betrifft, keine Funktion und dient in diesem Falle nur zur Aussteifung des Fachwerks. Anders ist es im rechts abgebildeten Belastungsfall. Jetzt hängt die Last *F* am Stab 2, der die Kraft auf den Knoten oben überträgt. Die vom Stab 2 übertragene Kraft ist demnach gleich F. Für beide betrachteten Fachwerke ist die *äußere Wirkung* der Kraft, nämlich die an den Auflagern verursachten Kräfte, gleich, nämlich jeweils $F/2$. Die *innere Wirkung* und zwar die Verteilung der Kraft innerhalb der Stäbe ändert sich, wenn man F entlang der Wirkungslinie verschiebt.

Untersucht man demnach Vorgänge im Inneren eines Bauteils (z.B. Kräfte in den Stäben eines Fachwerks), dann dürfen Kräfte nicht verschoben werden, geht es jedoch um die Bestimmung der Auflagerkräfte, dann bringt die Verschiebung entlang der Wirkungslinie oft erhebliche Vereinfachung der Rechnung.

4. Lehrsatz (Überlagerungssatz)

Ein Kräftesystem, das im Gleichgewicht ist, kann jedem beliebigen Kräftesystem überlagert werden, ohne dabei seine Wirkung zu beeinflussen.

Für den einfachsten Fall werden zwei Kräfte im Gleichgewicht überlagert, d.h. $F - F = 0$. Damit kann eine Änderung der Wirkung nicht eintreten.

5. Lehrsatz (Parallelogrammsatz)

Der Satz vom Parallelogramm der Kräfte

Zwei Kräfte, die an einem gemeinsamen Punkt angreifen, können mit Hilfe der Parallelogrammkonstruktion zu einer resultierenden Kraft zusammengesetzt werden. Die resultierende Kraft hat allein wirkend die gleiche Wirkung wie die beiden Kräfte, aus denen sie gebildet wurde. Die Konstruktion des Vektors $\boldsymbol{F}_{res}$ aus zwei Kraftvektoren $\boldsymbol{F}_1$ und $\boldsymbol{F}_2$ zeigt die Abb. 2-5a. Da die Diagonale eines Parallelogramms dieses in zwei kongruente Dreiecke teilt, kann man die resultierende Kraft durch Aneinandersetzen der Vektoren $\boldsymbol{F}_1$ und $\boldsymbol{F}_2$ ermitteln. Die Reihenfolge ist dabei

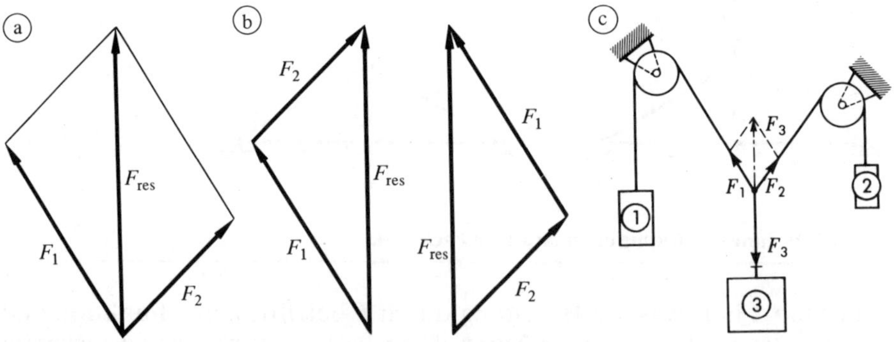

Abb. 2-5: Versuch zum Satz vom Parallelogramm der Kräfte

gleich (Abb. 2-5b). Diese Operation nennt man *geometrische* oder *Vektoraddition.*

Daß Kräfte nach dem oben beschriebenen Verfahren zusammengesetzt werden können, kann man mit Hilfe verschiedener Versuche zeigen. Eine Versuchsanordnung zeigt die Abb. 2-5c. Drei Massen werden nach Skizze aufgehängt, wobei die Reibung möglichst gering sein sollte. Für beliebige Variationen der einzelnen Massen, pendelt sich das System immer so ein, daß die Resultierende von $\boldsymbol{F}_1$ und $\boldsymbol{F}_2$ gleich groß wie $\boldsymbol{F}_3$, aber entgegengesetzt gerichtet ist. Damit ist nach dem 1. Lehrsatz Gleichgewicht vorhanden.

6. Lehrsatz (Trägheitssatz)

Ein Körper verharrt im Zustand der gleichförmigen, geradlinigen Bewegung, wenn er nicht durch einwirkende Kräfte gezwungen wird, diesen Zustand zu ändern.

Dieser Satz gehört auch zu den drei, von NEWTON stammenden Gesetzen, die oben erwähnt sind.

Eine gleichförmige Bewegung erfolgt geradlinig mit konstanter Geschwindigkeit. An dieser Stelle muß man sich überlegen, daß eine Geschwindigkeit immer bezogen auf ein bestimmtes System angegeben wird. Ein Zug fährt mit 100 km/h heißt, mit dieser Geschwindigkeit verschieben sich Zug und Erdoberfläche gegeneinander. Dabei empfinden wir die Erdoberfläche normalerweise als „ruhendes System". Das gilt für den Fahrgast nur bedingt. Er kann, wenn er aus dem Fenster sieht, durchaus die Landschaft als bewegtes und seinen Sitz als ruhendes System empfinden. An diesem einfachen Beispiel sollte demonstriert werden, daß es keinen grundsätzlichen Unterschied zwischen geradliniger, gleichförmiger Bewegung und dem Ruhezustand gibt.

Daraus ergibt sich, daß alle Überlegungen, die vorhin für den Zustand der Ruhe angestellt wurden, auch gelten, wenn sich die betrachteten Systeme geradlinig mit konstanter Geschwindigkeit bewegen. Das wird im Band 3 (Kinematik und Kinetik) erläutert, ist jedoch auch schon hier durch eigene Anschauung einsichtig. Man kann sich alle oben beschriebenen Versuche z.B. auch in einem mit konstanter Geschwindigkeit geradlinig bewegten Zug vorstellen. Wenn sich ein Zug in diesem Zustand befindet, sind wir nicht in der Lage festzustellen, ob bzw. wie schnell wir uns bewegen, wenn wir von der Deutung der Fahrgeräusche und optischer Eindrücke absehen.

Das liegt darin begründet, daß auf uns keine durch die geradlinige Bewegung verursachten Kräfte wirken. Demnach kann diese Art der Bewegung ein System von Kräften nicht beeinflussen. Völlig anders sieht es bei beschleunigter bzw. gebremster und/oder krummliniger Bewegung aus. In diesem Falle wirken zusätzliche Kräfte, die man deutlich wahrnehmen kann als Beschleunigungskraft oder Verzögerungskraft und/oder Fliehkraft.

Die Vorstellung, eine geradlinige Bewegung z.B. eines mit konstanter Geschwindigkeit horizontal fahrenden Kraftfahrzeuges könne nur aufrecht erhalten werden, wenn die Vortriebskraft größer sei als die Summe der Widerstandskräfte, ist falsch. Wenn die Vortriebskraft größer ist als die Summe der anderen Kräfte, ist das Gleichgewicht gestört. Der nicht durch andere Kräfte kompensierte Anteil der Vortriebskraft beschleunigt den Wagen nach dem NEWTONschen Gesetz „Kraft gleich Masse mal Beschleunigung".

Alle Gesetze der Statik gelten nach diesen Ausführungen auch für mit konstanter Geschwindigkeit geradlinig bewegte Systeme.

3. Die Resultierende des ebenen Kräftesystems

3.1 Allgemeines

An einem Körper greifen mehrere Kräfte an (Abb. 3-1). Diese haben auf den Körper eine bestimmte Wirkung. Es stellt sich die Frage, ob es möglich ist, die gleiche Wirkung durch eine einzige Kraft zu erzielen. In den nachfolgenden Abschnitten dieses Kapitels wird von den Lehrsätzen ausgehend gezeigt, daß es möglich ist, eine solche Kraft zu finden, und es wird weiter gezeigt, wie man das tut.

Eine Kraft, die in bezug auf alle Punkte in jeder Hinsicht die gleiche Wirkung hat wie eine ganze Reihe von Kräften, die sie ersetzt, nennt man die resultierende Kraft oder die Resultierende (s. Abb. 3-1).

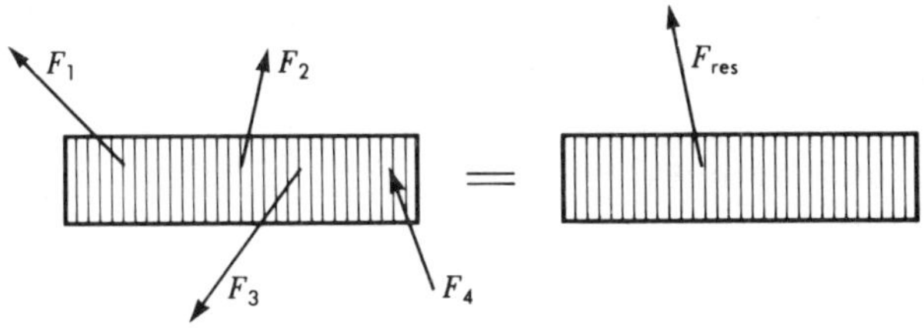

Abb. 3-1: Ersatz von Kräften durch die Resultierende

Die Resultierende kann auch Null sein. Das ist dann der Fall, wenn alle Kräfte sich in ihrer Wirkung gegenseitig aufheben. Trifft dies zu, dann wird ein ruhender Körper weiterhin in Ruhe bleiben, während ein Körper der sich geradlinig mit konstanter Geschwindigkeit bewegt, diesen Zustand beibehalten wird. Umgekehrt hat das Vorhandensein einer Resultierenden eine Beschleunigung zur Folge. Ein vorher ruhender Körper wird in Bewegung gesetzt, ein vorher geradlinig und gleichförmig bewegter Körper wird langsamer oder schneller und/oder aus der Bahn gelenkt. Aus dem oben Gesagten folgt, daß ein Körper in Ruhe, d. h. im Gleichgewicht nur dann sein kann, wenn die Resultierende aller Kräfte Null ist. Mit dieser Gleichgewichtsbedingung befassen sich das Kapitel 6 und z. T. Kapitel 11 dieses Buches.

Die Bedingung $F_{res} = 0$ ist für den Gleichgewichtszustand notwendig, aber nicht hinreichend. Der Leser mache sich das schon an dieser Stelle des Buches an einem einfachen Beispiel klar: Eine Scheibe schwimmt auf dem Wasser. Läßt man zwei Kräfte, die gleich groß, engegengesetzt gerichtet, aber parallel verschoben sind, auf die Scheibe einwirken, dann wird die Scheibe gedreht. Es setzt also Drehung ein, obwohl die Kräfte sich in ihrer Kraftwirkung aufheben.

Die nachfolgenden Abschnitte sind nach den verschiedenen Kräftesystemen gegliedert. Man unterscheidet zweckmäßig:

1. Kräfte mit gemeinsamen Angriffspunkt,
2. parallele Kräfte,
3. allgemeines Kräftesystem.

3.2 Gemeinsamer Angriffspunkt

Ein Kräftesystem mit gemeinsamen Angriffspunkt ist nicht immer auf den ersten Blick als solches erkennbar. Es kommt hier nicht auf den konstruktiv festgelegten Angriffspunkt der Kraft an (z.B. Bolzen), sondern nur auf den Schnittpunkt der Wirkungslinien. Das folgt aus der Verschiebbarkeit der Kräfte entlang der Wirkungslinie (3. Lehrsatz). Ein Beispiel dafür zeigt die Abb. 3-2.

An einem gemeinsamen Angriffspunkt greifen mehrere Kräfte an (Abb. 3-3). Die Kräfte sind nach Größe und Richtung bekannt. Zu bestimmen ist analytisch und graphisch die resultierende Kraft.

Analytische Lösung
Es ist zweckmäßig, sich zunächst mit der *Zerlegung einer Kraft in vorgegebene Richtung* zu befassen.

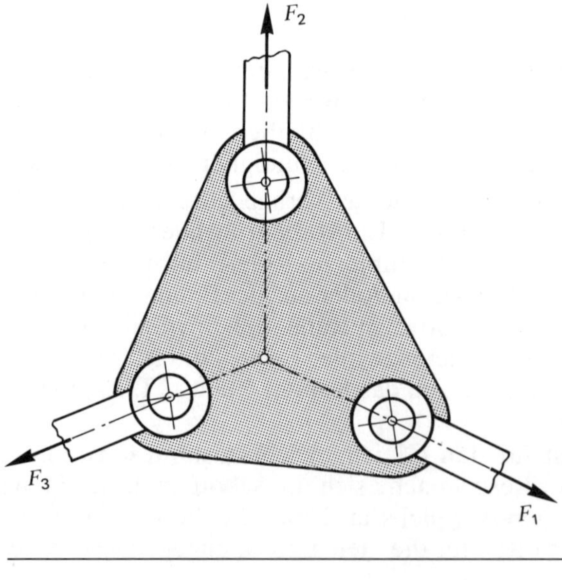

Abb. 3-2: Knotenblech mit drei Stäben

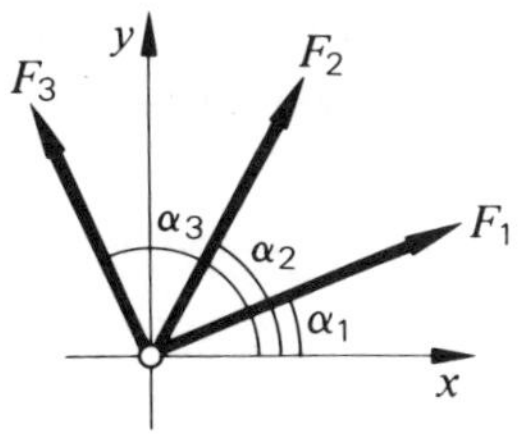

Abb. 3-3: Kräfte mit gemeinsamem Angriffspunkt

Eine nach Größe und Richtung gegebene Kraft F soll nach Abb. 3-4 in die vorgegebenen Richtungen 1 und 2 zerlegt werden. Das erfolgt nach dem Lehrsatz vom Parallelogramm der Kräfte. Man geht folgendermaßen vor. Der Vektor $\boldsymbol{F}$ wird gezeichnet (Kräfteplan). Jeweils in den Anfangs- und Endpunkt werden Linien der Richtungen (1) und (2) gezogen. So entsteht ein Parallelogramm, dessen Seiten die gesuchten Kräfte $\boldsymbol{F}_1$ und $\boldsymbol{F}_2$ darstellen. Diese nennt man *Komponenten* der Kraft $\boldsymbol{F}$.

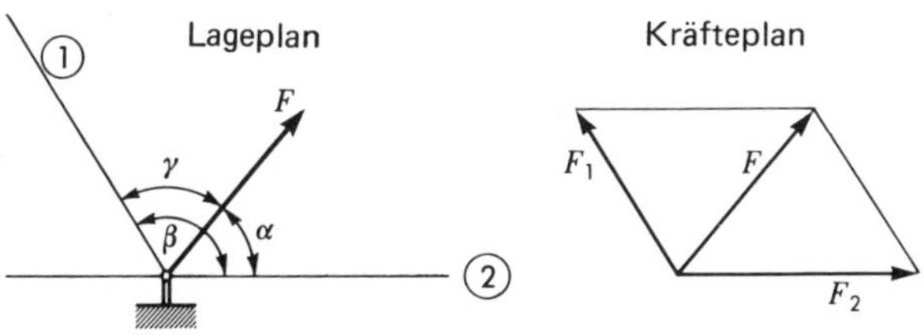

Abb. 3-4: Zerlegung einer Kraft in zwei Richtungen

Die Zerlegung einer Kraft in mehr als zwei vorgegebene Richtungen ist nicht möglich. Das ist in Abb. 3-5 für drei Wirkungslinien gezeigt. Es gibt beliebig viele Möglichkeiten, die Kraft F aus den Komponenten F_1 F_2 F_3 zusammenzusetzen.

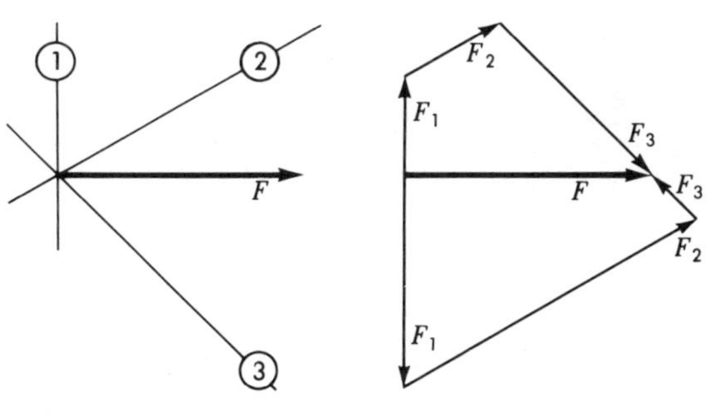

Abb. 3-5: Mehrdeutigkeit der Zerlegung einer Kraft in mehr als zwei Richtungen

Da Berechnungen meistens im kartesischen Koordinatensystem durchgeführt werden, ist die Zerlegung einer Kraft in die x und y-Richtung besonders wichtig.

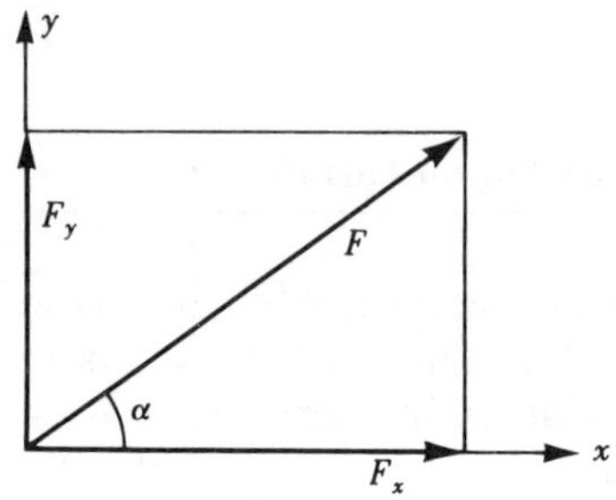

Abb. 3-6: Zerlegung einer Kraft im kartesischen Koordinatensystem

Wie man aus Abb. 3-6 ersieht, ergeben sich folgende Beziehungen:

$$\boldsymbol{F}_x = \boldsymbol{F} \cdot \cos\alpha$$

$$\boldsymbol{F}_y = \boldsymbol{F} \cdot \sin\alpha$$

$$\tan\alpha = \frac{\boldsymbol{F}_y}{\boldsymbol{F}_x} \qquad \textbf{Gl. 3-1}$$

$$\boldsymbol{F} = \sqrt{\boldsymbol{F}_x^2 + \boldsymbol{F}_y^2}$$

Will man mehrere Kräfte analytisch zu einer Resultierenden zusammenfassen, dann ist es zweckmäßig, zunächst alle Kräfte in die x und y-Richtung zu zerlegen. In der Abb. 3-7 sind zunächst nach dem 5. Lehrsatz $\boldsymbol{F}_1$ und $\boldsymbol{F}_2$ zur Resultierenden $\boldsymbol{F}_{\text{res}\,12}$ zusammengesetzt. Diese mit $\boldsymbol{F}_3$ vereinigt, ergibt die gesuchte Resultierende aller Kräfte. Aus der Konstruk-

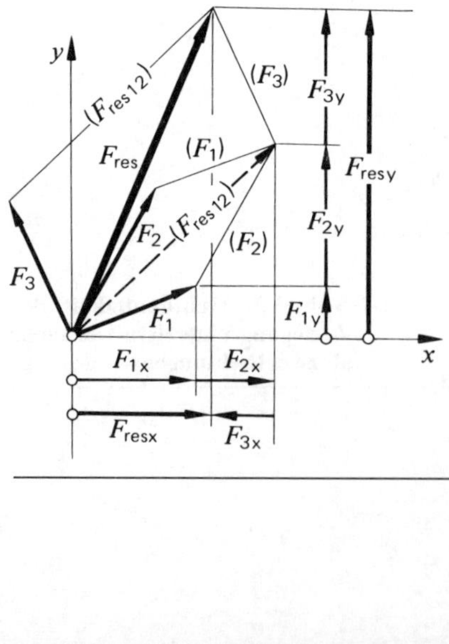

Abb. 3-7: Resultierende Kraft und ihre Komponenten im kartesischen Koordinatensystem

tion ersieht man, daß die x-Komponente der Resultierenden F_{resx} die Summe der x-Komponenten der Einzelkräfte ist. Analoges gilt für die y-Richtung.

Daraus folgen die Berechnungsgleichungen

$$\boldsymbol{F}_{resx} = \Sigma \boldsymbol{F}_x \qquad \boldsymbol{F}_{resy} = \Sigma \boldsymbol{F}_y$$

$$\boldsymbol{F}_{res} = \sqrt{\boldsymbol{F}_{resx}^2 + \boldsymbol{F}_{resy}^2} \qquad \textbf{Gl.3.2}$$

$$\tan \alpha = \frac{\boldsymbol{F}_{resy}}{\boldsymbol{F}_{resx}}$$

Die Vorzeichen von F_{resx} und F_{resy} ergeben die Richtung und den Wirkungssinn der resultierenden Kraft. Die einzelnen Kombinationen sind in Tabelle 1 zusammengefaßt.

	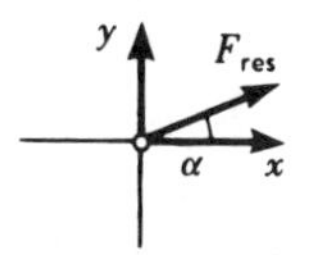	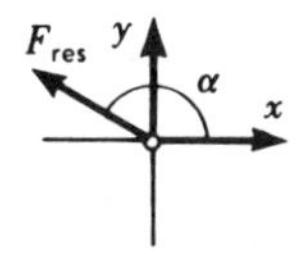	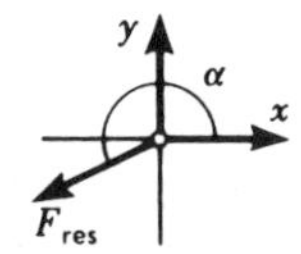	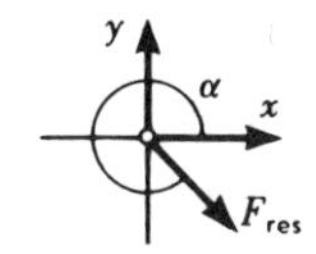
$F_{res\,x}$	+	–	–	+
$F_{res\,y}$	+	+	–	–
Quadrant	1.	2.	3.	4.

Tabelle 3-1: Lage der Resultierenden

Graphische Lösung
Man kann jeweils zwei Kräfte nach dem Parallelogramm der Kräfte (5. Lehrsatz) zusammenfassen und dieses Verfahren so lange fortsetzen, bis eine Kraft, nämlich die gesuchte Resultierende, übrig bleibt. Dieses Verfahren ist umständlich. Man kann es vereinfachen, wenn man bedenkt, daß die Diagonale ein Parallelogramm in zwei kongruente Dreiecke teilt (s. Abb. 2-5a).

Für eine rationelle Lösung des Problems ist es notwendig, sich zwei Darstellungsarten zu eigen zu machen und diese streng voneinander zu trennen. Es handelt sich um den *Lageplan* und den *Kräfteplan*.

Lageplan
Dieser stellt eine Bauteilzeichnung dar, die für eine statische Berechnung in der Struktur vereinfacht sein kann. Die am Bauteil angreifenden Kräfte müssen jedoch in ihrer Lage zueinander und in der Richtung richtig eingetragen sein. Für eine graphische Lösung muß die Zeichnung maß-

stäblich sein, soweit dies die Abmessungen des Teils betrifft. Die Pfeillängen, die die Kraftgröße darstellen sollen, müssen nicht maßstäblich sein, wenn die Kräfte anderweitig angegeben sind. Als Beispiele für einen Lageplan kann neben der Abb. 3-3 auch die Abb. 6-23 gelten.

Kräfteplan
Im Kräfteplan müssen die Kräfte in ihrer Größe und Richtung, jedoch nicht in ihrer Lage zueinander richtig dargestellt werden. Das erfordert die Angabe eines Kräftemaßstabs. Das kann durch Einzeichnen einer bestimmten Länge erfolgen, die einer vorgegebenen Kraftgröße entspricht. Eine andere Methode, die aus satztechnischen Gründen im Buch nicht angewendet wird, ist die Angabe einer Maßstabskonstanten, z.B. m_F = 100 kN/cm. In diesem Falle entspricht eine Pfeillänge von 1 cm einer Kraft von 100 kN. Nach diesen Ausführungen stellt die Abb. 2-5b einen Kräfteplan dar, denn hier ist jeweils eine Kraft parallel verschoben. Diese Operation ist im Lageplan nicht erlaubt (s. 3. Lehrsatz). Wie die Abb. 6-23 zeigt, sind die Kräfte aus dem Lageplan parallel in den Kräfteplan verschoben und dort aneinandergesetzt (Krafteck).

Auf die Angabe eines Kräftemaßstabes kann man im Kräfteplan verzichten, wenn es sich um eine Überlegungsskizze handelt, die für eine Berechnung der einzelnen Größen dient.

Nach diesen Ausführungen soll auf die ursprüngliche Aufgabenstellung eingegangen werden. In einem Kräfteplan nach Abb. 3-8 kann man durch Aneinandersetzen der Kräfte nach dem 5. Lehrsatz zunächst z.B. die Reslutierende von $\boldsymbol{F}_1$ und $\boldsymbol{F}_2$ ermitteln (dünn eingezeichnet). Dieser wird vektoriell die Kraft $\boldsymbol{F}_3$ hinzuaddiert. Man erhält die resultiernde Kraft $_{res}$. Die vektorielle Addition kann in beliebiger Reihenfolge vorgenommen werden (Abb. 2-5b). Das zeigt der gestichelte Linienzug in Abb. 3-8.

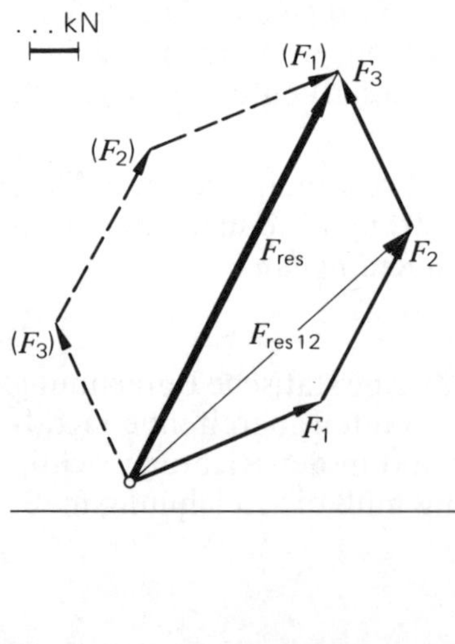

Abb. 3-8: Vektorielle Addition von Kräften

Zusammenfassend kann man feststellen:

Die Resultierende beliebig vieler Kräfte, die an einem gemeinsamen Angriffspunkt angreifen, erhält man durch geometrische Addition der Kräfte in beliebiger Reihenfolge.

Beispiel 1 (Abb. 3-9)
Für das gegebene Kräftesystem ist die resultierende Kraft nach Größe und Richtung zu bestimmen.

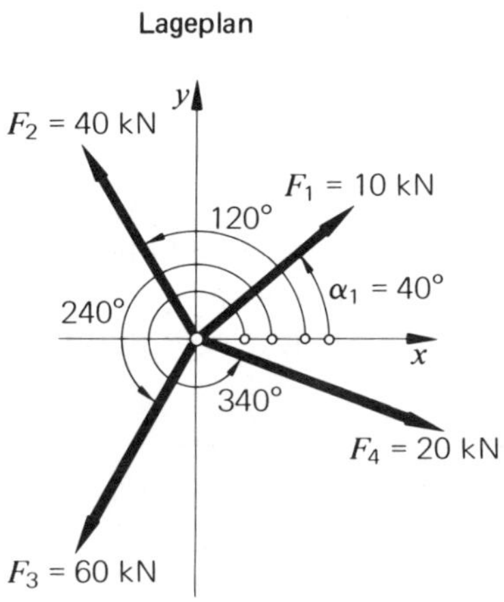

Abb. 3-9: Kräfte mit gemeinsamem Angriffspunkt

Analytische Lösung
Es müssen die Gleichungen 3-2 ausgewertet werden. Die Kräfte sind in Form von Polarkoordinaten gegeben (Winkel und Länge der Vektors). Man kann mit dem Rechner auf kartesische Koordinaten, d.h. auf x- und y-Komponenten übergehen und diese jeweils in einen addierenden Speicher geben. Es ist auch möglich, die Komponenten einzeln nach Gl. 3-1 zu ermitteln und sie zu addieren, was am einfachsten tabellarisch erfolgt:

i	$\frac{\alpha}{°}$	$\frac{F}{\text{kN}}$	$\frac{F_x}{\text{kN}}$	$\frac{F_y}{\text{kN}}$
1	40	10	7,66	6,43
2	120	40	− 20,00	34,64
3	240	60	− 30,00	− 51,96
4	340	20	18,79	− 6,84
			Σ − 23,55	Σ − 17,73
			$= F_{resx}$	$= F_{resy}$

Die Komponenten der resultierenden Kraft werden nach den Gleichungen 3-2 zusammengesetzt. Das kann auch mit dem Rechner so geschehen, daß man diese Werte als x- und y-Werte eingibt und in Polarkoordinaten umwandelt. Man erhält:

$$F_{\text{res x}} = \sqrt{F^2_{\text{res x}} + F^2_{\text{res y}}} = \sqrt{23{,}55^2 + 17{,}73^2}\ \text{kN}$$

$$\boldsymbol{F_{\text{res x}} = 29{,}48\ \text{kN}}$$

$$\tan\alpha = \frac{F_{\text{res y}}}{F_{\text{res x}}} = \frac{-17{,}73\ \text{kN}}{-23{,}55\ \text{kN}}; \qquad \alpha = \mathbf{217{,}0°}$$

Die resultierende Kraft liegt im dritten Quadranten.

Graphische Lösung (Abb. 3-10)
Nach Festlegung eines Kräftemaßstabes werden die Kräfte in beliebiger Reihenfolge vektoriell addiert. Die Verbindung von Ursprungspunkt der Konstruktion zur letzten Pfeilspitze ergibt die gesuchte resultierende Kraft nach Größe und Richtung.

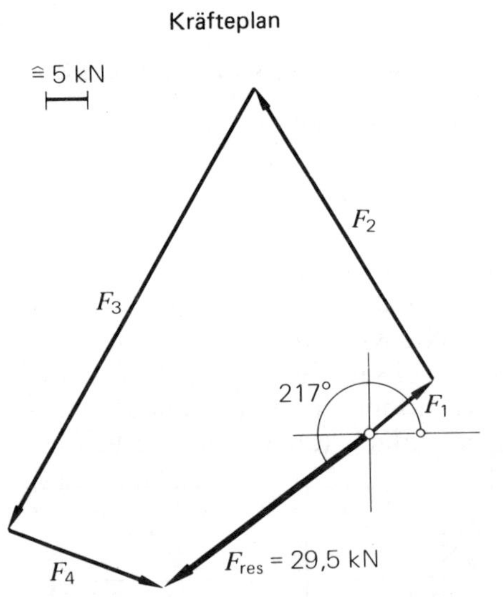

Abb. 3-10: Vektorielle Addition der Kräfte von Abb. 3-9

Beispiel 2 (Abb. 3-11)
Die Kraft F_1 ist nach Größe und Richtung so zu bestimmen, daß die Resultierende des Kräftesystems wie angegeben wirkt.

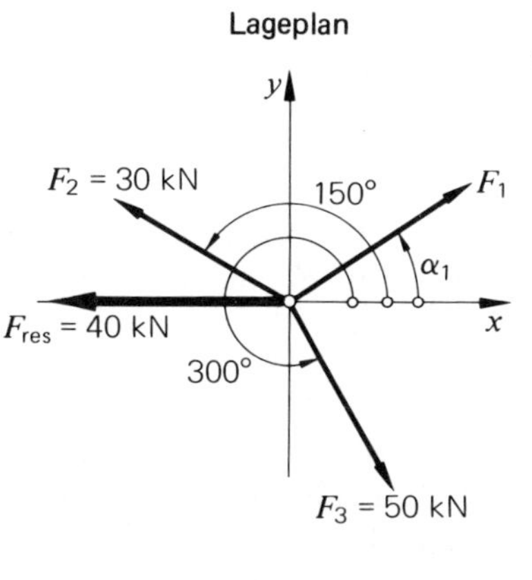

Abb. 3-11: Kräfte mit gemeinsamem Angriffspunkt

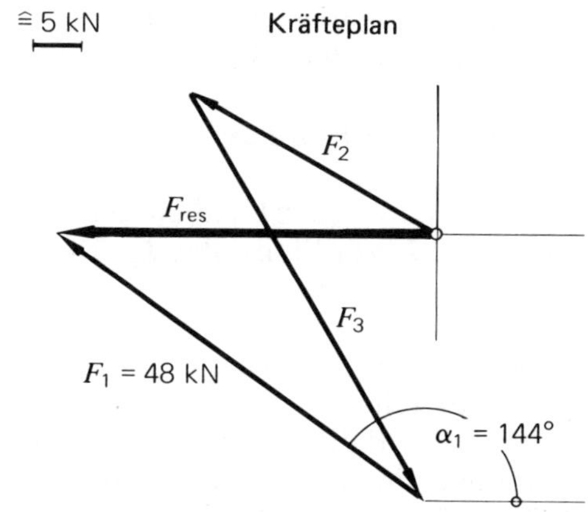

Abb. 3-12: Vektorielle Addition der Kräfte von Abb. 3-11

Analytische Lösung

Ausgegangen wird von den Gleichungen 3-2:

$$\Sigma F_x = F_{res\,x}$$

$$F_{1x} + F_{2x} + F_{3x} = F_{res\,x}$$

$$F_{1x} = F_{res\,x} - F_{2x} - F_{3x} \qquad F_{res\,x} = -40\,\text{kN}$$

$$F_{1x} = -40\,\text{kN} - 30\,\text{kN} \cdot \cos 150° - 50\,\text{kN} \cdot \cos 300°$$

$$F_{1x} = -39{,}02\,\text{kN}$$

$$\Sigma F_y = F_{res\,y} = 0$$

$$F_{1y} + F_{2y} + F_{3y} = 0$$

$$F_{1y} = -F_{2y} - F_{3y} = -30\,\text{kN} \cdot \sin 150° - 50\,\text{kN} \cdot \sin 300°$$

$$F_{1y} = +28{,}301\,\text{kN}.$$

Die beiden Komponenten ergeben mit Hilfe der Gleichungen 3-1 die Kraft

$$\boldsymbol{F_1 = 48{,}20\,\text{kN}} \qquad \boldsymbol{\alpha_1 = 144{,}0°}.$$

Diese liegt im zweiten Quadranten.

Graphische Lösung (Abb. 3-12)
Es muß sich bei der vektoriellen Addition ein Linienzug

$$\boldsymbol{F}_2 + \boldsymbol{F}_3 + \boldsymbol{F}_1 = \boldsymbol{F}_{\text{res}}$$

ergeben. Von diesen Größen ist nur $\boldsymbol{F}_1$ unbekannt. Die Verbindungslinie Pfeilspitze $\boldsymbol{F}_3$ zur Pfeilspitze $\boldsymbol{F}_{\text{res}}$ ist die gesuchte Kraft $\boldsymbol{F}_1$ nach Größe und Richtung.

Beispiel 3 (Abb. 3-13)
Auf einer schiefen Ebene liegt nach Skizze ein Block der Masse m = 30 kg. Er wird durch eine Stange am Herabgleiten gehindert. Block und Unterlage sind sehr glatt. Deshalb kann an der Berührungsstelle eine Kraft nur senkrecht zur Oberfläche angreifen. Wie groß sind Stangenkraft F_S und Kraft an der Auflagenseite des Blocks F_A, wenn die resultierende Kraft am Block gleich Null sein soll?

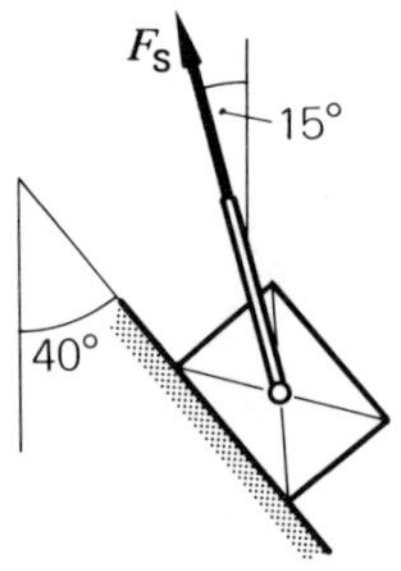

Abb. 3-13: Block auf schiefer Ebene

Analytische Lösung (Abb. 3-13/14)
Zunächst ist es notwendig, sich an Hand einer Skizze über die Wirkung der Kräfte klar zu werden. Es wird der *Lageplan* nach Abb. 3-14 gezeichnet. Die Gewichtskraft wirkt senkrecht nach unten, die Auflagekraft

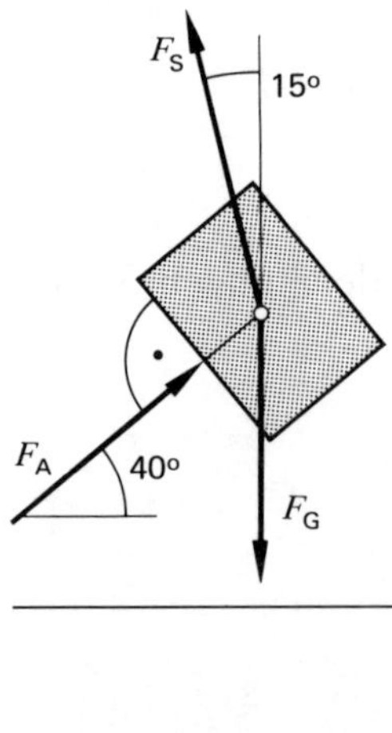

Abb. 3-14: Freigemachter Block

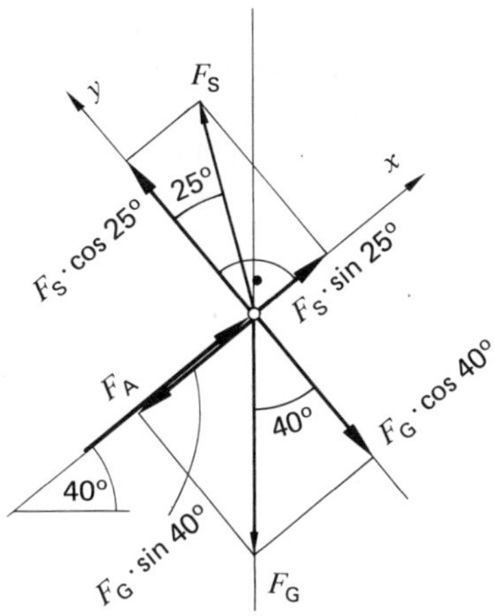

Abb. 3-15: Kräftesystem für Block

senkrecht zur Oberfläche und damit unter 40° zur Horizontalen. Für dieses Kräftesystem wird die Bedingung $F_{res} = 0$ nach den Gleichungen 3-2 angesetzt. Es stehen die Gleichungen $\Sigma F_x = 0$ und $\Sigma F_y = 0$ für die Berechnung der beiden Unbekannten F_S und F_A zur Verfügung. Bei Verwendung eines gedrehten Koordinatensystems kann man jeweils eine Gleichung nach einer Unbekannten auflösen. So vermeidet man das simultane Lösen beider Gleichungen. Das Koordinatensystem muß so gedreht werden, daß eine Achse in Richtung einer Unbekannten fällt. Hier wurde die x-Achse in die Wirkungslinie von F_A gelegt (Abb. 3-15). Für die Summation der Kräfte in die y-Richtung geht F_A nicht ein.

$$\Sigma F_y = 0 \qquad F_S \cdot \cos 25° - F_G \cdot \cos 40° = 0$$

$$F_S = \frac{\cos 40°}{\cos 25°} \cdot F_G$$

Mit $F_G = m \cdot g = 30\,kg \cdot 9{,}81\,m/s^2 = 294\,N$ ist $\boldsymbol{F_S = 249\,N}$

$$\Sigma F_x = 0 \qquad F_A + F_S \cdot \sin 25° - F_G \cdot \sin 40° = 0$$

$$F_A = F_G \cdot \sin 40° - F_S \cdot \sin 25°$$

$$F_A = 294\,N \cdot \sin 40° - 249\,N \cdot \sin 25°$$

$$\boldsymbol{F_A = 84\,N}$$

Graphische Lösung (Abb. 3-16)
Wenn $F_{res} = 0$ sein soll, muß die vektorielle Addition der drei Kräfte auf den Ausgangspunkt der Konstruktion zurückführen. Nach Festlegung ei-

nes Maßstabs beginnt die Konstruktion des *Kräfteplans* mit der bekannten Kraft F_G. Am Ende dieses Vektors wird die Wirkungslinie von F_S, vom Ausgangspunkt die von F_A gezogen. Bei der vektoriellen Addition werden Pfeile aneinandergesetzt. Diese Überlegung ergibt die Lage der Pfeilspitzen und damit die Kraftrichtungen.

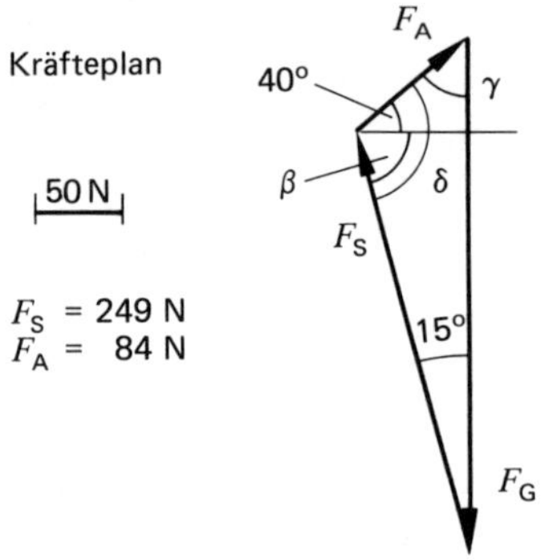

Abb. 3-16: Vektorielle Addition der Kräfte am Block

Besonders günstig kann man das Problem lösen, wenn man von einer nicht maßstäblichen Skizze nach Abb. 3-16 ausgeht. Die Winkel im Dreieck betragen

$$\beta = 90° - 15° = 75°$$
$$\delta = \beta + 40° = 115°$$
$$\gamma = 90° - 40° = 50°$$

Es wird der sin-Satz angewendet.

$$\frac{F_S}{\sin 50°} = \frac{F_G}{\sin 115°}; \qquad F_S = \frac{\sin 50°}{\sin 115°} \cdot 294\,\mathrm{N} = 249\,\mathrm{N}$$

$$\frac{F_A}{\sin 15°} = \frac{F_G}{\sin 115°}; \qquad F_A = \frac{\sin 15°}{\sin 115°} \cdot 294\,\mathrm{N} = 84\,\mathrm{N}$$

Die Bedingung $F_{res} = 0$ bedeutet, alle Kräfte heben sich in ihrer Wirkung gegenseitig auf. Damit bleibt die Masse in Ruhe, d.h. im Gleichgewicht. Die oben berechnete Stangenkraft würde sich im vorliegenden Fall tatsächlich in der Stange einstellen.

Aufgaben zum Abschnitt 3.2

Hinweis: Alle Aufgaben sollen analytisch gelöst werden. Die Ergebnisse sind mit dem graphischen Verfahren zu kontrollieren.

A 3-1 bis 5 Für das abgebildete Kräftesystem sind zu bestimmen:

a) die x- und y-Komponente der resultierenden Kraft,
b) die resultierende Kraft nach Größe und Richtung.

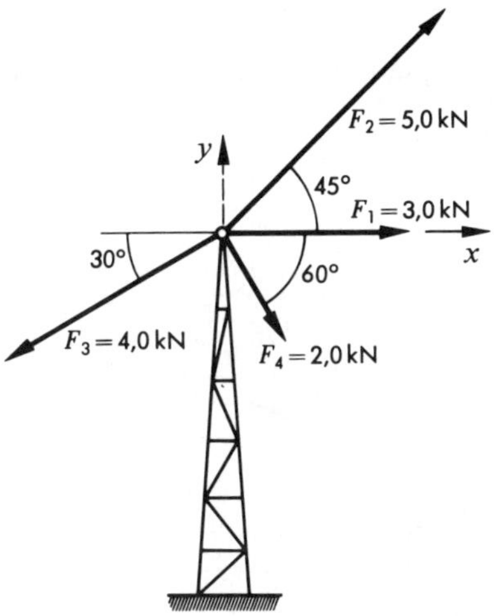

Abb. A 3-1

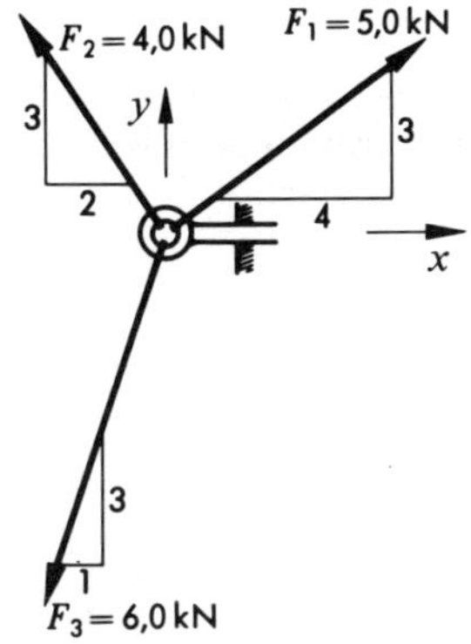

Abb. A 3-2

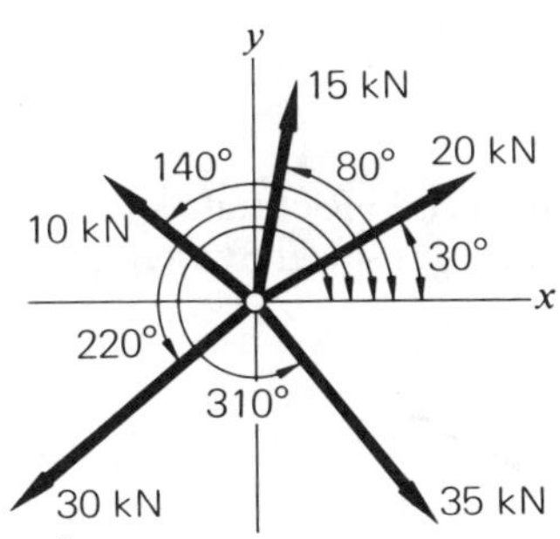

Abb. A 3-3

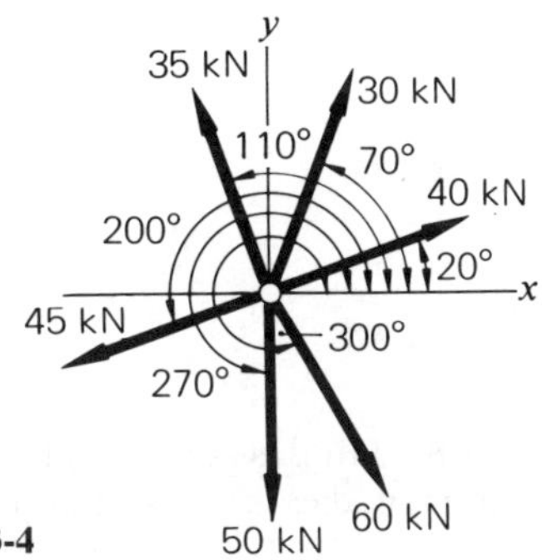

Abb. A 3-4

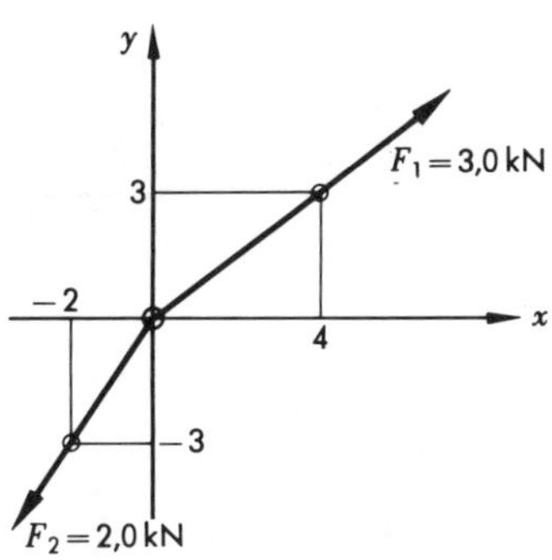

Abb. A 3-5

A 3-6 An einem Mast greifen die skizzierte Seilkräfte an. Zu bestimmen sind die vertikale und horizontale Komponente der Resultierenden. Die ersten beansprucht den Mast auf Druck, die zweite versucht den Mast aus dem Fundament zu hebeln. Die Lösung soll zunächst allgemein erfolgen und anschließend für folgende Daten ausgewertet werden.

$F_1 = 40{,}0\,\text{kN}$; $F_2 = 32{,}0\,\text{kN}$;
$\alpha = 28°$; $\beta = 25°$

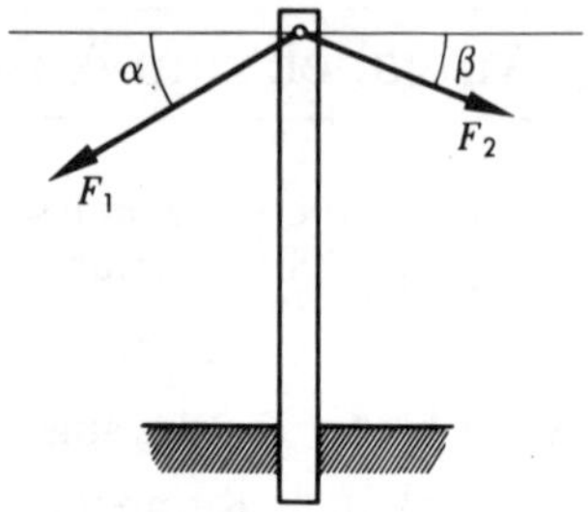

Abb. A 3-6

A 3-7 An einer starren Scheibe, die mit einem quadratischen Raster versehen ist, greifen zwei Kräfte an. Zu bestimmen ist die resultierende Kraft. Die Lösung soll zunächst allgemein erfolgen und anschließend für folgende Daten ausgewertet werden.

$F_1 = 8{,}0\,\text{kN}$; $F_2 = 12{,}0\,\text{kN}$

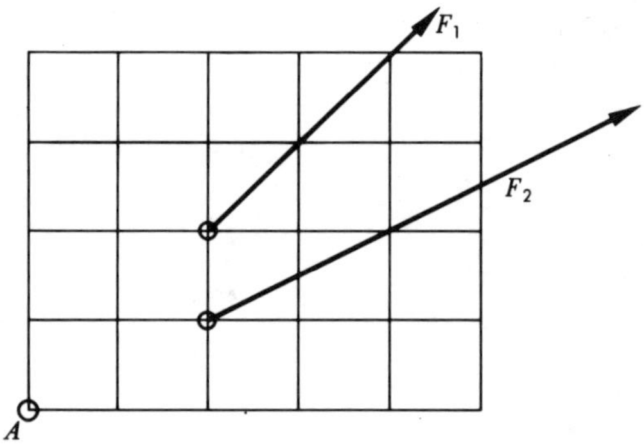

Abb. A 3-7

A 3-8 Für das gegebene Kräftesystem ist F_1 nach Größe und Richtung so zu bestimmen, daß die Resultierende $F_{res} = 4{,}0\,\text{kN}$ beträgt und wie skizziert angreift.

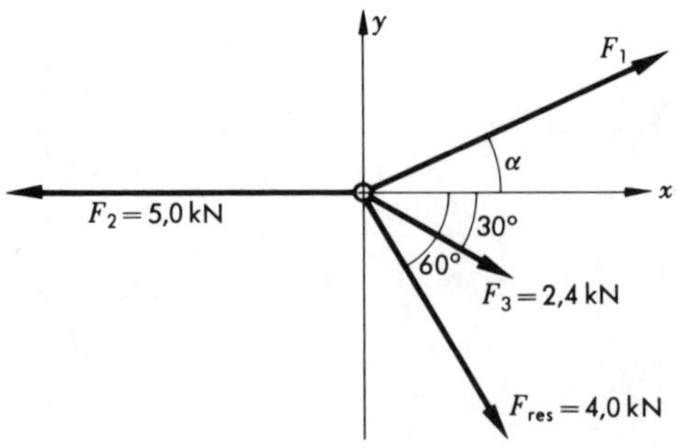

Abb. A 3-8

A 3-9 Welche zusätzliche Kraft muß in dem skizzierten Kräftesystem wirken, wenn die Resultierende null werden soll?

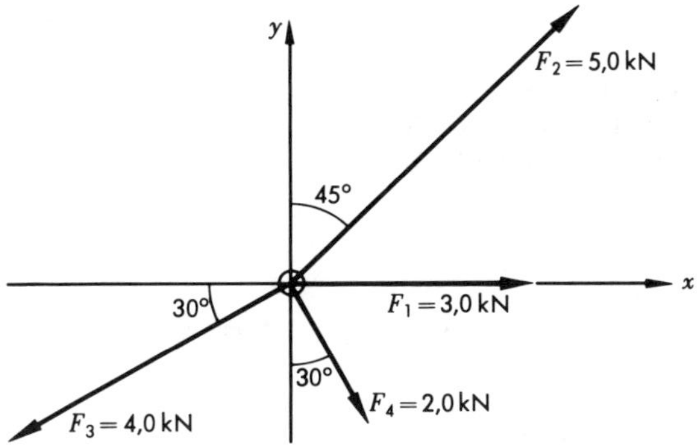

Abb. A 3-9

A 3-10 An der skizzierten Halterung sind drei Seile befestigt. Alle Seilkräfte und die Winkel β und γ sind vorgegeben. Die Kraft F_1 soll in der Richtung so eingestellt werden, daß die Befestigung in A nur vertikal belastet wird. Die Lösung soll allgemein erfolgen und anschließend für folgende Daten ausgewertet werden.

$F_1 = 3{,}0$ kN; $F_2 = 2{,}5$ kN; $F_3 = 1{,}8$ kN;
$\beta = 30°$; $\gamma = 80°$

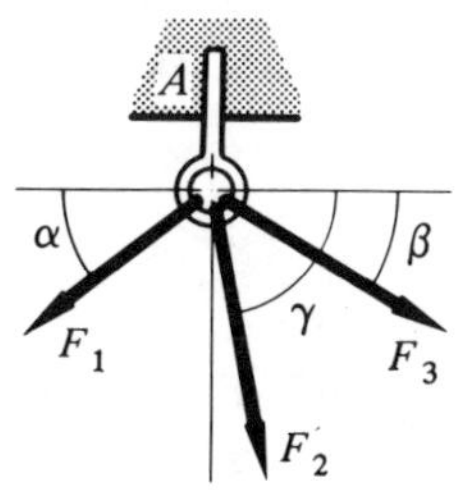

Abb. A 3-10

A 3-11 Zwei Schlepper ziehen geradlinig wie abgebildet ein Schiff. Die Seilkraft F_2 und die beiden Winkel werden gemessen. Zu bestimmen sind die Seilkraft F_1 und die am Schiff angreifende Resultierende. Die allgemeine Lösung soll für folgende Daten ausgewertet werden.

$F_2 = 50{,}0$ kN; $\alpha = 22°$; $\beta = 30°$

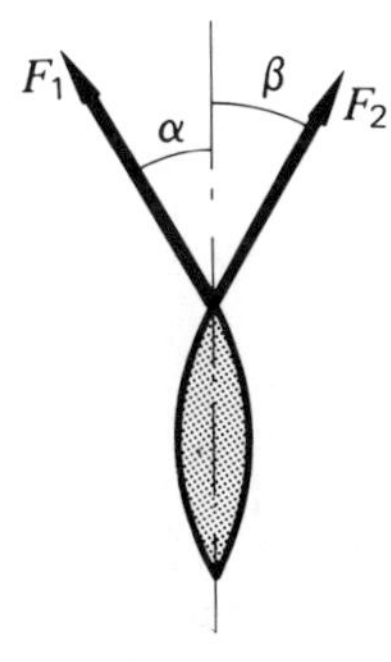

Abb. A 3-11/12

A 3-12 Zwei Schlepper ziehen geradlinig wie abgebildet ein Schiff. Die beiden Kräfte und der Winkel ß werden gemessen. Zu bestimmen sind die am Schiff angreifende Resultierende und die Richtung der Seilkraft F_1. Die allgemeine Lösung soll für folgende Daten ausgewertet werden.

$F_1 = 40{,}0$ kN; $F_2 = 50{,}0$ kN; $\beta = 30°$

A 3-13 An einer quadratisch gerasterten Scheibe greift nach Skizze eine Kraft an. Diese ist in die x- und y-Richtung zu zerlegen.

A 3-14 An einer quadratisch gerasterten Scheibe greift nach Skizze eine Kraft an. Diese ist in die Richtungen a-b und b-c zu zerlegen.

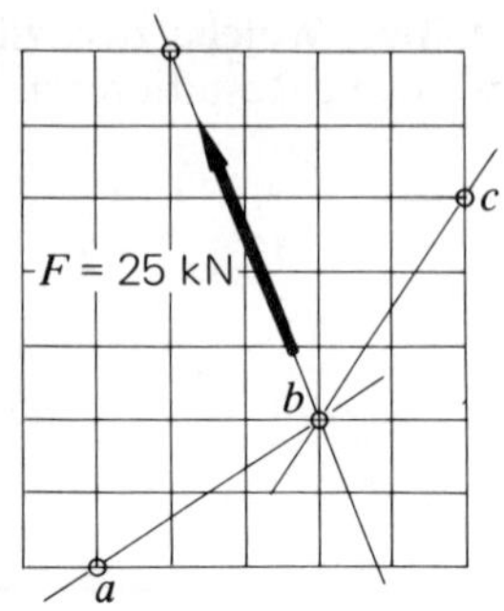

Abb. A 3-13/14

A 3-15 Ein Stabverband ist am Knoten nach Abbildung mit einer Masse m belastet. Die Gewichtskraft ist auf die beiden Stäbe aufzuteilen. Lösung allgemein und für $m = 1500$ kg; $\beta = 25°$.

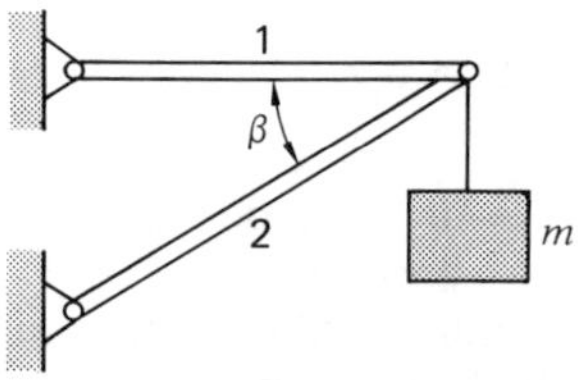

Abb. A 3-15

A 3-16 Die nach Skizze am Knoten schräg angreifende Kraft ist auf die beiden Stäbe aufzuteilen.

$F = 25$ kN; $\beta = 10°$

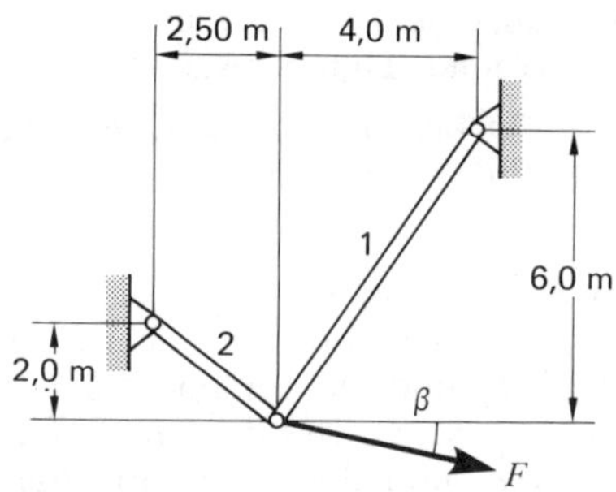

Abb. A 3-16

A 3-17 Eine homogene Walze der Masse m liegt in einer Keilnut. Die Gewichtskraft ist auf die beiden Auflagepunkte A und B aufzuteilen. Annahme: die Stützkräfte wirken senkrecht auf die Oberfläche (keine Reibung). Die allgemeine Lösung soll für $m = 1000$ kg; $\alpha = 20°$ und $\beta = 60°$ ausgewertet werden.

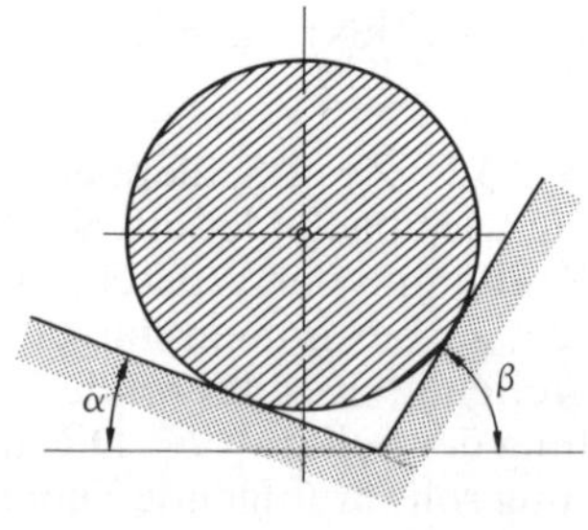

Abb. A 3-17

A 3-18 Abgebildet ist ein Keil, auf den eine Kraft F wirkt. Diese ist in die Normalrichtungen n zu zerlegen. Diese Kraftkomponenten würden sich für den reibungsfreien Fall an den Keilflächen einstellen. Die Lösung soll allgemein erfolgen und diskutiert werden.

A 3-19 Abgebildet ist ein Keil, auf den eine Kraft F wirkt. Diese ist in die Richtungen R zu zerlegen. Diese Kraftkomponenten würden sich bei vorhandener Reibung an den Keilflächen einstellen (ϱ = Reibungswinkel). Die Lösung soll allgemein und für $F = 1{,}0$ kN; $\alpha = 10°$; $\varrho = 6°$ durchgeführt werden.

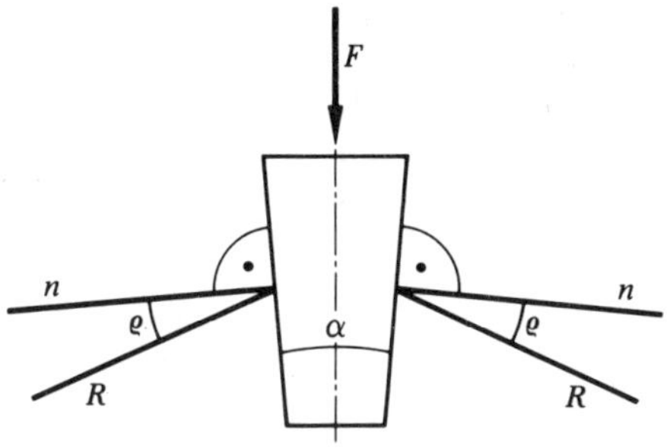

Abb. A 3-18/19

A 3-20 An einem Hebel ist nach Abbildung eine Masse aufgehängt. Der Hebel wird von der Seilkraft S gehalten. Das Gleichgewicht am Hebel erfordert im Befestigungspunkt des Seils eine nach unten gerichtete Kraft von 3,20 kN. Wie groß ist die Seilkraft? Wie groß ist die Komponente der Seilkraft in Richtung der Hebelachse?

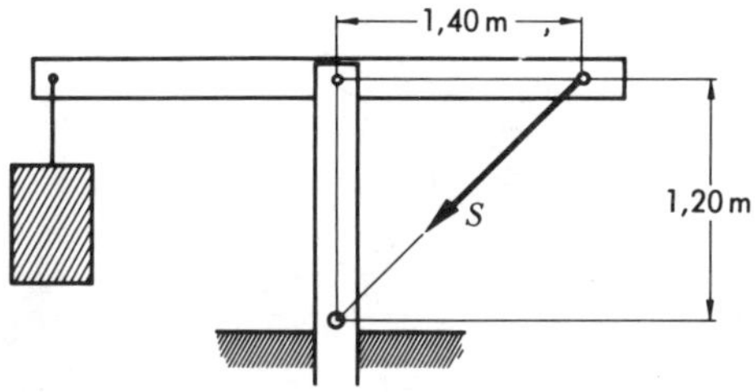

Abb. A 3-20

A 3-21 Die Abbildung zeigt die Keilnutführung eines Werkzeugschlittens. Diese soll anteilmäßig die Kraft F übertragen. Die dadurch verursachten Flächenbelastungen sind durch Zerlegung von F in die Richtungen senkrecht zu den Flächen zu ermitteln. Die Lösung soll allgemein durchgeführt und für F = 10,0 kN; $\alpha = 65°$; $\beta = 35°$; $\gamma = 70°$ ausgewertet werden.

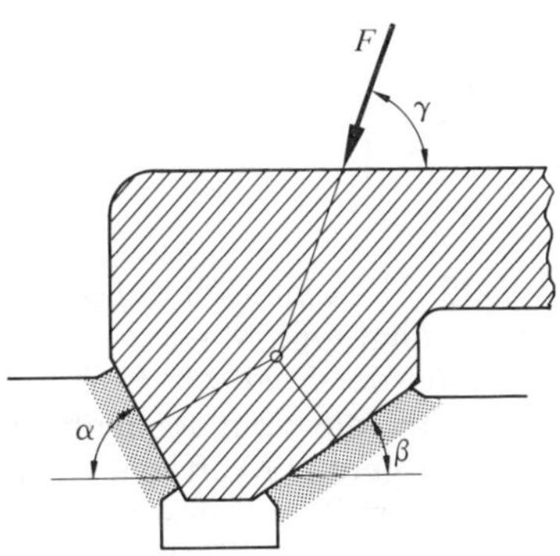

Abb. A 3-21

A 3-22 Ein Wagen soll eine Rampe hinaufgeschoben werden. Die in angegebener Weise angreifende Kraft F soll eine zur Rampe parallele Komponente von 2,0 kN haben. Zu bestimmen ist die Kraft F und ihre Komponente senkrecht zur Rampe.

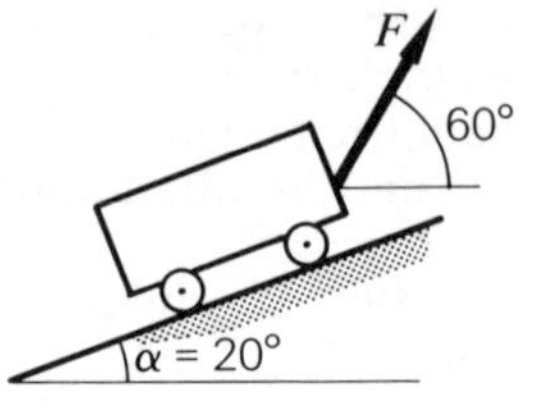

Abb. A 3-22

A 3-23 Ein Wagen der Masse m steht wie skizziert auf einer schiefen Ebene. Eine Stütze verhindert ein Herunterrollen. Die Stützkraft muß so groß sein, daß ihre Komponente parallel zur schiefen Ebene gleich der Hangabtriebskraft ist. Zu bestimmen ist die Stützkraft in allgemeiner Form und für $m = 200$ kg; $\alpha = 30°$ und $\beta = 20°$.

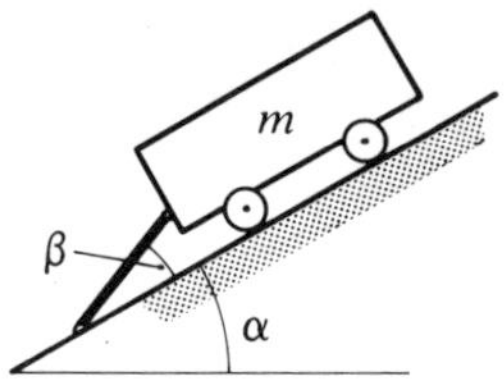

Abb. A 3-23

A 3-24 Eine auf einer schrägen Führung reibungslos gelagerte Muffe der Masse m_A wird durch die nach Skizze befestigte Masse m_B im Gleichgewicht gehalten. In allgemeiner Form sind die Masse m_B und die insgesamt auf die Führung übertragene Normalkraft in Abhängigkeit von den anderen Größen zu bestimmen. Die Auswertung soll für die Daten $\alpha = 35°$; $\beta = 15°$; $m_A = 20$ kg erfolgen.

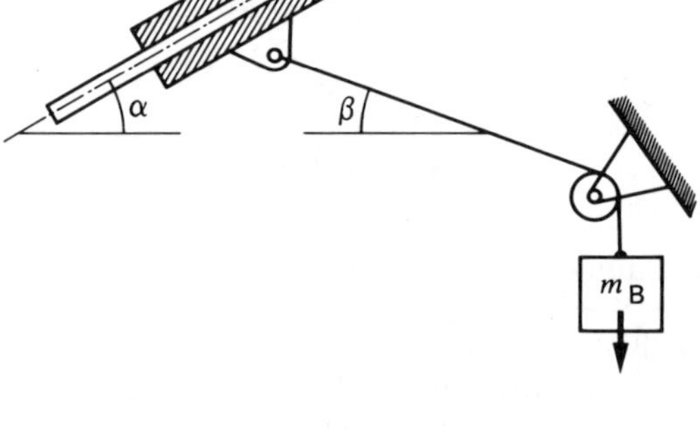

Abb. A 3-24

A 3-25 An einer reibungslos gelagerten Rolle hängt eine Masse $m = 100$ kg. Sie wird von der Seilkraft F_S gehalten. Wie groß muß die vom Rollenlager auf die Rolle ausgeübte Kraft sein und in welcher Richtung muß sie wirken, wenn die Resultierende an der Rolle gleich Null sein soll?

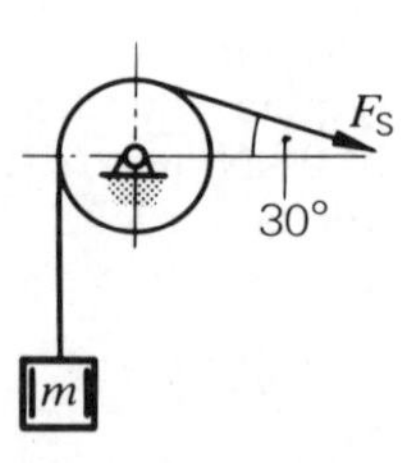

Abb. A 3-25

3.3 Parallele Kräfte

3.3.1 Das Moment einer Kraft

Das Bestreben einer Kraft, einen starren Körper um eine Achse zu drehen, ist um so größer, je größer die Kraft und je länger der Hebelarm ist. Dieses Bestreben, das man *Moment der Kraft* nennt, ist demnach proportional zu den beiden Größen. Man definiert deshalb

$$\boldsymbol{M = F \cdot d \qquad F \perp d} \qquad \textbf{Gl. 3-3}$$

Die geometrischen Zusammenhänge zeigt die Abb. 3-17. Der Durchstoßpunkt der Drehachse durch die Ebene, in der die Kraft liegt, nennt man *Pol*. Das Lot vom Pol auf die Wirkungslinie hat die Länge d. Anders ausgedrückt, Kraft und Hebelarm stehen senkrecht aufeinander.

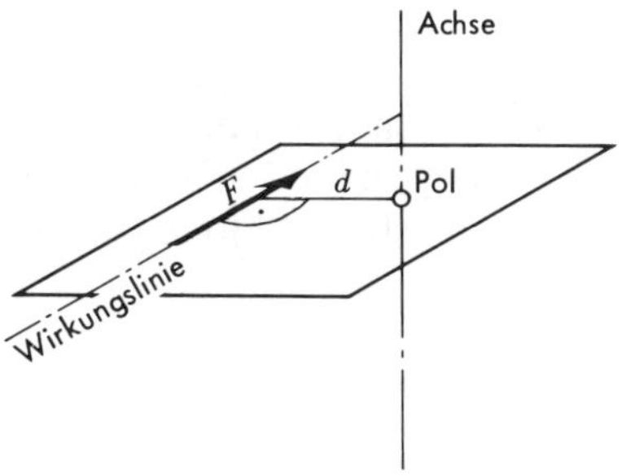

Abb. 3-17: Zur Definition des Momentes einer Kraft

Die Dimension des Momentes ist Kraft × Länge. Als Einheiten sind je nach Größenordnung Nm; kNm; Ncm usw. üblich. Da ein Moment in beiden Drehrichtungen wirken kann, ist eine Vorzeichendefinition notwendig. Sie kann für jede Rechnung beliebig festgelegt werden. Wenn man konsequent mit dem kartesischen Koordinatensystem arbeitet, ist der mathematisch positive Drehsinn „entgegengesetzt Uhrzeiger".

Ein Moment hat wie eine Kraft Vektoreigenschaft. Das wird im Kapitel 11 gezeigt.

Die Abb. 3-18 zeigt eine Scheibe, an der eine Kraft F in angegebener Richtung angreift. Das Moment dieser Kraft in bezug auf den Pol A ist

$$M_A = F \cdot d.$$

Nach dem 5. Lehrsatz ist es möglich, die Kraft F in zwei beliebig gewählte Richtungen 1 und 2 zu zerlegen. Die beiden Komponenten F_1 und F_2 haben in jeder Beziehung die gleiche Wirkung wie F, demnach muß auch das gleiche Moment M_A erzeugt werden.

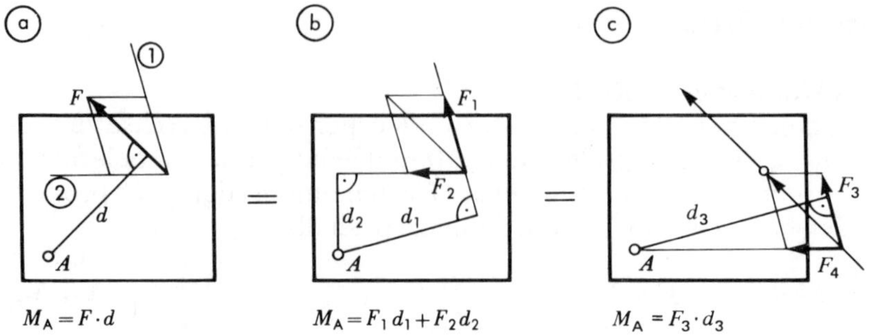

Abb. 3-18: Gleichwertige Momente an einer starren Scheibe

Es gilt demnach:

$$M_A = F_1 \cdot d_1 + F_2 \cdot d_2.$$

Die Zerlegung von F in die beiden Richtungen kann auch vorgenommen werden, nachdem die Kraft vorher nach dem 3. Lehrsatz entlang der Wirkungslinie verschoben wurde. Dabei geht im vorliegenden Fall eine Wirkungslinie durch den Pol und verursacht damit kein Moment in bezug auf den Punkt A. Es gilt jetzt:

$$M_A = F_3 \cdot d_3.$$

Die Verschiebung und Zerlegung einer Kraft an einem geschickt gewählten Punkt liefert oft eine z.T. erhebliche Vereinfachung der Berechnung wirkender Momente.

Aus dem oben Gesagten folgt (s. Abb. 3-18b mit Gleichung), **daß das resultierende Moment (Gesamtmoment) sich unter Berücksichtigung der Vorzeichen aus den Einzelmomenten verschiedener Kräfte zusammensetzt.**

$$\boldsymbol{M_{res} = \Sigma M_i} \qquad \text{Gl. 3-4}$$

Beispiel 1 (Abb. 3-19)
Die in das Koordinatensystem eingezeichnete Kraft F hat in bezug auf den 0-Punkt das Moment $M_0 = F \cdot d$. Verschiebt man die Kraft in den Punkt C und zerlegt sie dort in x- und y-Richtung, dann gilt $M_0 = F_x \cdot y_0$. Für B erhält man analog $M_0 = F_y \cdot x_0$. Die Richtigkeit dieser Beziehungen ist zu beweisen.

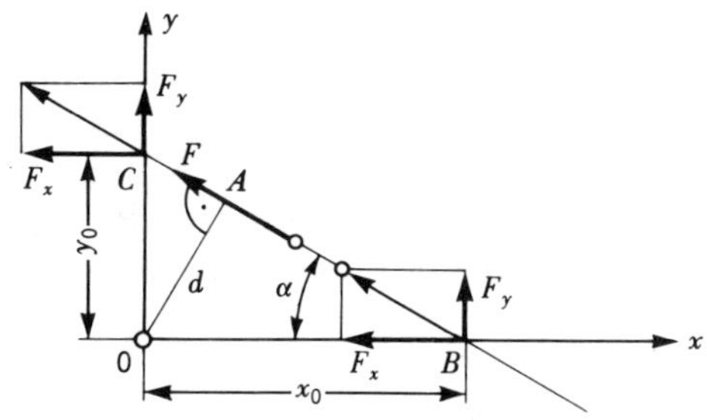

Abb. 3-19: Verschiebung einer Kraft und Moment

Lösung

Aus $\Delta\ OAB$: $d = x_0 \cdot \sin\alpha$

aus $\Delta\ OAC$: $d = y_0 \cdot \cos\alpha$

da Winkel $COA = \alpha$ (gedrehte Winkel).

Oben entsprechend eingesetzt erhält man

$$F \cdot x_0 \cdot \sin\alpha = F_y \cdot x_0; \qquad F \cdot y_0 \cdot \cos\alpha = F_x \cdot y_0$$

$$F \cdot \sin\alpha = F_y; \qquad F \cdot \cos\alpha = F_x$$

Die Richtigkeit beider Gleichungen ergibt sich aus der Abbildung.

Beispiel 2 (Abb. 3-20)
An einer aus einem quadratischen Raster bestehenden Scheibe greifen die Kräfte F_1 bis F_4 an. Zu bestimmen ist das im bezug auf den Punkt A (Pol) wirkende Moment dieser Kräfte.

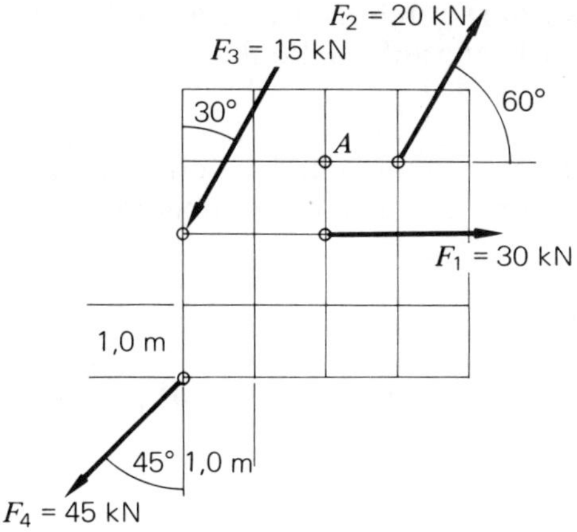

Abb. 3-20: Kräfte an einer starren Scheibe

Lösung (Abb. 3-21)
Es ist zwar nicht notwendig, für Ungeübten jedoch zu empfehlen, eine neue Skizze anzufertigen, in der die Kräfte in die x- und y-Komponenten zerlegt sind. Man beachte, daß die Komponente $F_2 \cdot \cos 60°$ kein Moment in bezug auf den Punkt A hat, da ihre Wirkungslinie durch diesen Punkt geht. Führt man für die Abmessung 1,0 m die Größe a ein, so ergibt sich folgende Gleichung für M_A:

$$\curvearrowleft + \quad M_A = +F_1 \cdot a + F_2 \cdot \sin 60° \cdot a + F_3 \cdot \cos 30° \cdot 2a - F_3 \cdot \sin 30° \cdot a - F_4 \cdot \sin 45° \cdot 3a + F_4 \cdot \cos 45° \cdot 2a.$$

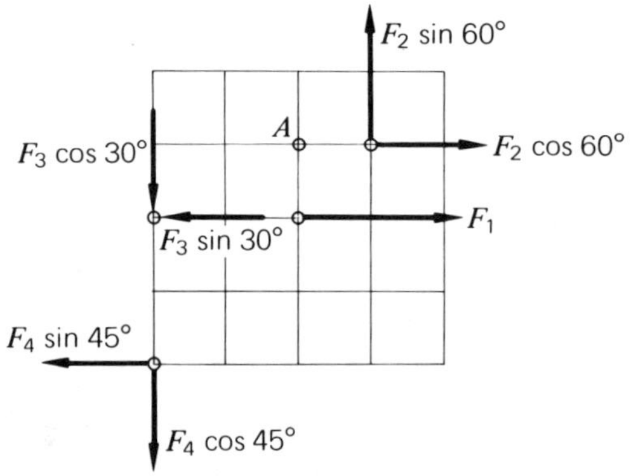

Abb. 3-21: Zweckmäßigke Kräftezerlegung für Momentenberechnung

Nach dem Einsetzen der gegebenen Werte erhält man:

$$\boldsymbol{M_A = +33{,}98\,\text{kNm}} \ (\curvearrowleft)$$

Beispiel 3 (Abb. 3-22)
Das abgebildete Fachwerk ist wie skizziert durch Kräfte belastet. Zu bestimmen ist das Moment aller Kräfte in bezug auf den Punkt A.

Lösung
Die Kraft F_2 wird zweckmäßig für die Berechnung in die Komponenten $F_x = F_2 \cos 60°$ und $F_y = F_2 \sin 60°$ zerlegt. Dazu ist nicht unbedingt eine neue Zeichnung erforderlich.

$$\curvearrowleft + \quad M_A = -20\,\text{kN} \cdot 2\,\text{m} - 30\,\text{kN} \cdot \sin 60° \cdot 4\,\text{m} + 30\,\text{kN} \cdot \cos 60° \cdot 2{,}4\,\text{m} - 20\,\text{kN} \cdot 6\,\text{m} + 28{,}49\,\text{kN} \cdot 8\,\text{m}$$

$$\boldsymbol{M_A = 0}$$

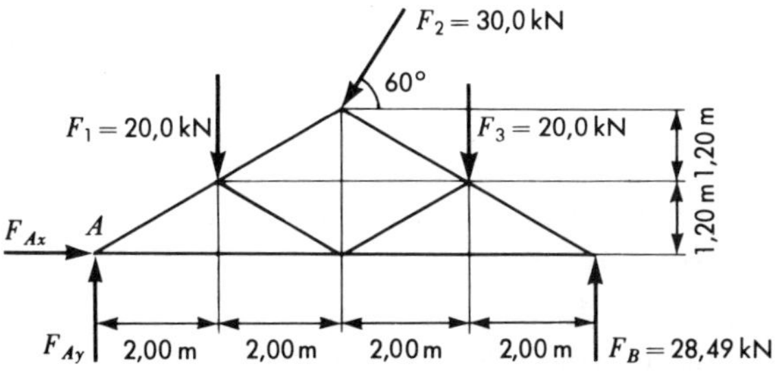

Abb. 3-22: Kräfte am Fachwerk

In diesem Falle ist das Moment um den Punkt A gleich Null. Die wirkenden Kräfte haben also nicht das Bestreben, das Fachwerk um den Punkt A zu drehen. Die Kraft F_B wird deshalb in diesem Gleichgewichtszustand vom Auflager auf das Fachwerk ausgeübt, bzw. das Fachwerk stützt sich mit der Reaktionskraft zu F_B auf dem Lager ab.

3.3.2 Die Resultierende paralleler Kräfte

Analytische Lösung

Ausgegangen wird vom System paralleler Kräfte nach Abb. 3-23, für das die Resultierende bestimmt werden soll. Die Wirkung aller Kräfte wird von der Resultierenden übernommen, d.h.

$$F_{res} = \Sigma F$$

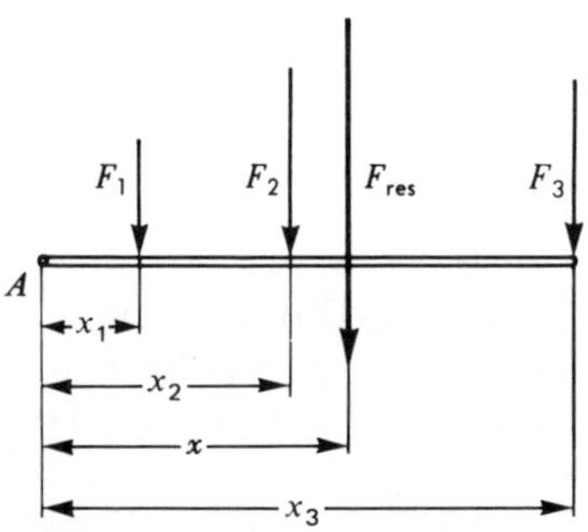

Abb. 3-23: Parallele Kräfte

in gleicher Richtung wirkend. Diese Kraft muß das gleiche Moment ausüben wie alle Einzelkräfte. Diese Aussage gilt für jeden beliebigen Pol.

$$F_{res} \cdot x = \Sigma F_i \cdot x_i$$

Insgesamt stehen zwei Gleichungen zur Verfügung, aus denen die Größe und Lage der resultierenden Kraft berechnet werden können.

$$\boldsymbol{F}_{\mathrm{res}} = \Sigma \boldsymbol{F} \qquad \boldsymbol{x} = \frac{\Sigma \boldsymbol{F}_{\mathrm{i}} \cdot \boldsymbol{x}_{\mathrm{i}}}{\boldsymbol{F}_{\mathrm{res}}} \qquad \boldsymbol{F}_{\mathrm{res}} \parallel \boldsymbol{F} \qquad \textbf{Gl. 3-5}$$

Bei konsequenter Verwendung des kartesischen Koordinatensystems mit dem mathematisch positiven Drehsinn für das Moment ergibt das Vorzeichen von x die Lage der Resultierenden in bezug auf den Pol.

In vielen Fällen muß man jedoch von dieser Regel abweichen. Es ist z.B. einfach nicht üblich und auch nicht zweckmäßig, für Gewichtskräfte, die ja immer nach unten wirken, negative Werte anzugeben. In solchen Fällen muß man durch Überlegung bestimmen, ob die Resultierende rechts oder links vom Pol liegt, d.h. die Gleichungen werden in folgender Form gebraucht.

$F_{\mathrm{res}} = \Sigma F;$ mit Angabe (↑) oder (↓)

$M_{\mathrm{ges}} = \Sigma M;$ mit Angabe (↶) oder (↷)

$x = \left| \dfrac{M_{\mathrm{ges}}}{F_{\mathrm{res}}} \right|$ ergibt nur den Abstand

Überlegung ob F_{res} rechts oder links vom Pol liegt:

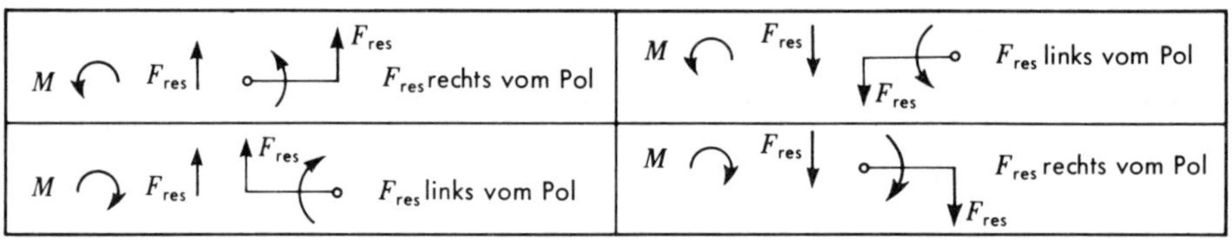

Die Streckenlast

Kontinuierlich verteilte Lasten (z.B. Eigengewichte von Balken, Schneelast, durch Windkräfte verursachte Belastung) stellen ein paralleles Kräftesystem dar. Man bezeichnet diese Lasten als Streckenlasten. Ihre Dimension ist nach dem oben Gesagten, Kraft pro Trägerlänge, d.h. z.B. kN/m. Sie werden mit q bezeichnet. Die Streckenlast kann sich von Punkt zu Punkt ändern (Abb. 3-24). Sie sagt etwas über die Belastungsintensität oder über den Belastungszustand an einer gegebenen Stelle des Balkens aus.

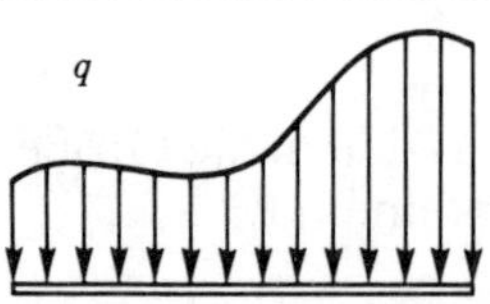

Abb. 3-24: Streckenlast

Die Lage und Größe der Resultierenden soll an dieser Stelle des Buches nur für zwei Belastungsfälle gegeben werden.

1. Konstante Streckenlast (Abb. 3-25)
In diesem Fall liegt die Resultierende aus Symmetriegründen in der Mitte der Streckenlast, denn in bezug auf diesen Punkt heben sich die Momente des rechten und linken Teils der Streckenlast auf. Die Größe der Resultierenden ist nach der Definition

$$F_{res} = q \cdot l$$

2. Linear sich ändernde Streckenlast (Dreieck) (Abb. 3-26)
Diese wird durch die maximale Belastungsintensität q_o festgelegt. Die Größe der Resultierenden ist

$$F_{res} = \frac{1}{2} \cdot q_o \cdot l$$

Diese Kraft liegt im Abstand $l/3$ vom Rand maximaler Belastung. Das ist die Schwerpunktlage der Dreiecksfläche, die auch aus einer Momentgleichung berechnet wird (siehe Kapitel 4).

Die Größe der Resultierenden entspricht der eingeschlossenen Fläche, die Lage wird durch den Flächenschwerpunkt festgelegt.

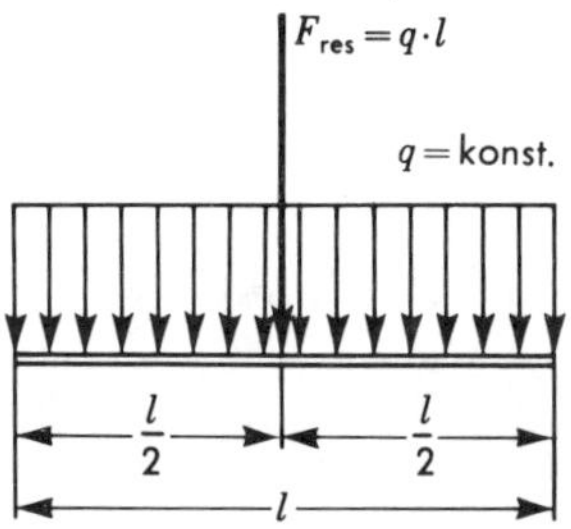

Abb. 3-25: Konstante Streckenlast

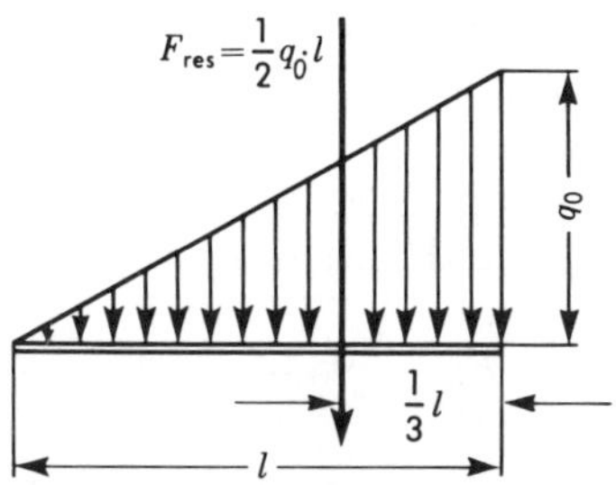

Abb. 3-26: Dreiecksförmige Streckenlast

Graphische Lösung
Die beiden parallelen Kräfte F_1 und F_2 nach Abb. 3-27 sollen graphisch zur Resultierenden zusammengefaßt werden.

Da die Wirkungslinien dieser beiden Kräfte keinen gemeinsamen Schnittpunkt haben, ist das in Abschnitt 3.2 behandelte Verfahren nicht durchführbar. Man kann jedoch nach dem 4. Lehrsatz die beiden Hilfskräfte S_0 überlagern, die beide gleich groß, entgegengesetzt gerichtet und kollinear sind und damit keine Wirkung auf das ursprüngliche System

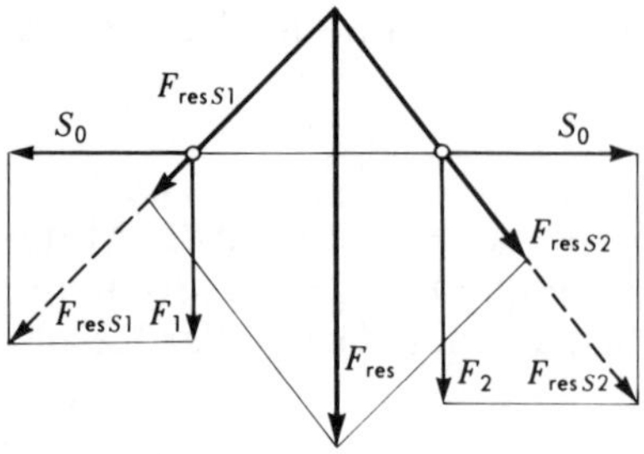

Abb. 3-27: Zwei parallele Kräfte mit überlagerten Hilfskräften

ausüben. Je eine Kraft S_0 wird mit F_1 und F_2 zu den Resultierenden $F_{res\,S1}$ und $F_{res\,S2}$ zusammengefaßt. Diese beiden werden in den gemeinsamen Schnittpunkt verschoben und zusammengesetzt.

Grundsätzlich ist die Aufgabe, die Lage der Resultierenden graphisch zu bestimmen, gelöst, denn bei mehr als zwei Kräften kann man jeweils zwei Kräfte zusammenfassen und das Verfahren solange durchführen, bis die Gesamtresultierende ermittelt ist. Dieses Verfahren ist umständlich und nur des Verständnisses wegen hier angeführt. Es wird in den nachfolgenden Abschnitten durch ein besseres ersetzt (Seileck).

Beispiel 1 (Abb. 3-28)
Die Abbildung zeigt eine Welle, die aus drei Abschnitten besteht. Die Massen der einzelnen Abschnitte betragen 30 kg, 80 kg, 50 kg in der Reihenfolge A, B, C aufgezählt. Die Gewichtskräfte greifen aus Symmetriegründen in den so bezeichneten Punkten an. Zu bestimmen ist die resultierende Gewichtskraft nach Lage und Größe.

Lösung (Abb. 3-29)
Aus der Beziehung $F = m \cdot g$ erhält man die einzelnen Gewichtskräfte:

$$F_A = 294\,\text{N} \qquad F_B = 785\,\text{N} \qquad F_C = 490\,\text{N}$$

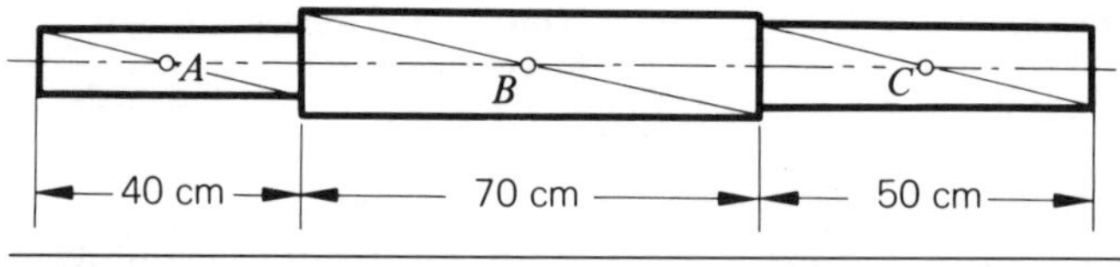

Abb. 3-28: Welle

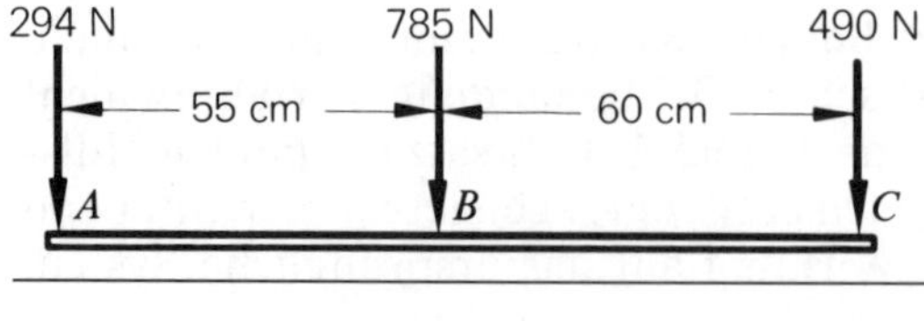

Abb. 3-29: Gewichtskräfte der Wellenabschnitte

und die Größe der resultierenden Kraft aus der Summierung

$$\boldsymbol{F_{res} = 1569\ N.}$$

Damit kann man den Lageplan wie abgebildet zeichnen.

Mit Hilfe einer Momentengleichung ist die Lage der Wirkungslinie zu bestimmen. Der Bezugspunkt ist frei wählbar. Es soll hier der Punkt B verwendet werden.

$$\curvearrowleft + \quad M_B = +294\ \text{N} \cdot 55\ \text{cm} + 0 - 490\ \text{N} \cdot 60\ \text{cm}$$

$$M_B = -13230\ \text{Ncm}\ (\curvearrowright).$$

Die Einzelkräfte erzeugen ein rechtsdrehendes Moment. Das gleiche muß die Resultierende tun. Da sie nach unten gerichtet ist, muß sie deshalb rechts von B liegen. Der Abstand beträgt

$$\mathbf{x} = \left| \frac{M_B}{F_{res}} \right| = \frac{13230\ \text{Ncm}}{1569\ \text{N}} = \mathbf{8{,}43\ cm}$$

vom Punkt B oder 63,43 cm von der linken Kante der Welle.

Kontrolle: $\Sigma M = 0$ für Wirkungslinie von F_{res}.

Beispiel 2 (Abb. 3-30)
Die Resultierende des parallelen Kräftesystems ist zu bestimmen.

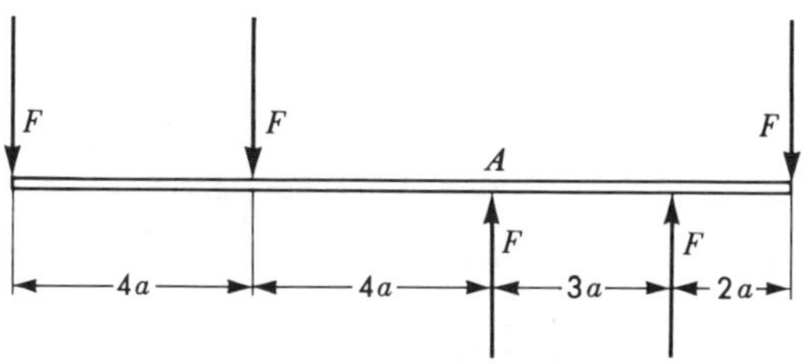

Abb. 3-30: Parallele Kräfte am Träger

Lösung

$$(\uparrow +)\ F_{res} = \Sigma F_i; \qquad F_{res} = +2F - 3F; \qquad \boldsymbol{F_{res} = -F}(\downarrow).$$

Als Pol wird der Punkt A gewählt.

$$\curvearrowleft + \quad M_A = 8a \cdot F + 4a \cdot F + 3a \cdot F - 5a \cdot F$$

$$M_A = +10\,a\,F\ (\curvearrowleft).$$

$$\boldsymbol{x} = \frac{M_{\mathrm{A}}}{F_{\mathrm{res}}} = \frac{10\,a\,F}{-F} = -\mathbf{10}\,\boldsymbol{a}.$$

Da die Vorzeichenregel eingehalten wurde, sagt das negative Vorzeichen aus, daß die Resultierende von der Größe F im Abstand 10 a links von A liegt und nach unten wirkt. In diesem Falle liegt die Resultierende also außerhalb des Kräftesystems.

Kontrolle: $\Sigma M = 0$ für Wirkungslinie von F_{res}.

3.3.3 Das Kräftepaar

Nach dem im obigen Abschnitt abgeleiteten Verfahren soll versucht werden, zwei Kräfte zusammenzusetzen, die gleich groß, entgegengesetzt gerichtet und parallel verschoben sind (Abb. 3-31).

Die Rechnung ergibt $F_{\mathrm{res}} = F - F = 0$ und das zeichnerische Verfahren mit den Hilfskräften führt nicht zum Ziel, da die Resultierenden $F_{\mathrm{res\,S1}}$ und $F_{\mathrm{res\,S2}}$ (Abb. 3-27) für diesen Fall auch wieder parallel sind. Es ist also offensichtlich nicht möglich, diese Kombination von zwei Kräften, die *Kräftepaar* genannt wird, durch eine einzige Kraft zu ersetzen. Anders ausgedrückt, ein *Kräftepaar hat keine Kraftwirkung, sondern übt ein Moment* aus, versucht demnach eine Drehung einzuleiten.

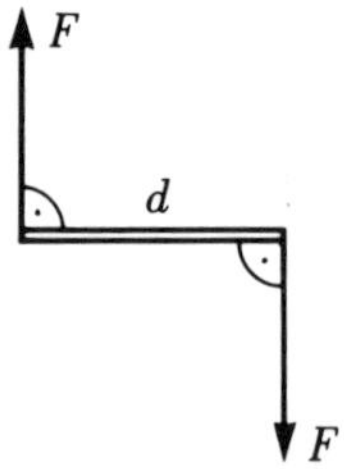

Abb. 3-31: Kräftepaar

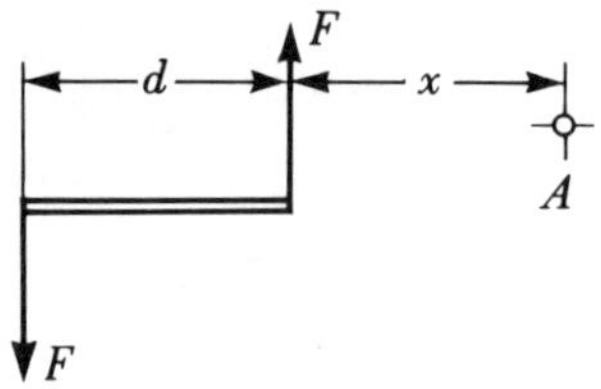

Abb. 3-32: Zur Berechnung des Momentes eines Kräftepaars

Die Größe dieses Momentes soll für einen beliebigen Pol A (Abb. 3-32) ermittelt werden.

$$M_{\mathrm{A}} = F \cdot (d + x) - F x$$

$$\boldsymbol{M_{\mathrm{A}} = F \cdot d}$$

M_{A} ist also von x unabhängig.

Das Kräftepaar hat die Wirkung eines Momentes, dessen Größe $F \cdot d$ unabhängig von der Lage des Poles ist.

Daraus resultieren folgende Sätze:

1. **Ein Kräftepaar kann in seiner Wirkungsebene beliebig verschoben werden. Die Wirkung auf einen starren Körper bleibt unverändert.**

   Die Abb. 3-33 zeigt eine Anwendung dieses Satzes. Die direkt auf dem Vierkant wirkende Kraft erscheint unnötig, da sie kein Moment ausübt. Sie muß wirksam sein, wenn auf den Vierkant ein reines Moment ausgeübt werden soll. Wird sie weggelassen, so wird der Zapfen zusätzlich auf Biegung beansprucht.

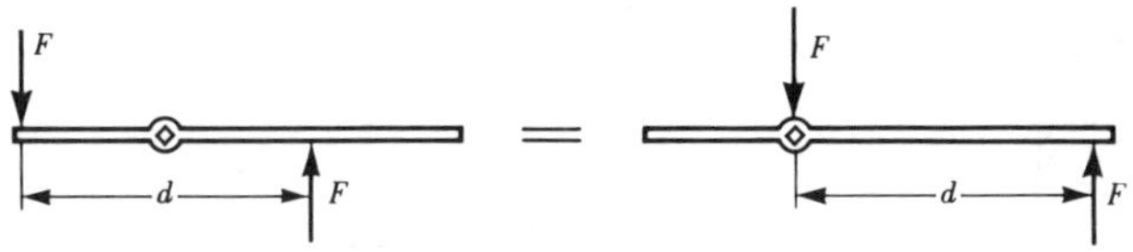

Abb. 3-33: Verschiebbarkeit eines Kräftepaars in der Ebene

2. **Ein Kräftepaar kann in eine neue, parallel liegende Wirkungsebene verschoben werden.**

   Die Wirkung eines langen und kurzen Steckschlüssels ist gleich.

3. **Ein Kräftepaar kann durch ein anderes Kräftepaar ersetzt werden.**

   Das kann sowohl analytisch als auch graphisch erfolgen.

   Ein Kräftepaar $F_1 \cdot d_1$ ist durch ein zweites $F_2 \cdot d_2$ zu ersetzen. Da dabei die Wirkung gleich bleiben soll, muß gelten $F_1 \cdot d_1 = F_2 \cdot d_2$. Bei Vorgabe z.B. des Abstandes d_2 kann F_2 berechnet werden.

   Die graphische Lösung erfolgt durch die Überlagerung von zwei Hilfskräften nach Abb. 3-27 (4. Lehrsatz). Diese Konstruktion für ein Kräftepaar angewendet, ergibt ein neues Kräftepaar.

4. **Mehrere Kräftepaare lassen sich zu einem resultierenden Kräftepaar durch algebraische Addition zusammensetzen. Den Drehsinn ergibt das Vorzeichen.**

Symbolisch dargestellt wird das Kräftepaar wie in Abb. 3-34 angegeben.

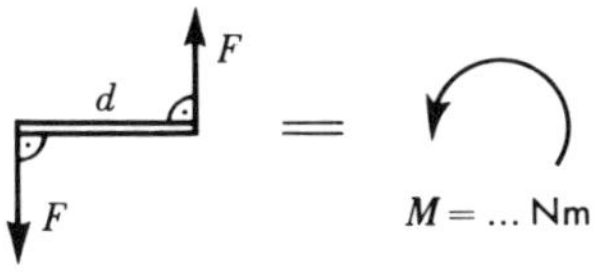

Abb. 3-34: Darstellung eines Kräftepaars

Beispiel 1 (Abb. 3-35)
Ein Stempel, der nach Skizze mit Hebeln versehen ist, wird hinten in einer Einspannung festgehalten. Es greift wie abgebildet ein Kräftepaar an. Dieses ist zu ersetzen durch

a) ein Kräftepaar, dessen Kräfte vertikal liegen und in *C* und *D* angreifen und
b) durch ein Kräftepaar, dessen Kräfte horizontal liegen und in den Punkten *E* und *H* angreifen.

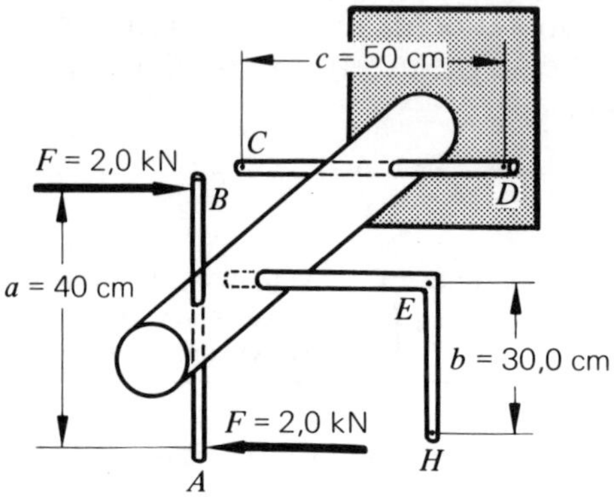

Abb. 3-35: Hebelsystem mit Kräftepaaren

Lösung:
zu a) Ein Kräftepaar kann in der Wirkungsebene verschoben und durch ein gleichwertiges ersetzt werden. Es ist besonders zu beachten, daß die Hebel nicht symmetrisch sitzen müssen (1. Satz):

$$F \cdot a = F_C \cdot c$$

$$F_C = \frac{a}{c} \cdot F = \frac{40\,\text{cm}}{50\,\text{cm}} \cdot 2{,}0\,\text{kN}$$

$$\boldsymbol{F_c = 1{,}60\,\text{kN}\,(\uparrow) \qquad F_D = 1{,}60\,\text{kN}\,(\downarrow).}$$

zu b) Ein Kräftepaar kann beliebig verschoben werden:

$$F \cdot a = F_E \cdot b$$

$$F_E = \frac{a}{b} \cdot F = \frac{40\,\text{cm}}{30\,\text{cm}} \cdot 2{,}0\,\text{kN}$$

$$\boldsymbol{F_E = 2{,}67\,\text{kN}\,(\rightarrow) \qquad F_H = 2{,}67\,\text{kN}\,(\leftarrow).}$$

Daß dieses Kräftepaar das vorgegebene ersetzt, ist durchaus schwer vorstellbar. Es handelt sich um die *äußere* Wirkung des Kräftepaars auf den *starren* Stempel, die für alle drei Kräftepaare gleich ist.

Beispiel 2 (Abb. 3-36)
Die Abbildung zeigt von oben gesehen einen Getriebekasten. An den Wellenenden wirken die Momente M_1 und M_2. Welche Kräfte werden durch das resultierende Moment in die Auflagerpunkte A und B übertragen?

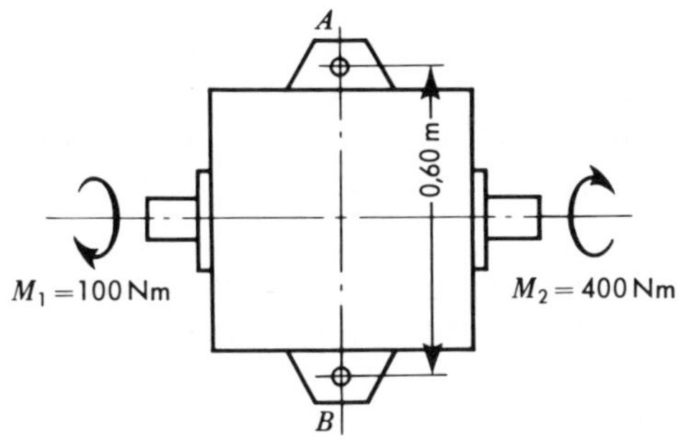

Abb. 3-36: Getriebe

Lösung

$$(+\curvearrowright)\quad M_{res} = M_2 - M_1$$

$$M_{res} = 400 - 100 = 300\,\text{Nm}\ (\curvearrowright)$$

$$M = F \cdot d; \qquad F = \frac{M}{d} = \frac{300\,\text{Nm}}{0{,}60\,\text{m}}; \qquad F = 500\,\text{N}$$

Aus dem Drehsinn folgend **$F_A = 500$ N (⊗)** **$F_B = 500$ N (⊙)**

3.3.4 Die Parallelverschiebung von Kräften

In diesem Abschnitt soll untersucht werden, unter welchen Voraussetzungen eine Parallelverschiebung von Kräften möglich ist. Die im Punkt A eines Körpers (Abb. 3-37a) wirkende Kraft F soll nach Punkt B parallel

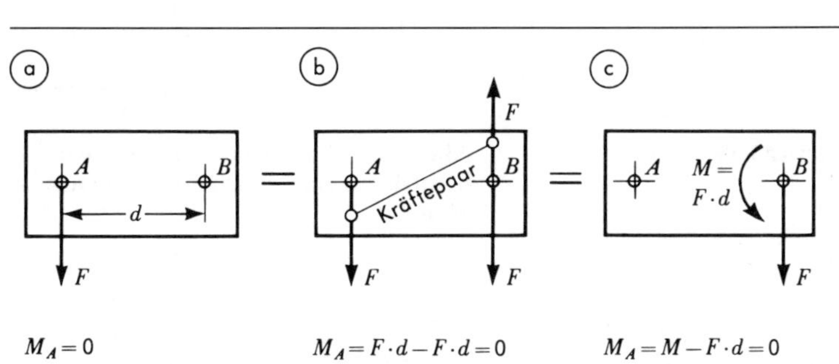

Abb. 3-37: Parallelverschiebung einer Kraft

verschoben werden, wobei die Wirkung auf den Körper unverändert bleiben soll.

Das ist auf folgendem Wege möglich:

1. Schritt: Die Kraft F wird in B eingetragen. Damit würde aber die Wirkung geändert. Um das auszugleichen, muß in B eine gleich große, entgegengesetzt gerichtete Kraft gezeichnet werden (Abb. 3-37b).

2. Schritt: Das entstandene Kräftesystem kann in ein Kräftepaar und die in B verbleibende Kraft F aufgeteilt werden. Da ein Kräftepaar ein Moment erzeugt, dessen Größe vom Pol unabhängig ist, kann dieses Moment auch in B angetragen werden. Damit ist die Kraft von A und B parallel verschoben.

Verschiebt man eine Kraft F parallel um den Betrag d, dann entsteht in bezug auf den Ausgangspunkt ein vorher nicht vorhandenes Moment $F \cdot d$. Dieses muß durch ein Moment gleicher Größe, aber vom umgekehrten Drehsinn ausgeglichen werden.

Die hier beschriebene Operation wird vor allem bei der Festigkeitsberechnung exzentrisch belasteter Bauteile gebraucht. Man kann eine solche Beanspruchung aufteilen in eine zentrische Kraft und ein reines Moment. Die verschobene Kraft verursacht Zug/Druck, das Moment Biegung. Das ist aus der Anschauung auch an dieser Stelle verständlich. Ausführlich wird der Fall in der Festigkeitslehre behandelt.

Beispiel 1 (Abb. 3-38)
Auf einen Block wirkt exzentrisch eine Kraft F. Diese Kraft ist parallel in die Achse zu verschieben.

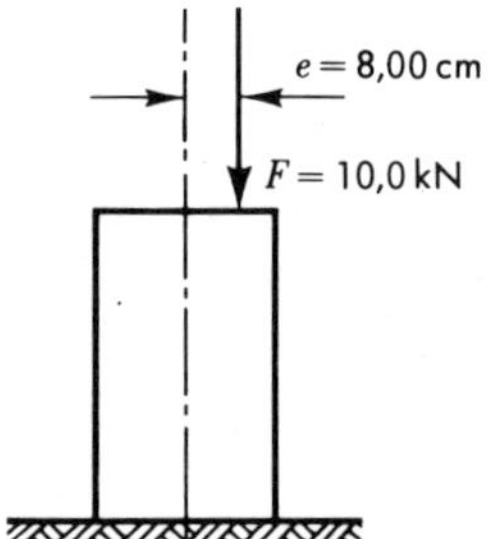

Abb. 3-38: Exzentrisch belasteter Block

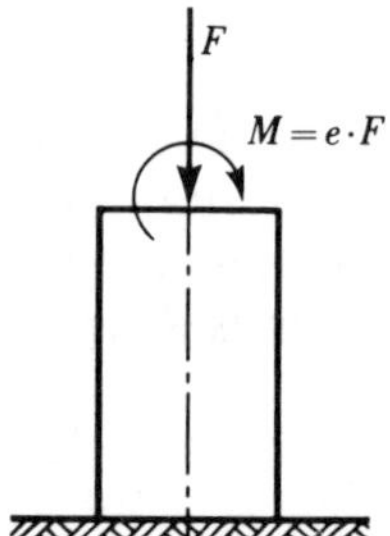

Abb. 3-39: Ersatz einer exzentrischer Kraft durch eine zentrische Kraft und ein Moment

Lösung
Bei der Verschiebung nach links entsteht ein mathematisch positives Moment, das durch ein gleich großes negatives Moment (↻) kompensiert werden muß.

$$M = -F \cdot e = -10\,\mathrm{kN} \cdot 0{,}08\,\mathrm{m}$$

$$M = -0{,}8\,\mathrm{kNm}\ (\curvearrowright).$$

Man kann auch von folgender Überlegung ausgehen. Vorher hat die Kraft in bezug auf die Achse ein Moment im Uhrzeigersinn ausgeübt. Dieses muß auch nach der Verschiebung der Kraft vorhanden sein. Das ergibt ein System nach Abb. 3-39.

Beispiel 2 (Abb. 3-40)
Abgebildet ist ein Teil eines Kranauslegers mit zwei reibungsfrei gelagerten Rollen. Über diese ist ein belastetes Seil geführt. Die Seilkräfte sind in die Gelenke A und B parallel zu verschieben.

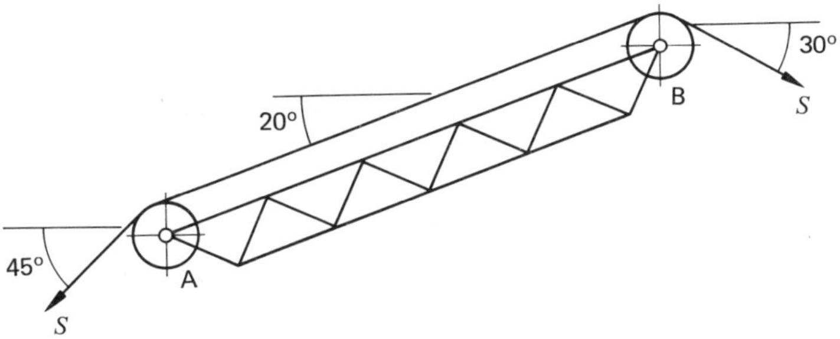

Abb. 3-40: Kranausleger mit belastetem Seil

Lösung
Eine reibungsfrei gelagerte Rolle kann eine Kraft lediglich umlenken. Die Größe der Kraft wird dabei nicht geändert. Diese Überlegung führt auf ein System nach Abb. 3-41. Bei der Parallelverschiebung der Seilkräfte entstehen an jeder Rolle zwei Momente. Diese sind gleich groß und entgegengesetzt gerichtet, heben sich demnach auf (Abb. 3-42). Das führt im Endergebnis auf eine Belastung, wie sie in Abb. 3-43 dargestellt ist.

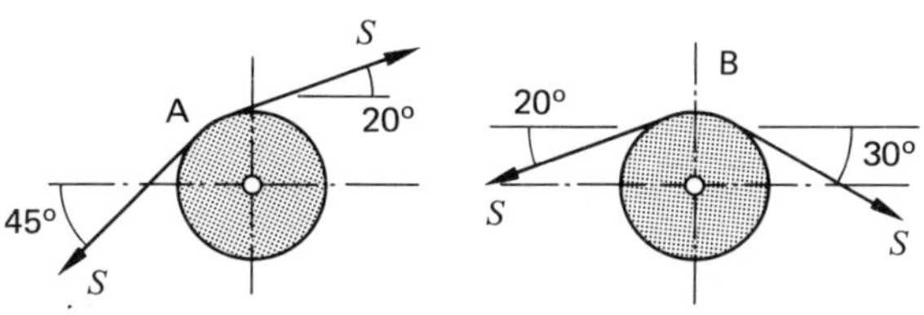

Abb. 3-41: Freigemachte Rollen

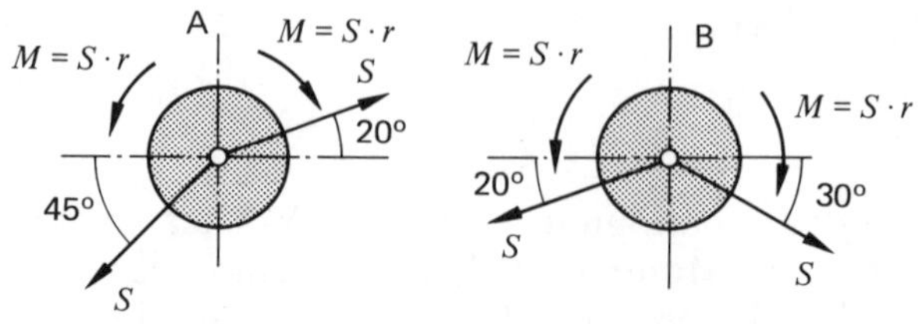

Abb. 3-42: Parallele Verschiebung der Kräfte an den Seilrollen

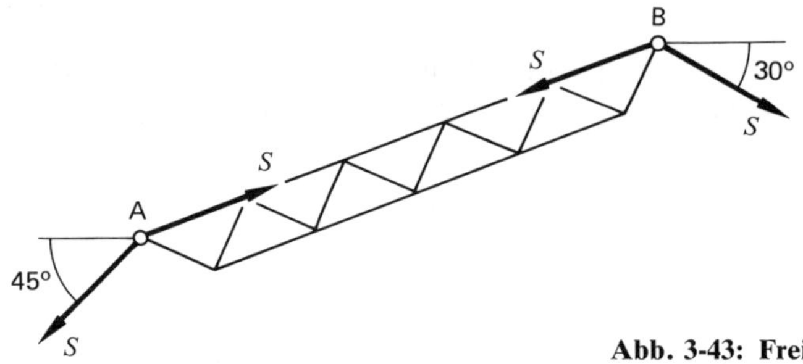

Abb. 3-43: Freigemachter Kranausleger

Zusammenfassend soll festgehalten werden:

1. *An einer reibungsfreien Rolle mit Seil wirken immer zwei gleich große Seilkräfte.*
2. *Diese beiden Kräfte können in das Rollenlager übertragen werden.*

Die oben gemachte Aussage kann dadurch bestätigt werden, daß beide Seilkräfte zu einer Resultierenden zusammengefaßt und in das Gelenk verschoben werden.

Im Kapitel 5 wird das Freimachen behandelt. Der so bezeichnete Vorgang ist die Vorbereitung und damit die Voraussetzung der statischen Berechnung von Bauteilen. Das Freimachen von Elementen mit Seilrollen wird wesentlich vereinfacht, wenn man sich das in diesem Beispiel behandelte Prinzip zu eigen macht.

Aufgaben zum Abschnitt 3.3

A 3-26/27/28/29 An einem starren Körper greifen nach Skizze Kräfte an. Zu bestimmen ist das Moment dieser Kräfte in Bezug auf den Punkt A.

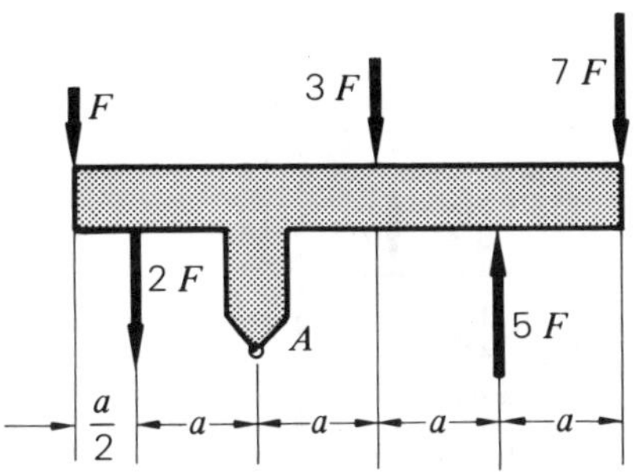

Abb. A 3-26/34/61

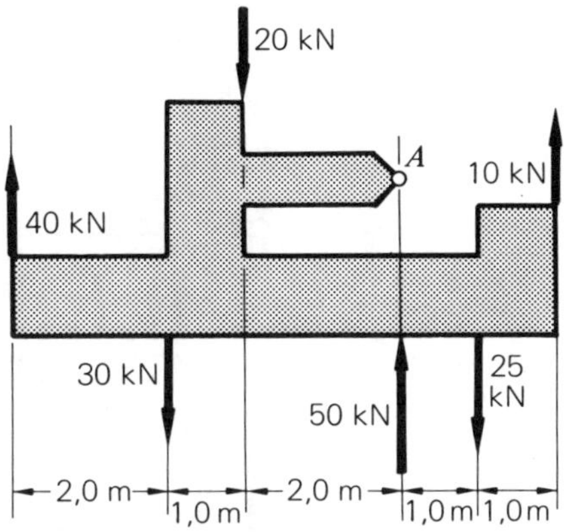

Abb. A 3-27/35/62

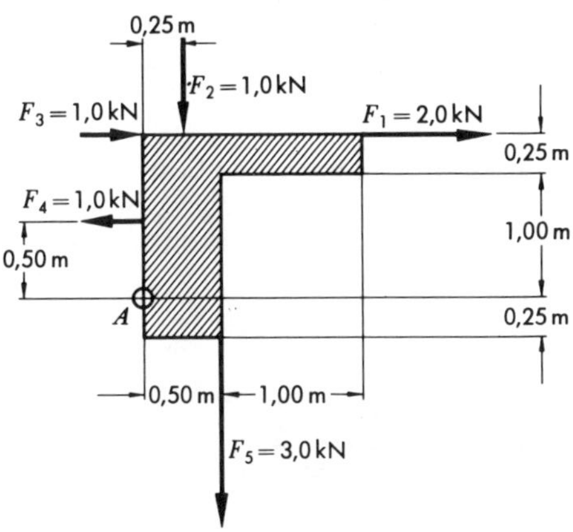

Abb. A 3-28/58

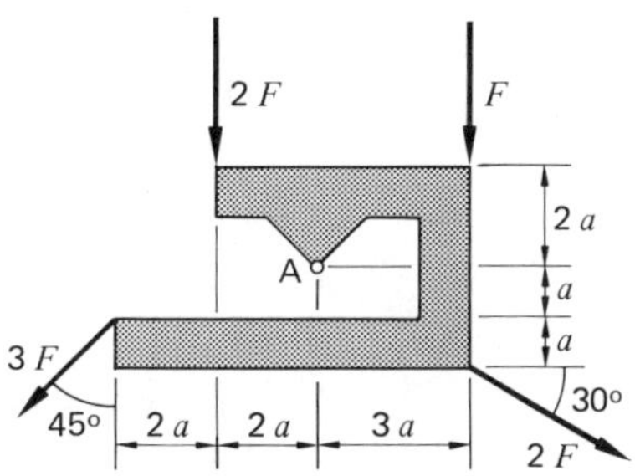

Abb. A 3-29/59

A 3-30/31 Abgebildet ist ein belastetes Tragwerk, das in A und B gelagert ist. Die in B wirkende vertikale Kraft ist so zu bestimmen, daß das resultierende Moment bezogen auf A verschwindet. Welche physikalische Bedeutung hat diese Bedingung?

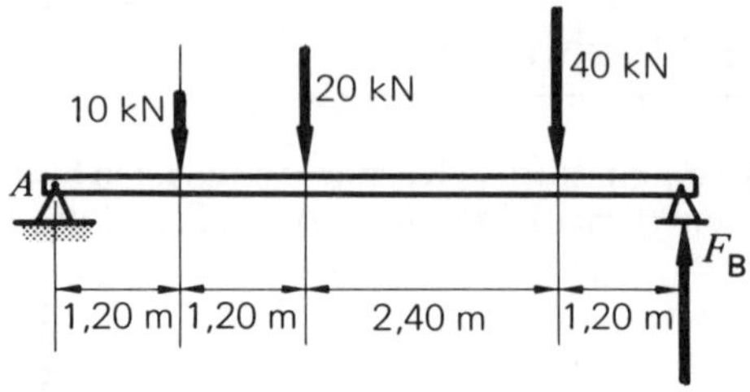

Abb. A 3-30

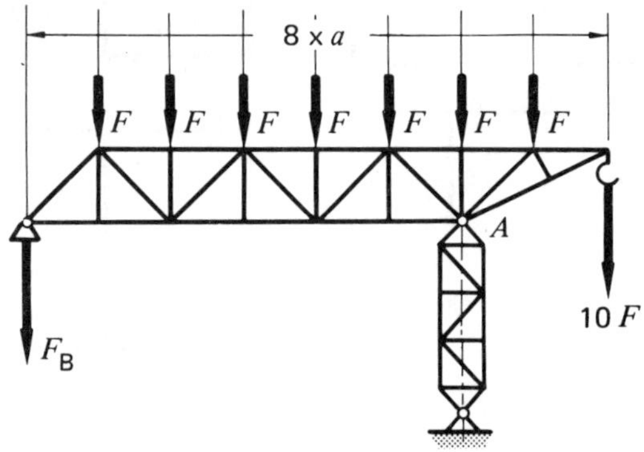

Abb. A 3-31

A 3-32 Die Resultierende des gegebenen Kräftesystems ist zu bestimmen. Es soll von einer Momentengleichung bezogen auf den Pol A ausgegangen werden. Das Ergebnis ist durch eine Momentengleichung für den Pol B zu kontrollieren.

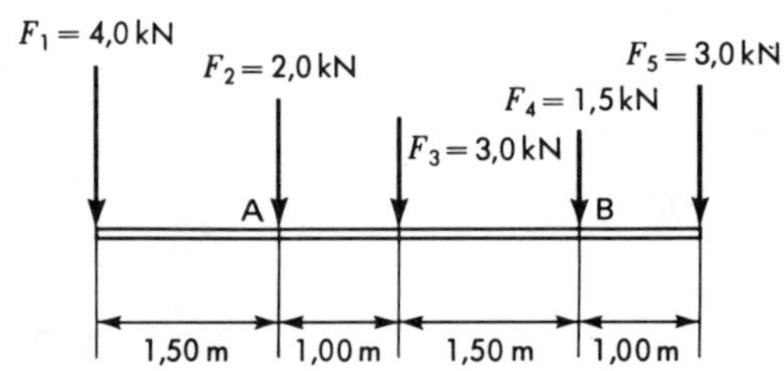

Abb. A 3-32

A 3-33 Der abgebildete Träger mit einer Flanschbreite von 20 cm liegt auf einem ebenen Untergrund. Die Gesamtbelastung, die sich aus den beiden Kräften F und der Gewichtskraft des Trägers zusammensetzt, beträgt 85 kN. Wegen der Anordnung der Kräfte wird angenommen, daß die auf die Unterlage ausgeübte Flächenpressung (N/cm^2) in der Mitte um 30% höher ist als außen. Für den Fall, daß sie linear nach außen abnimmt, ist die maximale Flächenpressung zu berechnen.

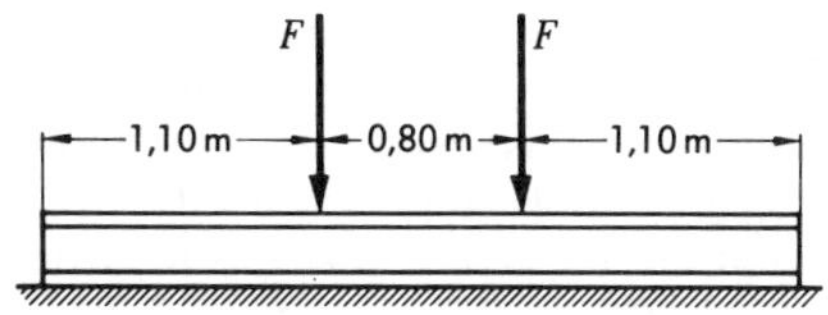

Abb. A 3-33

A 3-34/35 Die Resultierende des abgebildeten Kräftesystems A 3-26/27 ist zu bestimmen. Das Ergebnis ist mit Hilfe einer Momentengleichung für einen neu zu wählenden Pol zu kontrollieren.

A 3-36 Die Resultierende der skizzierten Streckenlast ist zu bestimmen. Das Ergebnis ist mit einer unabhängigen Momentengleichung zu kontrollieren.

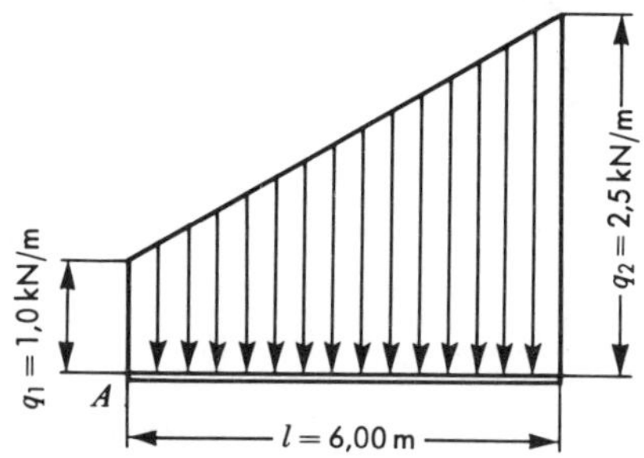

Abb. A 3-36

A 3-37 Die abgebildete Tafel ist aus homogenem Blech gefertigt, dessen Masse 25 kg/m² beträgt. Die Größe der Gewichtskraft und ihre Lage für die skizzierte Position ist zu bestimmen. Das Ergebnis ist mit einer unabhängigen Momentengleichung zu kontrollieren.

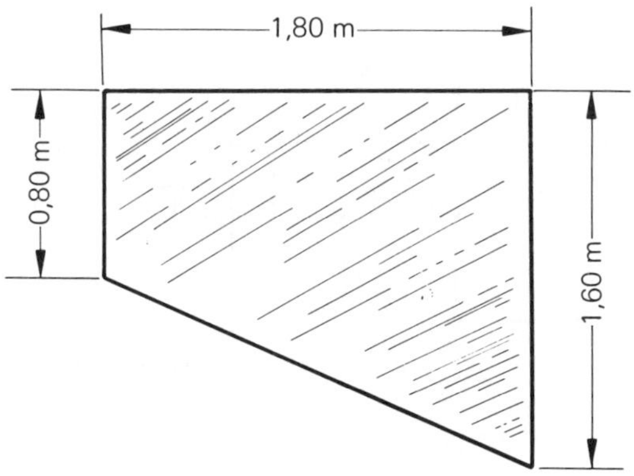

Abb. A 3-37

A 3-38 In dieser Aufgabe wird vom Fachwerk Abb. A 9-1 ausgegangen. In den Auflagern wirken die senkrecht nach oben gerichteten Kräfte F_A und F_B. Die Kraft F_B ist so zu bestimmen, daß das resultierende Moment in bezug auf den Pol A verschwindet. Analoges gilt für F_A und den Pol B. Für das sich so ergebende Kräftesystem sind die resultierende Kraft und das resultierende Moment für einen beliebigen Pol (z.B. Schnittpunkt der Stäbe 4; 7; 8) zu bestimmen. Die Ergebnisse sind zu diskutieren.

A 3-39 An einem starren Stab greifen nach Skizze vier Kräfte an. Es ist zu untersuchen, ob dieses Kräftesystem durch ein Kräftepaar ersetzbar ist. Wenn ja, soll dies durch Einführung vertikaler Kräfte in A und E geschehen.

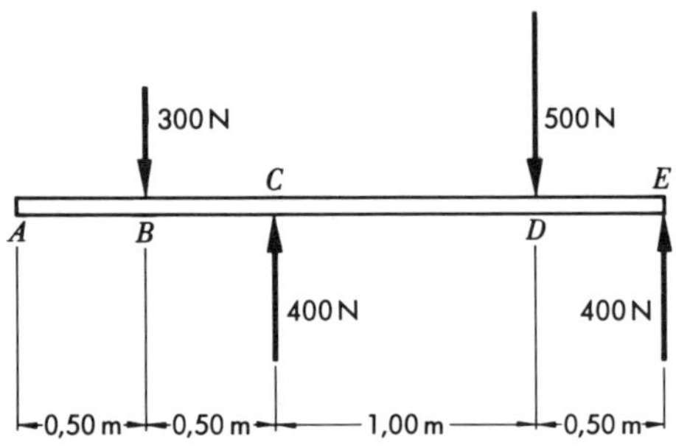

Abb. A 3-39/60

A 3-40 Das an der abgebildeten Scheibe angreifende resultierende Moment ist zu bestimmen.

A 3-41 Die an der abgebildeten Scheibe angreifenden Kräfte sind durch zwei Kräfte in den Punkten A und B zu ersetzen. Die Wirkungslinien dieser Kräfte sollen senkrecht auf der Diagonalen $A\,B$ stehen.

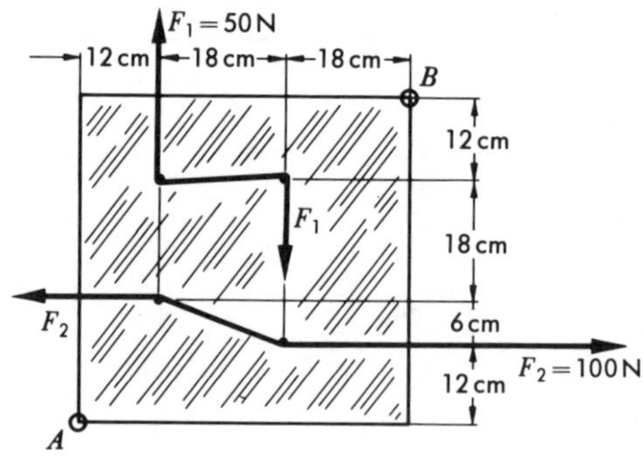

Abb. A 3-40/41

A 3-42 Die Abbildung zeigt einen Teilabschnitt eines Fachwerks. Die vom Auflager auf das Fachwerk übertragene Kraft beträgt 3000 kN. Die in den Knoten wirkenden Kräfte sind in der Skizze eingetragen. Wie groß müssen die Stabkräfte F_S sein, wenn das resultierende Moment für einen beliebigen Pol null ist? Welche physikalische Bedeutung hat diese Bedingung?

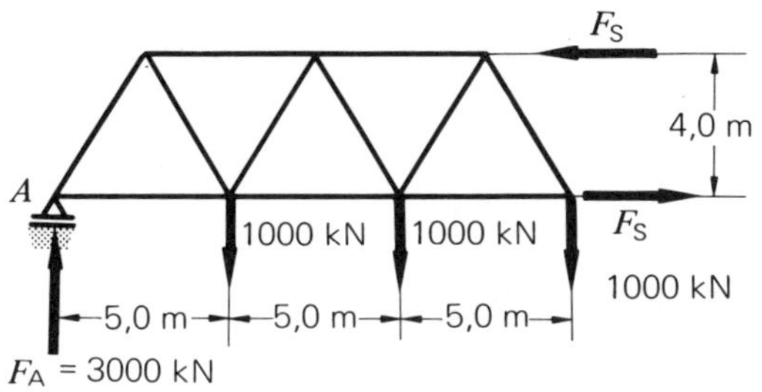

Abb. A 3-42

A 3-43 Abgebildet ist ein Teilabschnitt eines H-Trägers, der bei A gelagert ist. Dort wird die Stützkraft F_A übertragen. Die im Inneren der Flansche am rechten Rand wirkenden Kräfte F_F sollen so bestimmt werden, daß $M_{res} = 0$ ist. Welche physikalische Bedeutung hat diese Bedingung?

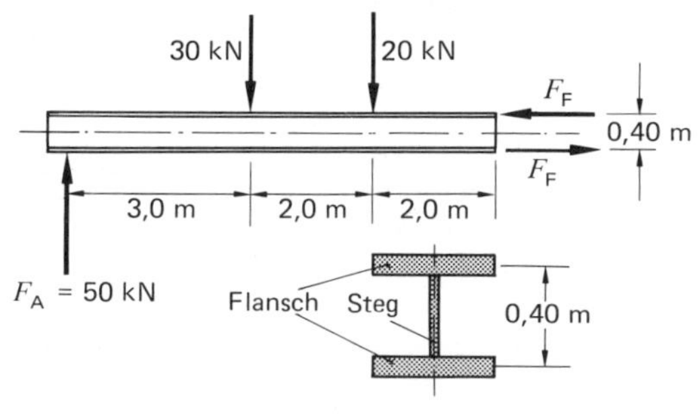

Abb. A 3-43

A 3-44 An dem abgebildeten, gekröpften Träger greifen die beiden horizontalen Kräfte an. Wie groß müssen die in den Auflagern wirkenden vertikalen Kräfte sein, wenn insgesamt kein Moment wirken soll?

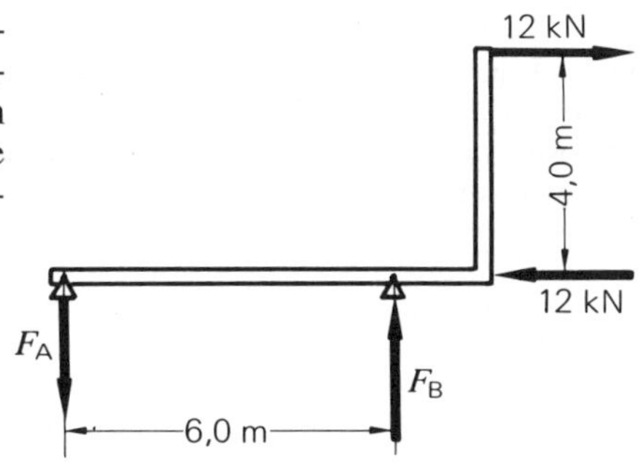

Abb. A 3-44

A 3-45 Eine homogene Platte (Gewichtskraft 200 N) ist wie skizziert in A gelenkig gelagert und in B mit einem Seil festgehalten. Im Gelenk wirkt eine vertikale Komponente, die der Gewichtskraft entspricht. Zu bestimmen sind die beiden horizontalen Kräfte für die Bedingung $M_{res} = 0$.

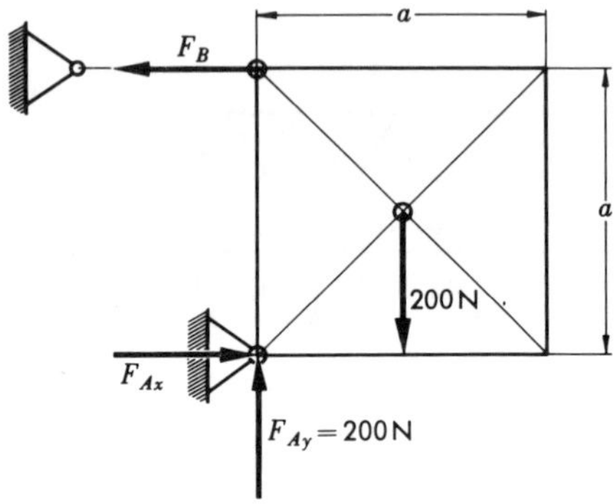

Abb. A 3-45

A 3-46 Die skizzierte Platte wird gleichzeitig an den drei Stellen gebohrt. Jeder Bohrer überträgt das Moment $M_B = 2{,}0$ Nm. Wie groß muß ein a) in der Plattenmitte b) in A eingeleitetes Moment sein, um die Bohrermomente aufzuheben?

A 3-47 Die skizzierte Platte wird gleichzeitig an den drei Stellen gebohrt. Jeder Bohrer überträgt das Moment $M = 2{,}4$ Nm. Wie groß müssen die in A und B horizontal angreifenden Kräfte sein, wenn sie die Bohrermomente aufheben sollen?

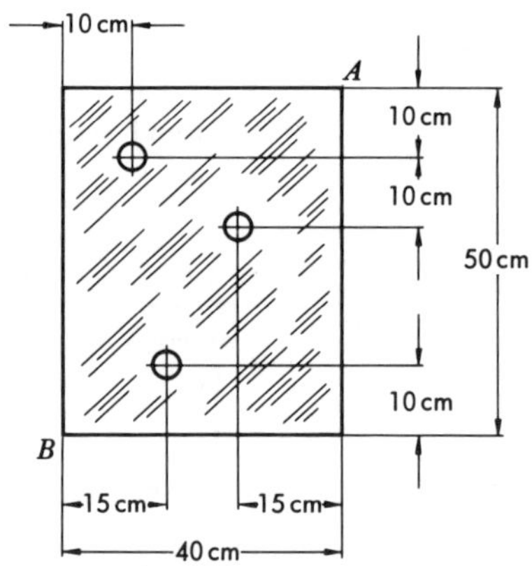

Abb. A 3-46/47

A 3-48 Die beiden an der Platte wirkenden Kräftepaare üben insgesamt kein Moment aus. Das ist durch Zusammenfassung von F_1 und F_2 zur Resultierenden zu beweisen.

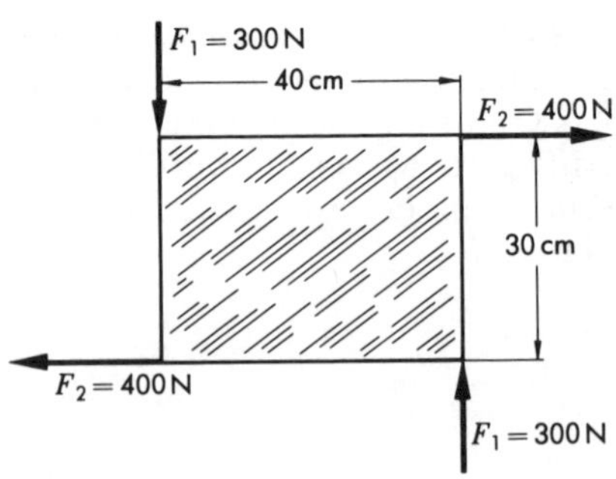

Abb. A 3-48

A 3-49 An einem Zahnrad greift die Zahnkraft F_{zy} wie skizziert an. Sie ist in die Drehachse zu verschieben. Lösung allgemein.

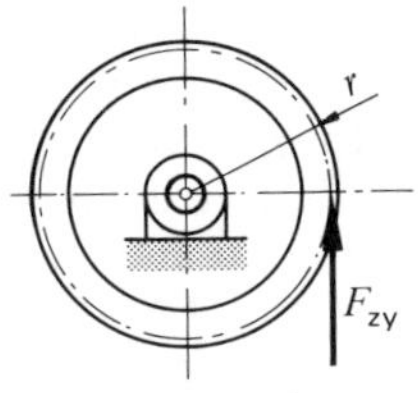

Abb. A 3-49

A 3-50 An einer Riemenscheibe greifen die beiden Riemenkräfte an. Sie sind in der Wellenachse durch eine Kraft und ein Moment zu ersetzen. Lösung allgemein und für S_1 = 800 N; S_2 = 400 N; r = 250 mm; β = 12°.

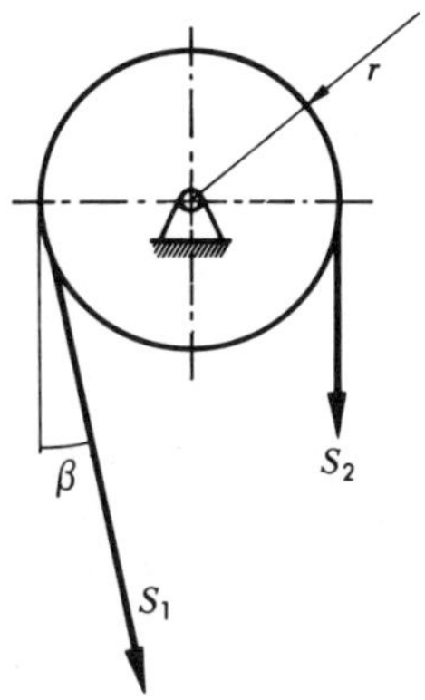

Abb. A 3-50

A 3-51 Abgebildet ist eine Umlenkrolle, die reibungslos gelagert ist. Die beiden Seilkräfte sind deshalb gleich groß. Sie sollen in die Lagerachse parallel verschoben werden. Das Ergebnis ist zu diskutieren.

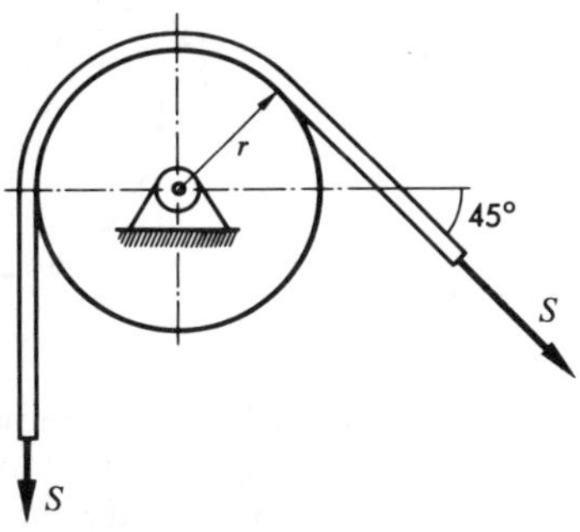

Abb. A 3-51

A 3-52 Ein T-Stahl ist nach Skizze über eine angeschweißte Lasche mit der Kraft F = 20 kN belastet. Die Kraft F ist in die Schwerpunktachse des T-Stahls zu verschieben. Die auf diese Achse bezogene Beanspruchung ist anzugeben.

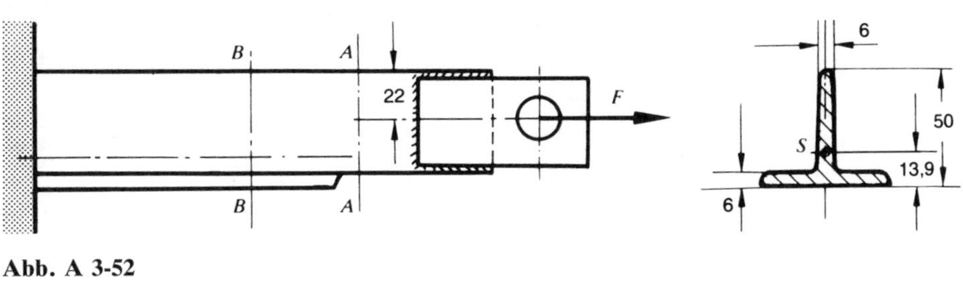

Abb. A 3-52

A 3-53 Die Abbildung zeigt eine Bruchsicherung, wie sie z.B. in Pressen verwendet wird. Bei Überlastung durch die Kräfte F soll der eingekerbte Flachstahl einknicken. Für $b = 18{,}0$ mm und $F = 10{,}0$ kN ist die auf die Mittelachse des engsten Querschnitts bezogene Beanspruchung anzugeben.

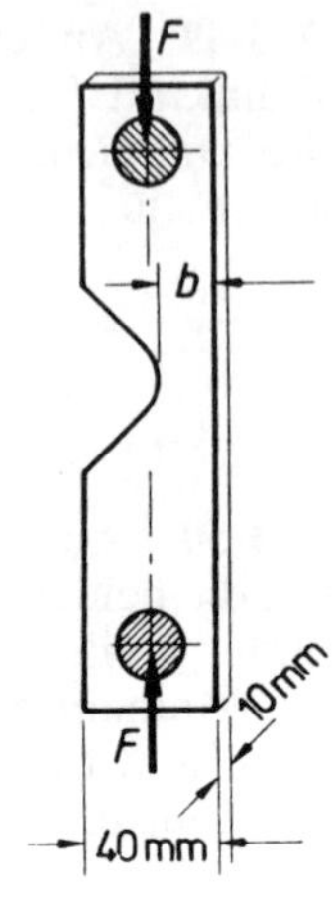

Abb. A 3-53

A 3-54 An der verschieblichen Muffe des skizzierten Systems greift in horizontaler Richtung die Kraft F_{B} = 1,0 kN an. Zu bestimmen ist für diese Position das Moment an der Scheibe. Der Abstand AM beträgt 300 mm, AB = 900 mm.

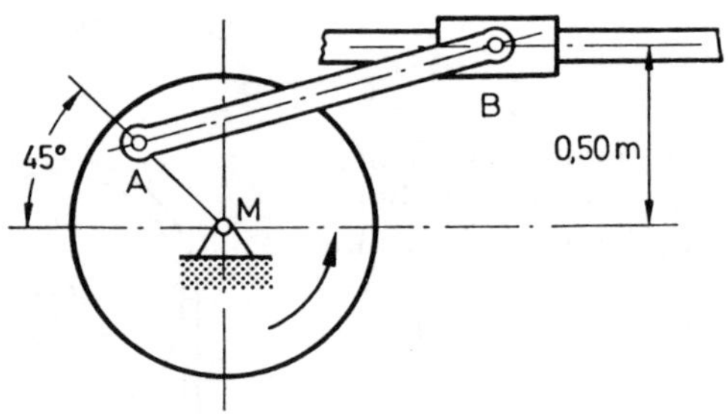

Abb. A 3-54

A 3-55 An der linken Scheibe des skizzierten Systems greift ein Moment von 200 Nm an. Zu bestimmen ist das an der rechten rechten Scheibe wirkende Moment. Die Radien betragen $r_B = 250$ mm und $r_D = 350$ mm.

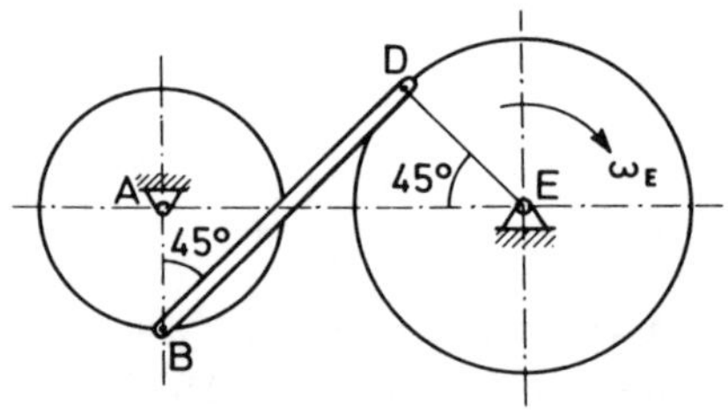

Abb. A 3-55

3.4 Das allgemeine Kräftesystem

3.4.1 Analytische Methode

In diesem Abschnitt werden Kräftesysteme behandelt, deren Kräfte weder parallel sind noch einen gemeinsamen Schnittpunkt haben. Ein solches System kann man nach Abb. 3-44 auf zwei Systeme mit parallelen Kräften reduzieren. Dies geschieht durch Zerlegung jeder Kraft in zwei Komponenten in Richtung dieser parallelen Kräfte. Für die Berechnung verwendet man ein kartesisches Koordinatensystem. Deshalb zerlegt man jede Kraft in x- und y-Richtung und erhält so ein System paralleler Kräfte in x und eines in y-Richtung. Für jedes System kann man nach den im Abschnitt 3.3 behandelten Verfahren die Resultierende, d.h. die Größe $F_{\text{res x}}$ und $F_{\text{res y}}$ ermitteln. Diese beiden Kräfte ergeben bei geometrischer Addition die Resultierende des Kräftesystems.

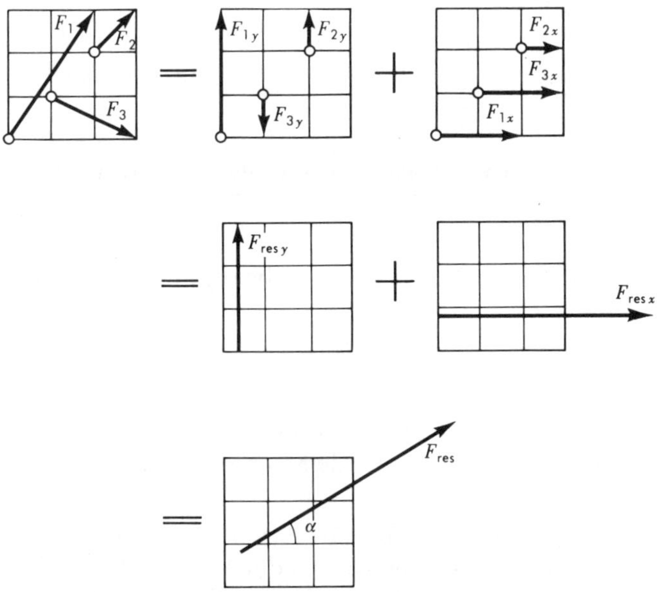

Abb. 3-44: Bestimmung der Resultierenden des allgemeinen Kräftesystems in der Ebene

Man umgeht die Bestimmung der Lage von $F_{\text{res x}}$ und $F_{\text{res y}}$, wenn man das im folgenden beschriebene Verfahren anwendet (Abb. 3-45). Zunächst werden $F_{\text{res x}}$ und $F_{\text{res y}}$ nach Größe und Vorzeichen aus der für parallele Kräftesysteme geltenden Beziehungen (Gl. 3-2) bestimmt:

$$F_{\text{res x}} = \Sigma F_x; \qquad F_{\text{res y}} = \Sigma F_y$$

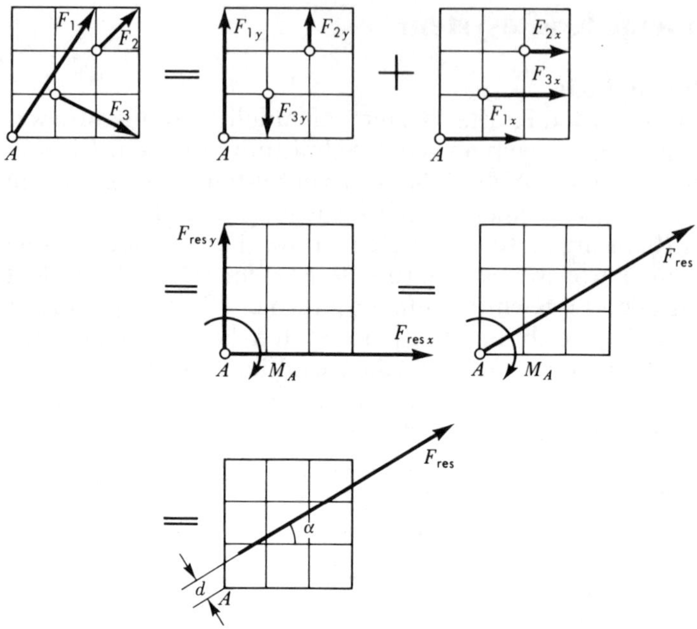

Abb. 3-45: Bestimmung der Resultierenden des allgemeinen Kräftesystems in der Ebene

Das resultierende Moment aller Kräfte F_x und F_y in bezug auf einen beliebig wählbaren Punkt A wird aus

$$M_A = \Sigma M$$

errechnet. Alle wirkenden Kräfte können also im Punkt A durch die Resultierende F_{res} und das in bezug auf A wirkende Moment M_A ersetzt werden.

Im Abschnitt 3.3.4 wurde abgeleitet, daß bei der Parallelverschiebung einer Kraft ein Moment zu addieren ist, das das bei der Verschiebung entstehende Moment kompensiert. Hier soll dieses zu addierende Moment das Moment M_A aufheben. In einem letzten Schritt wird deshalb die Kraft F_{res} parallel so verschoben, daß sie in bezug auf A das vorher berechnete Moment M_A ausübt. Dieser Abstand ist

$$d = \frac{M_A}{F_{res}}$$

Aus den Ausführungen und den Abb. 3-44/45 folgt:

Ein allgemeines ebenes Kräftesystem kann im beliebigen Punkt der Ebene durch die resultierende Kraft und ein Moment (Kräftepaar) ersetzt werden.

Das Kräftepaar ist dabei nicht an diesen Punkt gebunden, sondern kann in der Ebene verschoben werden (Verschiebbarkeit von Kräftepaaren).

Beispiel 1 (Abb. 3-46)
An einem Fachwerk greifen die eingezeichneten Kräfte an. Zu bestimmen ist die resultierende Kraft nach Lage, Größe und Richtung.

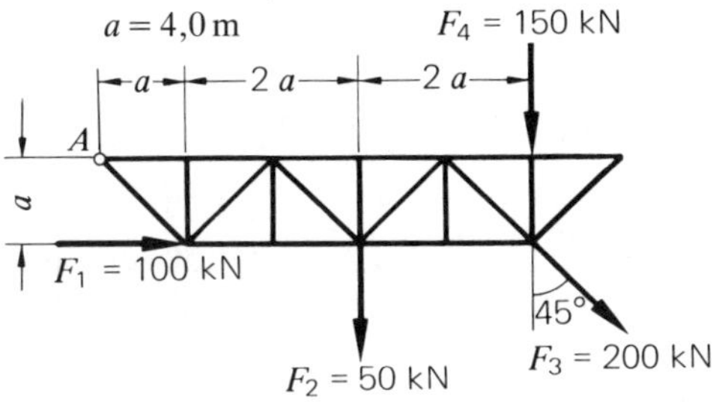

Abb. 3-46: Kräfte am Fachwerk

Lösung (Abb. 3-47)
Das gegebene Kräftesystem soll zunächst durch die Resultierende und ein Moment im Punkt A ersetzt werden.

$$F_{\text{res x}} = \Sigma F_x = F_1 + F_3 \cdot \sin 45°$$

$$F_{\text{res x}} = 241{,}4\,\text{kN}\,(\rightarrow)$$

$$F_{\text{res y}} = \Sigma F_y = -F_2 - F_3 \cdot \cos 45° - F_4$$

$$F_{\text{res y}} = -\,341{,}4\,\text{kN}\,(\downarrow)$$

$$M_A = +F_1 \cdot a - F_2 \cdot 3a - F_4 \cdot 5a - F_3 \cdot \cos 45° \cdot 5a + F_3 \cdot \sin 45° \cdot a$$

$$M_A = -\,5463\,\text{kNm}\,(\curvearrowright).$$

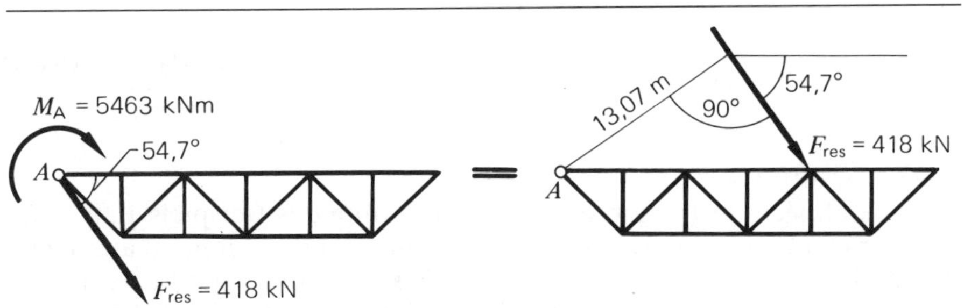

Abb. 3-47: Parallelverschiebung der resultierenden Kraft am Fachwerk

Die Resultierende ist nach Gl. 3-2

$$\boldsymbol{F_{res}} = \mathbf{418{,}1\,kN} \text{ unter } \alpha = -\,\mathbf{54{,}7°}$$

zur positiven x-Achse.

Es ergibt sich das links abgebildete System der Abb. 3-47. Im nächsten Schritt wird die resultierende Kraft so nach rechts verschoben, daß das Moment verschwindet.

$$\boldsymbol{d} = \left| \frac{M_A}{F_{res}} \right| = \frac{5463\,\text{kNm}}{418{,}1\,\text{kN}} = \mathbf{13{,}07\,m.}$$

Um diesen Betrag muß die Resultierende nach Skizze parallel verschoben werden, um, alleine wirkend, alle Kräfte bzw. Kraft und Moment in A zu ersetzen.

Kontrolle: für einen beliebigen Punkt auf der Wirkungslinie der Resultierenden muß $\Sigma M = 0$ sein.

Beispiel 2 (Abb. 3-48)
Die Abbildung zeigt einen Winkelhebel. Die beiden Stangen in A und B sollen Kräfte so einleiten, daß am Vierkant Kraft und Moment wie eingezeichnet wirken. Zu bestimmen sind für die gegebenen Daten die horizontale Kraft F_A und die Kraft F_B nach Größe und Richtung.

$F = 200\,\text{N}$; $M = 80\,\text{Nm}$; $a = 200\,\text{mm}$ $b = 300\,\text{mm}$.

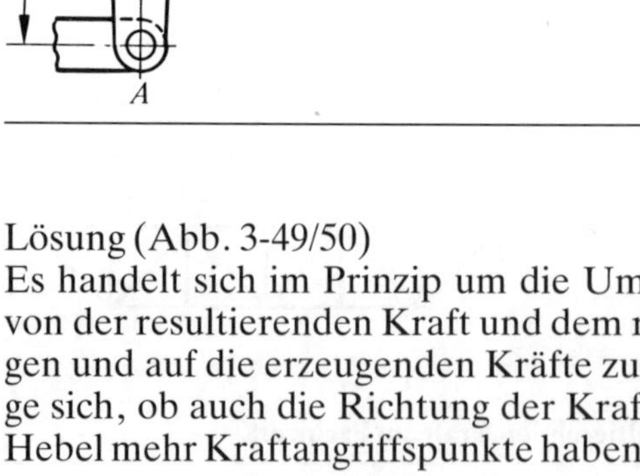

Abb. 3-48: Winkelhebel

Lösung (Abb. 3-49/50)
Es handelt sich im Prinzip um die Umkehrung des Beispiels 1. Es wird von der resultierenden Kraft und dem resultierenden Moment ausgegangen und auf die erzeugenden Kräfte zurückgerechnet. Der Leser überlege sich, ob auch die Richtung der Kraft A berechenbar ist und ob dieser Hebel mehr Kraftangriffspunkte haben kann.

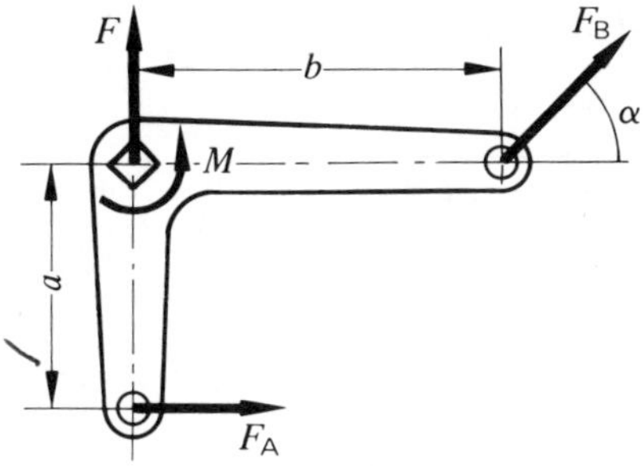

Abb. 3-49: Freigemachter Winkelhebel

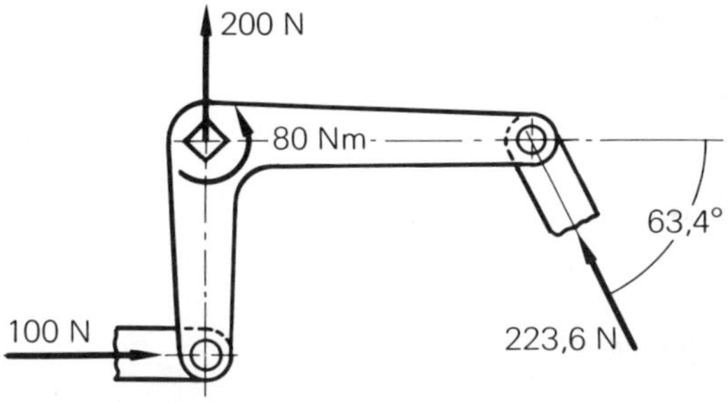

Abb. 3-50: Kräfte und Moment am Winkelhebel

Zunächst werden die Kräfte nach Abb. 3-49 angenommen. Die Gleichungen 3-2/4 ergeben

$$\Sigma F_y = F_{\text{res y}} = F = F_B \cdot \sin\alpha \tag{1}$$

$$\Sigma F_x = F_{\text{res x}} = 0 = F_A + F_B \cdot \cos\alpha \tag{2}$$

$$\Sigma M = M = F_B \cdot \sin\alpha \cdot b + F_A \cdot a. \tag{3}$$

Das sind drei Bestimmungsgleichungen für die unbekannten Größen F_A; F_B und α.

Aus (1) erhält man

$$F_B = \frac{F}{\sin\alpha}\,.$$

Die Gleichung (2) liefert damit $F_A = -\dfrac{F}{\tan\alpha}\,.$

Diese Größen werden in (3) eingesetzt und ergeben:

$$\tan\alpha = \frac{1}{\dfrac{b}{a} - \dfrac{M}{F \cdot a}}.$$

Zunächst muß der Winkel α berechnet werden.

$$\tan\alpha = \frac{1}{\dfrac{0{,}30\,\text{m}}{0{,}20\,\text{m}} - \dfrac{80\,\text{Nm}}{200\,\text{N} \cdot 0{,}20\,\text{m}}}; \qquad \alpha = \mathbf{-63{,}4°}$$

Jetzt sind die Kräfte bestimmbar.

$$\boldsymbol{F_A} = -\frac{200\,\text{N}}{\tan(-63{,}4°)} = \mathbf{+100\,N}$$

$$\boldsymbol{F_B} = \frac{200\,\text{N}}{\sin(-63{,}4°)} = \mathbf{-223{,}6\,N}$$

Die Deutung der Vorzeichen ergibt ein Kräftesystem nach Abb. 3-50, das leicht auf seine Richtigkeit zu kontrollieren ist.

3.4.2 Graphische Methode (Seileck)

Es wird von den drei Kräften nach Abb. 3-51 ausgegangen. Für diese soll graphisch die Resultierende bestimmt werden. Nach dem 5. Lehrsatz vom Parallelogramm der Kräfte könnte man dies folgendermaßen tun.

1. Verschiebung von F_1 und F_2 in den gemeinsamen Schnittpunkt.
2. Zusammensetzung dieser beiden Kräfte zur Resultierenden $F_{res\,12}$

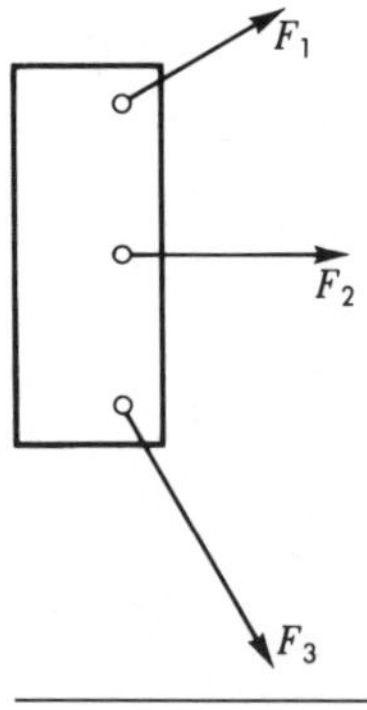

Abb. 3-51: Drei Kräfte am starren Körper

3. Verschiebung von $F_{res\,12}$ und F_3 in den gemeinsamen Schnittpunkt.
4. Zusammensetzung von $F_{res\,12}$ und F_3 zur Gesamtresultierenden F_{res}.

Für mehr als drei Kräfte wird dieses Verfahren analog fortgesetzt und liefert im letzten Schritt die Gesamtresultierende.

Hier soll eine andere Methode abgeleitet werden: die *Seileck-Konstruktion*. Diese mag einem Anfänger zunächst besonders umständlich und vielleicht sogar überflüssig erscheinen, zumal der Trend ohnehin zu den analytischen Verfahren geht. Das Seileck hat jedoch über die Anwendungen in der Statik hinausgehende Bedeutung. Man kann mit Hilfe dieser Konstruktion z.B. die in einem Träger wirkenden Biegemomente bestimmen. Die Seileckkonstruktion stellt eine zweifache graphische Integration dar. Es ist deshalb möglich, die elastische Deformation von auf Biegung beanspruchten Wellen und Trägern zu bestimmen. Gerade vielfach belastete Wellen mit mehreren Absätzen erfordern bei analytischen Lösungen einen unverhältnismäßig hohen Rechenaufwand (s. Band 2). In der Kinematik kann man aus einer Beschleunigungs-Zeit-Kurve eine Orts-Zeit-Abhängigkeit erhalten (s. Band 3).

Die Bedeutung von graphischen Verfahren liegt ganz allgemein darin, Vorgänge zu behandeln, die sich nicht oder nur sehr aufwendig in (integrierbare) Gleichungen fassen lassen. Darüber hinaus weiß jeder tätige Ingenieur, wie wertvoll es ist, auf einem unabhängigen Wege ein wichtiges Ergebnis bestätigt zu finden.

An den drei Kräften der Abb. 3-51 soll die Seileckkonstruktion entwikkelt werden.

1. Schritt (Abb. 3-52 a): Dem Kräftesystem werden zwei Hilfskräfte S_0 überlagert, die gleich groß, entgegengesetzt gerichtet und kollinear sind (4. Lehrsatz). Die eine Hilfskraft wird mit der Kraft F_1 zur Resultierenden S_1 zusammengefaßt. Im Kräfteplan erhält man ein Dreieck $\boldsymbol{S}_0 + \boldsymbol{F}_1 = \boldsymbol{S}_1$.

2. Schritt (Abb. 3-52 b): S_1 und F_2 werden in den gemeinsamen Schnittpunkt geschoben und zur Resultierenden S_2 zusammengesetzt (hier zufällig Angriffspunkt von F_2). Im Kräfteplan erhält man ein Dreieck

$$\boldsymbol{S}_1 + \boldsymbol{F}_2 = \boldsymbol{S}_2.$$

3. Schnitt (Abb. 3-52 c): S_2 und F_3 werden in den gemeinsamen Schnittpunkt geschoben und zur Resultierenden S_3 zusammengesetzt. Im Kräfteplan entsteht ein Dreieck.

$$\boldsymbol{S}_2 + \boldsymbol{F}_3 = \boldsymbol{S}_3.$$

4. Schritt (Abb. 3-52 d): Die noch verbleibende zweite Hilfskraft S_0 und die Kraft S_3 werden zur Gesamtresultierenden F_{res} zusammengesetzt. Im

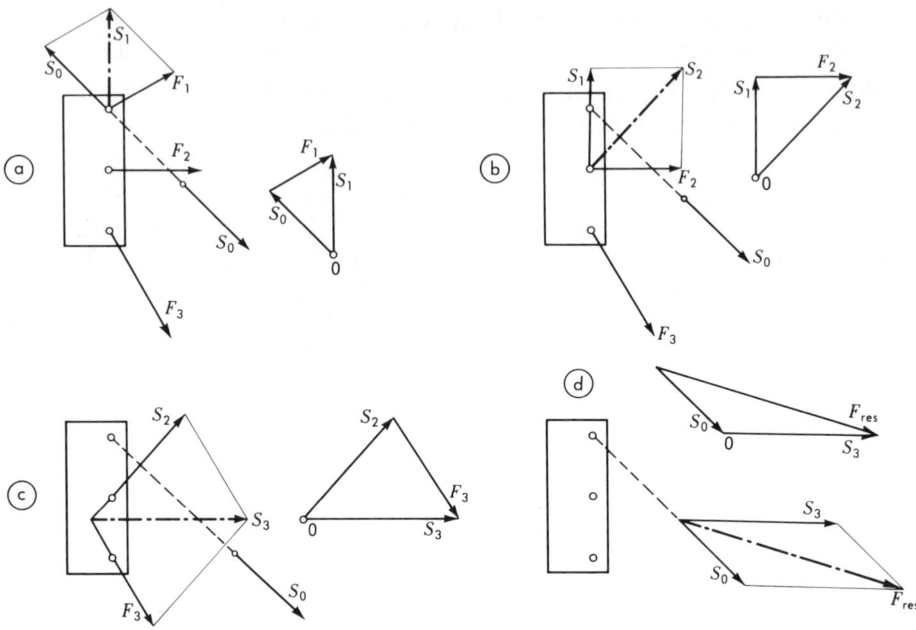

Abb. 3-52: Zur Ableitung der Seileckkonstruktion

Kräfteplan entsteht ein Dreieck

$$\boldsymbol{S}_0 + \boldsymbol{S}_3 = \boldsymbol{F}_{\text{res}}.$$

Legt man alle Kräftepläne so zusammen, daß die markierten Punkte 0 zusammenfallen, so entsteht ein Kräfteplan, wie ihn Abb. 3-53 zeigt. Die Gesamtresultierende erhält man also, wie zu erwarten war, aus der geometrischen Addition der Einzelkräfte $\boldsymbol{F}_1 + \boldsymbol{F}_2 + \boldsymbol{F}_3 = \boldsymbol{F}_{\text{res}}$. Den Punkt 0 nennt man *Pol* des Kräfteplans. Die Teilresultierende S_1 S_2 S_3 und die Hilfskraft S_0 heißen im Kräfteplan *Polstrahlen* und werden mit 0; 1; 2; 3; usw. bezeichnet und zwar richtet sich diese Bezeichnung nach der Pfeilspitze der Kraft, auf die der Strahl trifft.

Der Kräfteplan liefert die Resultierende nach Richtung und Größe. Es bleibt nur noch die Ermittlung der Lage im Lageplan. Dazu genügt die Bestimmung eines Punktes, der auf der Wirkungslinie von F_{res} liegt. Es muß demnach der Schnittpunkt von S_0 und S_3 im Lageplan gesucht werden. Dazu ist es aber nicht notwendig, die Kräfte S_0; S_1; S_2; S_3; einzutragen, sondern nur die Wirkungslinien und die dazugehörigen Schnittpunkte mit den Kräften F_1 bis F_3.

Diese Konstruktion zeigt Abb. 3-53. Die Wirkungslinie von S_0 ist mit 0′ (parallel zu 0 im Lageplan), von S_1 mit 1′ (parallel zu 1 im Lageplan) usw. bezeichnet. Diese Wirkungslinien nennt man *Seilstrahlen*. Diese Bezeichnung wird weiter unten begründet.

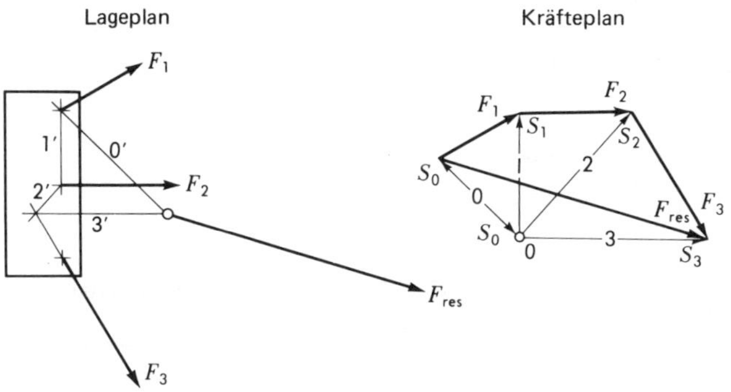

Abb. 3-53: Seileckkonstruktion

Wie aus der ausführlichen Durchführung in Abb. 3-52 folgt, liegt F_{res} auf dem Schnittpunkt des Seilstrahles 0′ und des letzten (in diesem Falle 3.) Seilstrahles.

Es ist gleichgültig, an welcher Stelle man die Hilfskräfte S_0 überlagert und wie groß man sie wählt (4. Lehrsatz). Von diesen Größen hängt aber die Lage des Pols ab. Für verschiedene Pole erhält man verschiedene Seilstrahlen. Der Schnittpunkt des 0 und letzten Seilstrahles liegt trotzdem immer auf F_{res}.

Aus den Konstruktionen Abb. 3-52 folgt ein für die Kontrolle der Seileckkonstruktion wichtiger Satz:

Ein Dreieck im Kräfteplan entspricht einem Schnittpunkt im Lageplan z.B. (Abb. 3-53).

Kräfteplan	Lageplan
Δ 0 1 F_1	Schnittpunkt 0′ 1′ F_1
Δ 1 2 F_2	Schnittpunkt 1′ 2′ F_2
Δ 2 3 F_3	Schnittpunkt 2′ 3′ F_3
Δ 0 3 F_{res}	Schnittpunkt 0′ 3′ F_{res}

Die Anwendung des Seileck-Verfahrens soll an einigen Beispielen erläutert werden.

Beispiel 1 (Abb. 3-54)
Die Resultierende der an einer Scheibe wirkenden Kräfte, F_1 bis F_3 soll nach dem Seileck-Verfahren bestimmt werden.

Lösung (Abb. 3-55)
Zunächst wird maßstäblich der Lageplan gezeichnet. Die Kräfte werden durchnumeriert. Nach dem Festlegen eines Kraftmaßstabes werden die Kräfte, mit F_1 beginnend, fortlaufend aneinandergesetzt. Das Ergebnis dieser geometrischen Addition ist F_{res}. Der Pol 0 wird beliebig festgelegt.

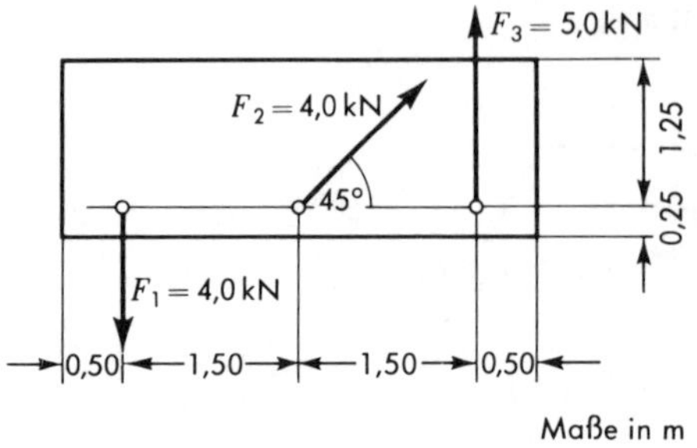

Abb. 3-54: Drei Kräfte am starren Körper

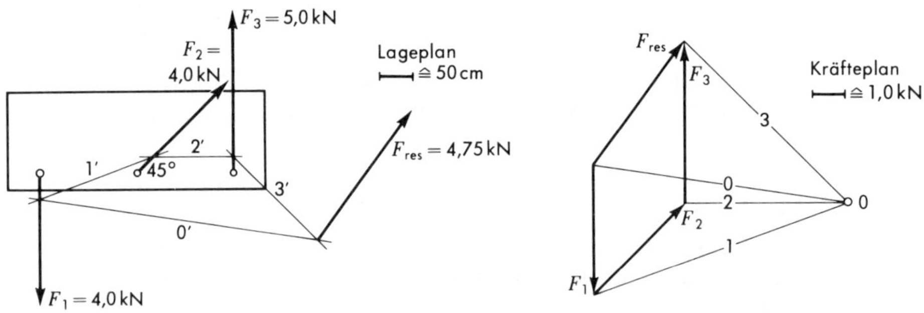

Abb. 3-55: Bestimmung der resultierenden Kraft mit der Seileckkonstruktion

Alle Eckpunkte des Kräftevielecks werden mit ihm verbunden (Polstrahlen). Deren Bezeichnung richtet sich nach der Pfeilspitze der dazugehörigen Kraft. Im Lageplan wird auf der Wirkungslinie der Kraft F_1 ein beliebiger Punkt festgelegt. Durch diesen werden die Parallelen der Polstrahlen 0 und 1 gezeichnet. Das sind die Seilstrahlen 0′ und 1′. In den Schnittpunkt von 1′ und F_2 wird der nächste Seilstrahl 2′ gezeichnet usw. Der Schnittpunkt von 0′ mit dem letzten Seilstrahl (hier 3′) liegt auf der Wirkungslinie der Resultierenden.

Folgende Kontrolle sollte durchgeführt werden:

Dreieck im Kräfteplan entspricht Schnittpunkt im Lageplan.

$$\Delta\, F_1\, 1\, 0 \mathrel{\hat{=}} \text{Punkt}\; F_1\, 1'\, 0'$$

u.s.w.

Die Bezeichnung Seileck kann man folgendermaßen begründen. Das von den Seilstrahlen gebildete Seileck kann man sich durch ein Seil ersetzt denken, das von den Kräften F gespannt wird. Hier wäre 1′; 2′; 3′ ein Seil, das an den Enden befestigt ist und von den Kräften F_2 und F_3 gespannt wird. Der Leser beweise die Richtigkeit dieser Überlegung.

Bei der vorliegenden Aufgabe liegt die Resultierende außerhalb des Systems. Will man die vorhandenen Kräfte durch die Resultierende ersetzen, dann muß eine starre Verbindung zwischen der resultierenden Kraft und der Scheibe geschaffen werden.

Beispiel 2 (Abb. 3-56)
Die Resultierende des skizzierten Kräftesystems ist für die gegebenen Daten gleich Null. Damit können die Kräfte lediglich ein Moment ausüben, das vom Pol unabhängig ist (Kräftepaar). Dieses ist mit Hilfe der Seileckkonstruktion zu bestimmen.

$F_1 = 1{,}0\,\text{kN}$; $F_2 = 2{,}0\,\text{kN}$; $F_3 = 3{,}0\,\text{kN}$; $F_4 = 4{,}0\,\text{kN}$;
$a = 1{,}50\,\text{m}$

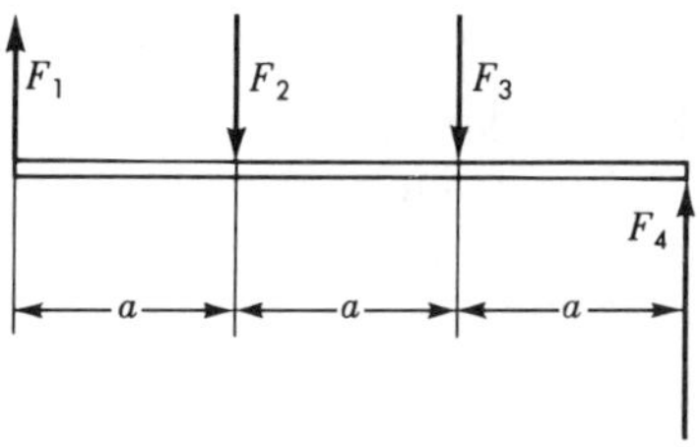

Abb. 3-56: Parallele Kräfte am Träger

Lösung (Abb. 3-57)
Zuerst werden maßstabsgerecht Lage- und Kräfteplan gezeichnet. Nach der Wahl des Pols im Kräfteplan werden die Polstrahlen gezogen. Da $F_{\text{res}} = 0$ ist, ist der von den Kräften gebildete Linienzug gleichsinnig geschlossen. Aus diesem Grunde fallen die Polstrahlen 0 und 4 zusammen. Im dazugehörigen Seileck liegen die Seilstrahlen 0′ und 4′ parallel. Die Seil-

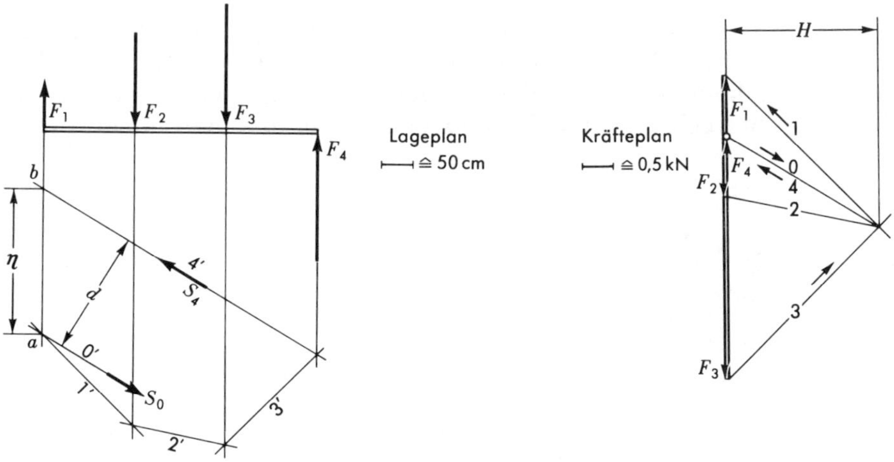

Abb. 3-57: Bestimmung eines Momentes mit der Seileckkonstruktion

strahlen sind aber Wirkungslinien der Kräfte S_0 S_1 S_2 usw., deren Größe dem Kräfteplan entnommen werden kann (s. Abb. 3-52 und Ableitung des Seilecks). Es entsteht ein Kräftepaar, das gebildet wird von den Kräften S_0 und S_4, die gleich groß, entgegengesetzt gerichtet sind und den Abstand d haben.

$$S_0 = S_4 = 2{,}92\,\text{kN}; \qquad d = 2{,}05\,\text{m}$$

Es verbleibt nur noch, den Drehsinn des Moments, d.h. sein Vorzeichen festzulegen. Denkt man sich jede einzelne Kraft durch ihre Seilkräfte ersetzt, dann gilt:

$$\boldsymbol{F}_1 = \boldsymbol{S}_0 + \boldsymbol{S}_1; \qquad \boldsymbol{F}_4 = \boldsymbol{S}_3 + \boldsymbol{S}_4$$

Geometrisch gedeutet, ergibt das die im Kräfteplan eingezeichneten Pfeile. Die Kraft S_0 wirkt rechts nach unten, S_4 links nach oben. Das ergibt ein positives Moment von der Größe

$$M = + d \cdot S_0$$

$$M = 2{,}92\,\text{kN} \cdot 2{,}05\,\text{m}$$

$$M = + 6{,}0\,\text{kNm}\ (\curvearrowleft)$$

Diese Ergebnis kann durch Rechnung leicht nachgeprüft werden.

Die anschauliche Deutung der Seileckkonstruktion für diese Aufgabe gibt Abb. 3-58. In einem Punkt ist die Bezeichnung Seileck irreführend: ein Seil kann keine Druckkräfte übertragen. Seilkräfte bei dieser Konstruktion sind manchmal Druckkräfte.

Nach dem 3. Satz über Kräftepaare kann ein Kräftepaar durch ein anderes ersetzt werden. Wählt man als Hebelarm des neuen Kräftepaares den Abstand η, dann muß die an diesem Hebelarm angreifende Kraft gleich der auf η senkrecht stehende Komponente von S_0 bzw. S_4 sein, im vorlie-

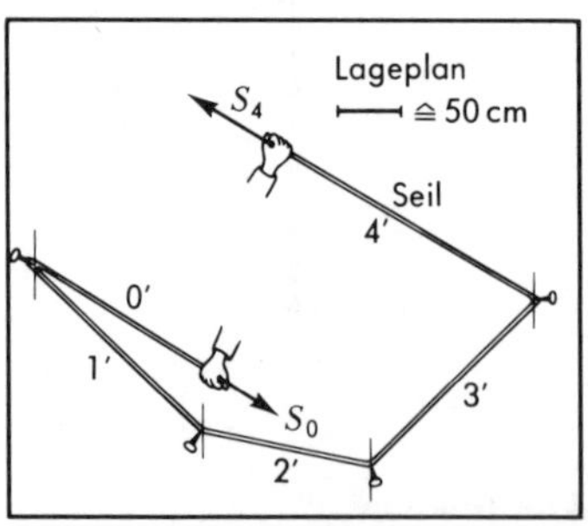

Abb. 3-58: Deutung des Begriffs Seileck

genden Fall also die Horizontalkomponente von S_0 und S_4. Die Horizontalkomponente ist aber gleich der Kraft, die der Höhe H des Kräfteplanes entspricht. Man kann das Moment demnach auch aus

$$M = \eta \cdot H$$

berechnen. Dabei ist η der wahre Abstand $a - b$ und H die aus dem Kräftemaßstab errechnete Kraft senkrecht zu η. Für diese Aufgabe erhält man

$$M = 2{,}40\,\text{m} \cdot 2{,}50\,\text{kN}$$

$$M = 6{,}0\,\text{kNm}\ (\curvearrowleft)$$

Dieses Beispiel sollte zwei Erkenntnisse vermitteln.

1. Mit der Seileckkonstruktion können Momente graphisch ermittelt werden.
2. *Ist das Seileck geschlossen, dann gilt* $M_{res} = 0$. In diesem Falle ist d = 0 (s. Abb. 3-57). Da der Hebelarm verschwindet, kann ein Moment nicht wirksam sein.

Aufgaben zum Abschnitt 3.4

A 3-56/57/58/59 Die Resultierende des Kräftesystems A 3-56/57/28/29 ist analytisch zu bestimmen. Das Ergebnis ist mit einer Momentengleichung für einen neu zu wählenden Pol zu kontrollieren. Eine graphische Kontrolle soll mit Hilfe der Seileckkonstruktion durchgeführt werden.

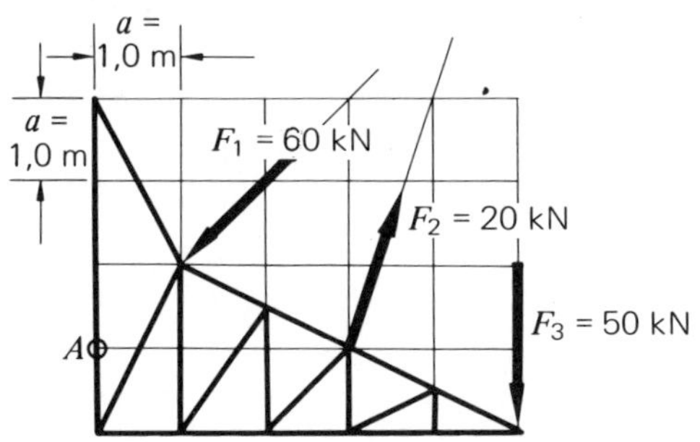

Abb. A 3-56

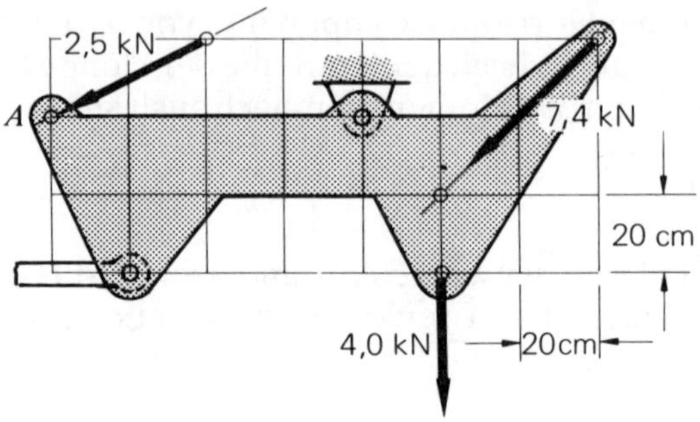

Abb. A 3-57

A 3-60 Das Moment, das vom Kräftesystem A 3-39 ausgeübt wird, ist mit Hilfe der Seileckkonstruktion zu kontrollieren.

A 3-61/62 Das Ergebnis der Aufgabe A 3-26/27 ist mit der Seileckkonstruktion zu kontrollieren.

A 3-63 An der abgebildeten Scheibe greift die Kraft F an. Sie ist im Punkt A durch eine Kraft und ein Moment zu ersetzen.

A 3-64 An der abgebildeten Scheibe greift die Kraft F an. Sie ist im Punkt B durch eine Kraft und ein Moment zu ersetzen. Für dieses sind vertikale Kräfte in A und C einzuführen.

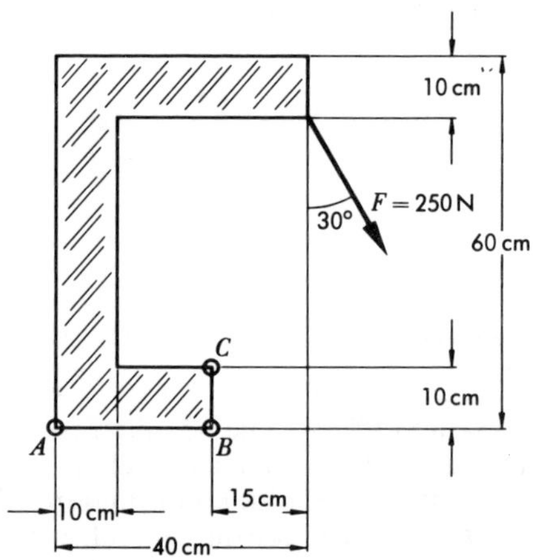

Abb. A 3-63/64

3.5 Zusammenfassung

Die Resultierende hat auf einen starren Körper die gleiche Wirkung wie die Kräfte, aus denen sie ermittelt ist. Ihre Größe und Richtung können aus folgenden Gleichungen berechnet werden.

$$\boldsymbol{F}_{\text{res x}} = \Sigma\, \boldsymbol{F}_{\text{x}} \qquad \boldsymbol{F}_{\text{res y}} = \Sigma\, \boldsymbol{F}_{\text{y}}$$

$$\boldsymbol{F}_{\text{res}} = \sqrt{\boldsymbol{F}_{\text{res x}}^{\,2} + \boldsymbol{F}_{\text{res y}}^{\,2}} \qquad \textbf{Gl. 3-2}$$

$$\tan \alpha = \frac{\boldsymbol{F}_{\text{res y}}}{\boldsymbol{F}_{\text{res x}}} \,.$$

Für das allgemeine Kräftesystem und für parallele Kräfte muß zusätzlich die Lage der Wirkungslinie ermittelt werden. Es wird die Bedingung aufgestellt, daß in bezug auf einen beliebigen Punkt die Resultierende das gleiche Moment ausüben muß wie die Kräfte, die sie ersetzt. Der Abstand der gesuchten Wirkungslinie vom gewählten Punkt ist

$$\boldsymbol{x} = \frac{\Sigma\, \boldsymbol{M}_{\text{i}}}{\boldsymbol{F}_{\text{res}}} \qquad \textbf{Gl. 3-5}$$

Man kann ein Kräftesystem an einem beliebigen Punkt durch die Resultierende und ein Moment ersetzen, das gleich der Summe der Momente in bezug auf diesen Punkt ist.

Graphisch erhält man die Größe und Richtung der Resultierenden aus der vektoriellen Addition der Einzelkräfte. Die Lage der Wirkungslinie wird mit der Seileckkonstruktion ermittelt.

Sonderfälle.

1. Zwei gleich große, entgegengesetzt wirkende Kräfte, deren Wirkungslinien parallel liegen, nennt man Kräftepaar. Dieses kann nicht durch eine Kraft ersetzt werden. Es übt ein Moment

   $$\boldsymbol{M} = \boldsymbol{F} \cdot \boldsymbol{d} \qquad \boldsymbol{F} \perp \boldsymbol{d} \qquad \textbf{Gl. 3-3}$$

   aus, das unabhängig von der Lage des Bezugspunktes ist. Daraus folgt: Kräftepaare können sowohl auf der Ebene, in der sie wirken als auch in eine parallele Ebene verschoben werden.
2. Wird eine Kraft F um den Betrag d parallel verschoben, dann muß ein Moment $F \cdot d$ addiert werden, dessen Drehsinn entgegengesetzt dem bei der Verschiebung entstehenden Moment ist.
3. Sind Kräftepolygon und Seileck geschlossen, dann verschwinden sowohl resultierende Kraft als auch resultierendes Moment.

4. Der Schwerpunkt

4.1 Allgemeines

Ein reibungslos aufgehängter Körper pendelt sich in eine Gleichgewichtslage ein (Abb. 4-1). Nach dem 1. Lehrsatz kann dieser Körper nur im Gleichgewicht sein, wenn die beiden angreifenden Kräfte gleich groß, entgegengesetzt gerichtet und kollinear sind. Die beiden wirkenden Kräfte sind die Gewichtskraft F_G und die im Aufhängefaden wirkende Kraft. Die Wirkungslinie von F_G nennt man Schwerelinie. Hängt man den Körper in einer veränderten Lage auf, dann stellt sich wieder der Zustand ein, in dem F_G und die Fadenkraft kollinear sind. *Der Schnittpunkt der Schwerelinien ist der Schwerpunkt S* des Körpers, durch den bei beliebiger Aufhängung alle Schwerelinien gehen.

Für die Schwerpunktbestimmung ist es also notwendig, die Lage der Wirkungslinie der Gewichtskraft für den Gesamtkörper zu bestimmen. Diese Gewichtskraft ist aber die Resultierende der Gewichtskräfte der Einzelteile, aus denen sich der Körper zusammensetzt. Dem aufmerksamen Leser wird nicht entgangen sein, daß im Abschnitt 3.3.2 Beispiel 1 bereits eine Schwerpunktbestimmung durchgeführt wurde, dort unter der Überschrift: Bestimmung der Lage der Resultierenden eines parallelen Kräftesystems.

Demnach wird die Bestimmung eines Schwerpunktes auf die Aufgabe zurückgeführt, die Lage der Resultierenden eines parallelen Kräftesystems zu finden. Die dazu erforderlichen Gleichungen sind im Abschnitt 3.3.2 abgeleitet worden. Als graphisches Verfahren bietet sich die Seileck-Konstruktion an.

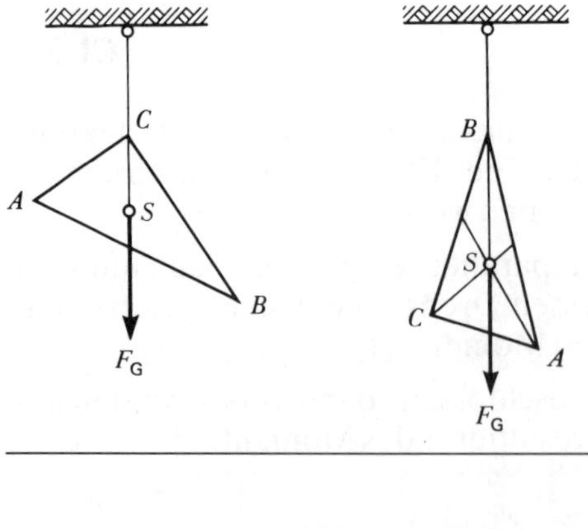

Abb. 4-1: Versuch zur Bestimmung der Schwerpunktlage

Die Gewichtskräfte sind nicht exakt parallel, da sie alle zum Massenschwerpunkt der Erde weisen und weitere Abweichungen durch Fliehkraft der Erde und Anziehung der Sonne, Mond usw. erfahren. Diese Einflüsse sind so gering, daß sie bei technischen Berechnungen immer vernachlässigt werden können.

4.2 Der Massenschwerpunkt

4.2.1 Der inhomogene Körper

Einen Körper der Masse m (Abb. 4-2) kann man sich aus vielen Einzelmassen Δm aufgebaut denken. Der Körper ist inhomogen, wenn diese Einzelziele unterschiedliche Dichten ϱ haben.

An jeder Einzelmasse greift die Gewichtskraft ΔF_G an. Die Resultierende aller Teilgewichtskräfte ΔF_G ist die Gewichtskraft, die insgesamt auf den Körper wirkt. Ihre Wirkungslinie geht durch den Schwerpunkt. Die Lage der Wirkungslinie errechnet sich aus der Momentengleichung:

„Summe der Momente der Einzelkräfte gleich Moment der resultierenden Kraft".

Diese Momentengleichung kann für die drei Achsen x, y, z angewendet werden. Da die Gewichtskräfte immer lotrecht nach unter wirken, muß man sich das System um 90° um die z-Achse gedreht denken, wenn man die Momentengleichung für die y-Achse aufstellen will.

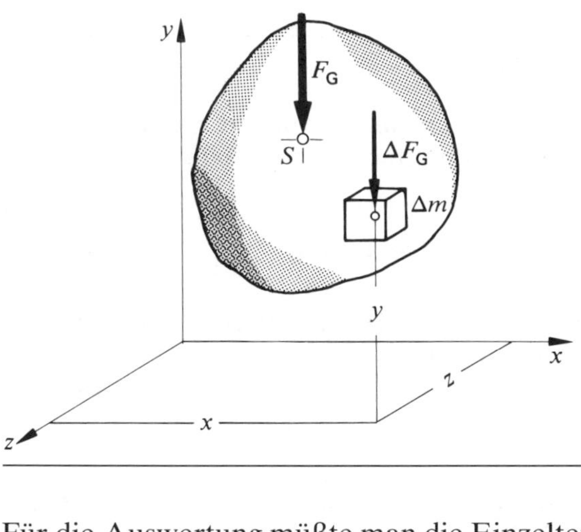

Abb. 4-2: Inhomogener Körper im räumlichen Koordinatensystem

Für die Auswertung müßte man die Einzelteile durchnumerieren. In der Abb. 4-2 ist aus Gründen der Übersichtlichkeit nur ein Teilelement eingezeichnet.

In bezug auf die z-Achse erhält man

$$x_1 \cdot F_{G1} + x_2 \cdot \Delta F_{G2} + \ldots = x_s \cdot F_G.$$

Dabei ist

$$F_G = \Delta F_{G1} + \Delta F_{G2} + \ldots$$

Nach den Newtonschen Gesetz ist $F_G = m \cdot g$ und damit

$$g\,(x_1 \cdot \Delta m_1 + x_2 \cdot \Delta m_2 + \ldots) = x_s \cdot m \cdot g.$$

In der Summenschreibweise lautet die Gleichung:

$$\Sigma\,(x \cdot \Delta m) = x_s \cdot m \quad \text{mit} \quad m = \Sigma\,\Delta m.$$

Der inhomogene Körper, dessen Werkstoff sich von Punkt zu Punkt in seiner Dichte ändert, erfordert für die exakte Lösung den Übergang zu unendlich vielen und unendlich kleinen Teilelementen. Aus der Differenz Δm wird das Differential dm und die Summation wird zur Integration:

$$\int x \cdot \mathrm{d}m = x_s \cdot m \quad \text{mit} \quad m = m_{ges} = \int \mathrm{d}m.$$

Man kann die Gleichungen für alle Achsen aufstellen und erhält damit drei Bestimmungsgleichungen für die Koordinaten des Schwerpunktes.

$$\boldsymbol{x_s = \frac{\int x \cdot \mathrm{d}m}{m_{ges}}}\;; \qquad \boldsymbol{y_s = \frac{\int y \cdot \mathrm{d}m}{m_{ges}}}\;; \qquad \boldsymbol{z_s = \frac{\int z \cdot \mathrm{d}m}{m_{ges}}}\,. \qquad \textbf{Gl. 4-1}$$

Liegt das Koordinatensystem im Schwerpunkt, dann gilt $x_s = y_s = z_s = 0$. Das ist die Bedingung für die Schwerpunktachsen, die zu folgenden Gleichungen führt:

$$\boldsymbol{\int x \cdot \mathrm{d}m = 0; \qquad \int y \cdot \mathrm{d}m = 0; \qquad \int z \cdot \mathrm{d}m = 0.} \qquad \textbf{Gl. 4-2}$$

Viele inhomogene Körper sind aus homogenen Teilen zusammengesetzt, wobei diese unterschiedliche Dichten haben. Bestehen diese auch noch aus geometrischen Grundfiguren, deren Schwerpunktlage bekannt ist, dann ist es zweckmäßig, mit Summengleichungen zu arbeiten.

$$\boldsymbol{x_s = \frac{\Sigma\, x_i\, m_i}{\Sigma\, m_i}}\;; \qquad \boldsymbol{y_s = \frac{\Sigma\, y_i\, m_i}{\Sigma\, m_i}}\;; \qquad \boldsymbol{z_s = \frac{\Sigma\, z_i\, m_i}{\Sigma\, m_i}}\,. \qquad \textbf{Gl. 4-3}$$

Die Auswertung der Gleichungen erfolgt für größere Gebilde am besten tabellarisch mit dem Rechner. Die Koordinaten x_i; y_i; z_i geben die Schwerpunktlage der als Grundfigur gestalteten Masse m_i an. Für eine Auswahl von Grundfiguren sind in der Tabelle 4-1 die Schwerpunktlagen gegeben.

4.2.2 Der homogene Körper

Alle Teilelemente eines homogenen Körpers bestehen aus dem gleichen Material, d.h. haben die gleiche Dichte ϱ. Diese Bedingung wird in der Gleichung 4-1 eingeführt:

$$\mathrm{d}m = \varrho \cdot \mathrm{d}V \quad \text{mit} \quad \varrho = \text{konst.}$$

$$m = \varrho V$$

$$x_s = \frac{\int x \cdot \varrho \cdot \mathrm{d}V}{\varrho \cdot V} = \frac{\varrho \cdot \int x \cdot \mathrm{d}V}{\varrho \cdot V} = \frac{\int x \cdot \mathrm{d}V}{V} .$$

Analoge Gleichungen erhält man für y_s und z_s.

$$\mathbf{x_s} = \frac{\int \mathbf{x} \cdot \mathbf{d\,V}}{\mathbf{V_{ges}}} ; \qquad \mathbf{y_s} = \frac{\int \mathbf{y} \cdot \mathbf{d\,V}}{\mathbf{V_{ges}}} ; \qquad \mathbf{z_s} = \frac{\int \mathbf{z} \cdot \mathbf{d\,V}}{\mathbf{V_{ges}}} . \qquad \textbf{Gl. 4-4}$$

Das Kürzen der Dichte bedeutet, daß die Lage des Schwerpunktes eines homogenen Körpers unabhängig von der Dichte ist. Eine kreisrunde Scheibe gleicher Dicke hat unabhängig vom Material den Schwerpunkt in der Mitte.

Da die Lage des Schwerpunktes eines homogenen Körpers nicht von der Masse, sondern nur von der Volumenverteilung abhängt, nennt man den Schwerpunkt auch *Volumenschwerpunkt.*

Die Bedingung $x_s = y_s = z_s = 0$ **(Schwerpunktachsen)** ergibt:

$$\int \mathbf{x} \cdot \mathbf{d\,V} = 0; \qquad \int \mathbf{y} \cdot \mathbf{d\,V} = 0; \qquad \int \mathbf{z} \cdot \mathbf{d\,V} = 0. \qquad \textbf{Gl. 4-5}$$

Aus dem bisher Ausgeführten (z.B. Abb. 4-1) folgt, daß Symmetrieachsen bzw. Symmetrieebenen eines homogenen Körpers gleichzeitig Schwerlinien bzw. Schwerebenen sind, d.h. der Schwerpunkt eines symmetrischen, homogenen Körpers liegt in der Symmetrieebene bzw. in der Symmetrieachse.

Für geometrische Grundformen sind die Schwerpunkte in Tabelle 4-1 angegeben. Es handelt sich hier um eine Auswahl. Ausführliche Tabellen enthalten die einschlägigen Taschenbücher.

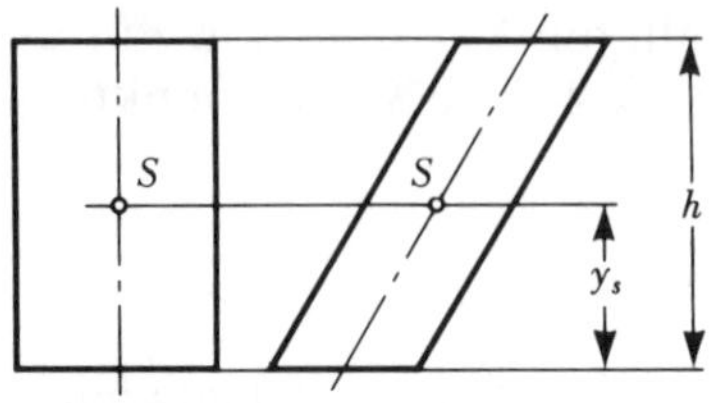	**Gerades und schiefes Prisma (Zylinder) mit parallelen Begrenzungsflächen** S liegt auf der Verbindungslinie der beiden Schwerpunkte der Begrenzungsflächen	$y_s = \frac{h}{2}$
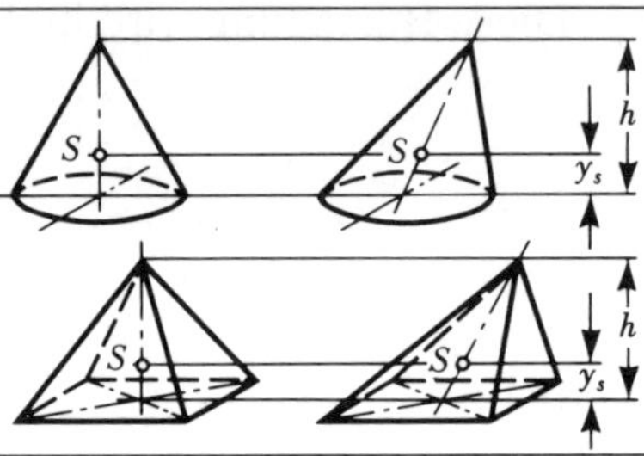	**Gerader und schiefer Kegel und gerade und schiefe Pyramide** S liegt auf Verbindungslinie Schwerpunkt Grundfläche und Spitze	$y_s = \frac{h}{4}$
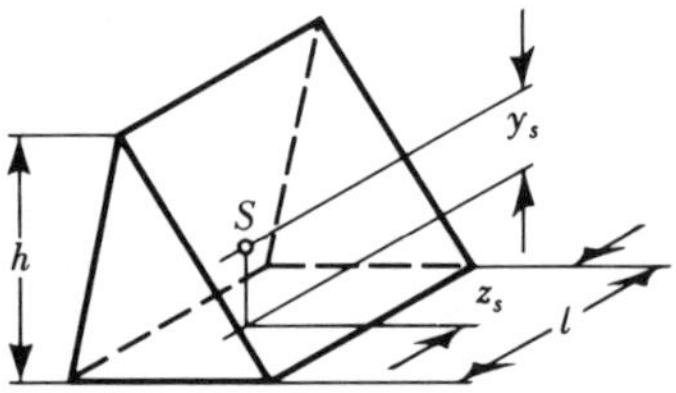	**Gerader und schiefer Keil** (siehe auch unter Prisma)	$y_s = \frac{h}{3}$ $z_s = \frac{l}{2}$
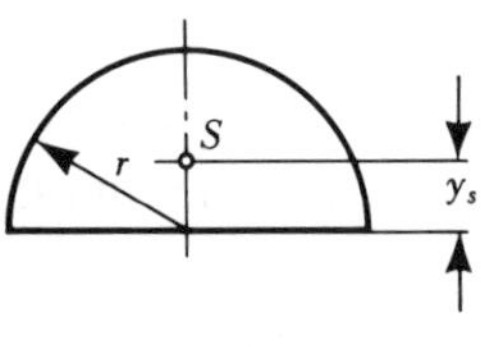	**Halbkugel**	$y_s = \frac{3}{8} r$
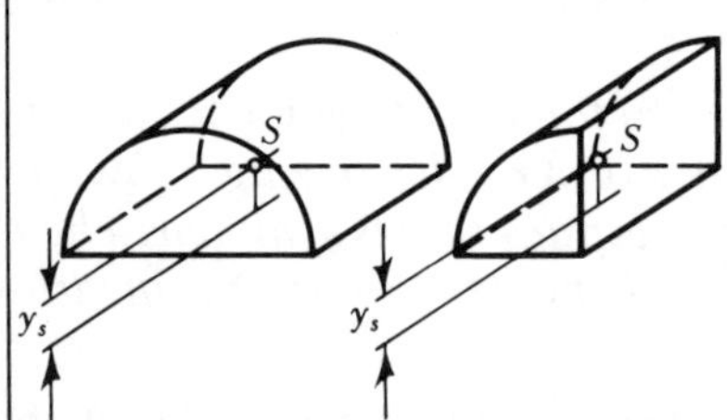	**Halb- und Viertelzylinder** S liegt in der Schnittgeraden der beiden Symmetrieebenen im Abstand y_s von der Auflagefläche	$y_s = \frac{4}{3\pi} r$ $y_s = 0{,}424\, r$

Tabelle 4-1: Schwerpunktskoordinaten homogener Körper.

Viele in der Technik verwendeten Körper sind aus geometrischen Grundfiguren aufgebaut. In diesem Falle arbeitet man mit Summengleichungen, die analog zu den Gleichungen 4-4 aufgebaut sind.

$$x_s = \frac{\Sigma x_i V_i}{\Sigma V_i} ; \qquad y_s = \frac{\Sigma y_i V_i}{\Sigma V_i} ; \qquad z_s = \frac{\Sigma z_i V_i}{\Sigma V_i} . \qquad \textbf{Gl. 4-6}$$

Es gilt dasselbe, was zu den Gleichungen 4-3 gesagt wurde. Die Auswertung kann tabellarisch mit einem Rechner erfolgen. Diese Gleichungen eignen sich auch für die Schwerpunktbestimmung komplizierter Körper, wenn die geschlossene Lösung der Integrale nicht möglich ist. In einem solchen Falle zerlegt man diesen Körper in schmale Teilstücke V_i, für die der Schwerpunkt genügend genau bestimmbar ist und wertet die Gleichungen 4-6 aus.

Beispiele zum Abschnitt 4.2

Beispiel 1 (Abb. 4-3)

Die Lage des Schwerpunktes eines homogenen Paraboloids ist zu bestimmen.

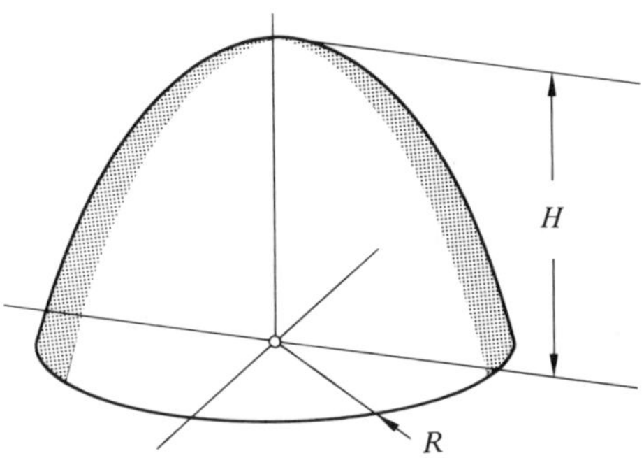

Abb. 4-3: Homogenes Paraboloid

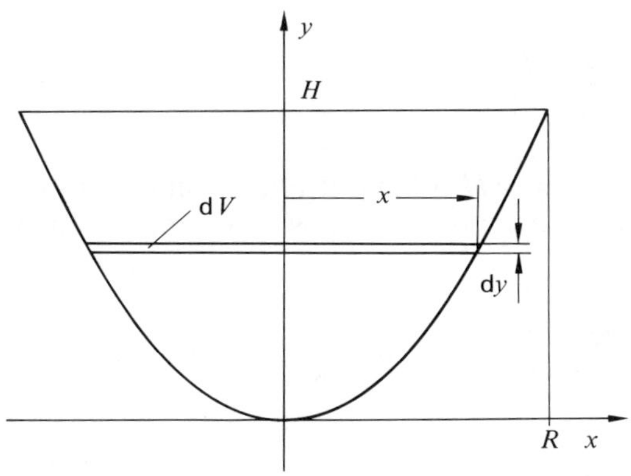

Abb. 4-4: Paraboloid im Koordinatensystem

Lösung (Abb. 4-4)
Es handelt sich um einen homogenen, rotationssymetrischen Körper. Aus diesem Grunde liegt der Schwerpunkt in der Rotationsachse. Deshalb genügt es, den Abstand von S auf dieser Achse zu bestimmen. Dazu wird das Paraboloid nach Abbildung in ein Koordinatensystem gesetzt. Die Umrißlinie in der x-y-Ebene genügt in diesem System der Parabelgleichung

$$y = k \cdot x^2. \tag{1}$$

Die Gleichung 4-4 muß ausgewertet werden.

$$y_s = \frac{\int y \cdot \mathrm{d}V}{V}$$

Das Paraboloid wird aus dünnen Kreisscheiben zusammengesetzt.

$$\mathrm{d}V = \pi \cdot x^2 \cdot \mathrm{d}y$$

Die Variable x wird durch y ersetzt. Dazu steht die Parabelgleichung (1) zur Verfügung. Das führt auf

$$\mathrm{d}V = \pi \cdot \frac{y}{k} \cdot \mathrm{d}y \tag{2}$$

Das Integral kann man jetzt folgendermaßen schreiben.

$$\int y \cdot \mathrm{d}V = \frac{\pi}{k} \cdot \int_0^H y^2 \cdot \mathrm{d}y = \frac{\pi}{k} \cdot \frac{H^3}{3} \tag{3}$$

Das Volumen des Paraboloids ist unter Verwendung von (2)

$$V = \int \mathrm{d}V = \frac{\pi}{k} \cdot \int_0^H y \cdot \mathrm{d}y = \frac{\pi}{k} \cdot \frac{H^2}{2} \tag{4}$$

Der Endpunkt der Parabel $x = R$; $y = H$ führt mit Hilfe von (1) auf die Formel für das Volumen, das halb so groß ist wie das eines entsprechenden Kreiszylinders

$$H = k \cdot R^2 \quad \Rightarrow \quad k = \frac{H}{R^2}; \qquad V = \frac{1}{2} \cdot \pi \cdot R^2 \cdot H$$

Die Auswertung der Gleichung 4-4 kann nunmehr mit (3) und (4) erfolgen

$$\boldsymbol{y_s} = \frac{\pi \cdot H^3 \cdot k \cdot 2}{k \cdot 3 \cdot \pi \cdot H^2} = \frac{\mathbf{2}}{\mathbf{3}}\ \boldsymbol{H}$$

Der Schwerpunkt S liegt von der Grundfläche $H/3$ entfernt.

Beispiel 2 (Abb. 4-5)
In den abgebildeten Block aus Aluminium wird nach Skizze ein Zylinder von 8,0 cm Durchmesser aus Kupfer eingesetzt. Für das vorgegebene Koordinatensystem ist die Lage des Schwerpunktes zu bestimmen.

Aluminium $\varrho = 2{,}6\ \text{g/cm}^3$; Kupfer $\varrho = 8{,}9\ \text{g/cm}^3$.

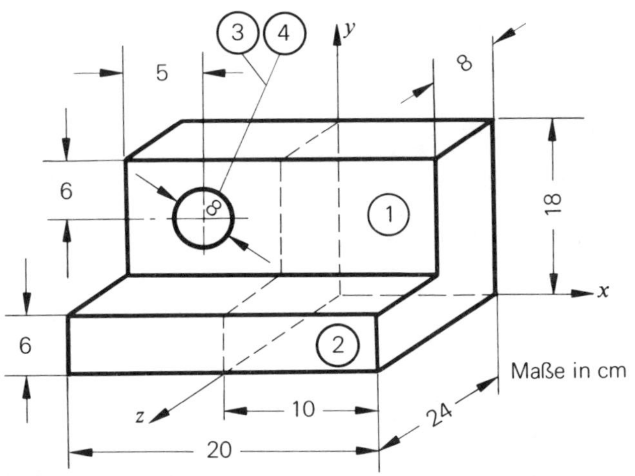

Abb. 4-5: Block mit eingeschobenem Bolzen

Lösung
Die einzelnen Teile werden zunächst numeriert:

Nr. 1 Voller Block 18 cm × 8 cm × 20 cm
Nr. 2 Block 16 cm × 20 cm × 6 cm
Nr. 3 Herausgebohrter Zylinder, d.h. die Masse wird abgezogen. Deshalb hat sie ein negatives Vorzeichen.
Nr. 4 Hineingeschobener Zylinder aus Kupfer.

Besonders zu beachten ist hier das konsequente Rechnen mit Vorzeichen. Es wird empfohlen, die Gleichungen 4-3 tabellarisch auszuwerten und die Vorzeichen vor der Rechnung in die Tabelle einzutragen. Negative Vorzeichen ergeben sich bei entsprechender Lage im Koordinatensystem und bei subtrahierten Massen.

i	$\frac{V_i}{cm^3}$	$\frac{m_i}{kg}$	$\frac{x_i}{cm}$	$\frac{x_i \cdot m_i}{cm \cdot kg}$	$\frac{y_i}{cm}$	$\frac{y_i \cdot m_i}{cm \cdot kg}$	$\frac{z_i}{cm}$	$\frac{z_i \cdot m_i}{cm \cdot kg}$
1	2880	7,488	0	0	9,0	67,39	4,0	29,95
2	1920	4,992	0	0	3,0	14,98	16,0	79,87
3	− 402,1	− 1,046	− 5,0	+ 5,23	12,0	− 12,55	4,0	− 4,18
4	+ 402,1	3,579	− 5,0	− 17,90	12,0	42,95	4,0	14,32
		Σ 15,013		**Σ− 12,67**		**Σ 112,77**		**Σ 119,96**

Die Schwerpunktskoordinaten errechnen sich aus Gleichung 4-3:

$$\boldsymbol{x_s} = \frac{\Sigma x_i \cdot m_i}{\Sigma m_i} = \frac{-12{,}67\,\text{cm kg}}{15{,}01\,\text{kg}} = \mathbf{-0{,}84\,cm};$$

$$\boldsymbol{y_s} = \frac{\Sigma y_i \cdot m_i}{\Sigma m_i} = \frac{112{,}77\,\text{cm kg}}{15{,}01\,\text{kg}} = \mathbf{7{,}51\,cm};$$

$$\boldsymbol{z_s} = \frac{\Sigma z_i \cdot m_i}{\Sigma m_i} = \frac{119{,}96\,\text{cm kg}}{15{,}01\,\text{kg}} = \mathbf{7{,}99\,cm}.$$

Kontrolle: Für Schwerpunktachsen müssen Momentengleichungen null ergeben.

Aufgaben zum Abschnitt 4.2

A 4-1 Für den abgebildeten Körper ist die Abmessung h_1 des Zylinders so zu bestimmen, daß der Gesamtschwerpunkt auf der Trennlinie Kegel-Zylinder liegt. Die Lösung soll allgemein erfolgen und dann für $h_2 = 10{,}0$ cm und $\varrho_1 = 3 \cdot \varrho_2$ ausgewertet werden.

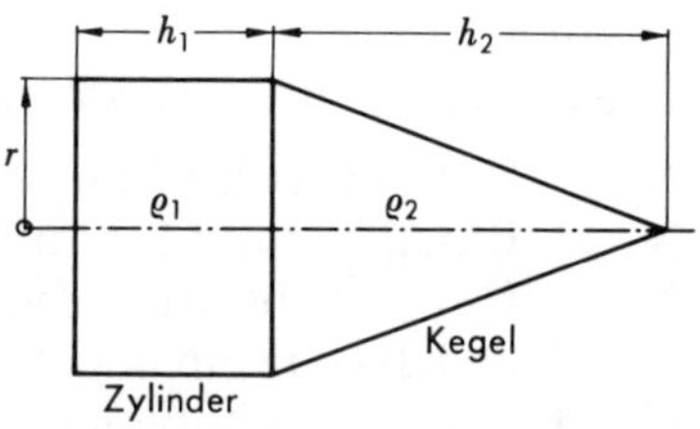

Abb. A 4-1

A 4-2 Der abgebildete Block ist aus Leichtmetall ($\varrho = 1{,}96$ g/cm^3) gefertigt. In die Bohrungen sind spielfrei Stahlzylinder ($\varrho = 7{,}85$ g/cm^3) eingeführt. Die 5-mm-Bohrungen sind 20 mm tief, die 10-mm-Bohrung ist durchgehend. Zu bestimmen ist die Lage des Schwerpunktes.

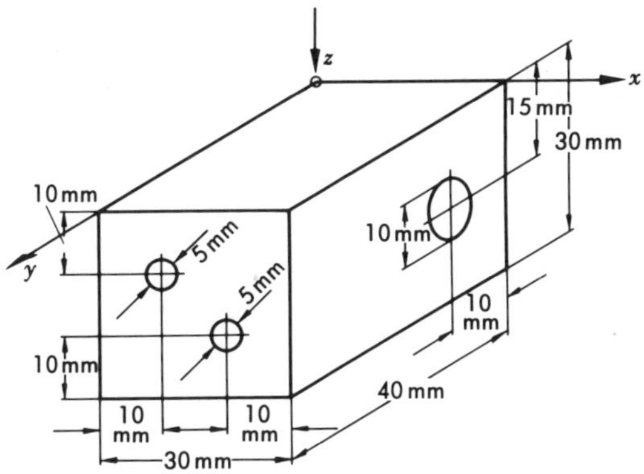

Abb. A 4-2

A 4-3 Der Mantel des abgebildeten Drehteils besteht aus Stahl (ϱ = 7,85 g/cm^3). Der Innenraum ist nach Skizze mit einem Material der Dichte ϱ = 2,25 g/cm^3 gefüllt. Zu bestimmen ist die Lage des Schwerpunktes.

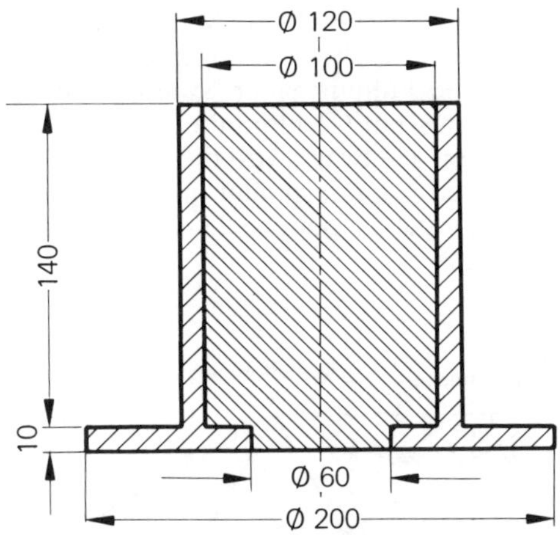

Abb. A 4-3/7

A 4-4 Auf eine Halbkugel aus Stahl ist wie abgebildet ein Zylinder aus Aluminium gesetzt. Welche Länge l darf dieser haben, wenn das Gebilde gerade nicht aus der vertikalen Position kippen soll? Die Lösung soll allgemein erfolgen und dann für r = 50,0 mm; d = 20,0 mm; Stahl ϱ = 7,85 g/cm^3; Aluminium ϱ = 2,60 g/cm^3 ausgewertet werden.

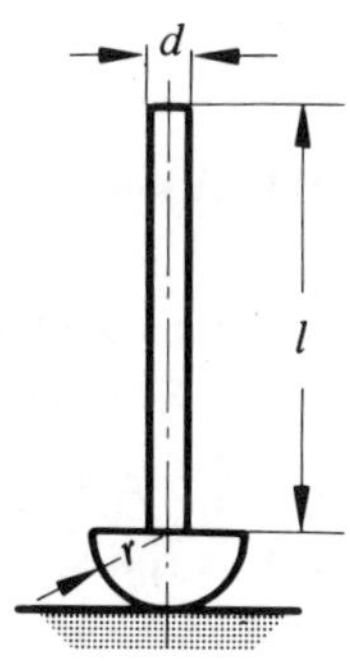

Abb. A 4-4

A 4-5 Abgebildet ist ein Behälter aus Stahlbeton ($\varrho = 2400$ kg/m^3), der mit einem halbkreisförmigen Boden ausgeführt ist. Er ist bündig mit einem Stoff der Dichte $\varrho = 1300$ kg/m^3 gefüllt. Für den gefüllten Behälter ist die Lage des Schwerpunktes zu bestimmen.

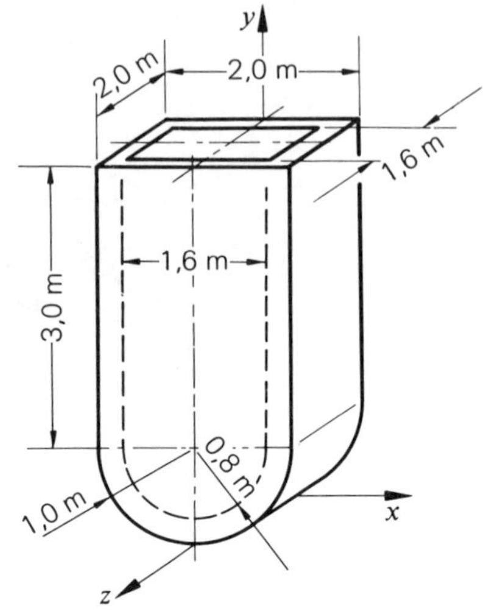

Abb. A 4-5/8

A 4-6 Die Abbildung zeigt vereinfacht ein Meßgerät zur Volumenbestimmung von strömenden Flüssigkeiten. Es besteht aus zwei Kammern, die abwechselnd gefüllt werden. Erreicht die Füllung einer Kammer einen bestimmten Stand, dann kippt der Mechanismus um (Drehpunkt A) und die Füllung der zweiten Kammer beginnt. Mit einem Zählwerk wird die Anzahl der Füllungen ermittelt. Der Schwerpunkt der leeren Kammern liegt im Punkt S. Ihre Masse beträgt 24 kg, die Breite senkrecht zur Zeichenebene 25 cm. Zu bestimmen ist für Wasser das Volumen einer Füllung.

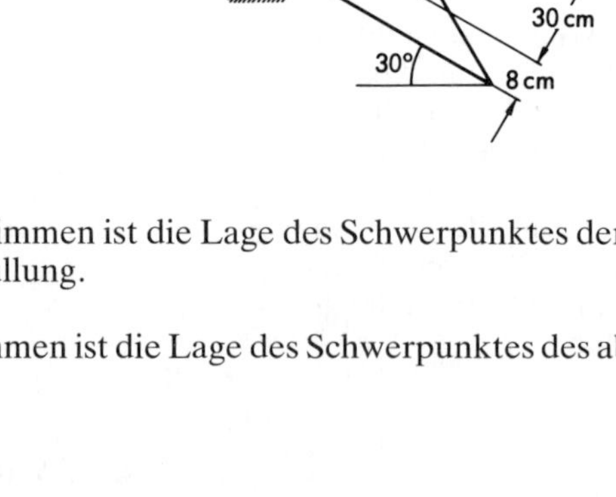

Abb. A 4-6

A 4-7/8 Zu bestimmen ist die Lage des Schwerpunktes der Gebilde Abb. A 4-3 und A 4-5 ohne Füllung.

A 4-9 Zu bestimmen ist die Lage des Schwerpunktes des abgebildeten homogenen Körpers.

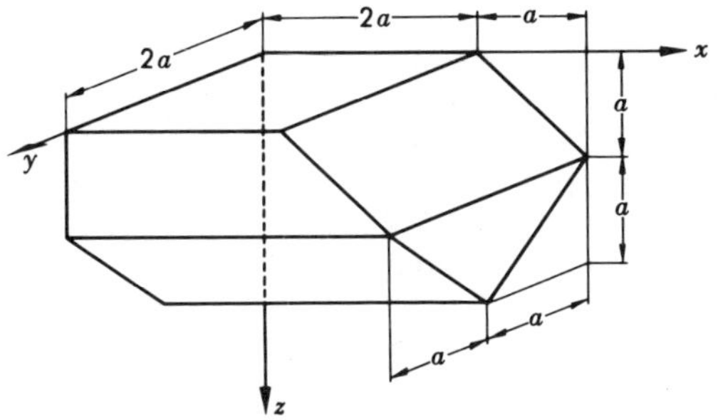

Abb. A 4-9

A 4-10 Abgebildet ist eine unregelmäßig geformte Platte mit einer konstanten Dicke von 40 mm. Die Umrißlinie kann mit Hilfe des Rasters (100 mm × 100 mm) übertragen werden. Die Lage des Schwerpunktes ist mit der Summengleichung näherungsweise zu bestimmen.

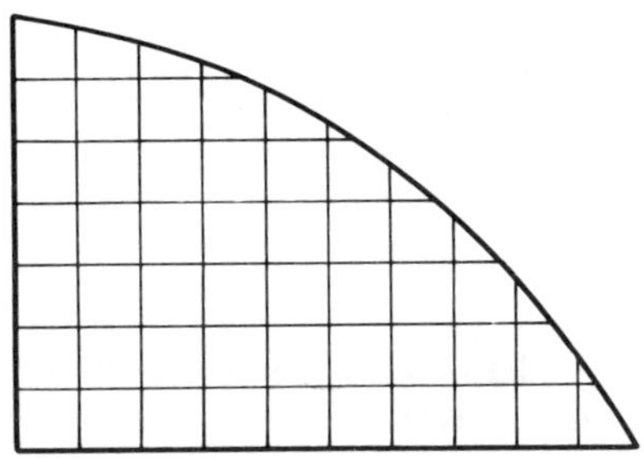

Abb. A 4-10

A 4-11 Die Skizze zeigt eine Plattform, die fahrbar an einer Schiene hängt. In welchem Abstand x vom Aufhängepunkt muß eine Masse $m = 24$ kg gelegt werden, wenn die beladene Plattform horizontal sein soll?

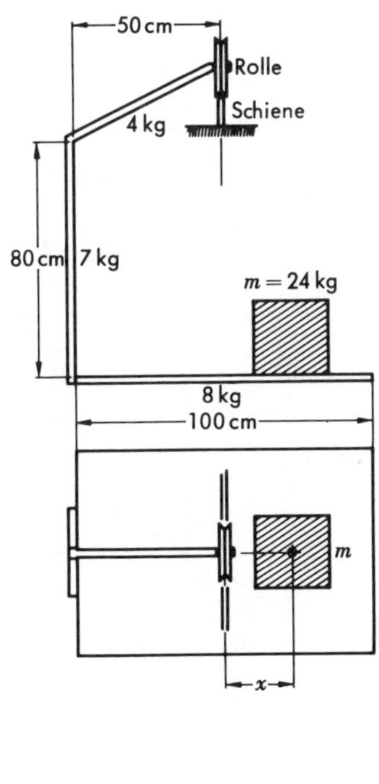

Abb. A 4-11

A 4-12 Die an einer Schiene hängende Ladefläche eines Kettenförderers soll im unbeladenen Zustand horizontal liegen. Dazu soll am rechten Rand eine Masse m_4 befestigt werden. Deren Größe ist für $m_1 = 4{,}0$ kg; $m_2 = 8{,}0$ kg und für $m_3 = 12$ kg zu bestimmen. Alle Teile können homogen angenommen werden.

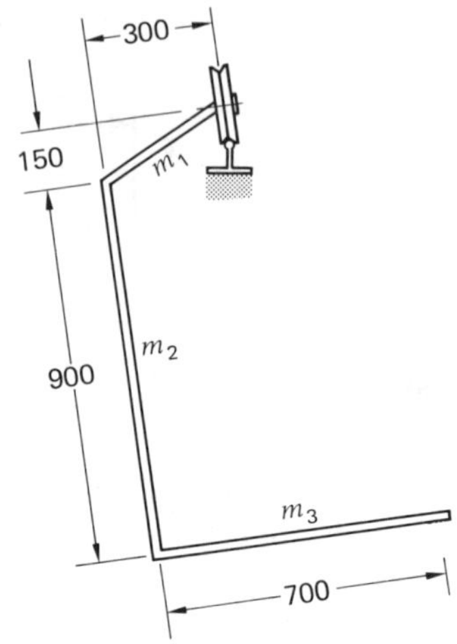

Abb. A 4-12

A 4-13/14 Zu bestimmen ist die Lage des Schwerpunktes des abgebildeten homogenen Körpers.

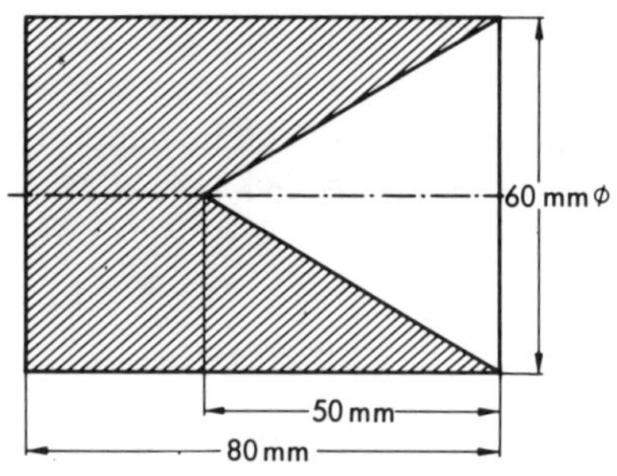

Abb. A 4-13

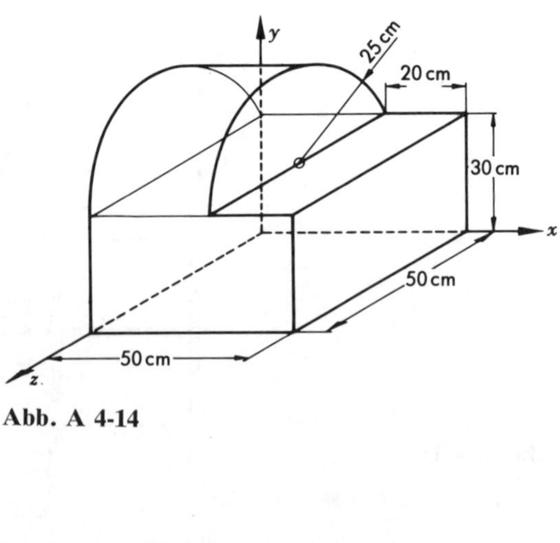

Abb. A 4-14

4.3 Der Flächenschwerpunkt

Der Schwerpunkt einer beliebig geformten Schale konstanter Dicke s, die aus homogenem Material gefertigt ist, soll bestimmt werden. Die genannten Bedingungen können folgendermaßen formuliert werden (s. Abb. 4-6)

$$\mathrm{d}m = \varrho \cdot \mathrm{d}V = \varrho \cdot s \cdot \mathrm{d}A \qquad \text{mit } \varrho = \text{konst.};\ s = \text{konst.}$$

$$m = \varrho \cdot s \cdot A.$$

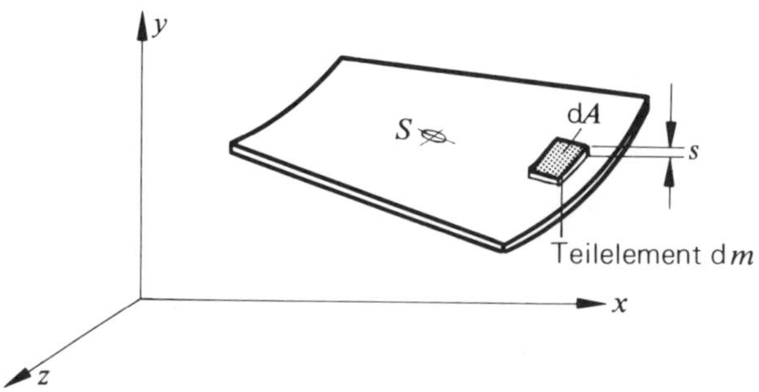

Abb. 4-6: Zur Definition des Flächenschwerpunktes

Diese Beziehungen werden in die Gleichungen 4-1 eingeführt.

$$x_s = \frac{\int x \cdot \varrho \cdot s \cdot \mathrm{d}A}{\varrho \cdot s \cdot A} = \frac{\varrho \cdot s \cdot \int x \cdot \mathrm{d}A}{\varrho \cdot s \cdot A} = \frac{\int x \cdot \mathrm{d}A}{A}.$$

Analoge Beziehungen ergeben sich für die anderen Koordinaten

$$\mathbf{x_s = \frac{\int x \cdot dA}{A_{ges}}\ ; \qquad y_s = \frac{\int y \cdot dA}{A_{ges}}\ ; \qquad z_s = \frac{\int z \cdot dA}{A_{ges}}\ .} \qquad \textbf{Gl. 4-7}$$

Die Bedingungsgleichungen für die **Schwerpunktachsen** $x_s = y_s = z_s = 0$ lauten:

$$\mathbf{\int x \cdot dA = 0; \qquad \int y \cdot dA = 0; \qquad \int z \cdot dA = 0.} \qquad \textbf{Gl. 4-8}$$

Die Lage des Schwerpunktes hängt demnach nur von der Flächenverteilung ab. Aus diesem Grunde nennt man diesen Schwerpunkt den *Flächenschwerpunkt*. Diese Bezeichnung ist irreführend, denn eine Fläche hat als zweidimensionales Gebilde keine Masse, damit keine Schwere und deshalb auch keinen Schwerpunkt. Gemeint ist, wie aus dem oben Ausgeführten folgt, der Schwerpunkt einer dünnen Scheibe, die die Form der Fläche hat.

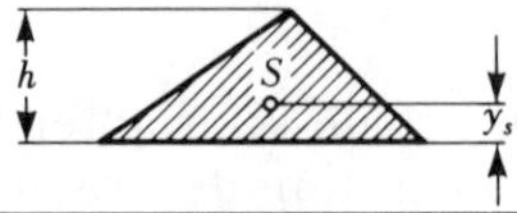	**Dreiecksfläche** S liegt im Schnittpunkt der Seitenhalbierenden	$y_s = \frac{1}{3} h$
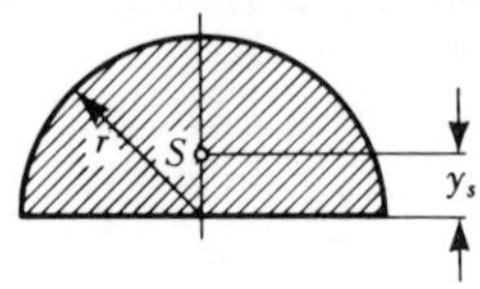	**Halbkreisfläche**	$y_s = \frac{4}{3\pi} r$ $y_s = 0{,}424\, r$
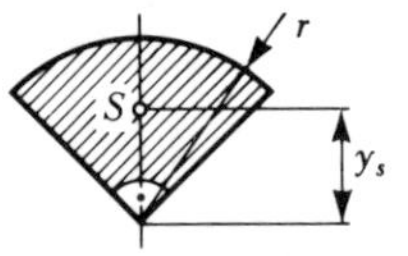	**Viertelkreisfläche**	$y_s = \frac{4\sqrt{2}}{3\pi} r$ $y_s = 0{,}600\, r$
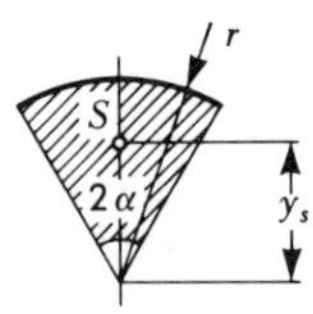	**Kreisausschnitt**	$y_s = \frac{2}{3} \frac{r \sin\alpha}{\alpha}$
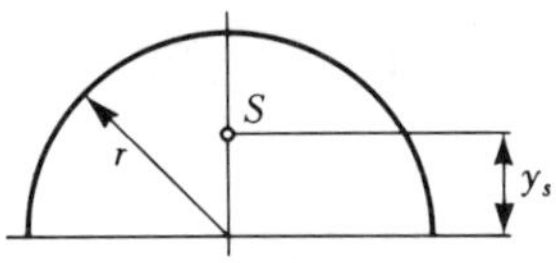	**Halbkreisbogen**	$y_s = \frac{2}{\pi} r$ $y_s = 0{,}637\, r$
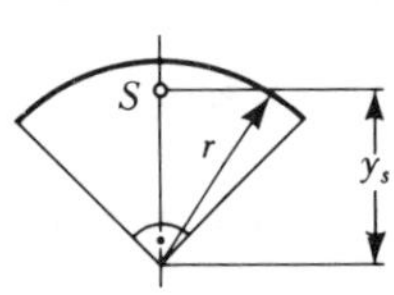	**Viertelkreisbogen**	$y_s = \frac{2\sqrt{2}}{\pi} r$ $y_s = 0{,}900\, r$

Tabelle 4-2: Schwerpunktskoordinaten von Flächen und Linien

Auch in diesem Falle sind Symmetrieachsen identisch mit Schwerlinien, d.h. *der Schwerpunkt liegt auf einer eventuell vorhandenen Symmetrieachse oder bei mehreren Symmetrieachsen auf ihrem Schnittpunkt.*

Viele Flächen sind aus geometrischen Grundfiguren aufgebaut. Die Schwerpunktsberechnung erfolgt hier mit Hilfe von Summengleichungen.

$$x_s = \frac{\Sigma\, x_i A_i}{\Sigma\, A_i}\ ; \qquad y_s = \frac{\Sigma\, y_i A_i}{\Sigma\, A_i}\ ; \qquad z_s = \frac{\Sigma\, z_i A_i}{\Sigma\, A_i}\ . \qquad \textbf{Gl. 4-9}$$

Die Koordinaten x_i; y_i; z_i geben die Schwerpunktlage der als Grundfigur gestalteten Fläche A_i an. Für eine Auswahl von Grundfiguren sind in der Tabelle 4-2 die Schwerpunktlagen gegeben.

Die Gleichungen 4-9 eignen sich auch dazu, für unregelmäßig begrenzte ebene Flächen die Schwerpunktlage zu bestimmen. In diesem Falle wird diese Fläche in Teilflächen A_i eingeteilt. Die Auswertung erfolgt tabellarisch.

Auf einige Anwendungen der Bestimmung der Flächenschwerpunkte soll hier hingewiesen werden. In der Festigkeitslehre wird bewiesen, daß bei der Axialbelastung eines zylindrischen Stabes nur dann die Spannung gleichmäßig verteilt ist, wenn die Last in der Schwerachse der Querschnittfläche angreift. Bei Biegung geht die neutrale Faser durch den Schwerpunkt der Querschnittfläche. Die Berechnung der Volumina von Rotationskörpern erfolgt über den Flächenschwerpunkt (s. 4.5).

Beispiel 1 (Abb. 4-7)
Der Schwerpunktabstand y_s der skizzierten Dreiecksfläche ist zu bestimmen.

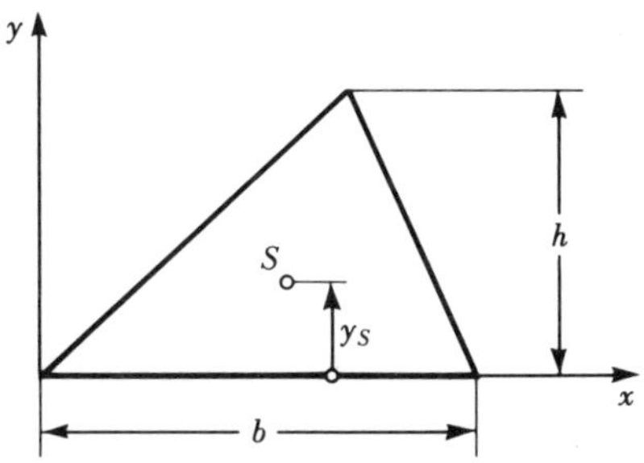

Abb. 4-7: Schwerpunkt einer Dreiecksfläche

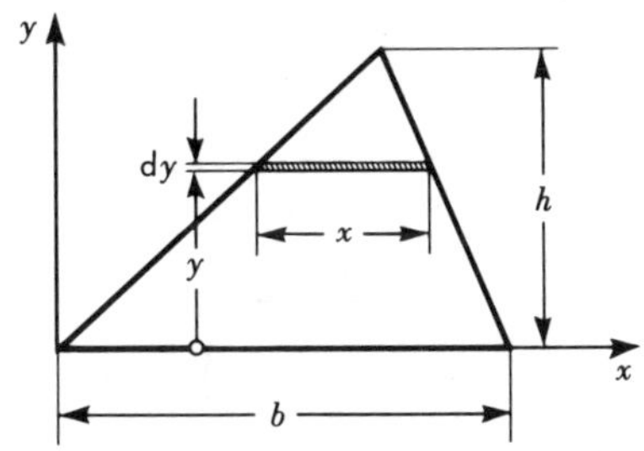

Abb. 4-8: Festlegung des Flächenelements

Lösung (Abb. 4-8)
Es muß die Gleichung 4-7

$$y_s = \frac{\int y \cdot dA}{A_{ges}}$$

gelöst werden. Dabei muß der Schwerpunkt des Flächenelements die Ordinate y haben. Diese Bedingung ist für das eingezeichnete Element $dA = x \cdot dy$ gegeben. Man erhält damit

$$y_s = \frac{1}{A_{ges}} \int x \cdot y \cdot dy.$$

Es muß x durch y ausgedrückt werden. Der Strahlensatz ergibt

$$\frac{x}{b} = \frac{h-y}{h} \qquad x = \frac{b}{h}\,(h-y)$$

Es gilt weiter $A_{ges} = \frac{1}{2} b \cdot h$. Die Grenzen des Integrals sind $y = 0$ und $y = \mathrm{h}$.
Insgesamt erhält man:

$$y_s = \frac{2}{b \cdot h} \int_0^h \frac{b}{h}(h-y) \cdot y \cdot \mathrm{d}y$$

$$\mathbf{y_s} = \frac{2}{h^2}\left(h \cdot \frac{h^2}{2} - \frac{h^3}{3}\right) = \frac{\mathbf{h}}{\mathbf{3}}$$

Jede Seite des Dreiecks kann als Grundseite betrachtet werden. Der Schwerpunkt ist jeweils $\frac{1}{3}\,h$ (Höhe) von der Grundseite entfernt.

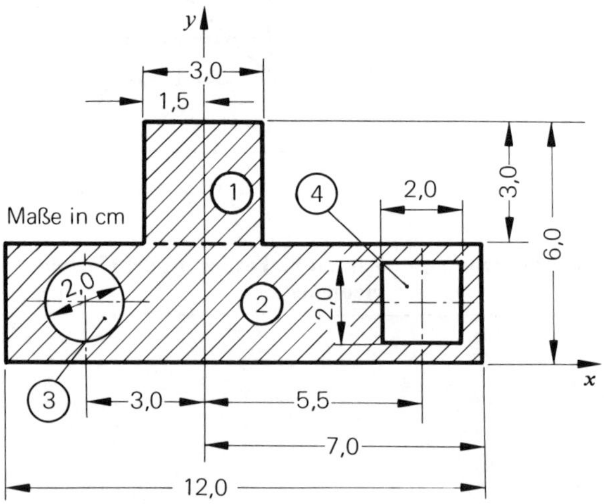

Abb. 4-9: Aus geometrischen Grundfiguren aufgebaute Fläche

Beispiel 2 (Abb. 4-9)
Für die abgebildete Fläche ist die Lage des Schwerpunktes zu berechnen. Dabei ist das eingezeichnete Koordinatensystem zu verwenden.

Lösung
Die Fläche wird in Einzelflächen eingeteilt, die durchnumeriert werden.

Nr. 1 Rechteck 3 cm × 3 cm.
Nr. 2 Volles Rechteck 3 cm × 12 cm.
Nr. 3 Kreisfläche; negativ, da von Nr. 2 subtrahiert.
Nr. 4 Rechteckfläche 2 cm × 2 cm; negativ, da von Nr. 2 subtrahiert.

Es empfiehlt sich, die Gleichungen 4-9 tabellarisch auszuwerten. Auch hier ist auf richtige Vorzeichenrechnung besonders zu achten.

i	$\frac{A_i}{\text{cm}^2}$	$\frac{x_i}{\text{cm}}$	$\frac{A_i x_i}{\text{cm}^3}$	$\frac{y_i}{\text{cm}}$	$\frac{A_i y_i}{\text{cm}^3}$
1	9,00	0	0	4,5	40,50
2	36,00	1,0	36,00	1,5	54,00
3	– 3,14	– 3,0	9,42	1,5	– 4,71
4	– 4,00	5,5	– 22,00	1,5	– 6,00
	Σ **37,86**		Σ **23,42**		Σ **83,79**

$$\boldsymbol{x_s} = \frac{\Sigma A_i x_i}{\Sigma A_i} = \frac{23{,}42\,\text{cm}^3}{37{,}86\,\text{cm}^2} = \mathbf{0{,}62\,cm.}$$

$$\boldsymbol{y_s} = \frac{\Sigma A_i y_i}{\Sigma A_i} = \frac{83{,}79\,\text{cm}^3}{37{,}86\,\text{cm}^2} = \mathbf{2{,}21\,cm.}$$

Beispiel 3 (Abb. 4-10)
Das aus dünnen Blechen gefertigte räumliche Gebilde besteht aus einer Halbkreisschale (Nr. 1), die nur rechts mit dem Halbkreisdeckel (Nr. 2) verschlossen ist. Oben aufgesetzt ist eine dreieckförmige Platte (Nr. 3). Für das eingezeichnete Koordinatensystem ist der Schwerpunkt zu bestimmen.

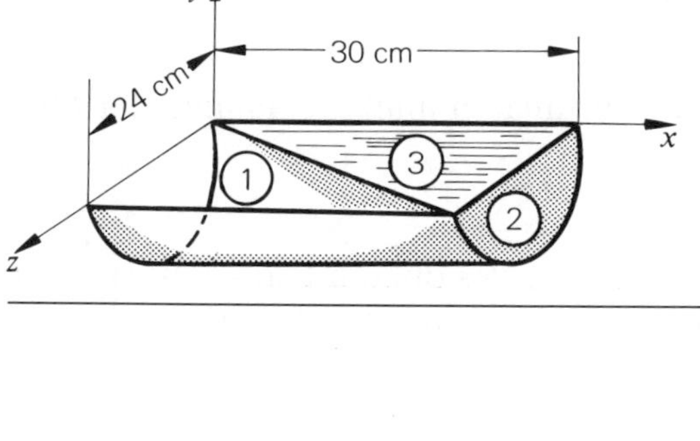

Abb. 4-10: Räumliches System von dünnen Scheiben

Lösung
Teil 1:

$$A = r \cdot \pi \cdot l = 12\,\text{cm} \cdot \pi \cdot 30\,\text{cm} = 1131\,\text{cm}^2$$

$$y_S = -\frac{2}{\pi} \cdot 12\,\text{cm} = -7{,}64\,\text{cm}. \qquad \text{(s. Tabelle 4-2)}$$

Teil 2:

$$A = \frac{1}{2} \cdot \pi \cdot r^2 = 226{,}2\,\text{cm}^2$$

$$y_S = -\frac{4}{3\pi} \cdot 12\,\text{cm} = -5{,}093\,\text{cm} \qquad \text{(s. Tabelle 4-2).}$$

Damit können die Gleichungen 4-9 tabellarisch ausgewertet werden.

i	$\frac{A_i}{\text{cm}^2}$	$\frac{x_i}{\text{cm}}$	$\frac{A_i x_i}{\text{cm}^3}$	$\frac{y_i}{\text{cm}}$	$\frac{A_i y_i}{\text{cm}^3}$	$\frac{z_i}{\text{cm}}$	$\frac{A_i z_i}{\text{cm}^3}$
1	1131	15,0	16965	– 7,639	– 8640	12,0	13572
2	226	30,0	6786	– 5,093	– 1152	12,0	2714
3	360	20,0	7200	0	0	8,0	2880
	Σ 1717		**Σ 30951**		**Σ – 9792**		**Σ 19166**

$$\mathbf{x_s} = \frac{30951\,\text{cm}^3}{1717\,\text{cm}^2} = \mathbf{18{,}02\,cm};$$

$$\mathbf{y_s} = \frac{-9792\,\text{cm}^3}{1717\,\text{cm}^2} = \mathbf{-5{,}70\,cm};$$

$$\mathbf{z_s} = \frac{19166\,\text{cm}^3}{1717\,\text{cm}^2} = \mathbf{11{,}16\,cm}.$$

Kontrolle: Für die Schwerpunktskoordinaten muß die Summe der Momente gleich Null sein.

Beispiel 4 (Abb. 4-11)
Die Skizze zeigt ein I-Profil. Die Breite b des oberen Flansches ist so zu bestimmen, daß der Flächenschwerpunkt wie angegeben liegt.

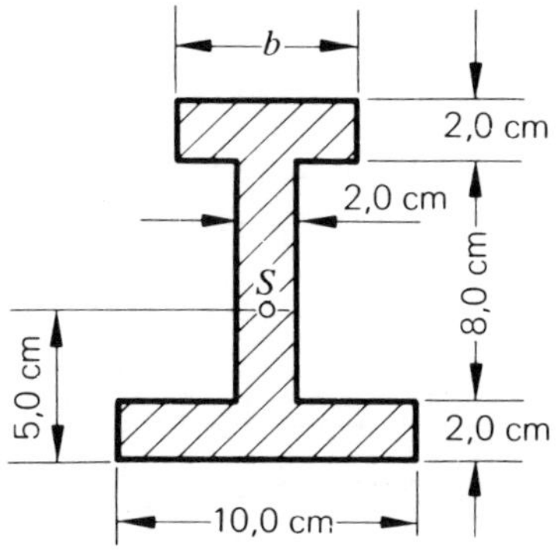

Abb. 4-11: Fläche mit vorgegebener Lage des Schwerpunktes

Lösung
Die Momentengleichung für die untere Kante der Fläche wird aufgestellt.

$$A_{ges} \cdot y_s = \Sigma A_i \cdot y_i$$

$$(10 \cdot 2\,\text{cm}^2 + 8 \cdot 2\,\text{cm}^2 + b \cdot 2\,\text{cm}) \cdot 5\,\text{cm} = 10 \cdot 2 \cdot 1\,\text{cm}^3 + 8 \cdot 2 \cdot 6\,\text{cm}^3 + b \cdot 2\text{cm} \cdot 11\,\text{cm}.$$

Die Auflösung dieser Gleichung nach b ergibt:

$(18 + b) \cdot 5 = 58 + 11 \cdot b$ b in cm
$\boldsymbol{b = 5{,}33}$ **cm**.

Kontrolle: Für die durch S gehende x-Achse muß das Moment verschwinden.

Aufgaben zum Abschnitt 4.3

A 4-15 bis 25 Der Schwerpunktlage der skizzierten Fläche ist zu bestimmen.

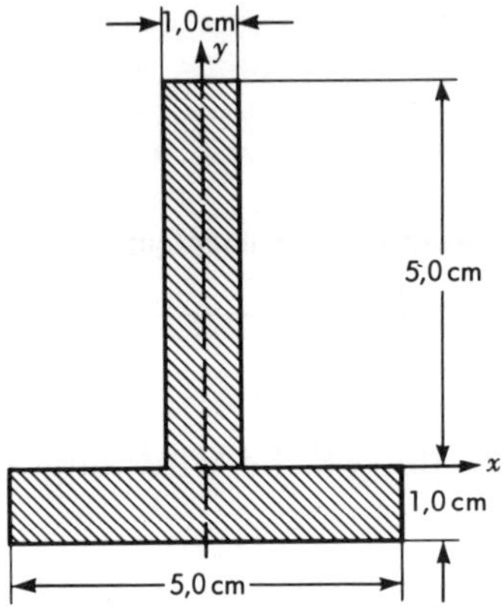

Abb. A 4-15

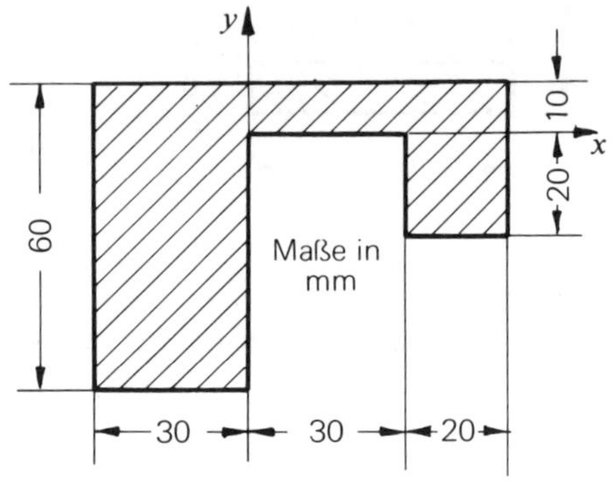

Abb. A 4-16/48

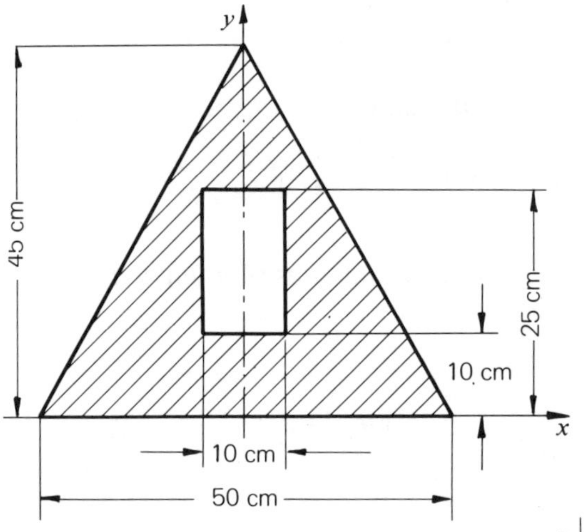

Abb. A 4-17

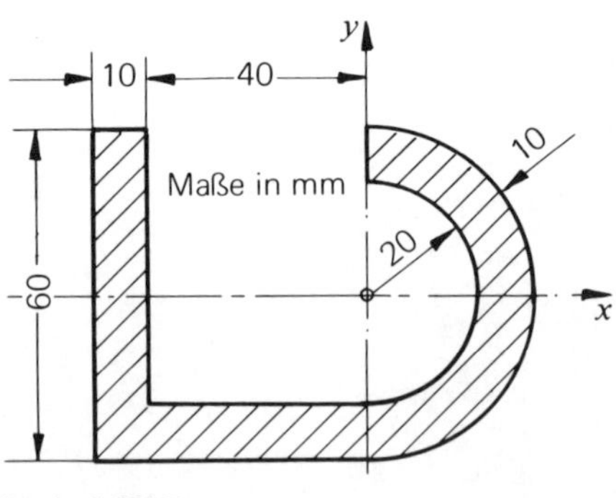

Abb. A 4-18/49

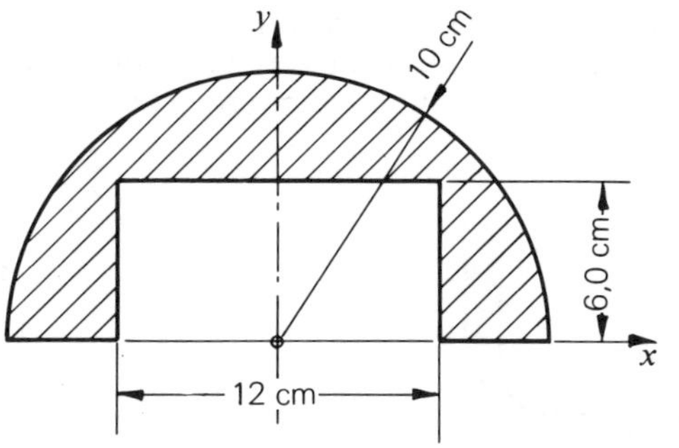

Abb. A 4-19

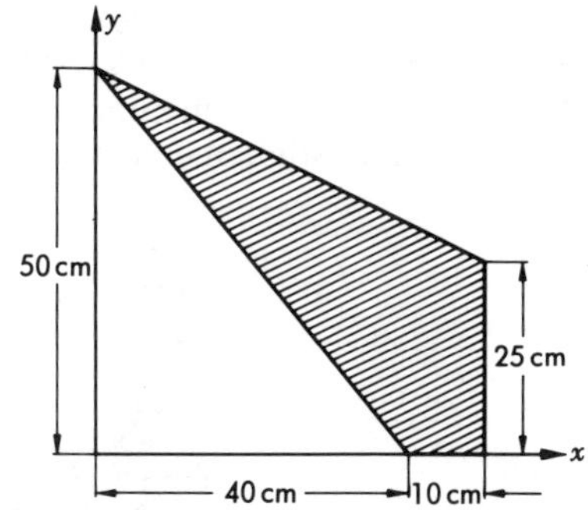

Abb. A 4-20

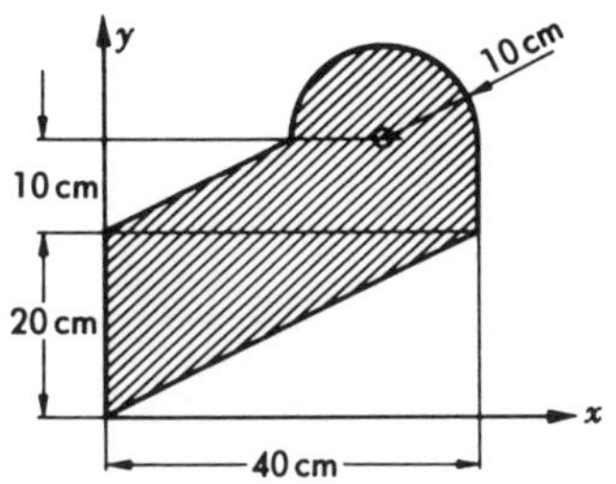

Abb. A 4-21

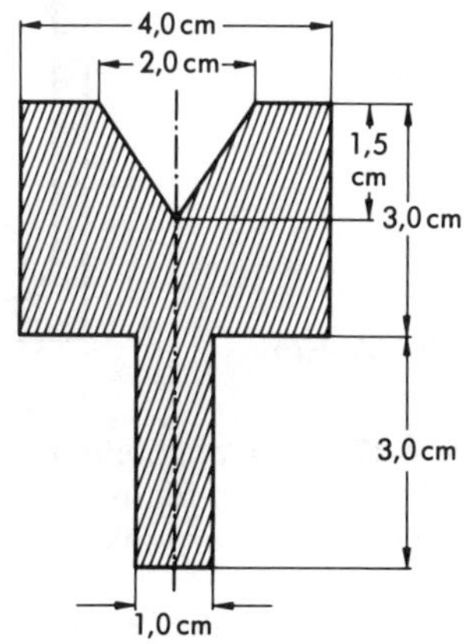

Abb. A 4-22

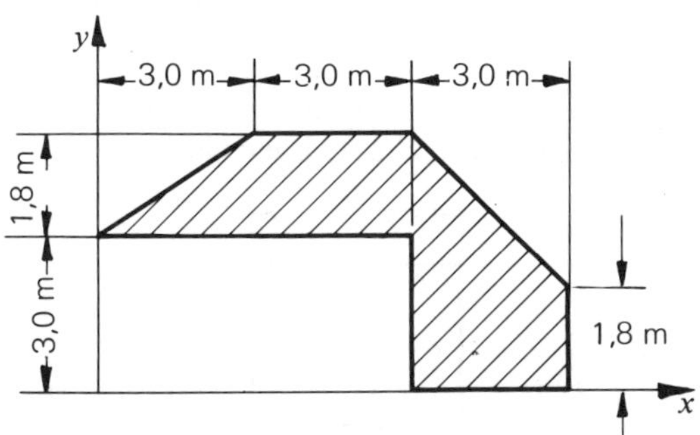

Abb. A 4-23

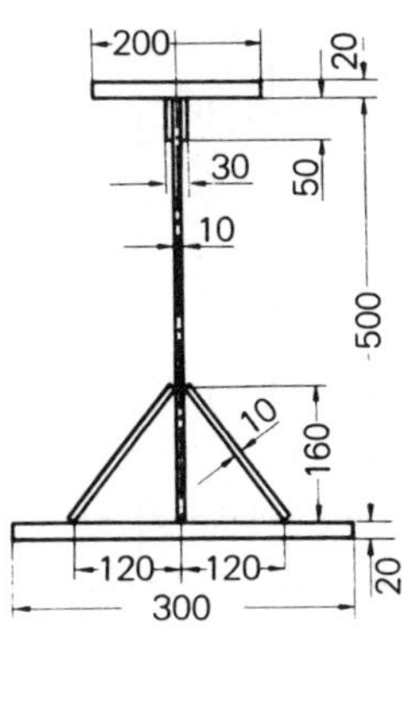

Abb. A 4-24

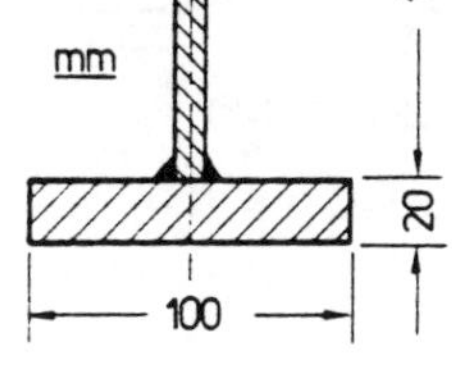

Abb. A 4-25

A 4-26 Abgebildet ist der Querschnitt eines aus U-Trägern zusammengeschweißten Trägers. Für U-100 ist die Lage des Schwerpunktes zu bestimmen. Die notwendigen Daten können den Stahltabellen entnommen werden (z.B. Anhang Band 2/Festigkeitslehre).

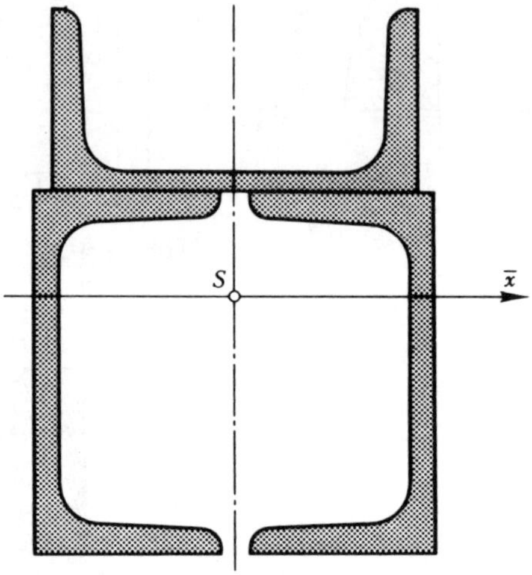

Abb. A 4-26

A 4-27 Der abgebildete Trägerquerschnitt besteht aus einem Stahlprofil IPB 200, auf dessen Flansch zwei Flachstähle geschweißt sind. Zu bestrimmen ist die Lage des Schwerpunktes (s. Hinweis A 4-26).

A 4-28 In welchem Abstand y muß das Loch in die abgebildete Platte eingeschnitten werden, wenn der Schwerpunkt die eingezeichnete Lage haben soll?

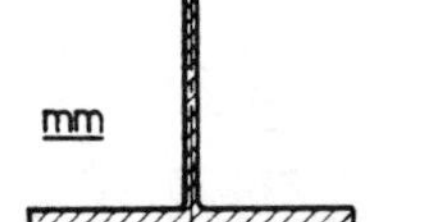

Abb. A 4-27

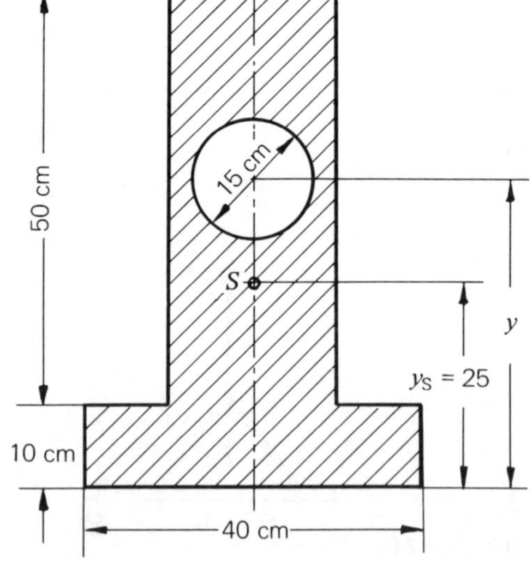

Abb. A 4-28

A 4-29 In die skizzierte dünne Platte ist ein Kreis so einzuschneiden, daß der Schwerpunkt wie angegeben liegt. Zu bestimmen ist der Durchmesser d.

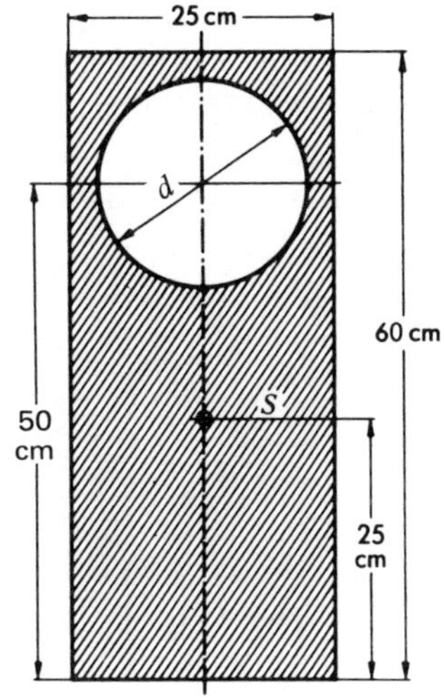

Abb. A 4-29

A 4-30 An welche Stelle der abgebildeten homogenen Platte muß ein quadratisches Loch 20 cm × 20 cm eingeschnitten werden, wenn der Schwerpunkt in der Mitte liegen soll?

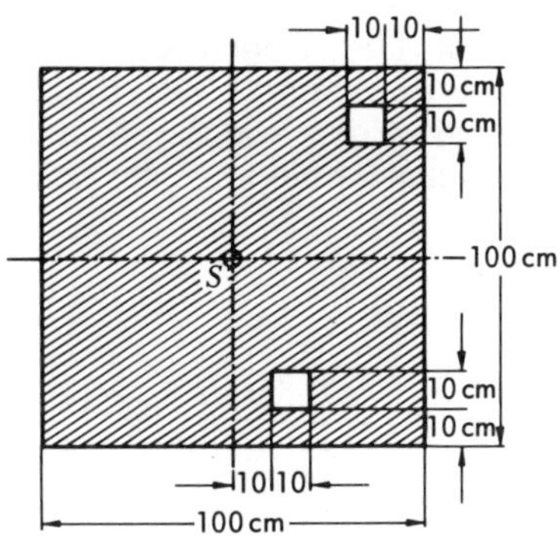

Abb. A 4-30

A 4-31 An der abgebildeten homogenen Platte soll ein dreieckförmiger Abschnitt a b so abgeschnitten werden, daß der Schwerpunkt in der Mitte liegt. Zu bestimmen sind a und b.

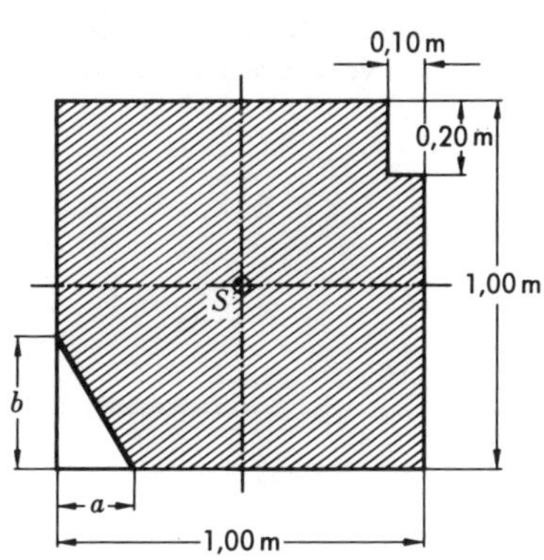

Abb. A 4-31

A 4-32 Unter welchem Winkel α pendelt sich eine frei aufgehängte Platte der angegebenen Form (Halbkreisbögen) ein?

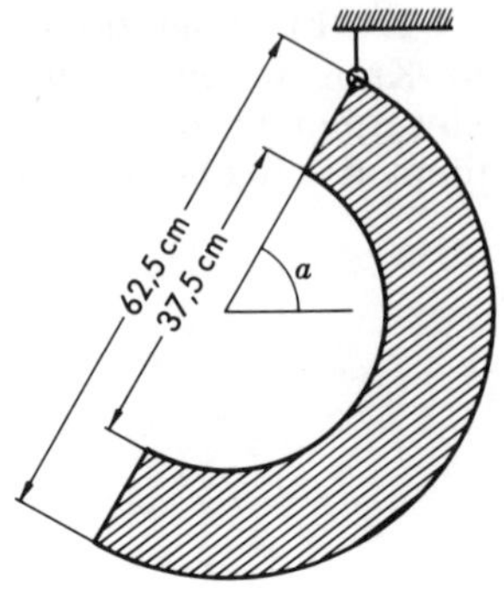

Abb. A 4-32

A 4-33 Der abgebildete Kübel ist aus Blech einheitlicher Wanddicke gefertigt. Für das eingezeichnete Koordinatensystem sind die Schwerpunktkoordinaten zu berechnen.

A 4-34 Der Boden des abgebildeten Kübels ist verstärkt. Das Bodenblech ist dreimal so dick wie das Wandblech. Zu berechnen ist die Lage des Schwerpunktes.

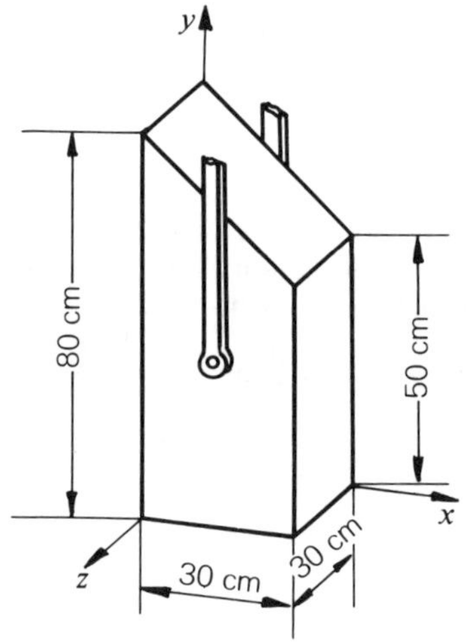

Abb. A 4-33/34

A 4-35/36 Für das aus dünnen Blechen nach Skizze gefertigte Gebilde ist die Lage des Schwerpunktes zu berechnen.

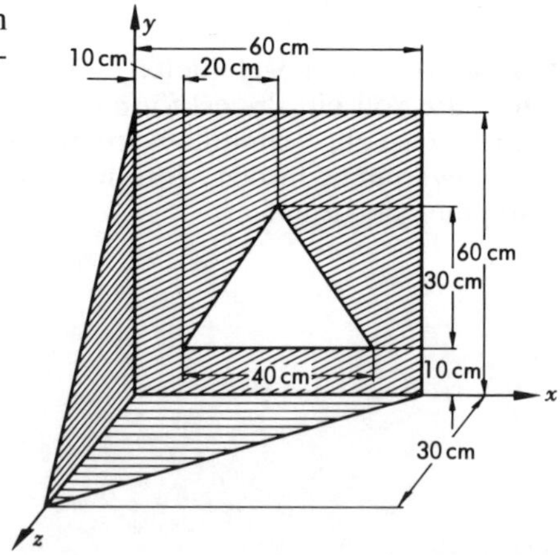

Abb. A 4-35/37

A 4-37 Die Lage des Schwerpunktes des aus Blechen gefertigten Gebildes ist für den Fall zu berechnen, daß das Blech in der x-y-Ebene doppelte Wandstärke hat.

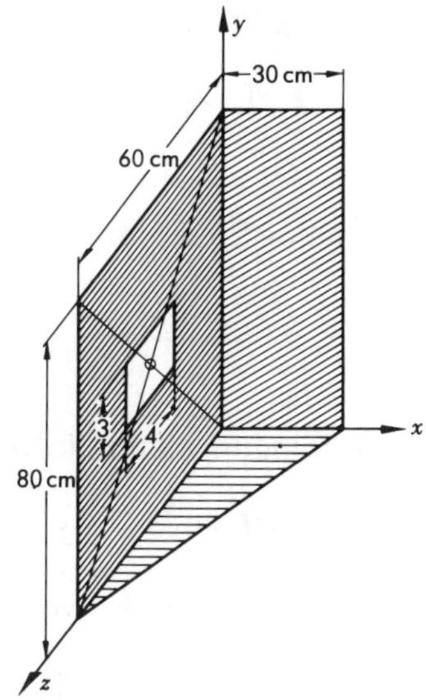

Abb. A 4-36

4.4 Der Linienschwerpunkt

Die Gleichungen 4-1 zur Bestimmung der Schwerpunktlage eines homogenen Körpers sollen auf einen dünnen Draht von konstanter Querschnittfläche A und von der Länge l angewendet werden (Abb. 4-12). Für einen Teilabschnitt des Drahtes gilt:

$$\mathrm{d}m = \varrho \cdot \mathrm{d}V = \varrho \cdot A \cdot \mathrm{d}l$$

$$m = \varrho \cdot A \cdot l.$$

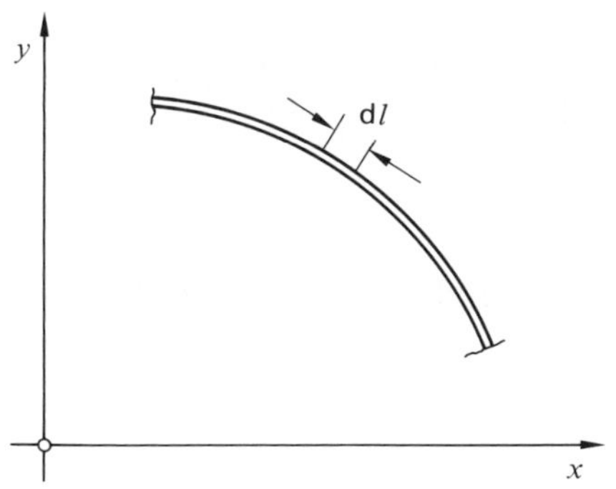

Abb. 4-12: Zur Definition des Linienschwerpunktes

Damit ergibt sich aus der Gleichung 4-1

$$x_s = \frac{\int x \cdot \varrho \cdot A \cdot \mathrm{d}l}{\varrho \cdot A \cdot l} = \frac{\varrho \cdot A \cdot \int x \cdot \mathrm{d}l}{\varrho \cdot A \cdot l} = \frac{\int x \cdot \mathrm{d}l}{l}$$

und analog für die anderen Koordinaten

$$\boldsymbol{x_s = \frac{\int x \cdot \mathrm{d}l}{l_{ges}}} \; ; \qquad \boldsymbol{y_s = \frac{\int y \cdot \mathrm{d}l}{l_{ges}}} \; ; \qquad \boldsymbol{z_s = \frac{\int z \cdot \mathrm{d}l}{l_{ges}}} \; . \qquad \textbf{Gl. 4-10}$$

Die Bedingungen für die **Schwerpunktachsen** lauten:

$$\boldsymbol{\int x \cdot \mathrm{d}l = 0;} \qquad \boldsymbol{\int y \cdot \mathrm{d}l = 0;} \qquad \boldsymbol{\int z \cdot \mathrm{d}l = 0.} \qquad \textbf{Gl. 4-11}$$

Da die Lage des Schwerpunktes nur vom Verlauf der Linie abhängt, nennt man den Schwerpunkt auch *Linienschwerpunkt*. Was diese Bezeichnung betrifft, bilt das gleiche, was über den Flächenschwerpunkt gesagt wurde. Gemeint ist die Lage des Schwerpunktes einer mit Masse belegten Linie.

Alle Symmetriebedingungen sind auch hier gültig. *Der Schwerpunkt liegt in evtl. vorhandenen Symmetrieachsen bzw. Symmetrieebenen.*

Für einige Linien ist die Schwerpunktlage in Tabelle 4-2 gegeben.

Für viele Fälle ist es zweckmäßig, mit Summengleichungen zu arbeiten

$$\boldsymbol{x_s = \frac{\Sigma x_i l_i}{\Sigma l_i}} \; ; \qquad \boldsymbol{y_s = \frac{\Sigma y_i l_i}{\Sigma l_i}} \; ; \qquad \boldsymbol{z_s = \frac{\Sigma z_i l_i}{\Sigma l_i}} \; . \qquad \textbf{Gl. 4-12}$$

Es gilt sinngemäß alles, was zu der Gleichung 4-9 angeführt wurde.

Auch in diesem Abschnitt soll auf technische Anwendungen hingewiesen werden. Die Bestimmung der Lage des Linienschwerpunktes ist z.B. bei der Konstruktion von Stanzen notwendig. Die Achse des Stempels, durch den die Schnittkraft eingeleitet wird, muß durch den Schwerpunkt der gestanzten Linie gehen, wenn ein Kanten des Schnittwerkzeuges vermieden werden soll. Weiterhin braucht man den Linienschwerpunkt für die Berechnung der Oberflächen von Rotationskörpern (s. Abschnitt 4.5).

Beispiel 1 (Abb. 4-13)
Der Schwerpunktabstand y_s der skizzierten Halbkreislinie ist zu bestimmen.

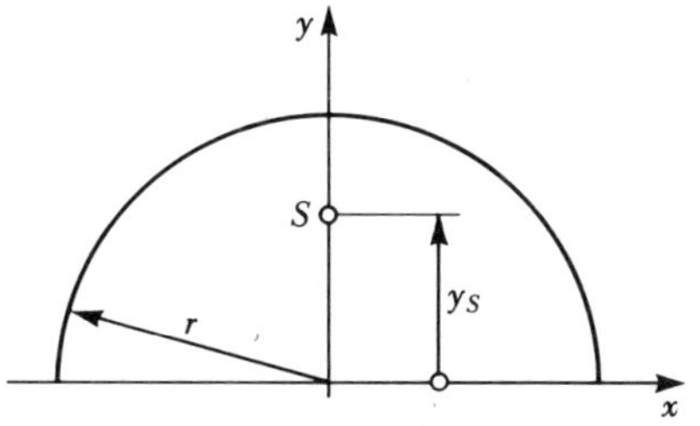

Abb. 4-13: Schwerpunkt eines Halbkreisbogens

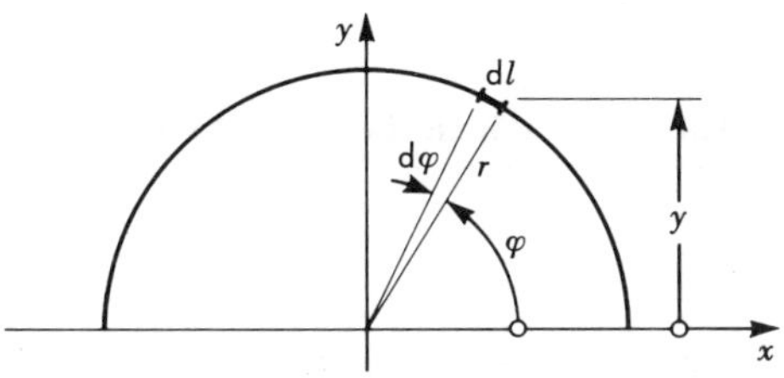

Abb. 4-14: Festlegung der Koordinaten des Halbkreisbogens

Lösung (Abb. 4-14)
Die Gleichung 4-10 wird ausgewertet

$$y_s = \frac{\int y \cdot \mathrm{d}l}{l_{\text{ges}}} .$$

Es gilt (s. Abbildung)

$$\mathrm{d}l = r \cdot \mathrm{d}\,\varphi; \qquad y = r \cdot \sin\varphi; \qquad l_{\text{ges}} = r \cdot \pi .$$

Die Grenzen des Integrals sind 0° und 180°.

$$y_s = \frac{1}{r \cdot \pi} \int_{0^\circ}^{180^\circ} r^2 \cdot \sin\varphi \cdot \mathrm{d}\,\varphi = \frac{r}{\pi} [-\cos\varphi]_{0^\circ}^{180^\circ}$$

$$y_s = \frac{r}{\pi} [-(-1-1)] \qquad \boldsymbol{y_s = \frac{2r}{\pi}} .$$

Beispiel 2 (Abb. 4-15)
Gegeben ist ein räumliches Kreuz mit den Stablängen a, das nach Skizze durch zwei weitere Stäbe ergänzt ist. Zu bestimmen ist die Lage des Schwerpunktes. Die Stabquerschnittsabmessungen sind gegenüber a vernachlässigbar.

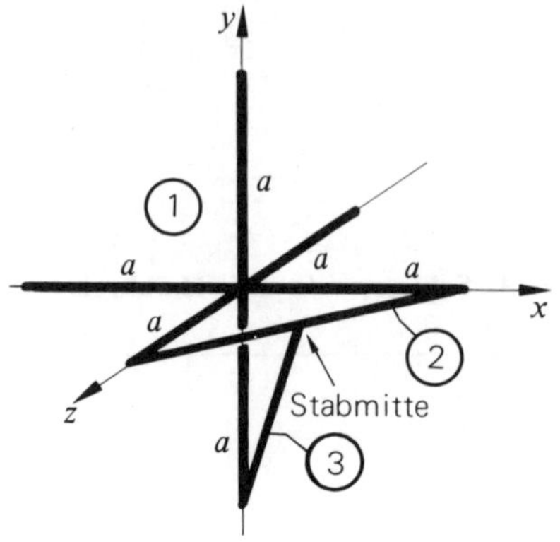

Abb. 4-15: Räumliches Stabgebilde

Lösung
Zur Vorbereitung einer tabellarischen Auswertung werden die einzelnen Bauelemente numeriert (Abb. 4-15).

Nr. 1 Räumliches Kreuz, das aus sechs Einzelstäben besteht. Der Schwerpunkt liegt im Ursprungspunkt des Koordinatensystems.
Nr. 2 Einzelstab in der x-z-Ebene.
Nr. 3 Räumlicher Einzelstab.

Die Längen betragen

$$l_2 = \sqrt{a^2 + a^2} = 1{,}414\,a; \qquad l_3 = \sqrt{a^2 + (a \cdot \sin 45°)^2} = 1{,}225\,a$$

i	l_i	x_i	$x_i\,l_i$	y_i	$y_i\,l_i$	z_i	$z_i\,l_i$
1	$6\,a$	0	0	0	0	0	0
2	$1{,}414\,a$	$0{,}50\,a$	$0{,}707\,a^2$	0	0	$0{,}50\,a$	$0{,}707\,a^2$
3	$1{,}225\,a$	$0{,}25\,a$	$0{,}306\,a^2$	$-0{,}50\,a$	$-0{,}612\,a^2$	$0{,}25\,a$	$0{,}306\,a^2$
	$\Sigma\,8{,}639\,a$		$\Sigma\,1{,}013\,a^2$		$\Sigma -0{,}612\,a^2$		$\Sigma\,1{,}013\,a^2$

$$\mathbf{x_s} = \mathbf{z_s} = \frac{1{,}013\,a^2}{8{,}639\,a} = \mathbf{0{,}117\,a}\ \text{(Symmetrie)}$$

$$\mathbf{y_s} = \frac{-0{,}612\,a^2}{8{,}639\,a} = -\,\mathbf{0{,}0709\,a}.$$

Beispiel 3 (Abb. 4-16)
Abgebildet ist ein Knethaken, der um die vertikale Achse rotieren soll. Deshalb ist l so zu bestimmen, daß der Gesamtschwerpunkt in der Drehachse liegt.

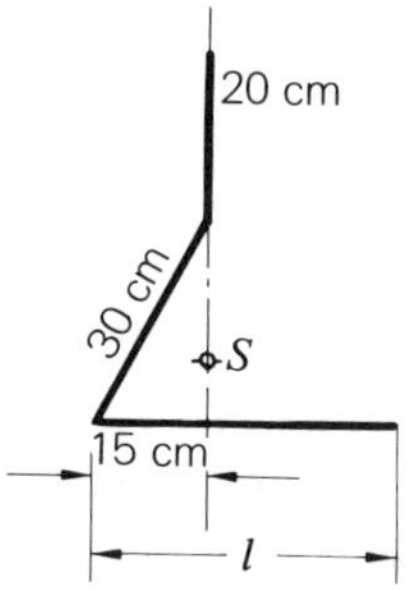

Abb. 4-16: Knethaken mit Schwerpunkt in der Drehachse

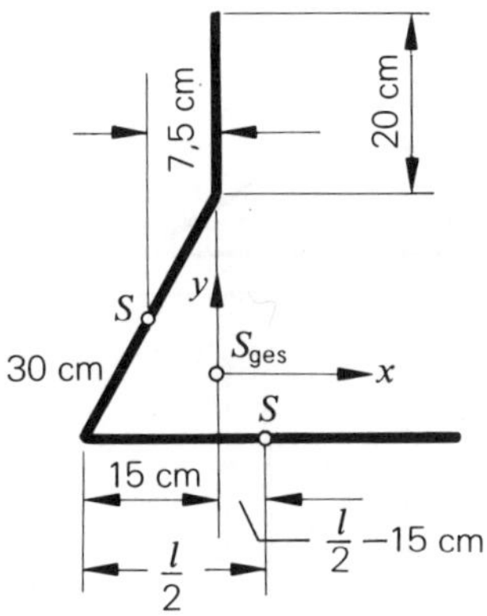

Abb. 4-17: Festlegung des Koordinatensystems für den Knethaken

Lösung (Abb. 4-17)
Für die skizzierte y-Achse muß die Summe der Momente verschwinden (Gl. 4-11).

$$0 = 20\,\text{cm} \cdot 0 - 7{,}5\,\text{cm} \cdot 30\,\text{cm} + \left(\frac{l}{2} - 15\,\text{cm}\right) \cdot l.$$

Das ergibt folgende quadratische Gleichung für l:

$$l^2 - 30\,l - 450 = 0 \qquad l \text{ in cm},$$

deren Lösung $\boldsymbol{l = 40{,}98}$ **cm** ist.

Aufgaben zum Abschnitt 4.4

A 4-38 bis 44 Für das aus dünnem homogenen Draht gebogene Gebilde ist die Lage des Schwerpunktes zu bestimmen.

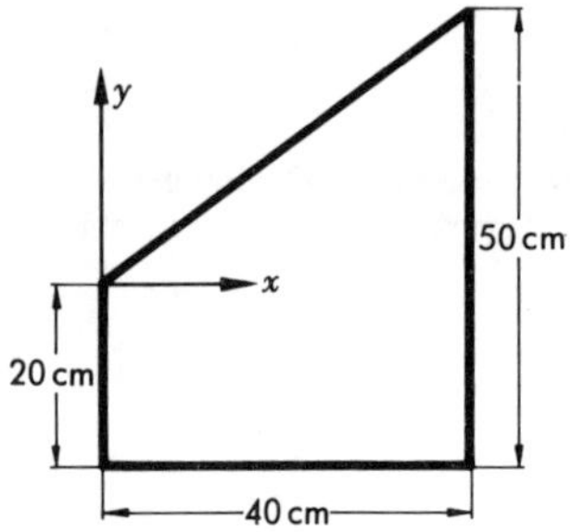

Abb. A 4-38

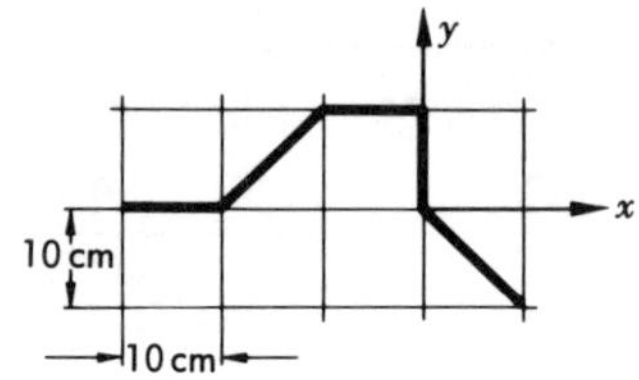

Abb. A 4-39

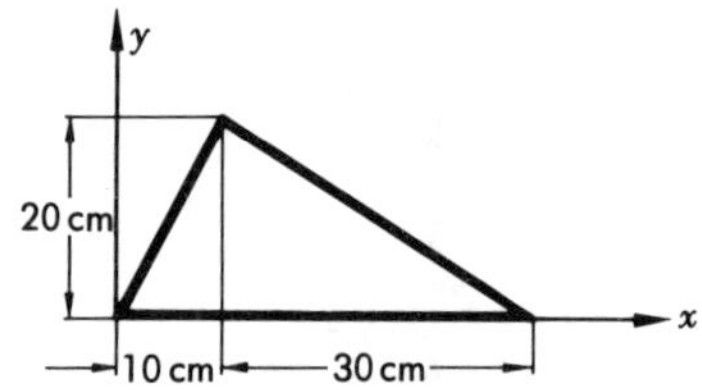

Abb. A 4-40

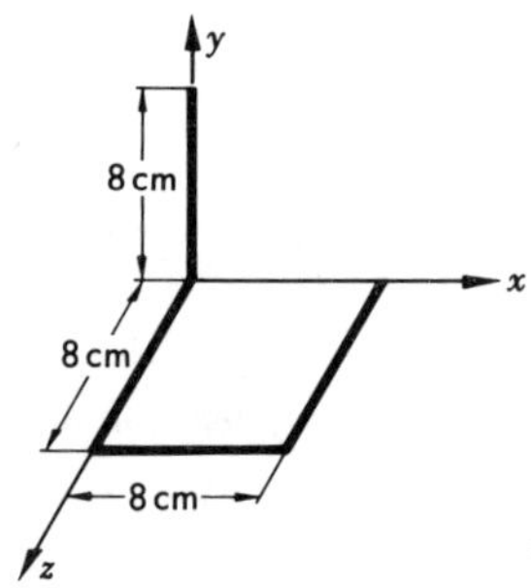

Abb. A 4-41

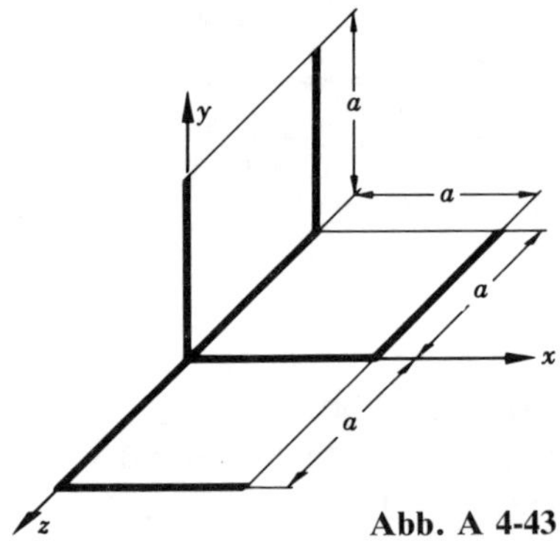

Abb. A 4-43

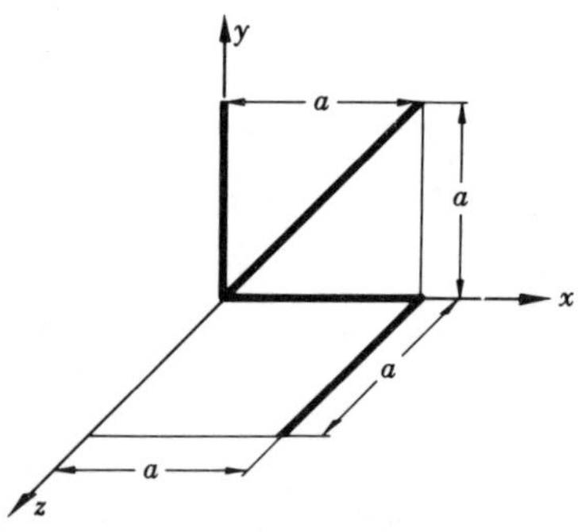

Abb. A 4-42

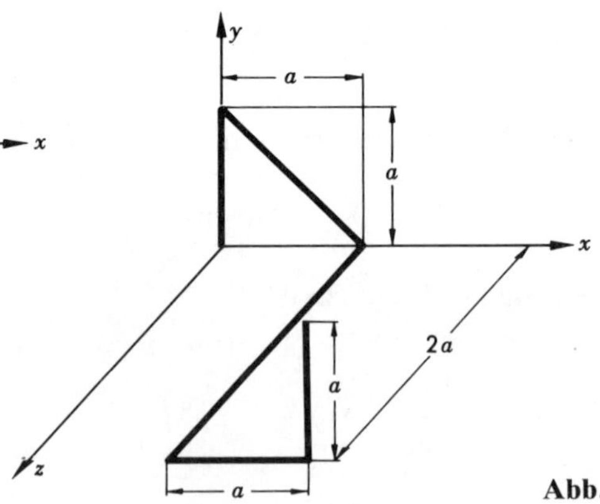

Abb. A 4-44

A 4-45 Skizziert ist ein aus dünnen Stangen gefertigtes Gebilde. Die rechts herausragende Stange hat doppelte Querschnittsfläche. Deren Länge x soll so bestimmt werden, daß der Gesamtschwerpunkt in A liegt.

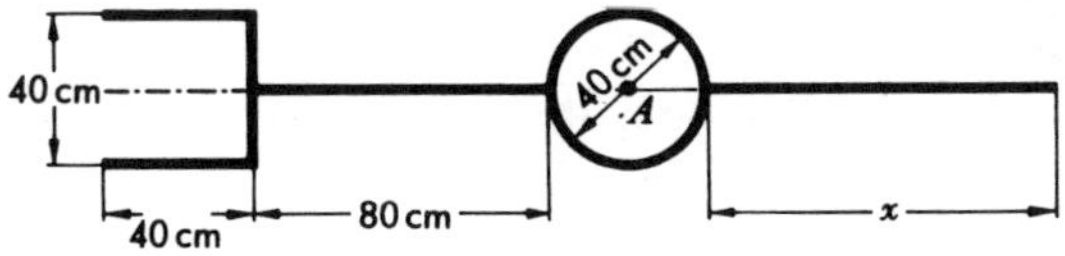

Abb. A 4-45

A 4-46 Das skizzierte Fachwerk ist aus homogenen Stäben der Masse 10,0 kg/m gefertigt. Zu bestimmen sind Größe und Lage der Gewichtskraft.

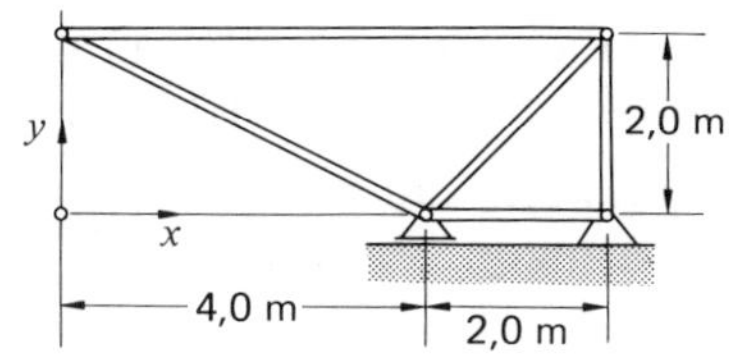

Abb. A 4-46

A 4-47/48/49 Die Abbildung A 4-47/4-16/4-18 zeigt ein Blechteil, das in einem Schnitt gestanzt wird. Zu bestimmen ist die Lage des Schwerpunktes der Umrißlinie.

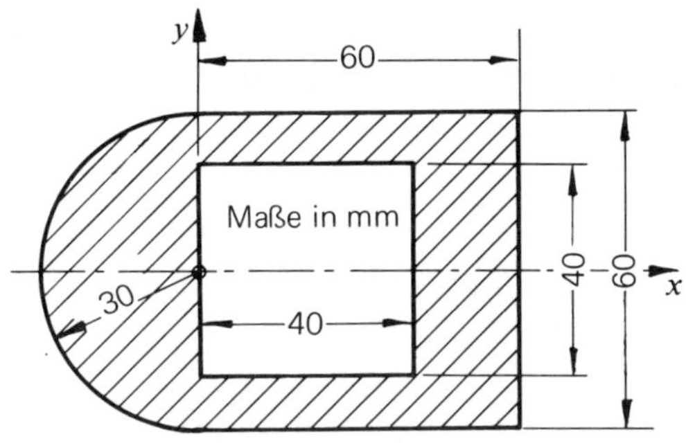

Abb. A 4-47

4.5 Die Regeln von Guldin und Pappus

In diesem Abschnitt werden Rauminhalt und Oberfläche von Rotationskörpern berechnet. Die Berechnungsgleichungen sind erstmalig von dem griechischen Mathematiker PAPPUS, etwa 300 n. Chr., formuliert worden. Sie sind in Vergessenheit geraten und wurden unabhängig von ihm von dem Schweizer Jesuitenpater GULDIN (1577-1643) entwickelt.

Ein Rotationskörper wird bei Drehung einer Fläche um eine Achse beschrieben (Abb. 4-18). Dabei darf die Rotationsachse die erzeugende Fläche nicht schneiden. Zum Beispiel erzeugt eine um die Grundlinie ge-

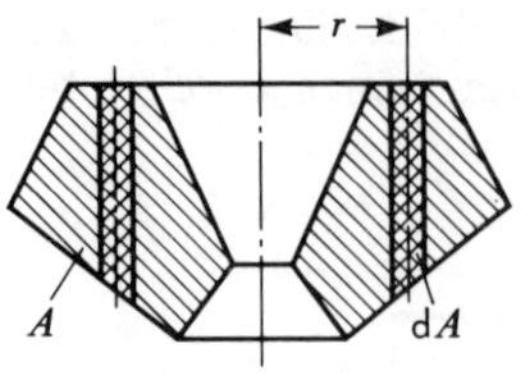

Abb. 4-18: Rotationskörper

drehte Halbkreisscheibe eine Kugel, ein um die Kathete gedrehtes Dreieck einen Kreiskegel und eine außerhalb der Achse liegende Kreisscheibe einen Torus (aufgepumpter Fahrradschlauch). In diesem Abschnitt soll das Volumen solcher Rotationskörper bestimmt werden.

Man kann einen beliebigen Rotationskörper aus dünnen Ringen zusammensetzen. Ein solcher Ring hat das Volumen (Abb. 4-18)

$$\mathrm{d}V = 2\pi r \cdot \mathrm{d}A$$

Summiert man alle Ringe, so erhält man das Volumen des Rotationskörpers

$$V = \int \mathrm{d}V = \int 2\pi r \cdot \mathrm{d}A = 2\pi \int r \cdot \mathrm{d}A.$$

Wenn die erzeugende Fläche aus einzelnen Grundfiguren (z.B. Dreieck, Halbkreis) zusammengesetzt ist, arbeitet man vorteilhaft mit der Gleichung

$$\mathbf{V = 2\pi \Sigma r_i \cdot A_i} \qquad \textbf{Gl. 4-13}$$

Nach Gleichung 4-7 ist für $x = r$

$$\int r \cdot \mathrm{d}A = r_s \cdot A$$

wobei r_s der Abstand des Schwerpunktes der erzeugenden Fläche von der Drehachse ist. Damit erhält man

$$\mathbf{V = 2\pi r_s \cdot A.} \qquad \textbf{Gl. 4-14}$$

Das Volumen eines Rotationskörpers erhält man durch Multiplikation der erzeugenden Fläche mit dem bei Beschreibung des Volumens vom Flächenschwerpunkt zurückgelegten Weg.

Voraussetzung ist, daß die Rotationsachse die erzeugende Fläche nicht schneidet.

Nachdem das Volumen eines Rotationskörpers bestimmt wurde, soll nunmehr eine Gleichung für die Bestimmung der Oberfläche abgeleitet werden. Diese wird von der Umrißlinie der erzeugenden Fläche beschrieben. Zum Beispiel beschreibt ein um die Grundlinie rotierender Halbkreisbogen eine Kugelfläche. Für die Ableitung der Bestimmungsgleichung wird vom Torus nach Abb. 4-19 ausgegangen. Dieser entsteht bei der Rotation einer Kreislinie um die Drehachse. Die gesuchte Oberfläche ist die Summe der Teilflächen (Zylinder).

$$\mathrm{d}O = 2\pi \cdot r \cdot \mathrm{d}l$$

$$O = \int \mathrm{d}O = \int 2\pi r \cdot \mathrm{d}l = 2\pi \int r \cdot \mathrm{d}l.$$

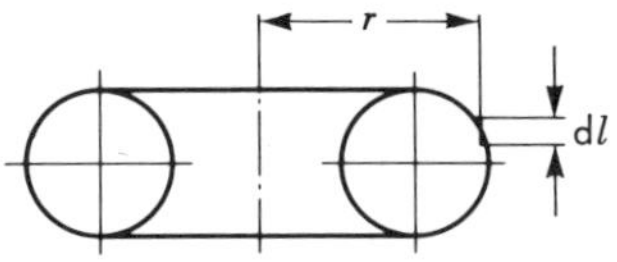

Abb. 4-19: Torus

Auch hier kann man für den Fall, daß die erzeugende Linie Grundfiguren (z.B. gerade Linien, Halbkreisbogen) zusammengesetzt ist, vorteilhaft mit der nachfolgenden Gleichung arbeiten.

$$\boldsymbol{O = 2\pi \Sigma r_i \cdot l_i} \qquad \textbf{Gl. 4-15}$$

Die weitere Ableitung erfolgt vollkommen analog zu der oben. Als Endergebnis erhält man

$$\boldsymbol{O = 2\pi r_s \cdot L}. \qquad \textbf{Gl. 4-16}$$

Dabei ist r_s der Abstand des Linienschwerpunktes der erzeugenden Linie von der Rotationsachse.

Die Oberfläche eines Rotationskörpers erhält man durch Multiplikation der Länge des erzeugenden Linienzuges mit dem bei Beschreibung der Oberfläche vom Linienschwerpunkt zurückgelegten Weg.

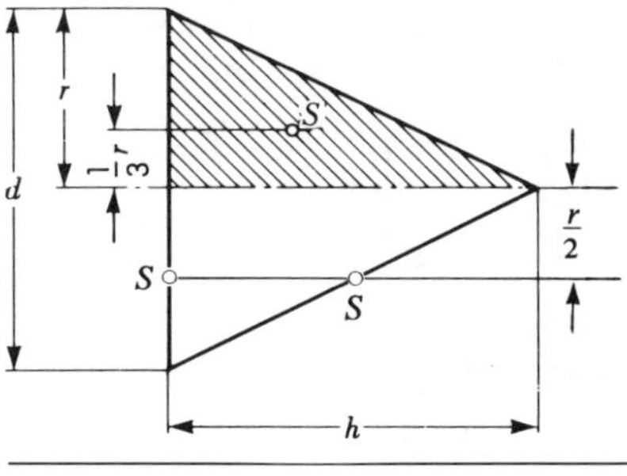

Abb. 4-20: Kreiskegel, durch Rotation einer Dreiecksfläche entstanden

Beispiel
Den Rauminhalt und die Oberfläche eines Kreiskegels sind in allgemeiner Form zu bestimmen.

Lösung (Abb. 4-20)
Der Kegel wird bei Rotation eines rechtwinkligen Dreiecks erzeugt. Die Fläche des Dreiecks beträgt $A = r \cdot h/2$. Der Schwerpunktsachsenabstand von der Drehachse beträgt $r/3$.

Gl. 4-14: $V = 2\pi r_s \cdot A$; $V = 2\pi \frac{1}{3} r \cdot \frac{1}{2} r \cdot h$

$$\boldsymbol{V = \frac{1}{3}\pi r^2 h.}$$

Die Oberfläche des Kegels wird von den Linien des Dreiecks erzeugt. Die Anwendung der Gleichung 4-15 ergibt:

$$O = 2\pi \left(r \cdot \frac{r}{2} + \sqrt{r^2 + h^2} \cdot \frac{r}{2} \right);$$

$$\boldsymbol{O = \pi \cdot r (r + \sqrt{r^2 + h^2}).}$$

Aufgaben zum Abschnitt 4.5

A 4-50 bis 54 Zu bestimmen sind Volumen und Oberfläche der abgebildeten Rotationskörper.

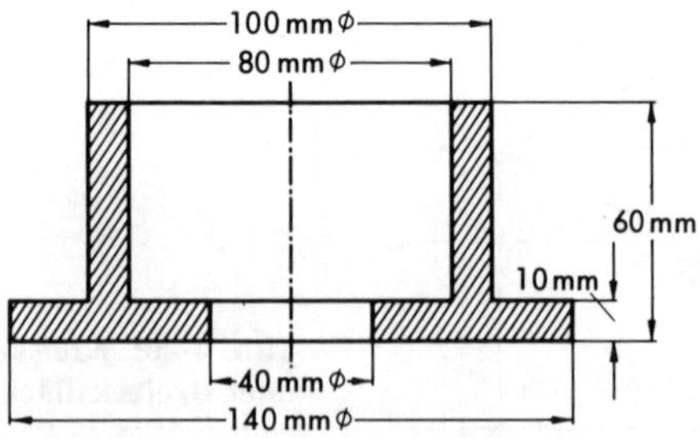

Abb. A 4-50

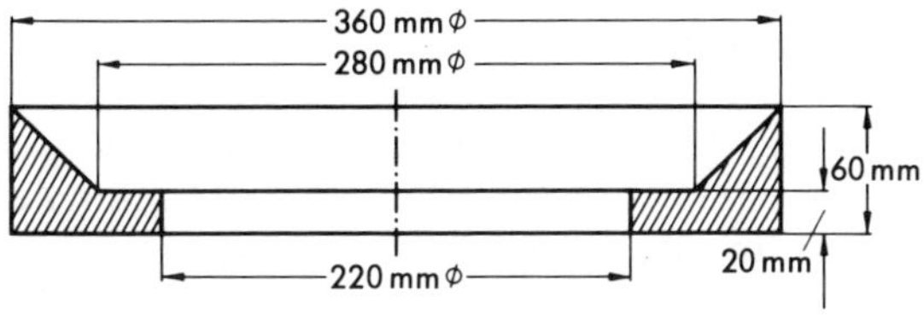

Abb. A 4-51

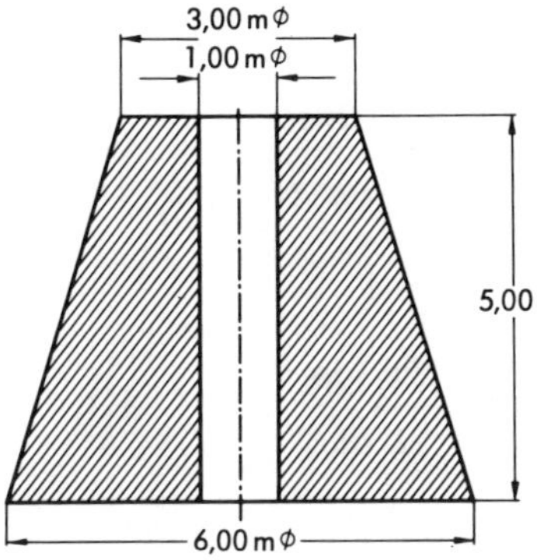

Abb. A 4-52

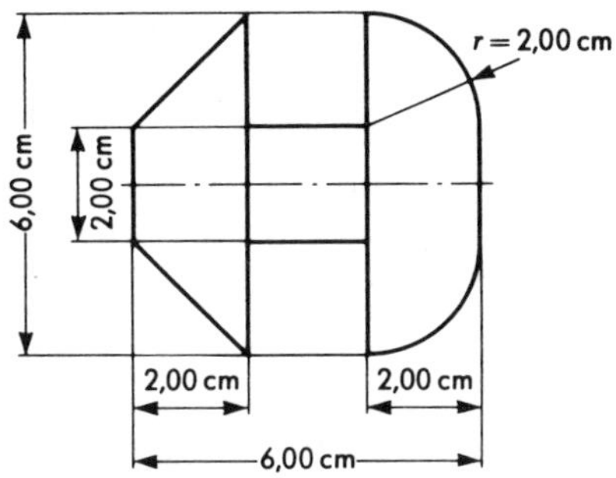

Abb. A 4-53

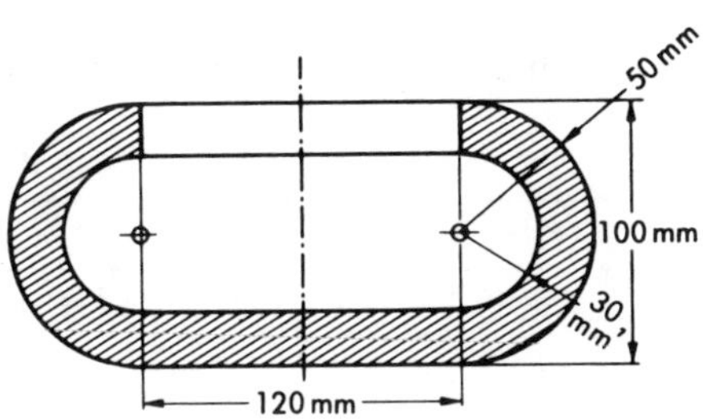

Abb. A 4-54

A 4-55 Zu bestimmen sind Volumen und Oberfläche des abgebildeten Rohrkrümmers.

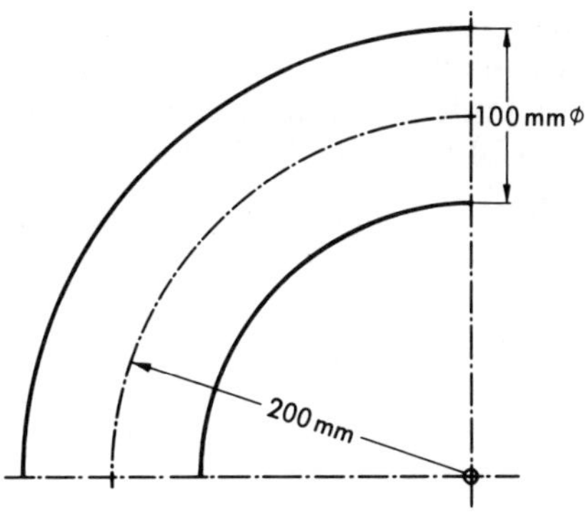

Abb. A 4-55

4.6 Zusammenfassung

Der Schwerpunkt ist der Schnittpunkt der Schwerelinien eines Körpers (Abb. 4-1). Bei homogenen Körpern, Flächen und Linien liegt er in eventuell vorhandenen Symmetrieebenen bzw. -achsen. Bei mehreren Symmetrieebenen bzw. -achsen liegt er in der Schnittgeraden bzw. im Schnittpunkt.

Die Berechnung der Koordinaten des Schwerpunktes erfolgt für inhomogene Körper nach den Gleichungen.

$$x_s = \frac{\int x \cdot dm}{m_{ges}}; \qquad y_s = \frac{\int y \cdot dm}{m_{ges}}; \qquad z_s = \frac{\int z \cdot dm}{m_{ges}}. \qquad \textbf{Gl. 4-1}$$

In der Summenschreibweise

$$x_s = \frac{\Sigma\, x_i \cdot m_i}{\Sigma\, m_i}; \qquad y_s = \frac{\Sigma\, y_i \cdot m_i}{\Sigma\, m_i}; \qquad z_s = \frac{\Sigma\, z_i \cdot m_i}{\Sigma\, m_i}. \qquad \textbf{Gl. 4-3}$$

Für die Schwerpunktachsen gilt

$$\int x \cdot dm = 0; \qquad \int y \cdot dm = 0; \qquad \int z \cdot dm = 0. \qquad \textbf{Gl. 4-2}$$

Folgende Größen werden in den obigen Gleichungen für *m* eingeführt:

Homogener Körper	V	Gl. 4-4/5/6
Flächenschwerpunkt	A	G. 4-7/8/9
Linienschwerpunkt	l	Gl. 4-10/11/12

Der Schwerpunkte der wichtigsten geometrischen Grundfragen sind in den Tabellen 4-1 und 2 gegeben.

Läßt sich ein Körper nicht aus geometrischen Grundfiguren zusammensetzen und ist eine Integration nicht möglich, dann kann man die Summengleichungen tabellarisch auswerten, nachdem der Körper in eine genügende Anzahl von Teilabschnitten zerlegt wurde. Auch graphische Verfahren, z.B. Seileckkonstruktion, führen zum Ziel.

Ein Rotationskörper wird bei der Drehung einer Fläche, eine Rotationsfläche wird bei der Drehung einer Linie um eine Achse beschrieben. Die Berechnung des Volumens bzw. der Oberfläche erfolgt nach den folgenden Gleichungen

5. Aktions- und Reaktionskräfte; das Freimachen

5.1 Allgemeines

Eine statische Berechnung kann nur durchgeführt werden, wenn Klarheit darüber besteht, wo und wie die Kräfte an einem starren Körper angreifen. Dazu ist es notwendig, diesen starren Körper aus seinen Verbindungen loszulösen und zu untersuchen, welche Kräfte diese Verbindungen auf den Körper übertragen. Diese *inneren Kräfte* sind neben eventuell noch vorhandenen *äußeren Kräften* an dem Körper wirksam und müssen in einer Berechnung berücksichtigt werden.

Diese Überlegungen laufen darauf hinaus, den Körpfer durch einen gedachten Schnitt aus seiner Umgebung zu isolieren. Diesen Vorgang nennt man *Freimachen*. Überall, wo dieser gedachte Schnitt Verbindungen oder Teile des starren Körpers schneidet, müssen die dort übertragenen Kräfte eingetragen und in der Berechnung berücksichtigt werden. Es handelt sich darum, festzustellen, welche Kräfte die Umgebungselemente auf das betrachtete Teil ausüben, nicht umgekehrt. Die exakte Unter-

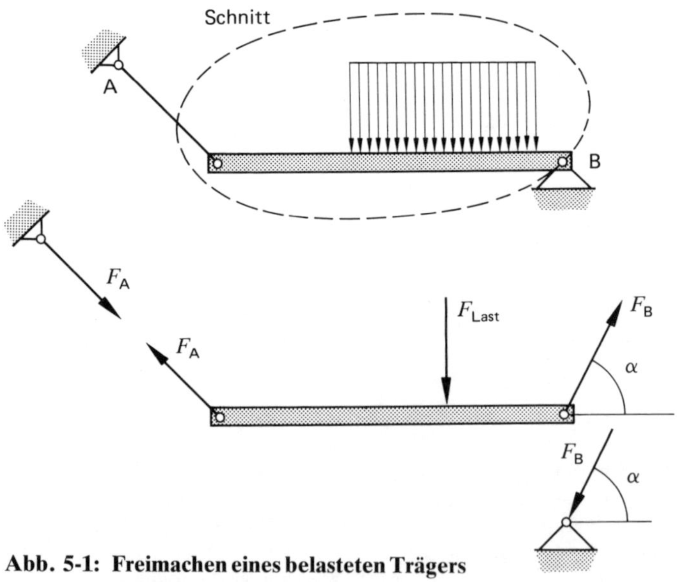

Abb. 5-1: Freimachen eines belasteten Trägers

scheidung zwischen Aktions- und Reaktionskräften ist hier besonders wichtig.

An dem Beispiel nach Abb. 5-1 sollen diese Überlegungen erläutert werden. Es handelt sich um einen belasteten Träger, der rechts in einem Gelenk gelagert und links von einem Seil gehalten wird. Das Freimachen soll mit dem Ziel erfolgen, die Seil- und Gelenkkraft zu berechnen. Der herauslösende Schnitt muß deshalb diese beiden Elemente trennen. Würde man das Seil materiell durchschneiden, müßte der Träger durch eine jetzt von außen angreifende Kraft F_A gehalten werden. Diese müßte so groß sein wie die vorher im Seil wirkende Kraft. Die dazugehörige Gegenkraft belastet das Lager A. Analoges gilt für das Gelenk B. Hier belastet der Träger das Lager B mit einer Kraft F_B, deren Reaktionskraft am Träger wirkt und diesen stützt.

Zusammenfassend sollen die einzelnen Arbeitsschritte festgehalten werden.

1. Zeichnen des Körpers, herausgelöst aus allen Verbindungen.
2. Einführung und Bezeichnung von Kräften bzw. Momenten an den geschnittenen Stellen.
3. Bei Zerlegung eines ganzen Systems (z.B. mehrteiliger Rahmen) Durchführung einer Kontrolle, ob alle inneren Kräfte zweimal mit umgekehrtem Richtungssinn auftreten (actio = reactio).

In den nachfolgenden Abschnitten wird untersucht, welche Kräfte die einzelnen Bauelemente (Lager, Stützen, Seile usw.) übertragen können.

5.2 Bauelemente, die Kräfte in vorgegebener Richtung übertragen

Das sind Bauelemente, die in der Lage sind, Bewegung nur in einer Richtung zu verhindern.

Ein Seil kann nur eine Zugkraft entlang der Seilachse aufnehmen. Bei anderen Belastungen weicht es aus. Ein Stab, auf den keine Querbelastung wirkt, überträgt Kräfte nur entlang der Stabachse. Diese Kraft kann im Gegensatz zum Seil den Stab sowohl ziehen als auch drücken, d.h. in beiden Richtungen wirksam sein.

Wenn an einem Körper zwei Kräfte angreifen und dieser Körper im Gleichgewicht ist, dann müssen diese beiden Kräfte kollinear und gleich groß sein (1. Lehrsatz). Jedes beliebige Bauelement, an dem nur zwei Kraftangriffspunkte vorliegen, entspricht deshalb einem Stab, wobei die Wirkungslinie der Kraft die beiden Kraftangriffspunkte verbindet. Diese müssen konstruktiv als reibungsfreie Gelenke ausgeführt sein bzw. als solche angenommen werden können. Für den diskutierten Fall zeigt die Abb. 5-2 zwei Beispiele. Der gekröpfte Träger, der den senkrechten

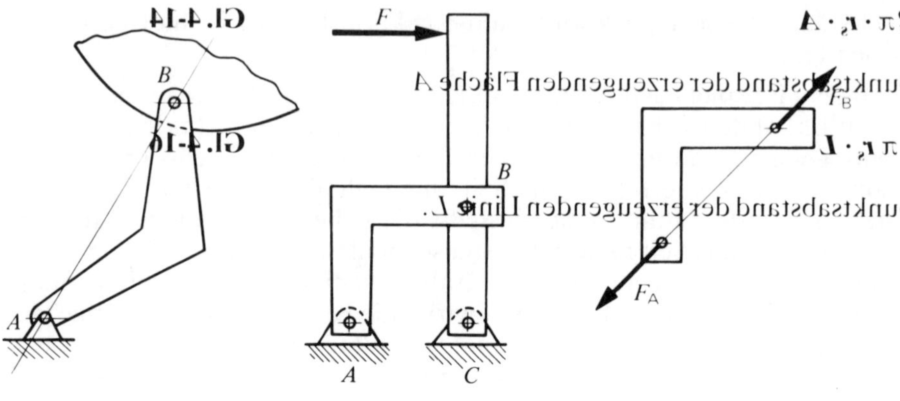

Abb. 5-2: Pendelstützen

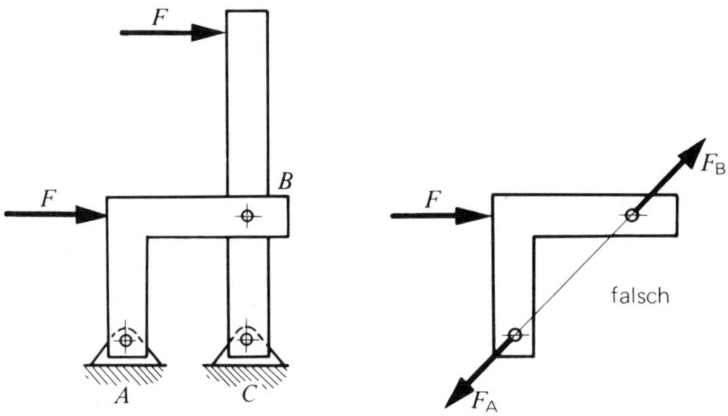

Abb. 5-3: System ohne Pendelstützen

Holm abstützt, kann nur Kräfte übertragen, deren Wirkungslinie die Punkte A und B verbindet. Man nennt ein solches Bauelement eine *Pendelstütze.*

Es soll mit Nachdruck darauf hingewiesen werden, daß das freigemachte System nach Abb. 5-3 falsch ist. Hier wirkt außer den in den Punkten A und B angreifenden Kräften noch eine zusätzliche Kraft. Wenn zwei von drei Kräften gleich groß, entgegengesetzt gerichtet und kollinear sind, sind sie nach dem 1. Lehrsatz im Gleichgewicht. Damit ist ein Gleichgewicht mit einer dritten Kraft nicht mehr möglich. Das richtige Freimachen eines Systems nach Abb. 5-3 wird weiter unten behandelt (s. auch Beispiel 2).

Auf eine glatte Oberfläche können nur senkrechte Kräfte ausgeübt werden. Zu den glatten Oberflächen gehören in diesem Zusammenhang auch längsverschiebliche Gleit- oder auch Wälzlager, die Kräfte nur in radialer Richtung aufnehmen können. Das gleiche gilt analog für eine Rolle, ein Rollensegment und ein Rollenlager eines Trägers. Auch hier können Kräfte nur senkrecht zur Oberfläche aufgenommen werden, da eine tangentiale Komponente durch eine entsprechende Verlagerung aufgenommen wird (Wärmedehnung von Brücken, Wellen usw.).

Beim Freimachen eines Körpers der über oben beschriebene Bauelemente mit anderen Teilen verbunden ist, muß eine Kraft unbekannter Größe und bekannter Wirkungslinie eingeführt werden. Außer im Seil und an der glatten Oberfläche ist auch der Wirkungssinn unbekannt. Dieser ergibt sich jedoch aus den Vorzeichen der Berechnung. Es verbleibt für eine Berechnung demnach nur eine Unbekannte, nämlich die Größe der Kraft.

Eine Zusammenfassung enthält Tabelle 5-1.

5.3 Bauelemente, die Kräfte in beliebiger Richtung übertragen

Das sind Bauelemente, die eine Verschiebung vollkommen verhindern, jedoch eine Drehung zulassen.

Ein festes Gelenk ohne Reibung erfüllt diese Bedingung. Dieses Gelenk kann unmittelbar an einem Festpunkt sitzen, es kann aber auch konstruktiv als Schnittpunkt zweier Stäbe ausgeführt werden. Das Festlager einer Welle, das axiale Kräfte aufnimmt und in gewissen Grenzen eine Schiefstellung der Welle zuläßt, gehört zu den hier behandelten Elementen. Eine rauhe Oberfläche kann, soweit es die Reibung zuläßt, eine Tangentialkomponente der Kraft übertragen. Beim Freimachen von Bauelementen dieser Art erhält man demnach zwei Unbekannte, entweder die Kraft und den Winkel der Wirkungslinie oder die x- und y-Komponente der Kraft (Tabelle 5-1).

5.4 Die Einspannung

Die Einspannungsstelle verhindert sowohl eine Verschiebung als auch eine Verdrehung. Sie muß demnach sowohl Kräfte in beliebiger Richtung als auch ein Moment übertragen können.

Man kann eine Einspannung als eine Kombination eines Fest- und Loslagers betrachten, wobei beide Lager einen sehr kleinen Abstand haben. Das Festlager überträgt die Längskraft. In beiden Lagern treten Querkräfte entgegengesetzter Richtung auf (Abb. 5-4). Die größere Querkraft kann man so aufteilen, daß ein Kräftepaar und eine Querkraft entsteht. Als Endergebnis erhält man die Kräfte F_{Ax} und F_{Ay} und das Moment M_A, das in diesem Fall Einspannmoment genannt wird.

	Wirkende Kräfte	Anzahl der Unbekannten
Seil 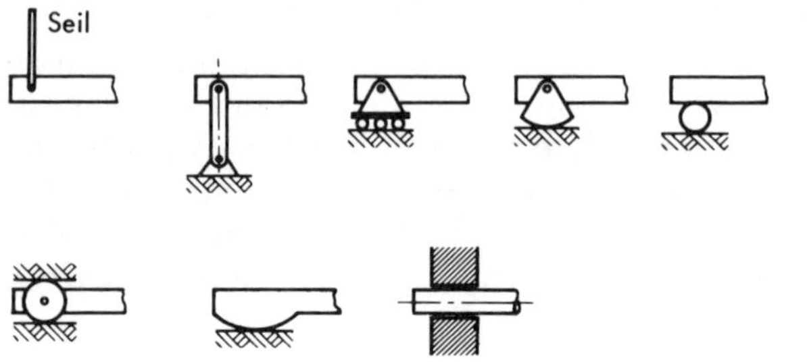 glatte Oberfläche kurzes, axial verschiebliches Lager	 Kraft mit bekannter Wirkungslinie	1
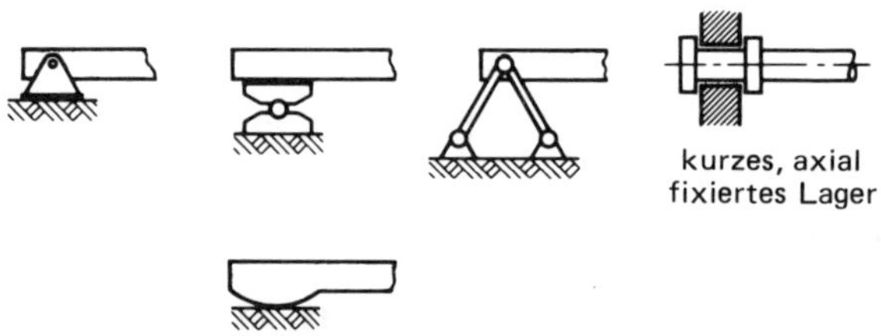 kurzes, axial fixiertes Lager rauhe Oberfläche	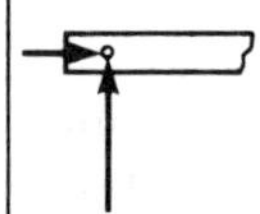 Kraft mit unbekannter Wirkungslinie	2
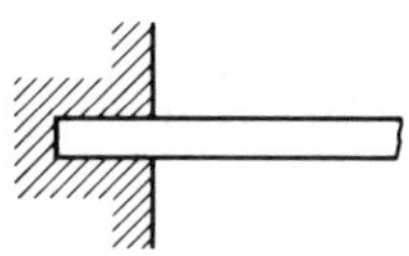	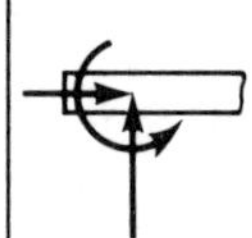 Kraft mit unbekannter Wirkungslinie und Moment	3

Tabelle 5-1: Lagerungsarten in der Ebene

Beim Freimachen einer Einspannstelle erhält man drei Unbekannte;die Größe der Kraft, den Winkel der Wirkungslinie und das Moment oder die x- und y-Komponenten der Kraft und das Moment.

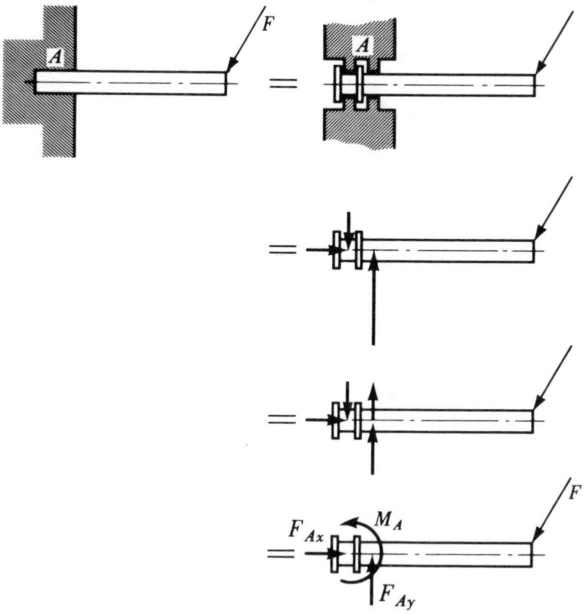

Abb. 5-4: Zum Begriff Einspannmoment

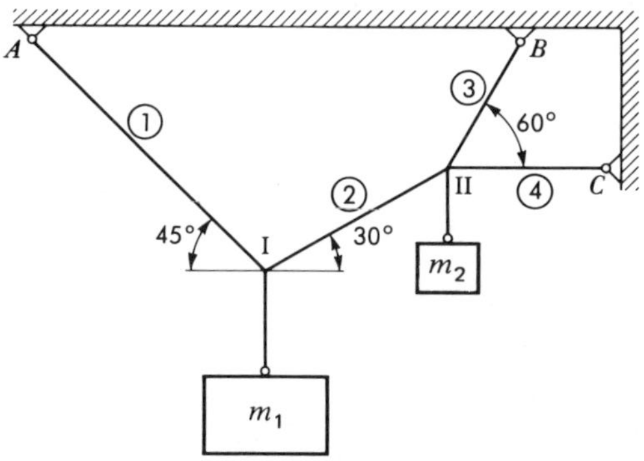

Abb. 5-5: Seilverbund mit Massen belastet

Beispiele zum Kapitel 5

Beispiel 1 (Abb. 5-5)

Zwei Massen sind wie abgebildet aufgehängt. Die Verbindungsknoten und die Aufhängepunkte sind freizumachen.

Lösung (Abb. 5-6)

Das System besteht nur aus Seilen, deren Mittellinien identisch mit Wirkungslinien der Kräfte sind.

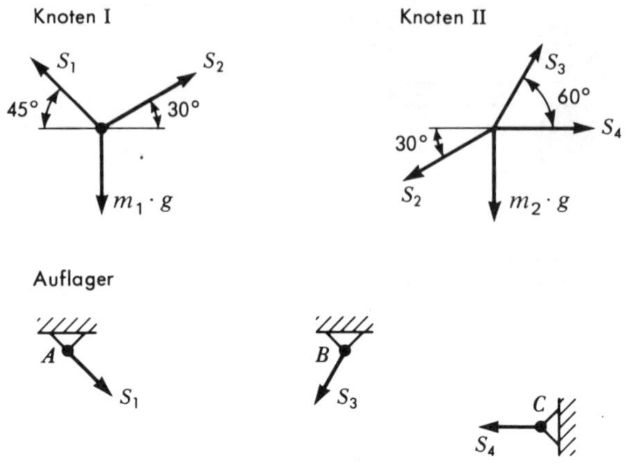

Abb. 5-6: Freigemachte Seilknoten

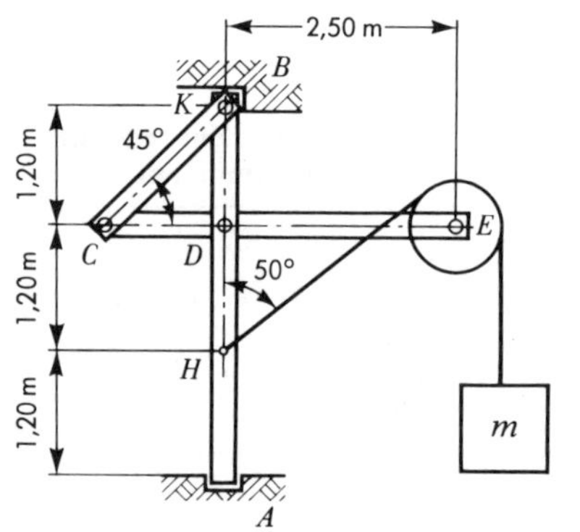

Abb. 5-7: Mehrteiliges System

Beispiel 2 (Abb. 5-7)
Alle Teile des abgebildeten Systems sind freizumachen.

Lösung (Abb. 5-8)
Alle Teile, aus denen das System besteht, müssen getrennt gezeichnet werden. Die in den Verbindungsbolzen bzw. in den Auflagern wirkenden inneren Kräfte müssen als äußere Kräfte an diesen Punkten eingezeichnet werden. Dabei ist zu beachten, daß der 2. Lehrsatz actio = reactio nicht verletzt wird. Jeder Punkt erscheint zweimal, z.B. *D* in Teil II und IV. Wählt man für F_{Dx} in IV den positiven Wirkungssinn, dann muß F_{Dx} im Teil II in negativer Richtung wirken. Für alle Verbindungsstellen, an denen keine äußeren Kräfte angreifen, muß beim Zusammensetzen der Teile die Summe aller inneren Kräfte Null ergeben. Diese Kontrolle sollte immer durchgeführt werden.

In welcher Richtung die Kräfte an den einzelnen Teilen wirklich angreifen, ist für das Freimachen belanglos. *Den richtigen Wirkungssinn ergibt*

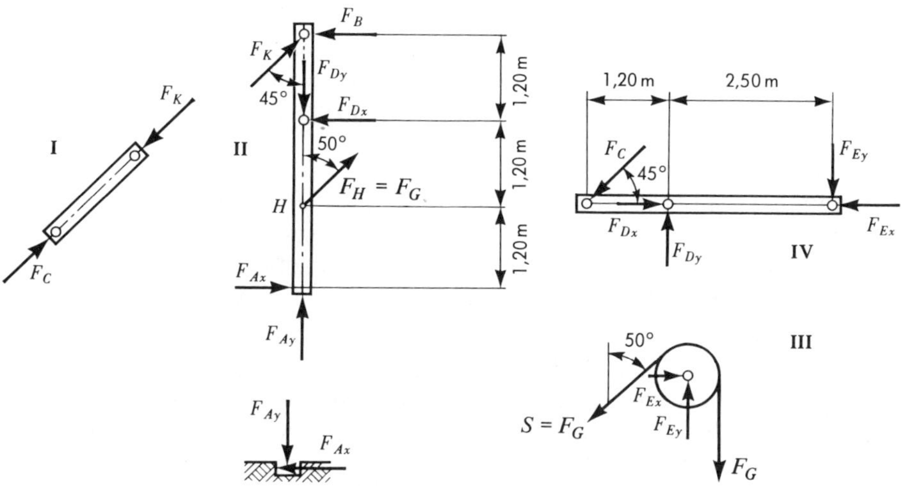

Abb. 5-8: Freigemachte Bauteile des mehrteiligen Systems

das Vorzeichen der Berechnung. Dabei bedeuten positives Vorzeichen – Kraft bzw. Moment wirken wie angenommen, negatives Vorzeichen – Kraft bzw. Moment wirken umgekehrt wie angenommen. Soweit möglich, sollten der Anschaulichkeit wegen jedoch die Kräfte und Momente in der richtigen Richtung eingetragen werden.

Teil I ist ein Stab ohne Querbelastung, kann also nur Kräfte in Richtung der Achse aufnehmen. Die Kräfte werden in *C* und *K* eingeleitet. Nach der vorliegenden Belastung ist es offensichtlich, daß der Stab gedrückt wird.

Am Teil II greifen folgende Kräfte an. In *K* die Reaktionskraft von Teil I. Im Auflager *B* stützt sich der Träger an einer glatt angenommenen Oberfläche ab. Aus diesem Grund ist $F_{By} = 0$ und $F_{Bx} = F_B$. *D* ist ein festes Gelenk, in dem die beiden Komponenten F_{Dx} und F_{Dy} wirken, dabei ist, wie eben schon ausgeführt der Wirkungssinn gleichgültig. In *H* greift die Seilkraft in bekannter Richtung an. Da das Seil über eine feste Rolle ohne Reibung geführt wird, muß die Seilkraft gleich der Gewichtskraft F_G sein. Bei *A* wird der Träger durch seitliche Anschläge am Weggleiten gehindet. Es muß demnach neben der Komponente F_{Ay} auch F_{Ax} wirken.

Am Teil III greifen die beiden Seilkräfte an, die beide gleich F_G sein müssen. Am Lagerbolzen der Rolle sind wie in einem festen Gelenk F_{Ex} und F_{Ey} wirksam.

Am Teil IV wirken in *C* die Reaktionskraft von Teil I, in *D* und *E* die Reaktionskräfte der Teile II bzw. III.

Beispiel 3
Die Abbildung 8-16 im Kapitel 8 zeigt das Hubwerk eines Radladers. Die durch die Belastung F_S an der Schaufel verursachten Gelenkkräfte in A bis O sind zu berechnen. Das System ist entsprechend freizumachen.

Lösung
In Abb. 8-17 sind die Einzelteile getrennt gezeichnet. In allen Gelenken ist jeweils eine x- und y-Komponente der Gelenkkraft einzutragen. Dabei ist zu beachten, daß der Lehrsatz actio = reactio erfüllt ist. Beim Zusammensetzen des Systems müssen sich alle inneren Kräfte gegenseitig aufheben.

Die Teile AC; DH; LM; KN sind Pendelstützen bzw. Zuganker. Die Wirkungslinien der durch diese Teile hindurchgeleiteten Kräfte verbinden die jeweiligen Gelenkpunkte dieser Bauteile. Für eine graphische Lösung müssen die resultierenden Gelenkkräfte in den genannten Teilen so eingeführt werden, daß sie die oben beschriebene Bedingung erfüllen. Für eine analytische Lösung muß diese Bedingung rechnerisch formuliert werden, z.B. für das Teil AC:

$$\frac{F_{Ay}}{F_{Ax}} = \frac{y_A - y_C}{x_A - x_C} = \frac{F_{Cy}}{\mathrm{F}_{Cx}}$$

Diese Gleichungen entsprechen $\Sigma M = 0$ für jeweils ein Gelenk. Damit ist eine zusätzliche Gleichung verfügbar, die z.B. an der Schaufel die Berechnung der vier Unbekannten F_{AX}; F_{AY}; F_{BX}; F_{BY} ermöglicht.

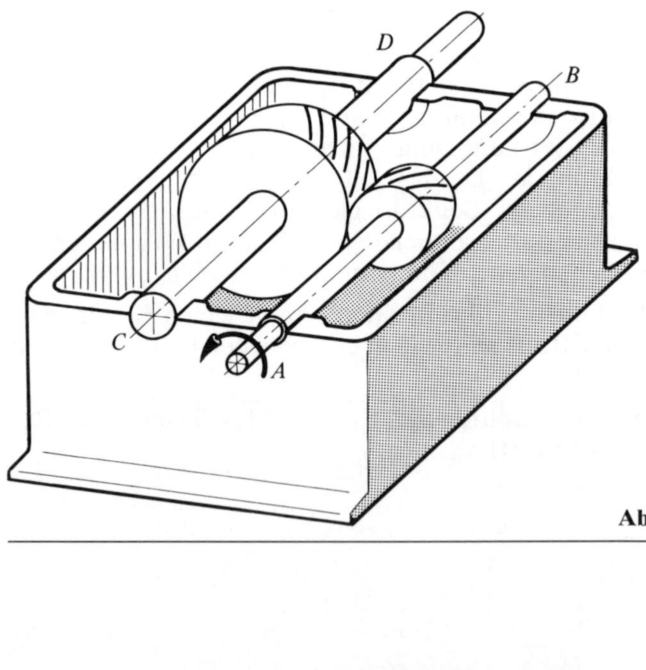

Abb. 5-9: Zahnradgetriebe

Beispiel 4 (Abb. 5-9)
Abgebildet ist in vereinfachter Form ein Getriebe mit einem schrägverzahnten Zahnradpaar. Der Getriebekasten ist geöffnet dargestellt. Angetrieben wird die Welle A-B bei A in angegebener Richtung. Der Abtrieb ist bei D. Die Lager A und C sind Festlager, die Lager B und D sind längsverschieblich. Das System ist für eine Berechnung der Eingriffskräfte der Zahnräder und der Lagerkräfte freizumachen.

Lösung (Abb. 5-10)
Es handelt sich um ein räumliches Kräftesystem. Deshalb werden die Wellen und der Getriebekasten perspektivisch dargestellt.

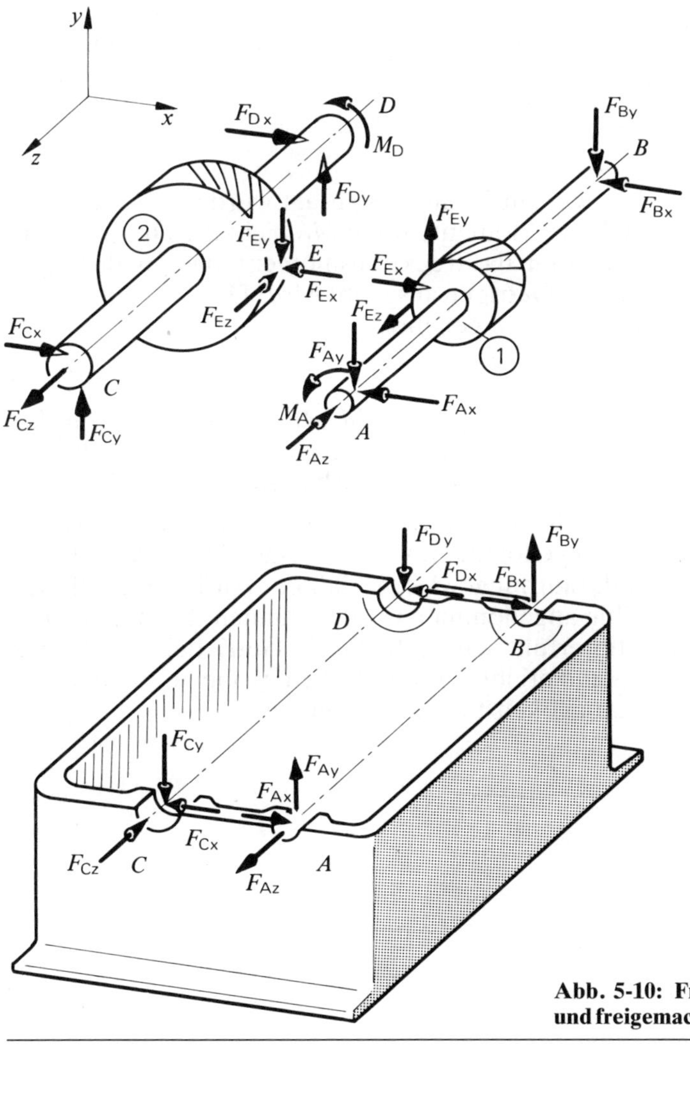

Abb. 5-10: Freigemachte Wellen und freigemachter Getriebekasten

Am Eingriffspunkt E beider Zahnräder treten folgende Kräfte auf. Der Zahneingriff verursacht radiale Kräfte, die die Zahnräder auseinander zu drücken versuchen. Diese Kräfte sind als actio und reactio eingetragen und mit F_{Ex} bezeichnet. Die Schrägverzahnung verursacht eine axiale Kraft F_{Ez}, die in diesem Falle, wie man es sich leicht klar machen kann, an der Welle CD in Richtung D wirkt. Die Reaktionskraft dazu greift am Zahnrad 1 an. Das angegebene Antriebsmoment verursacht am Zahnrad 2 eine Umfangskraft F_{Ey}, die nach unten gerichtet ist. Diese hat eine umgekehrte wirkende Reaktionskraft am Zahnrad 1 zur Folge.

Die an der Eingriffsstelle der Zahnräder angreifenden Kräfte stellen die Belastung der Wellen dar und werden von den Lagern aufgenommen.

Welle AB
Am Festlager A verursacht die Kraft F_{Ez} die Axialkraft F_{Az}. Die Eingriffskraft F_{Ex} wird von den beiden Lagerkräften F_{Ax} und F_{Bx} aufgenommen, die Umfangskraft F_{Ey} von F_{Ay} und F_{By}.

Welle CD
Es gilt sinngemäß alles, was zur Welle AB gesagt wurde. Besonders sei darauf hingewiesen, daß der Momentenpfeil M_D nicht die Drehrichtung angibt. Es handelt sich hier um das Reaktionsmoment, das von der angetriebenen Maschine auf das Getriebe ausgeübt wird. Das Moment an der angetriebenen Maschine wirkt umgekehrt.

Getriebekasten
An den vier Lagerstellen wirken jeweils die Reaktionskräfte von den Wellen. Die rechte Welle drückt von unten gegen den Getriebedeckel, während die linke Welle das Getriebeunterteil belastet.

Aus Gründen der Anschaulichkeit wurden bei der Lösung dieser Aufgabe die Kräfte jeweils so angenommen, wie sie tatsächlich wirken. Es sei hier jedoch nochmals darauf hingewiesen, daß die Auflagerreaktionen im Wirkungssinn beliebig angenommen werden können. Es muß nur der Lehrsatz actio = reactio erfüllt sein (z.B. Welle-Getriebekasten). Den tatsächlichen Wirkungssinn ergibt das Vorzeichen, wobei + richtige Annahme bedeutet und – „umgekehrt wie angenommen“.

Aufgaben zum Kapitel 5

A 5-1 bis 13 Das abgebildete System ist freizumachen. Alle Oberflächen sollen reibungsfrei angenommen werden.

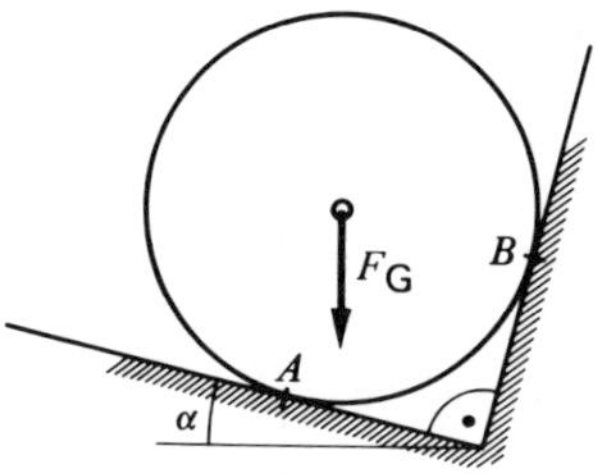

Abb. A 5-1/A 6-61

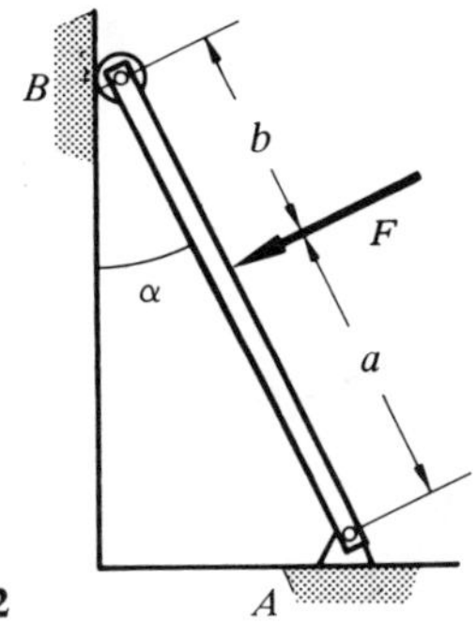

Abb. A 5-2
A 6-42

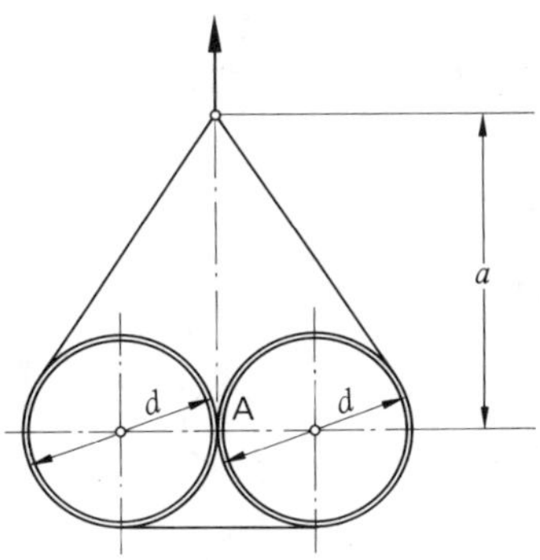

Abb. A 5-3/A 6-9

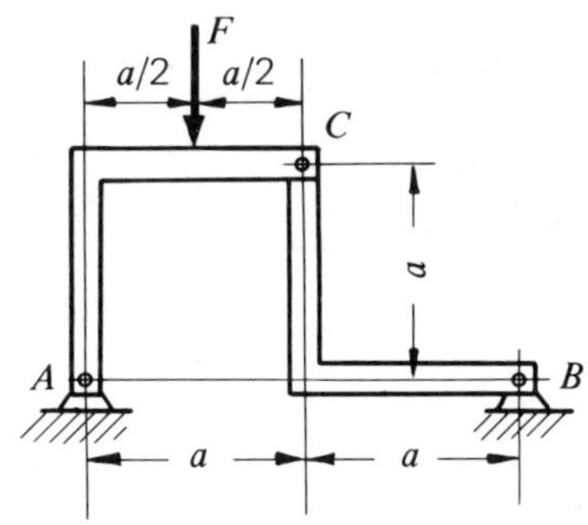

Abb. A 5-4
A 6-43

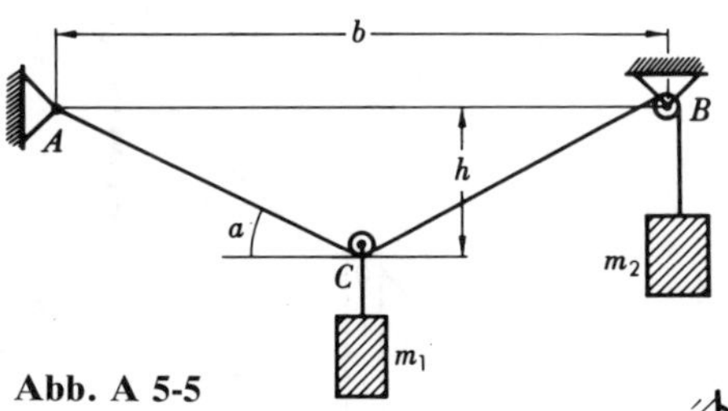

Abb. A 5-5
A 6-16/17

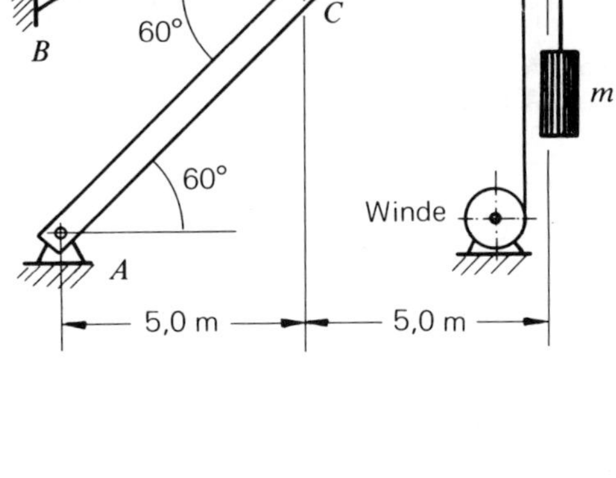

Abb. A 5-6
A 6-69

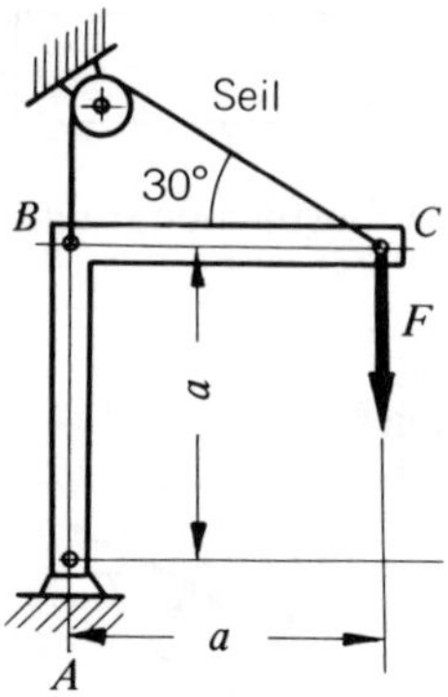

Abb. A 5-7/A 6-71

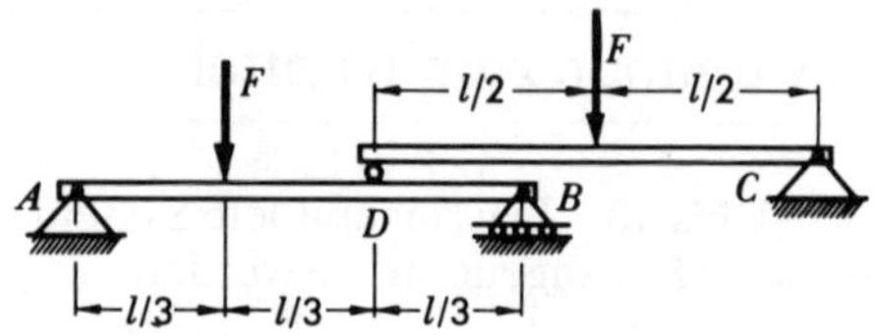

Abb. A 5-8/A 6-27

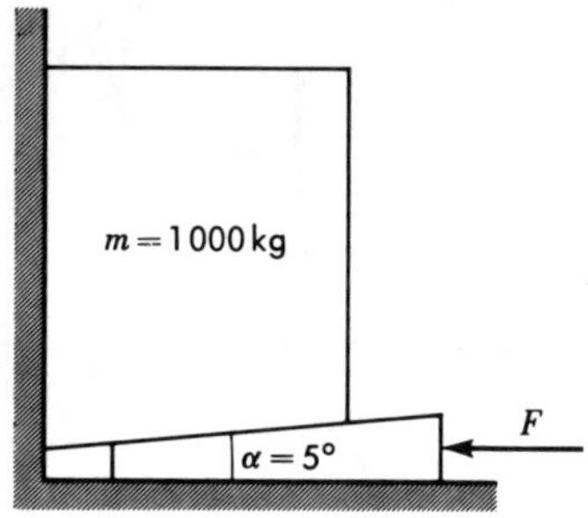

**Abb. A 5-9
A 6-19
A 10-17**

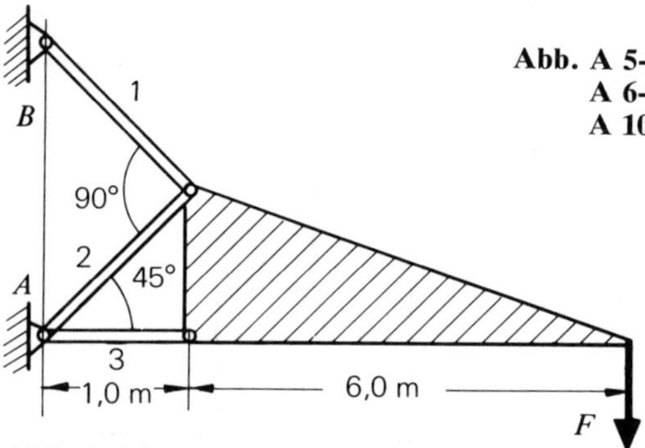

**Abb. A 5-10
A 6-64**

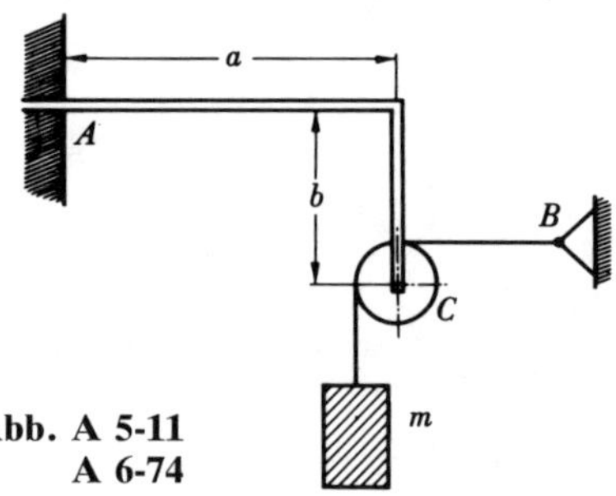

**Abb. A 5-11
A 6-74**

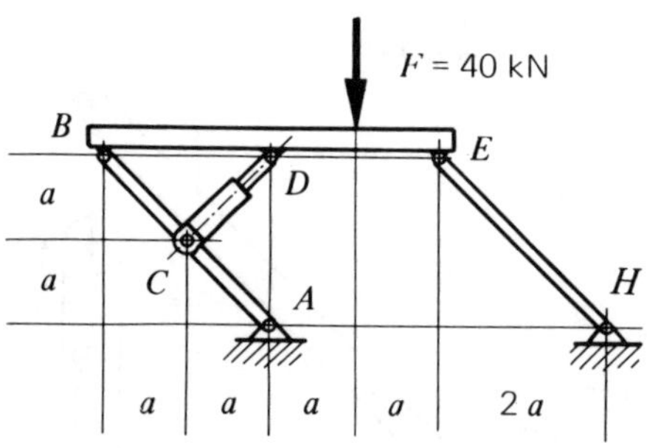

**Abb. A 5-13
A 8-15**

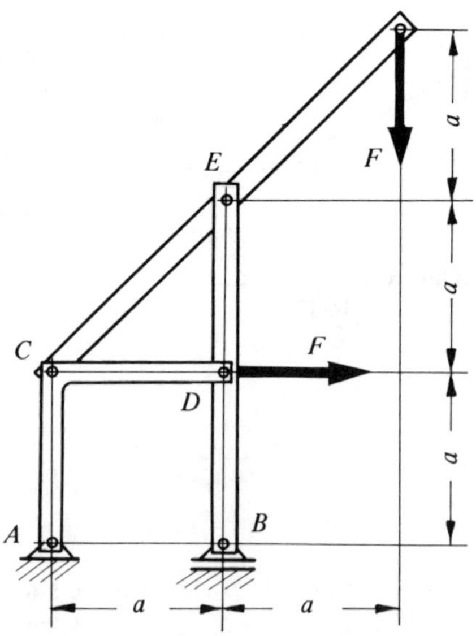

**Abb. A 5-12
A 8-14**

A 5-14 Zu untersuchen ist, ob die in der Tabelle aufgeführten Systeme richtig bzw. vollständig freigemacht sind.

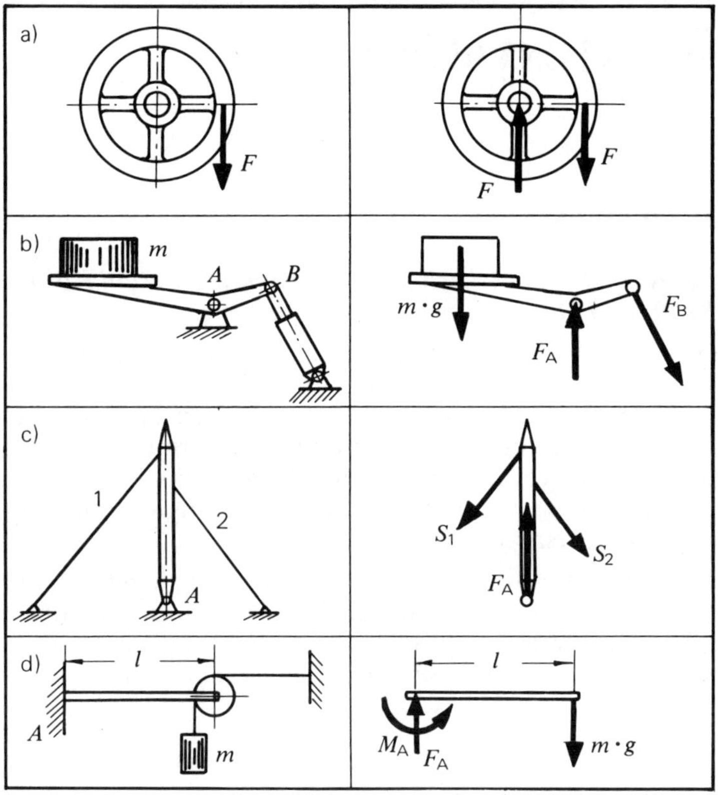

Abb. A 5-14

6. Die Gleichgewichtsbedingungen für das ebene Kräftesystem

6.1 Allgemeines

Ein starrer Körper ist im Gleichgewicht, wenn sich alle am Körper angreifenden Kräfte und Momente gegenseitig aufheben.

In diesem Falle sind die resultierende Kraft und das resultierende Moment gleich Null. Der starre Körper kann, sofern er in Ruhe ist, nicht aus diesem Zustand herauskommen. Sollte er im Zustand der Bewegung sein, dann kann diese nur geradlinig und gleichförmig sein. Es ist keine überschüssige Kraft vorhanden, um eine Beschleunigung bzw. Verzögerung zu verursachen bzw. eine Richtungsänderung einzuleiten (Beharrungsprinzip 6. Lehrsatz).

Die beiden oben formulierten Gleichgewichtsbedingungen der Statik $F_{res} = 0$ und $M_{res} = 0$ gelten demnach für den Ruhezustand und den Zustand der gleichförmigen, geradlinigen Bewegung. Sie werden in den nachfolgenden Abschnitten auf die verschiedenen Kräftesysteme angewendet.

6.2 Gemeinsamer Angriffspunkt

6.2.1 Analytische Methode

Soll die Resultierende null sein, dann müssen es auch ihre x- und y-Komponenten sein. Das liefert die beiden Gleichungen

$$F_{res\,x} = 0; \qquad F_{res\,y} = 0.$$

Da aber $F_{res\,x} = \Sigma F_x$ und $F_{res\,y} = \Sigma F_y$ ist, können diese Gleichungen in die Form

$$\Sigma \boldsymbol{F_x} = \boldsymbol{0}; \qquad \Sigma \boldsymbol{F_y} = \boldsymbol{0} \qquad \textbf{Gl. 6-1}$$

gebracht werden.

Die Gleichungen 6-1 sind die analytischen Gleichgewichtsbedingungen für ein ebenes Kräftesystem mit gemeinsamem Angriffspunkt.

Mit diesen beiden Gleichungen können zwei Unbekannte, z.B. zwei Stabkräfte berechnet werden (vgl. auch Abschnitt 3.2).

6.2.2 Graphische Methode

Die Resultierende erhält man graphisch durch geometrische Addition der wirkenden Kräfte im Kräfteplan (Abb. 3-8). Für den Fall $F_{res} = 0$ muß sich der von den Kräften gebildete Linienzug gleichsinnig (mit eindeutigem Umfahrungssinn) schließen.

Die graphische Bedingung für Gleichgewicht am gemeinsamen Angriffspunkt lautet demnach: Das Kräftepolygon (Kraftevieleck) muß gleichsinnig geschlossen sein.

6.2.3 Drei nichtparallele Kräfte im Gleichgewicht

Die Abb. 6-1 zeigt eine Scheibe, an der die drei Kräfte F_1 F_2 F_3 in den Punkten A B C angreifen. Das System ist im Gleichgewicht.

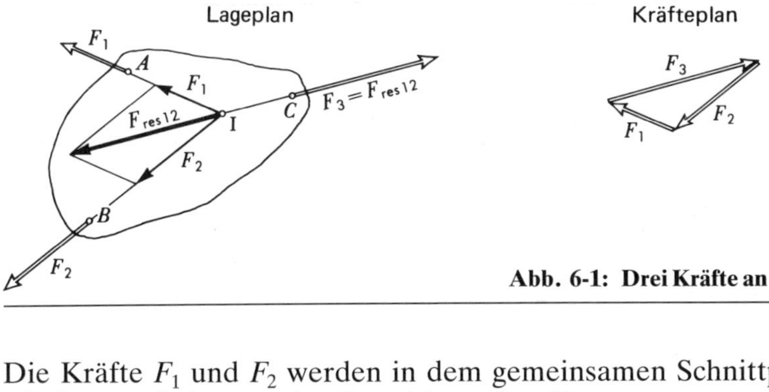

Abb. 6-1: Drei Kräfte an starrer Scheibe

Die Kräfte F_1 und F_2 werden in dem gemeinsamen Schnittpunkt I verschoben und dort zu der Resultierenden $F_{res\,12}$ zusammengesetzt. Soll Gleichgewicht herrschen, dann müssen $F_{res\,12}$ und F_3 gleich groß, entgegengesetzt gerichtet und kollinear sein (1. Lehrsatz), d.h. aber, daß F_1 F_2 und F_3 einen gemeinsamen Schnittpunkt (I) haben müssen.

Drei nichtparallele Kräfte sind im Gleichgewicht, wenn

a) ihre Wirkungslinien einen gemeinsamen Schnittpunkt haben,
b) das Kräftedreieck gleichsinnig geschlossen ist.

Diese Bedingung für eine graphische Lösung kann nach Anfertigen einer Skizze in Berechnungsgleichungen umgesetzt werden. Es handelt sich um Längen- bzw. Winkelbestimmungen am schiefwinkligen Dreieck. Einen graphischen Ansatz in eine Berechnung umzusetzen, führt bei Systemen von drei Kräften am schnellsten zum Ziel. Oft kann man umfangreichere Systeme durch Zusammenfassung auf drei Kräfte zurückführen und sie so besonders günstig lösen.

Beispiele zum Abschnitt 6.2

Beispiel 1 (Abb. 6-2)

Eine an einem Haken A aufgehängte Masse $m = 400$ kg wird in der skizzierten Weise von einem Mann seitlich ausgelenkt. Die von dem Mann aufgebrachte Kraft betrage $F = 500$ N. Zu bestimmten sind:

a) der Winkel α
b) die Kraft im Punkt A.

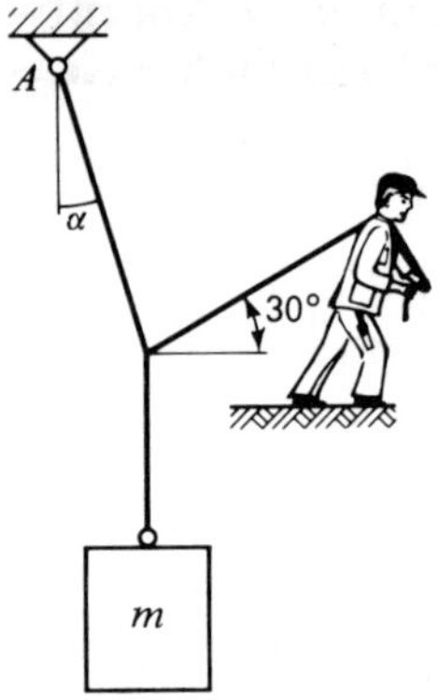

Abb. 6-2: Seitlich ausgelenkte Masse

Analytische Lösung (Abb. 6-3)

Das System wird am Knotenpunkt freigemacht. Dabei wird F_G = mg = 3,92 kN eingeführt. Die beiden Gleichungen

$$\Sigma F_x = 0; \qquad \Sigma F_y = 0$$

lauten für diesen Fall

$$F_M \cdot \cos 30° - F_A \cdot \sin \alpha = 0 \tag{1}$$

$$F_M \cdot \sin 30° + F_A \cdot \cos \alpha - F_G = 0 \tag{2}$$

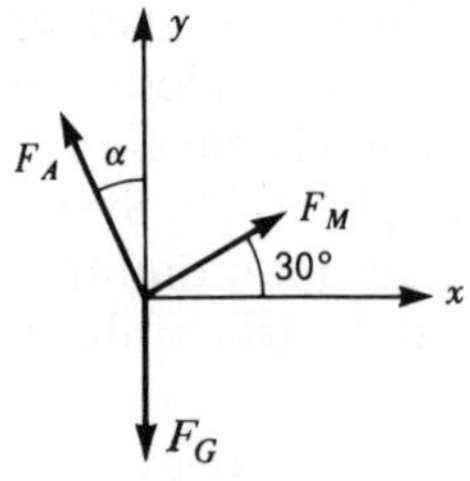

Abb. 6-3: Freigemachter Seilknoten

Das sind die beiden Bestimmungsgleichungen für die Unbekannten F_A und α. Zunächst wird nach den Termen, die F_A enthalten, aufgelöst.

$$F_A \cdot \sin\alpha = F_M \cdot \cos 30° \qquad (3)$$

$$F_A \cdot \cos\alpha = F_G - F_M \cdot \sin 30° \qquad (4)$$

Die Rechenoperation (3)/(4) führt auf

$$\tan\alpha = \frac{F_M \cdot \cos 30°}{F_G - F_M \cdot \sin 30°} = \frac{0{,}50\,\text{kN} \cdot \cos 30°}{3{,}92\,\text{kN} - 0{,}50\,\text{kN} \cdot \sin 30°}$$

$$\alpha = \mathbf{6{,}7°}$$

Mit Hilfe von (3) wird die Kraft F_A berechnet.

$$F_A = \frac{\cos 30°}{\sin\alpha} \cdot F_M = \frac{\cos 30°}{\sin 6{,}7°} \cdot 0{,}50\,\text{kN}$$

$$\boldsymbol{F_A = 3{,}70\,\text{kN}}$$

Graphische Lösung (Abb. 6-4)
Nach Festlegung eines Kräftemaßstabes wird, beginnend mit F_G, das gleichsinnig geschlossene Kräftedreieck gezeichnet. Man erhält innerhalb der Zeichengenauigkeit die oben angegebenen Ergebnisse.

Man kann diese graphische Lösung für eine Berechnung nutzen. Ausgangspunkt ist eine Skizze, die qualitativ das Dreieck nach Abb. 6-4 darstellt. Bekannt sind F_G; F_M und der eingeschlossene Winkel von 60°. Deshalb muß mit dem cos-Satz begonnen werden.

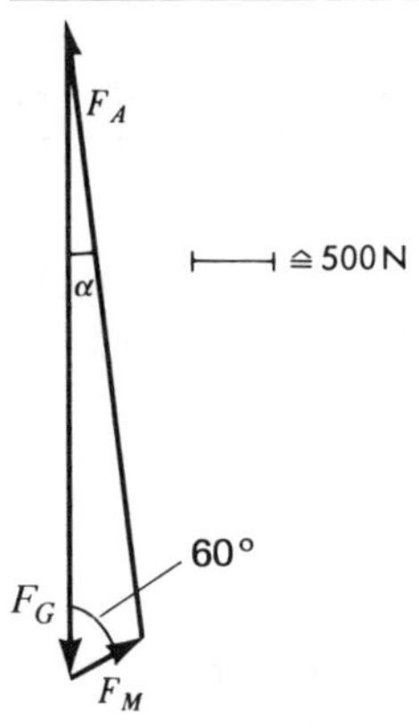

Abb. 6-4: Krafteck für Seilknoten

$$F_A^2 = F_G^2 + F_M^2 - 2\,F_G \cdot F_M \cdot \cos 60°$$

$$F_A^2 = (3{,}92^2 + 0{,}50^2 - 2 \cdot 3{,}92 \cdot 0{,}50 \cdot \cos 60°)\ \mathrm{kN}^2$$

$$F_A = 3{,}70\ \mathrm{kN}$$

Nachdem alle drei Seiten und ein Winkel bekannt sind, führt der sin-Satz weiter.

$$\frac{\sin\alpha}{F_M} = \frac{\sin 60°}{F_A}$$

$$\sin\alpha = \frac{F_M}{F_A} \cdot \sin 60° = \frac{0{,}50\ \mathrm{kN}}{3{,}70\ \mathrm{kN}} \cdot \sin 60° \qquad \alpha = 6{,}7°$$

Der hier zuletzt gezeigte Weg führt am schnellsten zum Ziel.

Beispiel 2 (Abb. 6-5)
Zwei Massen sind in der angegebenen Weise an Seilen aufgehängt. Zu bestimmen sind die Seilkräfte S_1 bis S_4 für $m_1 = 300$ kg und $m_2 = 200$ kg.

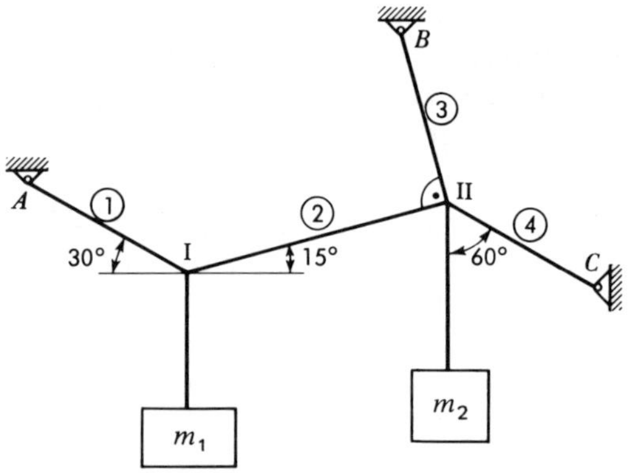

Abb. 6-5: Seilverbund mit Massen

Analytische Lösung (Abb. 6-6)
Das System wird in den Knoten freigemacht. Man erhält zwei Kräftesysteme mit gemeinsamem Angriffspunkt. Die Gewichtskräfte betragen

$$F_{G1} = m_1 \cdot g = 300\ \mathrm{kg} \cdot 9{,}81\ \mathrm{m/s^2} = 2943\ \mathrm{N}$$

$$F_{G2} = m_2 \cdot g = 200\ \mathrm{kg} \cdot 9{,}81\ \mathrm{m/s^2} = 1962\ \mathrm{N}$$

Benutzt man ein kartesisches Koordinatensystem mit horizontaler Abszisse ($\bar{x}\bar{y}$), dann muß man die beiden Bestimmungsgleichungen

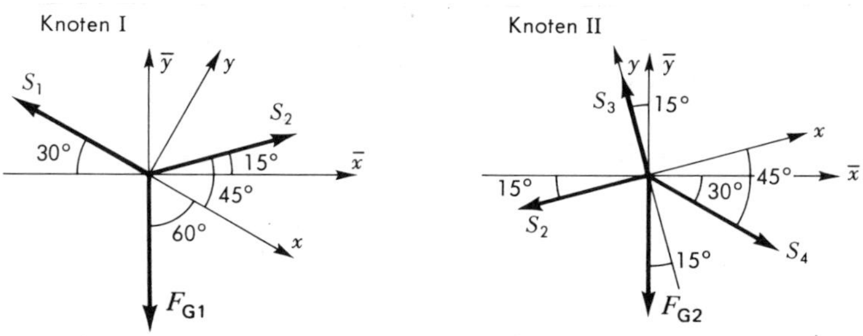

Abb. 6-6: Freigemachte Seilknoten mit gedrehten Koordinatensystemen

$$\Sigma F_{\bar{x}} = 0; \qquad \Sigma F_{\bar{y}} = 0$$

simultan lösen, d.h. in beiden Gleichungen sind beide Unbekannten vorhanden. Es empfiehlt sich, ein gedrehtes Koordinatensystem anzuwenden, dessen eine Koordinatenachse mit einer unbekannten Seilkraft zusammenfällt. In Abb. 6-6 sind das die Koordinatensysteme x und y.

Die erste Gleichung setzt man für die Richtung an, in die eine Unbekannte keine Komponente hat. Die Berechnung muß am Knoten I beginnen, da dort im Gegensatz zu Knoten II nur zwei Unbekannte, nämlich S_1 und S_2 sind.

Knoten I

$$\Sigma F_y = 0; \qquad S_2 \cdot \sin 45° - F_{G1} \cdot \sin 60° = 0$$

$$S_2 = \frac{\sin 60°}{\sin 45°} \cdot F_{G1}; \qquad \mathbf{S_2 = 3{,}60\,kN}$$

$$\Sigma F_x = 0; \qquad S_2 \cdot \cos 45° + F_{G1} \cdot \cos 60° - S_1 = 0$$

$$S_1 = S_2 \cdot \cos 45° + F_{G1} \cdot \cos 60°$$

$$S_1 = 3{,}60\,\text{kN} \cdot \cos 45° + 2{,}94\,\text{kN} \cdot \cos 60°$$

$$\mathbf{S_1 = 4{,}02\,kN}$$

Knoten II

$$\Sigma F_x = 0; \qquad S_4 \cdot \cos 45° - F_{G2} \cdot \sin 15° - S_2 = 0$$

$$S_4 = \frac{1}{\cos 45°} \, (F_{G2} \cdot \sin 15° + S_2)$$

$$S_4 = \frac{1}{\cos 45°} \, (1{,}96\,\text{kN} \cdot \sin 15° + 3{,}60\,\text{kN})$$

$$\boldsymbol{S_4 = 5{,}81\,\text{kN}}$$

$$\Sigma F_y = 0; \qquad S_3 - F_{G2} \cdot \cos 15° - S_4 \cdot \sin 45° = 0$$

$$S_3 = F_{G2} \cdot \cos 15° + S_4 \cdot \sin 45°$$

$$S_3 = 1{,}96\,\text{kN} \cdot \cos 15° + 5{,}81\,\text{kN} \cdot \sin 45°$$

$$\boldsymbol{S_3 = 6{,}00\,\text{kN}}$$

Graphische Lösung (Abb. 6-7)
Aus dem gleichen Grunde wie bei der analytischen Lösung muß vom Knoten I ausgegangen werden. Das Kräftedreieck nach Abb. 6-7 entsteht in folgender Reihenfolge. Zunächst wird die einzige bekannte Kraft F_{G1} gezeichnet. An das Ende des Vektors wird die Wirkungslinie von S_1, an den Anfang die von S_2 gezogen (das kann auch umgekehrt erfolgen). Beide schneiden sich und ergeben das abgebildete Dreieck. Die Bedingung „gleichsinnig geschlossen" führt auf die Pfeilspitzen und damit die Kraftrichtungen.

Im Knoten II sind die Kräfte F_{G2} und S_2 bekannt. Mit diesen muß die Konstruktion beginnen. Die Wirkungslinien von S_3 und S_4 werden an den End- bzw. Anfangspunkt der beiden Ausgangsvektoren gezogen. Man erhält das gezeigte Krafteck. Der einheitliche Umfahrungssinn liefert die Richtungen der Kräfte.

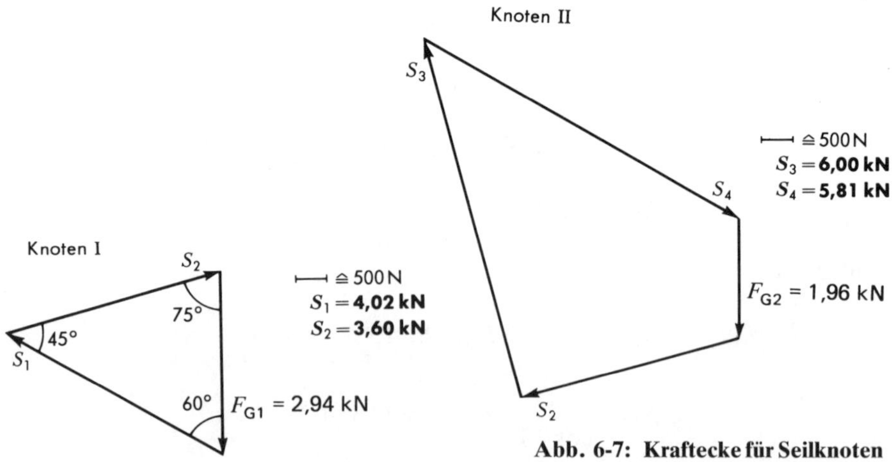

Abb. 6-7: Kraftecke für Seilknoten

Es ist möglich, unter Verwendung von nicht maßstabsgerechten Skizzen nach Abb. 6-7 mit Hilfe geometrischer Beziehungen die unbekannten Größen auszurechnen. Für Knoten I ergibt sich nach dem sin-Satz

$$S_1 = \frac{\sin 75°}{\sin 45°} \cdot F_{G1} = 4{,}02\,\text{kN}$$

$$S_2 = \frac{\sin 60°}{\sin 45°} \cdot F_{G1} = 3{,}60\,\text{kN}.$$

Für das Viereck muß man die Resultierende von F_{G2} und S_2 nach Größe und Richtung bestimmen (Abschnitt 3.2). Damit ist die Aufgabe auf den vorher besprochenen Fall eines Dreiecks reduziert.

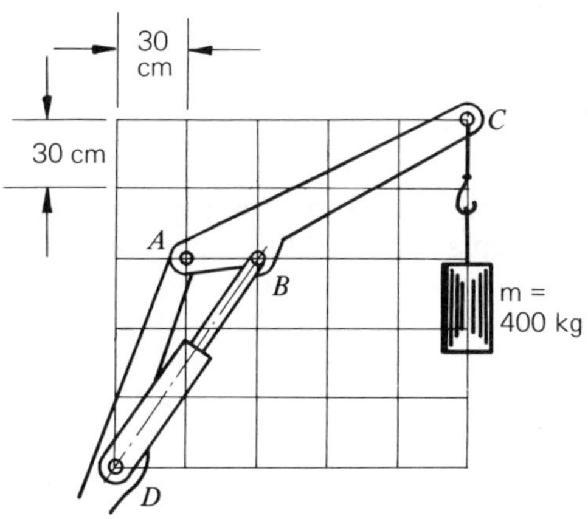

Abb. 6-8: Hubwerk

Beispiel 3 (Abb. 6-8)
Das skizzierte Hubwerk ist mit einer Masse von 400 kg belastet. Zu bestimmen sind die Kräfte in den Gelenken A, B und C.

Lösung (Abb. 6-9/10/11)
An dem Auslegerarm greifen drei Kräfte an. Das sind die Gewichtskraft F_G, die vom hydraulischen Hubkolben ausgeübte Kraft F_B und die Gelenkkraft F_A. Bekannt sind die Wirkungslinien der Gewichtskraft F_G und der Kraft F_B, da der Hubkolben der Definition einer Pendelstütze genügt. Damit liegt der Schnittpunkt I der Wirkungslinien fest, durch den auch die Wirkungslinie von F_A gehen muß (gemeinsamer Schnittpunkt der Wirkungslinien von drei Kräften im Gleichgewicht.)

Unabhängig vom weiteren Vorgehen muß zunächst die Geometrie erfaßt werden. Das Rastermaß wird mit a bezeichnet. Aus dem Raster ergibt sich nach Abb. 6-9

$$\tan\beta = \frac{2a}{3a} \qquad \beta = 33{,}7°$$

Damit ist

$$c = \frac{5a}{\tan\beta} = \frac{5 \cdot 30\,\text{cm}}{\tan 33{,}7°} = 225\,\text{cm}$$

und

$$b = c - 3a = 225\,\text{cm} - 3 \cdot 30\,\text{cm} = 135\,\text{cm}$$

Jetzt kann man den Winkel δ berechnen

$$\tan\delta = \frac{4a}{b} = \frac{4 \cdot 30\,\text{cm}}{135\,\text{cm}} \qquad \delta = 41{,}6°$$

Ein günstiger Lösungsweg soll vorgeführt werden. Ausgangspunkt ist eine nicht maßstäbliche Skizze des Kräfteplans nach Abb. 6-10. Das Dreieck wird folgendermaßen gezeichnet. Begonnen wird mit der bekannten Kraft F_G. Unter dem Winkel δ wird die Wirkungslinie der Kraft F_A angesetzt. Ausgehend vom Ausgangspunkt wird die von F_B gezeichnet. Die Winkel im Dreieck betragen

$$\gamma = 180° - \delta = 138{,}4° \qquad \varepsilon = 180° - \beta - \gamma = 7{,}9°$$

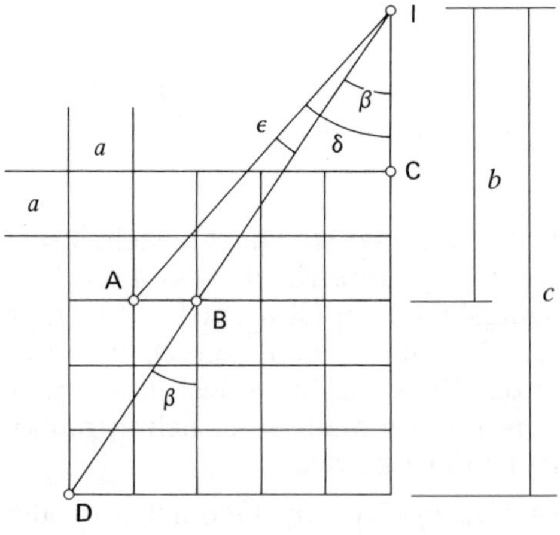

Abb. 6-9: Geometrie des Hubwerks

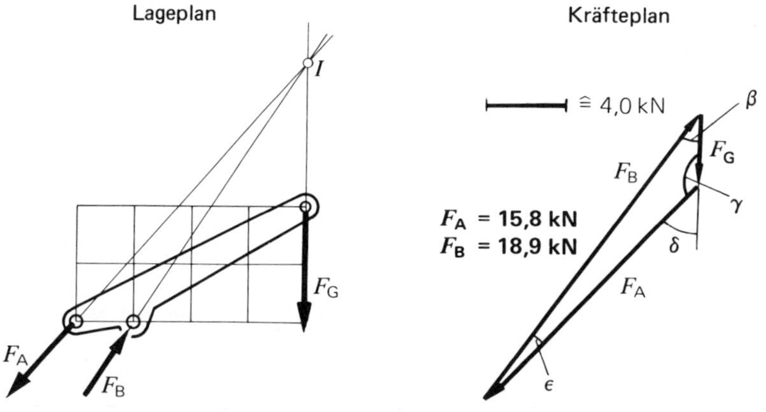

Abb. 6-10: Freigemachter Ausleger mit Kräftedreieck

Mit Hilfe des sin-Satzes werden die Kräfte F_A und F_B berechnet.

$$\frac{F_A}{\sin\beta} = \frac{F_G}{\sin\varepsilon} \qquad \boldsymbol{F_A = 15{,}84\,\mathrm{kN}}$$

$$\frac{F_B}{\sin\gamma} = \frac{F_G}{\sin\varepsilon} \qquad \boldsymbol{F_B = 18{,}95\,\mathrm{kN}}$$

Eine maßstabsgerechte Zeichnung des Kräftedreiecks liefert als Kontrolle die oben berechneten Werte.

Für die analytische Lösung werden alle Kräfte in den Punkt I verschoben (Abb. 6-11). Man erhält folgende Bestimmungsgleichungen für F_A und F_B.

$$\Sigma F_x = 0 \qquad F_B \cdot \sin\beta - F_A \cdot \sin\delta = 0$$

$$\Sigma F_y = 0 \qquad F_B \cdot \cos\beta - F_A \cdot \cos\delta - F_G = 0$$

Die Verwendung eines gedrehten Koordinatensystems ermöglicht eine besonders günstige Lösung. Dieser Weg sei als Übungsaufgabe empfohlen.

Diese Aufgabe ist auch lösbar, wenn man nicht erkennt, daß ein gemeinsamer Schnittpunkt der Kräfte vorliegt. Jedoch muß man den Hydraulikkolben als Pendelstütze identifizieren. Die in der Richtung festliegende Kolbenkraft F_B wird in die x- und y-Komponenten zerlegt. Im Punkt B greifen demnach $F_B \cdot \sin\beta$ und $F_B \cdot \cos\beta$ an. Im Punkt A müssen die Komponenten F_{Ax} und F_{Ay} eingeführt werden. Im Prinzip ergibt das einen Träger auf zwei Stützen, der weiter unten behandelt wird.

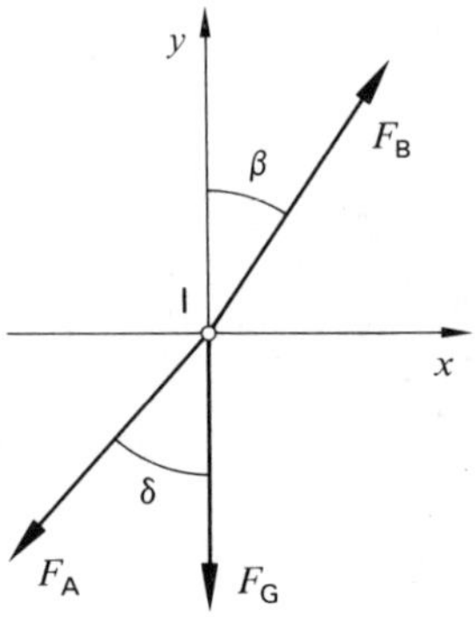

Abb. 6-11: Auslegerkräfte im gemeinsamen Angriffspunkt

Aufgaben zum Abschnitt 6.2

Hinweis: Die Aufgaben sind analytisch zu lösen. Jedoch kann auch von Kraftekken ausgegangen werden, deren Geometrie berechnet wird. Alle Ergebnisse sind graphisch zu kontrollieren.

A 6-1 Für die in Abb. A 5-1 skizzierte Walze sind die Auflagerreaktionen in A und B zu bestimmen. Die Lösung soll allgemein erfolgen und für $F_G = 1{,}0$ kN; $\alpha = 35°$ ausgewertet werden.

A 6-2 Ein festgefahrener Wagen soll herausgezogen werden. Dazu wird wie abgebildet ein Seil zwischen Wagen und einen Baum gespannt. Gegen dieses Seil wird quer gedrückt. In Abhängigkeit vom Winkel β ist der Faktor zu bestimmen, um den die Kraft in ihrer Wirkung am Wagen verstärkt wird. Die Auswertung soll für $F = 500$ N und $\beta = 5°$ erfolgen.

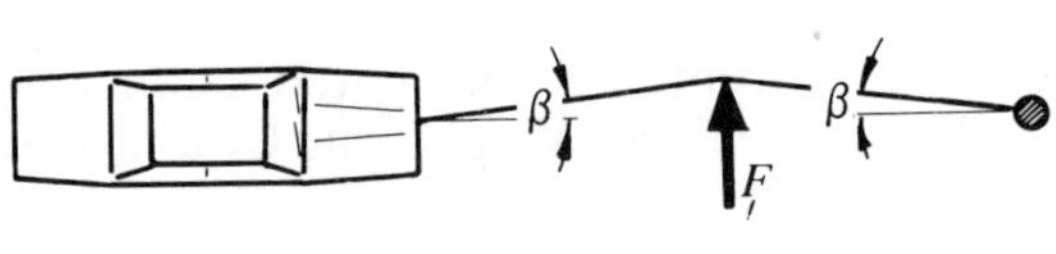

Abb. A 6-2

A 6-3/4 Alle Stabkräfte des abgebildeten Stabverbands sind zu bestimmen. Es ist anzugeben, ob die Stäbe auf Druck oder Zug belastet sind.

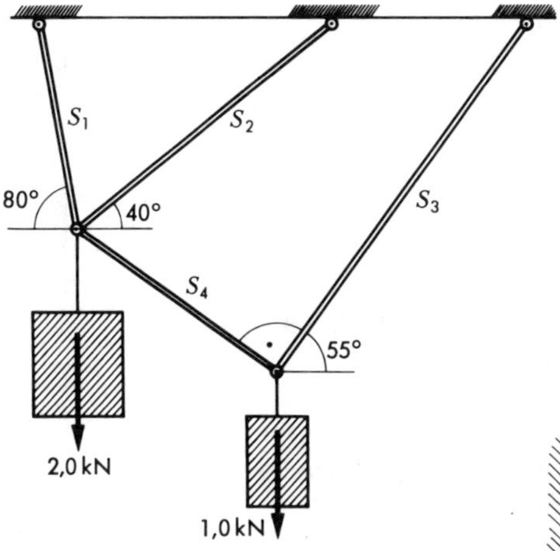

Abb. A 6-3

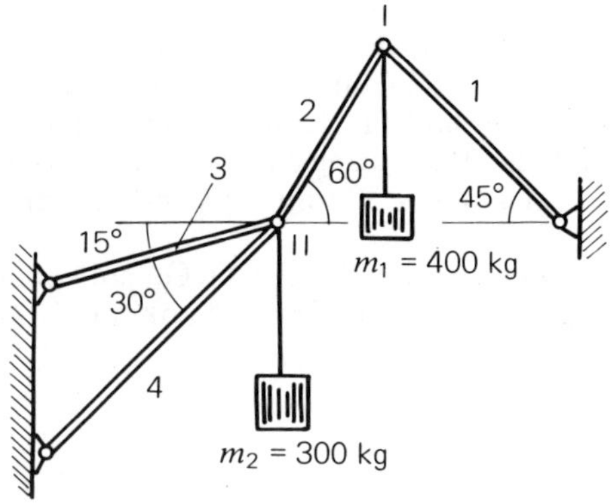

Abb. A 6-4

A 6-5 Abgebildet ist ein freigemachter Knoten eines Fachwerks, der fünf Stäbe verbindet. Bekannt sind die Stabkräfte (negatives Vorzeichen = Kraft zum Knoten gerichtet)

$S_1 = -20{,}0\,\text{kN}$; $S_2 = 30{,}0\,\text{kN}$;
$S_3 = 25{,}0\,\text{kN}$

Zu bestimmen sind die Stabkräfte S_4 und S_5. Es ist anzugeben, ob die Stäbe auf Druck oder Zug belastet sind.

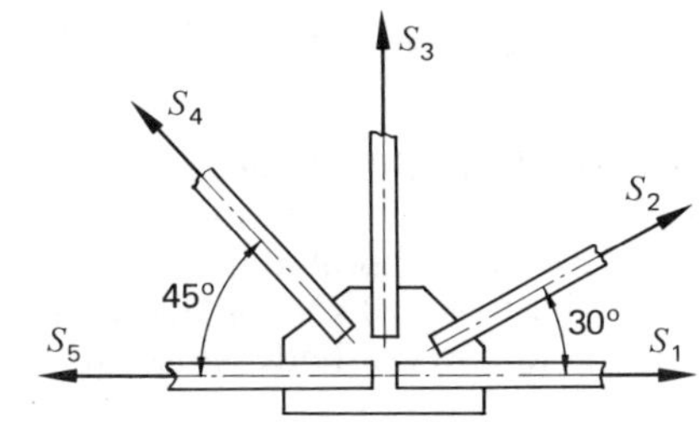

Abb. A 6-5/6

A 6-6 Wie Aufgabe 6-5, jedoch

$S_1 = -30{,}0\,\text{kN}$; $S_3 = 40{,}0\,\text{kN}$;
$S_5 = -20{,}0\,\text{kN}$

Zu bestimmen sind die Stabkräfte S_2 und S_4. Hinweis: gedrehtes Koordinatensystem verwenden.

A 6-7 Zwei Stäbe sind nach Skizze am Knoten mit einer Kraft F belastet. Die zulässige Stabkraft sei für beide gleich. Zu bestimmen ist die Kraft F nach Größe und Richtung so, daß beide Stäbe voll ausgelastet sind. Die allgemeine Lösung soll für $S_{zul} = 12{,}0\,\text{kN}$; $\beta = 40°$ und $\gamma = 30°$ ausgewertet werden.

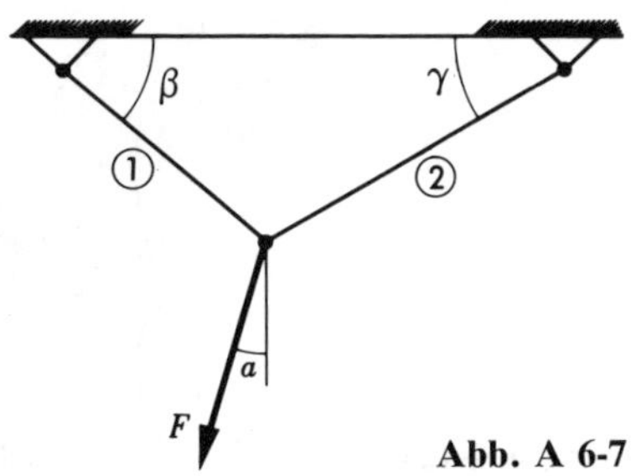

Abb. A 6-7

A 6-8 Zwei Walzen liegen nach Skizze in einem Schacht. Die Masse der kleineren beträgt 1000 kg, der größeren 2000 kg. Zu bestimmen sind die Auflagerreaktionen in allen Auflagepunkten.

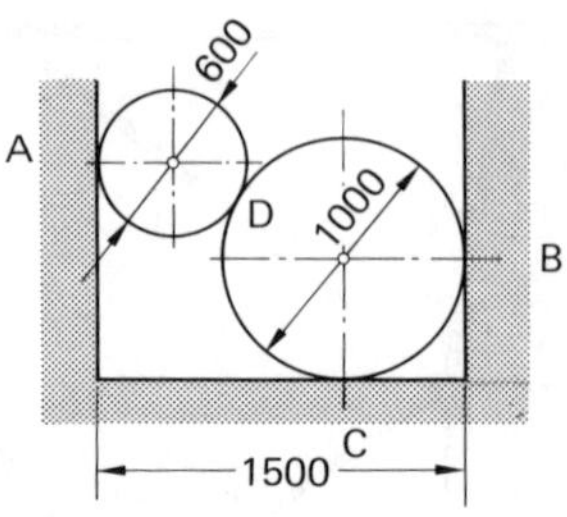

Abb. A 6-8

A 6-9 Zwei Rohre der Masse m = 300 kg sind an den Enden nach Abb. A 5-3 in einer Schlaufe aufgehängt. Zu bestimmen sind die Kraft in der Schlaufe und die Berührungskraft zwischen den Rohren für $d = 500$ mm und $a = 800$ mm.

A6-10 Für den skizzierten Gelenkhebel sind die Kraft F_2 und die Gelenkkraft in A zu bestimmen.

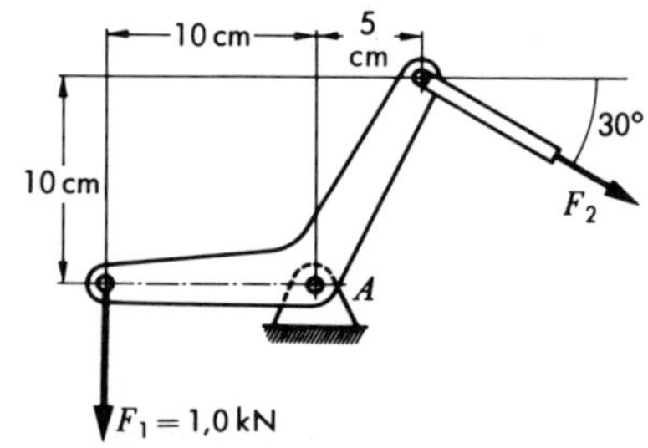

Abb. A 6-10

A 6-11 Die Abbildung zeigt in vereinfachter Form einen Dreieckslenker am Radsatz eines Eisenbahnwagens. Für eine Radlast von 70 kN sind die Kräfte am Gelenk und in der Federhülse zu bestimmen.

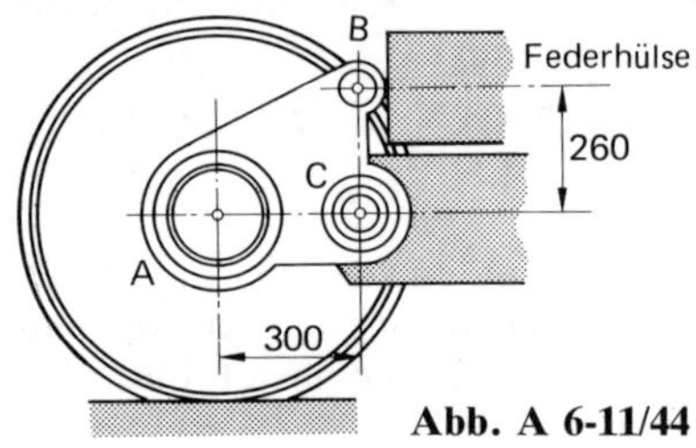

Abb. A 6-11/44

A 6-12 Die abgebildete Kippvorrichtung dient zum Umsetzen einer Masse von 200 kg. Für die skizzierte Position sind die Kraft im Hubkolben und im Drehgelenk zu bestimmen.

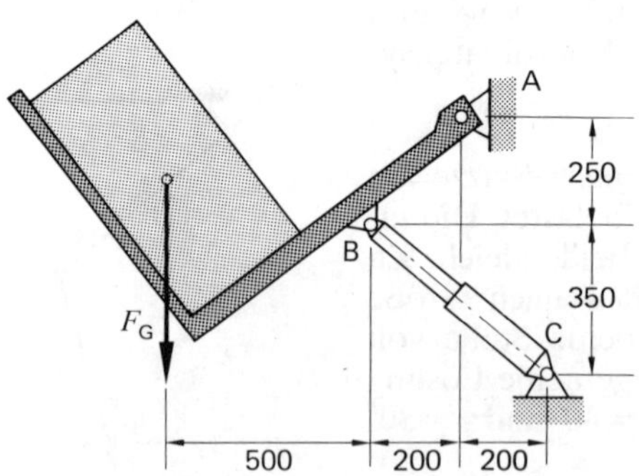

Abb. A 6-12/45

A 6-13 Die Abbildung zeigt in vereinfachter Form die Kegelwalzen einer Kohlenmühle. Für eine Mahlkraft $F_M = 20$ kN sind die notwendige Kraft im Hydraulikkolben und die Gelenkkraft in A zu bestimmen.

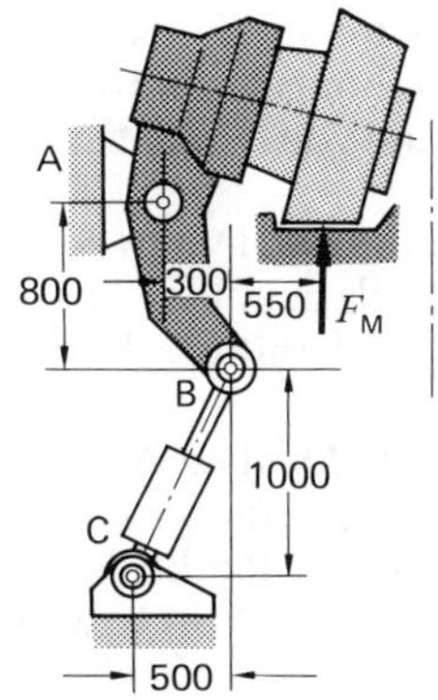

Abb. A 6-13/46

A 6-14 Für das skizzierte System, das aus einer pendelnd gelagerten Rolle mit einem belasteten Seil besteht, sind in allgemeiner Form der Winkel α und die Kraft F_A in Abhängigkeit von β und m zu bestimmen. Die allgemeine Lösung ist für $\beta = 60°$ und $m = 400$ kg auszuwerten.

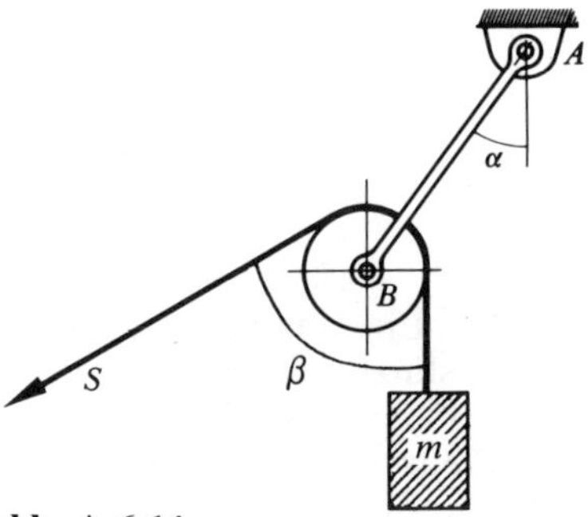

Abb. A 6-14

A 6-15 Skizziert ist eine Last, die auf einem Seil an einer Rolle hängend, heraufgezogen wird. Zu bestimmen sind die Kraft im Schlepp- und im Tragseil.

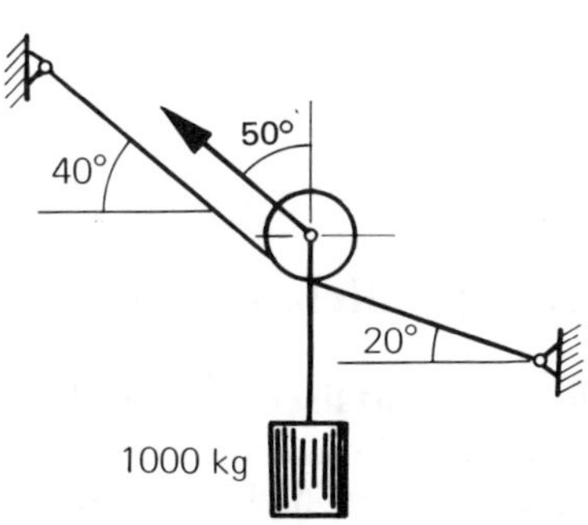

Abb. A 6-15

A 6-16 Die Abb. A 5-5 zeigt ein Seil, das mit den Massen $m_1 = 10{,}0$ kg und $m_2 = 20{,}0$ kg belastet ist. Zu bestimmen ist für eine Breite $b = 2{,}0$ m die Absenkung h, auf die sich die Masse m_2 einstellt.

A 6-17 Das System nach Abb. A 5-5 soll bei einer Belastung mit einer Masse $m_1 = 50{,}0$ kg so eingestellt werden, daß sich bei einer Breite $b = 4{,}0$ m eine Absenkung $h = 1{,}0$ m ergibt. Für diese Bedingung ist die Masse m_2 zu bestimmen.

A 6-18 Ein Keil wird zur Kraftverstärkung benutzt. Die an den Flanken eines reibungslosen Keils wirkenden Kräfte F_K sind in Abhängigkeit vom Keilwinkel α und von der eintreibenden Kraft F_E zu bestimmen.

A 6-19 Das in Abb. A 5-9 skizzierte System zeigt eine Masse, die mit Hilfe eines Keils gehoben werden soll. Für reibungslose Flächen ist die zum Heben notwendige Kraft F zu bestimmen.

A 6-20 Die Abbildung zeigt eine leichte Stange, die in B auf einer Rolle aufliegt und im Punkt A an einer glatten Wand abgestützt ist. In welchem Abstand x muß die verschiebliche Masse befestigt werden, damit das System in der gezeichneten Lage im Gleichgewicht ist?

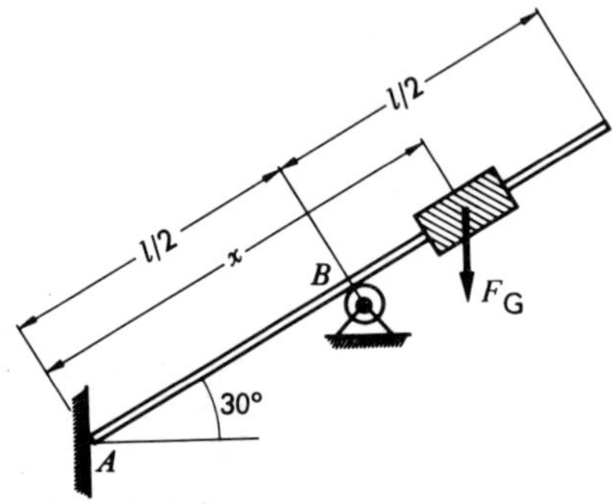

Abb. A 6-20

A 6-21 Ein masselos angenommener Träger stützt sich nach Skizze auf schrägen, reibungslosen Flächen ab. An welcher Stelle x muß die Kraft F angreifen, wenn der Träger nicht abrutschen soll?

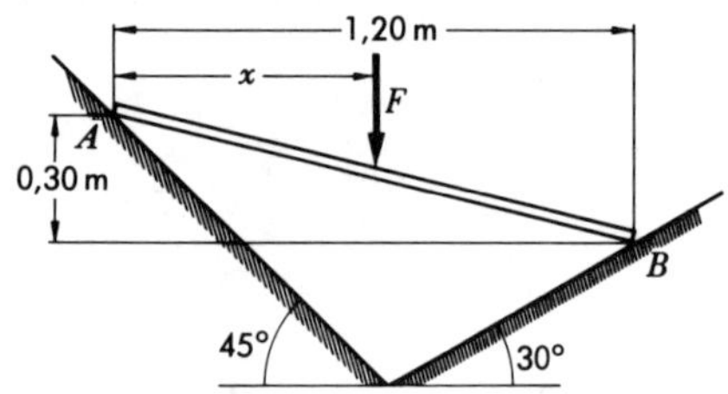

Abb. A 6-21

6.3 Parallele Kräfte

6.3.1 Analytische Methode

Die Bedingung $F_{res} = 0$ ist als Gleichgewichtsbedingung für ein paralleles Kräftesystem nicht ausreichend. Das sieht man an einem Kräftepaar, für das $F_{res} = 0$ gilt, das aber eine Drehung einleitet. Soll diese verhindert werden, muß $M_{res} = 0$ sein.

Die analytischen Gleichgewichtsbedingungen für ein paralleles Kräftesystem sind demnach

$$\Sigma \boldsymbol{F} = 0; \qquad \Sigma \boldsymbol{M} = 0. \qquad \text{Gl. 6-2}$$

Der Pol für die Momentengleichung ist frei wählbar.

Anstatt der Gleichungen 6.2 kann als äquivalentes Gleichungssystem

$$\Sigma M_{\mathrm{I}} = 0; \qquad \Sigma M_{\mathrm{II}} = 0 \qquad \textbf{Gl. 6-3}$$

verwendet werden, wobei die Punkte I und II frei wählbar sind.

6.3.2 Graphische Methode

Die Bedingung $F_{res} = 0$ wird durch ein gleichsinnig geschlossenes Krafteck erfüllt, das beim parallelen Kräftesystem eine Doppellinie darstellt.

Im Abschnitt 3.4.2 wurde in Beispiel 2 mit Hilfe des Seilecks die Größe des Momentes für ein Kräftesystem bestimmt, dessen Resultierende gleich Null ist. Wie dort ausführlich dargestellt wurde, wird dieses Moment gleich Null, wenn der letzte Seilstrahl mit dem Seilstrahl 0′ zusammenfällt, d.h. wenn das Seileck geschlossen ist. Anschaulich dargestellt ist das in Abb. 3-58.

Die graphischen Bedingungen für das Gleichgewicht eines parallelen Kräftesystems sind:

1. **das zu einer Doppellinie reduzierte Kräftepolygon muß gleichsinnig geschlossen sein**
2. **das Seileck muß geschlossen sein.**

Beispiele zum Abschnitt 6.3

Beispiel 1 (Abb. 6-12)
Ein Träger ist bei A fest, bei B horizontal beweglich gelagert. Er ist vertikal mit den Kräften F_1 bis F_3 belastet. Zu bestimmen sind die Auflagereaktionen in A und B.

Analytische Lösung (Abb. 6-13)
Das System muß zunächst freigemacht werden. Im Lager B kann eine Kraft nur senkrecht zur Oberfläche wirken. Aus diesem Grunde ist Gleichgewicht nur möglich, wenn F_{AX} gleich Null ist. Damit verbleibt auch bei A eine senkrechte Kraft.

Für dieses System müssen die Gleichgewichtsbedingungen

$$\Sigma F = 0; \qquad \Sigma M = 0$$

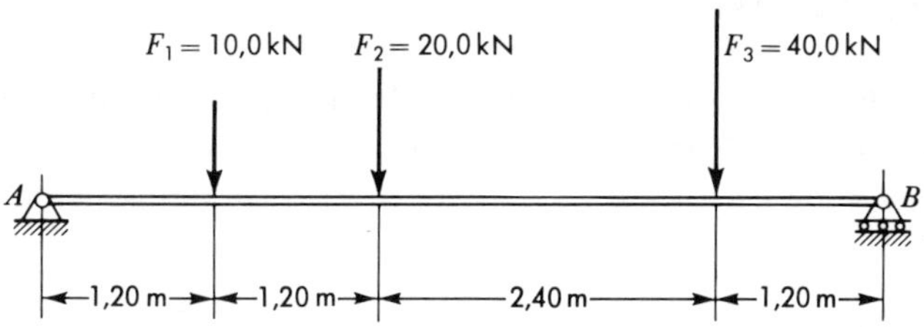

Abb. 6-12: Träger mit parallelen Kräften belastet

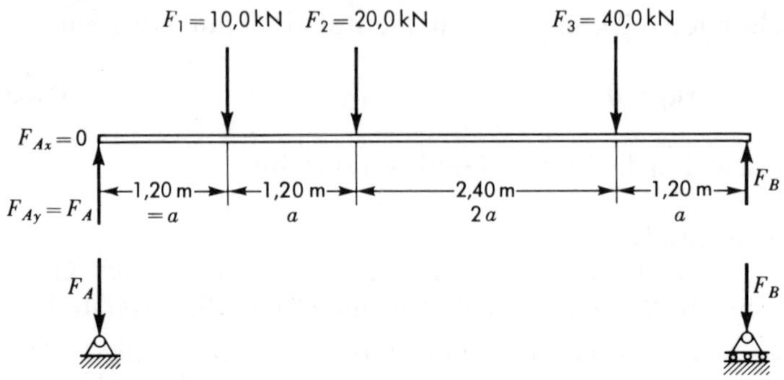

Abb. 6-13: Freigemachter Träger

bzw.

$$\Sigma M_{\rm I} = 0; \qquad \Sigma M_{\rm II} = 0$$

ausgewertet werden. Das sind je zwei Gleichungen für die Berechnung der zwei Unbekannten F_A und F_B.

Am günstigsten beginnt man mit einer Momentengleichung für einen Pol, der auf der Wirkungslinie einer Unbekannten liegt. Damit eliminiert man zunächst diese und kann die andere Unbekannte unmittelbar berechnen. Hier wird das Lager A als Pol gewählt.

$$\Sigma M_A = 0; \qquad -F_1 a - F_2 2a - F_3 4a + F_B 5a = 0$$

$$F_B = \frac{1}{5}(F_1 + 2F_2 + 4F_3) = \frac{1}{5}(10 + 40 + 160)\,\text{kN}$$

$$\boldsymbol{F_B = 42{,}0\,\text{kN}}$$

Die zweite Gleichung ergibt

$$\Sigma F = 0; \qquad F_A + F_B - F_1 - F_2 - F_3 = 0$$

$$F_A = F_1 + F_2 + F_3 - F_B = 70\,\text{kN} - 42\,\text{kN}$$

$$\boldsymbol{F_A = 28{,}0\,\text{kN}}$$

Man kann die Rechnung durch den Ansatz einer Momentengleichung für einen zweiten beliebigen Punkt kontrollieren, z.B.

$$\Sigma M_B = 0; \qquad -F_A 5\,\text{a} + F_1 4\,\text{a} + F_2 3\,\text{a} + F_3\,\text{a} = 0$$

Diese Gleichung ist erfüllt.

Graphische Lösung (Abb. 6-14)

1. Zeichnen des maßstabgerechten Lageplanes mit den Wirkungslinien aller Kräfte.
2. Festlegen eines Kräftemaßstabes und zeichnen des Linienzuges $F_1 + F_2 + F_3$ im Kräfteplan.
3. Festlegen des Poles. Zur Zeichenvereinfachung wurden die Polstrahlen 0 und 3 unter 45° gewählt.
4. Ziehen und bezeichnen der Polstrahlen.
5. Wahl eines beliebigen Punktes auf der Wirkungslinie von F_1. Zeichnen der Seilstrahlen 0′ und 1′ durch diesen Punkt.
6. Nach der Analogie, Dreieck im Kräfteplan entspricht Punkt im Lageplan, zeichnen der Seilstrahlen 2′ und 3′.
7. Die Gleichgewichtsbedingung „geschlossenes Seileck" wird mit der Schlußlinie s' im Lageplan erfüllt. Das geschlossene Seileck besteht aus 0′ 1′ 2′ 3′ s′. Die Resultierende der Belastung geht durch den Schnittpunkt 0′ 3′.
8. Parallelverschiebung von s' in den Lageplan ergibt Polstrahl s im Kräfteplan.
9. Bestimmung der Auflagerkraft F_B (Schnittpunkt s' 3′ B im Lageplan entspricht Dreieck s 3 F_B im Kräfteplan).
10. Bestimmung der Auflagerkraft F_A analog zu 9. Damit ist die Bedingung „gleichsinnig geschlossenes Krafteck" erfüllt.

Beispiel 2 (Abb. 6-15)
Ein eingespannter Träger ist mit den Kräften F_1 und F_2 belastet. Zu bestimmen sind die Auflagerreaktionen in A.

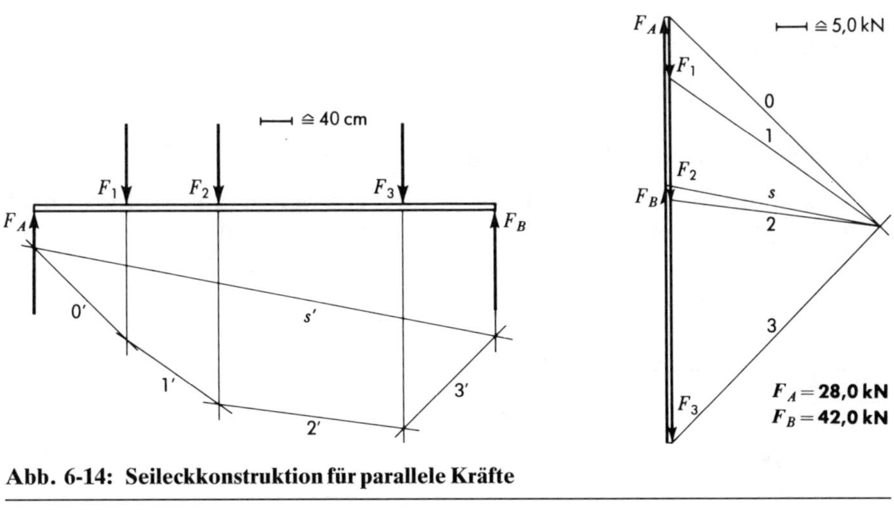

Abb. 6-14: Seileckkonstruktion für parallele Kräfte

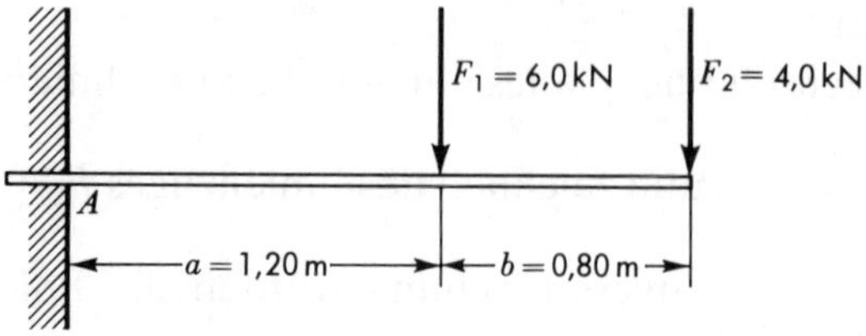

Abb. 6-15: Eingespannter Träger

Analytische Lösung (Abb. 6-16)
Der Träger wird freigemacht. Es ist zweckmäßig, mit einer Momentengleichung für die Einspannstelle zu beginnen:

$$\Sigma M_\mathrm{A} = 0; \qquad M_\mathrm{A} - F_1 a - F_2 (a + b) = 0$$

$$M_\mathrm{A} = F_1 a + F_2 (a + b)$$

$$\boldsymbol{M_\mathrm{A}} = 6\,\mathrm{kN} \cdot 1{,}2\,\mathrm{m} + 4\,\mathrm{kN} \cdot 2\,\mathrm{m} = \mathbf{15{,}2\,kNm}\ (\curvearrowleft)$$

$$\Sigma F = 0; \qquad F_\mathrm{A} - F_1 - F_2 = 0$$

$$\boldsymbol{F_\mathrm{A}} = F_1 + F_2 = \mathbf{10{,}0\,kN}.$$

Man kann die Berechnung auch mit einer Momentengleichung für z.B. den Punkt B beginnen (umständlich)

$$+ M_\mathrm{A} - F_\mathrm{A} a - F_2 b = 0; \qquad M_\mathrm{A} = F_\mathrm{A} a + F_2 b.$$

(M_A ist in der Ebene verschiebbar, siehe Abschnitt „Kräftepaar").

$$\Sigma F = 0; \qquad F_\mathrm{A} = F_1 + F_2$$

Nach Einsetzen in die obige Gleichung

$$M_\mathrm{A} = (F_1 + F_2)\, a + F_2 b = F_1 a + F_2 (a + b).$$

Das ist die oben abgeleitete Beziehung.

Eine graphische Lösung kann mit Hilfe der Seileckkonstruktion nach dem Beispiel 2 im Abschnitt 3.4.2 durchgeführt werden.

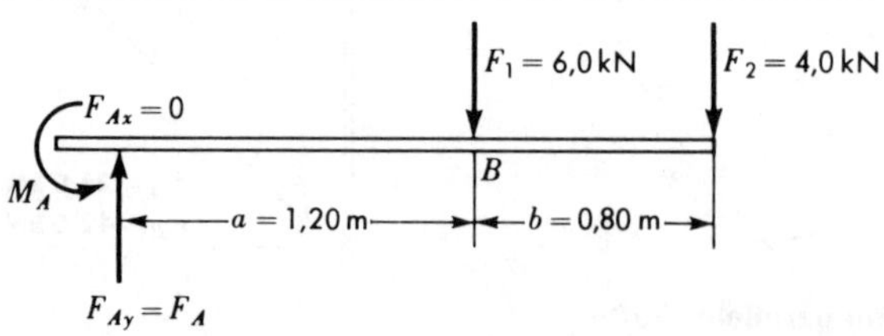

Abb. 6-16: Eingespannter Träger freigemacht

Aufgaben zum Abschnitt 6.3

Hinweis: Die Aufgaben sind analytisch zu lösen. Die Ergebnisse sind mit Hilfe unabhängiger Gleichungen und/oder graphisch zu kontrollieren.

A 6-22/23/24 Für den abgebildeten Träger sind die Auflagerreaktionen in A und B zu bestimmen.

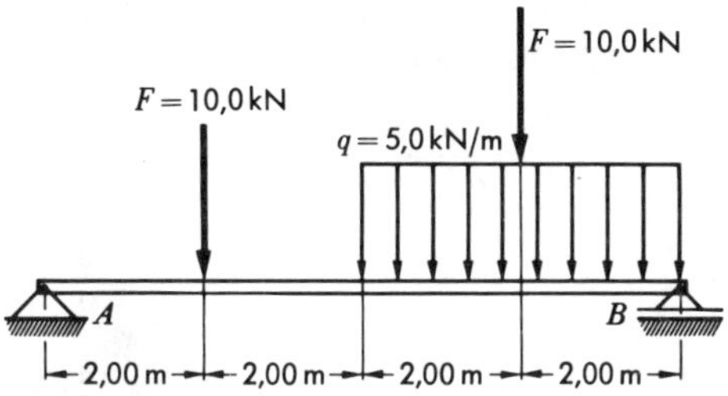

Abb. A 6-22

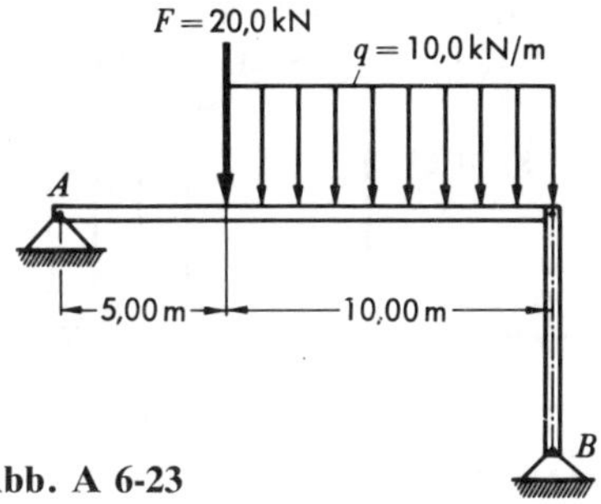

Abb. A 6-23

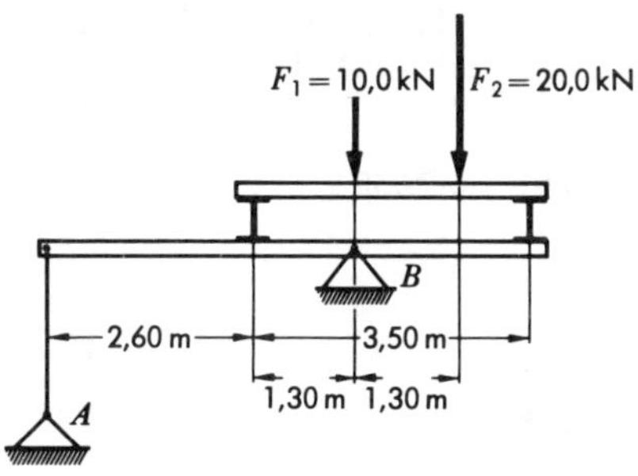

Abb. A 6-24

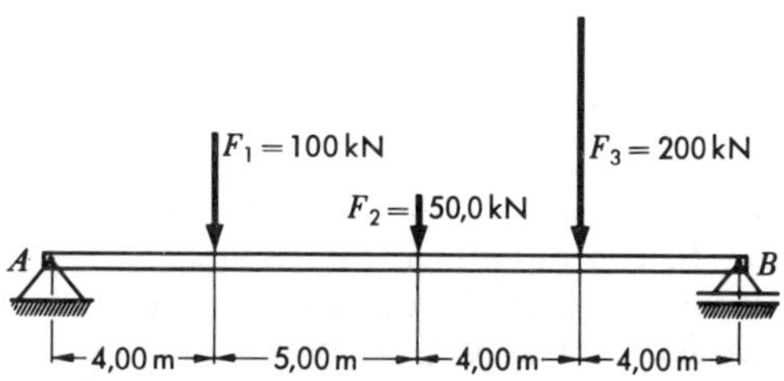

Abb. A 6-25

A 6-25 Der abgebildete Träger hat eine Masse von 500 kg/m. Zu bestimmen sind die Auflagerreaktionen in A und B.

A 6-26 Das skizzierte Fachwerkt wiegt 440 kg und ist am Ende belastet. Zu bestimmen sind die Auflagerreaktionen in A und B.

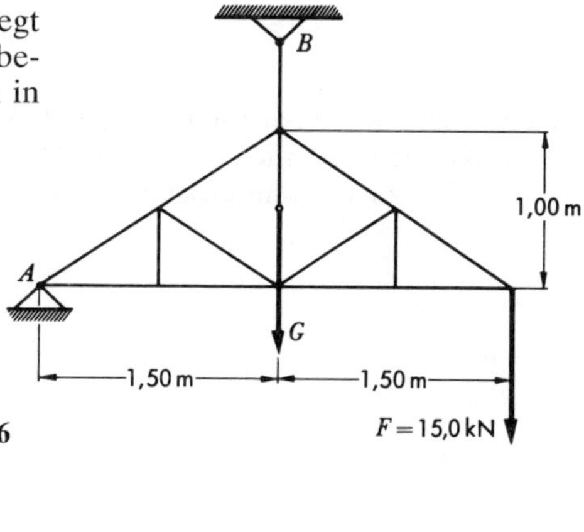

Abb. A 6-26

A 6-27 Das System Abb. A 5-8 ist mit der Kraft F = 60,0 kN belastet. Zu bestimmen sind die Auflagerreaktionen in A; B und C.

A 6-28 An dem skizzierten Träger ist das überragende Ende so lang auszuführen, daß das Lager A vollständig entlastet wird.

A 6-29 Eine homogene Platte der Masse m = 120 kg/m² ist wie skizziert aufgehängt. Zu bestimmen sind die Kräfte in den Aufhängeseilen.

A 6-30 Die Aufhängung der skizzierten homogenen Platte ist einseitig so zu ändern, daß beide Seile gleich belastet sind. Welches Seil muß in welche Position parallel verschoben werden, damit diese Bedingung erfüllt ist?

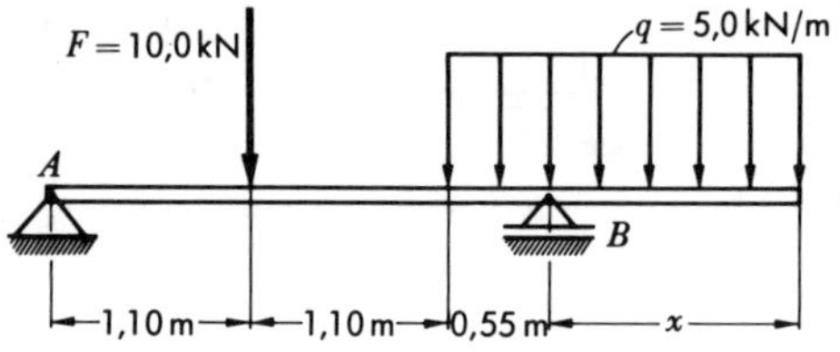

Abb. A 6-28

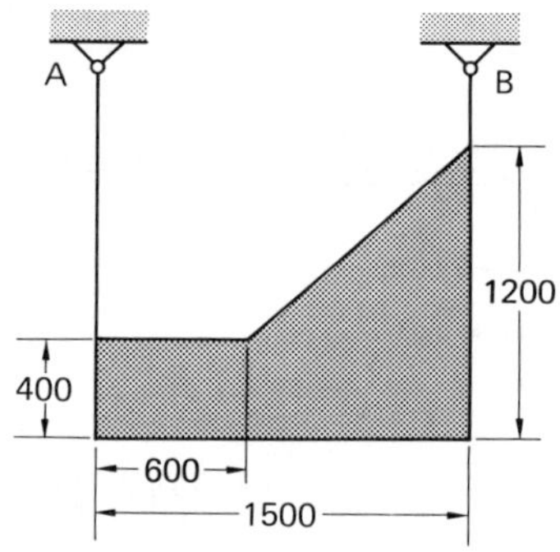

Abb. A 6-29/30

A 6-31 Durch einseitiges Wiegen soll die Schwerpunktlage eines Pleuels bestimmt werden. Für die in der Abbildung gezeigte Anordnung ergibt sich links eine Kraft von 4,71 N für ein 800 g schwerres Pleuel. Zu bestimmen sind die Schwerpunktlage und die Kraft in der rechten Aufhängung.

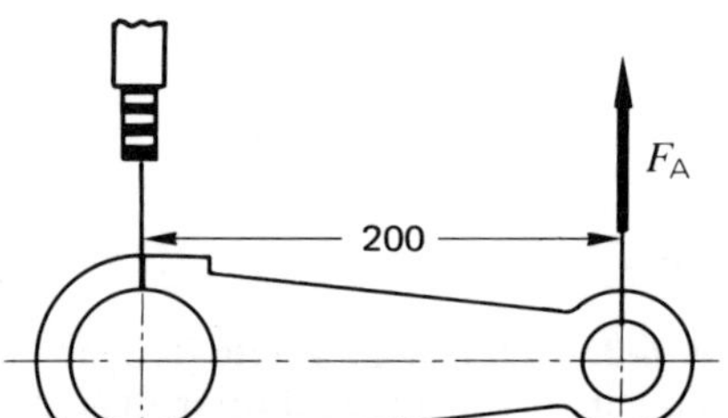

Abb. A 6-31

A 6-32 Die Achsbelastungen eines PKW werden ausgewogen. Man erhält folgende Werte: Vorderachse 6,80 kN, Hinterachse 5,70 kN. Der Achsabstand beträgt 2,60 m. Zu bestimmen ist die Schwerpunktlage.

A 6-33 Für den abgebildeten Kranwagen sind die Gegenmasse m_3 und deren Lage x so zu bestimmen, daß der mit der Maximallast m_1 beladene Kran nicht nach rechts und der völlig entlastete Kran nicht nach links umkippt. Mit m_2 ist die Masse des Kranwagens ohne Gegenmasse und Last bezeichnet. Der dazugehörige Schwerpunkt ist durch das Maß b festgelegt. Die Aufgabe soll für den Grenzfall des Kippens ohne Standsicherheit gelöst werden. Dies könnte durch ausschwenkbare Stützen erreicht werden. (Zum Begriff Standsicherheit siehe die Aufgaben 6-83/84). Die allgemeine Lösung ist für a = 2,0 m; b = 0,60 m; c = 5,0 m; m_1 = 2800 kg; m_2 = 5000 kg auszuwerten.

A 6-34 Die Abbildung zeigt zwei Varianten einer Hubvorrichtung. Eine an einer Kette hängende Masse wird mit Hilfe eines Hydraulikkolben gehoben. Die Kette ist über ein reibungslos angenommenes Kettenrad gelegt. Für beide Varianten sind folgende Größen zu bestimmen: die Kraft am Hydraulikkolben F_H, die in der Kette wirkende Kraft F_K und die notwendige Verstellänge l_H des Hydraulikkolbens für eine vorgegebene Hubhöhe der Last l_L. Die allgemeine Lösung ist für m = 1000 kg und l_L = 1,0 m auszuwerten.

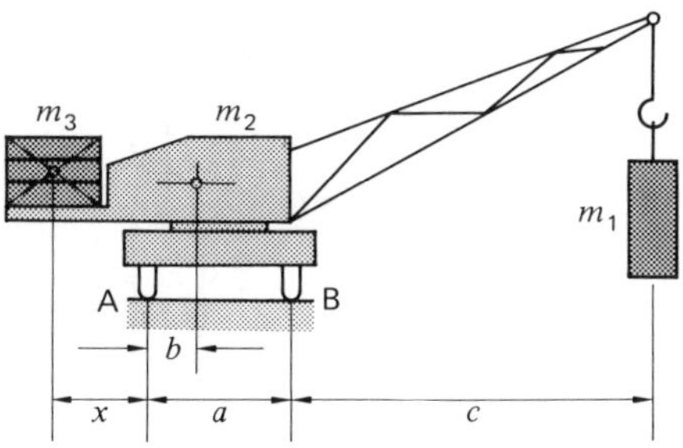

Abb. A 6-33

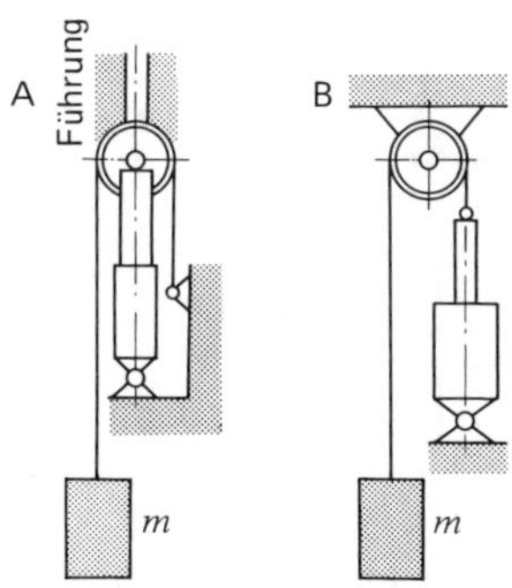

Abb. A 6-34

A 6-35 Abgebildet ist ein gekröpfter Träger, der bei A eingespannt ist und über zwei Rollen mit einer Masse belastet ist. Zu bestimmen sind in allgemeiner Form und für a = 1,0 m; d = 300 mm; h = 1,20 m; m = 1000 kg die Auflagerreaktionen in A und die Kraft im Aufhängepunkt des Seils.

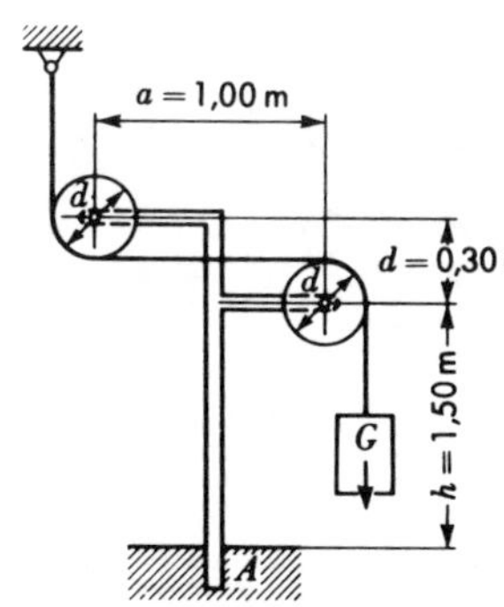

Abb. A 6-35

A 6-36 Die Abbildung zeigt einen Flaschenzug mit sechs Rollen, die alle einzeln gelagert sind. Das Seil geht von einem Fixpunkt aus und wird wie angegeben um die Rollen gelegt. Am freien Seilende greift die Kraft an, mit der die angehängte Masse *m* gehoben wird. Für den reibungsfreien Fall und parallele Seile sind zu bestimmen

a) die zum Heben der Last mit konstanter Geschwindigkeit notwendige Kraft F,
b) die vom Flaschenzug abzuwickelnde Seillänge l, wenn die Last auf die Höhe h gehoben wird.

A 6-37 Abgebildet ist eine Masse, die im Bedarfsfall ein Seil spannen soll. Die Winde, die dies mit Hilfe eines Flaschenzuges tun soll, ist auf dieser Masse montiert. Unter Annahme reibungsloser Rollen ist für eine Gesamtmasse von 1000 kg die an der Winde notwendige Kraft zu berechnen.

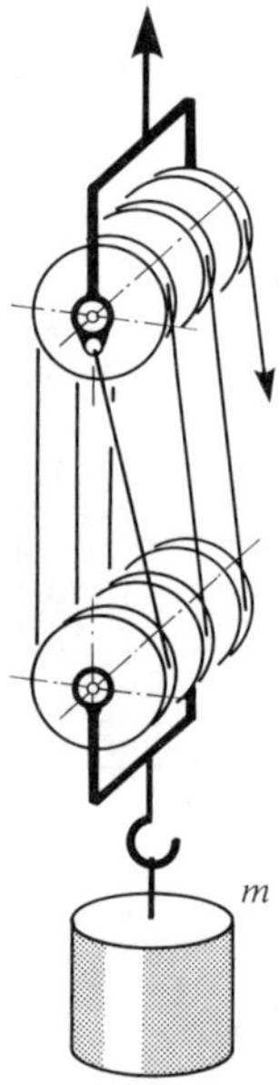

Abb. A 6-36

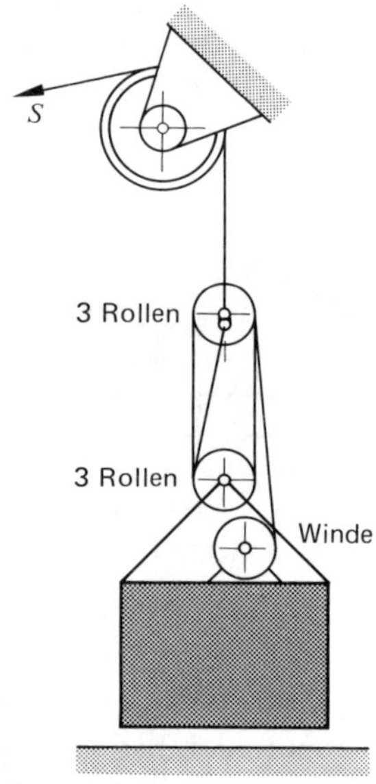

Abb. A 6-37

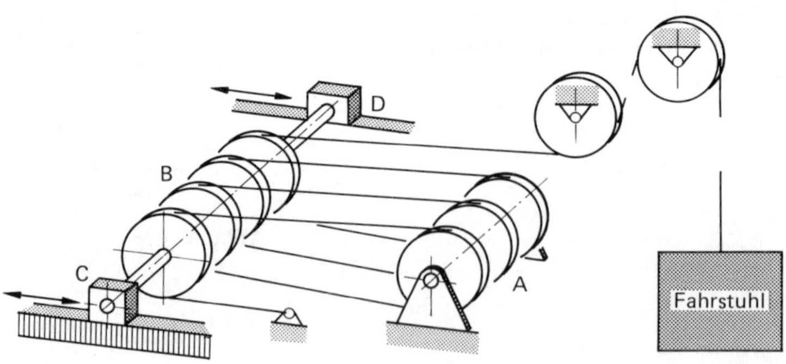

Abb. A 6-38

A 6-38 Abgebildet ist das Antriebssystem für den Fahrstuhl im EIFFELturm. Die Anlage wurde von EIFFEL selbst entworfen und ist noch in Betrieb. Das System besteht aus den Rollen A und B. Alle sind einzeln gelagert. Die Rollen B befinden sich auf der verschieblichen Achse CD. Das Tragseil ist wie skizziert durchgezogen. Reibungseinflüsse und Schrägstellungen der Seile sollen außer Betracht bleiben. Welche Antriebskraft ist am Schlitten CD für die Bewegung der Kabine von 20000 kg notwendig? Um welchen Betrag muß der Schlitten verschoben werden, wenn die Hubhöhe der Kabine 128 m beträgt?

A 6-39 Abgebildet ist ein Differentialflaschenzug. Die beiden oberen Rollen sind fest miteinander verbunden. Die eingelegte Kette kann nicht in der Führung gleiten. Zu berechnen ist die Kraft, die einer Gewichtskraft von 1 kN das Gleichgewicht hält.

A 6-40 Ein Träger wird in der abgebildeten Weise gehalten. Zu bestimmen sind die Auflagerreaktionen in A und B. Zu diskutieren ist der Zusammenhang zwischen dieser Lagerung und einer Einspannung.

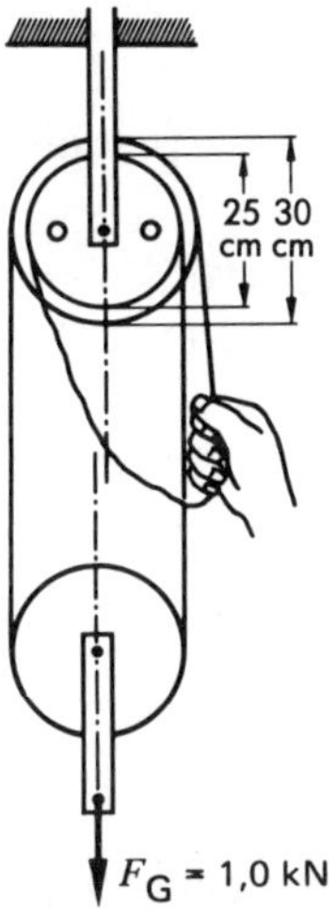

Abb. A 6-39

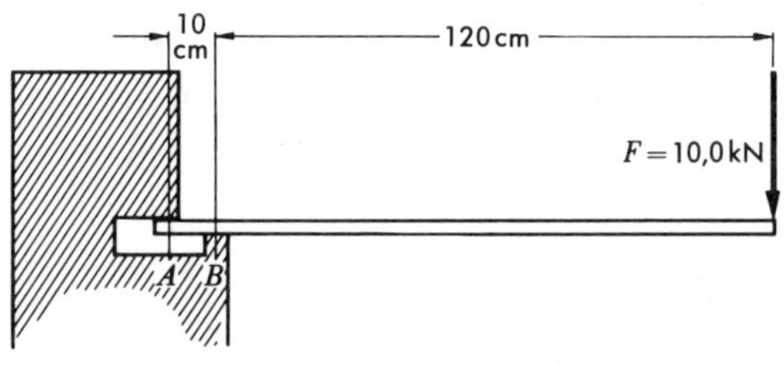

Abb. A 6-40

A 6-41 In diesem Beispiel soll die Belastung innerhalb einer Einspannstelle untersucht werden. Ein nach Skizze belasteter, eingespannter Träger ist innerhalb der Einspannung unten rechts und oben links am höchsten belastet (s. A 6-40). Weitgehend entlastet ist er jeweils in den diagonal entgegengesetzt liegenden Punkten. Unter Annahme einer linearen Verteilung der Streckenlast sollen q_1, q_2 und M allgemein und für $l = 1{,}0$ m; $a = 0{,}20$ m; $F = 1{,}0$ kN berechnet werden.

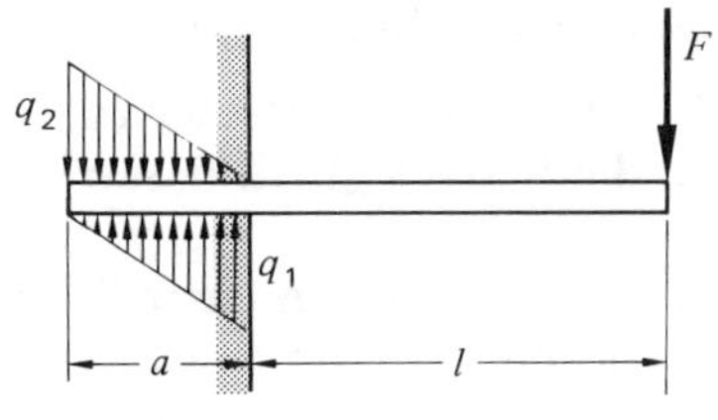

Abb. A 6-41

6.4 Das allgemeine Kräftesystem

6.4.1 Analytische Methode

Ein allgemeines, ebenes Kräftesystem kann in zwei parallele Kräftesysteme zerlegt werden (s. Abschnitt 3.4.1). Es bietet sich an, diese Zerlegung in x- und y-Richtung vorzunehmen. Das führt auf drei Gleichgewichtsbedingungen.

$$\Sigma \boldsymbol{F}_x = 0; \qquad \Sigma \boldsymbol{F}_y = 0; \qquad \Sigma \boldsymbol{M} = 0. \qquad \textbf{Gl. 6-4}$$

Man kann anstatt einer Kräftegleichung eine Momentengleichung anwenden. Das ist für viele Aufgaben vorteilhaft. Als äquivalente Gleichungssysteme erhält man demnach

$$\Sigma \boldsymbol{F} = 0; \qquad \Sigma \boldsymbol{M}_{\mathrm{I}} = 0; \qquad \Sigma \boldsymbol{M}_{\mathrm{II}} = 0 \qquad \textbf{Gl. 6-5}$$

$$\Sigma \boldsymbol{M}_{\mathrm{I}} = 0; \qquad \Sigma \boldsymbol{M}_{\mathrm{II}} = 0; \qquad \Sigma \boldsymbol{M}_{\mathrm{III}} = 0. \qquad \textbf{Gl. 6-6}$$

Die als Pole gewählten Punkte sind frei wählbar. Es gibt zwei Ausnahmen:

1. Für die Gleichungen 6-5 darf die Verbindungslinie I-II nicht senkrecht auf der Richtung stehen, für die die Kräftegleichung angesetzt wurde. Das ergäbe drei nicht unabhängige Gleichungen.
2. Für die Gleichung 6-6 dürfen die Punkte I II III nicht auf einer Geraden liegen, weil auch dann die Gleichungen nicht unabhängig sind.

Es empfiehlt sich, als Pole die Schnittpunkte von jeweils zwei unbekannten Kräften zu nehmen. Damit umgeht man das simultane Lösen mehrerer Gleichungen.

6.4.2 Graphische Methode

Die beiden Bedingungen $F_{\text{res x}} = 0$ und $F_{\text{res y}} = 0$ werden durch ein gleichsinnig geschlossenes Kräftepolygon erfüllt. Das resultierende Moment wird beim geschlossenen Seileck gleich Null.

Das allgemeine ebene Kräftesystem ist im Gleichgewicht, wenn:

1. **das Krafteck gleichsinnig geschlossen ist,**
2. **das Seileck geschlossen ist.**

6.4.3 Die Culmannsche*) Gerade

In diesem Abschnitt soll untersucht werden, unter welchen Bedingungen vier Kräfte, die nicht parallel sind, keinen gemeinsamen Schnittpunkt haben und in einer Ebene liegen, im Gleichgewicht sind. Von diesen vier Kräften kann man jeweils zwei zu einer Resultierenden zusammenfassen

*) Culmann, Carl *10.7.1821, †9.12.1881 Professor, Polytechnikum Zürich.

(Abb. 6-17). Die in den Punkten A und D wirkenden Kräfte F_1 und F_4 werden in dem Schnittpunkt der Wirkungslinien I verschoben und zur Resultierenden $F_{res\,14}$ zusammengelegt. Das gleiche geschieht mit den Kräften 2 und 3 im Punkt II. Diese beiden Kräfte ergeben die Resultierende $F_{res\,23}$.

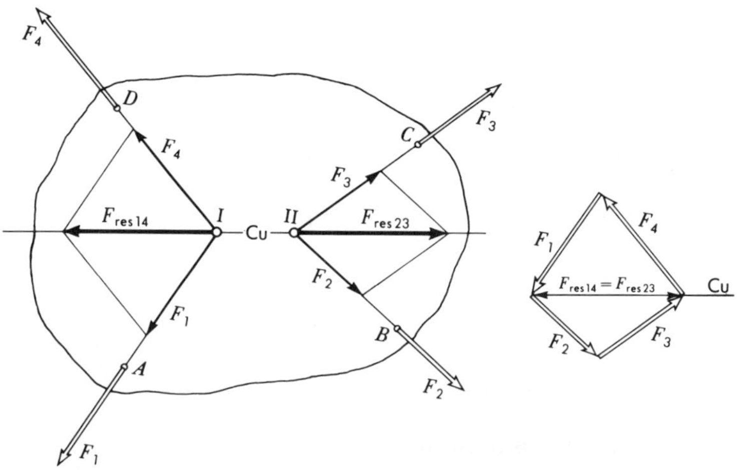

Abb. 6-17: Vier Kräfte an starrer Scheibe – CULMANNsche Gerade

Soll Gleichgewicht herrschen, dann müssen die beiden Resultierenden gleich groß, entgegengesetzt gerichtet und kollinear sein. Die letzte Bedingung kann nur erfüllt werden, wenn die Resultierenden auf der Verbindungslinie der Schnittpunkte von jeweils zwei Kräften liegt. Diese Linie nennt man die CULMANNsche Gerade und bezeichnet sie mit *Cu*. Im Kräfteplan liegt die CULMANNsche Gerade, da sie mit den Resultierenden zusammenfällt, in der Diagonale des Kräftevierecks. Hätte man im Lageplan die Schnittpunkte von F_1 F_2 und F_3 F_4 miteinander verbunden, dann ergäbe das eine andere CULMANNsche Gerade, die im Kräfteplan als die zweite Diagonale erschiene. Weitere Kombinationen von Schnittpunkten und CULMANNscher Gerade überlege sich der Leser.

Beispiele zum Abschnitt 6.4

Beispiel 1 (Abb. 6-18)

Ein Träger, der bei A ein Festlager, bei B ein Loslager hat, wird wie abgebildet belastet. Zu bestimmen sind die Auflagerreaktionen in A und B.

Analytische Lösung (Abb. 6-19)

Zunächst wird der Träger freigemacht. Am günstigsten ist es, die Berechnung mit einer Momentengleichung zu beginnen, für die der Pol im

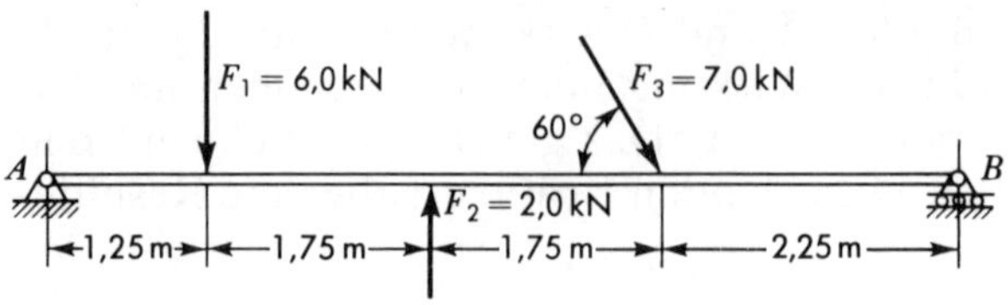

Abb. 6-18: Träger mit allgemeiner Belastung

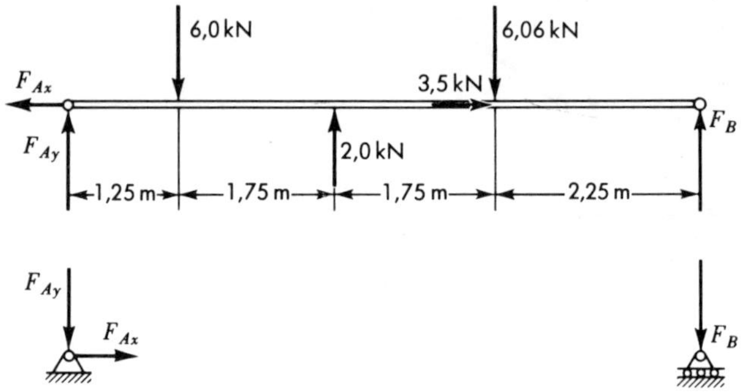

Abb. 6-19: Freigemachter Träger

Schnittpunkt von zwei Unbekannten ist, z.B. hier

$$\Sigma M_A = 0$$

$$-6\,\text{kN} \cdot 1{,}25\,\text{m} + 2\,\text{kN} \cdot 3\,\text{m} - 6{,}06\,\text{kN} \cdot 4{,}75\,\text{m} + F_B \cdot 7\,\text{m} = 0$$

$$\boldsymbol{F_B} = \frac{30{,}30\,\text{kNm}}{7\,\text{m}} = \mathbf{4{,}33\,kN}\ (\uparrow)$$

Die beiden Gleichungen $\Sigma F_x = 0$ und $\Sigma F_y = 0$ ergeben F_{Ax} und F_{Ay}.

$$\Sigma F_x = 0; \qquad -F_{Ax} + 3{,}5\,\text{kN} = 0 \qquad \boldsymbol{F_{Ax}} = \mathbf{3{,}5\,kN}\ (\leftarrow)$$

$$\Sigma F_y = 0; \qquad F_{Ay} - 6{,}0\,\text{kN} + 2{,}0\,\text{kN} - 6{,}06\,\text{kN} + F_B = 0$$

$$\boldsymbol{F_{Ay}} = \mathbf{5{,}73\,kN}\ (\uparrow)$$

Es sei hier nochmal darauf hingewiesen, daß ein positives Rechenergebnis die angenommene Kraftrichtung bestätigt. Es sagt nicht aus, daß die Richtung dem üblichen kartesischen Koordinatensystem entspricht.

Graphische Lösung (Abb. 6-20)

1. Zeichen des maßstäblichen Lageplanes mit allen Wirkungslinien außer der von F_A, die unbekannt ist.
2. Zeichen des Kraftecks mit den bezeichneten Polstrahlen.

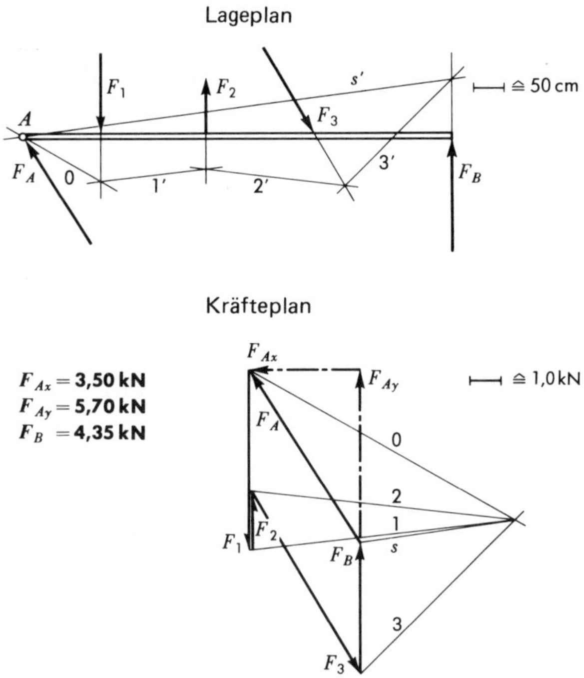

Abb. 6-20: Seileckkonstruktion für allgemeine Belastung

3. Im Gegensatz zum parallelen Kräftesystem ist der Punkt, in dem man die Seileckkonstruktion auf der Wirkungslinie von F_1 beginnt, nicht frei wählbar.
   Im geschlossenen Seileck müssen sich der Seilstrahl 0′, die Schlußlinie s' und die Auflagerreaktion F_A in einem Punkt schneiden. Von der Wirkungslinie der Kraft F_A ist aber nur ein Punkt, nämlich der Punkt A bekannt. Die obige Bedingung kann also nur erfüllt werden, wenn der Seilstrahl 0′ durch A, d.h. durch den Punkt des festen Auflagers geführt wird. Danach Durchführung der Seileckkonstruktion.
4. Schließen des Seilecks mit der Schlußlinie s'.
5. Übertragung von s' in den Kräfteplan.
6. Die Wirkungslinie von F_B ist bekannt. F_B muß den Linienzug F_1 F_2 F_3 weiterführen und mit s und 3 ein Dreieck bilden. Damit liegt die Größe von F_B fest.
7. Mit der Kraft F_A wird das Krafteck gleichsinnig geschlossen. Es besteht aus F_1 F_2 F_3 F_B F_A oder bei Zerlegung von F_A in Komponenten aus F_1 F_2 F_3 F_B F_{Ay} F_{Ax}.

Bei ungünstiger Wahl des Pols im Kräfteplan kann es vorkommen, daß die Schnittpunkte des Seilecks außerhalb des Zeichenblattes liegen. In diesem Falle muß die Konstruktion mit einem neu gewählten Pol wiederholt werden.

Beispiel 2 (Abb. 6-21)
Abgebildet ist der Werkzeugträger einer Werkzeugmaschine. Für die nachfolgend gegebenen Daten sind die auf die Führungsbahnen A; B; C wirkenden Kräfte bei Schnittbelastung zu ermitteln.

Gewichtskraft $F_G = 6{,}0\,\text{kN}$

Schnittkräfte $F_{Sx} = 2{,}0\,\text{kN}$; $F_{Sy} = 0{,}50\,\text{kN}$

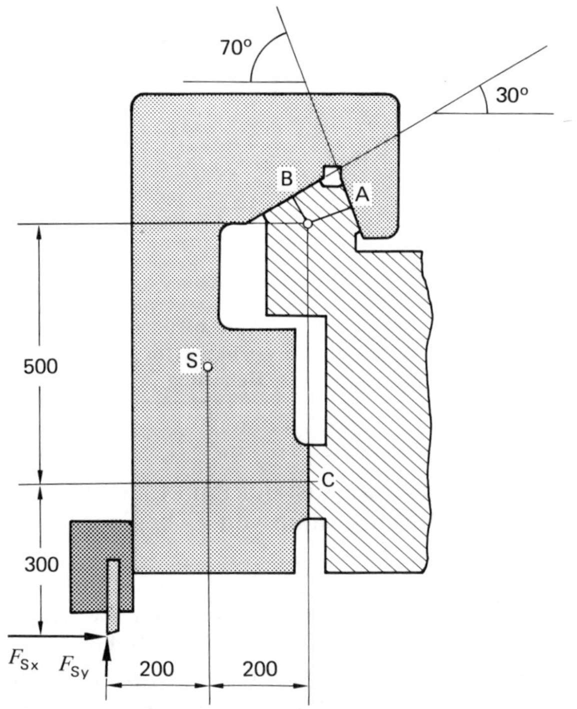

Abb. 6-21: Werkzeugschlitten

Analytische Lösung (Abb. 6-22)
Das System wird freigemacht. Die Reaktionskräfte in A; B und C wirken senkrecht auf den Führungsbahnen. Eine Zerlegung in x- und y-Komponenten wird nicht durchgeführt, da vorwiegend mit Momentengleichungen gearbeitet werden soll. Der Momentenpol wird in den Schnittpunkt der Wirkungslinien von zwei unbekannten Kräften gelegt. Das ist hier der Pol I.

$$\Sigma M_I = 0;$$

$$-F_C \cdot 0{,}50\,\text{m} + F_G \cdot 0{,}20\,\text{m} + F_{Sx} \cdot 0{,}80\,\text{m} - F_{Sy} \cdot 0{,}40\,\text{m} = 0$$

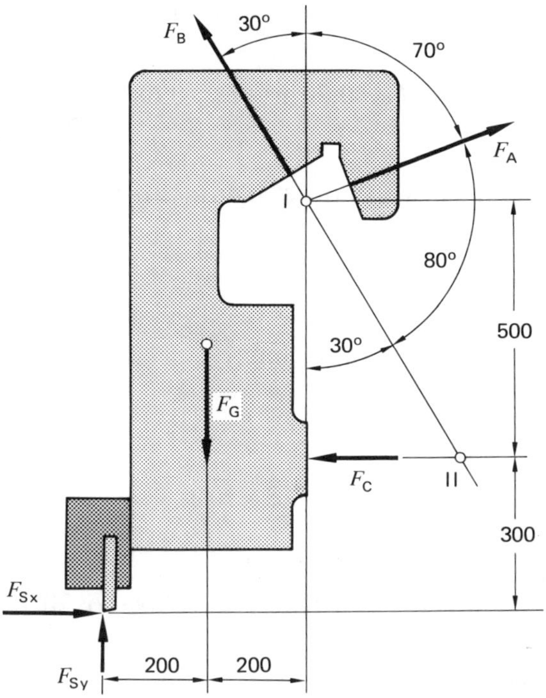

Abb. 6-22: Freigemachter Werkzeugschlitten

$$F_C = \frac{1}{0{,}50\,\text{m}} \left(F_G \cdot 0{,}20\,\text{m} + F_{Sx} \cdot 0{,}80\,\text{m} - F_{Sy} \cdot 0{,}40\,\text{m}\right)$$

$$F_C = \frac{1}{0{,}50\,\text{m}} \left(6{,}0\,\text{kN} \cdot 0{,}20\,\text{m} + 2{,}0\,\text{kN} \cdot 0{,}80\,\text{m} - 0{,}50\,\text{kN} \cdot 0{,}40\,\text{m}\right)$$

$$\boldsymbol{F_C = 5{,}20\,\text{kN}}$$

Es verbleiben noch die beiden Unbekannten F_A und F_B. Der Pol für eine weitere Berechnung wird auf die Wirkungslinie von F_B gelegt. Es bietet sich der Punkt II an. Zunächst müssen folgende Längen berechnet werden.

$$\text{I-II} = 500\,\text{mm}/\cos 30° = 577\,\text{mm}$$

$$\text{II-C} = 500\,\text{mm} \cdot \tan 30° = 289\,\text{mm}$$

Nicht die Kraft F_A, sondern ihre über cos 10° berechnete Komponente steht senkrecht auf der Verbindungslinie I-II.

$\Sigma M_{II} = 0;$

$$-F_A \cdot \cos 10° \cdot 0{,}577\,\text{m} + F_G \cdot 0{,}489\,\text{m} + F_{Sx} \cdot 0{,}30\,\text{m} - F_{Sy} \cdot 0{,}689\,\text{m} = 0$$

$$F_A = \frac{1}{0{,}577\,\text{m} \cdot \cos 10°} \left(F_G \cdot 0{,}489\,\text{m} + F_{Sx} \cdot 0{,}30\,\text{m} - F_{Sy} \cdot 0{,}689\,\text{m}\right)$$

$$F_A = \frac{1}{0{,}577\,\text{m} \cdot \cos 10°} \left(6{,}0\,\text{kN} \cdot 0{,}489\,\text{m} + 2{,}0\,\text{kN} \cdot 0{,}30\,\text{m} - 0{,}50\,\text{kN} \cdot 0{,}689\text{m}\right)$$

$$\boldsymbol{F_A = 5{,}61\,\text{kN}}$$

Die Kraft F_B wird aus der Kräftesummation berechnet.

$$\Sigma F_y = 0 \qquad F_B \cdot \cos 30° + F_A \cdot \cos 70° - F_G + F_{Sy} = 0$$

$$F_B = \frac{1}{\cos 30°} \left(F_G - F_{Sy} - F_A \cdot \cos 70°\right)$$

$$F_B = \frac{1}{\cos 30°} \left(6{,}0\,\text{kN} - 0{,}50\,\text{kN} - 5{,}61\,\text{kN} \cdot \cos 70°\right)$$

$$\boldsymbol{F_B = 4{,}14\,\text{kN}}$$

Ein anderer Lösungsweg soll hier kurz beschrieben werden. Der Pol I kann als Gelenklager entsprechend Beispiel 1 aufgefaßt werden. Die Gelenkkräfte ergeben sich zu $F_{Ix} = 3{,}85$ kN und $F_{Iy} = 5{,}81$ kN. Die Resultierende $F_I = 6{,}97$ kN unter einem Winkel von 56,4° zur positiven x-Achse wird in die Komponenten F_A und F_B zerlegt.

Kontrolle: $\Sigma F_x = 0$ und/oder Momentengleichung für beliebigen Pol.

Graphische Lösung (Abb. 6-23)
Es handelt sich hier um ein System von mehr als vier Kräften. Aus diesem Grunde müßte das Seileckverfahren zur Anwendung kommen. Der Seilstrahl 0 muß, wie im vorigen Beispiel begründet, durch das Festlager (Gelenk) geführt werden. Diese Funktion erfüllt hier der Pol I. Das einfachere Verfahren nach CULMANN kann angewendet werden, wenn die bekannten Kräfte F_S und F_G zur Resultierenden zusammengefaßt werden. Es verbleiben vier Kräfte, mit denen nach Abb. 6-23 die CULMANNsche Konstruktion durchgeführt wird. Die CULMANNsche Gerade verbindet den Pol I (Schnittpunkt von F_A und F_B) mit dem Schnittpunkt der Kräfte F_{res} und F_C. Nach Festlegung eines Kräftemaßstabs wird die Konstruktion mit der bekannten Kraft F_{res} begonnen und mit F_C fortgesetzt. Die CULMANNsche Kraft ist einerseits die Resultierende von F_C und F_{res}, andererseits die von F_A und F_B. Mit dieser Überlegung kann man das zweite Dreieck im Kräfteplan anschließen.

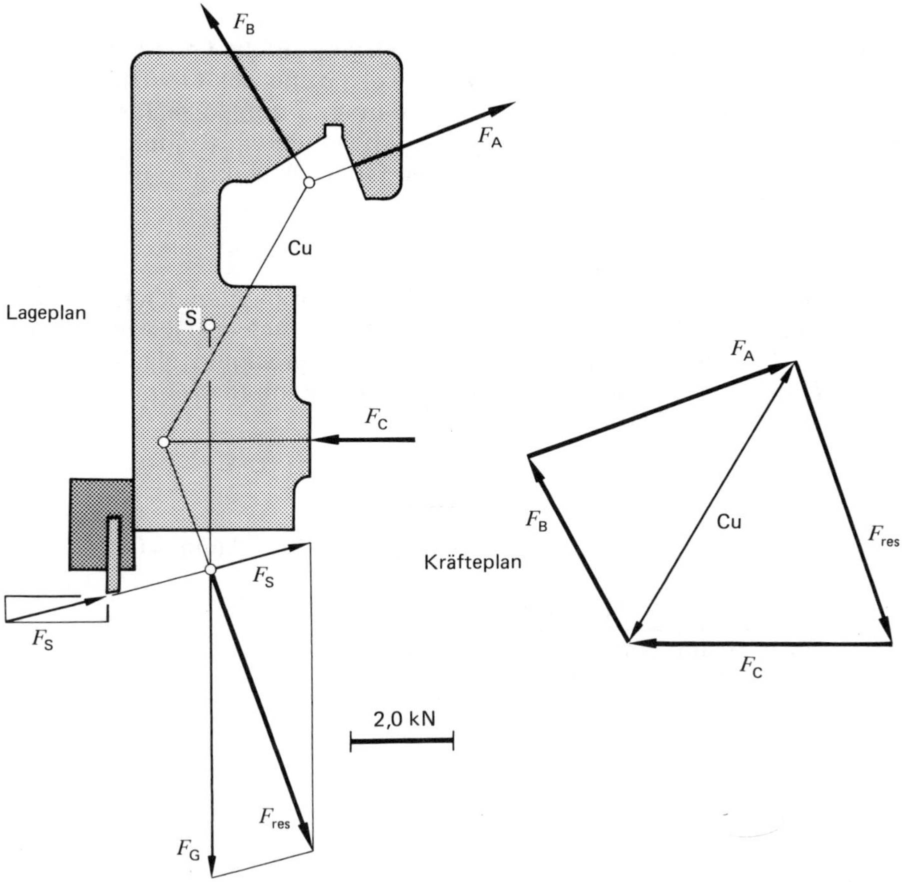

Abb. 6-23: CULMANNsche Konstruktion für Werkzeugschlitten

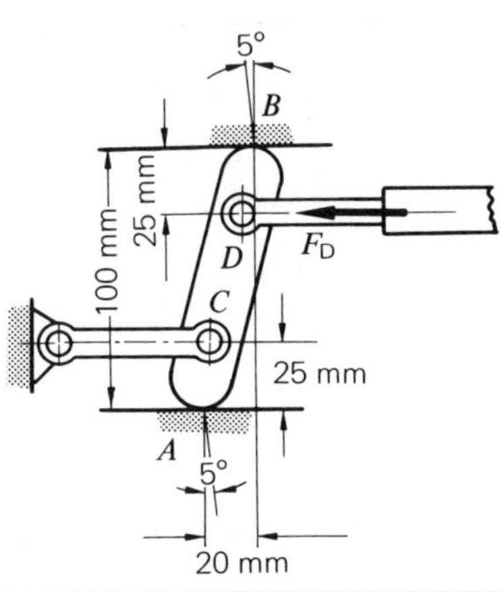

Abb. 6-24: Klemmkörper

Beispiel 3 (Abb. 6-24)
Abgebildet ist ein Klemmkörper, der durch eine auf das Gelenk D ausgeübte Kraft in Position gebracht wird. Auf Grund der Oberflächenbeschaffenheit greifen die Kräfte in A und B unter 5° zur Normalen an. Dieser Winkel entspricht dem im Kapitel 10 behandelten Reibungswinkel. Für eine Zustellkraft von 200 N sind die Oberflächenkräfte in A und B und die Gelenkkraft in C zu bestimmen.

Analytische Lösung (Abb. 6-25)
Das System wird freigemacht. Der Pol für eine Momentengleichung wird in den Schnittpunkt von zwei Auflagerreaktionen gelegt (I). Aus geometrischen Beziehungen wird der Abstand I-C berechnet. Nachdem die Kraft F_B in ihre Komponenten zerlegt wurde, kann die Momentengleichung in folgender Form geschrieben werden.

$$\Sigma M_I = 0$$

$$F_D \cdot 50\,\text{mm} - F_B \cdot \sin 5° \cdot 75\,\text{mm} - F_B \cdot \cos 5° \cdot 22{,}2\,\text{mm} = 0$$

$$F_B = \frac{F_D \cdot 50\,\text{mm}}{75\,\text{mm} \cdot \sin 5° + 22{,}2\,\text{mm} \cdot \cos 5°}$$

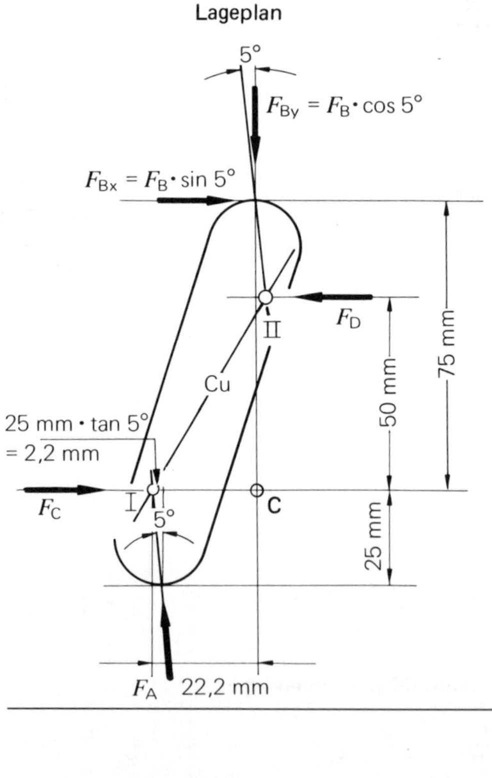

Abb. 6-25: Freigemachter Klemmkörper

Mit $F_D = 200$ N erhält man

$$\boldsymbol{F_B = 349\ N\ (\downarrow)}$$

Die weiteren Gleichgewichtsbedingungen liefern

$\Sigma F_y = 0 \qquad F_A \cdot \cos 5° - F_B \cdot \cos 5° = 0$

$$\boldsymbol{F_A = 349\ N\ (\uparrow)}$$

$\Sigma F_x = 0 \qquad F_C - F_D + F_B \cdot \sin 5° - F_A \cdot \sin 5° = 0$

$$\boldsymbol{F_C = 200\ N\ (\rightarrow)}$$

Kontrolle: $\Sigma M = 0$ für beliebigen Punkt.

Graphische Lösung (Abb. 6-26)
Es handelt sich hier um vier Kräfte im Gleichgewicht. Die CULMANNsche Konstruktion muß deshalb zum Ziele führen. Die CULMANNsche Gerade verbindet die Schnittpunkte von jeweils zwei Kräften. Gewählt wurden hier die Punkte I und II. Es ist jedoch auch möglich, die CULMANNsche Gerade so zu legen, daß sie die Schnittpunkte F_A F_D und F_B F_C verbindet. Nach Festlegung eines Kräftemaßstabes wird die Konstruktion mit der bekannten Kraft F_D begonnen. F_D F_B und Cu bilden im Lageplan Abb. 6-25 einen gemeinsamen Schnittpunkt, diese Größen müssen im Lageplan ein Dreieck bilden. Diese Überlegung ergibt mit der bekannten Größe F_D das gleichsinnig geschlossene Dreieck F_D F_B Cu. Auf den Schnittpunkt II wirkt die CULMANNsche Kraft in umgekehrter Richtung, man kann demnach anschließend das Dreieck Cu F_C F_A zeichnen. Als Ergebnis erhält man das gleichsinnig geschlossene Kraftviereck

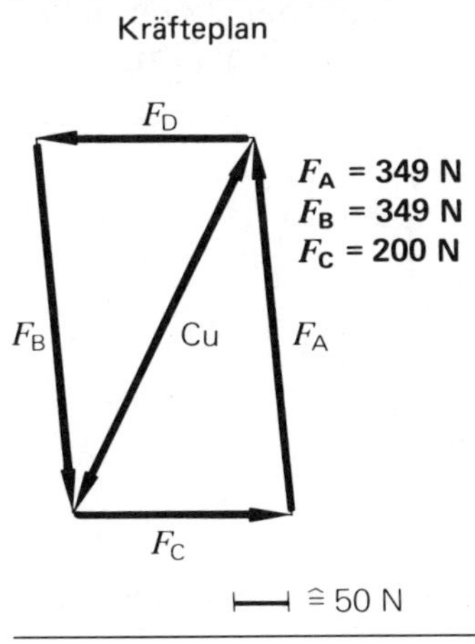

Abb. 6-26: CULMANNsche Konstruktion für Klemmkörper

F_D F_B F_C F_A, wobei die CULMANNsche Kraft ein innere Kraft darstellt (actio = reactio).

Beispiel 4 (Abb. 6-27)
Skizziert ist ein Lastzug auf Steigfahrt mit konstanter Geschwindigkeit. Für die nachfolgend gegebenen Daten sind zu bestimmen:

a) alle Achslasten,
b) die in der Anhängerkupplung wirkende Kraft,
c) die an der Hinterachse des Lastwagens an den Reifen übertragene Antriebskraft.

Lastwagen $m_1 = 15000$ kg
Anhänger $m_2 = 10000$ kg
Steigung der Fahrstrecke 10%

Widerstandskräfte, verursacht durch Rollreibung und Luftverwirbelung, werden vernachlässigt.

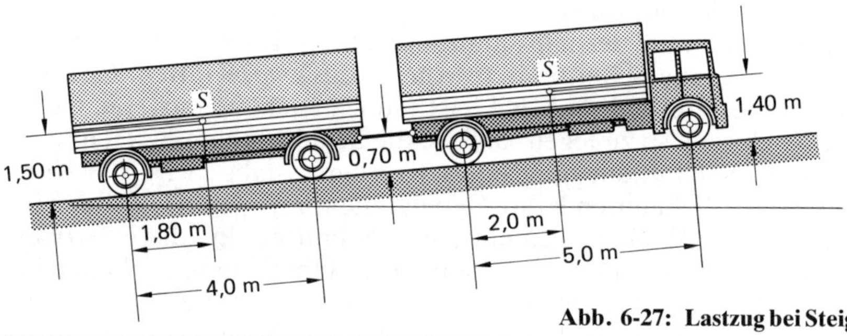

Abb. 6-27: Lastzug bei Steigfahrt

Lösung (Abb. 6-28)
Wagen und Anhänger werden freigemacht. In den Schwerpunkten wirken die Gewichtskräfte, die in die Normal- und Hangabtriebskomponente zerlegt werden. Die Kupplungskraft wird am Anhänger als Zugkraft,

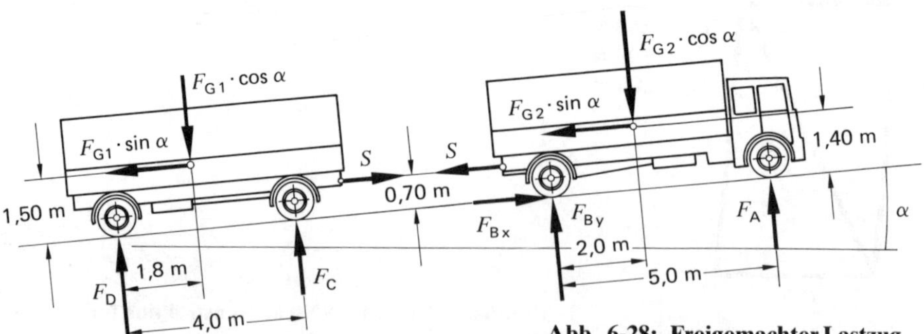

Abb. 6-28: Freigemachter Lastzug

am Wagen als Belastung eingetragen. An den nicht angetriebenen Achsen A, C und D greifen wegen der Vernachlässigung der Reibung nur Kräfte senkrecht zur Auflagefläche an. An der angetriebenen Achse B wirkt zusätzlich die Antriebskraft F_{Bx} als Umfangskraft an den Reifen. Ihre Reaktionskraft greift tangential am Boden nach hinten an. Die Berechnung muß am Anhänger beginnen, da am Wagen vier Größen unbekannt sind.

Die Steigung ist definiert als der tan des Steigungswinkels.

$$\tan\alpha = 0{,}10 \qquad \alpha = 5{,}7°$$

Anhänger

Die Kräftesummation in x-Richtung ermöglicht die Berechnung der Kraft an der Anhängerkupplung.

$$F_{G1} = m_1 \cdot g = 10 \cdot 10^3\,\text{kg} \cdot 9{,}81\,\text{m/s}^2 . \frac{\text{kN}}{10^3\,\text{N}} = 98{,}1\,\text{kN}$$

$$\Sigma F_x = 0 \qquad S - F_{G1} \cdot \sin\alpha = 0$$

$$\boldsymbol{S} = 98{,}1\,\text{kN} \cdot \sin 5{,}7° = \mathbf{9{,}74\,kN}$$

Die Berechnung wird mit einer Momentengleichung fortgesetzt.

$$\Sigma M_D = 0;$$

$$F_{G1} \cdot \sin\alpha \cdot 1{,}5\,\text{m} - F_{G1} \cdot \cos\alpha \cdot 1{,}8\,\text{m} - S \cdot 0{,}70\,\text{m} + F_C \cdot 4{,}0\,\text{m} = 0$$

$$F_C = \frac{1}{4{,}0\,\text{m}} \left[F_{G1} (1{,}8\,\text{m} \cdot \cos\alpha - 1{,}5\text{m} \cdot \sin\alpha) + S \cdot 0{,}70\,\text{m}\right]$$

$$F_C = \frac{1}{4{,}0\,\text{m}} \left[98{,}1\,\text{kN}\,(1{,}8\,\text{m} \cdot \cos 5{,}7° - 1{,}5\,\text{m} \cdot \sin 5{,}7°) + 9{,}74\,\text{kN} \cdot 0{,}7\,\text{m}\right]$$

$$\boldsymbol{F_C} = \mathbf{41{,}98\,kN}$$

Es verbleibt

$$\Sigma F_y = 0; \qquad F_D + F_C - F_{G1} \cdot \cos\alpha = 0$$

$$F_D = F_{G1} \cdot \cos\alpha - F_C$$

$$F_D = 98{,}1\,\text{kN} \cdot \cos 5{,}7° - 41{,}98\,\text{kN}$$

$$\boldsymbol{F_D} = \mathbf{55{,}64\,kN}$$

Kontrolle: $\Sigma M_C = 0$

Lastwagen

$$F_{G2} = m_2 \cdot g = 15 \cdot 10^3\,\text{kg} \cdot 9{,}81\,\text{m/s}^2 \cdot \frac{\text{kN}}{10^3\,\text{N}} = 147{,}2\,\text{kN}$$

$\Sigma F_x = 0$ $\quad F_{Bx} - S - F_{G2} \cdot \sin\alpha = 0$

$$F_{Bx} = S + F_{G2} \cdot \sin\alpha$$

$$F_{Bx} = 9{,}74\,\text{kN} + 147{,}2\,\text{kN} \cdot \sin 5{,}7°$$

$$\boldsymbol{F_{Bx} = 24{,}36\,\text{kN}}$$

Diese Kraft multipliziert mit der Geschwindigkeit ergibt die Leistung.

$$\Sigma M_B = 0;$$

$$S \cdot 0{,}7\,\text{m} + F_{G2} \cdot \sin\alpha \cdot 1{,}4\,\text{m} - F_{G2} \cdot \cos\alpha \cdot 2{,}0\,\text{m} + F_A \cdot 5{,}0\,\text{m} = 0$$

$$F_A = \frac{1}{5{,}0\,\text{m}}\,[F_{G2}\,(2{,}0\,\text{m} \cdot \cos\alpha - 1{,}4\text{m} \cdot \sin\alpha) - S \cdot 0{,}7\,\text{m}]$$

$$F_A = \frac{1}{5{,}0\,\text{m}}\,[147{,}2\,\text{kN}\,(2{,}0\,\text{m} \cdot \cos 5{,}7° - 1{,}4 \cdot \sin 5{,}7°) - 9{,}74\,\text{kN} \cdot 0{,}7\,\text{m}]$$

$$\boldsymbol{F_A = 53{,}13\,\text{kN}}$$

$\Sigma F_y = 0$ $\quad F_A + F_{By} - F_{G2} \cdot \cos\alpha = 0$

$$F_{By} = F_{G2} \cdot \cos\alpha - F_A$$

$$F_{By} = 147{,}2\,\text{kN} \cdot \cos 5{,}7° - 53{,}13\,\text{kN}$$

$$\boldsymbol{F_{By} = 93{,}34\,\text{kN}}$$

Kontrolle: $\Sigma M_A = 0$

Die graphische Lösung sei dem Leser als Übungsaufgabe empfohlen.

Aufgaben zum Abschnitt 6.4

A 6-42 Für den in Abb. A 5-2 gezeichneten Balken sollen die Auflagerreaktionen in A und B bestimmt werden. $F = 1{,}2\,\text{kN}$; $a = 1{,}10\,\text{m}$; $b = 0{,}75\,\text{m}$, $\alpha = 25°$.

A 6-43 Für das System Abb. A 5-4 sind für eine Belastung $F = 2{,}0\,\text{kN}$ die Gelenkkräfte in A, B und C zu bestimmen.

A 6-44/45/46 Die Bauteile nach Abb. A 6-11/12/13 stellen Dreikräftesysteme dar. Sie sollen hier nicht als solche gelöst werden, sondern es sollen nach einer Kräftezerlegung die allgemeinen Gleichgewichtsbedingungen angewendet werden.

A 6-47 Die Abbildung zeigt einen Schlüssel, wie er zum Anziehen von Ringmuttern verwendet wird. Dieser greift in die Nut B ein und stützt sich in A ab. Für eine Handkraft von $F = 150\,\text{N}$ sind die Tangential- und Normalkraft in B und die Abstützkraft in A zu bestimmen.

A 6-48 Die skizzierte Tür wiegt 25 kg. Zu bestimmen sind die Reaktionen in den Scharnieren A und B für den Fall, daß die Tür im unteren Scharnier aufsitzt.

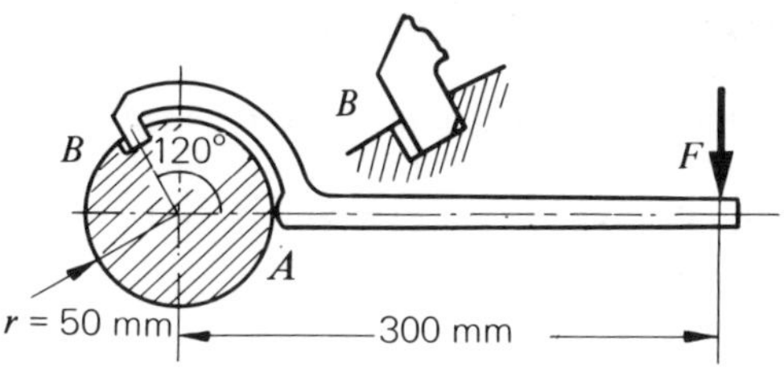

Abb. A 6-47

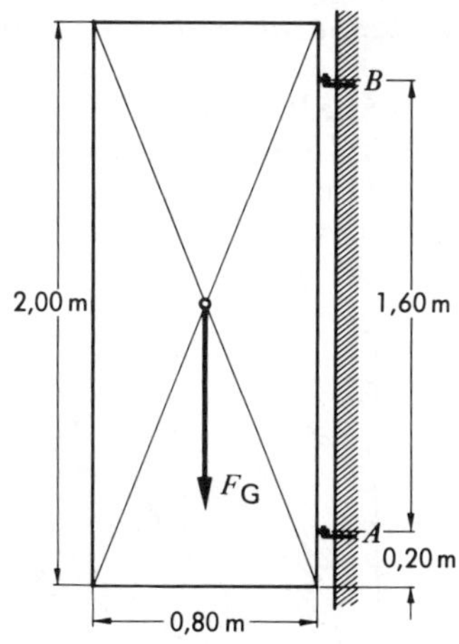

Abb. A 6-48

A 6-49 Eine masselose Scheibe ist in A gelenkig gelagert und über die Rolle mit der Masse m nach Skizze belastet. Die Scheibe soll in B *oder* C abgestützt werden. Zu entscheiden ist, welche Stütze für $b/a = 1{,}6$ notwendig ist. Die Auflagerreaktionen sind zu bestimmen.

A 6-50 Eine Kiste der Masse m, deren Schwerpunkt in der Raumdiagonalen liegt, soll nach Skizze auf der schiefen Ebene mit der Kraft F um die Kante A gekippt werden. Zu bestimmen ist die Kraft F. Die Lösung soll allgemein erfolgen und für $m = 200$ kg; $d = 0{,}80$ m; $h = 1{,}40$ m; $\alpha = 30°$ und $\beta = 20°$ ausgewertet werden. Für welchen Grenzwinkel ß ist Kippen nicht möglich?

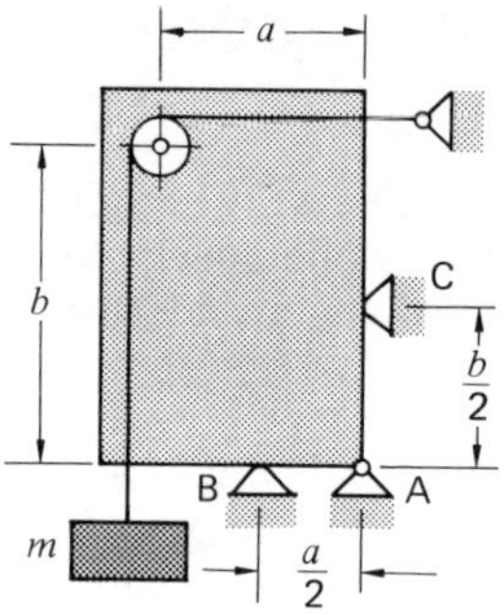

Abb. A 6-49

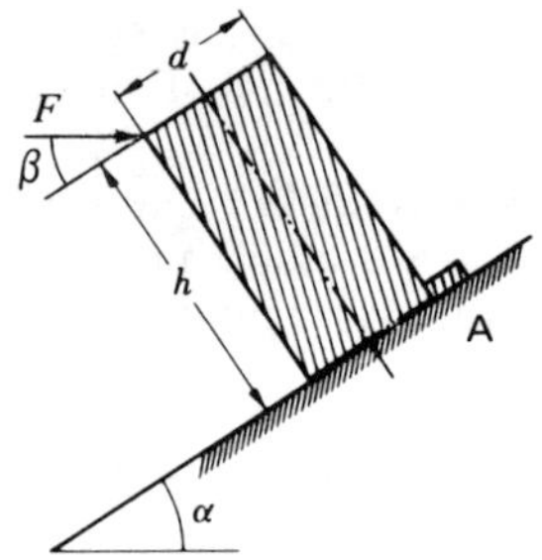

Abb. A 6-50

Hinweis für die Aufgaben A 6-51 bis A 6-64
Die analytische Lösung soll mit Hilfe unabhängiger Gleichgewichtsbedingungen und zusätzlich mit der CULMANNschen Konstruktion kontrolliert werden.

A 6-51/52/53/54/55 Das skizzierte System beteht aus einer starren Scheibe, die mit drei Stäben gehalten wird. Zu bestimmen sind die Stabkräfte mit der Angabe Zug/Druck und falls vorhanden, die Auflagerreaktionen in A und B. Es ist anzugeben welcher Stab (welche Stäbe) durch ein Seil ersetztbar ist (sind).

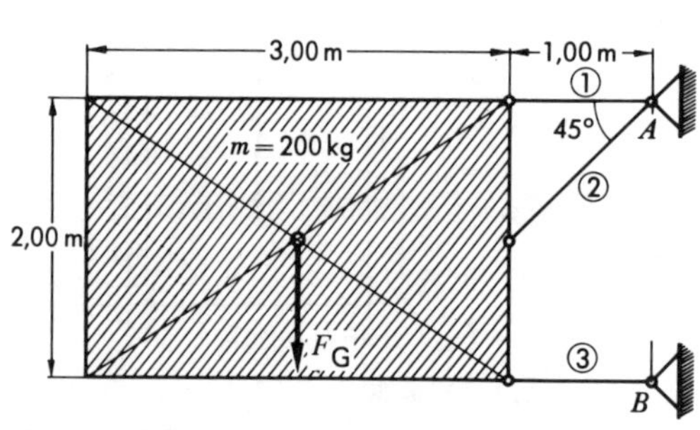

Abb. A 6-51

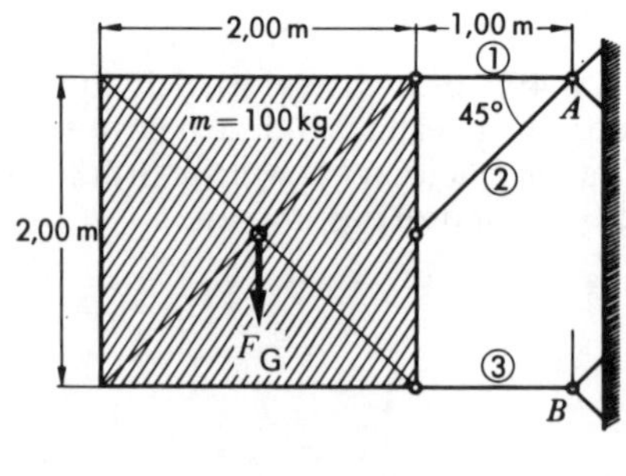

Abb. A 6-52

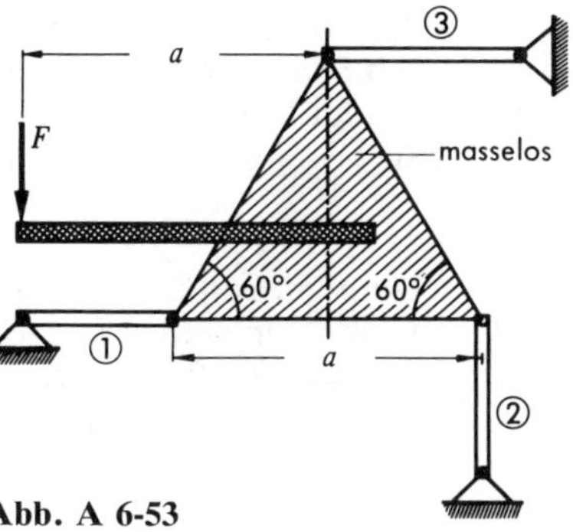

Abb. A 6-53

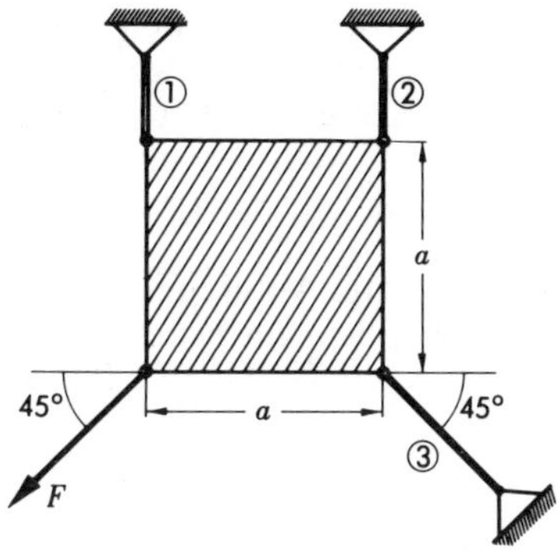

Abb. A 6-54/56

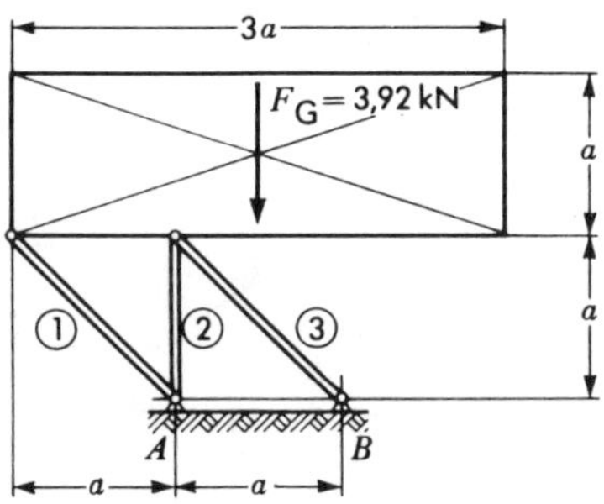

Abb. A 6-55

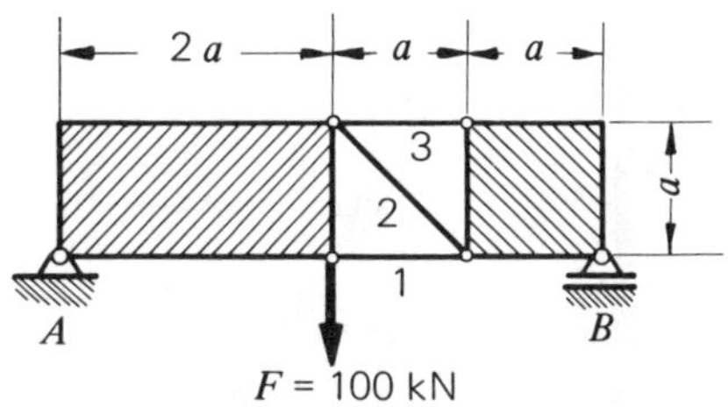

Abb. A 6-57

A 6-56 Die Aufhängung der in der Abb. A 6-54 gezeigten Scheibe wird geändert. Der Stab 2 wird an der Scheibe in die horizontale Lage gedreht. Für diesen Fall sind die Stabkräfte zu bestimmen.

A 6-57 Das abgebildete System besteht aus zwei starren Scheiben, die mit drei Stäben verbunden sind. Zu bestimmen sind die drei Stabkräfte. Die starren Scheiben könnten als Fachwerke angesehen werden. Somit handelt es sich hier um die grundsätzliche Aufgabe, drei Kräfte für Stäbe innerhalb eines Fachwerks zu bestimmen.

A 6-58/59 Ein Träger ist nach Abbildung von Seilen und einem Stab gehalten. Zu bestimmen sind Stabkraft und Seilkräfte.

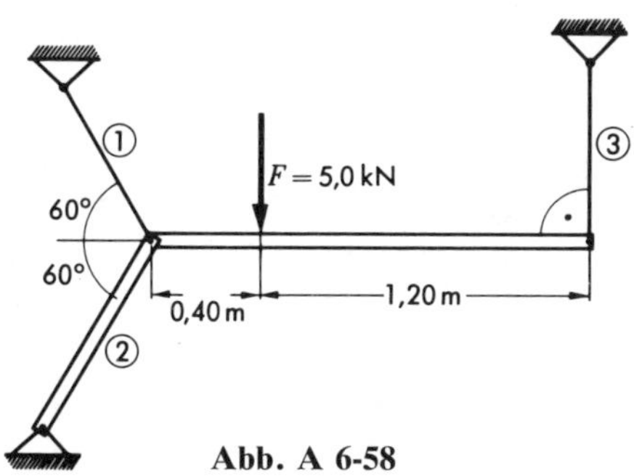

Abb. A 6-58

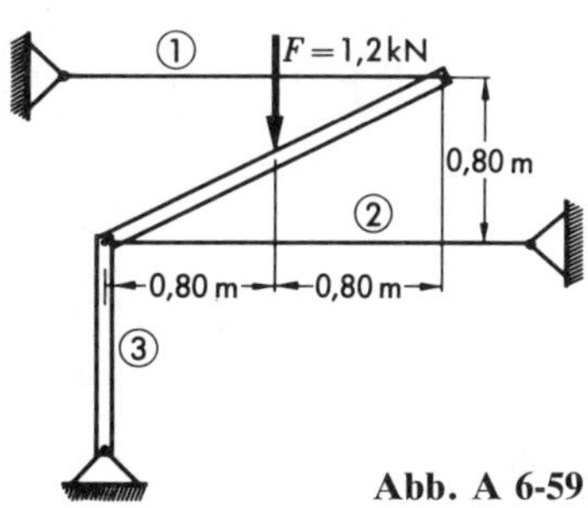

Abb. A 6-59

A 6-60 Eine Leiter steht im Punkt B auf einer glatten Unterlage und ist in A gegen eine glatte Wand gelehnt. Die Leiter wird durch ein Seil in der skizzierten Weise am Wegrutschen gehindert. Die Gesamtmasse beträgt 100 kg und die Gewichtskraft wirkt wie angegeben. Zu bestimmen sind die Auflagerreaktionen in A und B und die Seilkraft.

A 6-61 Die Abbildung zeigt einen Pfannendrehturm einer Gießereianlage. Die Lagerung des Auslegers besteht aus einem Axiallager C und den beiden Radiallagern A und B. Für eine Pfannenmasse von 300 t sind die Lagerkräfte zu berechnen.

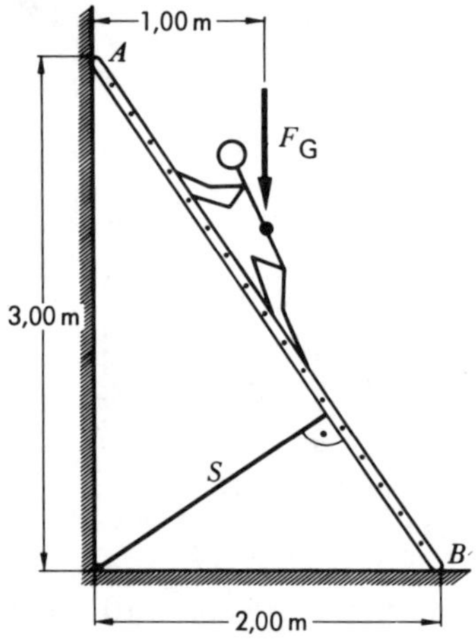

Abb. A 6-60

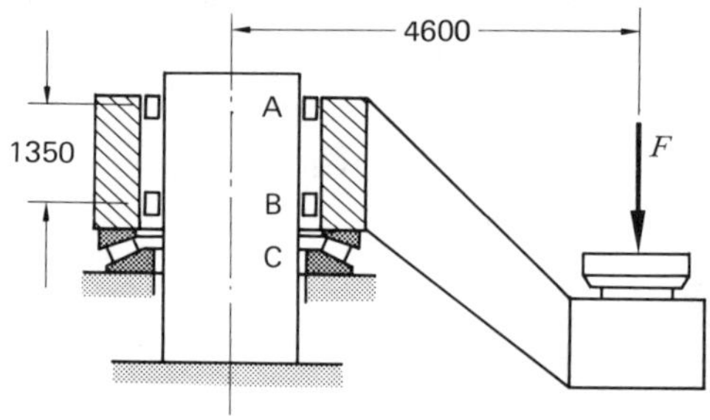

Abb. A 6-61

A 6-62 Die abgebildete Spannrolle soll einen Riemen so spannen, daß eine Riemenkraft S von 500 N entsteht. Dafür ist die Größe der Masse m zu bestimmen. Der Hebel hat eine Masse von etwa 10 kg, die Gewichtskraft liegt etwa in der Rollenachse.

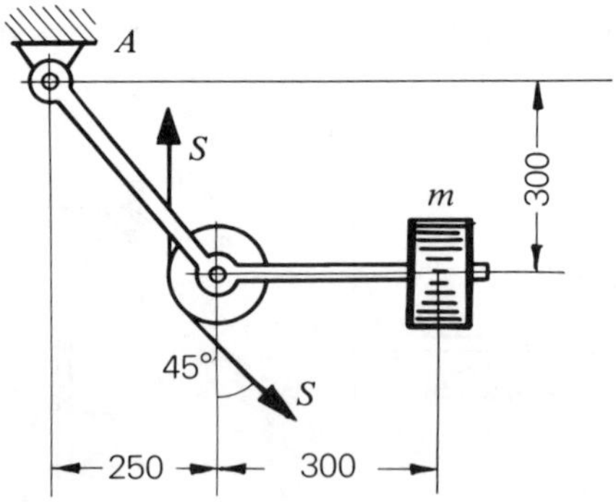

Abb. A 6-62

A 6-63 Ein Werkzeugschlitten ist wie abgebildet durch eine Schnittkraft F_S = 3,30 kN belastet. Zu bestimmen sind die dadurch verursachten Reaktionskräfte in den Führungen.

A 6-64 Die Abb. A 5-10 zeigt ein Fachwerk, dessen Mittelteil durch eine Scheibe ersetzt wurde. Für die Kraft F = 10,0 kN sind die Stabkräfte und die Auflagerreaktionen in A und B zu berechnen.

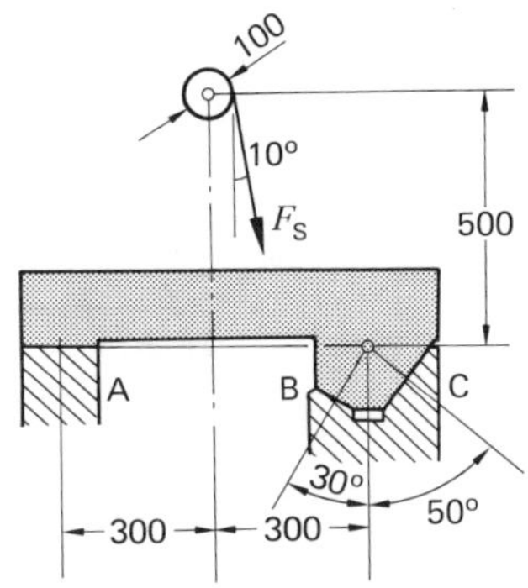

Abb. A 6-63

A 6-65/66/67/68 Ein gekröpfter Träger ist mit der Masse m nach Skizze belastet. Zu bestimmen sind die Auflagerreaktionen in A und B. Die allgemeine Lösung soll für m = 200 kg; a = 1,0 m und r = 0,10 m ausgewertet werden.

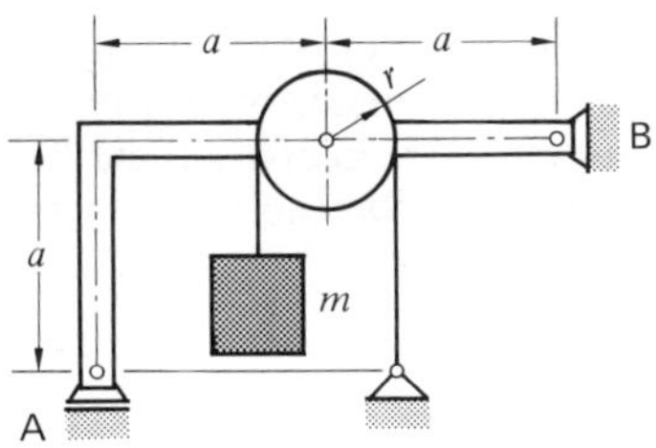

Abb. A 6-65

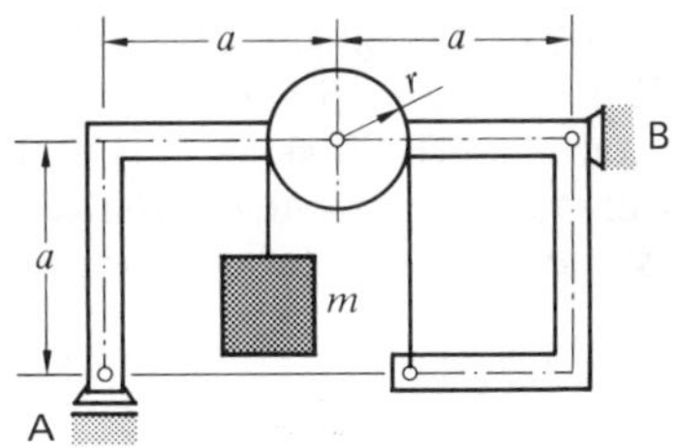

Abb. A 6-66

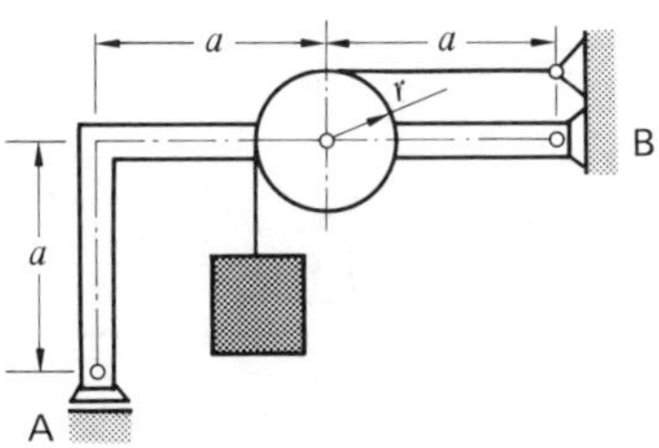

Abb. A 6-67

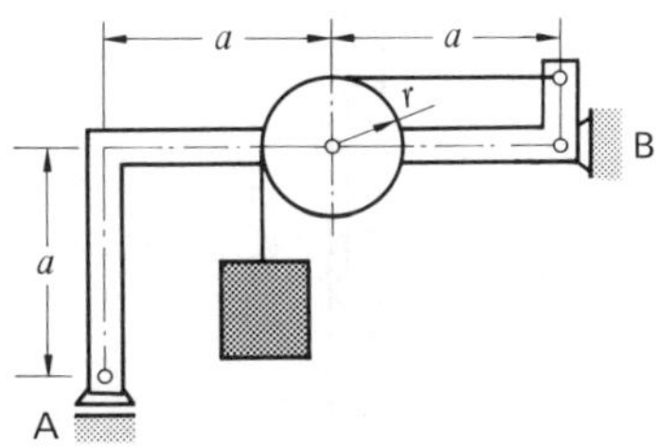

Abb. A 6-68

A 6-69 Der Heberaum Abb. A 5-6 besteht aus einem homogenen Träger der Masse m = 4000 kg. Für eine Last m = 2000 kg sind die Seilkraft und die Auflagerreaktionen in A zu bestimmen.

A 6-70 Für den abgebildeten Stabverband sind die Auflagerreaktionen in A und B zu bestimmen.

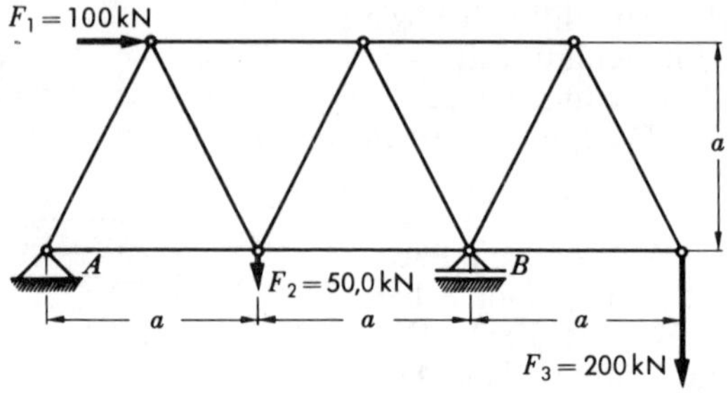

Abb. A 6-70

A 6-71 Der gekröpfte Träger Abb. A 5-7 ist mit $F = 34{,}0$ kN belastet. Zu bestimmen sind die Seilkraft und die Auflagerreaktion in A.

A 6-72 Für den abgebildeten, mit einer konstanten Streckenlast belasteten Träger sind in allgemeiner Form die Seilkraft und die Auflagerreaktionen zu bestimmen.

A 6-73 Die abgebildete Platte ist horizontal drehbar um den Punkt A gelagert. Das um die Rollen ($d = 20$ mm) geführte Band wird nach oben gezogen. Infolge Reibung erhöht sich die Bandkraft an jeder Rolle um 2%. Wie groß muß die Federkraft sein, wenn die Platte in der gezeichneten Position bleiben soll? Wie groß ist die Kraft am Rollengelenk 1-2?

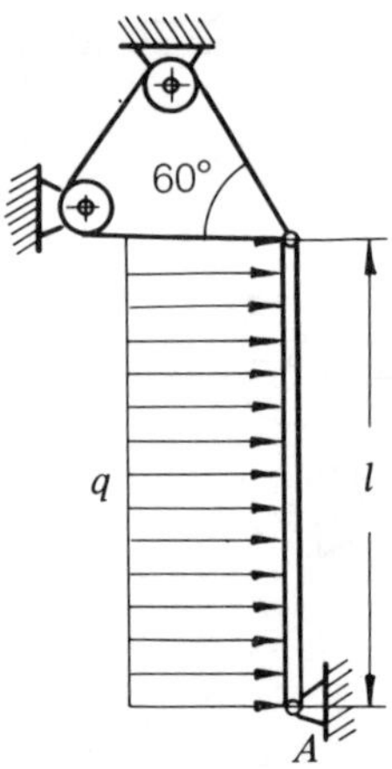

Abb. A 6-72

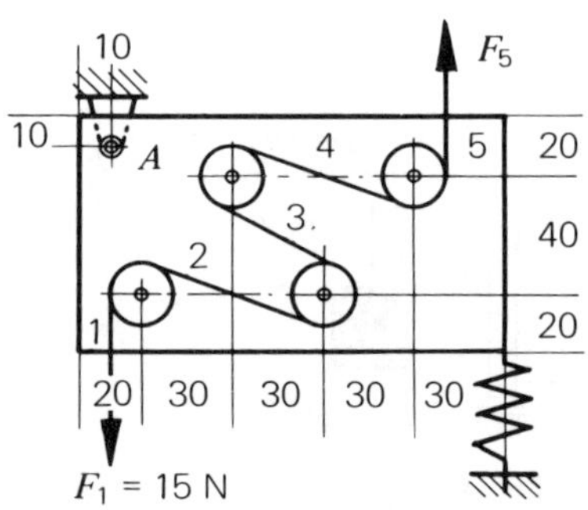

Abb. A 6-73

A 6-74 Für den eingespannten Träger Abb. A 5-11 sind die Auflagerreaktionen in A allgemein und für $a = 1{,}50$ m; $b = 1{,}0$ m; $m = 200$ kg zu bestimmen.

A 6-75 In eine masselos angenommene Platte wird nach Skizze über einen Vierkant das Moment $M = 0{,}50$ kNm eingeleitet. Die Platte ist in $A\ B\ C$ gelagert. Zu bestimmen sind für die Fälle a) b) c) die Auflagerreaktionen in $A\ B\ C$.

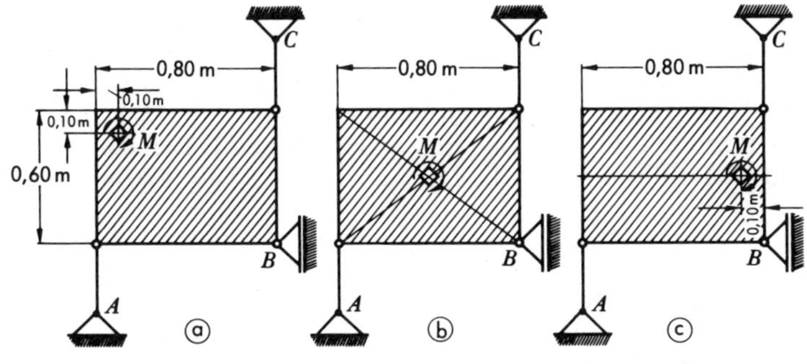

Abb. A 6-75

A 6-76 Der skizzierte Winkelhebel ist in A drehbar gelagert und stützt sich in B ab. Wie groß muß bei einer Belastung mit F das Moment M sein, wenn der Hebel bei B abheben soll? Kann man die Wirkung des Momentes durch Verlagerung an einen anderen Angriffspunkt verstärken? Wenn ja, wo ist der optimale Angriffspunkt?

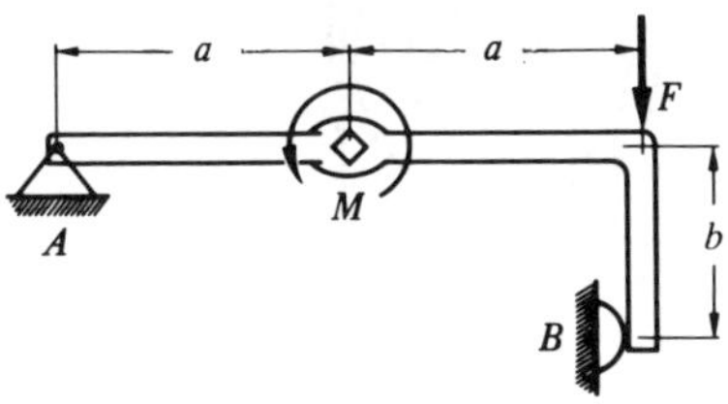

Abb. A 6-76

A 6-77 Abgebildet ist der Kurbeltrieb eines Kolbenverdichters. Im Zylinder sei ein Überdruck von 8,0 bar. Für einen Kolbendurchmesser von 100 mm sind die Gelenkkräfte am Pleuel, die Seitenführungskraft am Kolben und das notwendige Moment an der Kurbelwelle verursacht durch die Druckkraft für die angegebene Position zu berechnen.

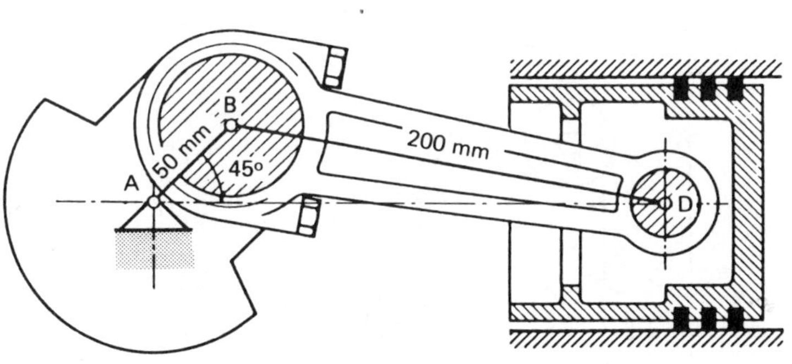

Abb. A 6-77

A 6-78 Skizziert ist ein Hubwerk mit Last und Gegengewicht, das über ein Getriebe angetrieben wird. Das Antriebsmoment am Motor ist ohne Berücksichtigung der Reibung für konstante Hubgeschwindigkeit von A zu berechnen. Die allgemeine Lösung soll für $m_A = 20000$ kg; $m_B = 6000$ kg; $r_A = 150$ mm; $r_B = 250$ mm; Getriebeübersetzung $i = 8$ ausgewertet werden.

A 6-79 Der skizzierte Werkzeugschlitten ist über eine Kette mit dem Gegengewicht verbunden. Er soll an einer Zahnstange mit einem Zahnritzel gehoben werden. Die Reibung ist nur in der Führung durch Annahme einer Widerstandskraft F_W zu berücksichtigen. Zu bestimmen sind für konstante Hubgeschwindigkeit in allgemeiner Form und für die nachfolgend gegebenen Daten die Hubkraft und das Moment am Zahnrad. $m_A = 1000$ kg; $m_B = 600$ kg; $F_W = 200$ N; $r = 50$ mm.

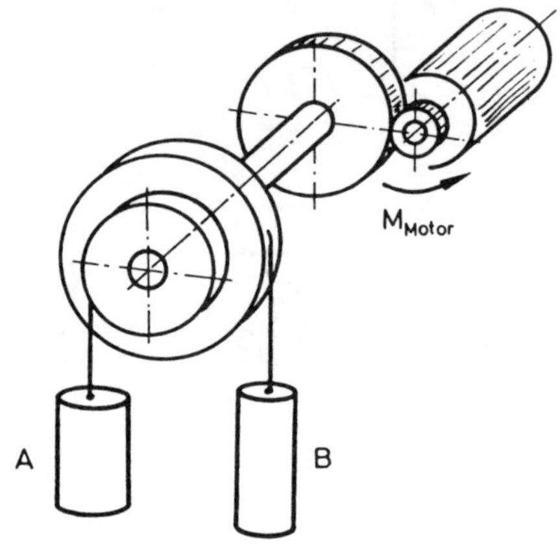

Abb. A 6-78

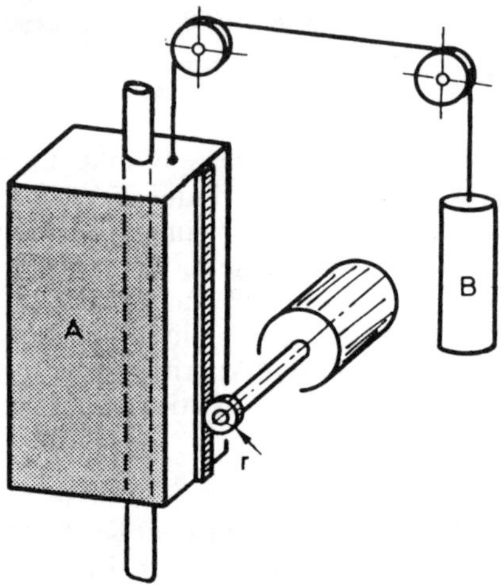

Abb. A 6-79

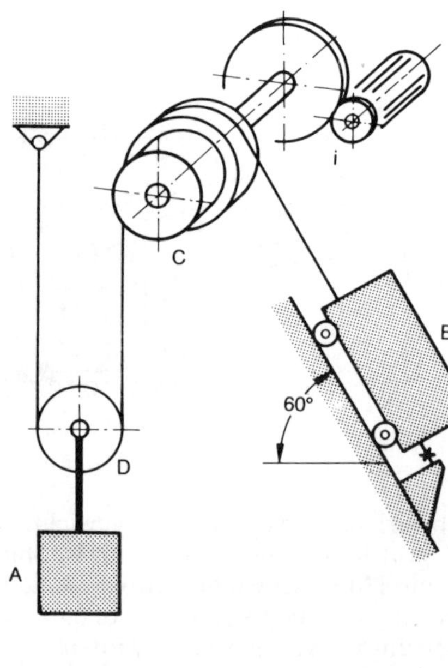

Abb. A 6-80

A 6-80 Skizziert ist ein Hubwerk, das einen Wagen eine schiefe Ebene heraufzieht. Die Gegenmasse hängt an einer losen Rolle. Der Antrieb erfolgt über ein Getriebe. Das Antriebsmoment des Motors ist ohne Berücksichtigung der Reibung für konstante Hubgeschwindigkeit des Wagens zu berechnen. Die allgemeine Lösung ist für $m_A = 20\,000$ kg; $m_B = 30\,000$ kg; $r_A = 300$ mm; $r_B = 400$ mm; Getriebeübersetzung $i = 12$ auszuwerten.

A 6-81 Der abgebildete PKW fährt mit konstanter Geschwindigkeit auf einer Steigung von 10%. Die Summe der Fahrwiderstände beträgt $F_W = 700$ N. Die Lage dieser Resultierenden wird im Abstand vom Boden $h = 650$ mm angenommen. Zu berechnen sind die senkrecht zum Boden wirkenden Achsbelastungen und die Antriebskraft, die an den Auflageflächen der Vorderreifen wirkt für eine Wagenmasse von $m = 1\,000$ kg.

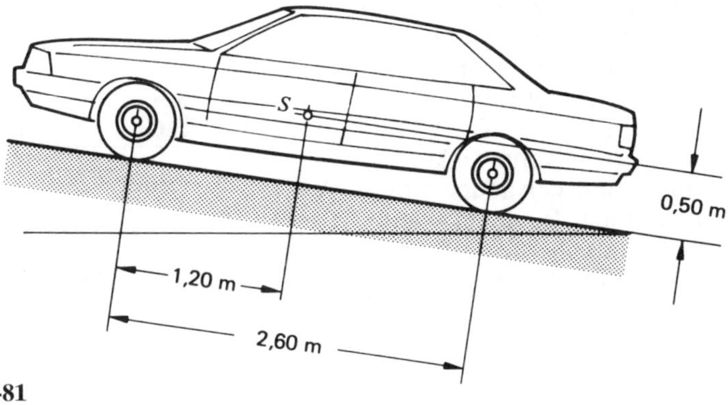

Abb. A 6-81

A 6-82 Für die abgebildete Masten sind die Auflagerreaktionen in A und B zu bestimmen. Der linke Mast hat eine Masse von 180 kg, der rechte von 230 kg.

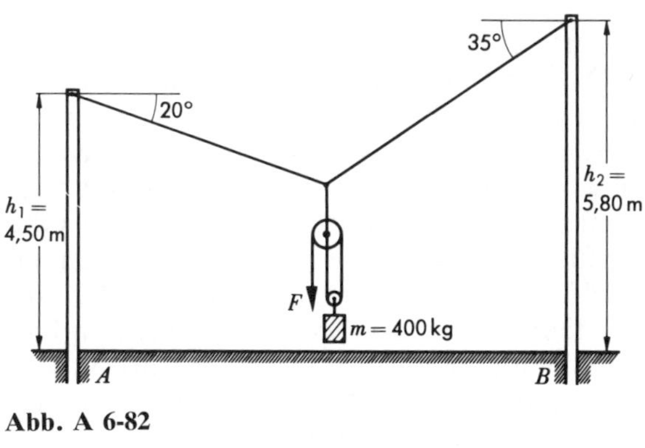

Abb. A 6-82

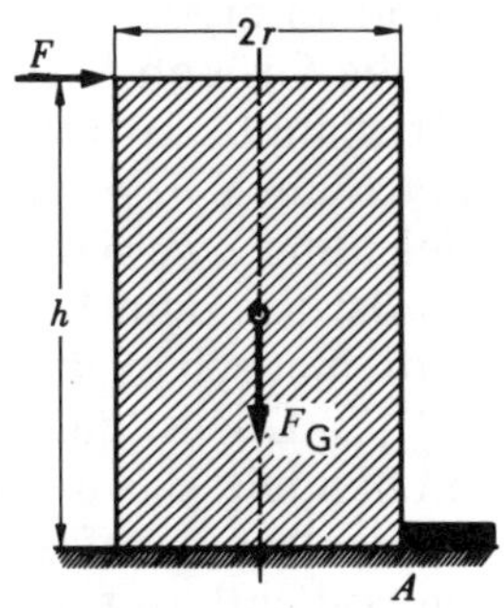

Abb. A 6-83

A 6-83 An einem homogenen Zylinder greift eine Kraft F an. Diese Kraft versucht den Zylinder um die Kante A zu kippen. Als Standsicherheit s definiert man das Verhältnis des Momentes, das dem Kippen entgegenwirkt (Standmoment) zu dem Kippmoment. Für mehrere Kräfte gilt

$$s = \frac{\Sigma M_{\text{stand}}}{\Sigma M_{\text{kipp}}}$$

Die Standsicherheit in bezug auf die Kante A ist in allgemeiner Form in Abhängigkeit vom Radius r, Höhe h, Dichte ϱ und der Kraft F abzuleiten. Die Lage der Resultierenden aus F und F_G ist für $s = 1$, $s < 1$ und $s > 1$ zu diskutieren.

A 6-84 Die Abbildung zeigt eine fahrbare Arbeitsbühne. Für diese soll die Gegenmasse m_3 so festgelegt werden, daß für die Räder B die vorgegebene Standsicherheit s_B gewährleistet ist (zu diesem Begriff siehe Aufgabe 6-83). Die Gegenmasse soll allgemein in Abhängigkeit von den Abmessungen und den anderen Massen bestimmt werden. In einem zweiten Schritt ist die Standsicherheit s_A für die Räder A allgemein abzuleiten.

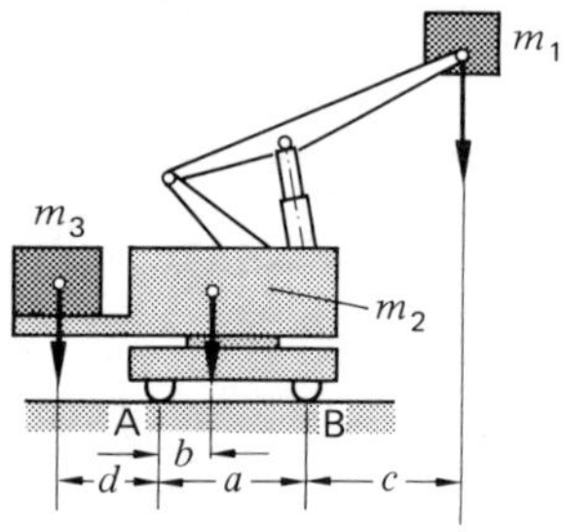

Abb. A 6-84

6.5 Die statisch bestimmte und statisch unbestimmte Lagerung

Die Lagerung eines starren Körpers ist statisch bestimmt, wenn man aus den verfügbaren Gleichgewichtsbedingungen die Auflagerreaktionen berechnen kann.

Ein Kräftesystem mit gemeinsamem Angriffspunkt hat zwei Gleichgewichtsbedingungen $\Sigma F_x = 0$; $\Sigma F_y = 0$, die für zwei Unbekannte gelöst werden können. Die Aufhängung nach Abb. 6-29a ist statisch bestimmt, denn hier ergeben die beiden Gleichungen bzw. das geschlossene Krafteck die Größen S_1 und S_2. Obwohl bei der Aufhängung b auch nur zwei Unbekannte auftreten, ist sie statisch unbestimmt. In diesem Falle ist die Gleichung $\Sigma F_x = 0$ ohnehin erfüllt ($0 \equiv 0$), so daß aus der verbleibenden Gleichung $\Sigma F_y = 0$ zwei Seilkräfte errechnet werden müßten. Im Kräfteplan ist aus dem Dreieck eine Doppellinie geworden. Nur für den Fall mathematisch exakt gleicher Längen und gleicher Dehnung wäre $S_1 = S_2 = F_G/2$. Das ist dann gegeben, wenn es sich z.B. um ein durchgehendes Seil handelt, das um eine reibungslose Rolle geführt wird. Werden zwei Seile getrennt befestigt, kann bei ungleichen Längen im Extremfall ein Seil voll entlastet, das andere voll belastet sein. In diesem Falle können die Seilkräfte nur dann berechnet werden, wenn die Deformation (Deh-

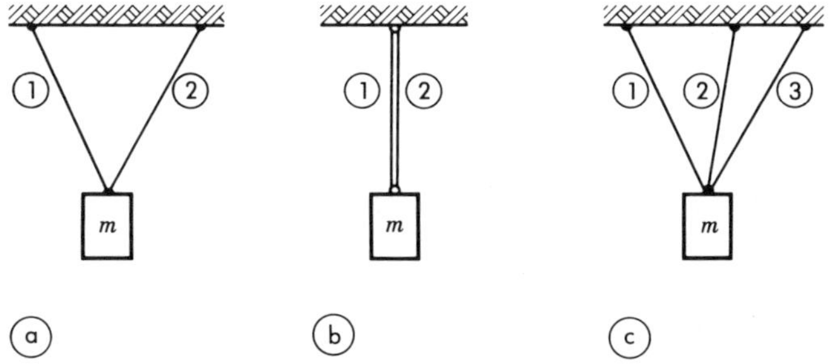

Abb. 6-29: Statisch bestimmte (a) und statisch unbestimmte (b/c) Aufhängung

nung) der Seile in die Berechnung mit einbezogen wird. Ein solches System ist statisch unbestimmt. Auch die Aufhängung c ist statisch unbestimmt, da es nicht möglich ist, aus zwei Gleichungen drei Unbekannte auszurechnen. Die Seilkräfte hängen sehr stark von den Ausgangslängen und Dehnungen ab, z.B. kann eine Seilkraft null sein, wenn ein Seil zu lang gefertigt wird. Die Anzahl der Unbekannten (hier drei) minus der Anzahl der zur Verfügung stehenden Gleichungen (hier zwei) ist der Grad der statischen Unbestimmtheit. Die Aufhängung nach Abb. 6-29c ist einfach statisch unbestimmt. Bei Verwendung von vier Seilen wäre die Aufhängung zweifach statisch unbestimmt usw.

Für das parallele Kräftesystem stehen auch zwei Gleichungen zur Verfügung, es können demnach zwei Auflagerkräfte berechnet werden. Als Beispiel sei der aufgehängte Balken Abb. 6-30 betrachtet. Die beiden Gleichgewichtsbedingungen ermöglichen die Berechnung der Stabkräfte S_1 und S_2. Das System nach Abb. 6-31 ist einfach statisch unbestimmt. Die Symmetriebedingung $S_1 = S_3$ ist keine zusätzliche Bestimmungsgleichung, sie ist die vereinfachte Momentengleichung für den Pol C. Ein durchgehender, dreifach gelagerter Träger bzw. eine dreifach gelagerte Welle ist auch bei vorhandener Symmetrie einfach statisch unbestimmt. Die Auflagerreaktionen können nur über die Berechnung der Deformationen bestimmt werden. Die überschüssige Lagerkraft muß so groß sein, daß sie die an der Lagerstelle ohne Lagerung vorhandene Durchbiegung rückgängig macht.

Für das allgemeine ebene Kräftesystem stehen drei Gleichgewichtsbedingungen zur Verfügung, damit können drei Auflagerreaktionen be-

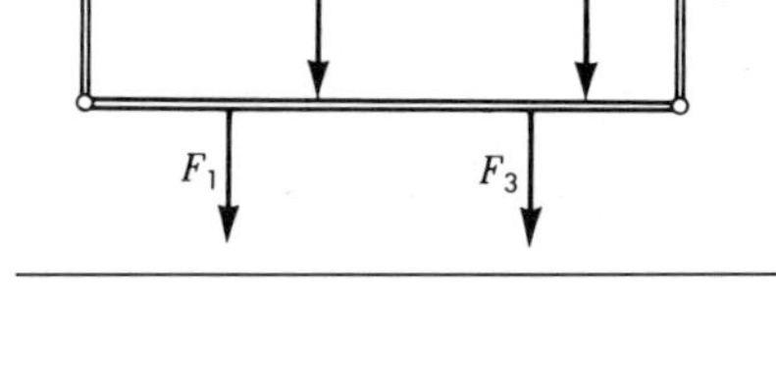

Abb. 6-30: Statisch bestimmte Lagerung bei Belastung mit parallelen Kräften

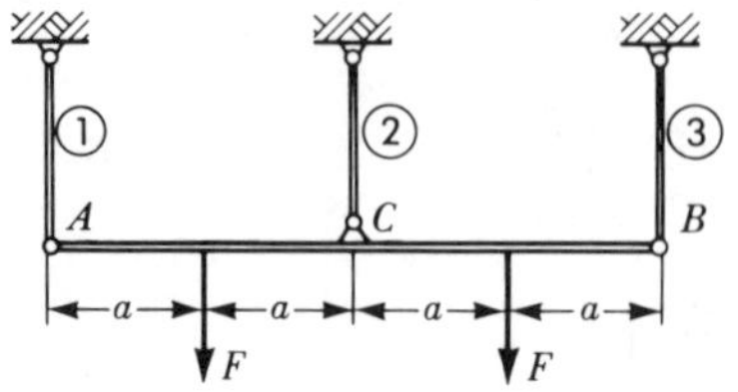

Abb. 6-31: Statisch unbestimmte Lagerung bei Belastung mit parallelen Kräften

rechnet werden. In Abb. 6-32 sind verschiedene Aufhängungen einer Platte gezeigt. Im Fall a) kann man die Momentengleichungen z.B. für drei Eckpunkte der Scheibe aufstellen und so problemlos die Stabkräfte bestimmen. Für das System b) lautet die Momentengleichung für den Pol A : $F_G \cdot (a/2) = 0$, denn die Wirkungslinien aller Stabkräfte schneiden sich in A. Diese Gleichung ist nur für $F_G = 0$ erfüllt. Gleichgewicht ist in dieser Form nicht möglich. Eine solche Befestigung ist technisch unbrauchbar. Es ergeben sich sehr hohe Stabbelastungen, die zu merklichen Deformationen führen. Die Wirkungslinien verlagern sich dabei so, daß es keinen gemeinsamen Schnittpunkt mehr gibt. Das System ist statisch unbestimmt, da in die Berechnung der Kräfte die Deformationen eingehen. Im Fall c) sind die drei Stäbe parallel. Die Kräftesummation für die zu den Stäben senkrechte Richtung lautet $F_G \cdot \sin 45° = 0$. Diese Beziehung ist nur für $F_G = 0$ erfüllt. Es gilt sinngemäß alles, was zur Lagerung b) ausgeführt wurde.

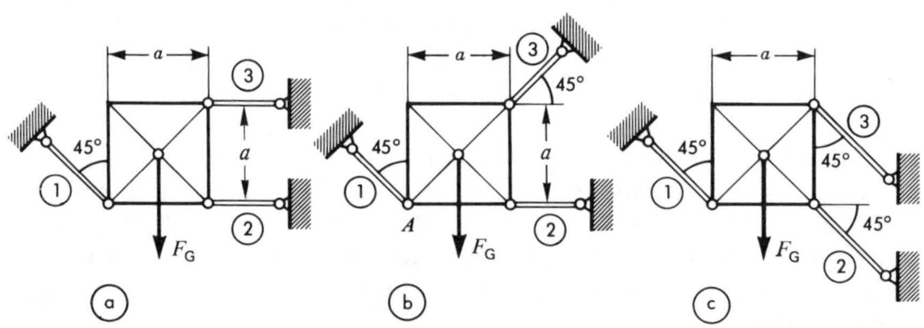

Abb. 6-32: Statisch bestimmte (a) und statisch unbestimmte (b/c) Lagerung einer starren Scheibe

Zusammenfassend kann man sagen:

Ein starrer Körper ist für den allgemeinen ebenen Belastungsfall statisch bestimmt gelagert, wenn

a) **insgesamt drei Auflagerreaktionen vorliegen** (z.B. drei Stäbe; Festlager und Loslager; Einspannung; siehe Tabelle 5-1),
b) **drei Lagerkräfte keinen gemeinsamen Schnittpunkt haben,**
c) **drei Lagerkräfte nicht parallel sind.**

6.6 Zusammenfassung

Die analytischen Gleichgewichtsbedingungen für ein **allgemeines ebenes Kräftesystem** lauten:

$$\Sigma \boldsymbol{F}_x = 0; \quad \Sigma \boldsymbol{F}_y = 0; \quad \Sigma \boldsymbol{M} = 0 \qquad \textbf{Gl. 6-4}$$

$$\Sigma \boldsymbol{F} = 0; \quad \Sigma \boldsymbol{M}_A = 0; \quad \Sigma \boldsymbol{M}_B = 0 \qquad \textbf{Gl. 6-5}$$

$$\Sigma \boldsymbol{M}_A = 0; \quad \Sigma \boldsymbol{M}_B = 0; \quad \Sigma \boldsymbol{M}_C = 0. \qquad \textbf{Gl. 6-6}$$

Das sind drei äquivalente Gleichungssysteme mit je drei Gleichungen, die eine Berechnung von drei unbekannten Auflagerreaktionen gestatten.

Für **parallele Kräfte** entfällt je eine Kräftegleichung:

$$\Sigma \boldsymbol{F} = 0; \quad \Sigma \boldsymbol{M} = 0 \qquad \textbf{Gl. 6-2}$$

$$\Sigma \boldsymbol{M}_A = 0; \quad \Sigma \boldsymbol{M}_B = 0. \qquad \textbf{Gl. 6-3}$$

Es können zwei unbekannte Kräfte berechnet werden.

Für **Kräfte mit gemeinsamem Angriffspunkt** entfällt je eine Momentengleichung:

$$\Sigma \boldsymbol{F}_x = 0; \quad \Sigma \boldsymbol{F}_y = 0. \qquad \textbf{Gl. 6-1}$$

Man kann auch in diesem Fall mit Momentengleichungen arbeiten, jedoch bringt das keine Vorteile. Auch hier können zwei Unbekannte berechnet werden.

Die graphischen Gleichgewichtsbedingungen für ein allgemeines ebenes Kräftesystem lauten:

a) das Krafteck muß gleichsinnig geschlossen sein (entspricht $\Sigma F_x = 0$; $\Sigma F_y = 0$),
b) das Seileck muß geschlossen sein (entspricht $\Sigma M = 0$).

Für ein Kräftesystem mit gemeinsamem Angriffspunkt entfällt Bedingung b.

Drei nichtparallele Kräfte sind im Gleichgewicht, wenn

a) ihre Wirkungslinien einen gemeinsamen Schnittpunkt haben,
b) das Kräftedreieck gleichsinnig geschlossen ist.

Die Gleichgewichtsbedingungen für vier nicht parallele Kräfte ohne gemeinsamen Schnittpunkt werden durch die CULMANNsche Konstruktion erfüllt.

Ein starrer Körper ist in der Ebene statisch bestimmt gelagert, wenn

a) insgesamt drei Auflagerreaktionen vorhanden sind,
b) diese drei Auflagerreaktionen keinen gemeinsamen Schnittpunkt haben,
c) diese drei Auflagerreaktionen nicht parallel sind.

7. Der statisch bestimmt gelagerte Träger mit Belastung in einer Ebene

7.1 Der zweifach gelagerte Träger

In dem nachfolgenden Abschnitt sollen die Auflagerreaktionen von Trägern und Wellen verschiedener Belastungen und Lagerungen ermittelt werden. Einige einfache Beispiele wurden bereits im vorhergehenden Kapitel behandelt. In den meisten Fällen können die Gewichtskräfte von Trägern bzw. Wellen gegenüer den Belastungen vernachlässigt werden.

Für die Bestimmung der Auflagerreaktionen werden die in Kapitel 6 abgeleiteten Gleichgewichtsbedingungen benutzt.

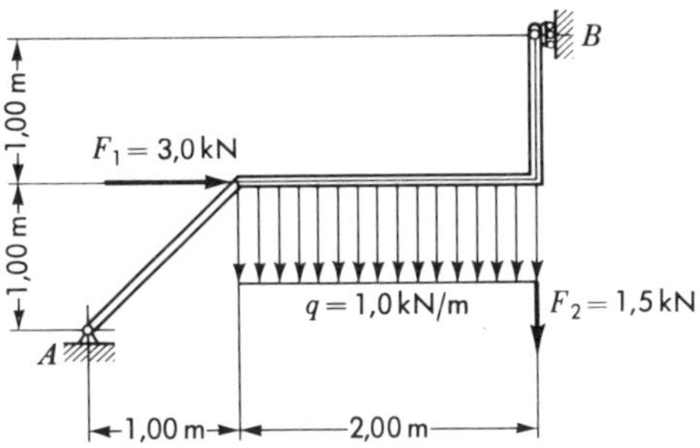

Abb. 7-1: Gekröpfter Träger

Beispiel 1 (Abb. 7-1)
Ein gekröpfter Träger ist wie abgebildet gelagert und wird mit zwei Kräften und einer Streckenlast belastet. Zu bestimmen sind die Auflagerreaktionen.

Analytische Lösung (Abb. 7-2)
Das Freimachen ergibt ein System nach Abb. 7-2. Ausgehend von einer Momentengleichung für den Punkt A erhält man:

$$\Sigma M_A = 0 \qquad -F_1 \cdot a - F_3 \cdot 2a - F_2 \cdot 3a + F_B \cdot 2a = 0$$

$$F_B = \frac{1}{2}\ (F_1 + 3F_2 + 2F_3)$$

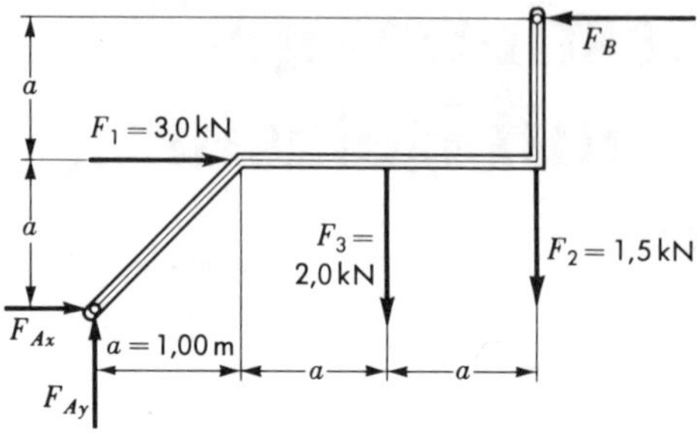

Abb. 7-2: Freigemachter Träger

$$F_B = \frac{1}{2}\,(3{,}0 + 3 \cdot 1{,}5 + 2 \cdot 2{,}0\,)\text{ kN}$$

$$\boldsymbol{F_B = 5{,}75\text{ kN } (\leftarrow)}$$

$\Sigma F_y = 0$ $\qquad F_{Ay} - F_3 - F_2 = 0$

$$F_{Ay} = F_2 + F_3 = (1{,}5 + 2{,}0)\text{ kN}$$

$$\boldsymbol{F_{Ay} = 3{,}50\text{ kN } (\uparrow)}$$

$\Sigma F_x = 0$ $\qquad F_{Ax} + F_1 - F_B = 0$

$$F_{Ax} = F_B - F_1 = (5{,}75 - 3{,}0)\text{ kN}$$

$$\boldsymbol{F_{Ax} = 2{,}75\text{ kN } (\rightarrow)}$$

Alle Kräfte ergeben sich bei der Berechnung positiv. Demnach wirken die Kräfte in der Richtung, in der sie angenommen wurden. Die Ergebnisse können mit Hilfe einer Momentengleichung kontrolliert werden, z.B. mit $\Sigma M_B = 0$.

Graphische Lösung (Abb. 7-3)
Für die Durchführung der Seileckkonstruktion ist es zweckmäßig, die Kräfte anders zu bezeichnen, und zwar werden F_2 und F_3 vertauscht. Natürlich kann die Seileckkonstruktion auch für anderslautende Bezeichnungen durchgeführt werden. Es muß unabhängig von den Bezeichnungen ein Dreieck im Kräfteplan einem Schnittpunkt im Lageplan entsprechen. Der Pol wurde so gewählt, daß der Polstrahl 0 vertikal, der Polstrahl 3 unter 45° verläuft.

Beispiel 2 (Abb. 7-4)
Ein auskragender Träger ist bei *A* fest, bei *B* horizontal verschieblich gelagert. Dieser Träger wird von der Kraft F_2 und einem zweiten Träger wie

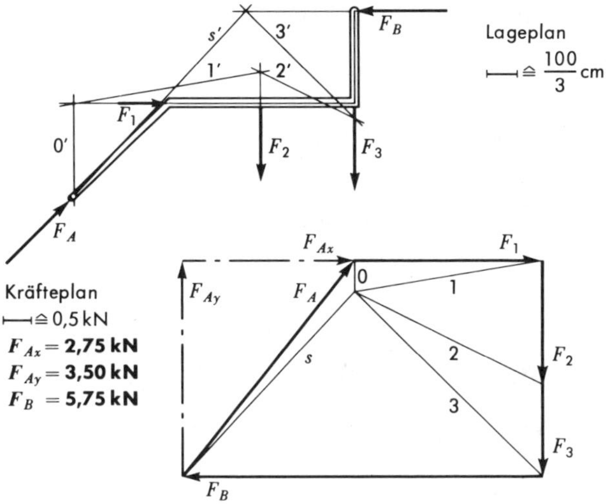

Abb. 7-3: Seileckkonstruktion für freigemachten Träger

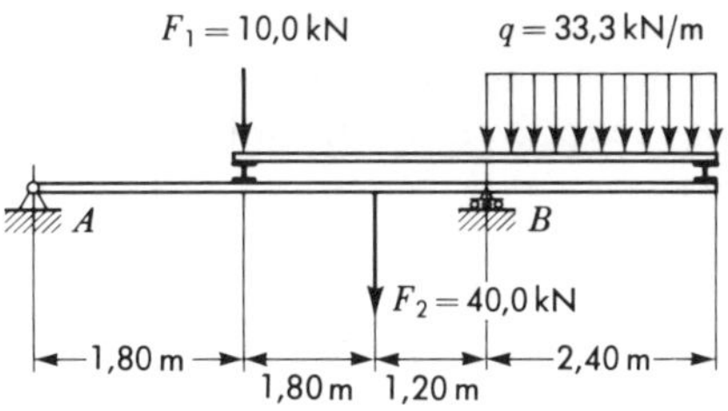

Abb. 7-4: Doppelträger

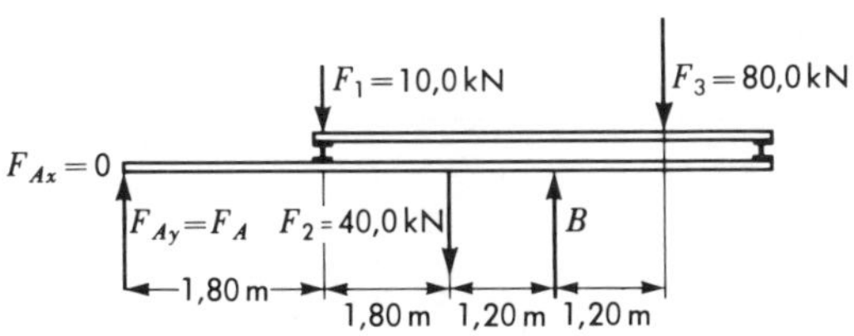

Abb. 7-5: Freigemachter Doppelträger

abgebildet belastet. Zu ermitteln sind die Auflagerreaktionen in A und B.

Lösung (Abb. 7-5)
Es ist nicht notwendig, die beiden Träger getrennt freizumachen, um die vom oberen Träger auf den unteren übertragenen Kräfte zu berechnen. Diese sind innere Kräfte, die sich gegenseitig aufheben (actio = reactio). Das System kann als starre Scheibe mit den Belastungen F und den Auflagerreaktionen in A und B betrachtet werden.

Die Berechnung beginnt mit einer Momentengleichung

$$\Sigma M_A = 0$$

$$-10\,\text{kN} \cdot 1{,}8\,\text{m} - 40\,\text{kN} \cdot 3{,}6\,\text{m} + F_B \cdot 4{,}8\,\text{m} - 80\,\text{kN} \cdot 6\,\text{m} = 0$$

$$F_B = \frac{1}{4{,}8\,\text{m}}\,(10 \cdot 1{,}8 + 40 \cdot 3{,}6 + 80 \cdot 6)\,\text{kNm}$$

$$\boldsymbol{F_B = 133{,}75\,\textbf{kN}\,(\uparrow)}$$

$$\Sigma F_y = 0; \qquad F_A + F_B - F_1 - F_2 - F_3 = 0$$

$$F_A = (-133{,}75 + 10 + 40 + 80)\,\text{kN}$$

$$\boldsymbol{F_A = -3{,}75\,\textbf{kN}\,(\downarrow)}$$

Das negative Vorzeichen der Auflagerreaktion in A zeigt an, daß die Kraft F_A umgekehrt wie im Lageplan angenommen wirkt. Die am auskragenden Teil angreifende Streckenlast überwiegt in ihrer Wirkung gegenüber den Einzelkräften. Aus diesem Grunde muß im Gelenk A die Kraft am Träger nach unten gerichtet sein.

Kontrolle: z.B. $\Sigma M_B = 0$.

Beispiel 3 (Abb. 7-6)
Eine zweifach gelagerte Welle ist wie abgebildet belastet. In A ist ein Loslager, in B ein Festlager eingebaut. Zu bestimmen sind die Auflagerreaktionen.

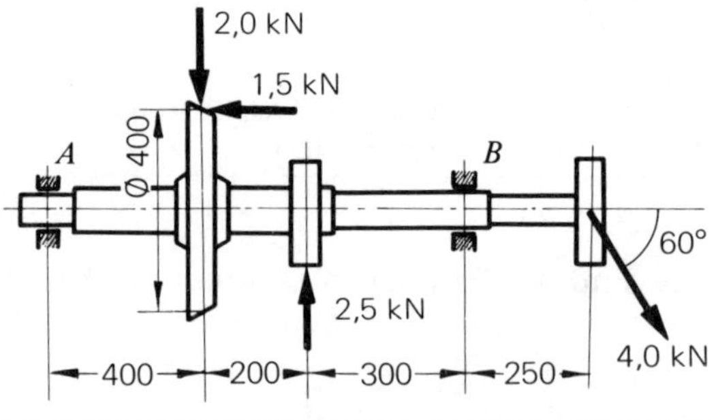

Abb. 7-6: Welle

Lösung (Abb. 7-7)
Das System wird freigemacht. Die Lagerkräfte werden, wie eingezeichnet, in ihrem Wirkungssinn angenommen.

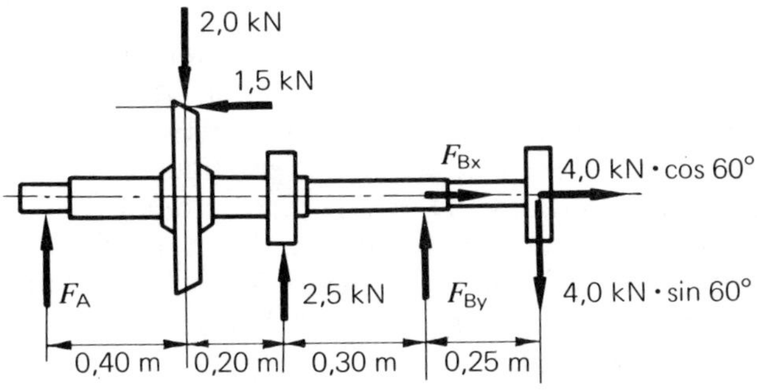

Abb. 7-7: Freigemachte Welle

$\Sigma M_A = 0;$

$$F_{By} \cdot 0{,}9\,\text{m} + 1{,}5\,\text{kN} \cdot 0{,}2\,\text{m} - 2{,}0\,\text{kN} \cdot 0{,}4\,\text{m} + 2{,}5\,\text{kN} \cdot 0{,}6\,\text{m} - 4{,}0\,\text{kN} \cdot \sin 60° \cdot 1{,}15\,\text{m} = 0$$

$$\mathbf{F_{By} = 3{,}32\,kN\,(\uparrow)}$$

$\Sigma F_y = 0;$ $\quad F_A - 2{,}0\,\text{kN} + 2{,}5\,\text{kN} + F_{By} - 4{,}0\,\text{kN} \cdot \sin 60° = 0$

$$\mathbf{F_A = -\,0{,}35\,kN\,(\downarrow)}$$

$\Sigma F_x = 0;$ $\quad F_{Bx} - 1{,}5\,\text{kN} + 4{,}0\,\text{kN} \cdot \cos 60° = 0$

$$\mathbf{F_{Bx} = -\,0{,}50\,kN\,(\leftarrow)}$$

Kontrolle: z.B. $\quad \Sigma M_B = 0.$

Beispiel 4 (Abb. 7-8)
Ein Träger ist nach Abbildung vierfach gelagert, in A; B; C und D. Er wäre danach zweifach statisch unbestimmt (s. Abschnitt 6.5). Jedoch sind in den Träger zwei Gelenke bei E und H eingebaut. Zu bestimmen sind die Auflager- und Gelenkkräfte.

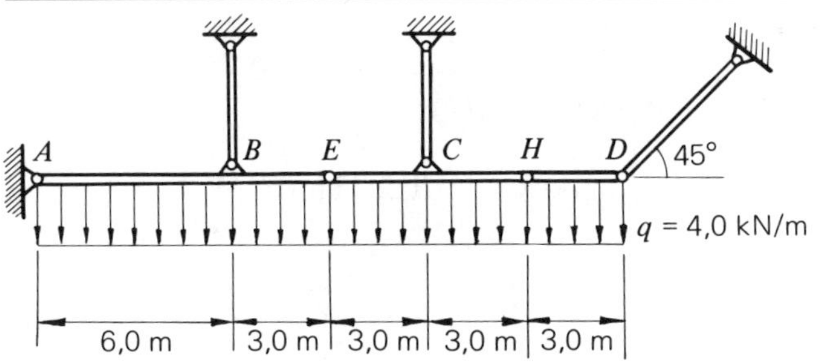

Abb. 7-8: Mehrfach aufgehängter Durchlaufträger

Lösung (Abb. 7-9)
Ein vierfach gelagerter Träger ist zweifach statisch unbestimmt gelagert, denn es sind zwei überschüssige Auflagerkräfte vorhanden. Da ein Gelenk keine Momente übertragen kann, ist es möglich, für E und H die Gleichung $\Sigma M = 0$ aufzustellen. Das sind die noch fehlenden zwei Bestimmungsgleichungen für die Auflager. Die Berechnung der Gelenkkräfte erfordert das Freimachen nach Abb. 7-9. Man kann das System auch aus drei Trägern bestehend auffassen. Das ergibt $3 \times 3 = 9$ Bestimmungs-Gleichungen, denen 2 (A) + 1 (B) + 1 (C) + 1 (D) + 2 (E) + 2 (H) = 9 Unbekannte gegenüberstehen.

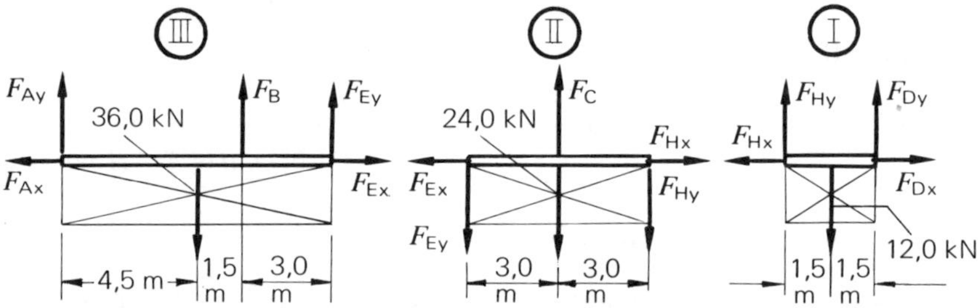

Abb. 7-9: Freigemachter Durchlaufträger

Aus den Erläuterungen folgt, daß ein n-fach statisch unbestimmt gelagerter Träger (Durchlaufträger) durch Einbau von n Gelenken statisch bestimmt wird. Ein solcher Träger wird Gelenk- oder GERBERträger*) genannt. Der Leser überlege sich, ob es beliebig ist, wo die Gelenke eingebaut werden.

Für jedes Teilsystem werden die Gleichgewichtsbedingungen aufgestellt.

System I:

$\Sigma M_H = 0$; $\boldsymbol{F_{Dy} = 6{,}0\,kN}$ (↑)

wegen $\alpha = 45°$ $\boldsymbol{F_{Dx} = 6{,}0\,kN}$ (→)

$\Sigma F_y = 0$; $\boldsymbol{F_{Hy} = 6{,}0\,kN}$ (↑ Teil I)

$\Sigma F_x = 0$; $\boldsymbol{F_{Hx} = 6{,}0\,kN}$ (← Teil I).

Die Reaktionskräfte F_H von Teil I greifen am Teil II an.

*) Gerber, Heinrich, *18.11.1832, † 3.1.1912; Bauingenieur.

System II:

$\Sigma M_E = 0;$ $\quad$ $\boldsymbol{F_C = 36{,}0\,\mathrm{kN}}\ (\uparrow)$

$\Sigma F_y = 0;$ $\quad$ $\boldsymbol{F_{Ey} = 6{,}0\,\mathrm{kN}}\ (\downarrow \text{ Teil II})$

$\Sigma F_x = 0;$ $\quad$ $\boldsymbol{F_{Ex} = 6{,}0\,\mathrm{kN}}\ (\leftarrow \text{Teil II}).$

System III:

$\Sigma M_A = 0;$ $\quad$ $\boldsymbol{F_B = 18{,}0\,\mathrm{kN}}\ (\uparrow)$

$\Sigma F_y = 0;$ $\quad$ $\boldsymbol{F_{Ay} = 12{,}0\,\mathrm{kN}}\ (\uparrow)$

$\Sigma F_x = 0;$ $\quad$ $\boldsymbol{F_{Ax} = 6{,}0\,\mathrm{kN}}\ (\leftarrow).$

Kontrolle: z.B. $\quad \Sigma M_E = 0;$

Die graphische Lösung kann mit der Seileckkonstruktion erfolgen. Der Leser überlege sich, daß es im vorliegenden Falle drei Schlußlinien gibt (drei Teilträger), die alle durch die jeweiligen Gelenke gehen müssen.

Aufgaben zum Abschnitt 7.1

Hinweis: Die Aufgaben sind analytisch zu lösen. Die Ergebnisse sind mit Hilfe unabhängiger Gleichungen und/oder graphisch zu kontrollieren.

A 7-1 bis 13 Für den abgebildeten Träger sind die Auflagerreaktionen für die beiden Auflager zu bestimmen.

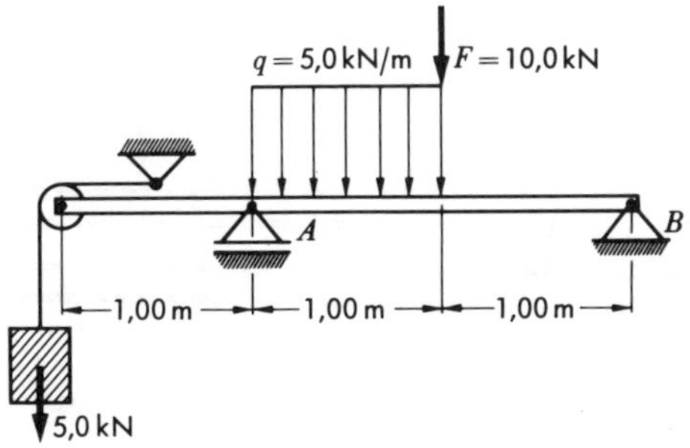

Abb. A 7-1

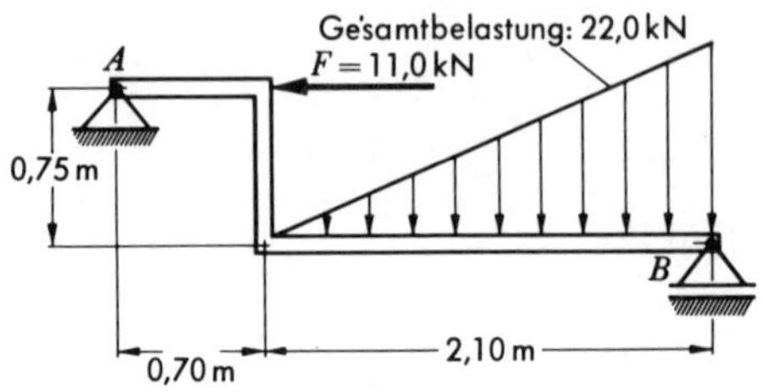

Abb. A 7-2

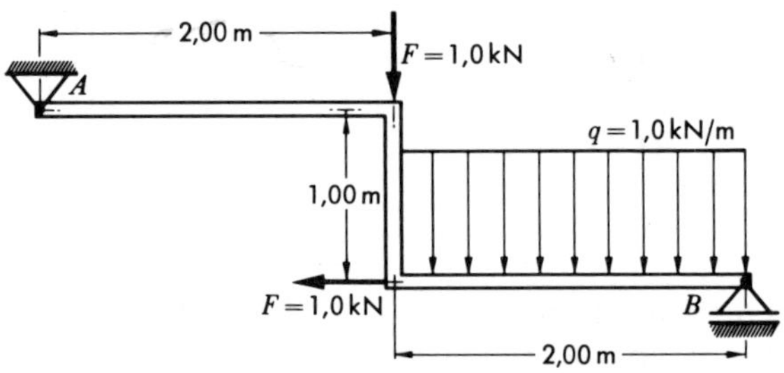

Abb. A 7-3

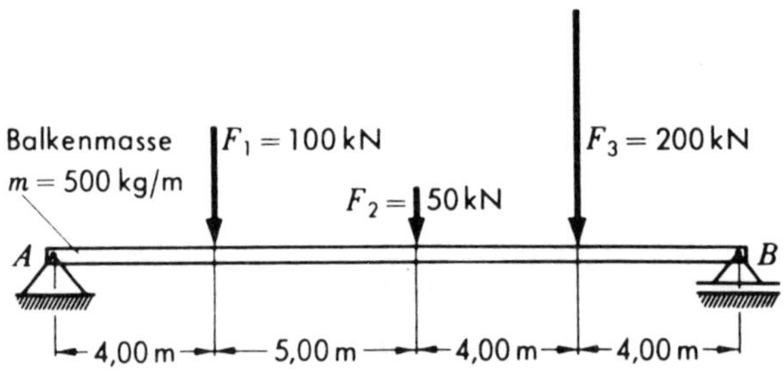

Abb. A 7-4

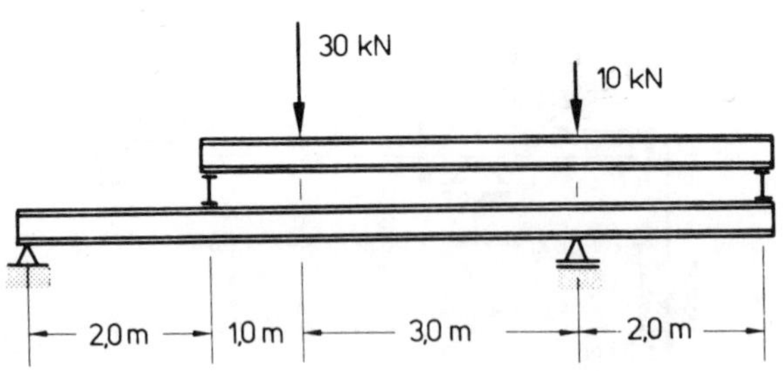

Abb. A 7-5

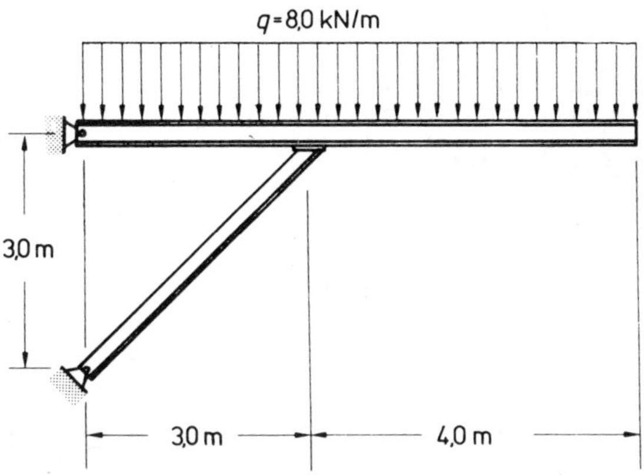

Abb. A 7-6

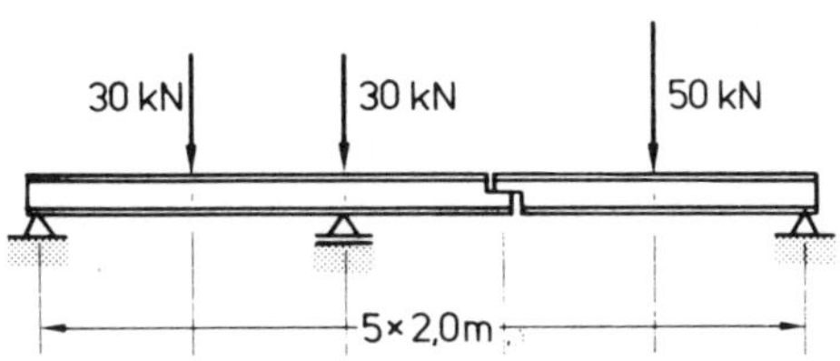

Abb. A 7-7

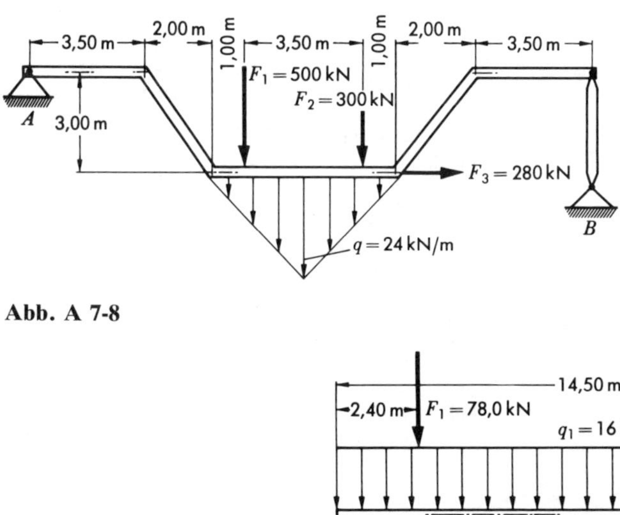

Abb. A 7-8

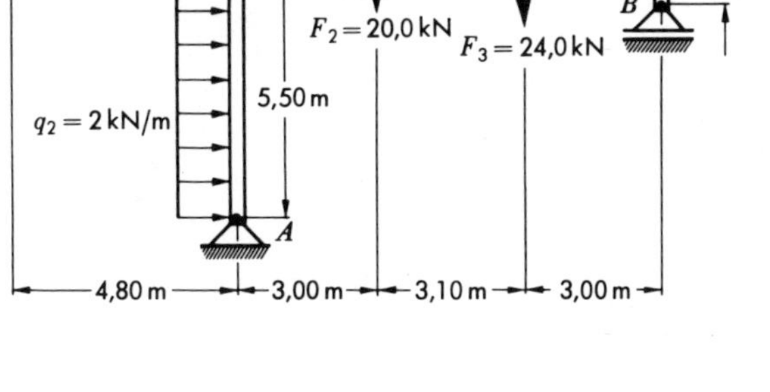

Abb. A 7-9

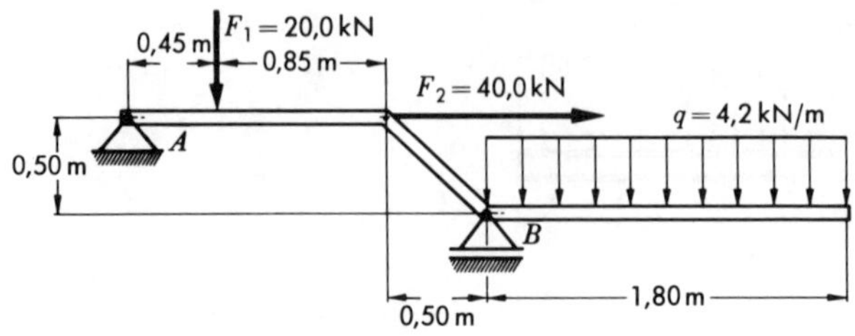

Abb. A 7-10

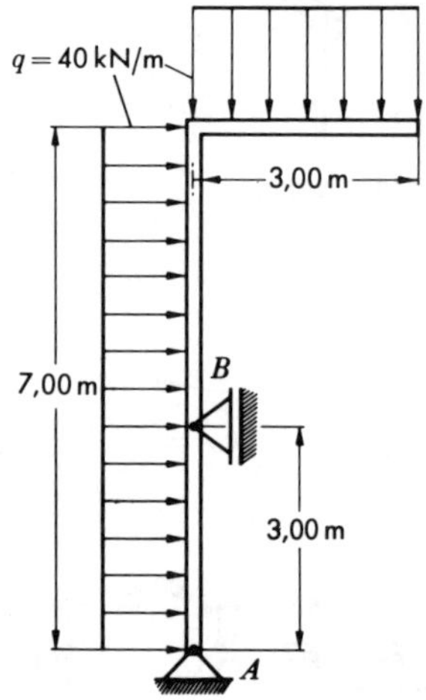

Abb. A 7-11

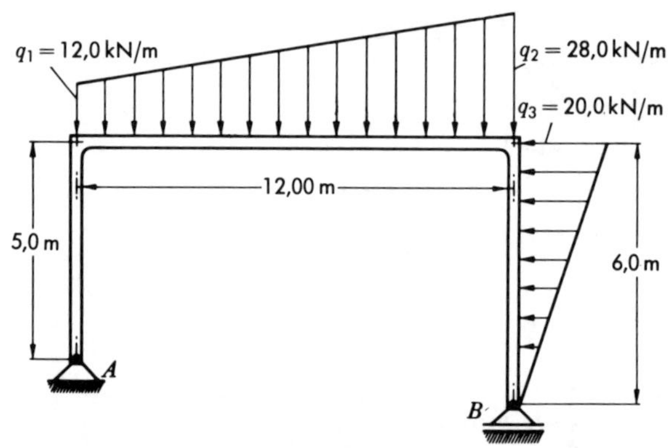

Abb. A 7-12

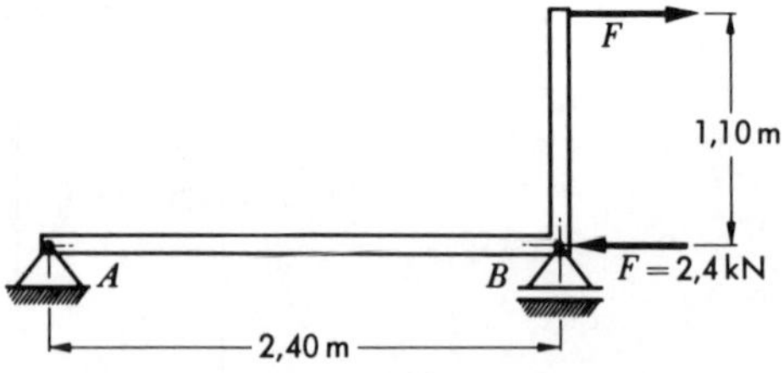

Abb. A 7-13

A 7-14 Für den abgebildeten Balken ist der Lagerabstand x so zu bestimmen, daß die beiden vertikalen Auflagerreaktionen gleich groß sind.

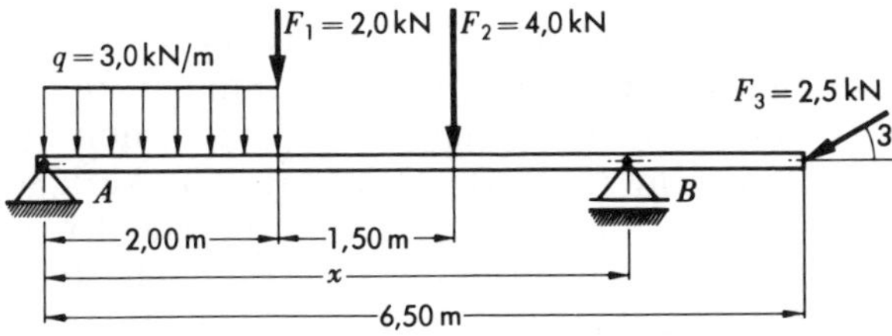

Abb. A 7-14

A 7-15 Der abgebildete Träger ist wegen des dritten Auflagers statisch unbestimmt. Deshalb soll in der Mitte zwischen den Lagern B und C ein Gelenk eingebaut werden. Für diese Anordnung sind alle Auflagerreaktionen und die Gelenkkraft zu bestimmen. Die allgemeine Lösung soll für $a = 12{,}0$ m und $q = 100$ kN/m ausgewertet werden.

A 7-16 An welcher Stelle zwischen den Lagern B und C des skizzierten Trägers muß ein Gelenk eingebaut werden, wenn die Gelenkkraft möglichst klein werden soll? Für diesen Fall sind die Auflagerkräfte zu bestimmen. Die allgemeine Lösung soll für $a = 12{,}0$ m und $q = 100$ kN/m ausgewertet werden.

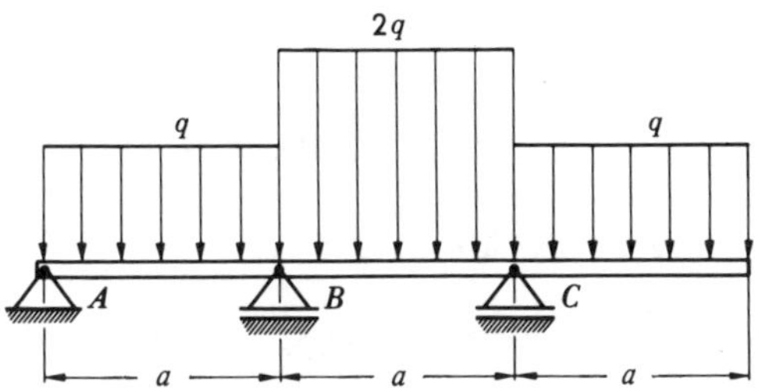

Abb. A 7-15/16

A 7-17 Der skizzierte, vierfach gelagerte Gelenkträger trägt eine konstante Streckenlast. Zu bestimmen sind alle Auflager- und Gelenkkräfte.

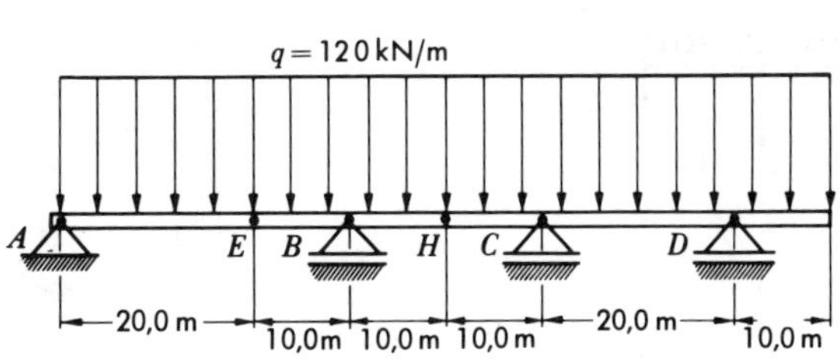

Abb. A 7-17

7.2 Der eingespannte Träger

Die Einspannung kann sowohl x- und y-Komponenten als auch ein Einspannmoment, d.h. insgesamt drei Auflagerreaktionen übertragen. Da das allgemeine ebene Kräftesystem drei unabhängige Gleichgewichtsbedingungen hat, macht jede zusätzliche Lagerung einen eingespannten Träger statisch unbestimmt. Die Bestimmung der Auflagerreaktionen für einen geraden, eingespannten Träger mit parallelen Einzellasten wurde in Kapitel 6 durchgeführt (Abschnitt 6.3). Im nachfolgenden werden die Auflagerreaktionen gekröpfter Träger für nicht parallele Kräfte, Streckenlasten und Belastungen durch ein Moment bestimmt. In diesen Fällen ist die Seileckkonstruktion nicht von Vorteil. Aus diesem Grunde werden die Aufgaben nur analytisch gelöst.

Beispiel 1 (Abb. 7-10)
Der eingespannte, gekröpfte Träger ist, wie abgebildet, belastet. Zu bestimmen sind die Auflagerreaktionen in der Einspannstelle A.

Lösung (Abb. 7-11)
Das System wird freigemacht, wobei für die Streckenlasten die Resultierenden eingeführt werden. Am günstigsten ist es, die Berechnung mit einer Momentengleichung für die Einspannstelle zu beginnen.

$$\Sigma M_A = 0;$$

$$M_A - 10\,\text{kN} \cdot 3\,\text{m} - 8\,\text{kN} \cdot 5\,\text{m} - 100\,\text{kN} \cdot 2{,}5\,\text{m} - 12\,\text{kN} \cdot 2\,\text{m} = 0$$

$$\mathbf{M_A = 455\,kNm}\ (\curvearrowleft)$$

$$\Sigma F_y = 0; \qquad F_{Ay} - 100\,\text{kN} - 10\,\text{kN} - 8\,\text{kN} = 0$$

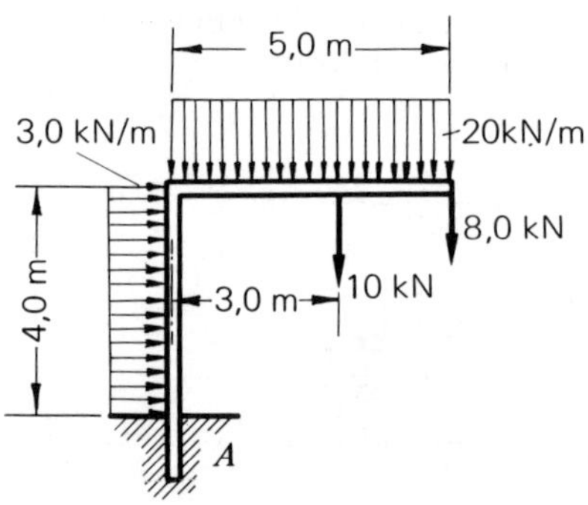

Abb. 7-10: Eingespannter Träger

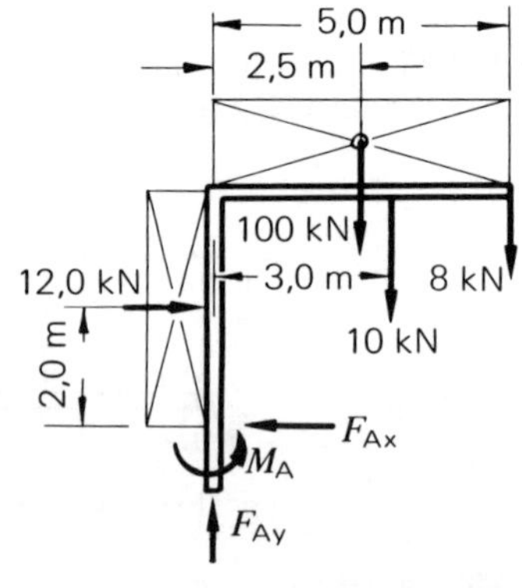

Abb. 7-11: Freigemachter Träger

$$\boldsymbol{F_{Ay} = 118\,kN\ (\uparrow)}$$

$\Sigma F_x = 0;$ $\quad -F_{Ax} + 12\,\text{kN} = 0$

$$\boldsymbol{F_{Ax} = 12\,kN\ (\leftarrow)}.$$

Kontrolle: $\quad \Sigma M = 0$ für beliebigen Punkt.

Beispiel 2 (Abb. 7-12)
Die Abbildung zeigt einen eingespannten Träger, der oben eine Streckenlast aufnimmt und unten die gewichtsbelastete Spannvorrichtung für ein Seil trägt. Für die gegebenen Daten ist zunächst die Masse des Gegengewichts zu bestimmen. Für den so belasteten Träger sind die Auflagerreaktionen in der Einspannstelle zu berechnen.

Spannkraft $F_S = 3{,}0\,\text{kN}$; Streckenlast $q = 2{,}0\,\text{kN/m}$

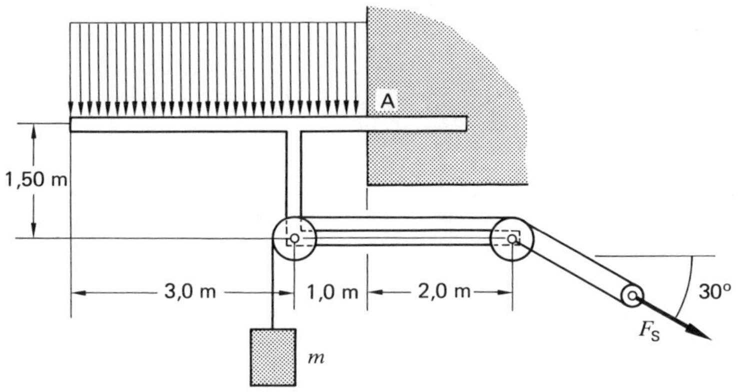

Abb. 7-12: Träger mit Streckenlast und Spannvorrichtung

Lösung (Abb. 7-13)
Das System wird freigemacht. Die Gelenke der Rollen sind wie angegeben belastet (s. dazu Beispiel 2 im Abschnitt 3.3.4). Danach muß an der linken Rolle die halbe Seilkraft wirken.

$$\frac{1}{2} F_S = m \cdot g \qquad \Rightarrow m = \frac{F_S}{2g} = \frac{3 \cdot 10^3\,\text{N}}{2 \cdot 9{,}81\,\text{m/s}^2} = 153\,\text{kg}$$

Die beiden horizontalen Kräfte $F_S/2$ heben sich in ihrer äußeren Wirkung auf, d.h. sie beeinflussen die Auflagerreaktionen nicht. Sie beanspruchen jedoch den Träger, in dem sie wirken. Damit befaßt sich die Festig-

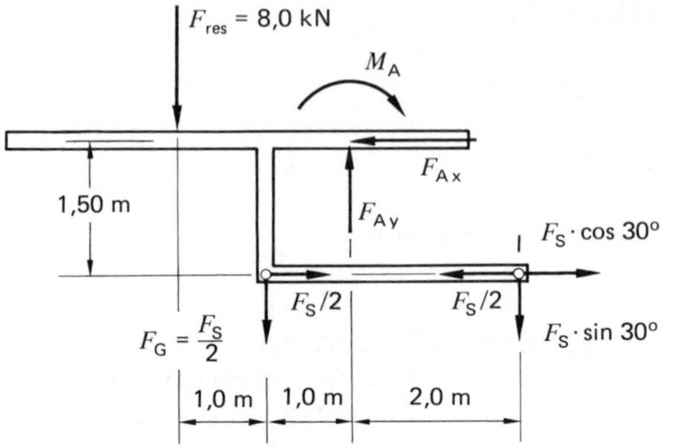

Abb. 7-13: Freigemachter Träger

keitslehre. Die Berechnung beginnt mit einer Momentengleichung für die Einspannstelle.

$$\Sigma M_A = 0$$

$$F_{res} \cdot 2{,}0\,\text{m} + \frac{1}{2}\; F_S \cdot 1{,}0\,\text{m} + F_S \cdot \cos 30° \cdot 1{,}5\,\text{m} - F_S \cdot \sin 30° \cdot 2{,}0\,\text{m} - M_A = 0$$

$$M_A = F_{res} \cdot 2{,}0\,\text{m} + \frac{1}{2}\; F_S \cdot 1{,}0\,\text{m} + F_S \cdot \cos 30° \cdot 1{,}5\,\text{m} - F_S \cdot \sin 30° \cdot 2{,}0\,\text{m}$$

$$M_A = (8 \cdot 2{,}0 + \frac{1}{2}\; 3{,}0 \cdot 1{,}0 + 3{,}0 \cdot \cos 30° \cdot 1{,}5 - 3{,}0 \cdot \sin 30° \cdot 2{,}0)\,\text{kNm}$$

$$\boldsymbol{M_A = 18{,}4\,\text{kNm}\ (\curvearrowright)}$$

$$\Sigma F_y = 0 \qquad F_{Ay} - F_{res} - \frac{1}{2}\; F_S - F_S \cdot \sin 30° = 0$$

$$F_{Ay} = F_{res} + \frac{1}{2}\; F_S + F_S \cdot \sin 30° = (8{,}0 + \frac{1}{2} \cdot 3{,}0 + 3{,}0 \sin 30°)\,\text{kN}$$

$$\boldsymbol{F_{Ay} = 11{,}0\,\text{kN}\ (\uparrow)}$$

$$\Sigma F_x = 0 \qquad -F_{Ax} + F_S \cdot \cos 30° = 0$$

$$\boldsymbol{F_{Ax}} = F_S \cdot \cos 30° = \boldsymbol{2{,}60\,\text{kN}}\ (\leftarrow)$$

Alle errechneten Werte sind positiv, d.h. die Kraftrichtungen wurden beim Freimachen richtig angenommen. Die Ergebnisse sollen mit einer Momentengleichung für den Pol I kontrolliert werden.

$$8\,\text{kN} \cdot 4\,\text{m} + 1{,}5\,\text{kN} \cdot 3\,\text{m} - 11\,\text{kN} \cdot 2\,\text{m} + 2{,}6\,\text{kN} \cdot 1{,}5\,\text{m} - 18{,}4\,\text{kNm} = 0$$

Diese Gleichung ist erfüllt.

Aufgaben zum Abschnitt 7.2

A 7-18 Ein gekröpfter Träger ist eingespannt und mit einer Masse m nach Abbildung belastet. Die Auflagerreaktionen in der Einspannstelle A sind für alle Belastungsvarianten zu bestimmen. Die allgemeinen Lösungen sollen für $a = 0{,}80$ m; $d = 0{,}2$ m und $F_G = 700$ N ausgewertet werden.

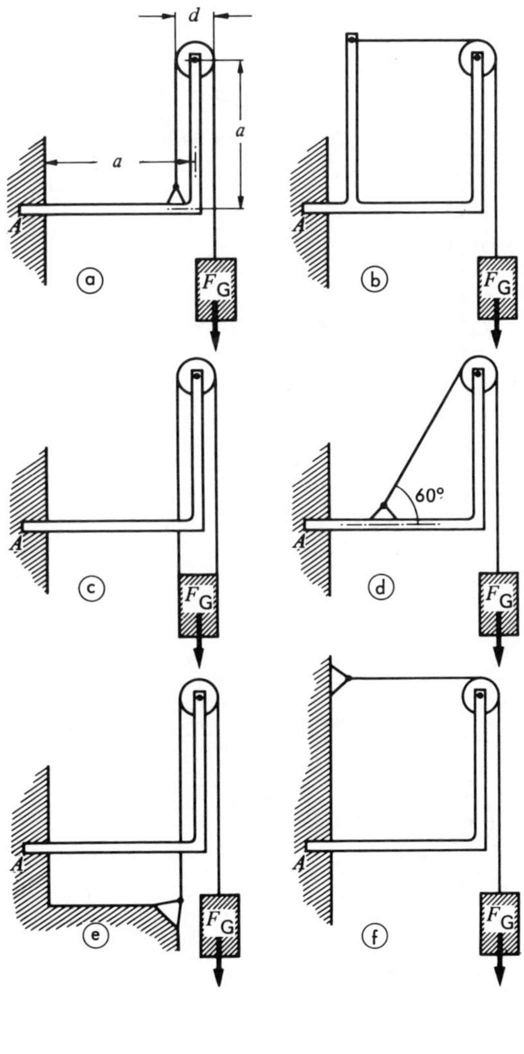

Abb. A 7-18

A 7-19 Der eingespannte Winkelhebel wird nacheinander an den Stellen *a b c d* mit einem Moment $M = 2{,}0$ kNm belastet. Zu bestimmen sind für alle Belastungsfälle die Auflagerreaktionen in *A*.

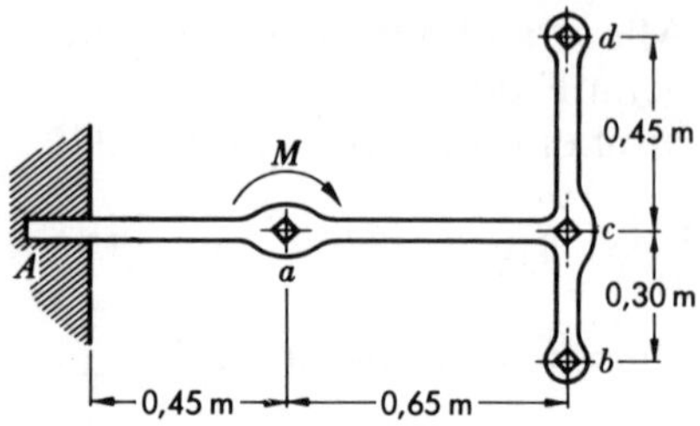

Abb. A 7-19

A 7-20/21/22 Für den skizzierten Träger sind die Auflagerreaktionen zu bestimmen.

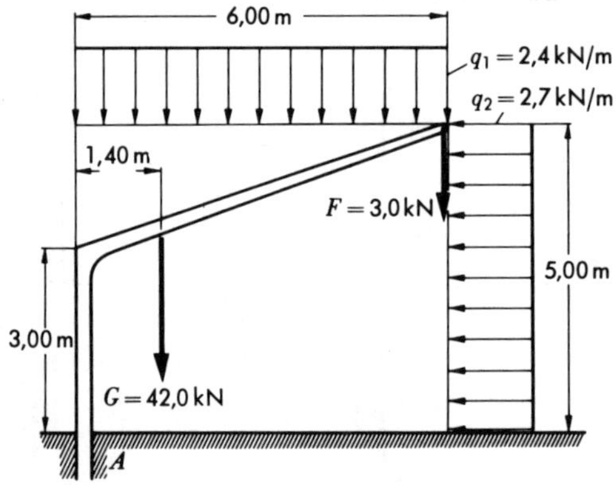

Abb. A 7-20

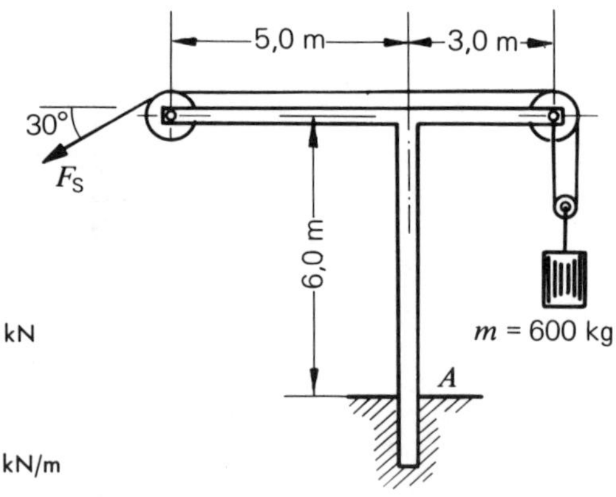

Abb. A 7-21

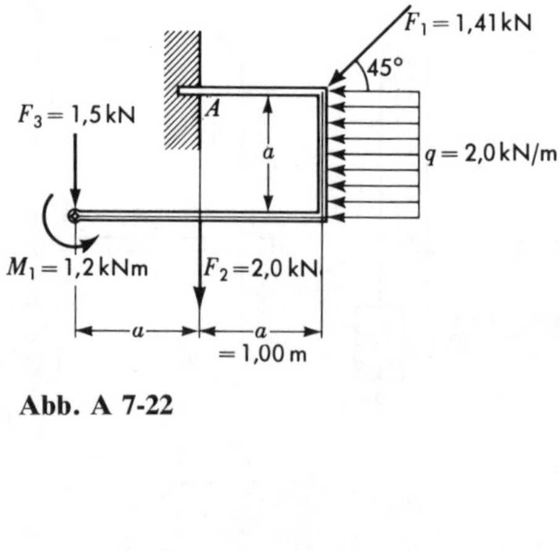

Abb. A 7-22

A 7-23 Die Abbildung zeigt ein Wehr, das zwei Becken mit unterschiedlichen Wasserständen trennt. Der Wasserdruck p nimmt mit der Wassertiefe t nach der Beziehung (Hydrostatik) $p = \varrho \cdot g \cdot t$ (ϱ Dichte) zu. Zu bestimmen sind die durch das Wasser verursachten Auflagerreaktionen in A in allgemeiner Form und für $H = 3{,}0\,\text{m}$; $h = 2{,}0\,\text{m}$; Wehrbreite $b = 5{,}0\,\text{m}$.

A 7-24 Ein Block der Masse m ist wie abgebildet an zwei in A und B eingeschraubten Stangen aufgehängt. Zu bestimmen sind die in A und B wirkenden Auflagerreaktionen.

A 7-25 Zwei Massen $m_1 = 500\,\text{kg}$; $m_2 = 400\,\text{kg}$ sind nach Skizze mit einer eingeschraubten Stange AB verbunden und aufgehängt. Zu bestimmen sind die Auflagerrekationen in A und B.

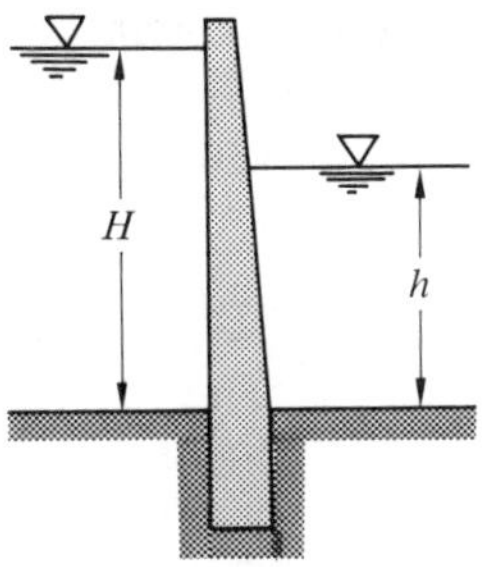

Abb. A 7-23

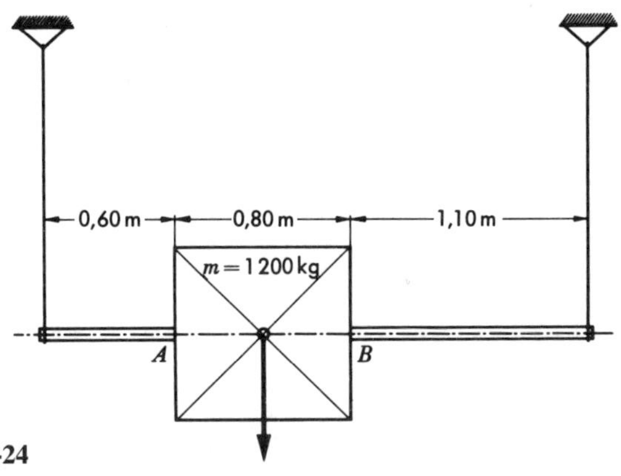

Abb. A 7-24

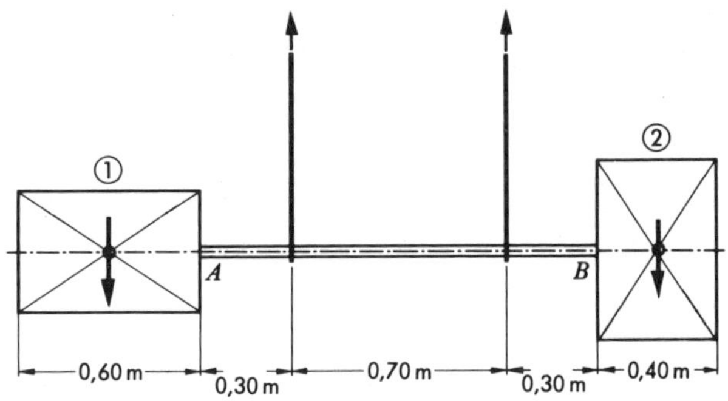

Abb. A 7-25

7.3 Zusammenfassung

Ein Träger auf zwei Stützen (Fest- und Loslager) und ein eingespannter Träger sind statisch bestimmt gelagert. Beim Freimachen solcher Systeme ist es zweckmäßig, schräge Kräfte in x- und y-Richtung zu zerlegen und für Streckenlasten die Resultierende einzuführen. Die Berechnung beginnt man am besten mit einer Momentengleichung, deren Pol im Schnittpunkt von zwei Unbekannten liegt. Die weiteren Gleichgewichtsbedingungen liefern die übrigen Auflagerreaktionen.

Statisch unbestimmt gelagerte Durchlaufträger können durch den Einbau von Gelenken statisch bestimmt gemacht werden (Gelenk- oder GERBER-Träger). Ein Gelenk überträgt kein Moment, liefert demnach eine zusätzliche Gleichung $\Sigma M = 0$. Daraus folgt, daß eine n-fach statisch unbestimmte Lagerung n Gelenke erfordert, soll sie statisch bestimmt werden. Dabei müssen die Gelenke so verteilt sein, daß sich keine beweglichen Mechanismen ergeben.

8. Der ebene, statisch bestimmte Rahmen

8.1 Allgemeines

Ein statisch bestimmter Rahmen besteht aus einzelnen Bauteilen, die in reibungslos angenommenen Gelenken miteinander verbunden sind. Die Belastung ist beliebig, d.h. nicht auf die Gelenke beschränkt. Das ist der Unterschied zu dem im nächsten Kapitel behandelten Fachwerk.

Der einfachste Rahmen ist der Dreigelenkbogen. Dieser besteht aus zwei Bauteilen, die in einem Gelenk miteinander verbunden und jeweils in einem Gelenk gelagert sind (Abb. 8-1). An diesem System soll die Frage der statischen Bestimmtheit diskutiert werden. Am freigemachten System erkennt man, daß insgesamt sechs Unbekannte zu bestimmen sind. Das sind jeweils die x- und y-Komponenten der drei Gelenkkräfte in A; B und C. Es stehen jeweils drei Gleichgewichtsbedingungen für das linke und rechte freigemachte System (I und II) und das Gesamtsystem (I + II) zur Verfügung. Man erhält also 9 Bestimmungsgleichungen, von den nur sechs unabhängig sind. Von den 9 Gleichungen kann man beliebige sechs

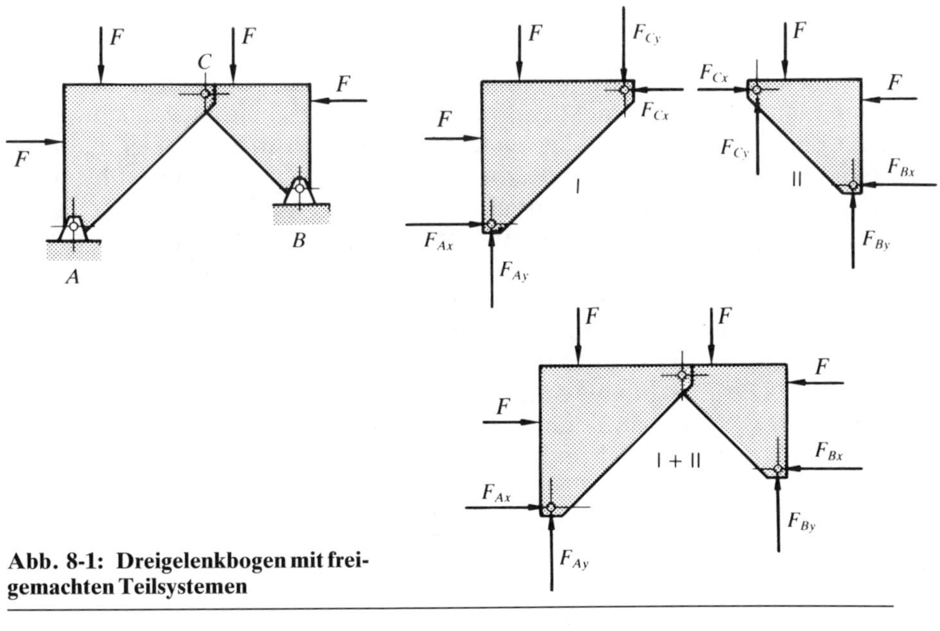

Abb. 8-1: Dreigelenkbogen mit freigemachten Teilsystemen

zur Berechnung der Gelenkkräfte auswählen. Die verbleibenden drei Gleichungen müssen beim Einsetzen der berechneten Werte erfüllt sein. Auf diese Kontrolle der Rechenergebnisse sollte nie verzichtet werden.

Wendet man die oben erläuterten Überlegungen auf einen Dreigelenkbogen an, dessen drei Gelenkpunkte in einer Linie liegen (Abb. 8-2), dann ergibt sich folgendes: beim Lösen des aufgestellten Gleichungssystems kürzen sich die unbekannten Größen heraus, man erhält Trivialitäten, z.B. 0 = 0. Das System ist statisch unbestimmt. Man kann sich das auch an einfachen Überlegungen klar machen.

Die Bauteile nach Abb. 8-2 sind im Gegensatz zu denen nach Abb. 8-1 nur dann zu montieren, wenn sie ohne Maßabweichungen gefertigt sind, was praktisch nicht möglich ist. Ein System nach Abb. 8-2 ist für technische Anwendungen nicht brauchbar. Diese Aussage gilt nicht allgemein für statisch unbestimmte Systeme.

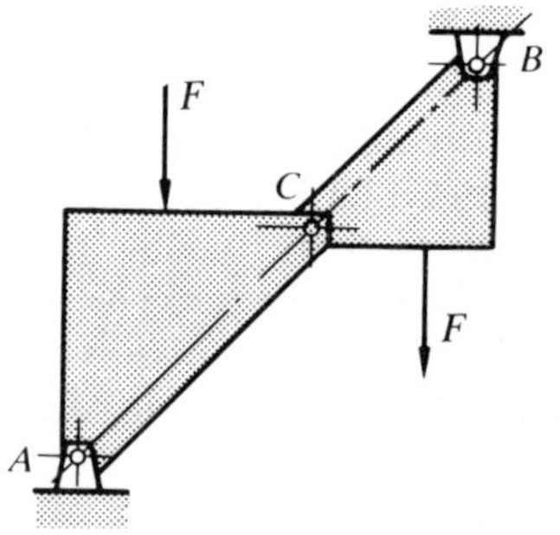

Abb. 8-2: Statisch unbestimmter Dreigelenkbogen

Ob ein mehrteiliger Rahmen statisch bestimmt oder unbestimmt ist, kann man analog zu den Ausführungen oben entscheiden, wenn man sich über den Zusammenbau des Systems klar wird. Ein System ist dann statisch bestimmt, wenn es ohne Zwang montiert werden kann, d.h., wenn es nicht irgendwann „hingedrückt" oder ein Bauteil in der Länge eingestellt werden muß. Der Leser überprüfe das an dem Schaufellader Abb. 8-16. Diese Überlegungen sollte man bei jeder Konstruktion anstellen. Natürlich gibt es darüber hinaus eine exakte Methode, um über die statische Bestimmtheit zu entscheiden. Alle Einzelteile, getrennt freigemacht, müssen die erforderliche Anzahl von Bestimmungsgleichungen ergeben. Darüber hinaus aufgestellte Gleichungen für ganze Baugruppen (z.B. zwei zusammenhängende Teile) dürfen dabei nicht gezählt werden. Sie sind von den anderen Gleichungen abhängig.

8.2 Bestimmung der Gelenkkräfte

8.2.1 Analytische Methode

Wenn der ganze Rahmen im Gleichgewicht ist, müssen es auch alle Teile des Rahmens sein. Das System muß zunächst in allen Teilen bzw. Teilgruppen freigemacht werden. Dabei ist die Frage der statischen Bestimmtheit zu klären. Für alle freigemachten Gruppen sind die Gleichgewichtsbedingungen aufzustellen. Es ergeben sich bereits für zwei Bauelemente (Dreigelenkbogen) sechs Gleichungen mit sechs Unbekannten. Entsprechend mehr für mehrteilige Rahmen. Jedoch kann man in fast allen Fällen das simultane Lösen der Gleichungen vermeiden, wenn man den Lösungsweg entsprechend wählt (siehe nachfolgende Beispiele).

Wenn eine äußere Kraft in ein Gelenk eingeleitet wird, muß die konstruktive Ausführung des Gelenks bekannt sein. Greift die Kraft an einem lose hindurchgesteckten Bolzen an, dann muß dieser getrennt freigemacht werden. Der Bolzen, auf den die Kraft wirkt, kann auch fest in einem Bauteil verbunden sein. In diesem Falle muß diese beim Freimachen des entsprechenden Bauteils eingeführt werden.

8.2.2 Graphische Methode

Es kommen die in Kapitel 6 behandelten Verfahren zur Anwendung. Zunächst soll als Grundelement der Dreigelenkbogen behandelt werden. Die Abb. 8-3 soll den Lösungsweg veranschaulichen. Der Teil b der Abbildung zeigt zunächst das Bauteil AC entlastet. Damit erfüllt jetzt Teil AC die Funktion einer Pendelstütze. Die Wirkungslinie der Stützkraft verbindet die Punkte A und C. Damit sind die Kräfte mit Hilfe der Seileckkonstruktion bestimmbar. Als Beispiel dafür kann die Lösung der Aufgabe Abb. 6-20 im Kapitel 6 angesehen werden. Das Ergebnis sind die für das links entlastete System wirkenden Kräfte $F_{A1} = F_{C1}$ und F_{B1}. In einem nächsten Schritt werden die Auflagerreaktionen für das rechts entlastete System bestimmt ($F_{B2} = F_{C2}$ und F_{A2}). Die geometrische Addition

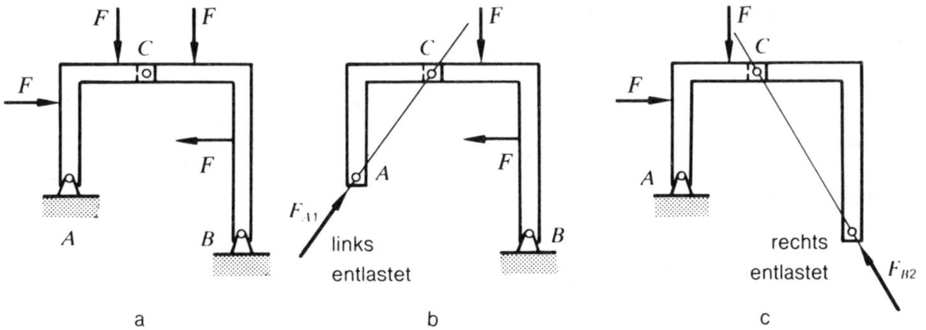

Abb. 8-3: Dreigelenkbogen mit einseitigen Entlastungen

der Kräfte in A; B und C (z.B. $\boldsymbol{F}_{A1} + \boldsymbol{F}_{A2} = \boldsymbol{F}_A$) ergeben die Auflagerreaktionen für das voll belastete System. Das oben beschriebene Verfahren ist durchaus aufwendig. Es ergibt sich eine wesentliche Vereinfachung, wenn die Bauteile jeweils nur mit einer Kraft belastet sind oder die Belastung für jeweils eine Seite zu einer Resultierenden zusammengefaßt wird (nachfolgende Beispiele 1 und 2). In diesem Falle stehen jeweils drei Kräfte im Gleichgewicht. Die Lösung erfolgt über eine einfache Dreieckskonstruktion. Es ist nicht richtig, die Resultierende aller äußeren Kräfte zu bestimmen (rechts und links) und für diese Belastung die Gelenkkräfte zu bestimmen. Die Begründung dafür überlege sich der Leser.

Mehrteilige Rahmen werden in der Technik in einer so großen Vielfalt angewendet, daß es kaum möglich ist, allgemeingültige Lösungswege zu beschreiben. Grundsätzlich kann man sich jeden Rahmen aus Dreigelenkbogen aufgebaut denken. Der oben beschriebene Lösungsweg muß auf mehrteilige Systeme angewendet werden. Eine Lösung ist nur möglich, wenn man alle Bauteile, die die Funktion einer Pendelstütze erfüllen, als solche erkennt. Für den Schaufellader Abb. 8-16 muß man, bevor die Lösung in Angriff genommen wird, erkennen, daß die Bauelemente AC, DH, NK, LM Pendelstützen sind. An der Schaufel greifen die Kräfte F_S F_A F_B an. Es sind die Wirkungslinien von F_S und F_A bekannt. Der Schnittpunkt beider legt die Lage der Wirkungslinie von F_B fest (drei Kräfte im Gleichgewicht). Das entsprechende Kräftedreieck ergibt F_B. So erhält man nacheinander die einzelnen Gelenkkräfte. Für viele Bauteile mit wenig Pendelstützen muß mehrmals die Seileckkonstruktion durchgeführt werden. Das kann aufwendig werden. Es ist dann meistens günstiger, analytische Verfahren durchzuführen. Jedoch stellt das graphische Verfahren eine unabhängige Kontrolle dar. Hier liegt der besondere Wert und der Grund für die Anwendung.

Beispiele zum Abschnitt 8.2

Beispiel 1 (Abb. 8-4)
Der abgebildete Stahlrahmen ist als symmetrischer Dreigelenkbogen (A; B; C) ausgeführt. Für die angegebene Belastung sind alle Gelenkkräfte analytisch und graphisch zu bestimmen.

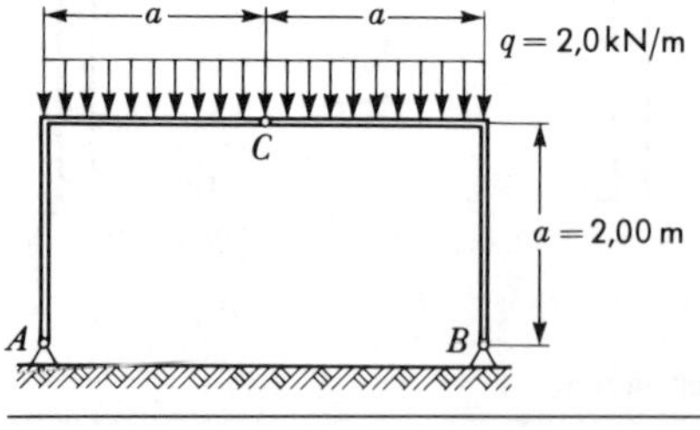

Abb. 8-4: Symmetrischer Dreigelenkbogen

Analytische Lösung (Abb. 8-5)
Da das System symmetrisch ist, genügt es, eine Hälfte freizumachen. Die Symmetriebedingung bzw. die Momentengleichung für B im Gesamtsystem liefert

$$\boldsymbol{F_{Ay} = F_{By} = 4{,}0\,kN}\,(\uparrow).$$

Für das freigemachte System erhält man aus der Momentengleichung für C die Auflagerreaktion F_{Ax}.

$$\Sigma M_c = 0; \qquad F_{Ax}\,a - F_{Ay}\,a + F\,\frac{a}{2} = 0$$

$$\boldsymbol{F_{Ax}} = F_{Ay} - F/2 = \boldsymbol{2{,}0\,kN}\,(\rightarrow)$$

$$\boldsymbol{F_{Bx} = 2{,}0\,kN}\,(\leftarrow)$$

$$\Sigma F_x = 0; \qquad F_{Ax} - F_{Cx} = 0 \qquad \boldsymbol{F_{Cx} = 2{,}0\,kN}\,(\leftarrow \text{am linken Teil})$$

$$\Sigma F_y = 0; \qquad F_{Ay} + F_{Cy} - F = 0 \qquad \boldsymbol{F_{Cy} = 0}.$$

Das zuletzt errechnete Resultat kann man aus der Symmetriebedingung durch Überlegung erhalten. Auf Grund der Symmetrie müßte die Kraft F_{Cy} im rechten und linken Teil gleich wirken. Auf Grund des Lehrsatzes actio = reactio muß sie entgegengesetzt wirken. Dieser Widerspruch löst sich nur für den Fall $F_{Cy} = 0$ auf.

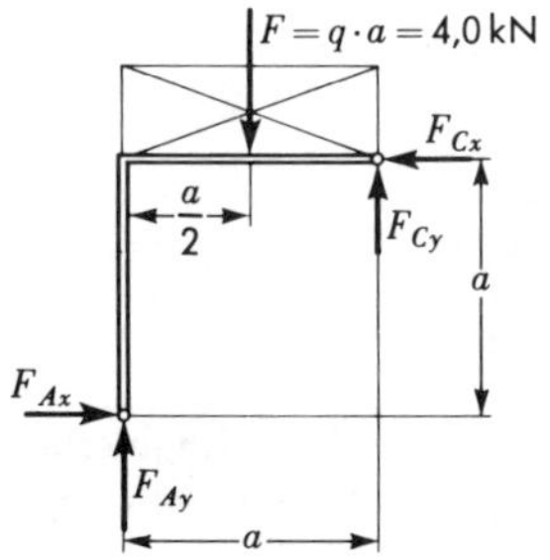

Abb. 8-5: Freigemachtes Teilsystem

Graphische Lösung (Abb. 8-6)
Die Kräftedreiecke werden für den jeweils einseitig entlasteten Dreigelenkbogen gezeichnet. Das entlastete Teil hat die Funktion einer Pendelstütze. Die Wirkungslinie der dort wirkenden Kraft verbindet die beiden Gelenke. Damit liegt der Schnittpunkt der Wirkungslinien fest. Man addiert die beiden Einzelkräfte $\boldsymbol{F}_{A1}$ und $\boldsymbol{F}_{A2}$ und erhält so die resultierende Auflagerreaktion $\boldsymbol{F}_A$. Analoges gilt für das Gelenk B. Für den voll bela-

steten Dreigelenkbogen müssen $\boldsymbol{F}\,\boldsymbol{F}_A\,\boldsymbol{F}_C$ bzw. $\boldsymbol{F}\,\boldsymbol{F}_C\,\boldsymbol{F}_B$ im Gleichgewicht sein. Die beiden aneinander gezeichneten Dreiecke ergeben das gleichsinnig geschlossene Kräftepolygon $\boldsymbol{F}\,\boldsymbol{F}\,\boldsymbol{F}_A\,\boldsymbol{F}_B$ mit $\boldsymbol{F}_C$ als innere Kraft (vgl. CULMANNsche Gerade).

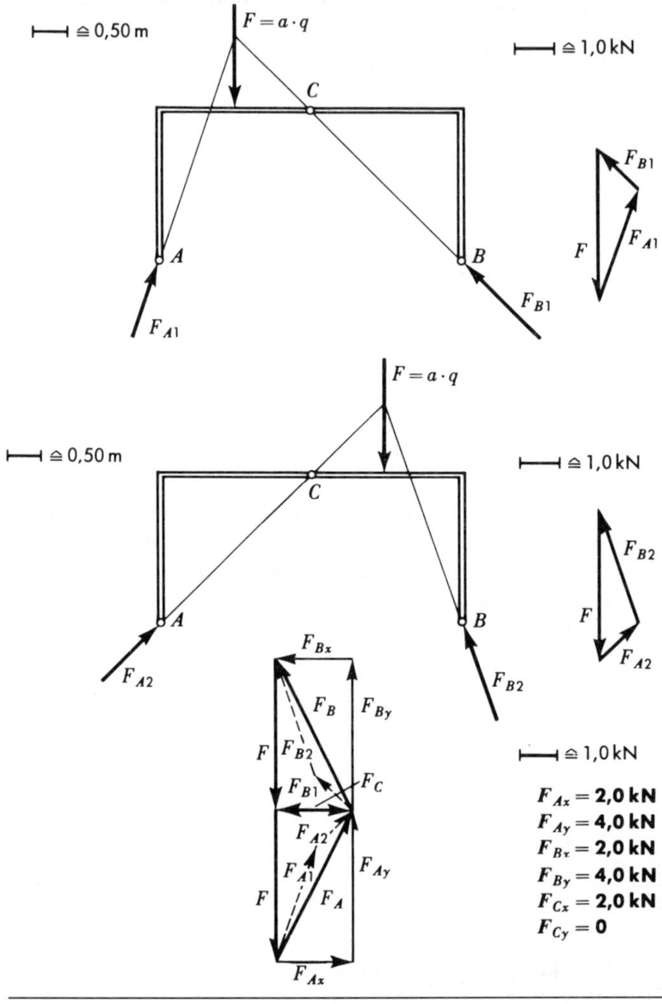

Abb. 8-6: Graphische Lösung für Dreigelenkbogen

Beispiel 2 (Abb. 8-7)
Abgebildet ist ein zweiteiliger Stahlrahmen, dessen beiden Teile in einem Gelenk C miteinander verbunden sind. Die außen angebrachte Seilwinde hebt gleichmäßig eine Masse von 30000 kg. Alle Gelenkkräfte sind analytisch und graphisch zu bestimmen.

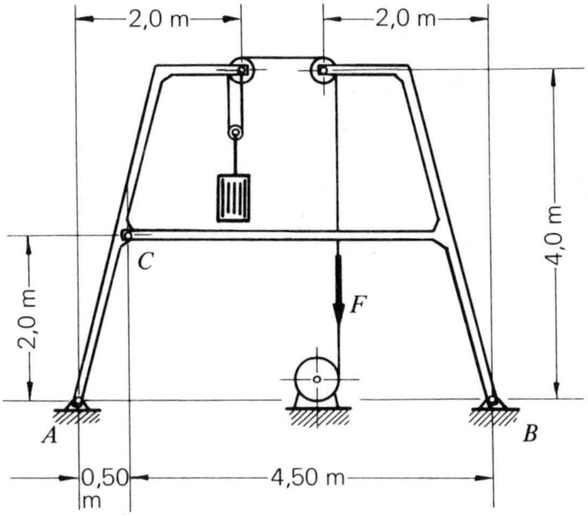

Abb. 8-7: Zweiteiliger Stahlrahmen

Lösung (Abb. 8-8)
Die Seilkraft F beträgt (Zerlegung an der losen Rolle)

$$F = \frac{1}{2} m \cdot g = \frac{1}{2} \cdot 30 \cdot 10^3\,\text{kg} \cdot 9{,}81\,\text{m/s}^2 \cdot \frac{\text{kN}}{10^3\,\text{N}} = 147{,}2\,\text{kN}$$

Die Rollengelenke sind durch die Seilkräfte belastet (s. Beispiel 2 im Abschnitt 3.3.4). Die Annahme der Kraftrichtungen in A und B ist beliebig. Für C gilt das nur für ein System (z.B. Teil I). Im anderen System (II) müssen die Kräfte jeweils entgegengesetzt gerichtet eingeführt werden. Besonders günstig ist es, vom System I + II auszugehen. Als Pol für eine Momentengleichung wird der Schnittpunkt von drei Unbekannten gewählt.

System I + II

$\Sigma M_A = 0 \qquad F_{By} \cdot 5{,}0\,\text{m} - 2\,F \cdot 2{,}0\,\text{m} - F \cdot 3{,}0\,\text{m} = 0$

$$F_{By} = \frac{1}{5{,}0\,\text{m}} \, (2 \cdot F \cdot 2{,}0\,\text{m} + F \cdot 3{,}0\,\text{m})$$

$$\boldsymbol{F_{By} = 1{,}40\,F = 206{,}0\,\textbf{kN}\,(\uparrow)}$$

$\Sigma F_y = 0 \qquad F_{Ay} + F_{By} - 3\,F = 0$

$$F_{Ay} = 3\,F - F_{By}$$

$$\boldsymbol{F_{Ay} = 1{,}60\,F = 235{,}4\,\textbf{kN}\,(\uparrow)}$$

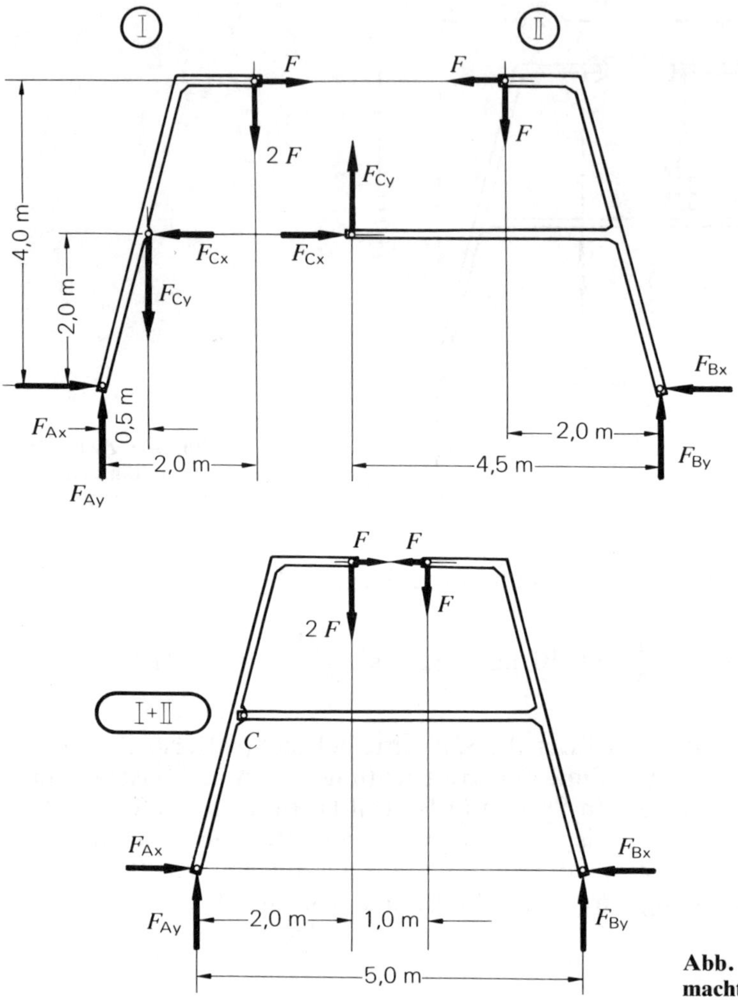

Abb. 8-8: Freigemachter Stahlrahmen

System I

$$\Sigma M_C = 0 \qquad F_{Ax} \cdot 2{,}0\,\text{m} - F_{Ay} \cdot 0{,}5\,\text{m} - 2\,F \cdot 1{,}5\,\text{m} - F \cdot 2{,}0\,\text{m} = 0$$

$$F_{Ax} = \frac{1}{2{,}0\,\text{m}} \left(F_{Ay} \cdot 0{,}5\,\text{m} + 2\,F \cdot 1{,}5\,\text{m} + F \cdot 2{,}0\,\text{m}\right)$$

$$\boldsymbol{F_{Ax} = 2{,}90\,F = 426{,}7\,\text{kN}}\ (\rightarrow)$$

$$\Sigma F_y = 0 \qquad F_{Ay} - F_{Cy} - 2\,F = 0$$

$$F_{Cy} = F_{Ay} - 2\,F$$

$$\mathbf{F_{Cy} = -\,0{,}40\,F = -\,58{,}9\,kN}\ (\uparrow \text{Teil I})$$

Das negative Vorzeichen zeigt an, daß die Kraft in umgekehrter Richtung wie angenommen wirkt. Auf keinen Fall sollte das freigemachte System „korrigiert" werden, da dann Gleichungen und Zeichnung nicht mehr übereinstimmen. Dadurch entstehen im weiteren Verlauf der Rechnung Fehler. Vielmehr soll mit dem vorhandenen System weitergearbeitet werden, wobei konsequent vorzeichenrichtig gerechnet werden muß.

$\Sigma F_x = 0 \qquad -F_{Cx} + F_{Ax} + F = 0$

$$F_{Cx} = F_{Ax} + F$$

$$\mathbf{F_{Cx} = 3{,}90\,F = 573{,}9\,kN}\ (\leftarrow \text{Teil I})$$

System I + II

$\Sigma F_x = 0 \qquad F_{Ax} - F_{Bx} = 0$

$$\mathbf{F_{Bx} = 2{,}90\,F = 426{,}7\,kN}\ (\leftarrow)$$

Die Gleichgewichtsbedingungen für das System II wurden bisher nicht benutzt. Es ist zweckmäßig, diese für eine Kontrollrechnung heranzuziehen.

System II

$\Sigma M_B = 0 \qquad -F_{Cy} \cdot 4{,}5\,\text{m} - F_{Cx} \cdot 2{,}0\,\text{m} + F \cdot 4{,}0\,\text{m} + F \cdot 2{,}0\,\text{m} = 0$

$$-(-0{,}4 \cdot F) \cdot 4{,}5 - 3{,}9 \cdot F \cdot 2 + F \cdot 4 + F \cdot 2 = 0$$

$\Sigma F_x = 0 \qquad F_{Cx} - F - F_{Bx} = 0$

$$3{,}9\,F - F - 2{,}9\,F = 0$$

$\Sigma F_y = 0 \qquad F_{By} - F_{Cy} - F = 0$

$$1{,}4\,F - 0{,}4\,F - F = 0$$

Alle Gleichungen sind erfüllt.

Wenn die Auflagepunkte A und B nicht auf gleicher Höhe sind, empfiehlt sich folgender Weg.

System I + II $\Sigma M_A = 0$

System II $\Sigma M_C = 0$

Das sind zwei Gleichungen für F_{Bx} und F_{By}. Analoge Überlegungen sind auch für mehrteilige Rahmen möglich.

Graphische Lösung (Abb. 8-9)
Der Rahmen wird jeweils einseitig entlastet betrachtet. Der entlastete Teil hat die Funktion einer Pendelstütze. Bei Entlastung von Teil II z.B. verbindet die Wirkungslinie von F_B die Gelenke B und C. Entsprechendes gilt bei Entlastung von Teil I. Die im Rollengelenk wirkenden Kräfte werden zur Resultierenden vereinigt. Die Bedingung für drei Kräfte im Gleichgewicht (gemeinsamer Schnittpunkt, gleichsinnig geschlossenes

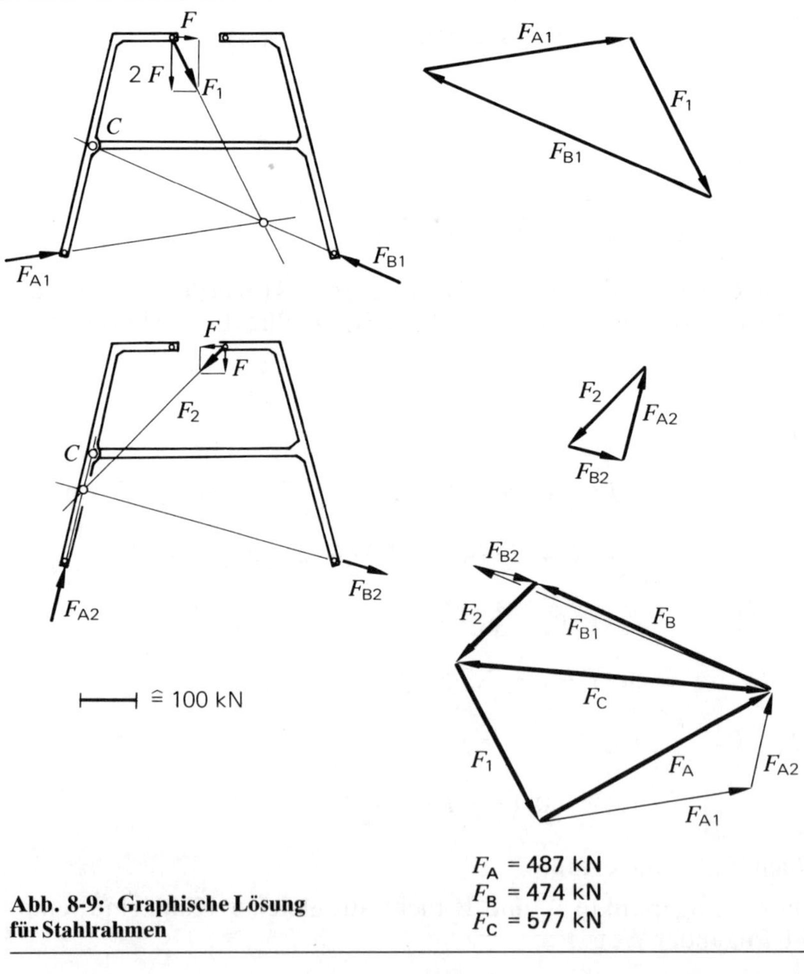

Abb. 8-9: Graphische Lösung für Stahlrahmen

Dreieck) ergibt die Auflagerreaktionen für den einseitig entlasteten Rahmen. Diese werden geometrisch addiert und ergeben die Auflagerkräfte für den voll belasteten Rahmen. Die außen am System angreifenden Kräfte müssen einen geschlossenen Linienzug bilden mit die Gelenkkraft F_C als innerer Kraft. Das erhält man, wenn man nach Festlegung eines Kräftemaßstabes, z.B. die Zeichnung mit F_1 beginnt und in eindeutigem Umfahrungssinn am Rahmen fortfährt. Im vorliegenen Fall F_1 F_A F_B F_2. Die eingezeichnete Diagonale ergibt die Gelenkkraft F_C, denn es müssen F_1 F_A F_C und F_2 F_B F_C im Gleichgewicht sein. Diese Kräfte wirken jeweils an einem Teilabschnitt. Diese Überlegungen schließen die zweite Diagonale als Lösung für F_C aus.

Beispiel 3 (Abb. 8-10)
Die Abbildung zeigt einen Hebemechanismus. Die Last F wird durch einen Hydraulikkolben über den Winkelhebel angehoben, wobei die Rolle C in einem Schlitz abrollt. Für die gezeichnete Lage des Mechanismus sind die Kräfte in den Gelenken A, B und C zu bestimmen.

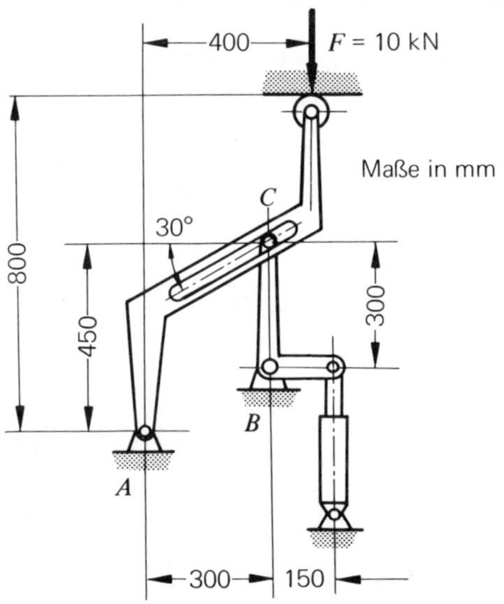

Abb. 8-10: Hubvorrichtung

Analytische Lösung (Abb. 8-11)
Das System wird freigemacht. Im vorliegenden Falle ist die Richtung der Kraft F_C bekannt. Es gelten deshalb folgende Gleichungen:

$$F_{Cx} = F_C \cdot \sin 30°; \qquad F_{Cy} = F_C \cdot \cos 30° \qquad (1)$$

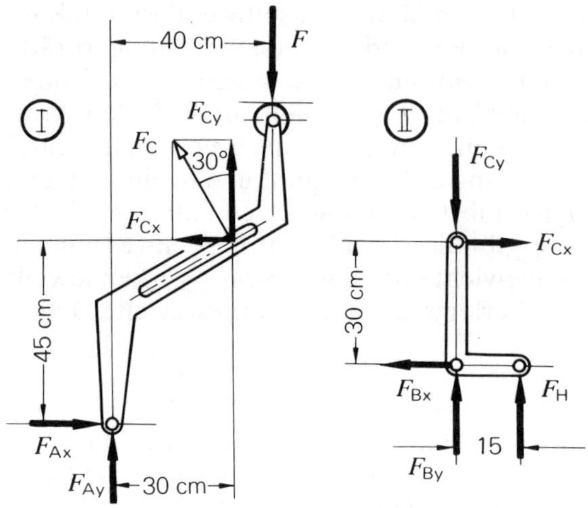

Abb. 8.11: Freigemachte Hubvorrichtung

System I

$$\Sigma M_A = 0; \qquad F_{Cx} \cdot 45\,\text{cm} + F_{Cy} \cdot 30\,\text{cm} - F \cdot 40\,\text{cm} = 0$$

Es wird die Beziehung (1) eingeführt

$$F_C\,(45\,\text{cm} \cdot \sin 30° + 30\,\text{cm} \cdot \cos 30°) - F \cdot 40\,\text{cm} = 0$$

$$F_C = \frac{40\,\text{cm}}{45\,\text{cm} \cdot \sin 30° + 30\,\text{cm} \cdot \cos 30°}\,F$$

$$\boldsymbol{F_C = 8{,}25\,\text{kN}}$$

$$F_{Cx} = 4{,}13\,\text{kN}\ (\leftarrow \text{Teil 1}); \qquad F_{Cy} = 7{,}15\,\text{kN}\ (\uparrow \text{Teil 1})$$

$$\Sigma F_y = 0; \qquad F_{Ay} + F_{Cy} - F = 0;$$

$$\boldsymbol{F_{Ay}} = F - F_{Cy} = \boldsymbol{2{,}85\,\text{kN}}\ (\uparrow)$$

$$\Sigma F_x = 0; \qquad F_{Ax} - F_{Cx} = 0; \qquad \boldsymbol{F_{Ax} = 4{,}13\,\text{kN}}\ (\rightarrow).$$

System II

$$\Sigma M_B = 0; \qquad F_H \cdot 15\,\text{cm} - F_{Cx} \cdot 30\,\text{cm} = 0$$

$$\boldsymbol{F_H} = 2 \cdot F_{Cx} = \boldsymbol{8{,}25\,\text{kN}}\ (\uparrow)$$

Das ist die zum Hub notwendige Kraft am Hydraulikkolben

$$\Sigma F_y = 0 \qquad F_{By} + F_H - F_{Cy} = 0$$

$$F_{By} = F_{Cy} - F_H \qquad \mathbf{F_{By} = -1{,}10\,kN}\ (\downarrow)$$

$$\Sigma F_x = 0 \qquad F_{Bx} - F_{Cx} = 0 \qquad \mathbf{F_{Bx} = 4{,}13\,kN}\ (\leftarrow)$$

Kontrolle: Die drei Gleichgewichtsbedingungen für das System I + II müssen erfüllt sein.

Graphische Lösung (Abb. 8-12)
An beiden Teilen greifen je drei Kräfte an, deren Wirkungslinien einen gemeinsamen Schnittpunkt haben müssen. Bekannt sind die Wirkungslinien der Kräfte F; F_C und F_H. Die in beiden Systemen angreifende Kraft F_C ist jeweils entgegengesetzt gerichtet. Insgesamt erhält man ein gleichsinnig geschlossenes Krafteck aus den außen angreifenden Kräften F, F_A, F_H, F_B mit F_C als innerer Kraft.

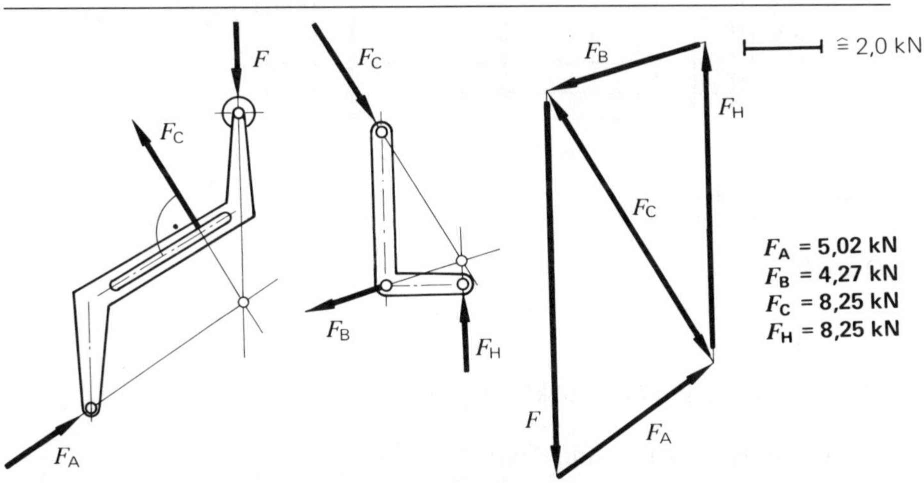

Abb. 8-12: Graphische Lösung für Hubvorrichtung

Beispiel 4 (Abb. 8-13)
Für die abgebildete Greiferzange sind alle Gelenkkräfte unter Vernachlässigung der Eigengewichte zu bestimmen.

Analytische Lösung (Abb. 8-14)
Das System wird freigemacht. Wegen der gegebenen Symmetrie genügt es, eine Hälfte zu betrachten. Die Gleichgewichtsbedingung am Gelenk

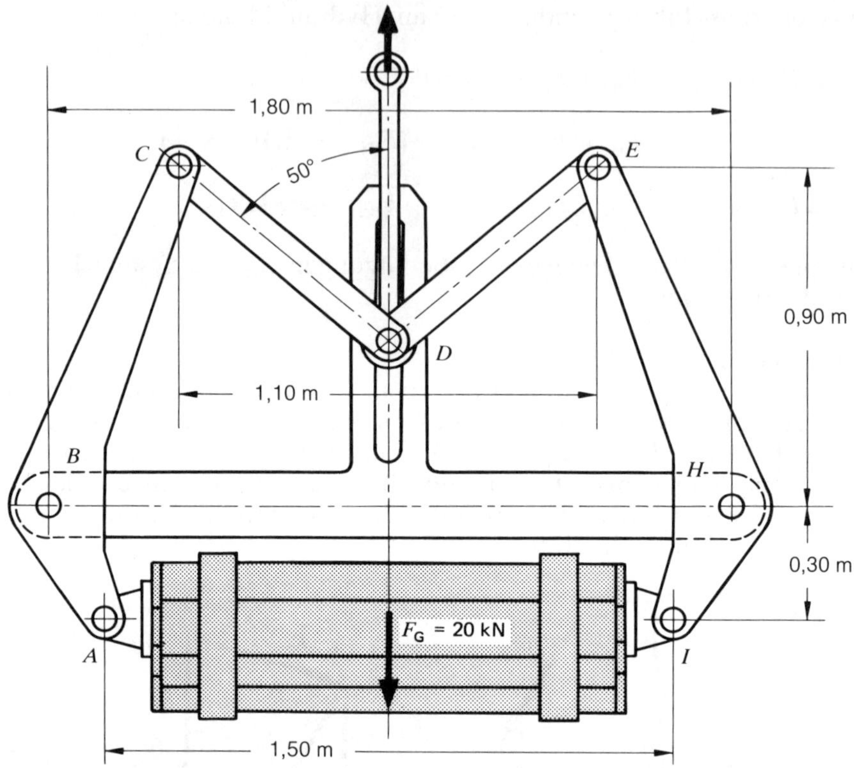

Abb. 8-13: Greiferzange

D ergibt

$$F_D - F_{Cy} - F_{Ey} = 0.$$

Mit $F_{Cy} = F_{Ey}$ und $F_D = 20\,kN$

erhält man $F_{Cy} = 10\,kN$ und damit

$$F_{Cx} = F_{Cy} \cdot \tan 50° = 11{,}92\,kN.$$

Diese Werte ergeben $\boldsymbol{F_C = F_E = 15{,}56\,kN}$ in Richtung CD bzw. DE. Da das Teil BH auch die Bedingung einer Pendelstütze erfüllt, gilt $F_{Bx} = F_B$.

Für den Zangenhebel ABC werden die Gleichgewichtsbedingungen aufgestellt:

$$\Sigma F_y = 0 \qquad F_{Cy} - F_{Ay} = 0$$

$$F_{Ay} = F_{Cy} = 10{,}0\,kN\,(\downarrow)$$

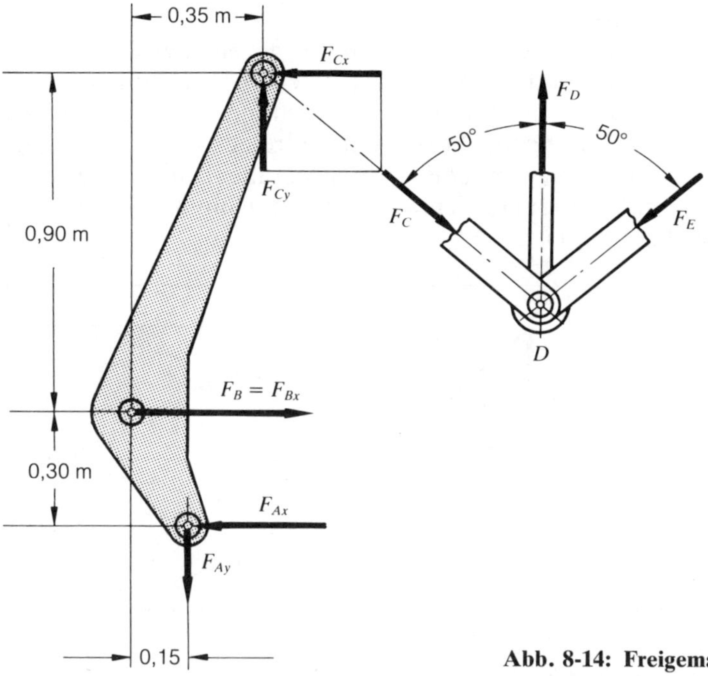

Abb. 8-14: Freigemachte Greiferzange

$\Sigma M_B = 0 \qquad F_{Cx} \cdot 0{,}90\,\text{m} + F_{Cy} \cdot 0{,}35\,\text{m} - F_{Ax} \cdot 0{,}30\,\text{m} - F_{Ay} \cdot 0{,}15\,\text{m} = 0$

$$F_{Ax} = \frac{1}{0{,}3\,\text{m}} \, (F_{Cx} \cdot 0{,}9\,\text{m} + F_{Cy} \cdot 0{,}35\,\text{m} - F_{Ay} \cdot 0{,}15\,\text{m})$$

$$F_{Ax} = \frac{1}{0{,}3\,\text{m}} \, (11{,}92 \cdot 0{,}9 + 10 \cdot 0{,}35 - 10 \cdot 0{,}15)\,\text{kNm}$$

$$F_{Ax} = 42{,}42\,\text{kN}\,(\leftarrow)$$

$\Sigma F_x = 0 \qquad F_B - F_{Cx} - F_{Ax} = 0$

$$F_B = F_{Cx} + F_{Ax} = (11{,}92 + 42{,}42)\,\text{kN}$$

$$F_B = 54{,}34\,\text{kN}\,(\rightarrow)$$

Die Kontrolle $\Sigma M_A = 0$ ist erfüllt.
Mit diesen Werten erhält man

$$\boldsymbol{F_A = F_I = 43{,}58\,\text{kN} \qquad F_B = F_H = 54{,}34\,\text{kN}.}$$

Graphische Lösung (Abb. 8-15)
Zunächst wird das Kräftedreieck für den Punkt D gezeichnet. Damit liegt die Kraft F_c nach Größe und Richtung fest. Die Wirkungslinien von F_c und F_B sind bekannt. Der Schnittpunkt beider verbunden mit A ergibt die Wirkungslinie von F_A. Das dazugehörige Kräftedreieck liefert die Kräfte F_A und F_B. Damit ist das System gelöst. Werden alle Teile freigemacht und die Kraftecke ineinander gezeichnet, erhält man ein Kräftepolygon, wie es zusätzlich abgebildet ist.

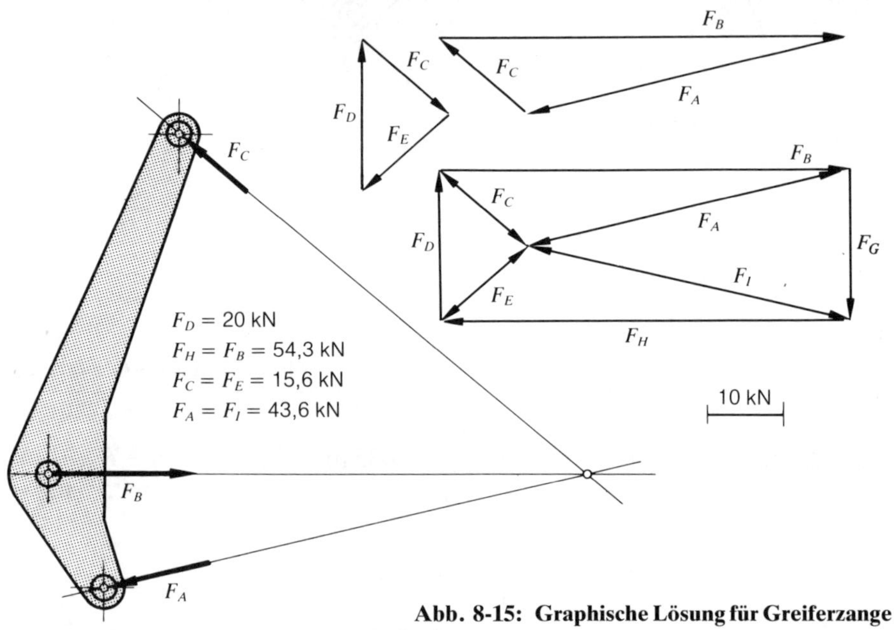

Abb. 8-15: Graphische Lösung für Greiferzange

Beispiel 5 (Abb. 8-16)
Für den abgebildeten Schaufellader sind die durch die Belastung F_{Sy} und F_{Sx} verursachten Gelenkkräfte zu berechnen. Die Lage der einzelnen Gelenkpunkte ist für das eingezeichnete Koordinatensystem tabellarisch gegeben.

Lösung (Abb. 8-17)
Das System wird freigemacht.

Teil A B (Schaufel)
Die Wirkungslinie der Kraft F_A liegt in der Verbindungslinie AC. Aus ähnlichen Dreiecken erhält man:

$$\frac{F_{Ay}}{F_{Ax}} = \frac{y_A - y_C}{x_A - x_C} = \frac{16\,\text{cm}}{88\,\text{cm}} \;; \qquad F_{Ay} = 0{,}1818\,F_{Ax}.$$

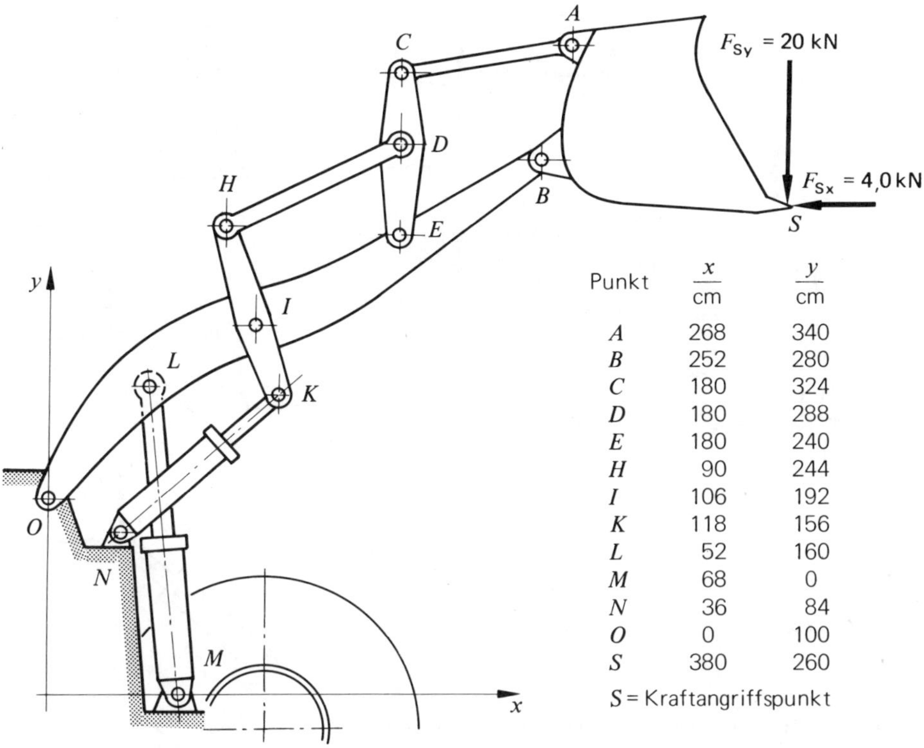

Punkt	$\frac{x}{\text{cm}}$	$\frac{y}{\text{cm}}$
A	268	340
B	252	280
C	180	324
D	180	288
E	180	240
H	90	244
I	106	192
K	118	156
L	52	160
M	68	0
N	36	84
O	0	100
S	380	260

S = Kraftangriffspunkt

Abb. 8-16: Schaufellader

Begonnen wird mit einer Momentengleichung für B:

$$\Sigma M_B = 0; \qquad -F_{Ay}(x_A - x_B) + F_{Ax}(y_A - y_B) - F_{Sy}(x_F - x_B) - F_{Sx}(x_B - y_F) = 0.$$

In diese Gleichung wird die Beziehung für F_{Ay} eingesetzt.

Man erhält

$F_{Ax} = 46{,}2\,\text{kN}$; $\quad F_{Ay} = 8{,}40\,\text{kN}$; $\quad \mathbf{F_A = 47{,}0\,kN}$

$\Sigma F_y = 0$; $\quad F_{By} - F_{Ay} - F_{Sy} = 0$; $\quad F_{By} = 28{,}4\,\text{kN}$

$\Sigma F_x = 0$; $\quad F_{Bx} - F_{Sx} - F_{Ax} = 0$; $\quad F_{Bx} = 50{,}2\,\text{kN}$; $\quad \mathbf{F_B = 57{,}7\,kN.}$

Kontrolle: $\qquad \Sigma M_A = 0.$

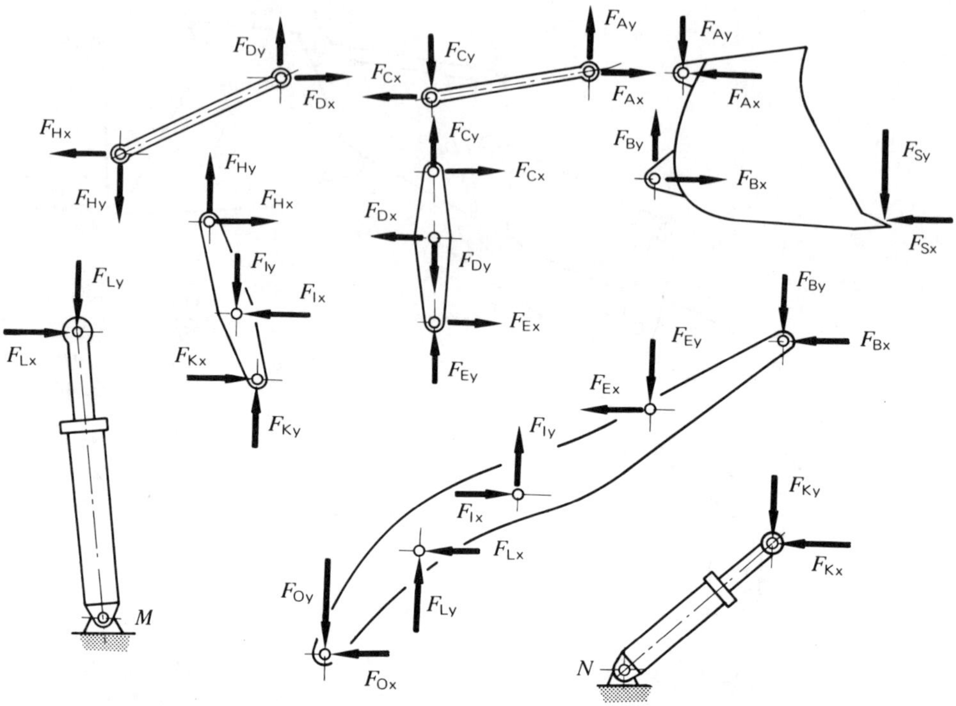

Abb. 8-17: Freigemachte Bauteile des Schaufelladers

Teil A C (Stab)

$$\boldsymbol{F_C} = F_A = \mathbf{47{,}0\,kN}.$$

Teil C D E (senkrechte Position)

Die Kraft F_D wirkt in Richtung DH

$$\frac{F_{Dy}}{F_{Dx}} = \frac{\Delta y}{\Delta x} = \frac{44\,\text{cm}}{90\,\text{cm}} \;; \qquad F_{Dy} = 0{,}4889\,F_{Dx}$$

$$\Sigma M_E = 0; \qquad -F_{Cx}(y_C - y_E) + F_{Dx}(y_D - y_E) = 0$$

$$F_{Dx} = 80{,}9\,\text{kN}; \qquad F_{Dy} = 39{,}6\,\text{kN}; \qquad \boldsymbol{F_D} = \mathbf{90{,}1\,kN}$$

$$\Sigma F_y = 0; \qquad F_{Ey} - F_{Dy} + F_{Cy} = 0; \qquad F_{Ey} = 31{,}2\,\text{kN}$$

$$\Sigma F_x = 0; \qquad F_{Ex} + F_{Cx} - F_{Dx} = 0$$

$$F_{Ex} = 34{,}7\,\text{kN}; \qquad \boldsymbol{F_E} = \mathbf{46{,}6\,kN}.$$

Kontrolle: $\Sigma M_D = 0$.

Teil H D (Stab)

$$\boldsymbol{F_H} = F_D = \mathbf{90{,}1\,kN.}$$

Teil H I K

Die Kraft F_K wirkt in Richtung N K

$$F_{Ky} = \frac{\Delta y}{\Delta x} F_{Kx} = \frac{72\,\text{cm}}{82\,\text{cm}} F_{Ky} = 0{,}8780 \cdot F_{Kx}$$

$$\Sigma M_I = 0;$$

$$-F_{Hy}(x_I - x_H) - F_{Hx}(y_H - y_I) + F_{Ky}(x_K - x_I) + F_{Kx}(y_I - y_K) = 0$$

$F_{Kx} = 104{,}0\,\text{kN}$; $F_{Ky} = 91{,}3\,\text{kN}$; $\boldsymbol{F_K} = \mathbf{138{,}4\,kN}$

$\Sigma F_y = 0$; $-F_{Iy} + F_{Ky} + F_{Hy} = 0$; $F_{Iy} = 130{,}9\,\text{kN}$

$\Sigma F_x = 0$; $-F_{Ix} + F_{Hx} + F_{Kx} = 0$

$F_{Ix} = 185{,}0\,\text{kN}$; $\boldsymbol{F_I} = \mathbf{226{,}6\,kN.}$

Kontrolle: $\Sigma M_K = 0$.

Teil N K (Stab)

$$\boldsymbol{F_N} = F_K = \mathbf{138{,}4\,kN.}$$

Teil B E I L O

Die Kraft F_L wirkt in Richtung M L

$$F_{Ly} = \frac{160\,\text{cm}}{16\,\text{cm}} F_{Lx} = 10\,F_{Lx}$$

$$\Sigma M_0 = 0;$$

$$F_{Bx}(y_B - y_O) - F_{By}x_B + F_{Ex}(y_E - y_O) - F_{Ey}x_E$$
$$- F_{Ix}(y_I - y_O) + F_{Iy}x_I + F_{Lx}(y_L - y_O) + F_{Ly}x_L = 0$$

$F_{Lx} = 3{,}5\,\text{kN}$; $F_{Ly} = 34{,}6\,\text{kN}$; $\boldsymbol{F_L} = \mathbf{34{,}8\,kN}$

$\Sigma F_y = 0;$

$- F_{0y} + F_{Ly} + F_{Iy} - F_{Ey} - F_{By} = 0; \qquad F_{0y} = 106{,}0\,\text{kN}$

$\Sigma F_x = 0; \qquad - F_{0x} - F_{Lx} + F_{Ix} - F_{Ex} - F_{Bx} = 0$

$F_{0x} = 96{,}6\,\text{kN}; \qquad \boldsymbol{F_0 = 143{,}4\,\text{kN}}.$

Kontrolle: $\Sigma M_I = 0$.

Teil L M (Stab) $\qquad \boldsymbol{F_M} = F_L = \mathbf{34{,}8\,kN}.$

Die Richtigkeit der Rechnung kann man u.a. mit Hilfe der CULMANNschen Konstruktion nachprüfen. Die drei Auflagerkräfte des Systems F_M F_N F_O müssen mit der Schaufelkraft F_S ein gleichsinnig geschlossenes Kräfteviereck ergeben mit der CULMANNschen Geraden als Diagonalen. Die Lösung ist jedoch auf diesem Wege nicht möglich, da die Richtung der Kraft F_O unbekannt ist.

Die graphische Lösung dieser Aufgabe könnte so erfolgen, daß analog zum Rechengang abschnittsweise die oben behandelten Verfahren angewendet werden. Bei den Teilen ABS; CDE; HIK handelt es sich um drei Kräfte im Gleichgewicht. Aus den entsprechenden Kräftedreiecken sind die Belastungen des Hauptträgers bekannt. Die Auflagerreaktionen in L und O könnte man mit Hilfe des Seilecks ermitteln.

Aufgaben zum Kapitel 8

Hinweis: Die Aufgaben sind analytisch zu lösen. Die Ergebnisse sind mit Hilfe unabhängiger Gleichungen und/oder graphisch zu kontrollieren.

A 8-1 bis 5 Für den abgebildeten Dreigelenkrahmen sind alle Gelenkkräfte zu bestimmen.

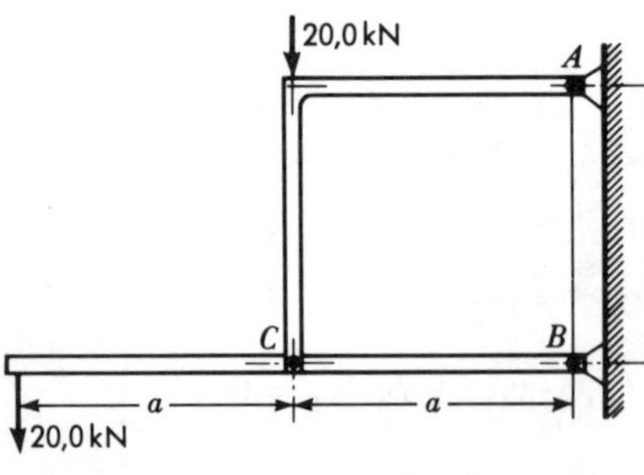

Abb. A 8-1

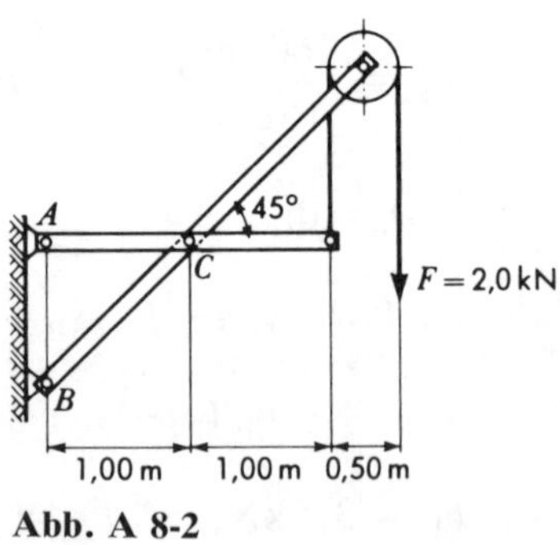

Abb. A 8-2

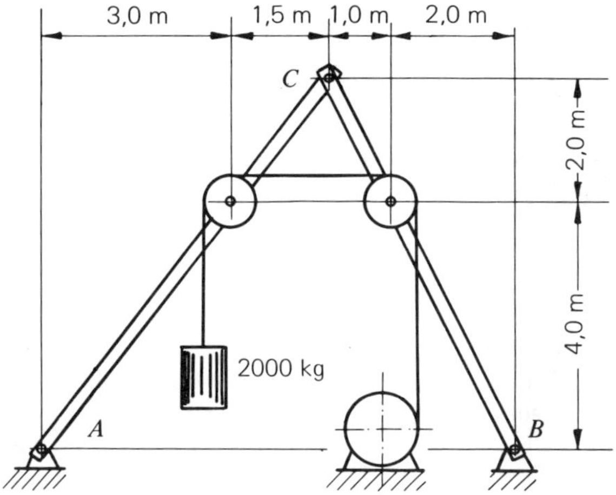

Abb. A 8-3

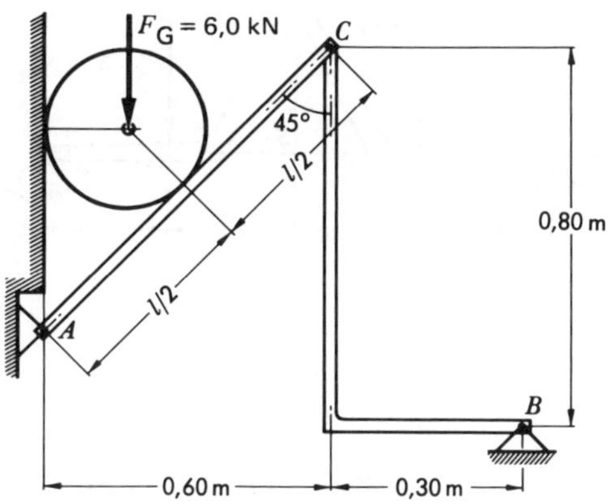

Abb. A 8-4

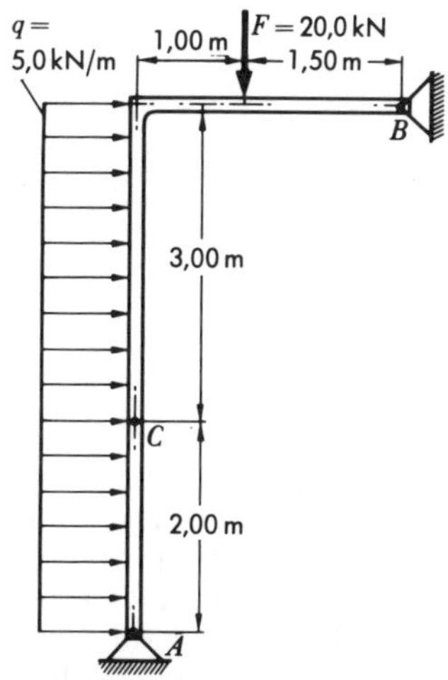

Abb. A 8-5

A 8-6 Für den abgebildeten Dreigelenkrahmen sind alle Gelenkkräfte zu bestimmen. Die Kraft F_2 greift an der Stütze BC an.

A 8-7 Der abgebildete Rahmen ist in A gelenkig fixiert und in B horizontal verschieblich gelagert. Das Seil S liegt in der Verbindungslinie AB. Zu bestimmen sind alle Gelenkkräfte und die Seilkraft. Wie ändern sich die Gelenkkräfte, wenn man das Seil entfernt und dafür das Gelenk B als Festlager ausführt.

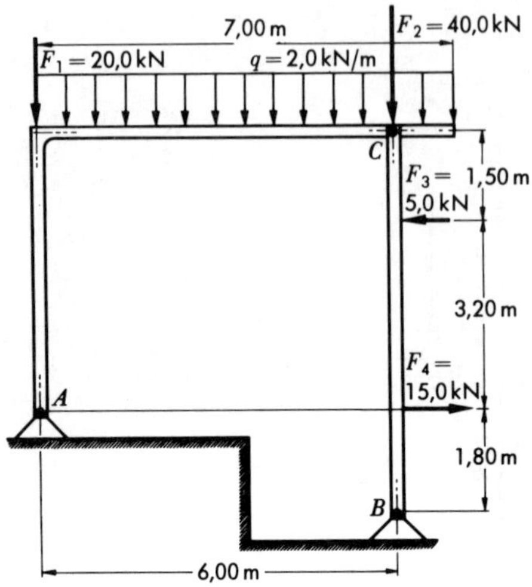

Abb. A 8-6

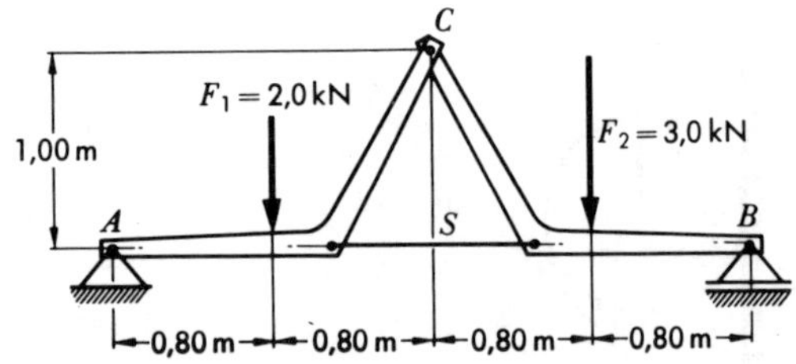

Abb. A 8-7

A 8-8 Die Skizze zeigt einen Spreizmechanismus, wie er z.B. zum Zustellen einer Backenbremse verwendet wird. Die Geometrie soll bei vorgegebenen Werten a und b so bestimmt werden, daß bei der Zustellung die Kraft verdoppelt wird, d.h. die Kraft am Hydraulikkolben F_H soll doppelt so groß sein wie die Seilkraft S. Für diese Bedingung sind die Längen $l_{AC} = l_{BC}$ und l_{AD} zu bestimmen. Die Lösung soll allgemein erfolgen und für a = 50,0 mm und b = 25,0 mm ausgewertet werden.

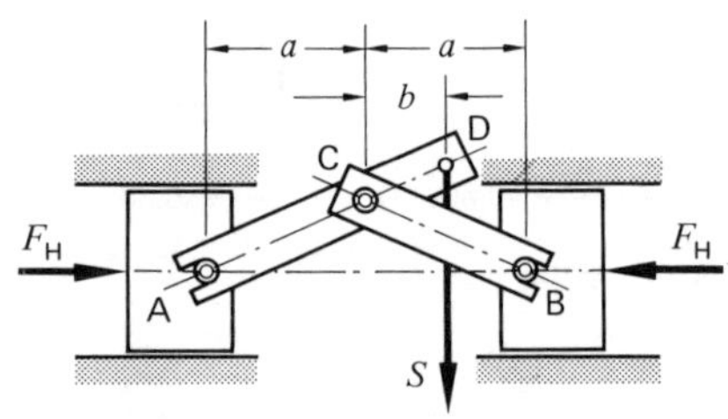

Abb. A 8-8

A 8-9 Für die skizzierte Greiferzange sind alle Gelenkkräfte und die Kräfte an der Greifstelle zu bestimmen.

A 8-10 bis 13 Für den abgebildeten, mehrteiligen Rahmen sind die Auflagerreaktionen und die Gelenkkräfte zu bestimmen.

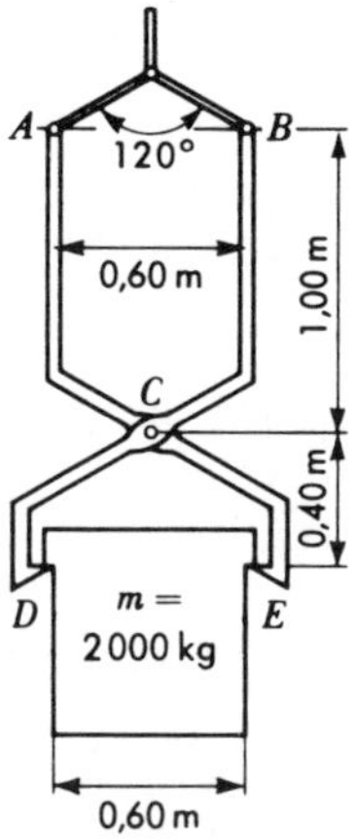

Abb. A 8-9

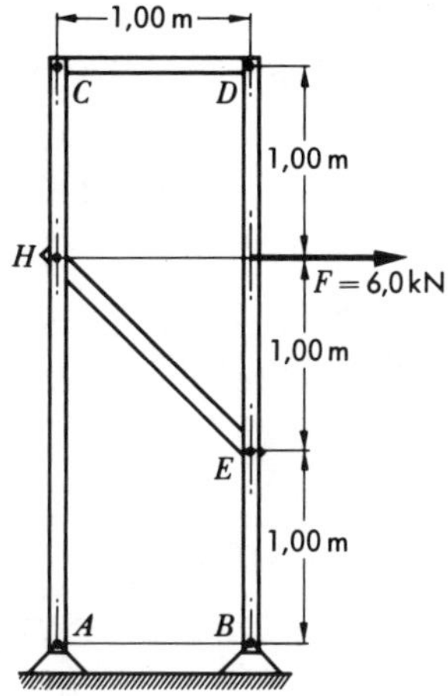

Abb. A 8-10

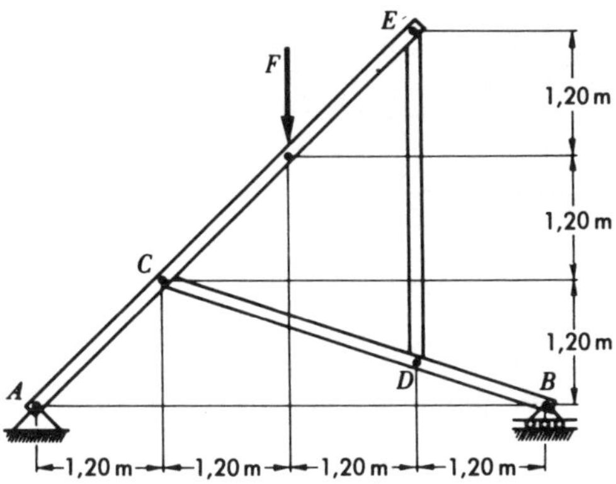

Abb. A 8-11

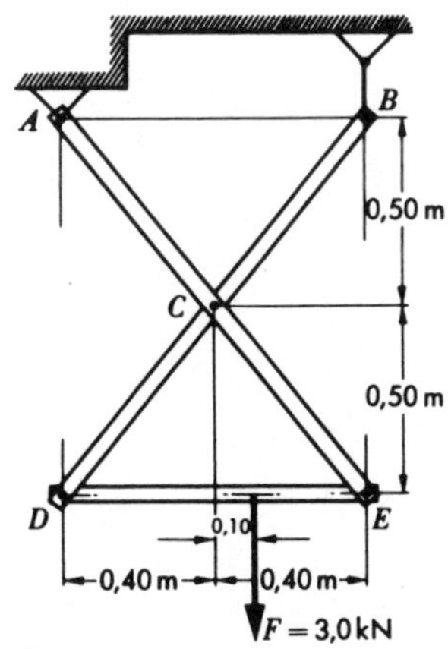

Abb. A 8-12

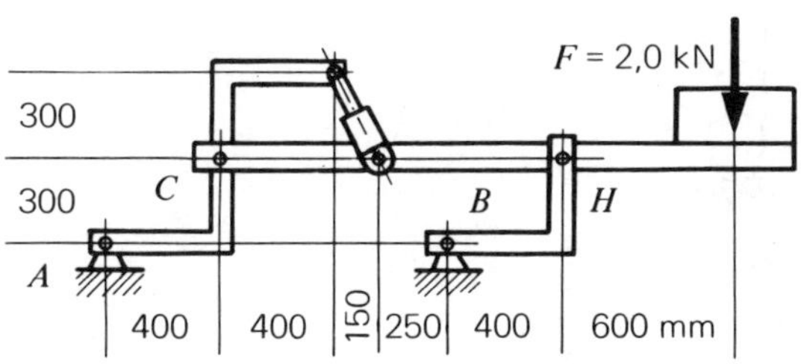

Abb. A 8-13

A 8-14/15 Für die in der Abb. A 5-12/13 skizzierten mehrteiligen Rahmen sind die Auflagerreaktionen und alle Gelenkkräfte zu bestimmen.

A 8-16 Die Abbildung zeigt vereinfacht eine Radaufhängung. Für eine vertikale Radkraft von 10,0 kN sind alle Gelenkkräfte und die Kraft im Federbein zu bestimmen.

A 8-17 Für den skizzierten Hebebaum sind die Auflagerreaktionen und alle Gelenk- und Seilkräfte zu bestimmen.

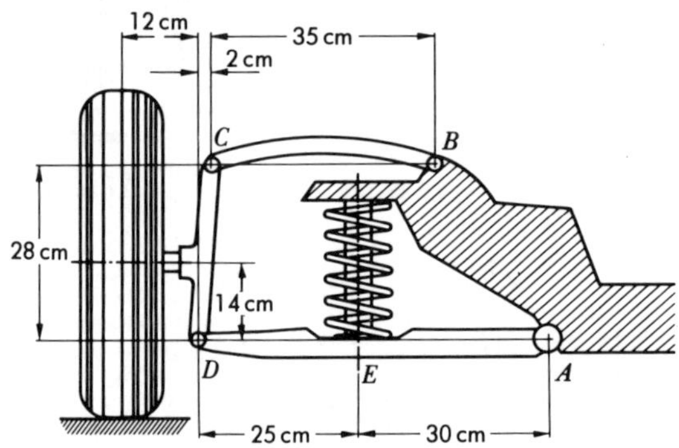

Abb. A -8-16

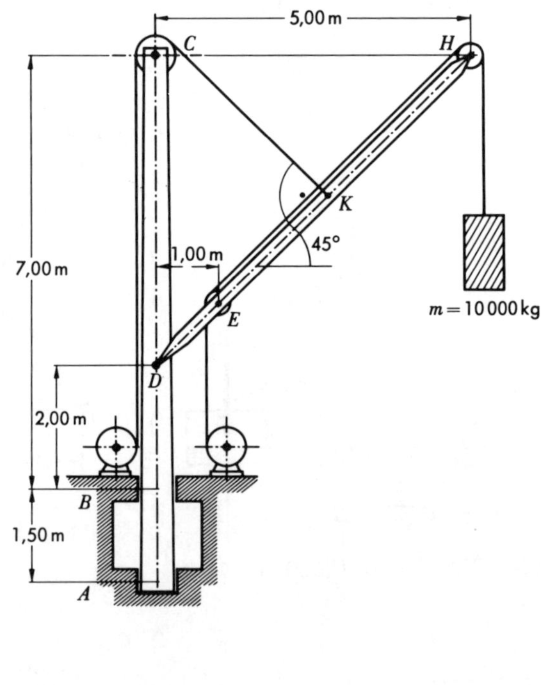

Abb. A 8-17

A 8-18 Für die abgebildete Zange ist die an den Schneiden wirkende Kraft für eine Handkraft $F = 120$ N zu bestimmen. Die dabei auftretenden Gelenkkräfte sind zu berechnen. Die Federkraft beträgt in der gezeichneten Stellung 5,0 N.

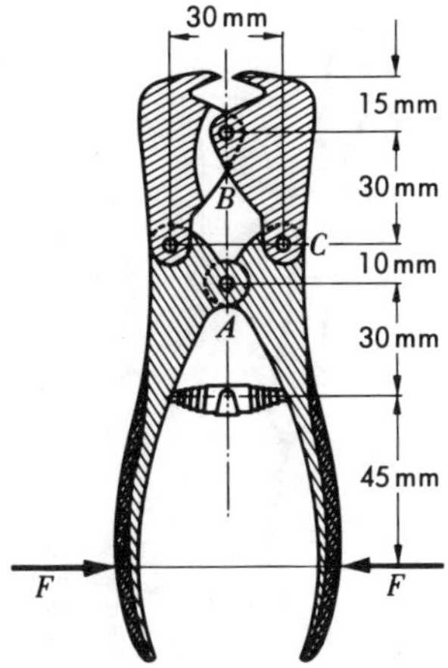

Abb. A 8-18

A 8-19 Für den Raupenbagger sind alle Gelenkkräfte für die eingezeichnete Schaufelkraft von 200 kN zu bestimmen. Die Lager der Gelenkpunkte ist für das eingezeichnete Koordinatensystem tabellarisch gegeben.

Pkt	*x*/m	*y*/m
S	6,3	0
A	4,5	1,4
B	5,1	1,9
C	4,5	4,1
D	4,5	4,3
E	4,7	5,7
H	3,5	5,0
I	1,6	3,1
K	0,8	3,2
L	1,3	2,2

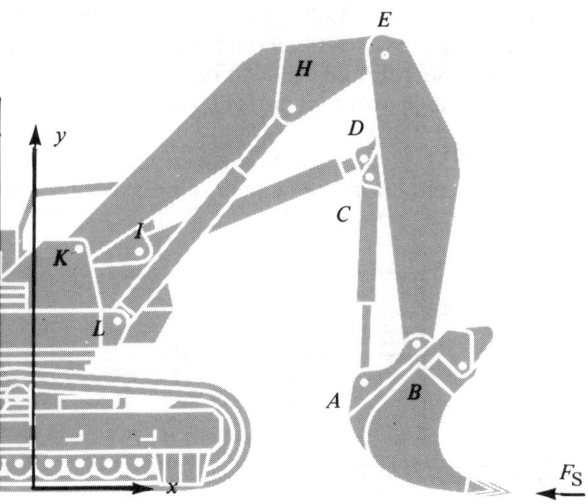

Abb. A 8-19

A 8-20 Die Abbildung zeigt vereinfacht eine Kurbelschleife. An der Kurbel MA wirkt in der skizzierten Position ein Moment $M = 800$ Nm. Die Reibung am Kulissenstein A kann vernachlässigt werden. Zu bestimmen sind das an die Achse B übertragene Moment und die Gelenkkraft in B.

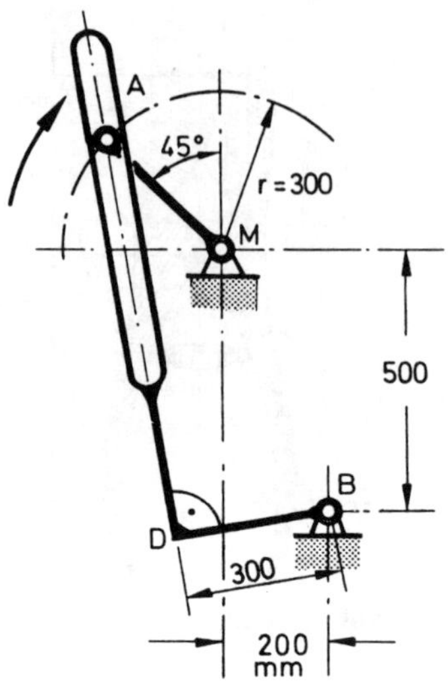

Abb. A 8-20

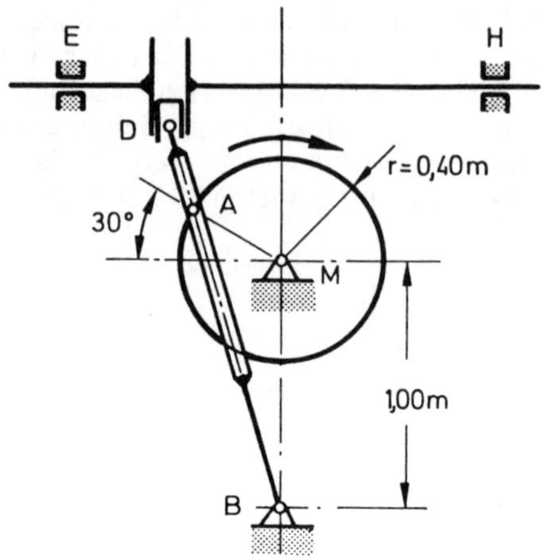

Abb. A 8-21

A 8-21 Im skizzierten System wird durch die Kurbel MA die Stange EH gegen eine Kraft von $F = 3{,}0$ kN verschoben. Dabei wirkt in D an der Schleife BD eine Reibungskraft $F_R = 200$ N nach unten. Die Länge l_{BD} beträgt 1,60 m, der Kulissenstein A sei reibungsfrei. Zu bestimmen sind für diese Position das an der Kurbel notwendige Moment und alle Gelenkkräfte.

A 8-22/23/24 Das abgebildete System besteht aus zwei Trägern, die mit Stäben verbunden sind. Für die gegebene Belastung sind die Auflagerreaktionen und alle Stabkräfte zu bestimmen.

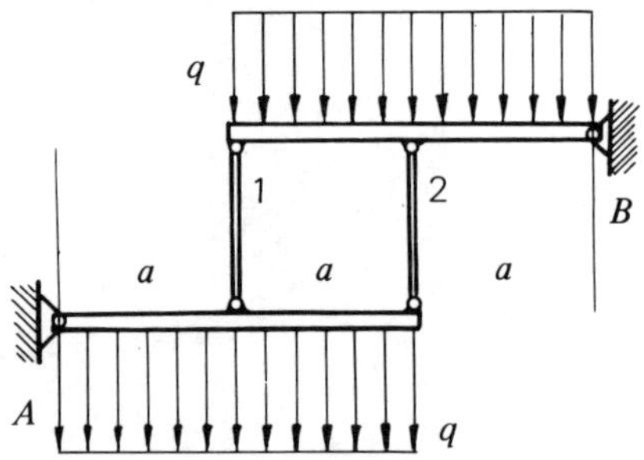

Abb. A 8-22

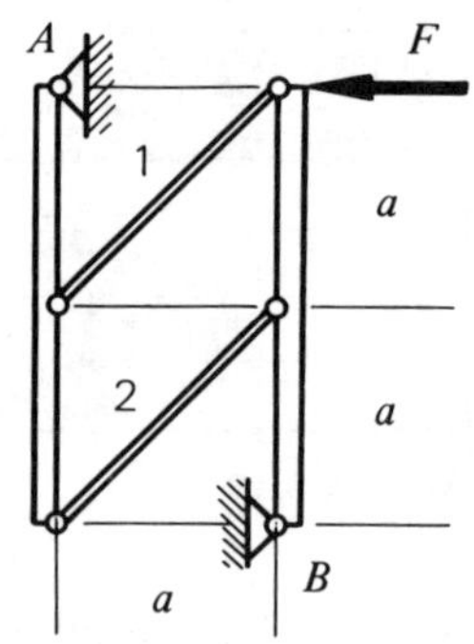

Abb. A 8-23

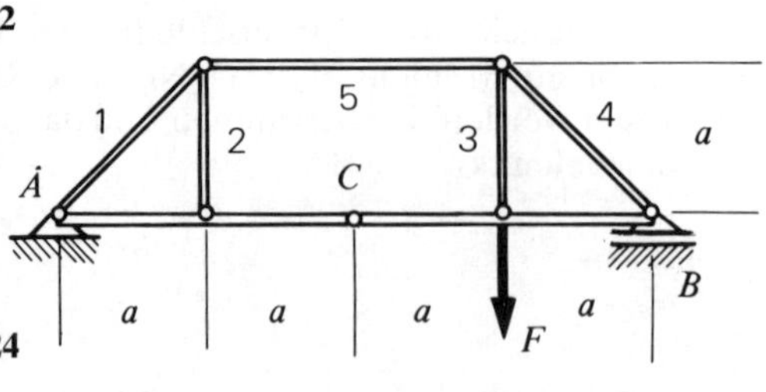

Abb. A 8-24

A 8-25 Die Abbildung zeigt vereinfacht ein Standsystem, wie es z.B. fahrbare Krane verwenden. Für die Belastung $F_G = 30$ kN sind die Gelenkkräfte und die Kräfte in den Hydraulikkolben zu bestimmen.

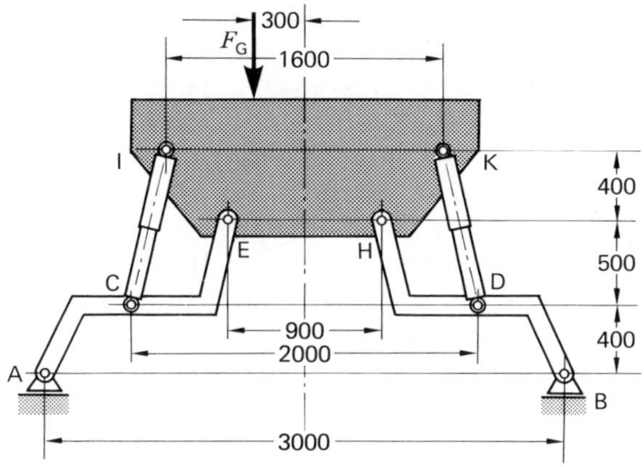

Abb. A 8-25

A 8-26 Abgebildet ist ein Teil eines Rüttelprüfstandes für Autokarosserien. Für die am Haltekopf eingeleitete Belastung $F = 50{,}0$ kN, die unter dem Winkel $\beta = 20°$ wirkt, sind alle Gelenkkräfte und die Kraft im Hydraulikkolben zu bestimmen. Die beim Rütteln durch die Massen des Gestänges verursachten Kräfte können naturgemäß im Rahmen der Statik nicht berücksichtigt werden.

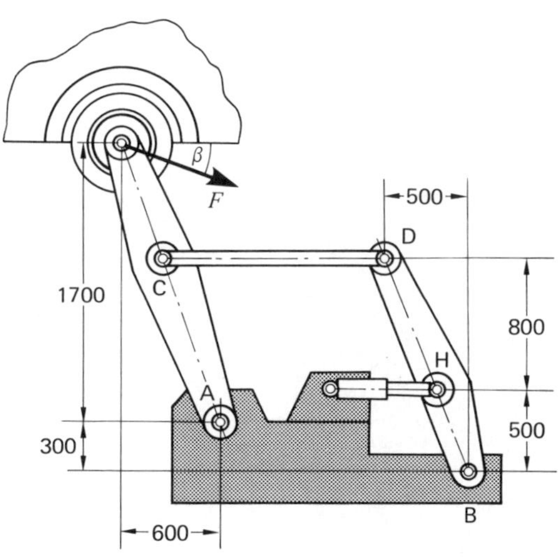

Abb. A 8-26

8.3 Zusammenfassung

Ein Rahmen in dem hier definierten Sinne besteht aus mehreren Bauteilen, die mit reibungslos angenommenen Gelenken verbunden sind. Die Belastung ist beliebig. Das unterscheidet den Rahmen vom Fachwerk, das nur in den Gelenken belastet ist (s. nachfolgendes Kapitel). Für die Berechnung der Gelenkkräfte müssen alle Teile freigemacht werden. Dabei ist zu beachten, daß die Kräfte eines Gelenks an den beiden Teilen, die das Gelenk verbindet, immer entgegengesetzt gerichtet eingeführt werden müssen (actio = reactio). Für einen statisch bestimmten Rahmen stimmen Anzahl der Gleichungen und der Unbekannten überein. Gleichgewichtsbedingungen für ganze Baugruppen dürfen dabei nicht mitgezählt werden. Überschüssige Gleichungen sollten immer als Kontrollgleichungen verwendet werden.

Graphische Lösungen haben vor allem die Aufgabe einer unabhängigen Kontrolle. Diese ist besonders einfach, wenn man Einzelteile auf Systeme mit drei Kräften reduzieren kann (Dreieckskonstruktion). Die Kräfte können vorteilhaft aus einer Skizze mit dem sin- und cos-Satz berechnet werden.

9. Das ebene, statisch bestimmte Fachwerk

9.1 Allgemeines

Ein Fachwerk wird aus Stäben gebildet, die in Knotenpunkten miteinander verbunden sind. Es wird zur Übertragung von Kräften benutzt. Als Beispiele seien Kranausleger, Brückenträger und Gittermaste genannt.

In den nachfolgenden Abschnitten werden Methoden für die Bestimmung der in den Stäben wirkenden Kräfte abgeleitet. Die Aufgabe der Festigkeitslehre ist es, danach die richtigen Stababmessungen festzulegen.

Die Bestimmung der einzelnen Stabkräfte mit den bisher hier behandelten einfachen Mitteln ist nur unter einer Reihe von Voraussetzungen möglich.

1. Die Stäbe sind in den Knoten durch reibungsfreie Gelenke verbunden. Das trifft in der Praxis nicht zu. Die Knoten bestehen aus Knotenblechen, auf die die einzelnen Stäbe z.B. geschweißt sind. Man führt demnach für die Berechnung anstatt einer Einspannung am Knotenblech ein festes Gelenk ein, unterschlägt also in der Berechnung ein eventuell wirkendes Einspannmoment am Knotenblech.
2. Das Fachwerk wird nur in den Knoten belastet. Auch das trifft in der Praxis nur teilweise zu. Eigenmassen, Windkräfte usw. sind kontinuierlich verteilte Lasten. Für die Berechnung der Stabkräfte werden sie auf die benachbarten Knoten verteilt.
3. Liegen mehrere Knoten in einer Linie, dann verbindet sie nicht ein gemeinsamer Stab, sondern jeder Stab verbindet jeweils nur zwei benachbarte Knoten.

Unter diesen Voraussetzungen sind die Stabachsen identisch mit den Wirkungslinien von Kräften.

Die Bestimmung der Stabkräfte soll hier auf statisch bestimmte Fachwerke beschränkt werden. Es soll deshalb an dieser Stelle untersucht werden, unter welchen Bedingungen ein Fachwerk statisch bestimmt ist.

Das Grundelement des statisch bestimmten Fachwerkes ist der aus drei Stäben und drei Knoten gebildete Dreieckverband (s. Abb. 9-1). Jede Knotenkraft kann in die beiden Stabrichtungen zerlegt werden. Wie die gleiche Abbildung zeigt, ist ein Gebilde aus vier Stäben beweglich und als Bauelement der Statik nicht nutzbar. Man nennt ein solches System *„nicht tragfähig"*.

Ein statisch bestimmtes Fachwerk entsteht, wenn man, ausgehend von einem Dreiecksverband, zwei Stäbe an je einen Knoten befestigt und sie in einem neuen Knoten verbindet (Abb. 9-2). Setzt man dieses Verfahren fort, dann liefern jeweils zwei neue Stäbe einen neuen Knoten. Unter Berücksichtigung des Ausgangsdreiecks erhält man folgende Beziehung zwischen Anzahl der Stäbe s und Anzahl der Knoten k

$$s = 2k - 3.$$

Berücksichtigt man weiter, daß für die statisch bestimmte Lagerung des Fachwerks drei Auflagerreaktionen, die man auch durch Stabkräfte ersetzen könnte, notwendig sind, dann erhält man

$$s = 2k.$$

Bei Benutzung dieser Beziehung müssen für ein Festlager zwei Stäbe (x- und y-Richtung) und ein Rollenlager ein Stab gezählt werden.

Für $s < 2k$ handelt es sich nicht um ein Fachwerk, sondern um einen nicht tragfähigen Mechanismus, für $s > 2k$ ist das Fachwerk stabil, aber statisch unbestimmt (Abb. 9-3).

Es gibt zwei Arten von statisch bestimmten Fachwerken. Das *Fachwerk mit einfachem Aufbau* ist, ausgehend von einem Dreieck durch Hinzufü-

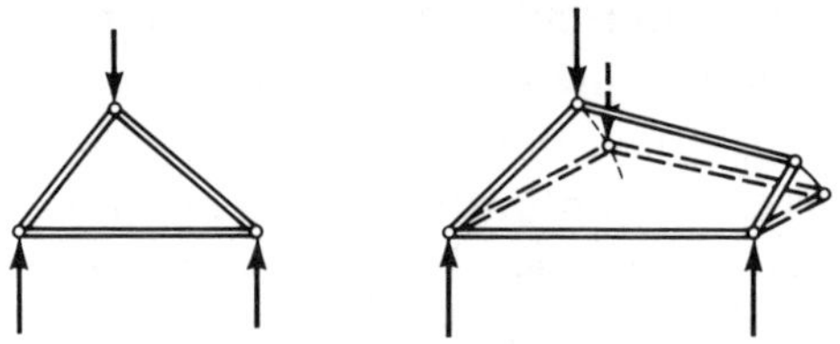

Abb. 9-1: Tragfähiger und nicht tragfähiger Stabverband

Abb. 9-2: Aufbau eines Fachwerks

Abb. 9-3: Statisch bestimmtes Fachwerk; statisch unbestimmtes Fachwerk; nicht tragfähiger Stabverand

gen von jeweils zwei Stäben und einem Knoten entstanden (Abb. 9-4a). Das Fachwerk Abb. 9-4b erfüllt auch die Bedingungs $s = 2\,k$, läßt sich aber nicht wie oben beschrieben konstruieren. Das Verfahren versagt in dem mittleren Feld. Es handelt sich um ein *Fachwerk mit nicht einfachem Aufbau.*

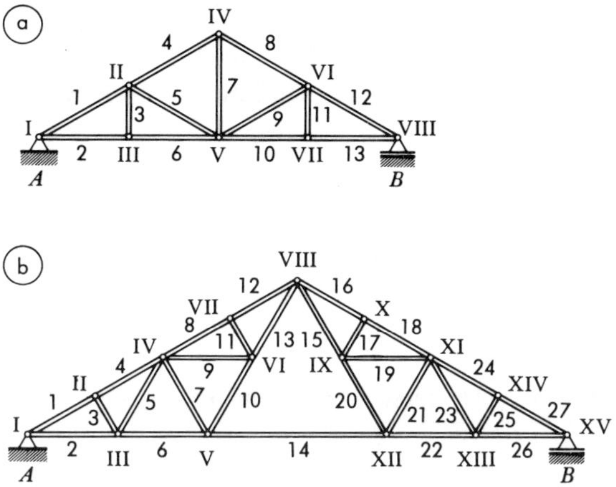

Abb. 9-4: Fachwerk mit einfachem und nicht einfachem Aufbau

Die Bedingung $s = 2\,k$ kann für ein gesamtes Fachwerk erfüllt sein, obwohl Teilabschnitte statisch unbestimmt sind bzw. einen Mechanismus darstellen. Abb. 9-5 zeigt ein solches Gebilde. Der linke Teil besteht aus einem statisch unbestimmten Fachwerk, der rechte Teil aus einem Mechanismus, das Gesamtsystem ist nicht tragfähig.

Die in Abschnitt 6.5 angegebenen Bedingungen für statisch bestimmte Lagerung müssen eingehalten werden, wenn für das Fachwerk ohne Lagerung $s = 2\,k - 3$ gilt.

Aus dem oben Gesagten folgt, daß für die statische Bestimmtheit die Bedingung $s = 2\,k$ notwendig, aber nicht hinreichend ist. Man muß untersuchen, ob alle Teilabschnitte die Bedingung $s = 2\,k - 3$ erfüllen (Teilfachwerke enthalten keine Lagerkräfte).

Weiterhin muß geklärt werden, ob bei statisch bestimmtem Fachwerk die Lagerung statisch bestimmt ausgeführt ist. Es muß auch beachtet werden, daß ein im Fachwerk fehlender Stab durch ein außen angebrachtes

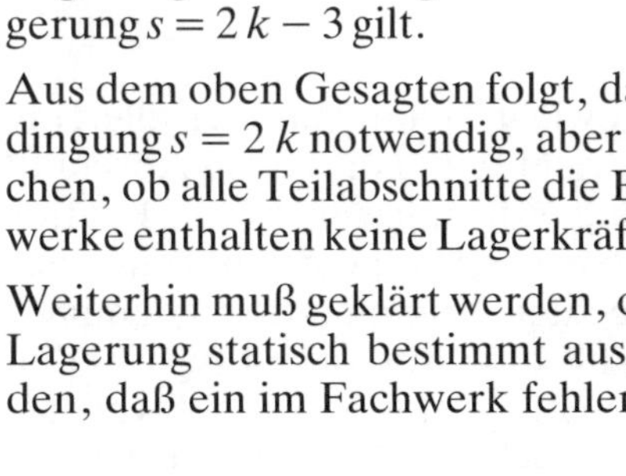

Abb. 9-5: Fachwerk mit statisch unbestimmtem und nicht tragfähigem Teilfachwerk

Auflager ersetzt werden kann. Die hier aufgeworfenen Fragen behandelt ausführlich das Beispiel 2 im nachfolgenden Abschnitt.

In einem statisch bestimmten Fachwerk können auch viereckige Felder vorkommen, obwohl das Dreieck das Konstruktionsprinzip darstellt (Abb. 9-6).

Es ist üblich, die Stabkräfte mit arabischen, die Knoten mit römischen Ziffern zu numerieren. Man kann auch Obergurt-, Untergurt-, Vertikal- und Diagonalstäbe unterscheiden und sie mit *O, U, V* und *D* bezeichnen (Abb. 9-7). Dabei bilden die Ober- und Untergurtstäbe die äußere Begrenzung des Fachwerkes.

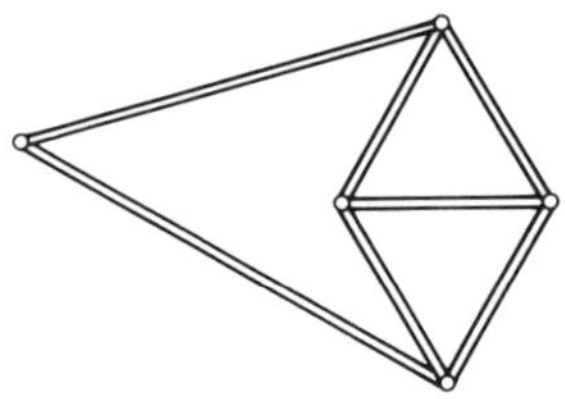

Abb. 9-6: Felder im statisch bestimmten Fachwerk

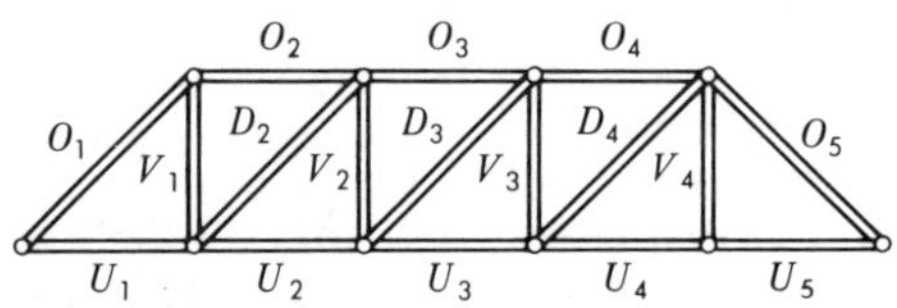

Abb. 9-7: Bezeichnungen am Fachwerk

9.2 Das Fachwerk mit einfachem Aufbau

9.2.1 Analytische Methode

Wenn das gesamte Fachwerk im Gleichgewicht ist, müssen auch alle Teilabschnitte bzw. alle Knoten im Gleichgewicht sein. Da, wie im Abschnitt 9.1 dargelegt, die Stabachsen gleichzeitig Wirkungslinien von Kräften sind, ergeben sich für die einzelnen Knoten Kräftesysteme mit gemeinsamem Angriffspunkt. Für jeden freigemachten Knoten müssen demnach die Gleichungen $\Sigma F_x = 0$; $\Sigma F_y = 0$ erfüllt sein. Aus diesen zwei Bedingungen können jeweils zwei unbekannte Stabkräfte berechnet werden. Die Berechnung kann demnach nur an einer Stelle beginnen, wo ein Knoten nicht mehr als zwei Stäbe mit unbekannten Stabkräften vereinigt. Dazu ist es meistens erforderlich, die Auflagerreaktionen des Fachwerkes mit dem in den vorhergehenden Abschnitten besprochenen Methoden zu bestimmen. Sehr oft ergeben sich Rechenvereinfachungen, wenn man für die Bestimmungsgleichungen gedrehte Koordinatensysteme verwendet (siehe Abschnitt 3.2).

In vielen Fachwerken gibt es Stäbe, die bei Vernachlässigung der Eigenmassen bzw. anderer kontinuierlich verteilter Kräfte keine Kraft übertragen und die nur zur Versteifung des Fachwerkes bzw. aus Stabilitätsgründen eingebaut sind. Man nennt diese Stäbe *Nullstäbe* oder *Blindstäbe*. Es ist zweckmäßig, diese vor Beginn der Berechnung im Lageplan besonders zu kennzeichnen. Die Bestimmung der Blindstäbe basiert auf der Überlegung, daß drei Kräfte an einem Punkt nur dann im Gleichgewicht sein können, wenn davon zwei Kräfte nicht kollinear sind. Sind zwei Kräfte kollinear, z. B. S_1 und S_2 in Abb. 9-8, dann erhält man $S_3 = 0$ aus $\Sigma F_y = 0$ und $S_1 = S_2$ aus $\Sigma F_x = 0$. Die zwei kollinearen Kräfte sind im Gleichgewicht, die dritte Kraft muß gleich Null sein.

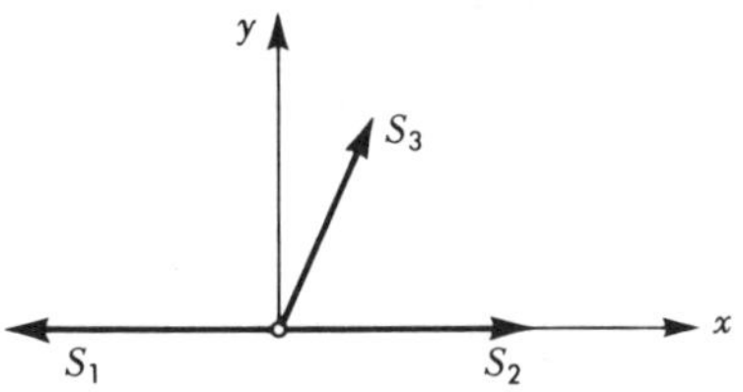

Abb. 9-8: Zum Begriff „Nullstab"

Abb. 9-9 zeigt die Anwendung dieser Überlegung auf Fachwerke. Im Falle a) sind V_1 und F im Gleichgewicht, O_1 ist Blindstab, im Falle b) sind die Lagerkraft und V_1 im Gleichgewicht, U_1 ist Blindstab, im Fall c) bzw. d) sind V_0 und V_1 bzw. S_1 und S_2 im Gleichgewicht, U_1 bzw. S_3 sind Blindstäbe. Im letzten Fall e) ist das Detail eines symmetrischen Fachwerkes mit symmetrischer Belastung gezeichnet. Aus Symmetriegründen müssen S_3 und S_4 beide ziehen oder drücken, das ist aber nicht möglich, da $\Sigma F_y = 0$ sein muß. Gleichgewicht ist also in diesem Falle nur möglich für $S_3 = S_4 = 0$.

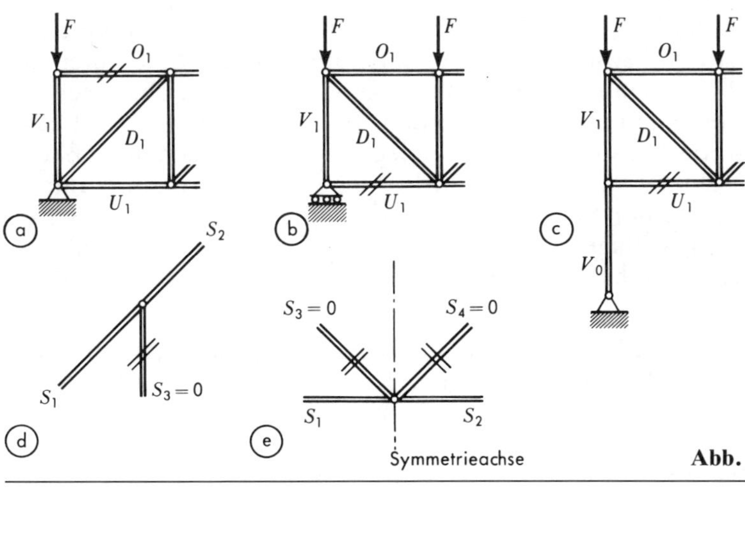

Abb. 9-9: Nullstäbe

Für eine Berechnung müssen die Richtungen der Stabkräfte zunächst angenommen werden. Das Vorzeichen ergibt, ob diese Annahme richtig war. Wie in der Abb. 9-10 gezeigt, verursacht ein Zugstab am Knoten eine Kraft, die von diesem weggerichtet ist. Für Druckstäbe gilt entsprechendes umgekehrt. Es ist üblich, alle Stäbe zunächst als Zugstäbe anzunehmen, d.h. die dazugehörige Kraft vom Knoten weggerichtet einzuführen. Unter dieser Voraussetzung gilt folgender Formalismus. *Der Zugstab ist durch eine positive Stabkraft gekennzeichnet, der Druckstab durch eine negative.*

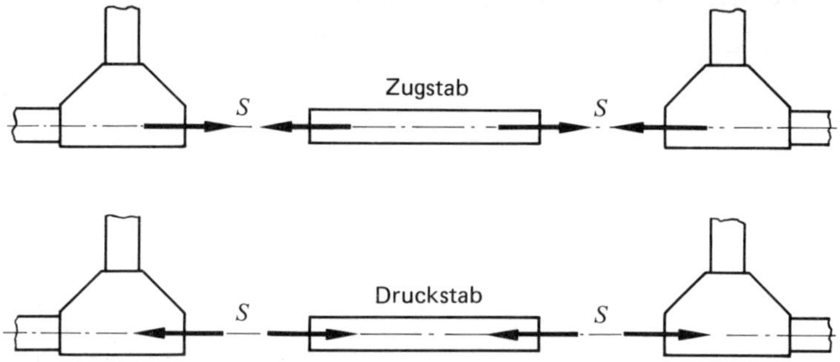

Abb. 9-10: Wirkung von Zug- und Druckstab am Knoten

9.2.2 Graphische Methode (Cremona-Plan) *)

Für jeden freigemachten Knoten muß das Krafteck gleichsinnig geschlossen sein. Mit Hilfe dieser Bedingung können zwei unbekannte Stabkräfte ermittelt werden. Die Konstruktion muß an einem Knoten mit zwei unbekannten Stabkräften beginnen. Auch bei der graphischen Lösung ist es zweckmäßig, die Blindstäbe vor Beginn der Zeichnung zu kennzeichnen.

Jede Stabkraft muß zweimal gezeichnet werden, da sie als innere Kraft zweimal auftritt und zwar an den beiden Knoten, die der Stab miteinander verbindet. Der Umfahrungssinn des Kraftecks ergibt, ob es sich um einen Zug- oder einen Druckstab handelt. Es ist möglich, die Kraftecke der einzelnen Knoten so aneinander zu legen bzw. zu zeichnen, daß jede Stabkraft nur einmal mit beiden Pfeilrichtungen als innere Kraft auftritt (vgl. Polstrahl bei der Seileckkonstruktion) und ein aus den äußeren Kräften und den Auflagerreaktionen gebildetes gleichsinnig geschlossenes Kraftwerk entsteht. Diese Konstruktion nennt man CREMONA-Plan.

Zum Zeichnen des CREMONA-Plans ist es notwendig, alle am Fachwerk angreifenden Kräfte außen an den Knoten anzutragen. Greift eine Kraft an einem inneren Knoten an, dann überträgt man sie mit einem

*) Cremona, Luigi (1830-1903).

Hilfsstab von außen auf diese Knoten (Abb. 9-11). Durch den Hilfsstab werden die anderen Kräfte nicht geändert. Weiterhin ist es notwendig, die Stabkräfte in der Reihenfolge im Kräfteplan zu zeichnen, die ein einheitlicher Umfahrungssinn am Knoten angibt (s. Beispiel 1).

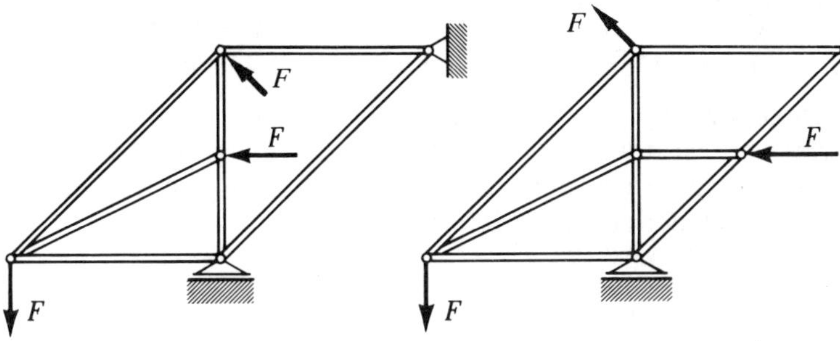

Abb. 9-11: Notwendige Kraftverschiebungen für CREMONA-Plan

Beispiele zum Abschnitt 9.2

Beispiel 1 (Abb. 9-12)

Für das abgebildete Fachwerk sind alle Stabkräfte nach Größe und Vorzeichnen zu bestimmen.

Analytische Lösung

Das Fachwerk ist statisch bestimmt. Blindstäbe sind nicht enthalten. Die Berechnung kann am Knoten I oder, nach Ermittlung der Auflagerreaktionen, am Knoten V beginnen. Beide Knoten verbinden zwei Stäbe.

Aus Gründen der Anschaulichkeit soll der Vorzeichenformalismus für die Stabkräfte hier nicht benutzt werden, d.h. diese werden nicht grund-

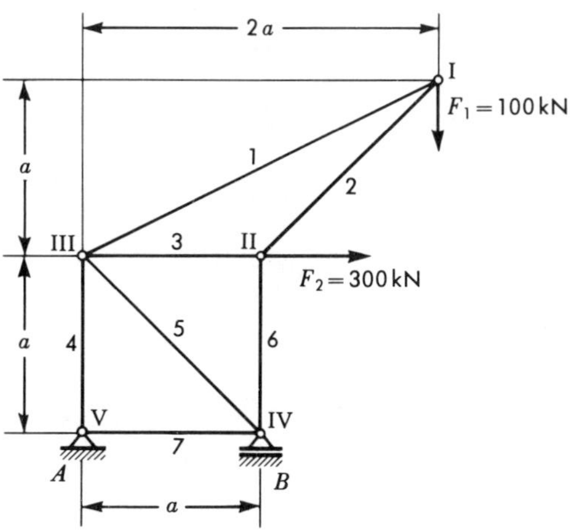

Abb. 9-12: Ausleger

sätzlich vom Knoten weggerichtet eingeführt. Vielmehr soll aus der Anschauung vorher überlegt werden, welche Stäbe Zug-, welche Druckkräfte übertragen. Seile können nur Zugkräfte aufnehmen. Deshalb sind alle Stäbe, die man bei Wahrung der Stabilität durch Seile ersetzen kann, Zugstäbe. Die anderen sind Druckstäbe. Als Beispiel soll der Stab 5 betrachtet werden. An seine Stelle sei ein Seil eingefügt gedacht. In diesem Falle würde die Kraft F_2 das aus den Stäben 3 ; 4 ; 7 ; 6 gebildete Quadrat zum Umklappen bringen. Der Stab 5 muß demnach ein Druckstab sein.

Der Leser überlege sich auf ähnliche Weise, daß die Stäbe 2 und 6 auch durch Druckkräfte belastet werden. Entsprechend sind in der Abb. 9-13 die Knoten freigemacht. Sind diese vorher angestellten Überlegungen fehlerfrei, müssen alle Rechenergebnisse positiv sein.

Knoten I (Abb. 9-13)
Es ist zweckmäßig, mit einem um 45° gedrehten Koordinatensystem zu arbeiten. Der Winkel des Stabes 1 zur Horizontalen beträgt

$$\tan\alpha = 0{,}50 \qquad \alpha = 26{,}6^\circ$$

$$\Sigma F_y = 0 \qquad + S_1 \cdot \cos 71{,}6^\circ - F_1 \cdot \sin 45^\circ = 0$$

$$\mathbf{S_1} = F_1 \cdot \frac{\sin 45^\circ}{\cos 71{,}6^\circ} = \mathbf{223{,}6\,kN}$$

$$\Sigma F_x = 0 \qquad S_2 - S_1 \cdot \sin 71{,}6^\circ - F_1 \cdot \cos 45^\circ = 0$$

$$\mathbf{S_2 = 282{,}8\,kN.}$$

Knoten II

$$\Sigma F_y = 0 \qquad S_6 - S_2 \cdot \sin 45^\circ = 0; \qquad \mathbf{S_6 = 200\,kN}$$

$$\Sigma F_x = 0 \qquad - S_3 - S_2 \cdot \cos 45^\circ + F_2 = 0; \qquad \mathbf{S_3 = 100\,kN}$$

Knoten III

$$\Sigma F_x = 0 \qquad -S_5 \cdot \cos 45^\circ + S_3 + S_1 \cdot \cos 26{,}6^\circ = 0$$

$$\mathbf{S_5 = 424{,}3\,kN}$$

$$\Sigma F_y = 0 \qquad -S_4 + S_5 \cdot \sin 45^\circ + S_1 \sin 26{,}6^\circ = 0$$

$$\mathbf{S_4 = 400\,kN.}$$

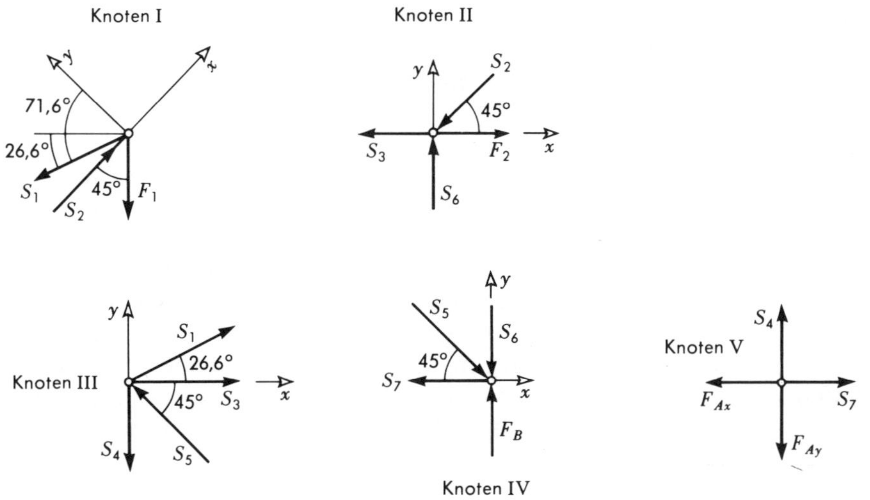

Abb. 9-13: Freigemachte Knoten des Auslegers

Knoten IV

$\Sigma F_x = 0 \qquad -S_7 + S_5 \cdot \cos 45° = 0; \qquad \boldsymbol{S_7 = 300\,kN}$

$\Sigma F_y = 0 \qquad F_B - S_6 - S_5 \sin 45° = 0; \qquad \boldsymbol{F_B = 500\,kN}$

Knoten V

$\Sigma F_x = 0 \qquad S_7 - F_{Ax} = 0; \qquad \boldsymbol{F_{Ax} = 300\,kN}$

$\Sigma F_y = 0 \qquad S_4 - F_{Ay} = 0; \qquad \boldsymbol{F_{Ay} = 400\,kN.}$

Kontrolle: Auflagerreaktionen aus den drei Gleichgewichtsbedingungen bestimmen.

Zusammenfassung der Ergebnisse:

Nr. Stab i	$\frac{S_i}{kN}$	+ Zug – Druck
1	223,6	+
2	282,8	–
3	100,0	+
4	400,0	+
5	424,3	–
6	200,0	–
7	300,0	+

Auflagerreaktionen

$$F_{Ax} = 300\,\text{kN}\,(\leftarrow); \qquad F_{Ay} = 400\,\text{kN}\,(\downarrow); \qquad F_B = 500\,\text{kN}\uparrow$$

Graphische Lösung (Abb. 9-13/14/15)
Die freigemachten Knoten zeigt die Abbildung 9-13. Für jeden Knoten wird das Kräftepolygon gezeichnet. Dabei kann die Konstruktion nur dort beginnen, wo eine bekannte Kraft (bzw. wo bekannte Kräfte) auf zwei Stäbe aufzuteilen sind. Diese Bedingung erfüllt hier der Knoten I. Das dazugehörige Krafteck ist in Abb. 9-14 rechts oben gegeben. Aus dem Umlaufsinn der Kraftpfeile ergibt sich: Stab 1 zieht am Knoten I (Zubstab), Stab 2 drückt auf den gleichen Knoten (Druckstab). Die Kräfte sind in der Reihenfolge F_1 S_1 S_2 aneinander gesetzt. Das entspricht am Knoten selbst einem Umfahrungssinn entgegengesetzt Uhrzeigersinn.

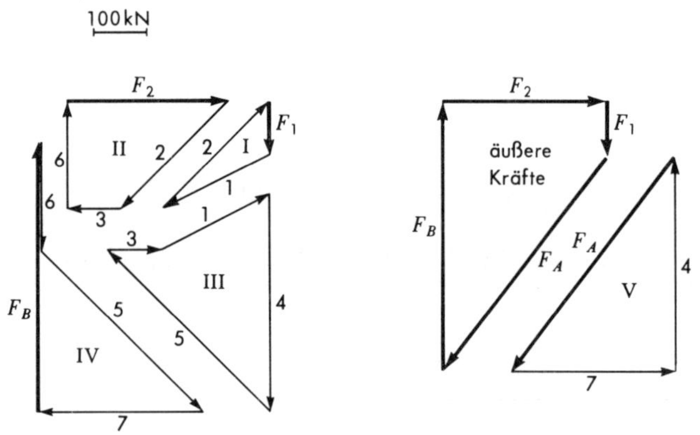

Abb. 9-14: Kraftecke für Auslegerknoten

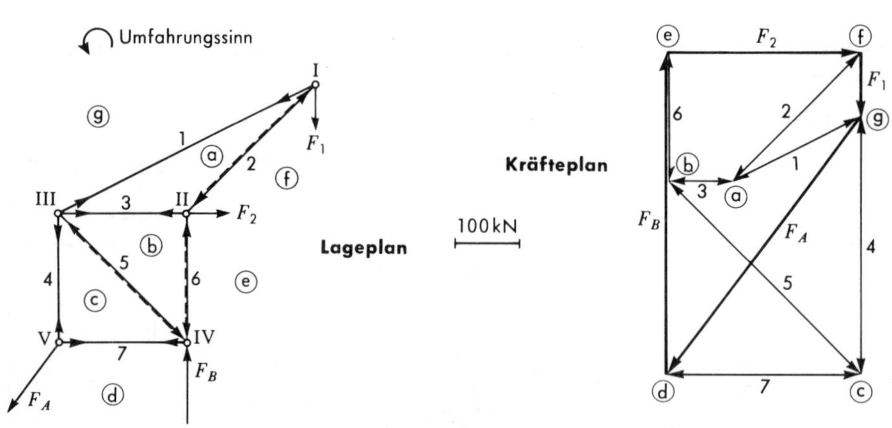

Abb. 9-15: CREMONA-Plan für Ausleger

Behält man einen einmal angenommenen Umfahrungssinn bei, dann ergibt sich eine besonders einfache Konstruktion (CREMONAplan s.u.).

Am Knoten II wirken die nunmehr bekannte Kraft S_2 als Reaktionskraft, die Belastung F_2 und die unbekannten Stabkräfte S_3 und S_6. Im angenommenen Umfahrungssinn ist die erste bekannte Kraft F_2. Mit dieser beginnt die Konstruktion. Man setzt die Kräfte F_2 und S_2 (Reaktionskraft am Knoten nach unten wirkend!) aneinander und schließt mit S_3 und S_6. Nach dem gleichen Schema werden die Kraftecke für alle Knoten gezeichnet (Abb. 9-14). Dabei wählt man als nächsten Knoten denjenigen aus, an dem noch zwei unbekannte Stabkräfte wirken. Man erkennt, daß alle Stabkräfte zweimal mit jeweils umgekehrtem Richtungssinn auftreten, denn ein Stab verbindet zwei Knoten. Hier bietet sich eine Zeichenvereinfachung an. Es ist möglich, alle Kraftecke so zusammenzuschieben, daß jede Stabkraft nur einmal zu zeichnen ist. Das Ergebnis ist der Plan nach Abb. 9-15. Er wird CREMONAplan genannt.

Beispiel 2 (Abb. 9-16)
Zu bestimmen ist, ob die Fachwerke a) bis j) statisch bestimmt oder unbestimmt und ob sie tragfähig sind.

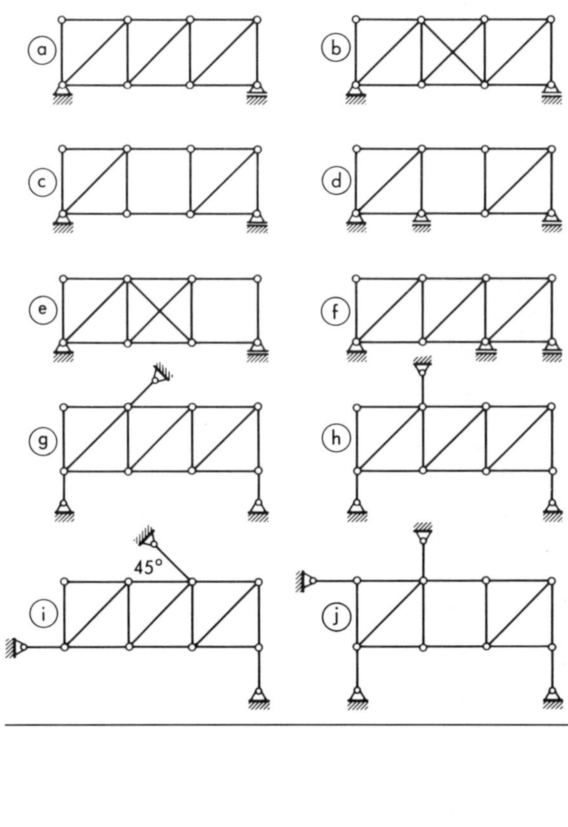

Abb. 9-16: Fachwerke

Lösung

a) $s = 2k$, Teilfachwerke erfüllen Bedingung $s = 2k - 3$
Fachwerk statisch bestimmt, statisch bestimmt gelagert

b) $s > 2k$, Fachwerk statisch unbestimmt, statisch bestimmt gelagert

c) $s < 2k$, Fachwerk nicht tragfähig

d) $s = 2k$, System insgesamt statisch bestimmt. Ein Diagonalstab ist durch ein Rollenlager außen ersetzt.

e) $s = 2k$, $s > 2k - 3$ für linkes Teilfachwerk
$s < 2k - 3$ für rechtes Teilfachwerk
Gesamtfachwerk nicht tragfähig

f) $s > 2k$, statisch bestimmtes Fachwerk statisch unbestimmt gelagert, insgesamt statisch unbestimmt.

g) $s = 2k$, statisch bestimmtes Fachwerk.

h) $s = 2k$, statisch bestimmtes Fachwerk statisch unbestimmt gelagert (drei parallele Auflagerstäbe). Insgesamt statisch unbestimmt.

i) $s = 2k$, statisch bestimmtes Fachwerk statisch unbestimmt gelagert (drei Auflagerstäbe haben gemeinsamen Angriffspunkt). Insgesamt statisch unbestimmt.

j) $s = 2k$, statisch bestimmtes Fachwerk, entspricht Fall d).

Beispiel 3 (Abb. 9-17)
Ein zwischen zwei Gelenken aufgehängtes Seil wird nach Skizze mit vertikalen Kräften belastet. Die maximale Durchhängung ist vorgegeben. Unter Voraussetzung eines masselosen und ideal flexiblen Seils sind für die unten gegebenen Daten zu bestimmen

a) die Seilkräfte in allen Abschnitten,
b) die Längen der einzelnen Abschnitte und die Gesamtlänge des Seils.

$a = 3{,}0\,\text{m}$; $F_1 = F_3 = 3{,}0\,\text{kN}$; $F_2 = 4{,}0\,\text{kN}$

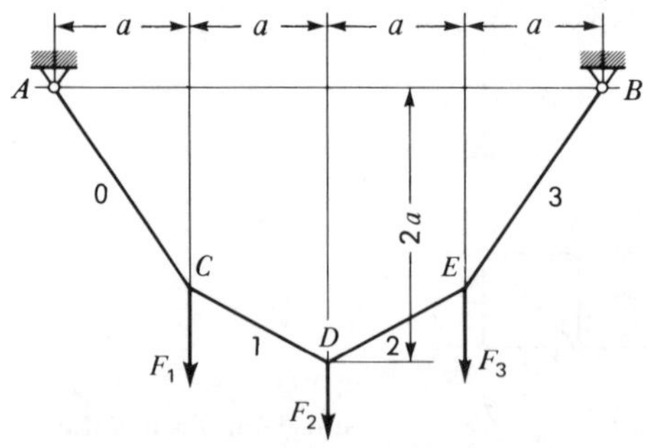

Abb. 9-17: Aufgehängtes Seil mit Einzellasten

Lösung (Abb. 9-18)
Zunächst muß festgestellt werden, daß es sich hier nicht um ein Fachwerk handelt. Die Wirkungslinien der Seilkräfte liegen in den Seilachsen. Man könnte deshalb die Seilabschnitte durch Stäbe ersetzen, die an den Stellen der Krafteinleitung gelenkig verbunden sind. Insofern entspricht das Seil einem Fachwerk, das allerdings nicht das Kriterium der Tragfähigkeit für beliebige Belastung erfüllt. In der skizzierten Position ist es jedoch im Gleichgewicht. Deshalb können auf Teilsysteme und das Gesamtsystem die Gleichgewichtsbedingungen angewendet werden. Wegen der vorhandenen Symmetrie müssen nicht alle Teilabschnitte freigemacht werden (Abb. 9-18)

Teil I

Symmetrie bzw. $\Sigma M_A = 0$ und $\Sigma F_y = 0$: $\boldsymbol{F_{Ay} = F_{By} = 5{,}0\,\mathrm{kN}\ (\uparrow)}$

Teil II

$\Sigma M_D = 0 \qquad F_{By} \cdot 2a - F_{Bx} \cdot 2a - F_3 \cdot a = 0$

$$\boldsymbol{F}_{Bx} = F_{By} - \frac{\boldsymbol{F}_3}{2} = \mathbf{3{,}50\,kN}\ (\rightarrow)$$

Symmetrie: $\boldsymbol{F_{Ax} = 3{,}50\,\mathrm{kN}\ (\leftarrow)}$

Die Kräfte F_{Bx} und F_{By} addieren sich geometrisch zu $\boldsymbol{S_3 = S_0 = 6{,}10\,\mathrm{kN}}$

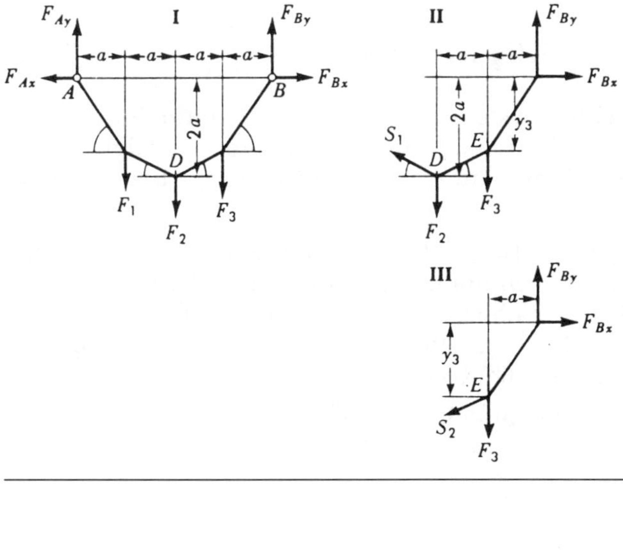

Abb. 9-18: Freigemachte Seilabschnitte

Teil III

Mit Hilfe einer Momentengleichung kann die Durchhängung $y_3 = y_1$ berechnet werden.

$$\Sigma M_E = 0 \qquad F_{By} \cdot a - F_{Bx} \cdot y_3 = 0$$

$$y_3 = \frac{F_{By}}{F_{Bx}} \cdot a = \frac{5{,}0\,\text{kN}}{3{,}5\,\text{kN}} \cdot 3{,}0\,\text{m} = 4{,}29\,\text{m}$$

Der Seilabschnitt hat eine Länge

$$l_3 = l_0 = \sqrt{a^2 + y_3^2} = 5{,}23\,\text{m}$$

Damit sind die Anschlußstellen für die Kräfte F_1 und F_3 berechnet.

$$\Sigma F_x = 0 \qquad F_{Bx} - S_{2x} = 0$$

$$S_{2x} = F_{Bx} = 3{,}50\,\text{kN}$$

$$\Sigma F_y = 0 \qquad F_{By} - S_{2y} - F_3 = 0$$

$$S_{2y} = F_{By} - F_3 = 2{,}0\,\text{kN}$$

Die Zusammensetzung dieser Kräfte führt auf $\boldsymbol{S_2 = S_1 = 4{,}03\,\text{kN}}$.
Der Längenabschnitt ist

$$l_2 = l_1 = \sqrt{a^2 + (2\,a - y_3)^2} = 3{,}45\,\text{m}$$

Die notwendige Gesamtlänge des Seils beträgt

$$\boldsymbol{l_{ges}} = \Sigma\,\Delta\,l = 2\,(5{,}23 + 3{,}45)\,\text{m} = \mathbf{17{,}36\,m}$$

Wie man den freigemachten Systemen nach Abb. 9-18 entnehmen kann und wie es unmittelbar aus den Gleichgewichtsbedingungen folgt, sind in allen Seilabschnitten die Horizontalkomponenten gleich und entsprechen hier F_{Bx} und F_{Ax}.

Die graphische Lösung dieses Beispiels erfolgt mit der Seileckkonstruktion. Schließlich handelt es sich um ein Seileck. Der Pol wird zunächst willkürlich gewählt. Das gezeichnete Seileck ergibt eine falsche Durchhängung. Über eine einfache Proportion wird der richtige Polabstand (= Horizontalzug) berechnet und die Konstruktion wiederholt.

Dieses Beispiel wurde hier behandelt, um folgende Erkenntnisse zu vermitteln.

1. Ein durch Kräfte belastetes Seil (masselos, ideal flexibel) kann als starrer Körper aufgefaßt werden. Es entspricht einem Fachwerk, das nicht allgemein, wohl aber in der sich einstellenden Form tragfähig ist. Die Kriterien über Stab- und Knotenzahl entfallen deshalb.
2. Der Horizontalzug ist bei ausschließlich vertikaler Belastung in allen Seilabschnitten gleich und entspricht den Horizontalkomponenten der Auflagerreaktionen. Auf diese Aussage wird bei Behandlung der Deformation von Wellen zurückgegriffen. Das ist ein in der Festigkeitslehre (Band 2) behandeltes Thema.

Aufgaben zum Abschnitt 9.2

Hinweis: Die Aufgaben sind analytisch zu lösen. Die Ergebnisse für die Auflagerreaktionen sind mit Hilfe unabhängiger Gleichungen, die für die Stabkräfte sind graphisch zu kontrollieren.

A 9-1 bis 11 Für das abgebildete Fachwerk sind die Auflagerreaktionen und alle Stabkräfte zu bestimmen.

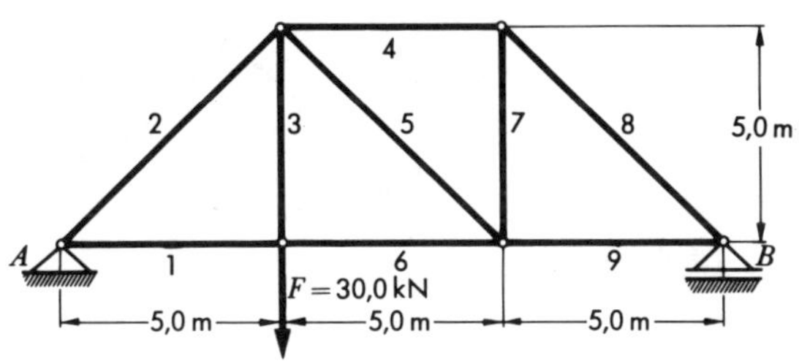

Abb. A 9-1

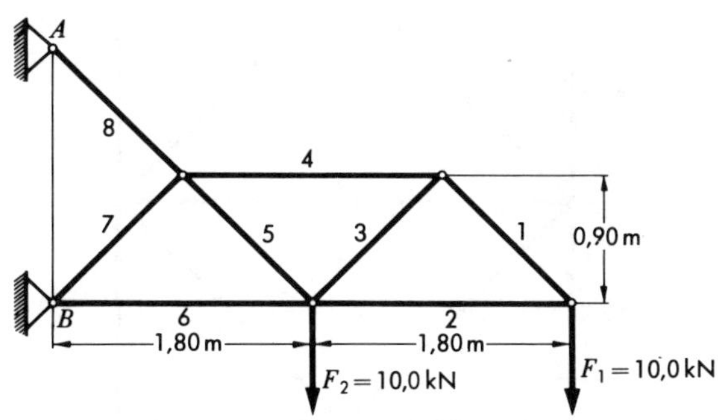

Abb. A 9-2

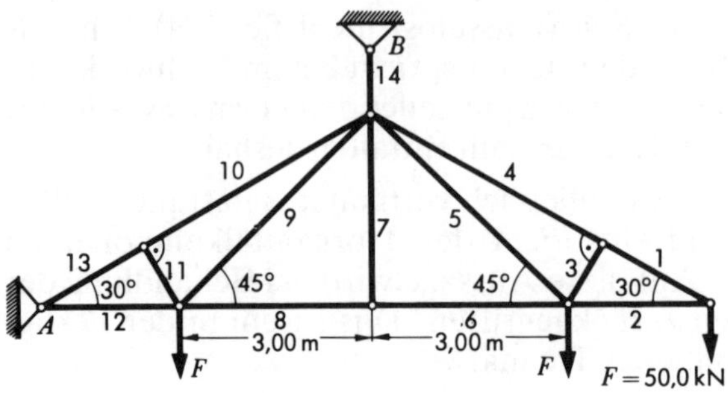

Abb. A 9-3

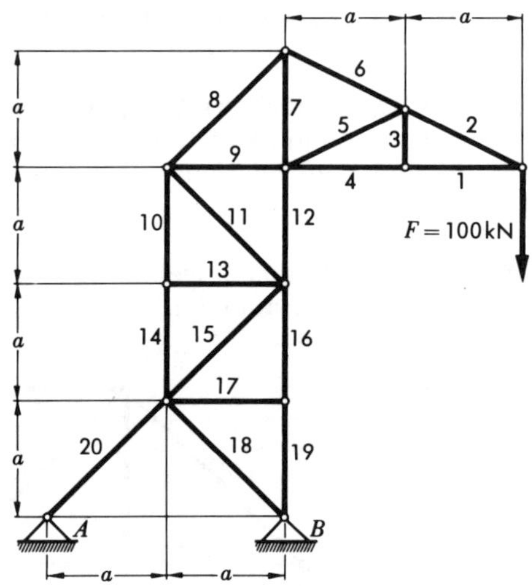

Abb. A 9-4

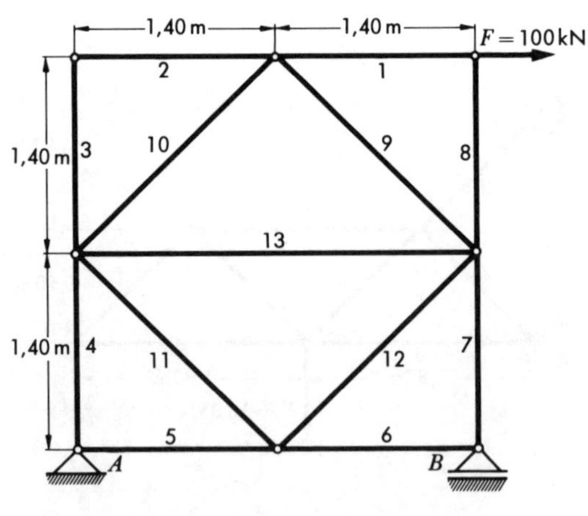

Abb. A 9-5

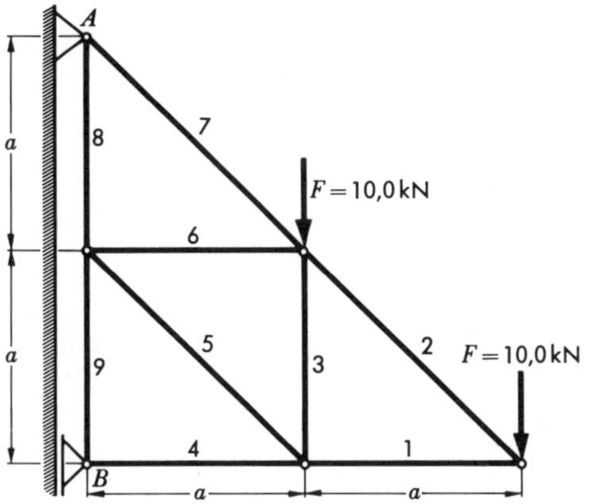

Abb. A 9-6

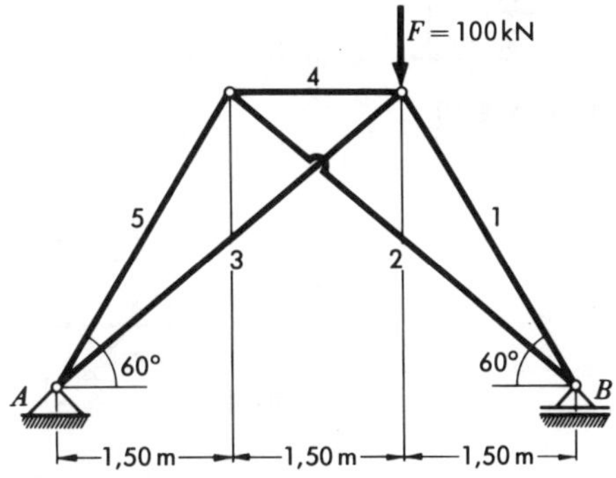

Abb. A 9-7

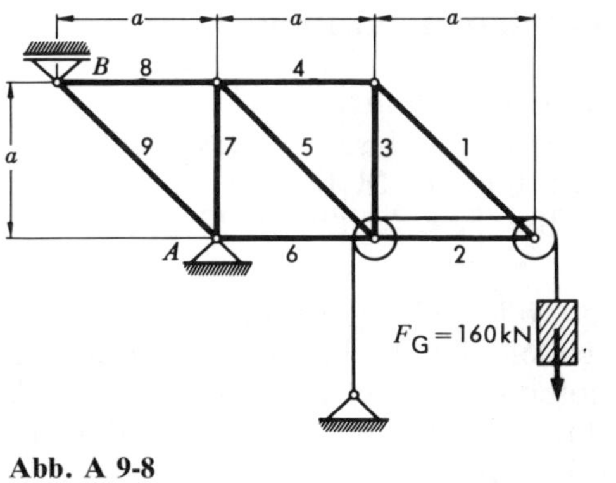

Abb. A 9-8

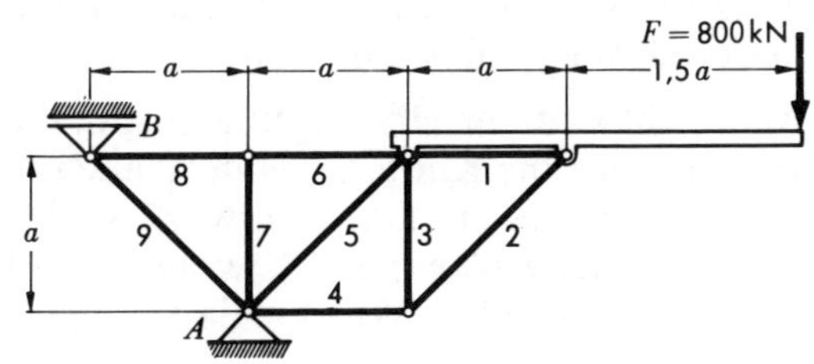

Abb. A 9-9

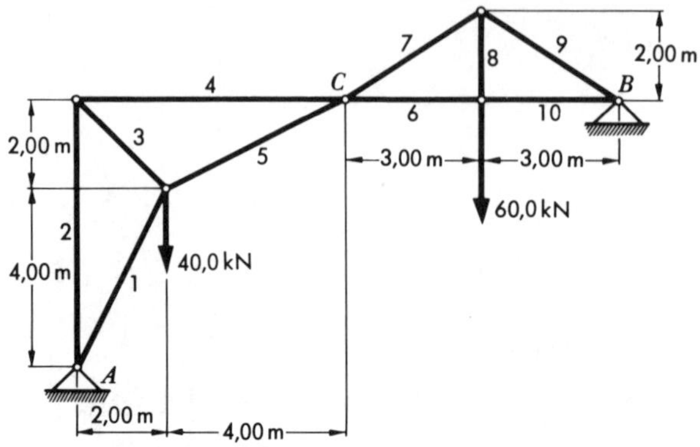

Abb. A 9-10

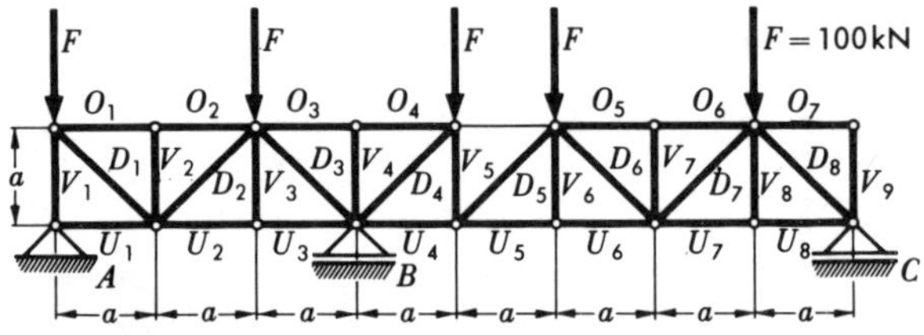

Abb. A 9-11

9.3 Das Fachwerk mit nicht einfachem Aufbau

9.3.1 Analytische Methode (Ritterscher*) Schnitt)

Das Fachwerk Abb. 9-4a sei in allen Knoten belastet, d.h. Nullstäbe sind nicht vorhanden. Nach den bisher erarbeiteten Methoden kann man alle Stabkräfte in der Reihenfolge 1; 2; 3; 6; 5; 4; 7; 8; 9; 11; 12; 13; bestimmen.

Unter der gleichen Voraussetzung (volle Belastung) soll das Fachwerk Abb. 9-4b untersucht werden. Nachdem die Stabkräfte 1 bis 6 ermittelt wurden, verbleiben sowohl am Knoten IV als auch am Knoten V jeweils drei Unbekannte. Es sind die Stabkräfte 7; 9; 8 und 7; 10; 14. Weder eine Berechnung noch eine graphische Lösung ist möglich. Für die Fortsetzung ist es notwendig, mindestens eine der aufgeführten Stabkräfte auf anderem Wege zu bestimmen.

Man geht von der Überlegung aus, daß die Gleichgewichtsbedingungen nicht nur für die Knoten, sondern auch für Teilabschnitte des Fachwerks erfüllt sein müssen. Das Fachwerk wird durch einen gedachten Schnitt in zwei Teilfachwerke zerlegt, wobei man für die geschnittenen Stäbe die Stabkräfte einführt. Werden dabei nicht mehr als drei Stäbe geschnitten,

*) Ritter, August (1826-1906) deutscher Ingenieur.

dann gestatten die drei Gleichgewichtsbedingungen die Berechnung dieser drei Kräfte. Dieses Verfahren nennt man den RITTERschen Schnitt.

Im vorliegenden Beispiel müßte der Schnitt durch die Stäbe 12 13 14 geführt werden (Abb. 9-19). Aus der Momentengleichung für den Knoten VIII kann man die Stabkraft 14 errechnen. Damit können die Stabkräfte in der Reihenfolge 7; 10; 8; 9; 11; 12; 13; usw. bestimmt werden. Die noch verbleibenden zwei Gleichgewichtsbedingungen für das Teilfachwerk gestatten zu Kontrollzwecken die Berechnung der Stabkräfte 12 und 13. Dabei ist es wegen eines möglichst kurzen Rechenganges zweckmäßig, für Berechnung von S_{12} die Gleichung $\Sigma\ M_V = 0$ und von S_{13} die Gleichung $\Sigma\ M_I = 0$ zu verwenden

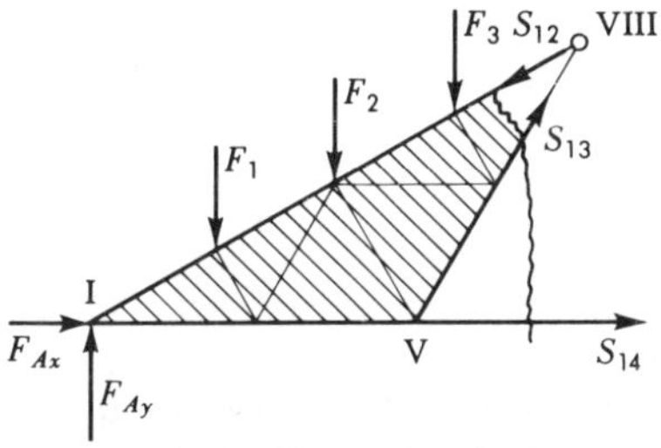

Abb. 9-19: Teilabschnitt eines Fachwerks mit nicht einfachem Aufbau

Im allgemeinen ist der Lösungsansatz mit Momentengleichungen am günstigsten. Wenn die Pole in den Schnittpunkt der unbekannten Kräfte (Knoten) gelegt werden, umgeht man das simultane Lösen der Gleichungen.

Zum besseren Verständnis der Zusammenhänge soll das Fachwerk mit nicht einfachem Aufbau nach Abb. 9-4b auf den Dreigelenkrahmen zurückgeführt werden. Dazu ersetzt man das rechte Loslager durch ein Festlager und entfernt den Stab 14. Die Horizontalkomponenten der Auflagerreaktionen in A und B verhindern das Spreizen des Dreigelenkrahmens. Im Fachwerk tut dasselbe der Stab 14.

Der RITTERsche Schnitt wird vorteilhaft auch bei Fachwerken mit einfachem Aufbau verwendet, wenn man nicht mehr als drei innenliegende Stabkräfte berechnen oder kontrollieren will.

9.3.2 Graphische Methode

Die Bestimmung der drei Schnittkräfte des Teilfachwerkes kann mit Hilfe des CULMANNschen Gerade erfolgen. Dazu ist es allerdings notwendig, die Auflagerkraft und die an den Knoten angreifenden Kräfte durch die Resultierende zu ersetzen. Man erhält dann insgesamt vier Kräfte und kann somit das CULMANNsche Verfahren durchführen.

Auch die Anwendung der Seileckkonstruktion ist möglich. Der Seilstrahl o′ muß in den Schnittpunkt von zwei unbekannten Stabkräften, d.h. in einen Knoten gelegt werden (s. Abschnitt 6.4).

Beispiel (Abb. 9-20)
Abgebildet ist ein Fachwerk mit nicht einfachem Aufbau. Die Bestimmung der Stabkräfte 1 bis 6 ist unproblematisch. Für eine weitere Berechnung muß das Fachwerk mit einem RITTERschen Schnitt zerlegt werden. Dieser Schnitt ist festzulegen und die Schnittkräfte sind analytisch und graphisch für eine Kraft $F = 100$ kN zu bestimmen. Alle Winkel im Fachwerk betragen 90° oder 45°.

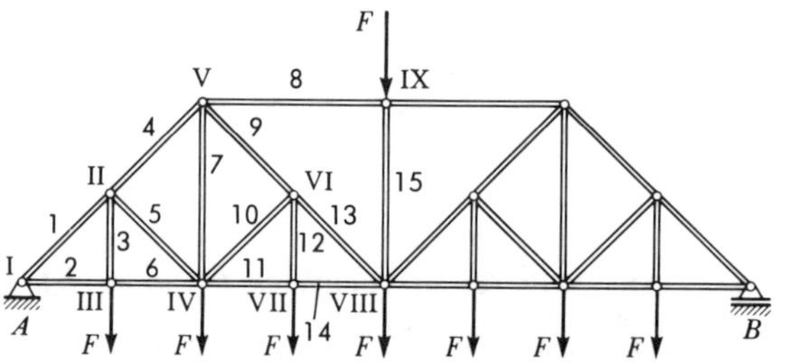

Abb. 9-20: Fachwerk mit nicht einfachem Aufbau

Lösung (Abb. 9-21)
Der Schnitt muß durch drei Stäbe geführt werden. Im vorliegenden Fall können das nur die Stäbe 8; 13 und 14 sein. Für die nachfolgende Berechnung werden diese als Zugstäbe angenommen (Kraft vom Knoten weggerichtet). Ein Druckstab ist dann durch ein negatives Vorzeichen gekennzeichnet.

$$\Sigma M_{\mathrm{VIII}} = 0; \qquad -S_8 2a + Fa + F2a + F3a - 4F \cdot 4a = 0$$

$$S_8 = -5F; \qquad \mathbf{S_8 = -500\,kN}\ \text{(D)}$$

$$\Sigma M_{\mathrm{V}} = 0; \qquad -4F \cdot 2a + S_{14} \cdot 2a = 0$$

$$S_{14} = 4F; \qquad \mathbf{S_{14} = 400\,kN}\ \text{(Z)}$$

$$\Sigma F_y = 0; \qquad 4F - 3F - S_{13} \cdot \sin 45° = 0$$

$$S_{13} = \frac{F}{\sin 45°}; \qquad \mathbf{S_{13} = 141\,kN}\ \text{(Z)}$$

Mit diesen Ergebnissen kann man alle Stabkräfte im Fachwerk berechnen.

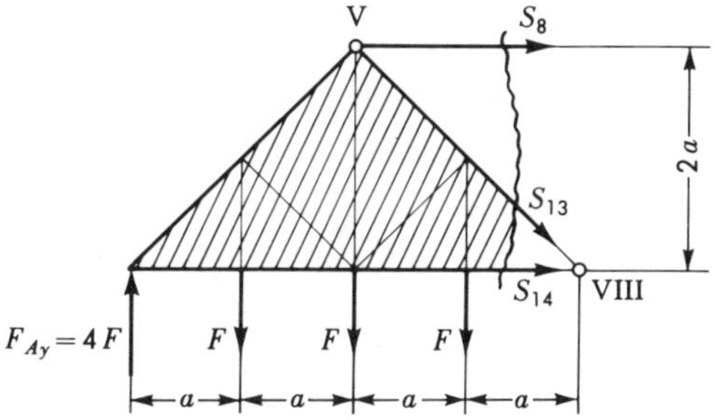

Abb. 9-21: Teilfachwerk

Graphische Lösung (Abb. 9-22)
Die Resultierende der Auflagerreaktion und der angreifenden Kräfte beträgt für das Teilfachwerk $F_{res} = F = 100$ kN (↑). Sie liegt 6 a links von A. Als CULMANNsche Gerade wurde die Verbindung der Schnittpunkte F_{res} S_{14} und S_8 S_{13} gewählt. Man erhält ein gleichsinnig geschlossenes Kraftviereck mit Cu als Diagonale. Jetzt könnte die Konstruktion des CREMONAplans fortgesetzt werden.

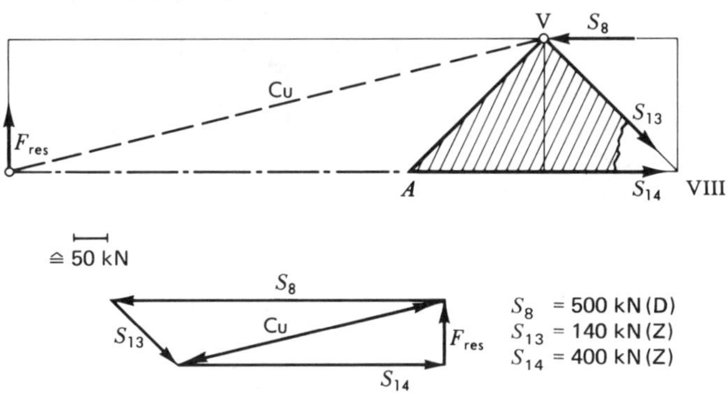

Abb. 9-22: CULMANNsche Konstruktion für Teilfachwerk

Aufgaben zum Abschnitt 9.3

Hinweis: Die Aufgaben sind analytisch zu lösen. Die Ergebnisse sind mit Hilfe unabhängiger Gleichungen und/oder mit dem CULMANNschen Verfahren zu kontrollieren.

A 9-12 bis 14 Abgebildet ist ein Fachwerk mit nicht einfachem Aufbau. Es sind die drei Stabkräfte zu bestimmen, von denen eine für die Berechnung aller Stabkräfte notwendig ist.

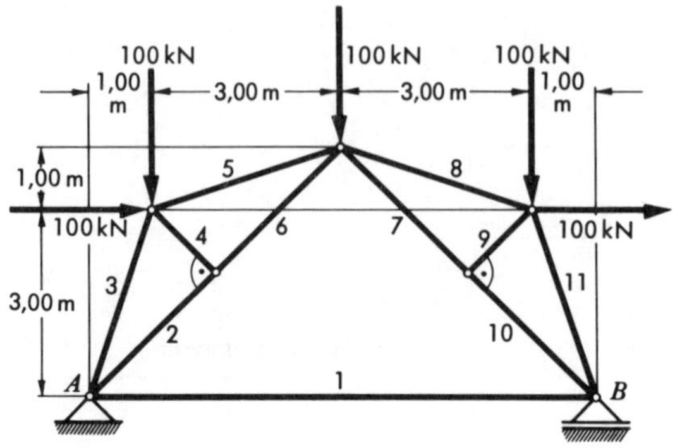

Abb. A 9-12

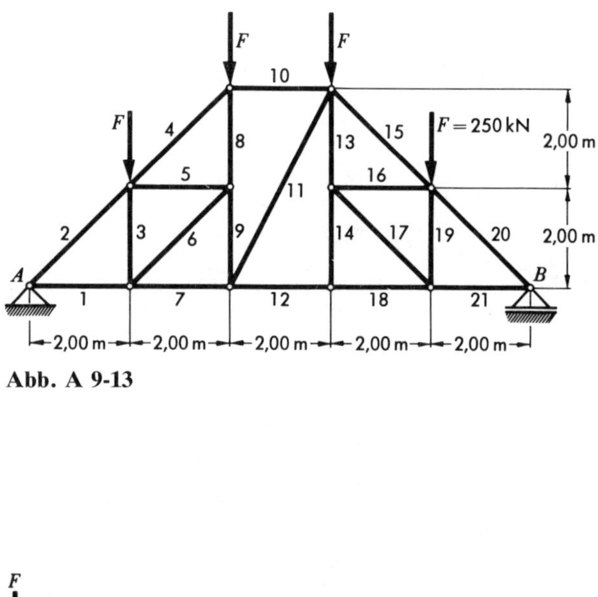

Abb. A 9-13

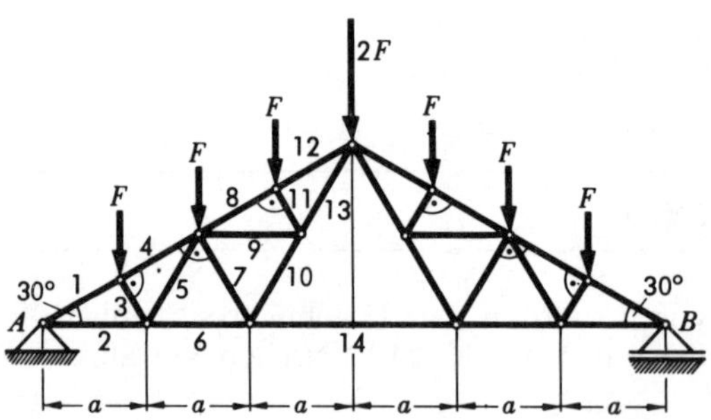

Abb. A 9-14

A 9-15/16 Für den abgebildeten Stabverband sind die Kräfte in den Stäben 6; 7; 8 bzw. 2; 3; 4 mit dem RITTERschen Schnitt zu bestimmen.

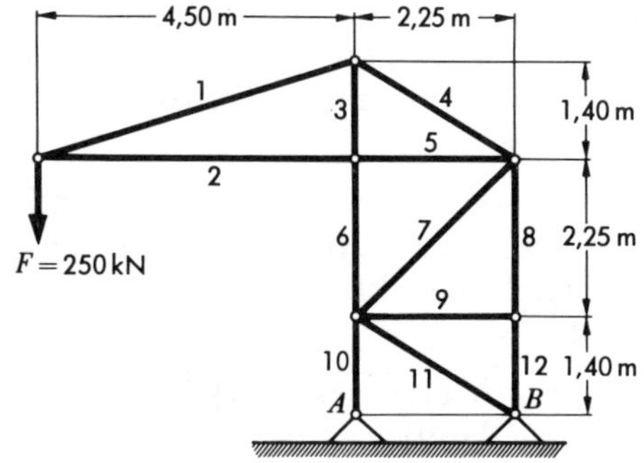

Abb. A 9-15

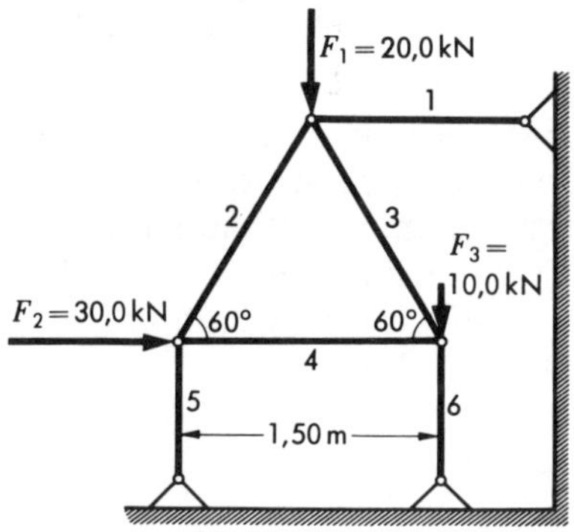

Abb. A 9-17

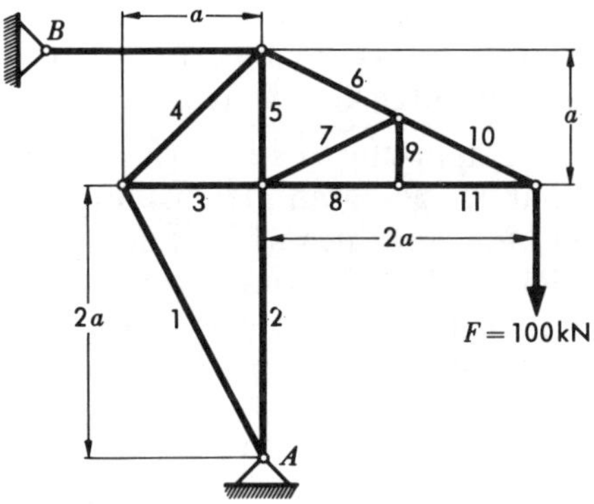

Abb. A 9-16

A 9-17 Für den skizzierten Stabverband sind alle Stabkräfte zu bestimmen.

A 9-18 bis 23 Mit Hilfe des RITTERschen Schnitts sollen jeweils drei im Inneren eines Fachwerks liegende Stabkräfte berechnet bzw. kontrolliert werden. Das soll für die nachfolgend gegebenen Stäbe und Fachwerke geschehen.

4; 5; 6 Abb. A 9-1
4; 5; 6 Abb. A 9-2
8; 9; 10 Abb. A 9-3
4; 5; 6 Abb. A 9-4
8; 9; 10 Abb. A 9-5
4; 5; 6 Abb. A 9-8

9.4 Zusammenfassung

Das ideale Fachwerk ist ein Stabverband, dessen Stäbe in reibungslos angenommenen Gelenken miteinander verbunden sind. Die Belastung erfolgt nur in den Gelenken. Unter diesen Voraussetzungen werden die Stäbe nur auf Zug oder Druck beansprucht, d.h. die Stabachsen sind gleichzeitig Wirkungslinien von Kräften.

Ein Fachwerk ist statisch bestimmt, wenn zwischen Stabanzahl s und Knotenanzahl k die Bezeichnung $s = 2\,k$ besteht. Dabei werden für ein Festlager zwei Stäbe, für ein Loslager ein Stab gezählt. Für Teilfachwerke muß $s = 2\,k - 3$ gelten (s. Abschnitt 9.1).

An den Knoten entstehen Kräftesysteme mit gemeinsamem Angriffspunkt. Ausgehend von einem Knoten mit zwei unbekannten Stabkräften können alle Stabkräfte eines Fachwerkes mit einfachem Aufbau berechnet werden. Ein Fachwerk mit nicht einfachem Aufbau erfordert die zusätzliche Berechnung einer Stabkraft. Dazu wird mit dem RITTERschen Schnitt ein Teilfachwerk abgetrennt, für das die Gleichgewichtsbedingungen aufgestellt werden.

Die graphische Lösung erfolgt mit dem CREMONAplan, der aus den aneinander gelegten gleichsinnig geschlossenen Kraftecken der einzelnen Knoten besteht. Für ein Fachwerk mit nicht einfachem Aufbau kann der CREMONAplan nicht gezeichnet werden, ohne daß eine zusätzliche Stabkraft ermittelt wird. Das kann für ein Teilfachwerk graphisch mit dem Seileck oder der CULMANNschen Geraden erfolgen.

10. Reibung

10.1 Allgemeines

Reibungskräfte entstehen dort, wo zwei Körper sich berühren und von außen angreifende Kräfte versuchen, diese beiden Körper gegeneinander zu verschieben. Ein einfaches Beispiel ist eine Masse, die auf einer Unterlage verschoben werden soll (Abb. 10-1). In der Berührungsfläche wirken Reibungskräfte, die der Verschiebung entgegenwirken. Verursacht werden diese durch Oberflächenrauhigkeiten. Der Körper muß, ehe Bewegung einsetzt, die Unebenheiten der Oberflächen wegdrücken oder er muß über sie gehoben werden.

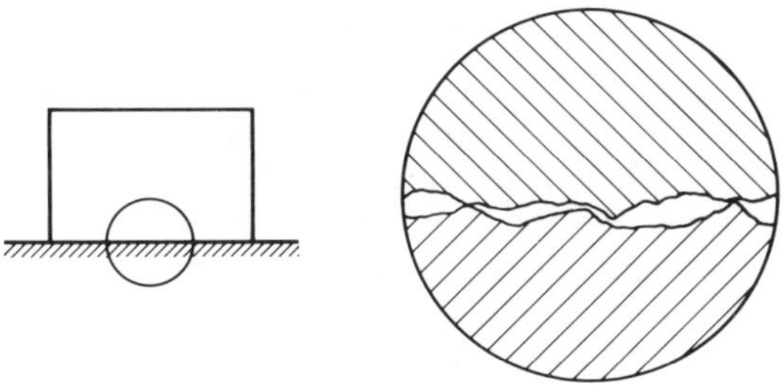

Abb. 10-1: Block auf rauher Oberfläche

Das nachfolgende Kapitel befaßt sich mit der trockenen Reibung, d.h. mit Reibungsvorgängen, bei denen die Körper sich selbst berühren und nicht durch einen Schmierfilm voneinander getrennt sind. Bei Vorhandensein einer Schmierschicht, die die Oberflächenrauhigkeiten ausfüllt, aber eine direkte Berührung der Oberflächen nicht verhindert, rechnet man nach den Gesetzen der trockenen Reibung mit entsprechenden Erfahrungswerten. Ein Schmierfilm, der die direkte Berührung verhindert, entsteht nur bei höheren Umfangsgeschwindigkeiten in Gleitlagern, wobei die Reibungskräfte in der Ölschicht wirksam sind. Die Erkenntnisse der Hydromechanik müssen deshalb für die Berechnung der Reibungskräfte herangezogen werden.

Bei sehr vielen technischen Vorgängen verursacht die Reibung Verluste und Verschleiß. Die Schmiermittel-, Lagerforschung usw. befassen sich mit der Aufgabe, die Reibungskräfte und den durch sie verursachten Verschleiß möglichst klein zu halten. Auf der anderen Seite gibt es technische Bereiche, die möglichst große Reibungskräfte erfordern. Als Beispiel seien KFZ-Reifen, Reibungskupplungen und Riementriebe genannt. Schrauben und Nägel wären ohne die Wirkung der Reibungskräfte als Befestigungselemente nicht nutzbar.

Aus dem oben Gesagten folgt, daß der in den vorigen Kapiteln eingeführte Begriff der glatten Oberfläche, die nur in senkrechter Richtung Kräfte übertragen kann, eine Vereinfachung darstellt. Man kann mit ihm arbeiten, wenn die auftretenden Reibungskräfte gegenüber den anderen Kräften vernachlässigt werden können.

10.2 Das Coulombsche*) Reibungsgesetz

In diesem Abschnitt wird das grundlegende Gesetz behandelt, das die physikalischen Zusammenhänge beim Vorgang der trockenen Reibung erfaßt. Schon an dieser Stelle sei vorweggenommen, daß die Berechnung der Reibungskräfte nur mit einer gewissen Genauigkeit möglich ist.

Der Ansatz zur Lösung des Problems erfolgt empirisch. Der grundlegende Versuch, von dem ausgegangen wird, ist in Abb. 10-2 dargestellt. Auf einer horizontalen Unterlage liegt eine Masse. Eine horizontale Kraft soll sie in Bewegung setzen. Diese Kraft wird meßbar durch die aufgesetzten Gewichtsstücke ausgeübt. Das freigemachte System zeigt die Abb. 10-3. Die Gewichtskraft F_G wird von der Normalkraft F_n kompensiert. Solange die aufgesetzten Gewichtsstücke die Masse nicht in Bewegung setzen, stehen die Seilkraft S und die Reibungskraft F_{R0} im Gleichgewicht. Der Index 0 steht für den Ruhezustand, die so bezeichnete Kraft nennt man *Haftreibungskraft.* An dieser Stelle ist es wichtig, sich folgendes klarzumachen. Die Größe der Haftreibungskraft ist kein Festwert, sondern kann sich zwischen Null und einem Maximalwert einstellen, je nachdem, wie groß die anderen Kräfte sind. Die Gleichgewichtsbedin-

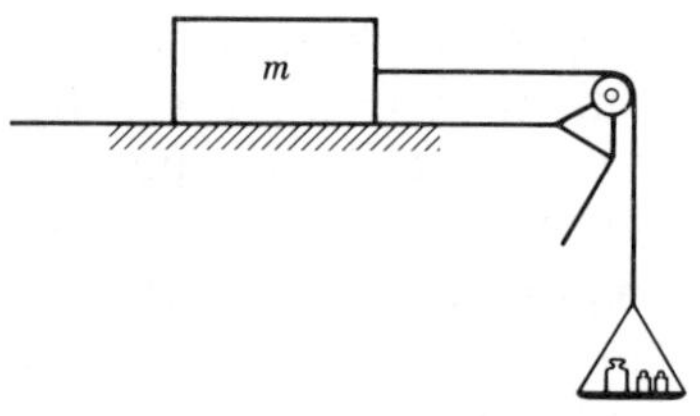

Abb. 10-2: Experimentelle Bestimmung der Reibungskraft

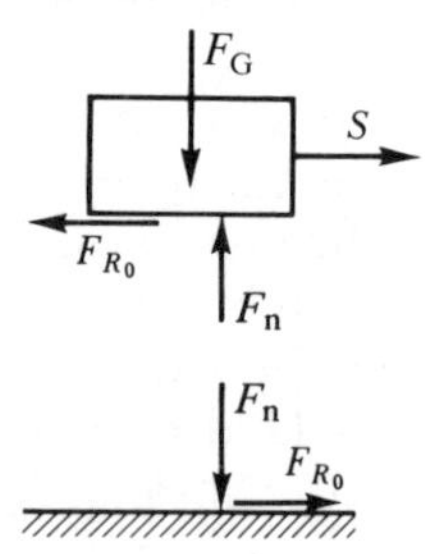

Abb. 10-3: Freigemachter Block

*) Coulomb, Charles (1736-1806) französischer Physiker.

gung $\Sigma F = 0$ wird so erfüllt. Die Reibungskraft wirkt entgegengesetzt der Richtung, in die Bewegung eingeleitet werden soll.

Es ist naheliegend, zu vermuten, daß die Größe der sich berührenden Flächen die Reibungskraft beeinflußt. Zu Klärung dieser Frage wird ein Versuch nach Abb. 10-4 durchgeführt. Ein quaderförmiger Block mit allseitig gleicher Oberflächenbeschaffenheit wird nacheinander auf eine Seite gelegt. Die Größe der Kraft, die Bewegung verursacht, wird gemessen. Innerhalb der bei solchen Versuchen erreichbaren Genauigkeit ist in allen drei Fällen die Kraft gleich groß. *Die Reibungskraft ist von der Größe der berührenden Oberfläche unabhängig.* Bei kleineren Flächen ist die Kraft pro Flächeneinheit und damit die Flächenpressung größer. Das ergibt eine intensivere „Verzahnung" der Rauhigkeiten. Ist die Flächenpressung jedoch so groß, daß sich die Körper ineinanderdrücken, kann man die Unabhängigkeit der Reibungskraft von der Größe der Berührungsfläche nicht mehr voraussetzen. Hier verläßt man den idealisierten Begriff „starrer Körper". In diesem Fall handelt es sich mindestens teilweise um einen Formschluß. Das gilt z.B. für einen Reifen, der sich in den Straßenbelag „verkrallt". Das unten formulierte COULOMBsche Gesetz, das den sehr komplexen Reibungsvorgang stark vereinfacht erfaßt, berücksichtigt einen u.U. vorhandenen Einfluß der Oberflächengröße nicht.

Ein Versuch nach Abb. 10-5 soll Aufschluß über die Abhängigkeit der maximalen Haftreibungskraft von der Anpreßkraft (Normalkraft) geben. Dazu wird die Normalkraft durch Aufsetzen von Massenstücken erhöht. Im gleichen Maß erhöht sich die zum Losreißen aufzuwendende

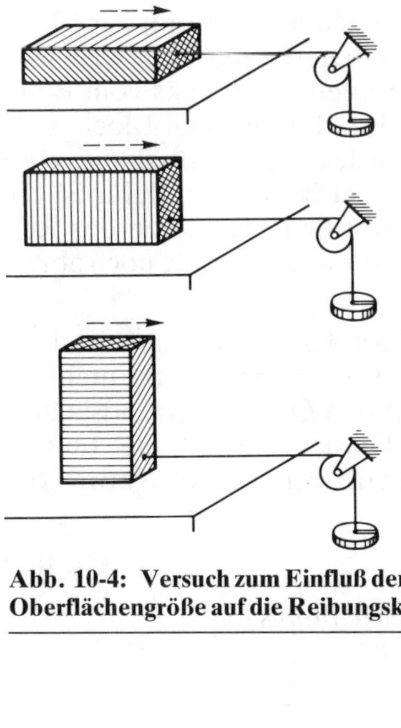

Abb. 10-4: Versuch zum Einfluß der Oberflächengröße auf die Reibungskraft

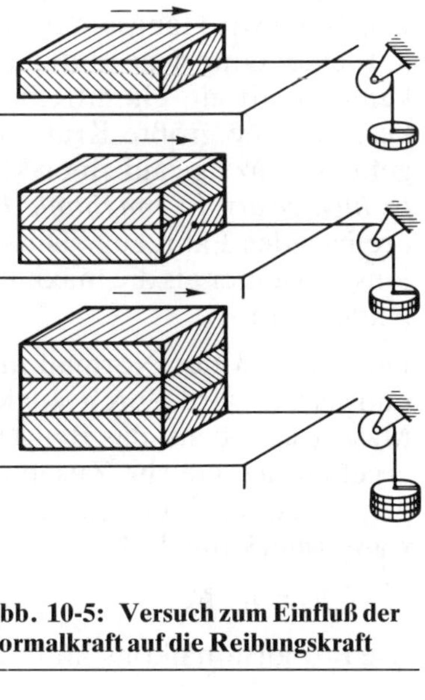

Abb. 10-5: Versuch zum Einfluß der Normalkraft auf die Reibungskraft

Kraft. Diese ist gleich der maximalen Haftreibungskraft. Es besteht demnach folgende Proportionalität.

$$F_{\mathrm{R0max}} \sim F_{\mathrm{n}}$$

Nach Einführung einer Proportionalitätskonstante erhält man

$$F_{\mathrm{R0max}} = \mu_0 \cdot F_{\mathrm{n}}$$

Nach den Ausführungen oben gilt allgemein

$$\boldsymbol{F_{\mathrm{R0}} < \mu_0 \cdot F_{\mathrm{n}} \qquad F_{\mathrm{R0max}} = \mu_0 \cdot F_{\mathrm{n}}}$$ **Gl. 10-1**

Die Proportionalitätskonstante μ_0 nennt man *Haftreibungszahl.*

Die Haftreibungskraft erreicht ihren Maximalwert unmittelbar vor der einsetzenden Bewegung. Diese erfolgt beschleunigt, wobei weiterhin eine Reibungskraft wirkt. Man nennt sie *Gleitreibungskraft.* Für viele technische Vorgänge ist es notwendig, zu klären, wie sich die maximale Haftreibungs- und Gleitreibungskraft zueinander verhalten. Dazu wird ein Versuch nach Abb. 10-6 durchgeführt.

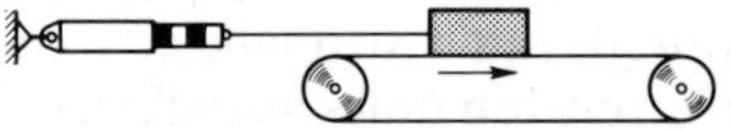

Abb. 10-6: Versuch zum Verhältnis der maximalen Haftreibungskraft zur Gleitreibungskraft

Auf einem Band liegt ein Block, der mit einer Federwaage verbunden ist. Das Band wird langsam in Bewegung gesetzt. Zunächst haftet der Block auf seiner Unterlage und spannt so die Waage. Diese zeigt die jeweils wirkende Kraft an. Unmittelbar vor dem Losreißen des Blocks vom Band liest man die größte Kraft ab. Rutscht das Band unter dem Block weg, geht die Anzeige auf einen kleineren Wert zurück. *Die Gleitreibungskraft ist kleiner als die maximale Haftreibungskraft.* Ein Beispiel dafür ist ein bremsendes Fahrzeug. Die Gleitreibungskraft beim Radieren des Reifens ist kleiner als die maximale Haftreibungskraft am gerade noch abrollenden Rad.

Der Einfluß der Normalkraft und der Oberflächengröße auf die Reibungskraft wird durch analoge Versuche geklärt. Man setzt mehrere Massenstücke auf das Band bzw. man dreht den Quader. Grundsätzlich ergeben sich gleiche Zusammenhänge wie bei der Haftreibung. Im Gegensatz zur Haftreibungskraft ist jedoch die Gleitreibungskraft etwa konstant. Man kann deshalb schreiben

$$\boldsymbol{F_{\mathrm{R}} = \mu \cdot F_{\mathrm{N}}}$$ **Gl. 10-2**

Die Proportionalkonstante μ nennt man *Gleitreibungszahl.*

Die Gleichungen 10-1/2 formulieren das COULOMBsche Gesetz. Reibungszahlen hängen von der Beschaffenheit der sich berührenden Oberflächen ab. Sie können nur experimentell ermittelt werden. Die Gleitreibungszahl kann zusätzlich von der Gleitgeschwindigkeit abhängen. Die Reibungszahlen streuen in einem verhältnismäßig weiten Bereich. Das ist dadurch bedingt, daß ein sehr komplexer Vorgang von einer einfachen Beziehung erfaßt wird. Einige Anhaltswerte sind in einer Tabelle am Kapitelende zusammengestellt.

Der oben beschriebene Vorgang, eine Masse gegen eine Reibungskraft in Bewegung zu setzen, soll in einem Diagramm dargestellt werden. Dazu wird in einem Koordinatensystem die Reibungskraft über der äußeren Kraft (hier Seilkraft) nach Abb. 10-7 aufgetragen. Die jeweils dazugehörigen freigemachten Systeme sind eingezeichnet. Solange die Masse in Ruhe, d.h. im Bereich der Haftung ist, sind Reibungs- und Seilkraft gleich. Für gleiche Maßstäbe ergibt sich im Diagramm eine Gerade unter 45°. Die Haftreibungskraft steigt bis zu einem Maximalwert. Dieser stellt sich unmittelbar vor der einsetzenden Bewegung ein. Eine weitere Zunahme der Seilkraft verursacht eine beschleunigte Bewegung. Die Reibungskraft sinkt auf den hier etwa konstant angenommenen Wert der Gleitreibung ab.

Die Lage der Resultierenden an einer reibungsbehafteten Fläche soll bestimmt werden. Die Zusammensetzung aus Normal- und Reibungskraft

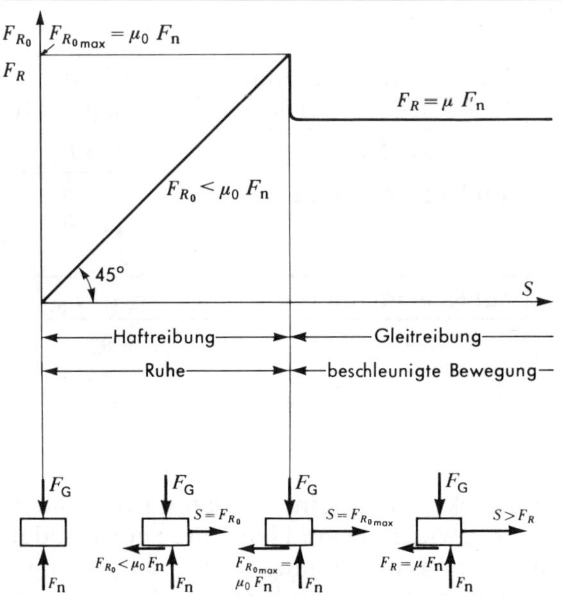

Abb. 10-7: Darstellung des Versuchs nach Abb. 10-2/3 im Diagramm

erfolgt nach Abb. 10-8. Der Richtungswinkel der resultierenden Kraft zur Flächennormalen ergibt sich zu

$$\tan \varrho_0 = \frac{\mu_0 \cdot F_n}{F_n}$$

$$\mathbf{\tan\varrho_0 = \mu_0; \qquad \tan\varrho = \mu} \qquad \textbf{Gl. 10-3}$$

Den Winkel ϱ nennt man Reibungswinkel.

Im Grenzzustand Haften/Gleiten (maximale Haftreibungskraft) liegt die Resultierende auf einem Kegelmantel mit dem Öffnungswinkel $2\varrho_0$ (s. Abb. 10-9). Befindet sich der Körper in Ruhe, jedoch nicht in diesem

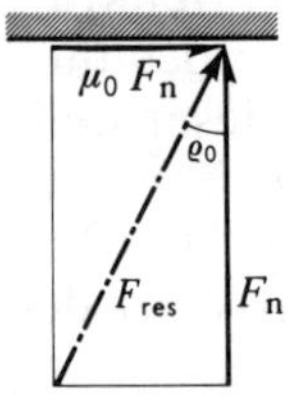

Abb. 10-8: Reibungswinkel

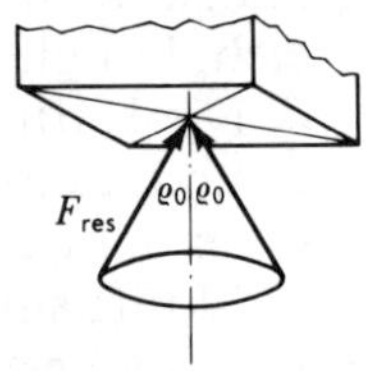

Abb. 10-9: Reibungskegel

Grenzzustand, ist sie innerhalb dieses Kegels. Die Lage ergibt sich aus den Gleichgewichtsbedingungen. Beim Gleiten liegt die Resultierende auf einem Kegelmantel mit dem Öffnungswinkel 2 ϱ. Die einzelnen Fälle faßt die folgende Tabelle zusammen.

	Lage der resultierenden Kraft an der Oberfläche	Größe der Reibungskraft
Haftreibung (Ruhezustand)	innerhalb Kegel $2\varrho_0$	$< \mu_0 \cdot F_n$
max. Haftreibung, Grenzzustand einsetzende Bewegung	auf Kegelmantel $2\varrho_0$	$= \mu_0 \cdot F_n$
Gleitreibung	auf Kegelmantel 2ϱ	$= \mu \cdot F_n$

10.3 Die schiefe Ebene

Ausgegangen wird von einem Block, der auf einer schiefen Ebene liegt. Die Bedingung für diesen Gleichgewichtszustand kann man verschieden formulieren. Erstens: Hangabtriebs- und Reibungskraft heben sich gegenseitig auf. Zweitens: Gewichtskraft und resultierende Kraft an der

Auflagefläche des Blocks sind im Gleichgewicht. An diese zweite Bedingung wird angeknüpft.

Für verschiedene Steigungswinkel der schiefen Ebene ist die Masse in Abb. 10-10 freigemacht dargestellt. Gewichtskraft und Resultierende sind für den Ruhezustand kollinear, gleich groß und entgegengesetzt gerichtet (1. Lehrsatz). Die erste Bedingung führt auf die Schlußfolgerung, daß im Grenzzustand einsetzender Bewegung $\varrho_0 = \alpha$ ist. Damit kann man Haftreibungswinkel mit Hilfe eines einfachen Versuchs bestimmen. Auf eine ebene Unterlage, deren Neigung veränderlich ist, wird ein Block beliebiger Masse gelegt. Die Berührungsflächen müssen der Paarung (Stoff und Oberfläche) entsprechen, für die die Reibungszahl gesucht ist. Jetzt wird langsam die Neigung der Unterlage vergrößert, bis Bewegung einsetzt. Dieser Winkel wird gemessen. Er entspricht innerhalb der Genauigkeit, die hier möglich ist, dem Haftreibungswinkel. Mit der Gleichung 10-3 kann man die Haftreibungszahl berechnen.

Die an der Auflagefläche der Masse wirkende Normalkraft ist die Resultierende einer Flächenlast bzw. Flächenpressung. Die Lage der Resultierenden hängt vom Neigungswinkel ab. Das zeigen die Systeme in Abb. 10-10. Die Flächenpressung ist deshalb nicht gleichmäßig verteilt, sondern stellt sich je nach Belastung ein. Eine qualitative Darstellung ist in Abb. 10-11 gegeben.

Eine zusätzliche Kraft am Block nach Abb. 10-12 führt zu einer Veränderung der Oberflächenkräfte und damit der Lage der Normalkraft. Die

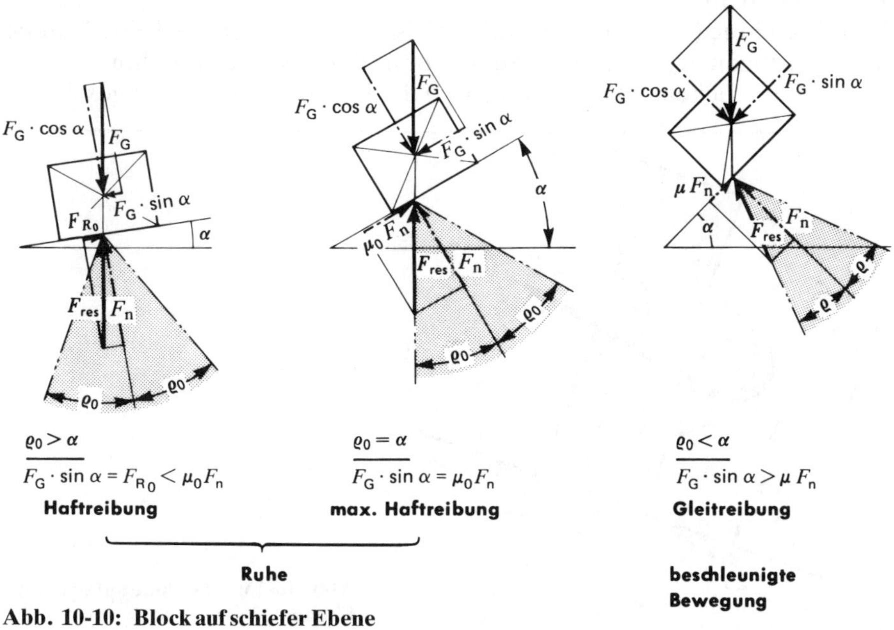

Abb. 10-10: Block auf schiefer Ebene

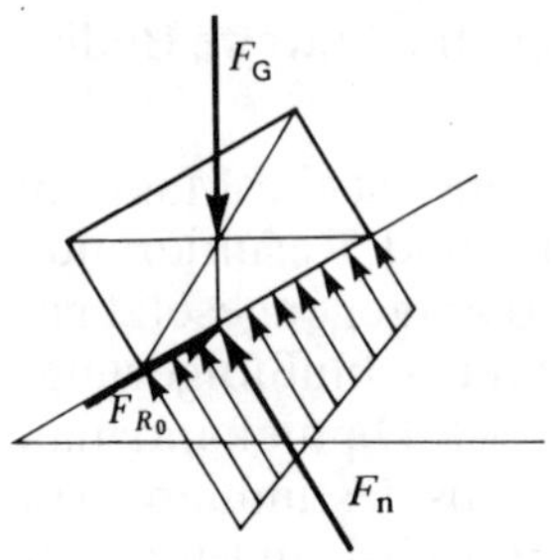

Abb. 10-11: Verteilung der Kräfte am Block

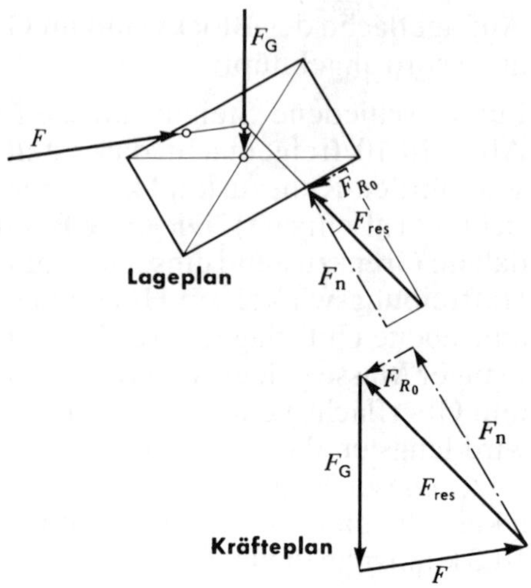

Abb. 10-12: Verteilung der Kräfte am Block bei Wirkung einer zusätzlichen Kraft

nunmehr vorhandenen drei Kräfte haben im Gleichgewichtszustand einen gemeinsamen Angriffspunkt. Diese Bedingung führt auf den abgebildeten Lage- und Kräfteplan. Die zusätzlich angreifende Kraft F könnte die Resultierende mehrerer Kräfte sein.

Beispiel 1 (Abb. 10-13)
Eine Maschine ($m = 2000$ kg) soll nach Skizze mit einem Seil eine Rampe heraufgezogen werden. Die Schwerpunktlage S der Maschine ist bekannt. Für trockene Oberflächen wird die Reibungszahl zu 0,4 geschätzt.

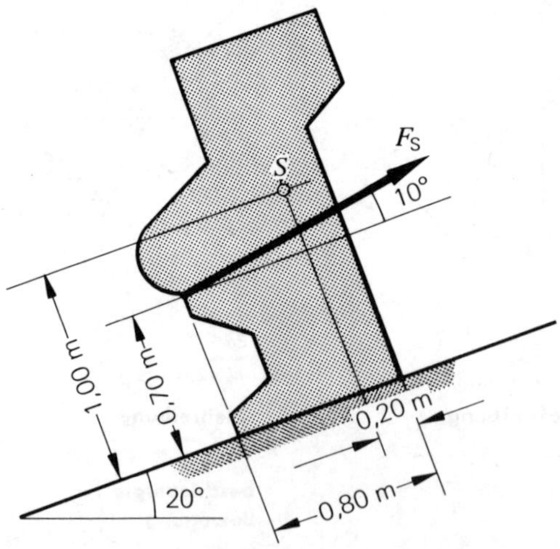

Abb. 10-13: Maschine auf schiefer Ebene

Für diesen Fall ist zu untersuchen, ob die Gefahr des Umkippens der Maschine besteht. Für eine durch Schmierung verringerte Reibungszahl von 0,15 ist die zum Heraufziehen notwendige Seilkraft F_S zu bestimmen.

Lösung (Abb. 10-14/15/16)
Für den Grenzfall des Kippens greifen die Oberflächenkräfte in der rechten Auflagekante an. Das System wird nach Abb. 10-14 freigemacht. Die drei Gleichgewichtsbedingungen ergeben

$$\Sigma M_A = 0;$$

$$F_G \cdot \cos 20° \cdot 0{,}20\,\text{m} + F_G \cdot \sin 20° \cdot 1{,}0\,\text{m} - F_S \cdot \cos 10° \cdot 0{,}70\,\text{m} - F_S \cdot \sin 10° \cdot 0{,}80\,\text{m} = 0$$

Mit $F_G = 19{,}62$ kN ist

$$F_S = \frac{19{,}62\,\text{kN}\,(0{,}20\,\text{m} \cdot \cos 20° + 1{,}0\,\text{m} \cdot \sin 20°)}{0{,}70\,\text{m} \cdot \cos 10° + 0{,}80\,\text{m} \cdot \sin 10°} = 12{,}55\,\text{kN}$$

$\Sigma F_y = 0;$ $\quad F_n - F_G \cdot \cos 20° + F_S \cdot \sin 10° = 0$

$$F_n = 19{,}62\,\text{kN} \cdot \cos 20° - 12{,}55\,\text{kN} \cdot \sin 10°$$

$$F_n = 16{,}26\,\text{kN}$$

$\Sigma F_x = 0;$ $\quad F_S \cdot \cos 10° - F_G \cdot \sin 20° - F_n \cdot \mu = 0$

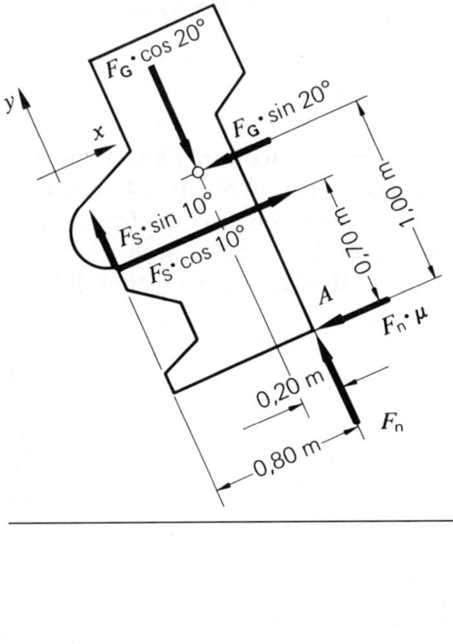

Abb. 10-14: Freigemachte Maschine

$$\mu = \frac{12{,}55\,\text{kN} \cdot \cos 10° - 19{,}62\,\text{kN} \cdot \sin 20°}{16{,}26\,\text{kN}}$$

$$\mu = 0{,}35.$$

Die vorhandene Reibung ist größer als die hier errechnete, d.h. die Kante A kann sich nicht nach rechts bewegen und die Maschine würde kippen.

Die graphische Lösung dieses Aufgabenteils zeigt die Abb. 10-15. Die Wirkungslinien von drei Kräften im Gleichgewicht schneiden sich in einem Punkt. Dieser Schnittpunkt wird festgelegt durch die bekannten Wirkungslinien von F_G und F_S. Das ergibt die Richtung der Kraft an der Kante A und damit den Reibungswinkel. Man mißt $\varrho \approx 19°$. Es ist $\tan \varrho = \mu \approx 0{,}35$.

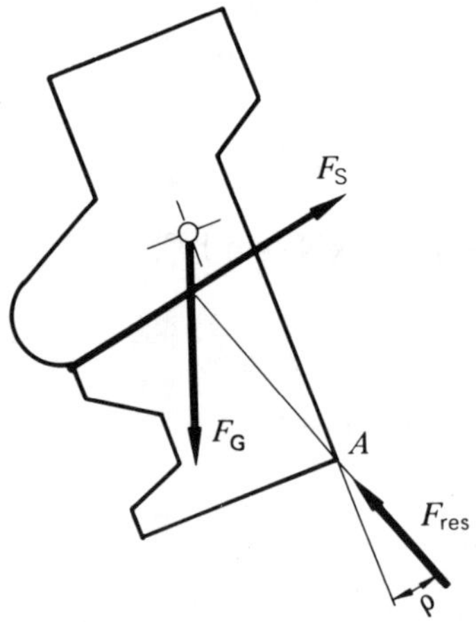

Abb. 10-15: Maschine im Grenzzustand des Kippens

Die Berechnung der Seilkraft für die verminderte Reibung kann aus den Bedingungen $\Sigma F_x = 0$ und $\Sigma F_y = 0$ für das System Abb. 10-14 erfolgen. Für diesen Teil der Aufgabe darf die Momentengleichung nicht verwendet werden, da jetzt die Lage der resultierenden Kraft unten nicht bekannt ist. Es liegt infolge stark verringerter Reibung der Grenzfall Kippen nicht vor.

$$\Sigma F_y = 0; \qquad F_S \cdot \sin 10° + F_n - F_G \cdot \cos 20° = 0 \qquad (1)$$

$$\Sigma F_x = 0; \qquad F_S \cdot \cos 10° - F_n \cdot \mu - F_G \cdot \sin 20° = 0 \qquad (2)$$

$$\text{mit } \mu = 0{,}15.$$

Das sind zwei Gleichungen für F_S und F_n. Die Gleichung (1) wird mit μ multipliziert, beide Gleichungen werden addiert.

$$F_S\,(\mu \cdot \sin 10° + \cos 10°) - F_G\,(\mu \cdot \cos 20° + \sin 20°) = 0$$

$$F_S = \frac{19{,}62\,\text{kN}\,(0{,}15 \cdot \cos 20° + \sin 20°)}{0{,}15 \cdot \sin 10° + \cos 10°}$$

$$\boldsymbol{F_S = 9{,}37\,\text{kN}}$$

Schneller zum Ziel führt das graphische Verfahren (Abb. 10-16), das durch eine Rechnung ergänzt wird. Die Richtung der resultierenden Kraft an der Unterseite ist bekannt (ϱ = arc tan μ = 8,5°). Aus dem gleichsinnig geschlossenen Dreieck, das man auch als Skizze anfertigen kann, ergibt der sin-Satz:

$$\frac{F_S}{\sin 28{,}5°} = \frac{F_G}{\sin 91{,}5°}\;;$$

$$F_S = \frac{\sin 28{,}5°}{\sin 91{,}5°} \cdot 19{,}62\,\text{kN} = 9{,}37\,\text{kN}.$$

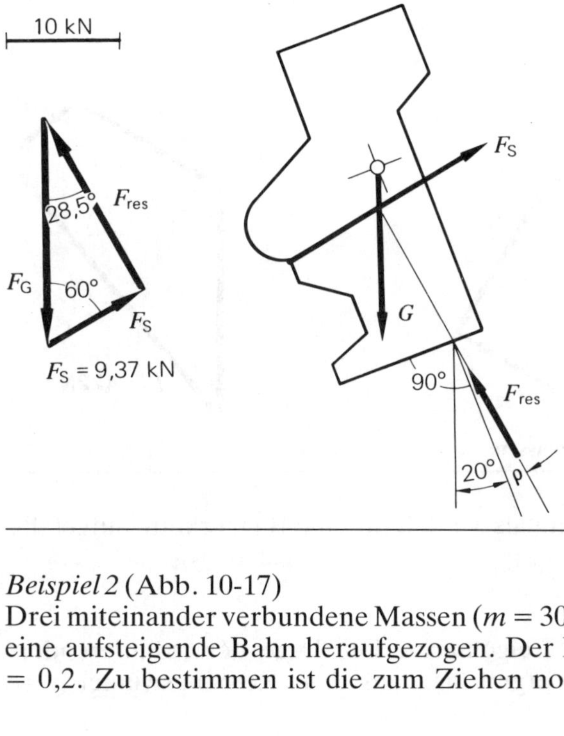

Abb. 10-16: Graphische Lösung für Maschine auf schiefer Ebene

Beispiel 2 (Abb. 10-17)
Drei miteinander verbundene Massen (m = 30 kg) werden wie abgebildet eine aufsteigende Bahn heraufgezogen. Der Reibungsbeiwert beträgt μ = 0,2. Zu bestimmen ist die zum Ziehen notwendige Stangenkraft F_S.

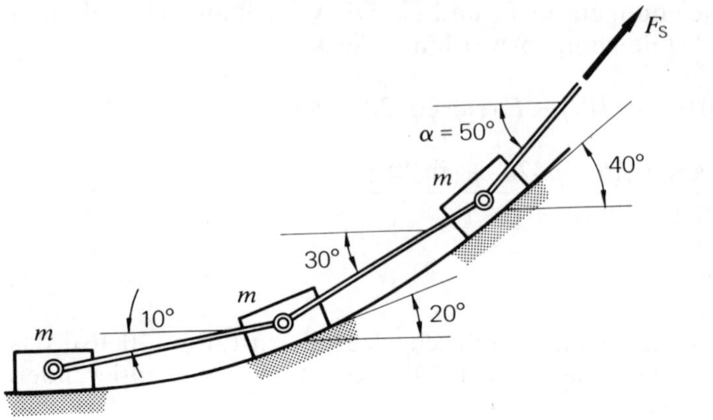

Abb. 10-17: Gliederkette mit Massen

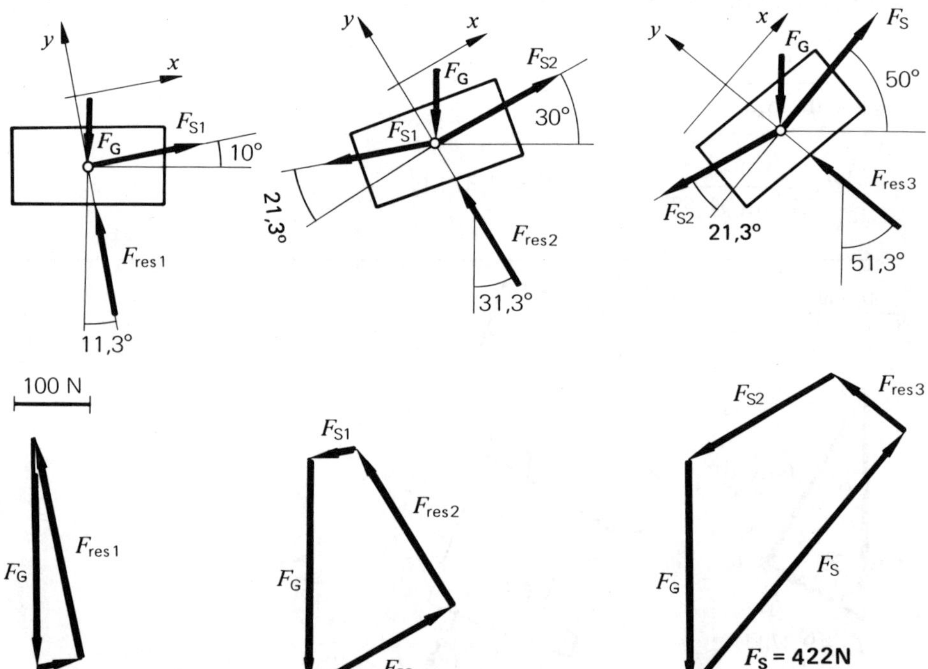

Abb. 10-18: Freigemachte Einzelmassen

Das vorliegende System kann als Modell für eine Baggerkette aufgefaßt werden.

Lösung (Abb. 10-18/19)
Die Einzelmassen werden freigemacht. Die Lage der resultierenden Kraft an der Auflageseite ergibt sich aus dem Reibungswinkel $\varrho =$

arc tan $\mu = 11{,}3°$ und der Neigung der Bahn. Für die analytische Lösung ist es am einfachsten, mit gedrehten Koordinatensystemen zu arbeiten, wobei die y-Achse in Richtung von F_{res} gelegt wird. Die Gleichung $\Sigma F_x = 0$ läßt sich dann nach F_S auflösen.

Masse 1:

$$\Sigma F_x = 0; \qquad F_{S1} \cdot \cos 1{,}3° - F_G \cdot \sin 11{,}3° = 0$$

$$F_{S1} = 57{,}7\,\text{N}$$

Masse 2:

$$\Sigma F_x = 0; \qquad F_{S2} \cdot \cos 1{,}3° - F_{S1} \cdot \cos 21{,}3° - F_G \cdot \sin 31{,}3° = 0$$

$$F_{S2} = 206{,}7\,\text{N}$$

Masse 3:

$$\Sigma F_x = 0; \qquad F_S \cdot \cos 1{,}3° - F_{S2} \cdot \cos 21{,}3° - F_G \cdot \sin 51{,}3° = 0$$

$$\mathbf{F_S = 422\,N.}$$

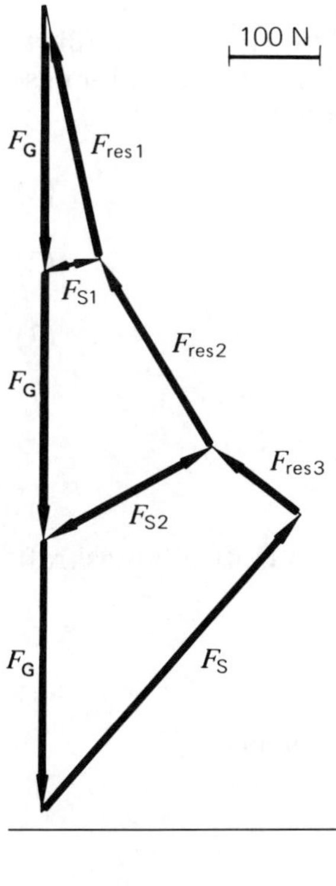

Abb. 10-19: Zusammengesetzte Kraftecke

Grundsätzlich kann die analytische Lösung auch mit Normal- und Reibungskraft erfolgen. Für diesen Weg müssen an der Auflagefläche die Normalkraft F_n und entgegengesetzt der Bewegung die Reibungskraft $\mu \cdot F_n$ eingeführt werden. Alle anderen Kräfte sind in Tangential und Normalrichtung zu zerlegen. Die Gleichgewichtsbedingungen $\Sigma F_t = 0$ und $\Sigma F_n = 0$ sind Bestimmungsgleichungen für F_n und F_S. Dieser Weg ist deutlich länger, als Übungsaufgabe sei er jedoch empfohlen.

Die Abb. 10-18 zeigt die Kraftecke der graphischen Lösung. Auch hier muß die Konstruktion an der Masse 1 begonnen werden. Es ist möglich, die Kraftecke so aneinander zu setzen, daß sich ein geschlossenes Krafteck der äußeren Kräfte ergibt mit den Stangenkräften als inneren Kräften (Abb. 10-19).

Beispiel 3 (Abb. 10-20)
Auf einer schiefen Ebene liegt ein homogener Block der Masse m. Die zentrisch angreifende Kraft F wirkt nach Skizze parallel zur Grundkante der schiefen Ebene. Zu bestimmen ist die Kraft, die den Block bei allseitig gleicher Reibung in Bewegung setzt. Die allgemeine Lösung soll diskutiert und mit den gegebenen Daten ausgewertet werden.

$$m = 10{,}0\,\text{kg}; \qquad \alpha = 20°; \qquad \mu_0 = 0{,}50$$

Lösung
Es wird ein räumliches Koordinatensystem nach Abb. 10-21 eingeführt. Die Gewichtskraft wird in die x- und y-Richtung zerlegt, die Reibungskraft in x und z. Die Gleichgewichtsbedingungen lauten

$$\Sigma F_x = 0 \qquad F_{Rx} = F_G \cdot \sin\alpha \tag{1}$$

$$\Sigma F_y = 0 \qquad F_n = F_G \cdot \cos\alpha \tag{2}$$

$$\Sigma F_Z = 0 \qquad F_{RZ} = F \tag{3}$$

Die resultierende Reibungskraft ist

$$F_R = \sqrt{F_{Rx}^2 + F_{Rz}^2}$$

Bewegung setzt ein, wenn diese gleich der maximalen Haftreibungskraft ist

$$\mu_0 \cdot F_n = \sqrt{F_{Rx}^2 + F_{Rz}^2}$$

Zusammen mit den Beziehungen (1), (2) und (3) ergibt das

$$(\mu_0 \cdot F_G \cdot \cos\alpha)^2 = F_G^2 \cdot \sin^2\alpha + F^2$$

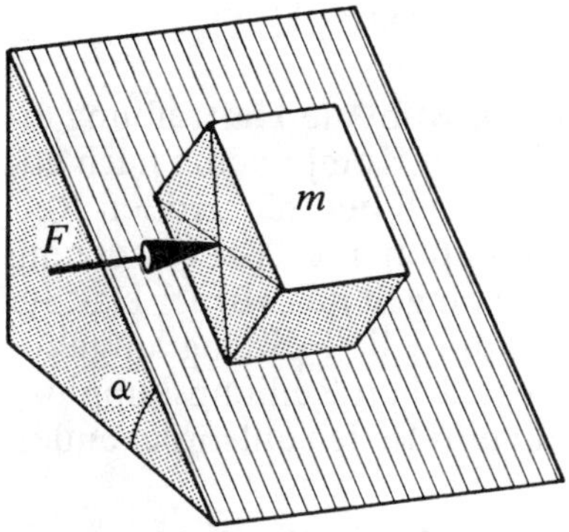

Abb. 10-20: Block auf schiefer Ebene mit quer wirkender Kraft

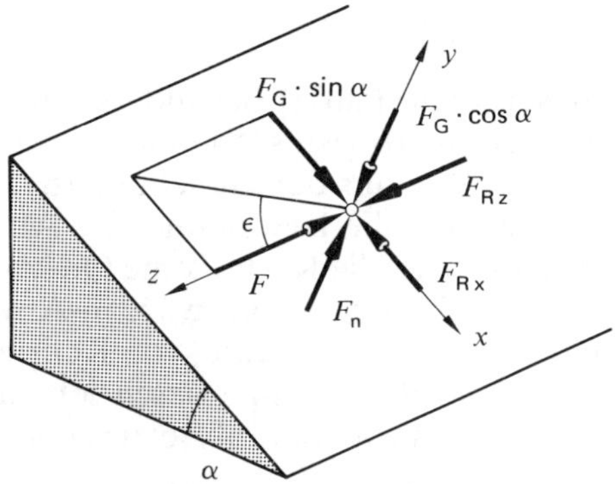

Abb. 10-21: Kräfte am Block, im Schwerpunkt vereinigt

$$F^2 = F_G^2\,(\mu_0^2 \cdot \cos^2\alpha - \sin^2\alpha)$$

$$F^2 = F_G^2 \cdot \sin^2\alpha \left[\left(\frac{\mu_0}{\tan\alpha}\right)^2 - 1\right]$$

$$\mathbf{F = m \cdot g \cdot \sin\alpha \cdot \sqrt{\left(\frac{\mu_0}{\tan\alpha}\right)^2 - 1}} \qquad \mathbf{(4)}$$

Die Bewegung des Blocks erfolgt in Richtung der Resultierenden aus F und $F_G \cdot \sin\alpha$, denn diese ist die Ursache der Bewegung. Die Größe des Winkels beträgt nach Abb. 10-21

$$\tan\varepsilon = \frac{F_G \cdot \sin\alpha}{F} = \frac{m \cdot g \cdot \sin\alpha}{m \cdot g \cdot \sin\alpha \cdot \sqrt{\left(\frac{\mu_0}{\tan\alpha}\right)^2 - 1}}$$

$$\mathbf{\tan\varepsilon = \frac{1}{\sqrt{\left(\frac{\mu_0}{\tan\alpha}\right)^2 - 1}}} \qquad \mathbf{(5)}$$

Die Gleichungen (4) und (5) stellen die allgemeine Lösung des Problems dar. Sie sollen diskutiert werden. Man kann folgende Fälle unterscheiden

$\mu_0 < \tan\alpha$	Da für diese Bedingung der Block ohnehin gleitet, ergeben sich imaginäre Werte.
$\mu_0 = \tan\alpha$ $F = 0;\quad \varepsilon = 90°$	Das ist der Grenzfall Haften/Gleiten nach Abb. 10-10

$$\mu_0 > \tan\alpha \quad \Rightarrow \quad F > 0 \quad ; \quad 0° < \varepsilon < 90°$$

Dieser letzte Fall ist besonders interessant. Obwohl die Haftreibung eigentlich zu groß ist, setzt eine Bewegung mit einer Komponente nach unten ein. Wie aus der Gleichung (5) folgt, hat auch bei sehr großen Reibungszahlen die Bewegung eine Abwährtskomponente. Voraussetzung ist, daß durch die Kraft F eine Querbewegung eingeleitet wurde. Das System verhält sich so, als wäre in Abwärtsrichtung die Reibung aufgehoben. Bei der Berechnung von Keilriemen, konischen Reibungskupplungen u.ä. geht dieser hier beschriebene Effekt ein. In den entsprechenden Abschnitten wird darauf Bezug genommen.

Die zahlenmäßige Auswertung ergibt für die gegebenen Daten.

$$F = (10 \cdot 9{,}81)\,\mathrm{N} \cdot \sin 20° \sqrt{\left(\frac{0{,}50}{\tan 20°}\right)^2 - 1}$$

$$\boldsymbol{F = 31{,}6\,\mathrm{N}}$$

$$\tan\varepsilon = \frac{1}{\sqrt{\left(\frac{0{,}50}{\tan 20°}\right)^2 - 1}} \quad ; \qquad \varepsilon = \mathbf{46{,}7°}$$

Auf einer schiefen Ebene mit dem Neigungswinkel von 20° gleitet ein Gegenstand herunter, wenn die Reibungszahl 0,36 oder kleiner ist (tan 20° = 0,36). Infolge der quer wirkenden Kraft F rutscht hier die Masse mit einer Abwärtskomponente auch bei einer deutlich höheren Reibungszahl von 0,5. Sie täte das auch bei noch größeren Reibungszahlen. Diese würden nur die Richtung beeinflussen.

Aufgaben zum Abschnitt 10.3

Hinweis: Alle Aufgaben sind analytisch zu lösen. Für viele Aufgaben ist es vorteilhaft, den Reibungswinkel einzuführen und die Skizze des Kräfteplans zur Grundlage der Berechnung zu machen. Die Ergebnisse sind graphisch zu kontrollieren.

A 10-1 Auf einer schiefen Ebene liegt wie skizziert eine Masse, an der eine Kraft angreift. Die Haft- und Gleitreibungszahl seien bekannt. Zu bestimmen sind

a) die Kraft F, die notwendig ist, um die Masse in Bewegung zu setzen,
b) die Kraft F für eine Bewegung mit konstanter Geschwindigkeit nach oben,
c) die Kraft F, die notwendig ist, um ein Heruntergleiten zu verhindern, falls $\varrho_0 < \alpha$ ist.

Die allgemeine Lösung ist für $m = 1200$ kg; $\alpha = 20°$; $\beta = 25°$; $\mu_0 = 0{,}15$ und $\mu = 0{,}10$ auszuwerten.

A 10-2 Auf einer schiefen Ebene liegt eine Masse $m = 10$ kg, an der eine horizontale Kraft angreift. Der Haftreibungswinkel wird zu 10° geschätzt. Zu bestimmen ist der Bereich der Größe von F für Liegenbleiben der Masse. Wie groß ist die Reibungskraft und in welcher Richtung wirkt sie an der Masse, wenn $F = 50$ N beträgt?

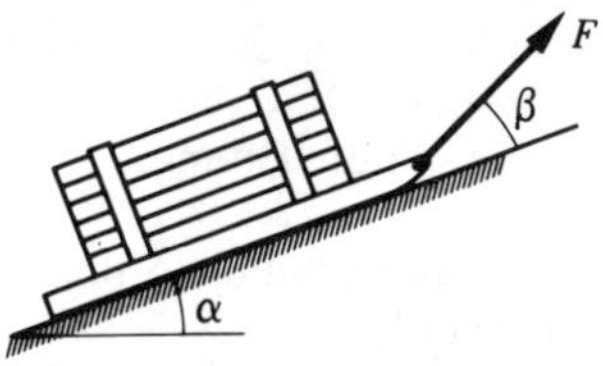

Abb. A 10-1

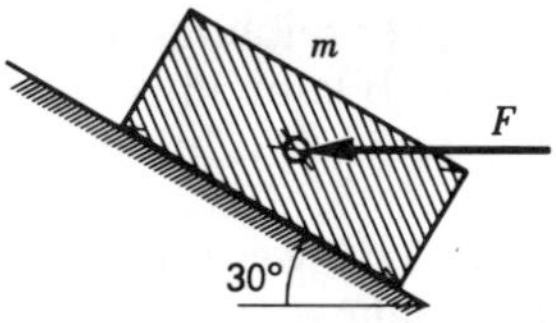

Abb. A 10-2

A 10-3 Eine Kiste, deren Schwerpunkt im Schnittpunkt der Raumdiagonalen liegt, soll auf der Rampe heruntergeschoben werden. Dabei darf die Kiste nicht gekippt werden. Wie groß muß die Kraft sein und in welcher Höhe darf sie maximal angreifen? Die Lösung soll allgemein erfolgen und für $m = 500$ kg; $H = 1{,}50$ m; $B = 1{,}00$ m; $\alpha = 20°$ und $\mu_0 = 0{,}60$ ausgewertet werden.

A 10-4 Die skizzierte Masse soll auf der schiefen Ebene mit einer möglichst kleinen Kraft nach oben in Bewegung gesetzt werden. Unter welchem Winkel α_2 muß bei vorgegebener Haftreibung die Kraft angreifen?

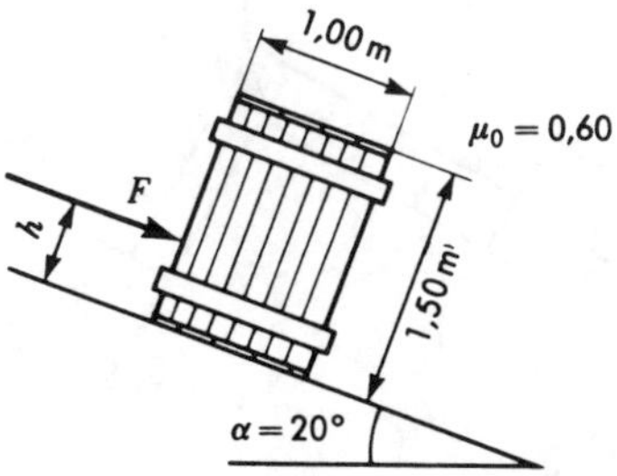

Abb. A 10-3

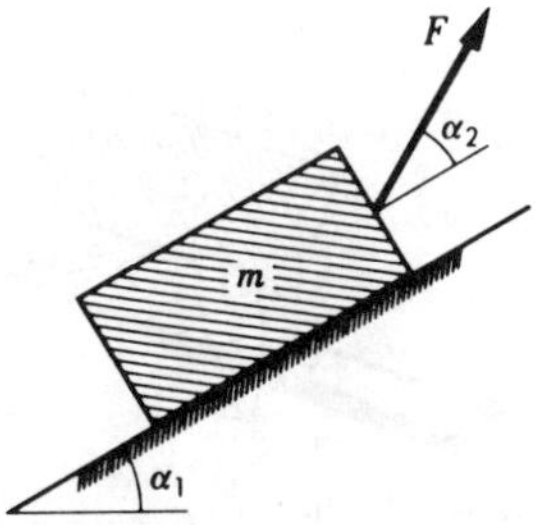

Abb. A 10-4

A 10-5 In dem skizzierten System wird die Masse A von der Masse B in Bewegung gesetzt. Beide sind mit Seilen über reibungslose Rollen verbunden. Es setzt Bewegung ein, wenn $m_B = 0{,}050 \cdot m_A$ ist. Zu bestimmen ist die Haftreibungszahl.

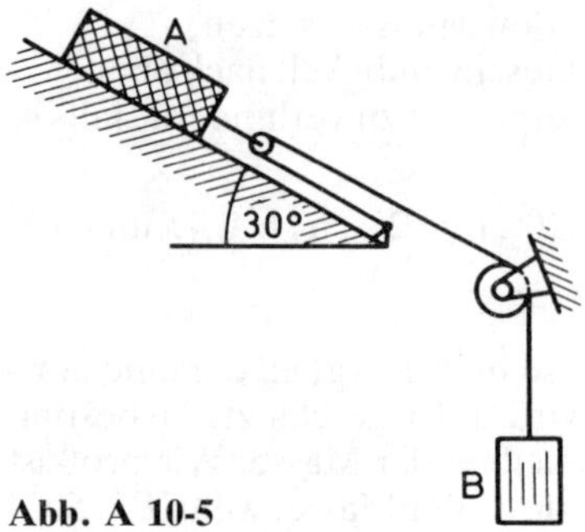

Abb. A 10-5

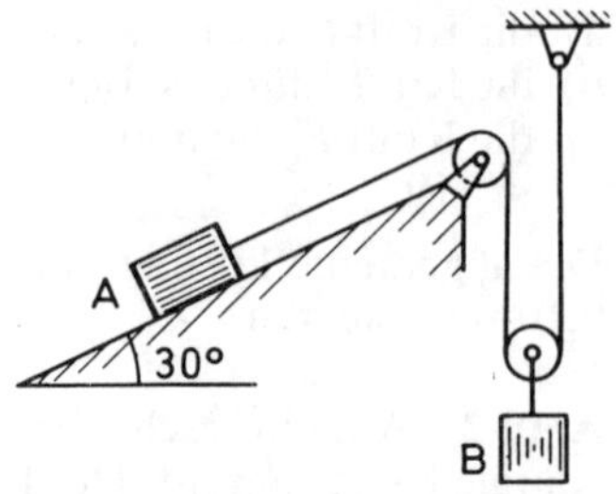

Abb. A 10-6

A 10-6 Das abgebildete System besteht aus den Massen A und B, die mit einem Seil über reibungslose Rollen verbunden sind. Die Masse A beträgt 20,0 kg. Die Masse B kann im Bereich von 15,0 bis 25,0 kg variiert werden, ohne daß Bewegung einsetzt. Zu bestimmen ist die Haftreibungszahl für die schiefe Ebene.

A 10-7 Zwei Blöcke liegen nach Skizze aufeinander auf einer schiefen Ebene. Das Halteseil A liegt parallel zur Unterlage. Zu bestimmen sind

a) die Kraft, die notwendig ist, um den Block 2 in Bewegung zu setzen,
b) die Seilkraft in A im Zeitpunkt des Losreißens von Block 2.

Die allgemeine Lösung ist für $m_1 = 30{,}0$ kg; $m_2 = 20{,}0$ kg und $\mu_0 = 0{,}20$ (alle Flächen) auszuwerten.

A 10-8 Die beiden auf schiefen Ebenen liegenden Massen sind mit Seilen über die reibungslose Stufenrolle ($r_1/r_2 = 2{,}0$) verbunden. Die Reibungsbedingungen seien für alle Flächen gleich. Für welchen Bereich des Quotienten m_2/m_1 ist das System im Gleichgewicht? Die allgemeine Lösung soll für $\alpha = 30°$; $\beta = 60°$ und $\mu_0 = 0{,}20$ ausgewertet werden.

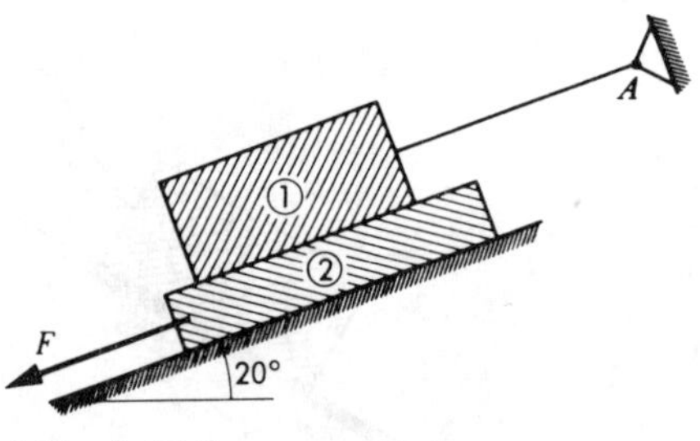

Abb. A 10-7

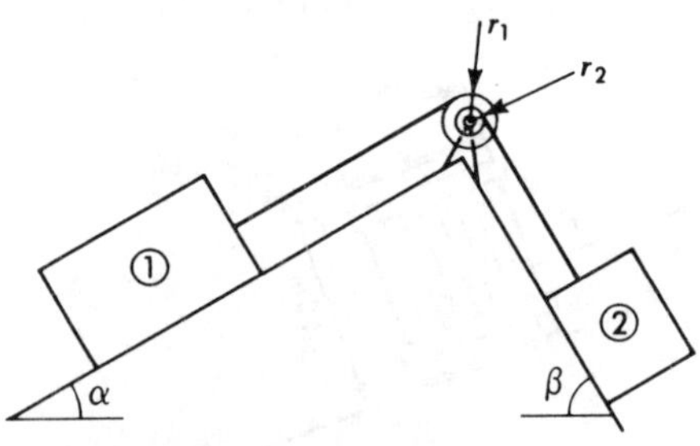

Abb. A 10-8

A 10-9 Zwei Massen sind wie abgebildet mit einem masselosen Stab verbunden. Sie sollen mit der Kraft F nach rechts in Bewegung gesetzt werden. Zu bestimmen ist diese Kraft für $\alpha = 0°$; $m_1 = 20{,}0$ kg; $m_2 = 30{,}0$ kg und $\mu_0 = 0{,}50$ für alle Flächen.

A 10-10 Diese Aufgabe behandelt das gleiche System mit den gleichen Werten wie die vorige Aufgabe, jedoch nicht mit vorgegebenem Winkel α. Die Kraft soll minimiert werden. Es ist die kleinstmögliche Kraft nach Größe und Richtung zu bestimmen, die die Massen nach rechts in Bewegung setzt.

A 10-11 Ein Akrobat rollt in skizzierter Weise eine Walze eine Rampe hinauf. Für die Gewichtskräfte von 450 N für die Walze und 700 N für den Akrobaten sind zu bestimmen

a) der Abstand x, den der Akrobat für Heraufrollen mit konstanter Geschwindigkeit einhalten muß,
b) die erforderliche Reibungszahl an der Laufstelle des Akrobaten,
c) die erforderliche Reibungszahl an der Abrollstelle der Walze.

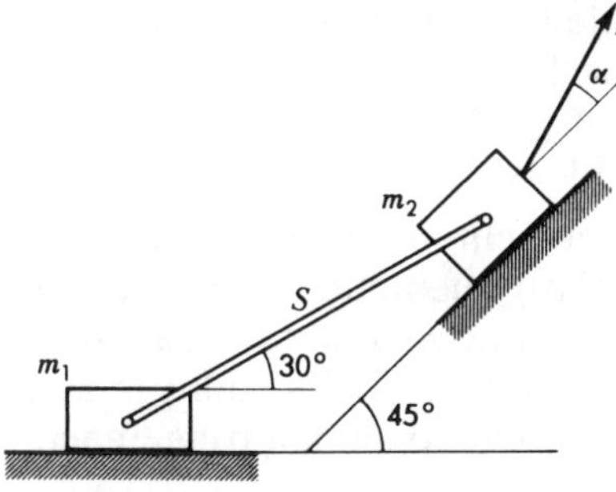

Abb. A 10-9/10

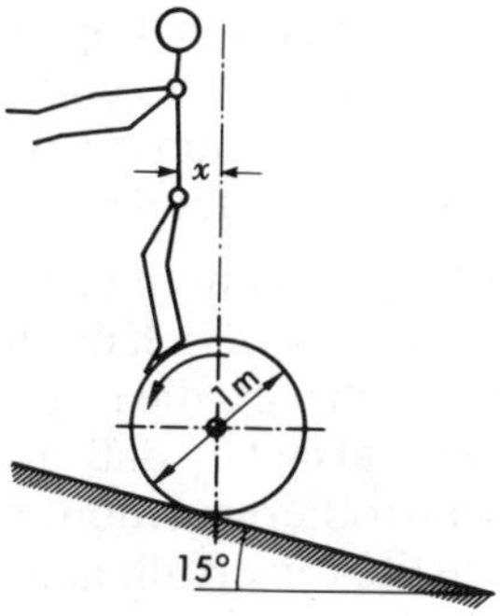

Abb. A 10-11

A 10-12 Eine homogene Walze wird nach Skizze eine Rampe hinaufgerollt. Wie groß muß für die Auflagestelle B die Haftreibungszahl mindestens sein, wenn für die unten gegebenen Daten die Walze ohne zu gleiten rollen soll? Wie groß muß für diese Bedingung die am Schild wirkende Schubkraft sein?

$m = 200\,\text{kg}$; $r = 0{,}50\,\text{m}$; $\alpha = 30°$; $\mu_A = 0{,}20$

A 10-13 Eine homogene Walze liegt nach Skizze auf einer schiefen Ebene. Sie soll mit der Kraft F nach oben in Bewegung gesetzt werden. Dabei soll sie auf der Unterlage abrollen. Für die beiden Fälle $h < r$ und $h > r$ ist die Kraft F und die mindestens notwendige Reibungszahl in der Auflagestelle zu bestimmen.

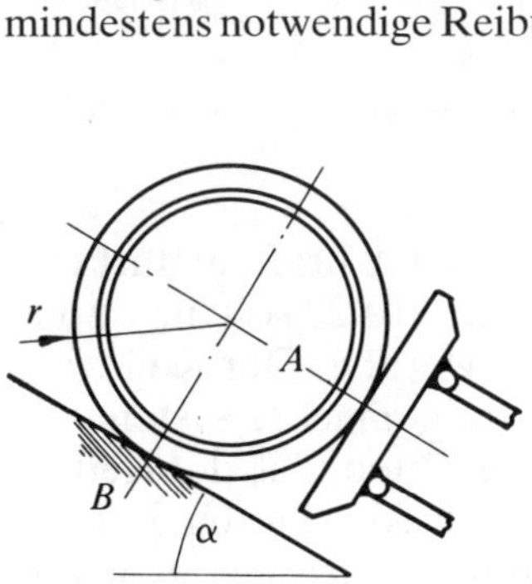

Abb. A 10-12

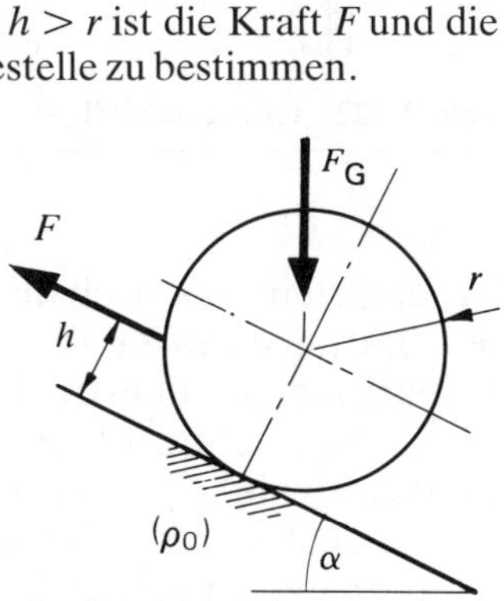

Abb. A 10-13

10.4 Der Keil

Keile werden zur Kraftübersetzung benutzt. Normalerweise sollen Kräfte durch die Wirkung des Keils vergrößert werden, z.B. beim Heben schwerer Lasten durch Eintreiben eines Keils. Bei richtiger Formgebung ist ein Keil selbsthemmend, d.h. er wird durch die Reibungskräfte in seiner Lage gehalten. Der Keil stellt ein einfaches Maschinenelement dar, das die Gesetze der schiefen Ebene anwendet.

Für die Bestimmung der Kräfte ist es zweckmäßig, mit Reibungswinkeln und Resultierenden von Reibungs- und Normalkräften zu arbeiten. Man kann das graphische und analytische Verfahren kombinieren, indem man die Kräftedreiecke nicht maßstäblich skizziert und die einzelnen Größen berechnet. Die Lage der Kräfte an den Keilen zu ermitteln, ist normalerweise nicht notwendig. Die Kräfte stellen sich so ein, daß Kräftesysteme mit gemeinsamem Angriffspunkt entstehen (s. Abb. 10-11/12). Die Eigenmassen der Keile werden immer vernachlässigt.

Wird ein System mit mehreren Keilen freigemacht, dann muß untersucht werden, wie sich die Keile bei Bewegung relativ zueinander verschieben. Danach wird die Lage der Kräfte F_{res} bestimmt und zwar unter Beachtung der Tatsache, daß die Reibungskraft hemmend wirkt. Es sollte immer kontrolliert werden, ob der Lehrsatz actio = reactio an den freigemachten Stellen erfüllt ist.

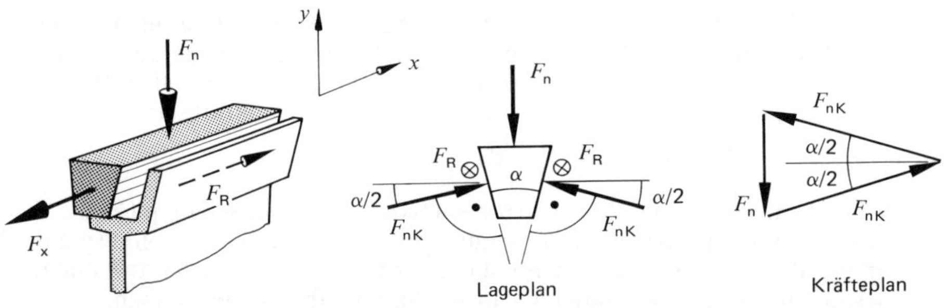

Abb. 10-22: Kräfte im Keilnut

Der Keilriemenbetrieb und das Spitzgewinde nutzen die kraftverstärkende Wirkung eines Keils aus. Für den Keil nach Abb. 10-22 soll die durch Reibungsschluß übertragbare Kraft F_x berechnet werden. Der Keil wird mit der Normalkraft F_n in die Nut gedrückt. Das freigemachte System liefert das abgebildete Kräftedreieck. Dabei ist zu beachten, daß der Keil so freigemacht wurde, als sei er in y-Richtung reibungsfrei. Durch geringe Schlupfbewegung, wie sie z.B. am Keilriemen immer auftreten, gleichen sich Reibungen aus. In diesem Zusammenhang sei auf das Beispiel Abb.

10-20 und die dort geführte Diskussion verwiesen. Unter dieser Voraussetzung erhält man die Größe der Normalkraft an einer Keilfläche

$$F_{nK} = \frac{F_n/2}{\sin\frac{\alpha}{2}}$$

Diese erzeugt eine Reibungskraft

$$F_R = \mu \cdot F_{nK}$$

Für beide Flächen gilt

$$F_x = 2\,F_R = 2 \cdot \mu \cdot \frac{F_n}{2} \cdot \frac{1}{\sin\frac{\alpha}{2}}$$

$$F_x = \frac{\mu}{\sin\frac{\alpha}{2}} \cdot F_n$$

Die Wirkung des Keils in bezug auf die durch Reibung übertragbare Kraft kann man durch die Definition der *Keilnutreibungszahl* beschreiben.

$$\mu' = \frac{\mu}{\sin\frac{\alpha}{2}}; \qquad \alpha \text{ Keilwinkel} \qquad \textbf{Gl. 10-4}$$

Nach den Ausführungen ist es einleuchtend, daß $\mu' > \mu$ ist.

Beispiel 1 (Abb. 10-23)
Die Abbildung zeigt in vereinfachter Form ein Spannschloß, wie es z.B. zum Verspannen verschiedener Bauelemente verwendet wird. Die Teile sollen mit einer Kraft von 20 kN gegeneinander gedrückt werden. Die Reibungszahl für alle Flächen wird zu 0,1 geschätzt. Zu bestimmen ist die notwendige Schraubenkraft. Diese könnte durch kontrolliertes Anziehen der Schraube mit einem Drehmomentenschlüssel eingehalten werden. Deshalb wird dieses Beispiel im Abschnitt 10.5 weitergeführt. Es ist weiter zu untersuchen, ob die Spannkraft erhalten bleibt, wenn die Schraube brechen sollte, d.h. ob der Keil selbsthemmend ist.

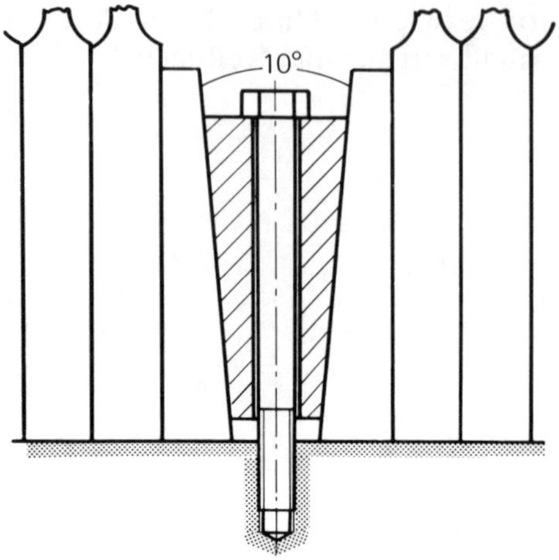

Abb. 10-23: Spannkeile

Lösung (Abb. 10-24/25)
Der Keil und die Zwischenstücke werden freigemacht. Da beim Festziehen die maximale Haftreibung überwunden werden muß, liegen die Resultierenden unter dem Winkel $\varrho_0 = \arctan \mu_0 = 5{,}7°$ zur Normalen. Der Keil wird nach unten gedrückt, die resultierenden Oberflächenkräfte müssen so wirken, daß die Reibungskraft nach oben gerichtet ist. Diese Überlegungen ergeben die Richtungen der Kräfte $F_{\text{res}\,1}$ und $F_{\text{res}\,2}$. Die dazugehörigen Reaktionskräfte wirken auf die Zwischenstücke. Diese verschieben sich etwas beim Anziehen der Schraube. Deshalb muß auch auf der Unterseite eine Reibungskraft eingeführt werden, die der Bewegung entgegengerichtet ist. Die resultierende Oberflächenkraft $F_{\text{res}\,3}$ ist aus diesem Grunde in angegebener Weise unter ϱ_0 zur Normalen gerichtet. Die Reaktionskraft der Spannkraft wirkt auf das eingeschobene Zwischenstück. Am linken Zwischenstück wirken die Kräfte symmetrisch (Index 4).

Der Kräfteplan besteht für die drei freigemachten Gebilde aus Dreiecken, die man so aneinander setzen kann, daß sich ein gleichsinnig geschlossenes Krafteck aus den Spannkräften, der Keilkraft und den Oberflächenkräften 3 und 4 ergibt (Abb. 10-25). Die Konstruktion muß am Zwischenstück beginnen, da hier die Kraft F_{sp} bekannt ist. Die Anwendung des sin-Satzes ergibt:

$$F_{\text{res}\,2} = \frac{\sin 95{,}7°}{\sin 73{,}6°} \cdot F_{\text{sp}}$$

$$F_{\text{K}} = \frac{\sin 21{,}4°}{\sin 79{,}3°} \cdot F_{\text{res}\,2} = \frac{\sin 21{,}4°}{\sin 79{,}3°} \cdot \frac{\sin 95{,}7°}{\sin 73{,}6°} \cdot F_{\text{sp}}$$

$\boldsymbol{F_{\text{K}} = 7{,}70\,\text{kN}}$ (Schraubenkraft).

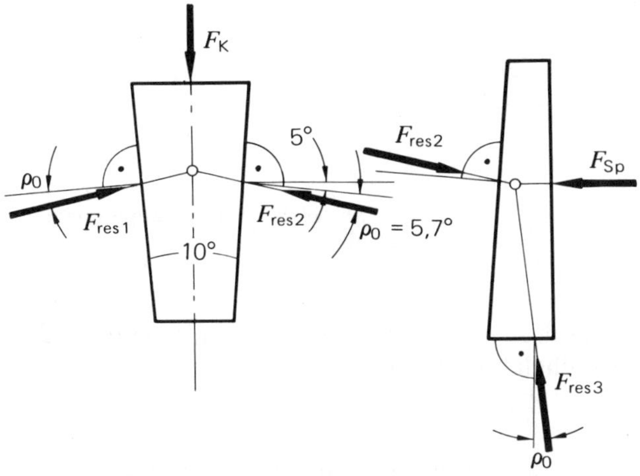

Abb. 10-24: Freigemachte Spannkeile

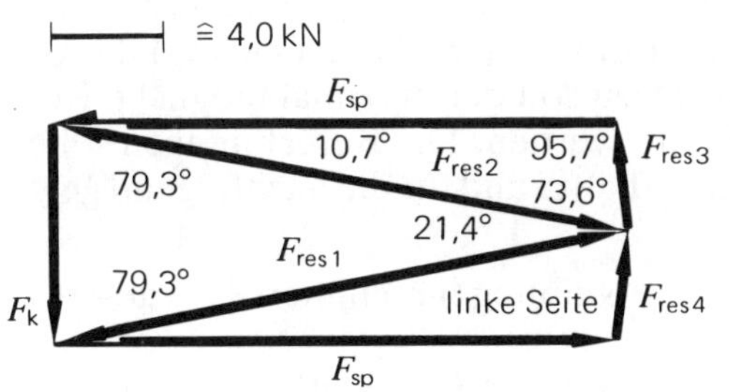

Abb. 10-25: Kräfteplan für Spannkeile

Für den Fall, daß die Schraube brechen sollte, ist zu untersuchen, ob sich die beiden Keilkräfte $F_{res\,1}$ und $F_{res\,2}$ innerhalb des Reibungskegels kollinear einstellen können. Nur dann ist Gleichgewichtszustand unter Erhaltung der Spannkraft möglich, d.h. der Keil ist selbsthemmend. Der Grenzfall wäre, wie man sich leicht am Keil Abb. 10-24 klar machen kann, $\varrho_0 = 5°$ für horizontal liegende Oberflächenkräfte. Dieser Reibungswinkel entspricht $\mu = \tan 5° = 0{,}087$. Da die vorhandene Reibungszahl höher ist, bleibt der Keil in Position, jedoch ist die Sicherheit gegen Herausdrücken des Keils im vorliegenden Fall gering (5° gegenüber 5,7°). Allgemein ist diese Fragestellung in Abb. 10-26 gelöst. Der Leser kann sich hier klar machen, daß *ein Keil dann selbsthemmend ist, wenn der Keilwinkel kleiner als die Summe der beiden Oberflächenreibungswinkel ist.* Im vorliegenden Falle heißt das $10° < 2 \cdot 5{,}7°$.

Grundsätzlich kann man diese Aufgabe auch lösen, wenn für die resultierenden Oberflächenkräfte die Normal- und Reibungskräfte F_n und $F_n \cdot \mu$ eingeführt werden.

Für die vorliegende Aufgabe erhält man vier Gleichungen, die simultan gelöst werden müssen. Da außerdem die meisten Kräfte schräg liegen, ist

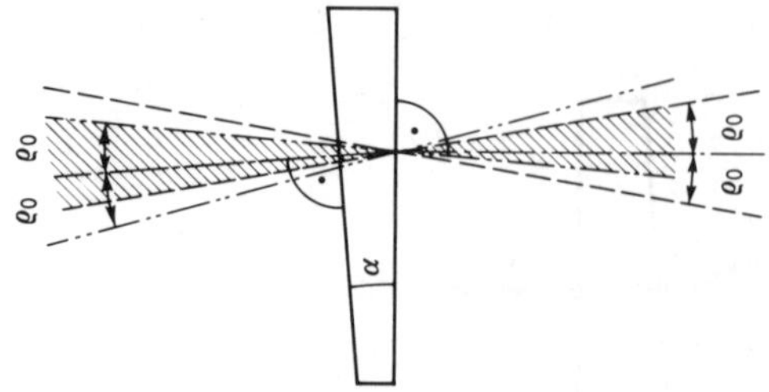

Abb. 10-26: Selbsthemmung eines Keils

eine Zerlegung in Komponenten notwendig. Das eben angedeutete Verfahren erfordert einen erheblich höheren Arbeitsaufwand.

Beispiel 2 (Abb. 10-27)
Abgebildet ist ein Zangengreifen. Betätigt wird dieser durch pneumatische Verstellung des Keils. Für eine vorgegebene Greiferkraft ist die notwendige Verstellkraft am Pneumatikkolben zu bestimmen. Es ist weiterhin zu untersuchen, ob für erhöhte Reibung (trockene Flächen) die Gefahr der Selbsthemmung besteht. Dazu soll der maximal mögliche Keilwinkel für diesen Grenzfall bestimmt werden. Die Berechnungen sollen für die vermaßte Position der Zangenhälfte und für die nachfolgend gegebenen Daten durchgeführt werden.

Keilwinkel	$\alpha = 60°$;	Reibung (geschmiert)	$\mu = 0,1$
Zangenkraft	$F_Z = 400\,\text{N}$;	Reibung (trocken)	$\mu = 0,3$
Federkraft	$F_F = 50\,\text{N}$		

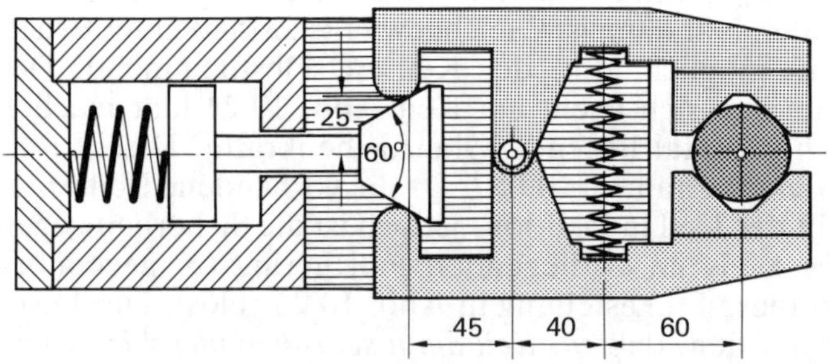

Abb. 10-27: Zangengreifer

Lösung (Abb. 10-28/29)
Wegen der Symmetrie wird nur eine Hälfte des Systems betrachtet. Die Lage der resultierenden Kraft am Keil und deren Zerlegung zeigt die Abb. 10-28. Dabei ist $\varrho = \arctan 0,1 = 5,7°$. Die Reaktionskräfte wirken in der Zange. Für diese werden die Gleichgewichtsbedingungen aufgestellt.

$$\Sigma M_A = 0 \qquad F_{res} \cdot \sin 35{,}7° \cdot 25\,\text{mm} - F_{res} \cdot \cos 35{,}7° \cdot 45\,\text{mm} + F_F \cdot 40\,\text{mm} + F_Z \cdot 100\,\text{mm} = 0$$

$$F_{res} = \frac{F_F \cdot 40\,\text{mm} + F_Z \cdot 100\,\text{mm}}{45\,\text{mm} \cdot \cos 35{,}7° - 25\,\text{mm} \cdot \sin 35{,}7°}$$

Das Einsetzen der gegebenen Werte ergibt $F_{res} = 1{,}91$ kN

Die Gleichung $\Sigma F_x = 0$ für den Keil liefert die vom Pneumatikkolben aufzubringende Kraft.

$$F_K = 2 \cdot F_{res} \cdot \sin 35{,}7°; \qquad \boldsymbol{F_K = 2{,}23\,\text{kN}}$$

Die Belastung des Zangengelenkes A berechnet sich aus

$$\Sigma F_x = 0 \qquad F_{Ax} = F_{res} \cdot \sin 35{,}7° = 1{,}12\,\text{kN}\ (\rightarrow)$$

$$\Sigma F_y = 0 \qquad -F_{Ay} + F_F + F_Z + F_{res} \cdot \cos 35{,}7° = 0$$

Das führt auf $F_{Ay} = 2{,}00$ kN. Die Resultierende dieser beiden Kräfte ist

$$\boldsymbol{F_A = 2{,}29\,\text{kN}}$$

Kontrolle: z.B. $\Sigma M_B = 0$

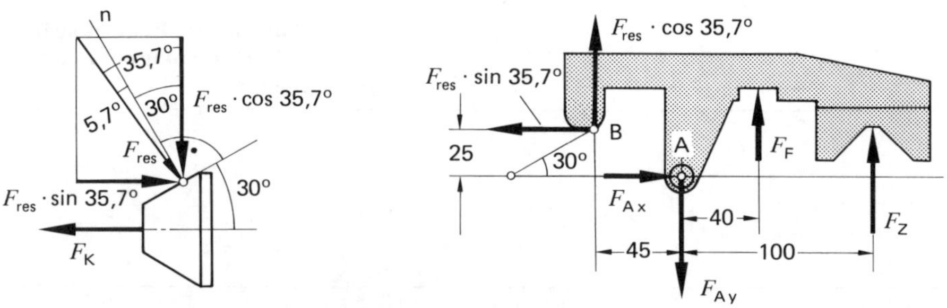

Abb. 10-28: Freigemachter Zangengreifer

Unter welchen Bedingungen ist das System selbsthemmend? Die Kraft F_{res} übt in Bezug auf das Gelenk A ein Moment aus, das die Zange schließt. Die Schließbewegung ist nicht möglich, wenn das Moment verschwindet. Das ist der Fall, wenn die Wirkungslinie der Resultierenden durch den Gelenkpunkt A geht. In diesem Zustand ist das System blokkiert. In der Abb. 10-29 sind die geometrischen Zusammenhänge dargestellt. Dabei sind

$$\varrho_0 = \arctan 0{,}3 = 16{,}7°$$

$$\tan\beta = \frac{25\,\text{mm}}{45\,\text{mm}} \quad \text{(s. Zeichnung)} \quad \Rightarrow \quad \beta = 29{,}1°$$

Die Summation der bei B eingetragenen Winkel führt auf

$$180° = \beta + \varrho_0 + 90° + \alpha/2$$

$$\frac{\alpha}{2} = 90° - \beta - \varrho_0 = 44{,}2°; \qquad \alpha_{\mathbf{max}} \approx \mathbf{88°}$$

Der Greifer ist demnach in dieser Position gegen Blockieren sicher. Man könnte die Frage der Selbsthemmung auch anders lösen. Z.B. könnte man die Reibungszahl bestimmen, die zu einer Blockierung des Systems führt. Die oben stehende Winkelsummierung müßte in diesem Falle für $\alpha = 60°$ nach ϱ_0 aufgelöst werden. Die so ermittelte Reibungszahl liegt deutlich über dem gegebenen Wert für trockene Flächen.

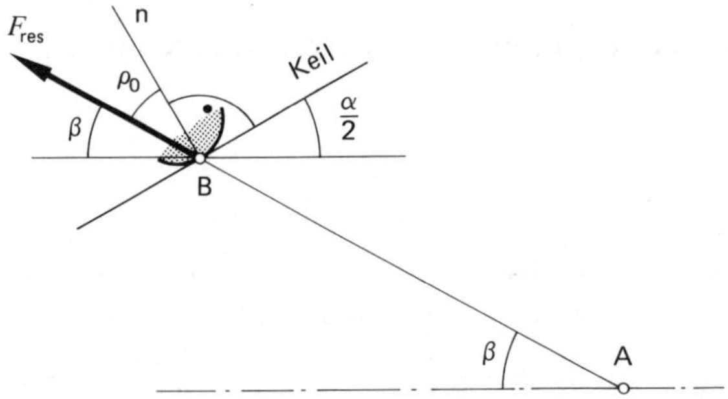

Abb. 10-29: Bedingung für Selbsthemmung des Zangengreifers

Aufgaben zum Abschnitt 10.4

Hinweis: Alle Aufgaben sind analytisch zu lösen. Die Massen der Keile sind vernachlässigbar. Es empfiehlt sich, Reibungswinkel einzuführen und von Kräftedreiecken auszugehen. Die Ergebnisse sind graphisch zu kontrollieren.

A 10-14 In dem skizzierten System soll mit Hilfe von zwei Keilen der vertikal verschiebliche Stempel gegen eine Kraft von 20,0 kN verschoben werden. Für einen geschätzten Haftreibungswinkel von 5° ist die notwendige Keilkraft für Heben und Senken zu bestimmen. Es wird vorausgesetzt, daß sich beide Keile verschieben.

A 10-15 Für das skizzierte System ist eine Zustellkraft an den Keilen von 2,0 kN verfügbar. Welche vertikale Kraft kann damit beim Heben überwunden werden, wenn allseitig ein Reibungswinkel von 5° angenommen wird? Beide Keile verschieben sich.

A 10-16 In dem skizzierten System soll der Stempel gegen eine vertikale Kraft von 20,0 kN nach oben bewegt werden. Für alle Flächen betrage der Reibungswinkel 5°. Infolge einer Störung hängt der untere Keil fest. Zu bestimmen ist die notwendige Keilkraft. Das Ergebnis ist mit dem der Aufgaben 10-14 zu vergleichen und zu diskutieren.

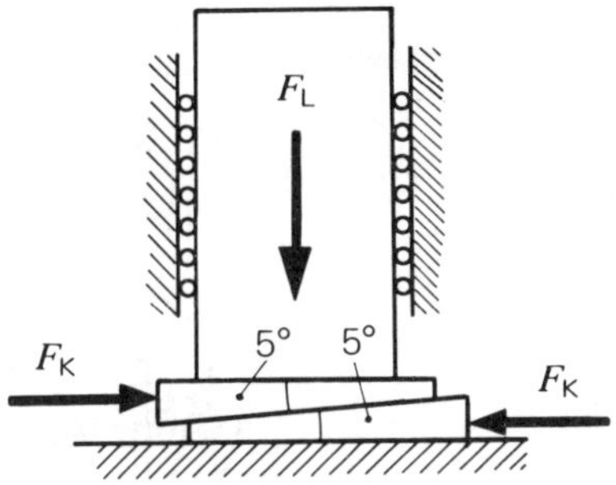

Abb. A 10-14/15/16

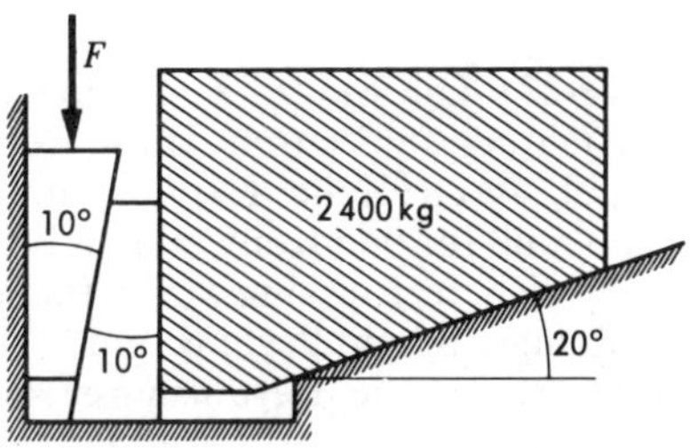

Abb. A 10-18

A 10-17 Die Masse im System nach Abb. A 5-9 soll mit Hilfe eines Keils gehoben werden. Die Haftreibungszahl wird für alle Flächen zu 0,08 geschätzt. Zu bestimmen ist die notwendige Keilkraft.

A 10-18 Der abgebildete Block soll nach rechts eine Rampe heraufgeschoben werden. Zu bestimmen ist die dazu notwendige Kraft F, wenn die Haftreibungszahl für alle Flächen 0,10 beträgt.

A 10-19 Für alle Flächen der skizzierten Massen betrage die Haftreibungszahl 0,20. Für welchen Grenzwinkel α ist das Eindrücken des Keils nicht möglich?

A 10-20 Die skizzierte Klemmvorrichtung soll gegen eine Kraft $Q = 1{,}0$ kN geschlossen werden. Wie groß muß die Schließkraft bei einer Haftreibungszahl von 0,25 für alle Flächen sein?

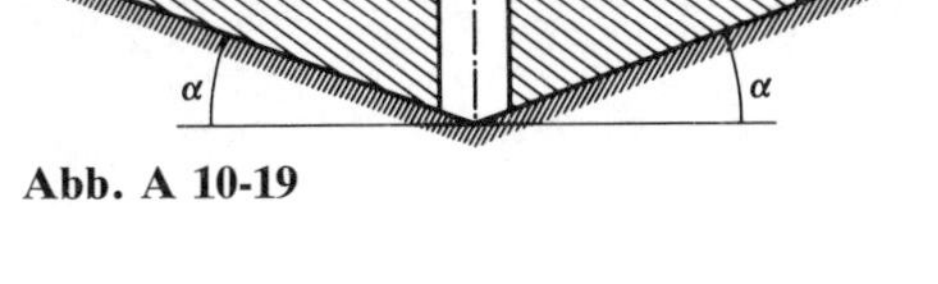

Abb. A 10-19

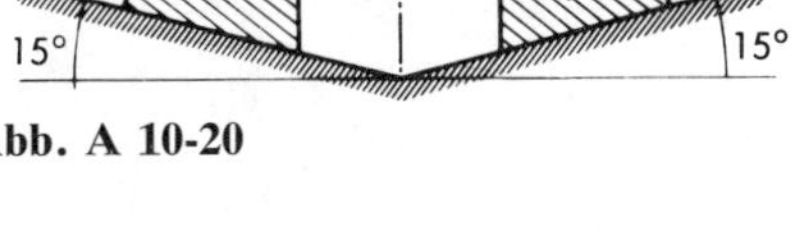

Abb. A 10-20

A 10-21 Die Abbildung zeigt eine hydraulisch betätigte Spreizvorrichtung. Diese soll mit einem Keilwinkel $\alpha = 10{,}0°$ eine Spreizkraft $F_S = 15{,}0$ kN erzeugen und gegen Reibungskräfte mit $\mu_0 = 0{,}12$ zugestellt werden. Zu bestimmen ist der notwendige Kolbendurchmesser d für einen Öldruck von 100 bar.

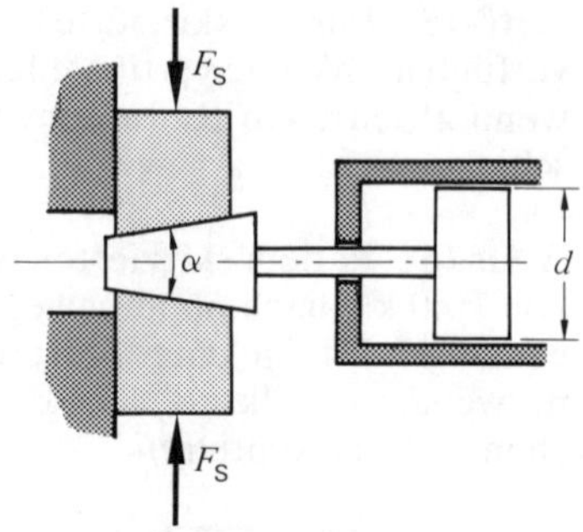

Abb. A 10-21

A 10-22 Die Skizze zeigt eine Hängevorrichtung für Platten. Diese werden im Bügel durch Keile festgeklemmt. Wie groß muß für den Keilwinkel α bei allseitig gleichen Reibungsverhältnissen die Reibungszahl mindestens sein? Wie groß muß sie für die Berührungsstelle Keil/Platte mindestens sein, wenn im Extremfall keine Reibung zwischen Bügel und Keil vorliegt?

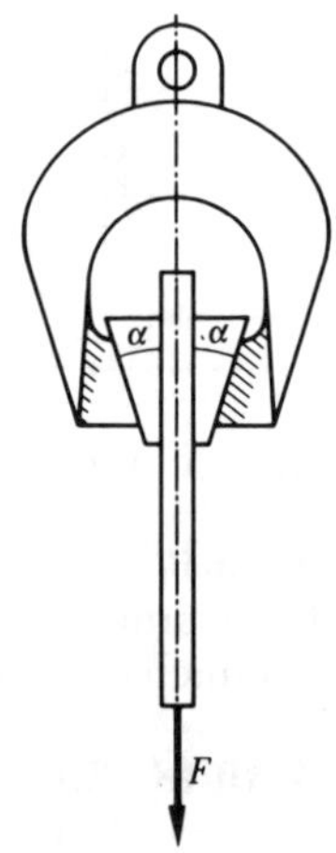

Abb. A 10-22

A 10-23 Eine homogene quadratische Platte ist nach Skizze bei A gelenkig gelagert. Sie soll mit Hilfe eines Keils angehoben werden. Zu bestimmen ist notwendige Keilkraft für $m = 100$ kg; $\alpha = 10°$ und $\mu_0 = 0{,}10$. Die Reibungszahl kann auf 0,30 steigen. Es ist zu untersuchen, ob der Keil dann selbsthemmend ist, bzw. wie groß der Keilwinkel bei dieser erhöhten Reibung werden kann, ohne daß das System blockiert.

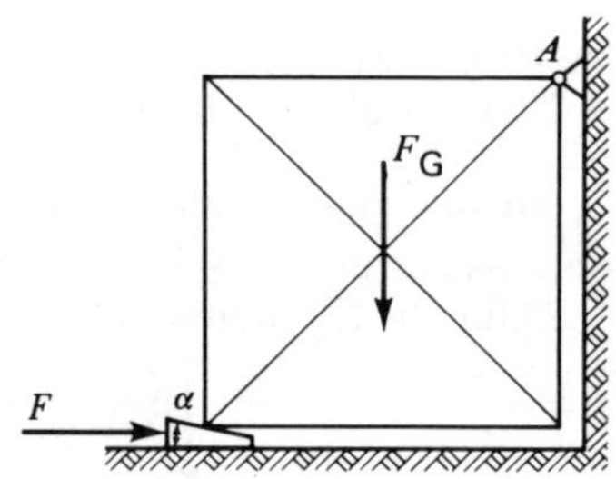

Abb. A 10-23

A 10-24 Abgebildet ist ein Klemmechanismus mit einer Walze als Klemmkörper. Wie groß muß die Haftreibungszahl der Berührungsflächen für den Keilwinkel α mindestens sein? Wie groß ist bei allseitig gleicher Reibung die an der Walze übertragene Kraft, wenn die Vorrichtung eine Platte der Masse m festhält?

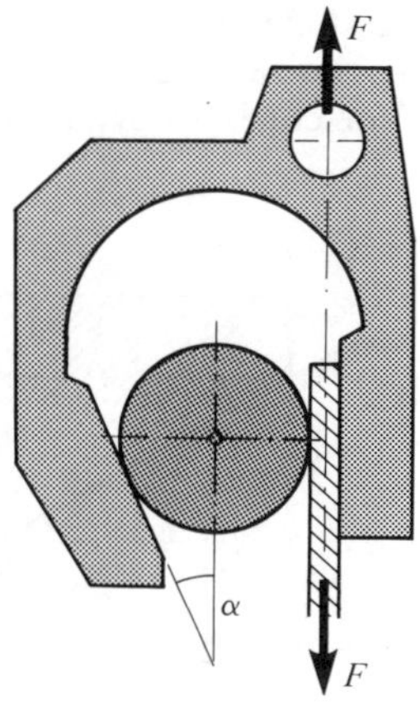

Abb. A 10-24

A 10-25 Die Abbildung zeigt das Detail eines Freilaufs. Als Klemmkörper werden Kugeln verwendet. Die Funktion der Feder ist, die Kugel in Klemmbereitschaft zu halten. Wegen der Schmierung muß von einer Reibungszahl von etwa 0,08 ausgegangen werden. Wie groß darf maximal der Klemmwinkel β ausgeführt werden, damit unter Last eine sichere Mitnahme gewährleistet ist? Wie berechnet sich grundsätzlich für ein vorgegebenes Moment am Freilauf die auf eine Kugel wirkende Klemmkraft?

A 10-26 Die Abbildung zeigt vereinfacht den Verschlußkeil eines Keilschiebers. Das ist eine Armatur, die im Rohrleitungsbau verwendet wird. Mit einer Gewindespindel (Kraft F_S) werden über eine Kugel die beiden Platten gegen die geneigten Dichtflächen gedrückt. Die an den Platten wirkende Kraft F_P setzt sich aus der Druck- und der notwendigen Dichtkraft zusammen. Für die nachfolgend gegebenen Daten ist die Spindelkraft zu berechnen.

$F_P = 100\,\text{kN}$; $\alpha = 10°$; $\mu = 0{,}15$ (Kugel)

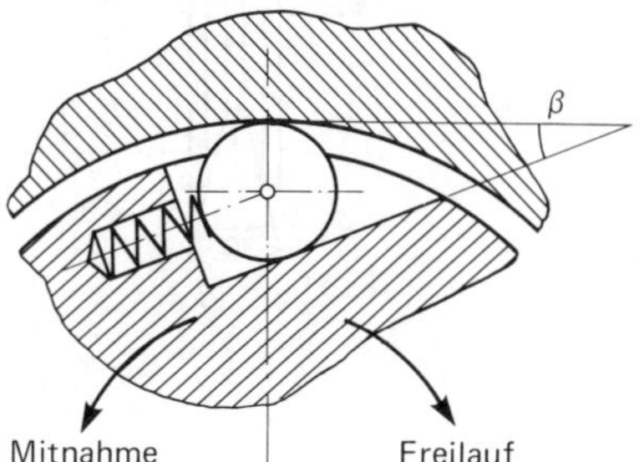

Abb. A 10-25

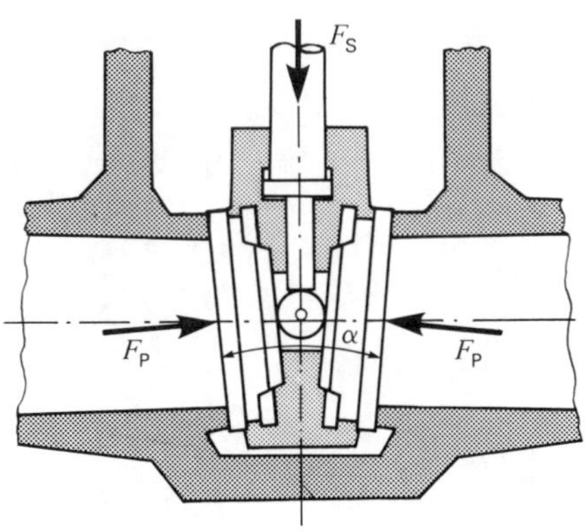

Abb. A 10-26

A 10-27/28 Abgebildet ist eine Keilnutführung, wie sie im Werkzeugmaschinenbau verwendet wird. Für eine Reibungszahl von $\mu = 0{,}07$ ist die notwendige Verschiebekraft zu bestimmen.

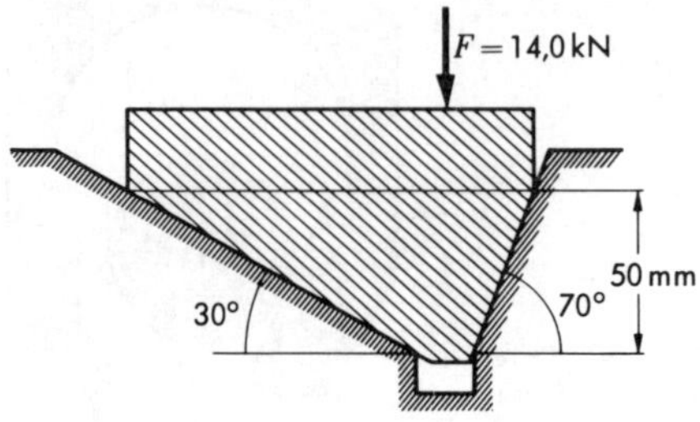

Abb. A 10-27

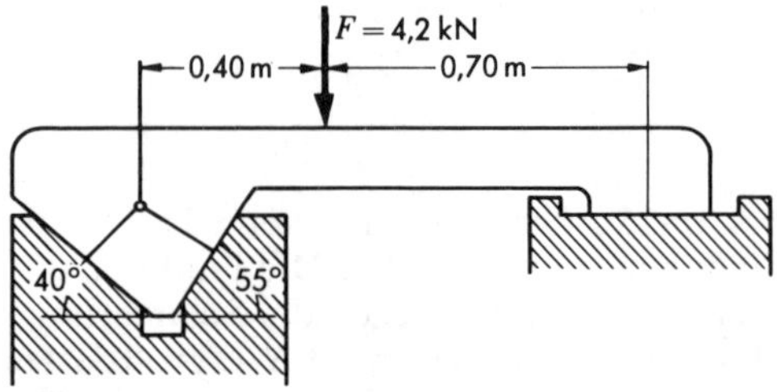

Abb. A 10-28

A 10-29 Für das skizzierte Reibradgetriebe ist für eine Zustellkraft von 180 N das bei einer Reibung $\mu = 0{,}50$ übertragbare Moment zu berechnen.

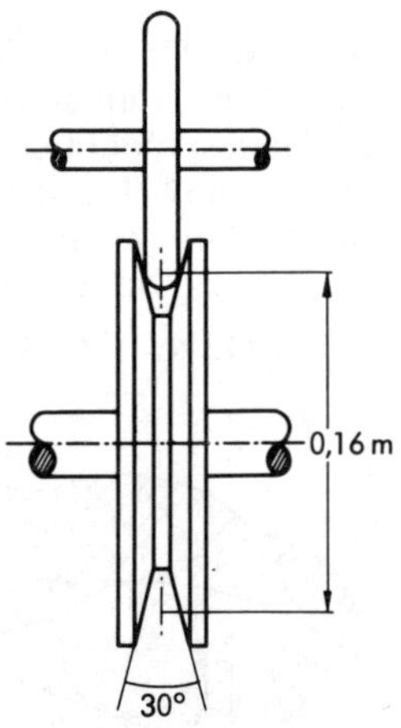

Abb. A 10-29

10.5 Das Gewinde

10.5.1 Das Flachgewinde

Eine Schraubenlinie entsteht, wenn ein rechtwinkliges Dreieck auf einen Kreiszylinder nach Abb. 10-30 aufgewickelt wird. Das rechtwinklige Dreieck entspricht einer schiefen Ebene, die aufgewickelt die Schraubenfläche eines Flachgewindes ergibt. Aus der Ganghöhe h und dem Durchmesser d kann die Steigung der schiefen Ebene berechnet werden:

$$\tan\alpha = \frac{h}{d \cdot \pi} .$$

Aus dieser Beziehung ersieht man, daß die Steigung am Kerndurchmesser des Gewindes größer ist als am Außendurchmesser. Es ist üblich, mit dem mittleren Durchmesser zu rechnen, d.h.

$$\tan\alpha = \frac{h}{d_m \cdot \pi} .$$

Für mehrgängige Gewinde ist

$$h = n \cdot t$$

wobei n die Anzahl der Gewindegänge, t die Teilung in axialer Richtung ist.

Es gilt demnach

$$\mathbf{tan}\,\alpha = \frac{\boldsymbol{n \cdot t}}{\boldsymbol{d_m} \cdot \pi} ; \qquad \boldsymbol{d_m} = \frac{\boldsymbol{d_a + d_i}}{\mathbf{2}} \qquad \textbf{Gl. 10.5}$$

t Teilung
n Gangzahl
d_a Außendurchmesser
d_i Innendurchmesser.

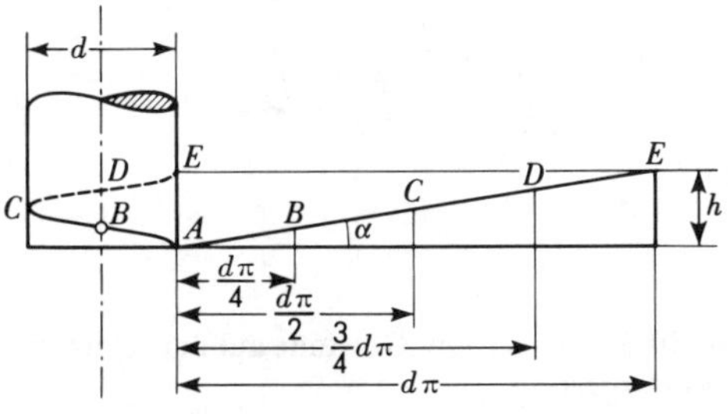

Abb. 10-30: Gewindegang als aufgerollte schiefe Ebene

Es soll berechnet werden, welches Moment notwendig ist, um eine Schraube oder Mutter bei Belastung zu drehen. Man muß die beiden Fälle „Festziehen“ und „Lösen“ einer Schraube unterscheiden. Diese entsprechen dem Heben und Senken einer Last mit einer Gewindespindel. Das Drehen einer Schraube kann man zurückführen auf die Verschiebung einer Masse auf einer schiefen Ebene. Die Abb. 10-31 soll das veranschaulichen. Ein freigemachtes Gewindestück mit den Kräfteplänen zeigt die Abb. 10-32. Die axiale Schraubenkraft ist mit F_a bezeichnet. Der Schraubenschlüssel verursacht die Umfangskraft F_u. Die Resultierende setzt sich aus Normal- und Reibungskraft zusammen. Sie wirkt an der Berührungsfläche. Der Teil a) gilt für Festziehen/Heben, der Teil b) für Lösen/Senken. Die jeweils drei Kräfte bilden im Kräfteplan ein Dreieck, das folgende Beziehungen liefert.

Festziehen	Lösen
$F_u = F_a \cdot \tan(\varrho + \alpha)$	$F_u = F_a \cdot \tan(\varrho - \alpha)$

wobei $M = F_u \cdot \dfrac{d_m}{2}$ ist.

Für $\varrho < \alpha$ erhält man für den Fall „Lösen“ eine negative Kraft. Der Abb. 10-32 entnimmt man die physikalische Bedeutung. Der Block rutscht herunter, weil die Reibung zu klein ist. Übertragen auf die Schraube heißt das, diese ist nicht selbsthemmend. Eine mit solcher Spindel geho-

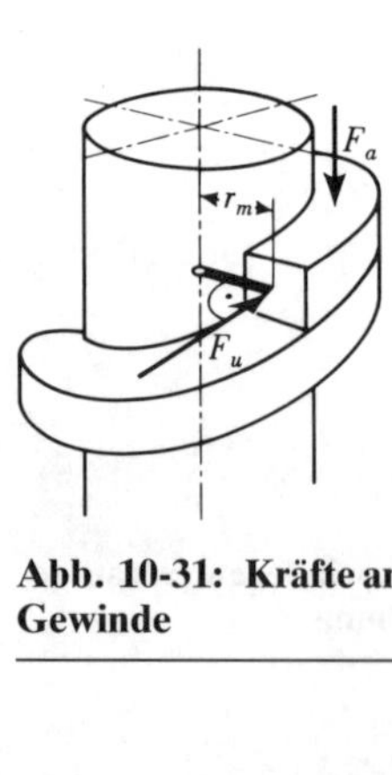

Abb. 10-31: Kräfte am Gewinde

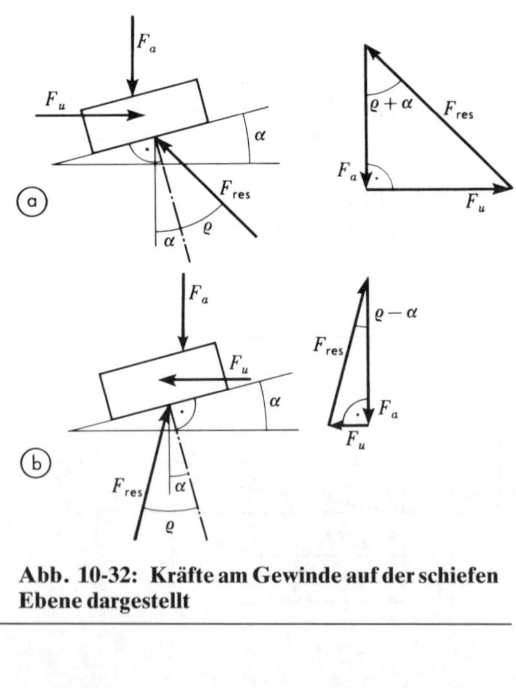

Abb. 10-32: Kräfte am Gewinde auf der schiefen Ebene dargestellt

bene Last würde nicht oben bleiben, sondern diese umgekehrt in Drehung versetzen und wieder absinken. Daraus folgt unmittelbar, daß die Befestigungsschrauben selbsthemmend sein müssen. Die Bedingung dafür $\alpha < \varrho$ ist um so besser erfüllt, je kleiner der Gewindegang für einen vorgegebenen Durchmesser ist (Feingewinde).

Zusammenfassend kann man schreiben

$$\boldsymbol{M = F_a \cdot \frac{d_m}{2} \cdot \tan(\varrho \pm \alpha)} \qquad \textbf{Gl. 10-6}$$

$+$ Anziehen des Gewindes
$-$ Lösen des Gewindes
$\varrho > \alpha$ selbsthemmendes Gewinde

Problematisch ist die Unterscheidung zwischen Haft- und Gleitreibung. Schrauben, die im Maschinenbau verwendet werden, unterliegen oft Erschütterungen. Diese vermindern die wirksame Haftreibungskraft. Die Genauigkeit der mit der Gleichung 10-6 berechneten Ergebnisse ist durch die Streuung der μ-Werte begrenzt.

10.5.2 Trapezgewinde und Spitzgewinde

Die Reibung eines Spitzgewindes entspricht der Reibung in einer Keilnut. In Abb. 10-33 ist ein Gewindegang skizziert. Für nicht zu große Steigungen (Symmetriebedingungen) ergibt die Gleichung 10-4:

$$\mu' = \frac{\mu}{\sin\left(90° - \frac{\beta}{2}\right)} = \frac{\mu}{\cos\frac{\beta}{2}}$$

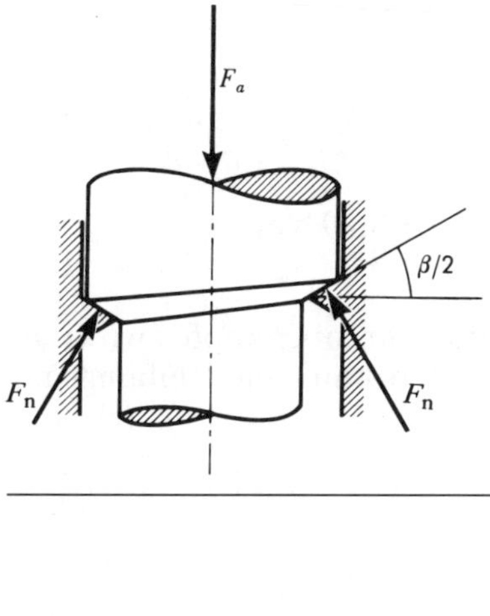

Abb. 10-33: Kräfte am Spitzgewinde

$$\tan \varrho' = \frac{\mu}{\cos\frac{\beta}{2}} \qquad \textbf{Gl. 10-7}$$

In die Gleichung 10-6 muß für Spitz- und Trapezgewinde ϱ' anstatt ϱ eingeführt werden. Da $\varrho' > \varrho$ ist, sind die Reibungskräfte am Spitzgewinde größer als am Flachgewinde. Die Sicherheit gegen ungewolltes Lösen einer Schraube wird durch diesen Effekt erhöht. Da die schrägen Flankenflächen eine zentrierende Wirkung haben, werden Bewegungsgewinde trotz erhöhter Reibung als Trapezgewinde ausgeführt. Dabei ist der Flankenwinkel kleiner als bei Befestigungsschrauben.

In vielen Tabellen zur Schraubenberechnung ist die Keilnutwirkung bereits berücksichtigt. Die Anwendung der Gleichung 10-7 entfällt in diesem Fall.

Beispiel 1
Der Spannkeil Abb. 10-23 soll mit einer Schraube M8 festgezogen werden. Zu berechnen ist für eine geölte Oberfläche ($\mu = 0{,}12$) das notwendige Anzugsmoment.

Lösung
Die Gleichung 10-6 muß ausgewertet werden. Der Gewindetabelle entnimmt man folgende Werte: mittlerer Durchmesser 7,2 mm, Steigungswinkel 3,17°. Nach Gleichung 10-7 ist

$$\tan \varrho' = \frac{\mu}{\cos\frac{\beta}{2}} = \frac{0{,}12}{\cos 30°} \qquad \varrho' = 7{,}9°$$

Eine sinnvolle Rundung ergibt $\varrho' + \alpha = 11°$. Die Schraube soll axial eine Kraft von 7,70 kN ausüben. Damit ist

$$M_G = F_a \cdot \frac{d_m}{2} \cdot \tan(\varrho' + \alpha)$$

$$M_G = 7{,}70 \cdot 10^3\,\text{N} \cdot \frac{7{,}2}{2} \cdot 10^{-3}\,\text{m} \cdot \tan 11° = 5{,}39\,\text{Nm}$$

Die Reibungskraft in der Auflagefläche des Schraubenkopfes wirkt auf einem mittleren Durchmesser von 10,5 mm. Dort muß ein Reibungsmoment überwunden werden von der Größe

$$M_u = F_a \cdot \mu \cdot \frac{D_m}{2}$$

$$M_u = 7{,}70 \cdot 10^3\,\text{N} \cdot 0{,}12 \cdot \frac{10{,}5}{2} \cdot 10^{-3}\,\text{m} = 4{,}85\,\text{Nm}$$

Insgesamt muß die Schraube mit einem Moment

$$\boldsymbol{M} = M_G + M_u = \mathbf{10{,}2\,Nm}$$

angezogen werden. Effekte wie z.B. das Setzen der Schraube u.ä. sind hier nicht berücksichtigt. Sie übersteigen den Rahmen dieses Fachs.

Beispiel 2 (Abb. 10-34)
Abgebildet ist eine Hubvorrichtung. Die Last F_L wird durch Drehen der Gewindespindel AC bewegt. Diese ist in A gelagert und läuft in einer Mutter, die zwischen zwei Rollen in C liegt. Für die abgebildete Position sind die zum Heben und Senken der Last notwendigen Momente zu bestimmen. Dabei können die Gelenke und das Lager in A reibungsfrei angenommen werden.

Last	$F_L = 10{,}0\,\text{kN}$	$l = 1\,000\,\text{mm}$
Reibungszahl	$\mu = 0{,}1$	$h = 400\,\text{mm}$
Gewinde Spindel	Tr 20 × 4	$b = 600\,\text{mm}$
		$c = 400\,\text{mm}$

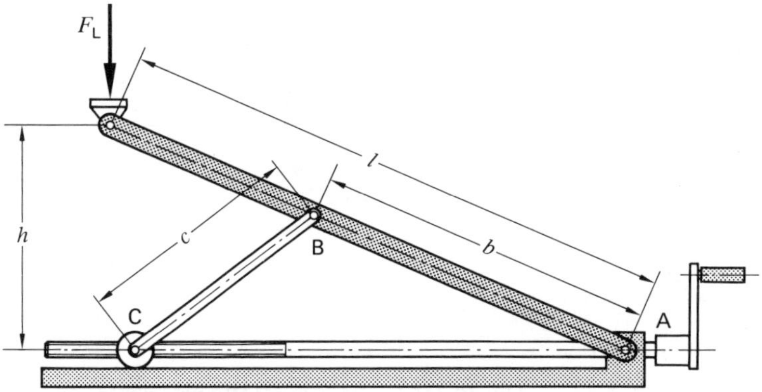

Abb. 10-34: Hubvorrichtung mit Gewindespindel

Lösung (Abb. 10-35)
Für die Bestimmung der axialen Spindelkraft muß zunächst die Geometrie erfaßt werden. Man erhält

$$\sin\varphi = \frac{h}{l} = \frac{400\,\text{mm}}{1000\,\text{mm}} \qquad \varphi = 23{,}6°$$

Für das Dreieck ABC wird der sin-Satz angewendet

$$\sin\gamma = \frac{b}{c}\cdot\sin\varphi = \frac{600\,\text{mm}}{400\,\text{mm}}\cdot\sin 23{,}6° \qquad \Rightarrow \gamma = 36{,}9°$$

Damit ist $\delta = 119{,}5°$.

Auf den nach Abb. 10-35 freigemachten Hebel wird die Momentengleichung für den Pol A aufgestellt.

$$\Sigma M_A = 0 \qquad F_L \cdot l \cdot \cos\varphi - F_B \cdot \cos(\delta - 90°)\cdot b = 0$$

$$F_B = \frac{l\cdot\cos\varphi}{b\cdot\cos(\delta - 90°)}\cdot F_L$$

$$F_B = \frac{1{,}0\,\text{m}\cdot\cos 23{,}6°}{0{,}60\,\text{m}\cdot\cos 29{,}5°}\cdot 10{,}0\,\text{kN} = 17{,}55\,\text{kN}$$

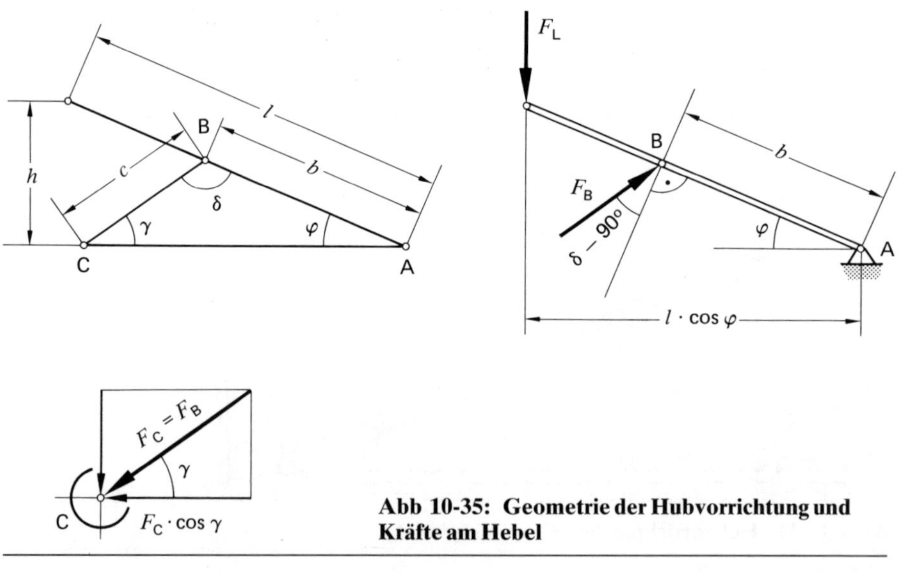

Abb 10-35: Geometrie der Hubvorrichtung und Kräfte am Hebel

Die Zerlegung der Reaktionskraft in C ($F_C = F_B$) führt auf die Axialkraft in der Spindel.

$$F_a = F_C \cdot \cos\gamma = 17{,}55\,\text{kN} \cdot \cos 36{,}9° = 14{,}03\,\text{kN}$$

Das Trapezgewinde wird mit einem Flankenwinkel $\beta = 30°$ ausgeführt. Die Berücksichtigung der Keilnutwirkung erfolgt nach Gleichung 10-7

$$\tan\varrho' = \frac{\mu}{\cos\frac{\beta}{2}} = \frac{0{,}1}{\cos 15°} \qquad \varrho' = 5{,}9°$$

Mit dem Flankendurchmesser $d_m = 18$ mm (s. Gewindetabelle) erhält man einen Steigungswinkel (Gl. 10-5) von

$$\tan\alpha = \frac{h}{d_m \cdot \pi} = \frac{4{,}0\,\text{mm}}{18\,\text{mm} \cdot \pi} \qquad \alpha = 4{,}0°$$

Die Momente werden mit Hilfe der Gleichung 10-6 berechnet.

Heben

$$M_H = F_a \cdot \frac{d_m}{2} \cdot \tan(\varrho' + \alpha)$$

$$M_H = 14{,}03 \cdot 10^3\,\text{N} \cdot \frac{18}{2} \cdot 10^{-3}\,\text{m} \cdot \tan(5{,}9° + 4{,}0°)$$

$$\mathbf{M_H = 22{,}0\,Nm}$$

Senken

$$M_S = 14{,}03 \cdot 10^3\,\text{N} \cdot 9 \cdot 10^{-3}\,\text{m} \tan(5{,}9° - 4{,}0°)$$

$$\mathbf{M_S = 4{,}2\,Nm}$$

Aus dem positiven Vorzeichen dieses Ergebnisses folgt, daß die Hubvorrichtung selbsthemmend ist ($\varrho' > \alpha$).

Aufgaben zum Abschnitt 10.5

A 10-30 In dieser Aufgabe sollen Normal- und Feingewinde in bezug auf das Lösen von Schrauben verglichen werden. Das soll an zwei Schrauben M 20 und M 20×1,5 geschehen, die beide mit 25,0 kN axial belastet sind. Wie groß ist in beiden Fällen der von der Gewindereibung verursachte Anteil am Lösemoment für $\mu_0 = 0{,}10$? Welche Schlußfolgerungen kann man aus den Ergebnissen in bezug auf ein unbeabsichtigtes Lösen von Schrauben ziehen?

A 10-31 Die Spindel der skizzierten Hubvorrichtung hat auf der linken Seite Rechts-, auf der rechten Linksgewinde Tr 20×4. Für die angegebene Position sind für $\mu = 0{,}10$ die Momente zum Heben und Senken zu berechnen.

A 10-32 Für die skizzierte Schraubenzwinge sind für die unten gegebenen Daten die Preßkraft und das notwendige Moment zum Lösen der Zwinge zu berechnen. Gewinde Tr 14×4; Anzugsmoment $M_A = 7{,}0$ Nm; $\mu_0 = 0{,}15$; $\mu = 0{,}12$. Es wird vorausgesetzt, daß die Preßkraft konstant bleibt.

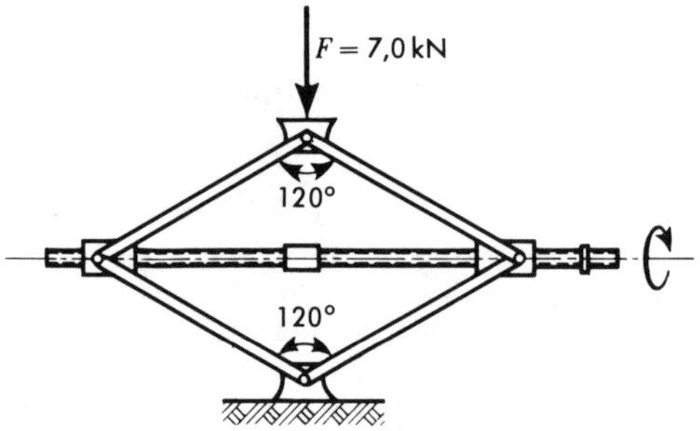

Abb. A 10-31

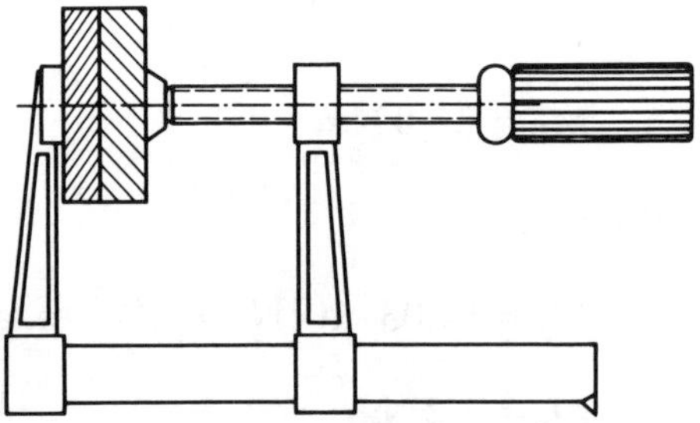

Abb. A 10-32

A 10-33 Die abgebildete Kniehebelpresse wird am Handrad mit $M_A = 45$ Nm angezogen. Für die unten gegebenen Daten sind die Preßkraft und das zum Lösen notwendige Moment zu berechnen. Gewinde Tr 24×5; $\mu_0 = 0{,}10$; $\mu = 0{,}08$.

A 10-34 Mit einer doppelgängigen Spindel soll über das skizzierte Handrad eine Kraft von 20 kN ausgeübt werden. Für die unten gegebenen Daten sind die zum Anziehen und Lösen notwendige Umfangskraft am Handrad zu bestimmen. Flachgewinde $d_m = 30{,}0$ mm; Teilung $t = 5{,}0$ mm; $\mu_0 = 0{,}15$; $\mu = 0{,}10$.

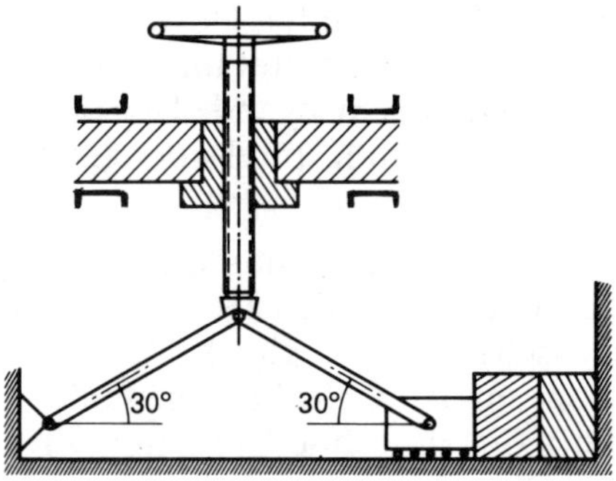

Abb. A 10-33

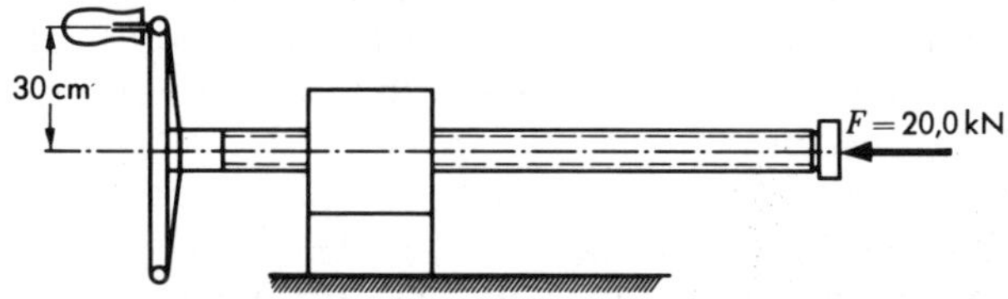

Abb. A 10-34

A 10-35 An der abgebildeten Spannvorrichtung wird die Gewindespindel mit einem Moment von 1,0 Nm angezogen. Zu berechnen sind die Spannkraft und alle Gelenkkräfte für eine Reibungszahl im Gewinde von 0,10. Andere Reibungseinflüsse sollen unberücksichtigt bleiben.

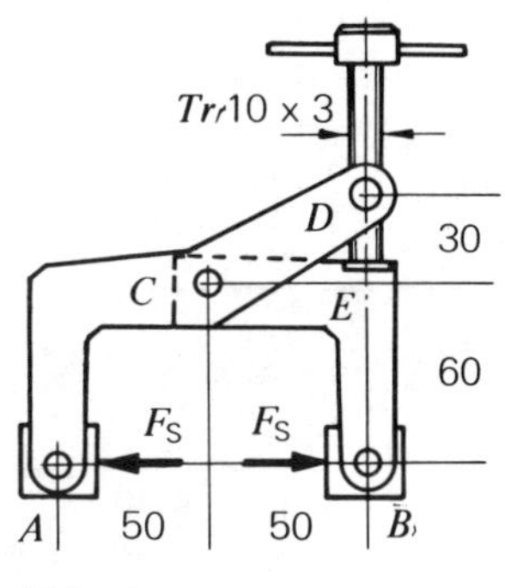

Abb. A 10-35

10.6 Verschiedene Aufgaben aus dem Gebiet der Reibung

Es gibt viele Anwendungen des COULOMBschen Gesetzes, die zu keinem bisher behandelten Thema passen. Deshalb sollen vor der Darstellung der mehr speziellen Fälle Zapfen-, Seil- und Rollreibung allgemeine Hinweise gegeben und an einigen Beispielen erläutert werden.

Liegen Normal- und Reibungskräfte in x- und y-Richtung (auch im schrägen System), dann ist die rein analytische Lösung mit getrennten Kräften F_n und $\mu \cdot F_n$ am einfachsten. Das wird in den nachfolgenden Beispielen 1 und 2 gezeigt. Wenn eine Zerlegung der schräg liegenden Normal- und Reibungskräfte in x- und y-Richtung notwendig ist, arbeitet man günstig mit den resultierenden Oberflächenkräften. Das nachfolgende Beispiel 3 soll das demonstrieren. Sonst gelten auch hier alle im Kapitel 6 behandelten Verfahren und gegebenen Empfehlungen.

An vielen in der Technik verwendeten Systemen kann man die Anzahl der wirkenden Kräfte auf drei reduzieren. Hier bietet sich als Lösung ein gemischtes Verfahren (graphisch/analytisch) an. Im gleichsinnig geschlossenen Kräftedreieck werden mit dem sin- bzw. cos-Satz die fehlenden Größen bestimmt. Dieser Weg führt oft am schnellsten zum Ziel (Beispiel 2).

Die graphische Lösung sollte zur Kontrolle immer durchgeführt werden. An ihr kann man sich viele Zusammenhänge besonders anschaulich machen. Vor allem Fragen der Selbsthemmung (Blockieren) gehören dazu. Es kommen je nach System die im Kapitel 6 erläuterten Verfahren zur Anwendung.

Beispiel 1 (Abb. 10-36)
Der abgebildete Werkzeugschlitten wird mit der horizontalen Kraft F_H in einer Führung nach links verschoben. Die vertikale Kraft F_V ist die Resultierende aus äußerer Belastung und Gewichtskraft. Für die unten ge-

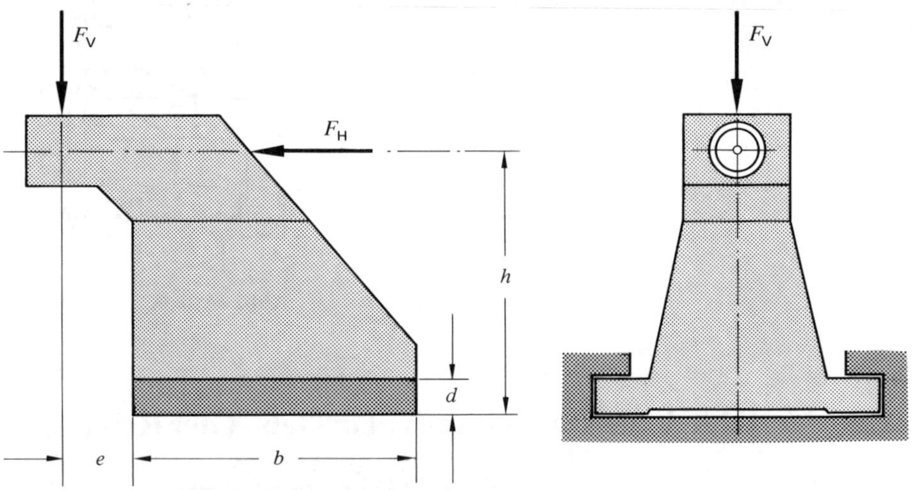

Abb. 10-36: Werkzeugschlitten

gebenen Daten ist die Verschiebungskraft F_H zu bestimmen. Bei ungünstiger Geometrie kann der Schlitten klemmen. Es ist nachzuweisen, daß im vorliegenden Fall diese Gefahr nicht besteht. Das kann u.a. durch Berechnung der Haftreibungszahl für diesen Grenzfall geschehen.

$F_V = 4{,}0\,\text{kN}$ $\quad b = 160\,\text{mm}$ $\quad d = 20\,\text{mm}$

$\mu = 0{,}1$ $\quad h = 150\,\text{mm}$ $\quad e = 40\,\text{mm}$

Analytische Lösung (Abb. 10-37)
Es handelt sich hier im Gegensatz zum Keil nicht um schräge Flächen. Eine zusätzliche Zerlegung der Kräfte in x- und y-Richtung ist nicht erforderlich. Deshalb soll hier mit Normal- und Reibungskräften gearbeitet werden. In der Führung kommt der Schlitten in den Punkten A und B zum Anschlag. Dort werden diese Kräfte eingetragen. Dabei kann man alle Kräfte in der Symmetrieebene zusammengefaßt denken.

$$\Sigma M_A = 0 \qquad F_V \cdot e + F_H \cdot h - \mu \cdot F_{Bn} \cdot d - F_{Bn} \cdot b = 0 \qquad (1)$$

$$\Sigma F_x = 0 \qquad \mu \cdot F_{An} + \mu \cdot F_{Bn} - F_H = 0 \qquad (2)$$

$$\Sigma F_y = 0 \qquad F_{An} - F_{Bn} - F_V = 0 \qquad (3)$$

Das sind drei Gleichungen für die Unbekannten F_A, F_B und F_H. Nur die letzte Größe interessiert. Die Gleichung (3) wird mit μ multipliziert und von der Gleichung (2) subtrahiert.

$$2\mu \cdot F_{Bn} - F_H + \mu \cdot F_V = 0$$

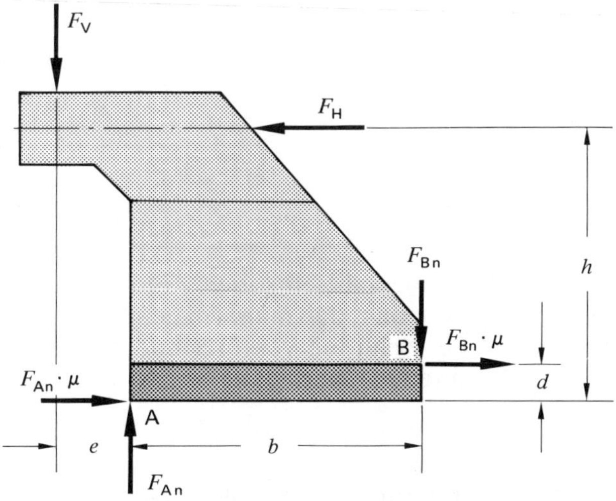

Abb. 10-37: Freigemachter Werkzeugschlitten

$$F_{Bn} = \frac{1}{2\mu}\,(F_H - \mu \cdot F_V)$$

Diese Beziehung wird in die Gleichung (1) eingesetzt. Die Größe F_H verbleibt als einzige Unbekannte. Deren Eliminierung führt auf

$$F_H = \frac{2e + d \cdot \mu + b}{\frac{b}{\mu} + d - 2h} \cdot F_V \tag{4}$$

Das ist die allgemeine Lösung des Problems. Die gegebenen Daten werden eingesetzt.

$$F_H = \frac{(80 + 20 \cdot 0{,}1 + 160)\,\text{mm}}{\left(\frac{160}{0{,}1} + 20 - 300\right)\text{mm}} \cdot 4{,}0\,\text{kN}$$

$$\boldsymbol{F_H = 0{,}73\,\text{kN}}$$

Diese Kraft ist zur Aufrechterhaltung der Bewegung gegen die Reibungskräfte notwendig.

Der Schlitten blockiert, wenn F_H beliebig groß wird. Das ist der Fall, wenn in Gleichung (4) der Nenner null gesetzt wird.

$$\frac{b}{\mu_0} + d - 2h = 0$$

Nach μ_0 aufgelöst erhält man

$$\mu_0 = \frac{b}{2h - d} \tag{5}$$

$$\mu_0 = \frac{160\,\text{mm}}{(300 - 20)\,\text{mm}}; \qquad \boldsymbol{\mu_0 = 0{,}57}$$

Erst wenn die Reibung dieser Reibungszahl entspricht, blockiert der Schlitten. Der Gleichung (5) entnimmt man, daß man sich dem Grenzzustand „Blockieren“ nähert, wenn der Schlitten verkürzt und die Höhe vergrößert wird. Das ist eine einleuchtende Überlegung.

Graphische Lösung

Die Abb. 10-38, die die Lösung zeigt, ist nicht maßstäblich. Die technisch richtigen Reibungswinkel sind bei der hier notwendigen Verkleinerung nicht darzustellen.

In A und B werden die Resultierenden eingeführt. Damit greifen vier Kräfte mit festliegenden Wirkungslinien an. Die CULMANNsche Konstruktion führt zum Ziel. Die CULMANNsche Gerade verbindet die Schnittpunkte F_A; F_B (I) und F_H; F_V (II). Jetzt kann der Kräfteplan beginnend mit F_V gezeichnet werden. Selbsthemmung liegt vor, wenn der Punkt I auf die Wirkungslinie von F_H rutscht (Punkt III). Für diesen Zustand geht, da F_V eine reale Größe ist, die Kraft F_H nach Unendlich. Der Punkt III wird durch eine Hilfskonstruktion (Punkt IV) ermittelt. Diese beruht auf einfachen geometrischen Aussagen und ist aus der Abbildung 10-38 ersichtlich. Der Winkel ϱ_0 beträgt ca. 30°, was einer Reibungszahl von etwa 0,57 entspricht.

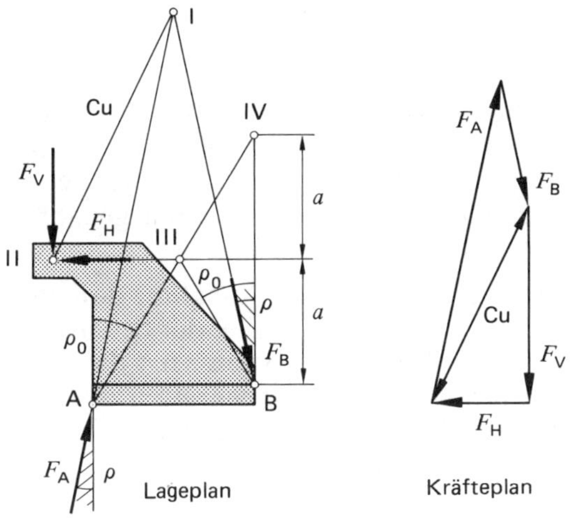

Abb. 10-38: Graphische Lösung für Werkzeugschlitten

Beispiel 2 (Abb. 10-39)
In diesem Beispiel wird eine Trommelbremse untersucht. Für eine vorgegebene Kraft am Hydraulikkolben F_H soll für positive Drehrichtung der Trommel das Bremsmoment bestimmt werden. Die Wirkung der Feder kann vernachlässigt werden. Nach einer allgemeinen Lösung ist die Auswertung für folgende Daten auszuführen

Kraft	$F_H = 5{,}0\,\text{kN}$	$a = 110\,\text{mm}$
Bremsbelag	$\mu = 0{,}35$	$b = 120\,\text{mm}$
		$d = 2r = 280\,\text{mm}$

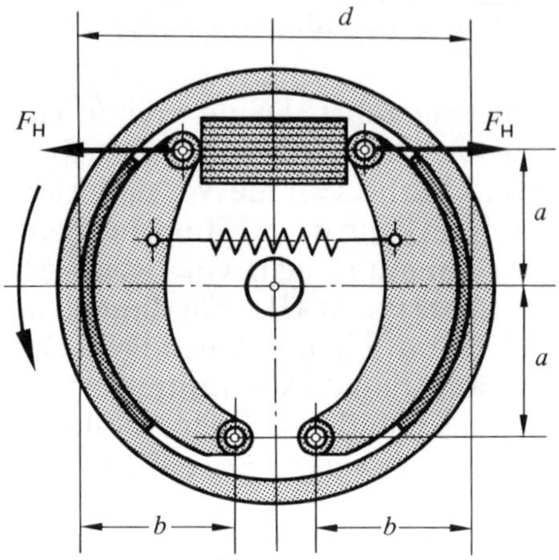

Abb. 10-39: Backenbremse

Lösung (Abb. 10-40/41/42)
An diesem Beispiel soll u.a. erarbeitet werden, daß das Verhalten solcher Bremsen von der Lage des Gelenks der Bremsbacken abhängt. Man kann die Reibungskräfte dazu nutzen, die Bremse zusätzlich anzuziehen bzw. umgekehrt die Bremswirkung zu mindern. Der zuerst genannte Einfluß entspricht einer eingebauten Bremskraftverstärkung.

Die Untersuchung wird unter einer vereinfachenden Annahme durchgeführt. Alle Brems- und Normalkräfte werden in der Mitte der Bremsbacken zusammengefaßt. Das so freigemachte linke System zeigt die Abb. 10-40. Es ist am einfachsten, mit Normal- und Reibungskräften zu arbeiten, da dann alle Kräfte in x- und y-Richtung liegen. Begonnen wird mit einer Momentengleichung für den Drehpol A.

$$\Sigma M_A = 0 \qquad F_H \cdot 2a - F_{n1} \cdot \mathrm{a} + \mu \cdot F_{n1} \cdot b = 0$$

$$F_{n1} = \frac{2a}{a - \mu \cdot b} \cdot F_H \tag{1}$$

Die zahlenmäßige Auswertung liefert

$$F_{n1} = \frac{2 \cdot 0{,}11\,\mathrm{m}}{0{,}11\,\mathrm{m} - 0{,}35 \cdot 0{,}12\,\mathrm{m}} \cdot 5{,}0\,\mathrm{kN} = 16{,}18\,\mathrm{kN}$$

Das auf der linken Seite erzeugte Bremsmoment ist

$$M_1 = F_{R1} \cdot r = \mu \cdot F_{n1} \cdot r$$

$$M_1 = 0{,}35 \cdot 16{,}18\,\mathrm{kN} \cdot 0{,}14\,\mathrm{m} = 0{,}793\,\mathrm{kNm}$$

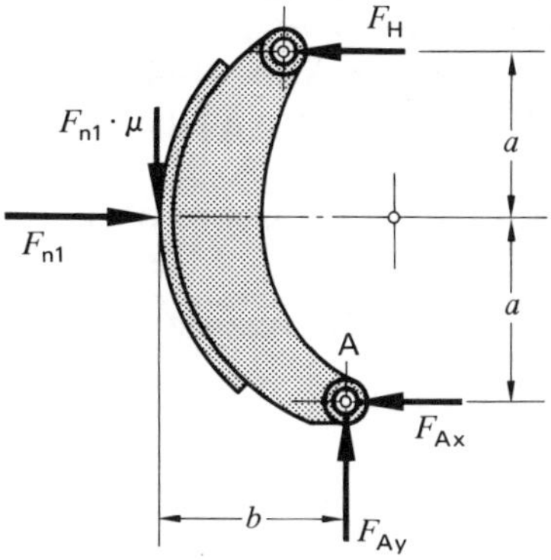

Abb. 10-40: Linke Bremsbacke freigemacht

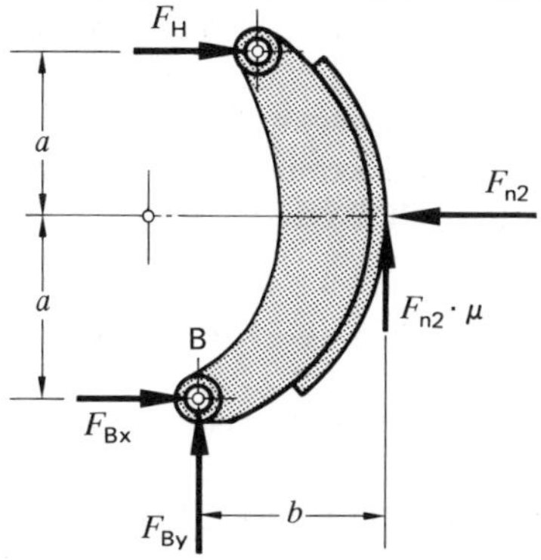

Abb. 10-41 Rechte Bremsbacke

Aus den Beziehungen $\Sigma F_x = 0$ und $\Sigma F_y = 0$ erhält man die Belastung des Gelenks A.

$$F_{Ax} = 11{,}18\,\text{kN} \qquad F_{Ay} = 5{,}66\,\text{kN} \qquad F_A = 12{,}53\,\text{kN}$$

Grundsätzlich die gleiche Rechnung liefert für die rechte Bremsbacke (Abb. 10-41)

$$\Sigma M_B = 0 \qquad F_H \cdot 2a - F_{n2} \cdot a - \mu \cdot F_{n2} \cdot b = 0$$

$$F_{n2} = \frac{2 \cdot a}{a + \mu \cdot b} \cdot F_H \tag{2}$$

$$F_{n2} = \frac{2 \cdot 0{,}11\,\text{m}}{0{,}11\,\text{m} + 0{,}35 \cdot 0{,}12\,\text{m}} \cdot 5{,}0\,\text{kN} = 7{,}24\,\text{kN}$$

Das Bremsmoment ist

$$M_2 = \mu \cdot F_{n2} \cdot r = 0{,}35 \cdot 7{,}24\,\text{kN} \cdot 0{,}14\,\text{m} = 0{,}355\,\text{kNm}$$

Auf das Gelenk B wirkt eine Kraft von

$$F_B = 3{,}38\,\text{kN}$$

Man erkennt die wesentlich höhere Belastung der linken Seite bei der hier vorgegebenen Drehrichtung. Das Gesamtmoment ergibt sich zu

$$M_{Br} = M_1 + M_2 = (0{,}793 + 0{,}355)\,\text{kNm}$$

$$\mathbf{M_{Br} = 1{,}148\,kNm}$$

Der Anteil der linken Backe am Gesamtmoment ist mehr als doppelt so groß wie der der rechten. Woran liegt das? Wie die Abb. 10-40 zeigt, wirkt die Bremskraft $\mu \cdot F_{n1}$ so, daß sie die Backe zusätzlich an die Trommel drückt. Bedingt ist das durch die Lage des Gelenks A. Besonders deutlich wird das im Vergleich mit dem rechten Teil. Hier ist die Wirkung umgekehrt.

In allgemeiner Form kann das Bremsmoment geschrieben werden

$$M_{Br} = M_1 + M_2 = \mu \cdot r \cdot (F_{n1} + F_{n2})$$

Die Gleichungen (1) und (2) werden eingeführt.

$$M_{Br} = \mu \cdot r \cdot F_H \cdot 2a \left(\frac{1}{a - \mu \cdot b} + \frac{1}{a + \mu \cdot b} \right)$$

Nach einfachen Umwandlungen (Hauptnenner) ergibt sich

$$\boldsymbol{M_{Br} = \mu \cdot r \cdot F_H \cdot \frac{4}{1 - \left(\mu \frac{b}{a} \right)^2}}$$

Aus dieser Beziehung berechnet man das oben ermittelte Moment. In dieser Form ist jedoch die Aufteilung auf die beiden Seiten nicht ersichtlich. Im Nenner steckt der Zusammenhang zwischen Geometrie (Lage der Gelenke A und B) und der Reibung. Je kleiner der Nenner wird, um so mehr ist der Effekt der Bremsverstärkung gegeben. Dieser kann zur gefährlichen Blockierung führen. Das Bremsmoment wird unbeschränkt groß für

$$1 - \left(\mu \frac{b}{a} \right)^2 = 0$$

Das führt auf

$$\mu_{Gr} = \frac{a}{b} = \frac{0{,}11\,\text{m}}{0{,}12\,\text{m}} = 0{,}91$$

Diese Bedingung könnte man auch aus der Gleichung (1) gewinnen, d.h. es blockiert der linke Teil. Selbst unter ungünstigsten Umständen dürfte sich eine so hohe Reibungszahl nicht einstellen. Die Bremse ist deshalb weitgehend blockierungssicher.

Die graphische Lösung ist in der Abb. 10-42 gegeben. An jeder Bremsbacke wirken drei Kräfte, die einen gemeinsamen Angriffspunkt haben.

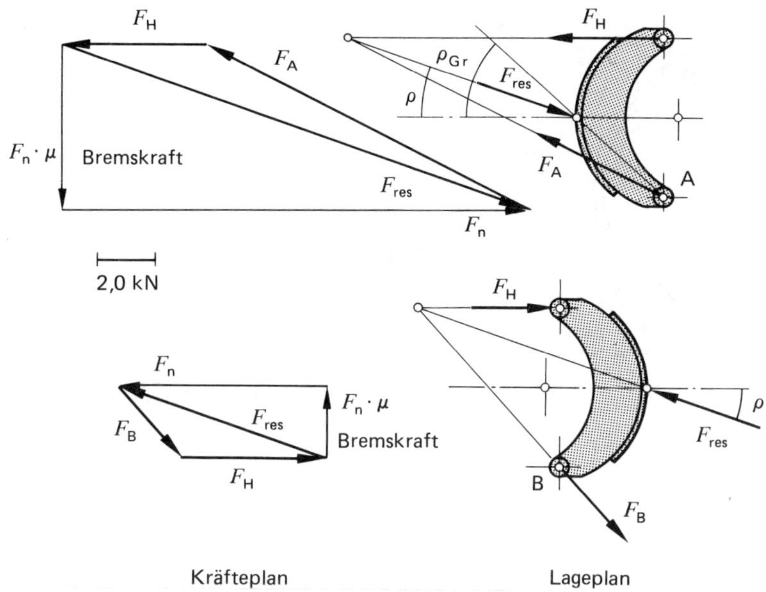

Abb. 10-42: Graphische Lösung für Backenbremse

Die Resultierenden greifen jeweils unter $\varrho = \text{arc tan}\, 0{,}35 = 19{,}3°$ an. Das ergibt mit F_H die Schnittpunkte I und II, durch die Wirkungslinien von F_A bzw. F_B gehen müssen. Damit liegen alle Wirkungslinien fest. Beginnend mit F_H werden die Kraftecke gezeichnet. Aus den Reibungskräften F_{R1} und F_{R2} wird das Bremsmoment berechnet. Das System blockiert, wenn kein Rückstellmoment für ein Lösen der linken Bremsbacke vorhanden ist. Dieser Grenzfall ist gegeben, wenn die Kraft $F_{res\,1}$ durch das Gelenk A geht. Der Winkel ϱ_{Gr} beträgt 42,5°, was auf den Grenzwert der Reibungszahl von etwa 0,91 führt.

Beispiel 3 (Abb. 10-43)
Die Abbildung zeigt in vereinfachter Darstellung eine Unterflurdrehmaschine. Sie wird dazu benutzt, an einer Lokomotive die Radsätze nachzudrehen, ohne diese vorher ausgebaut zu haben. Der Radsatz wird dazu von den Rollen A und B, die gleichzeitig die Achsbelastung aufnehmen, über Reibungskräfte angetrieben. Für die nachfolgend gegebenen Daten ist die maximal mögliche Schnittkraft F_S für den ungünstigsten Fall der Reibung (verölte Rollen) zu berechnen.

Radbelastung	$F_L = 120\,\text{kN}$
Raddurchmesser	$d = 2\,r = 1200\,\text{mm}$
Lage der Antriebsstellen	$a = 300\,\text{mm}$

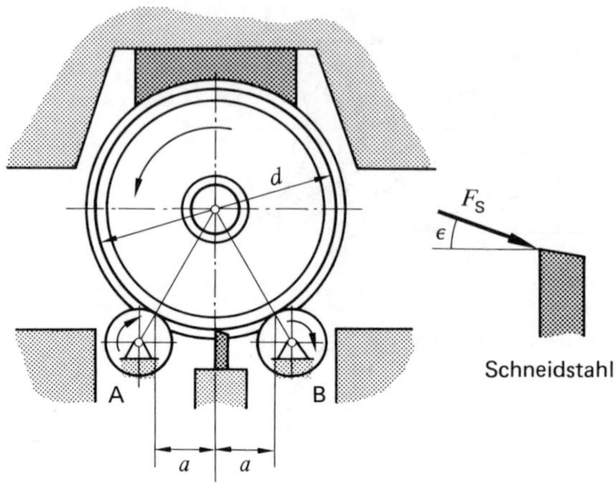

Abb. 10-43: Unterflurdrehmaschine

Winkel der Schnittkraft $\varepsilon = 20°$

Reibungswinkel $\varrho = 3°\ (\mu \approx 0{,}05)$

Lösung (Abb. 10-44/45/46)
Das System besteht aus vier Kräften, von denen drei schräg angreifen. Deshalb ist es nicht zweckmäßig, mit Normal- und Reibungskräften zu arbeiten. Diese müßten wiederum in x- und y-Richtung zerlegt werden. Aus diesem Grunde werden in A und B die Resultierenden F_A und F_B eingeführt (Abb. 10-44). Die Größe dieser Auflagerreaktionen geht in die Lösung nicht ein. Deshalb ist es am günstigsten, mit einer Momenten-

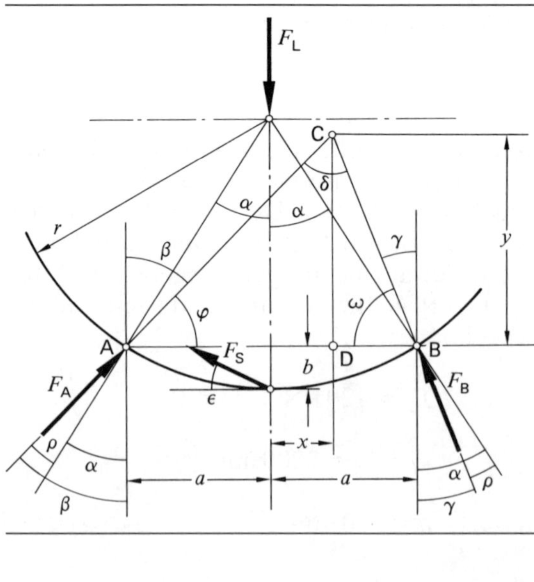

Abb. 10-44: Kräfte am Rad

gleichung zu arbeiten, deren Pol im Schnittpunkt von F_A und F_B liegt. Das ist der Punkt C, dessen Lage aus einfachen geometrischen Bedingungen berechnet wird.

$$\sin\alpha = \frac{a}{r} = \frac{300\,\text{mm}}{600\,\text{mm}} \quad \Rightarrow \quad \alpha = 30°$$

$$\beta = \alpha + \varrho = 33° \qquad \gamma = \alpha - \varrho = 27°$$

$$\varphi = 90° - \beta = 57° \qquad \omega = 90° - \gamma = 63°$$

$$\delta = 180° - \varphi - \omega = 60°$$

$$b = r\,(1 - \cos\alpha) = 80{,}4\,\text{mm}$$

Damit können aus dem Dreieck ABC mit dem sin-Satz berechnet werden

$$\overline{AC} = \frac{\sin\omega}{\sin\delta} \cdot 2\,a = 617{,}3\,\text{mm}$$

$$\overline{AD} = \overline{AC} \cdot \cos\varphi = 336{,}2\,\text{mm}$$

$$x = \overline{AD} - a = 36{,}2\,\text{mm}$$

$$y = \overline{AC} \cdot \sin\varphi = 517{,}7\,\text{mm}$$

Jetzt kann man die Momentengleichung für den Pol C aufstellen und sie lösen.

$$F_L \cdot x - F_S \cdot \cos\varepsilon \cdot (b + y) - F_S \cdot \sin\varepsilon \cdot x = 0$$

$$F_S = \frac{x}{(b + y)\,cos\,\varepsilon + x \cdot \sin\varepsilon} \cdot F_L$$

$$F_S = \frac{36{,}2\,\text{mm}}{(80{,}4 + 517{,}7)\,\text{mm} \cdot \cos 20° + 36{,}2 \cdot \sin 20°} \cdot 120\,\text{kN}$$

$$\mathbf{F_S = 7{,}56\,kN}$$

Das ist eine sehr hohe Schnittkraft. Die Gefahr des Durchrutschens der Antriebsrollen besteht nicht.

Das Problem kann man auch mit einer Graphik untersuchen. Diese ist nicht maßstäblich in Abb. 10-45 gegeben. Wenn die Wirkungslinie von F_{res} durch das doppelt schraffierte Feld geht, ist Gleichgewicht möglich.

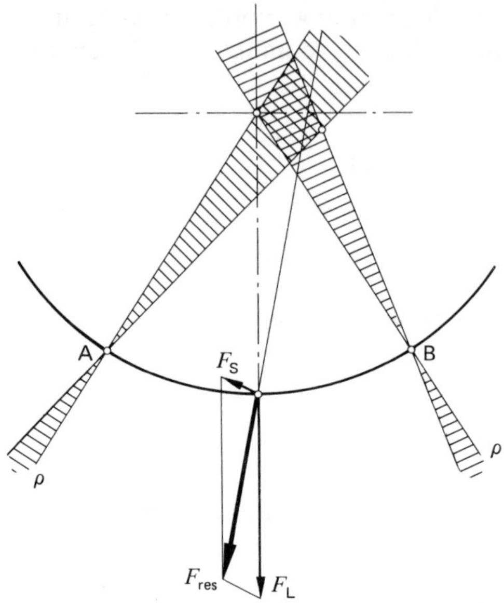

Abb. 10-45: Bereich für resultierende Kraft aus Schnittkraft und Radlast

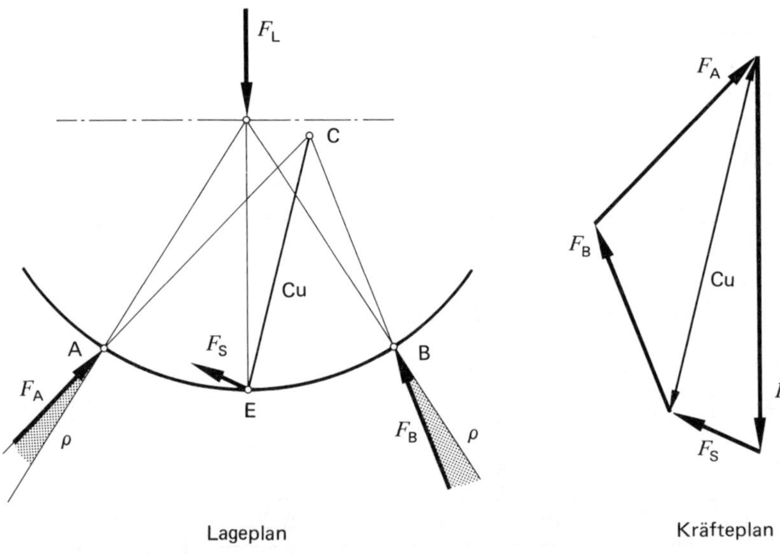

Abb. 10-46: Graphische Lösung für Unterflurdrehmaschine

Die Rollen rutschen nicht. Hier sei daran erinnert, daß die statischen Gleichgewichtsbedingungen auch für Bewegung mit konstanter Geschwindigkeit gelten.

Die graphische Lösung zeigt die Abb. 10-46. Die CULMANNsche Gerade verbindet die Punkte C und E. Die Konstruktion des Kraftecks beginnt mit der Kraft F_L. Aus den Resultierenden in A und B kann man die Reibungskräfte bestimmen.

$$F_{RA} = F_A \cdot \sin \varrho \qquad F_{RB} = F_B \cdot \sin \varrho$$

Diese sind gleichzeitig Antriebskräfte am Radsatz.

Beispiel 4 (Abb. 10-47)
Die vereinfacht abgebildete Kegelkupplung soll ein Moment M übertragen. In allgemeiner Form ist die dazu notwendige Zustellkraft F zu bestimmen. Die Gleichungen sind für die folgenden Daten auszuwerten.

Moment	$M = 50\,\text{Nm}$
Durchmesser	$d = 200\,\text{mm}$
halber Kegelwinkel	$\alpha = 30°$
Reibungszahl	$\mu = 0{,}40$

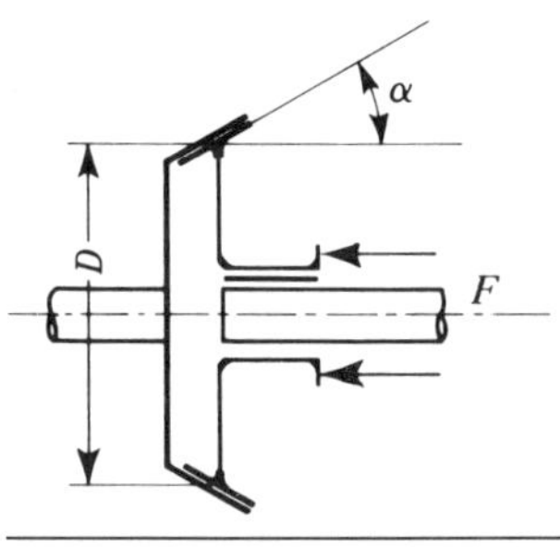

Abb. 10-47: Kegelkupplung

Lösung (Abb. 10-48)
Dieses Beispiel soll die Erkenntnisse vertiefen, die mit dem Beispiel nach Abb. 10-20 erarbeitet wurden (quer angreifende Kraft am abschüssig liegenden Block). Die Kraftzerlegung am Kupplungskegel müßte eigentlich der am reibungsbehafteten Keil entsprechen. Im vorliegenden Fall wird jedoch durch die Bewegung in Umfangsrichtung die Reibung in Axialrichtung „aufgebraucht". Das System verhält sich bei der Zustellung reibungsfrei. Für diese Voraussetzung ergibt aus der Kraftzerlegung nach Abb. 10-48

$$F_n = \frac{F/2}{\sin \alpha}$$

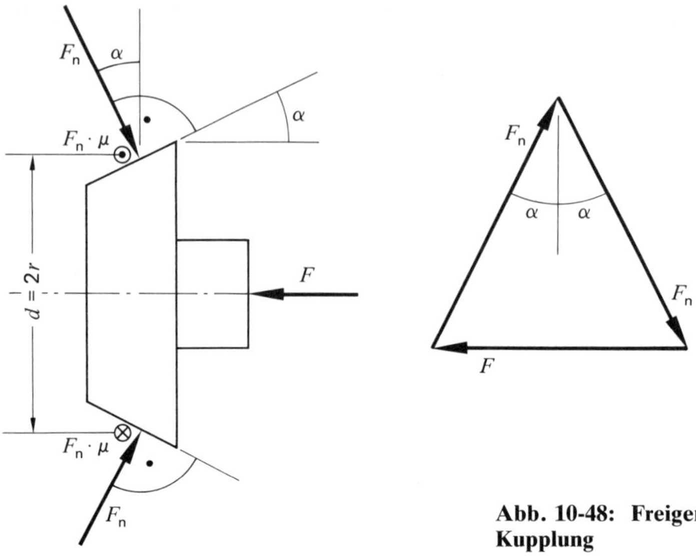

Abb. 10-48: Freigemachter Kegel der Kupplung

Damit ist das übertragbare Moment

$$M = 2 \cdot r \cdot \mu \cdot F_n$$

$$\boldsymbol{M} = \mu \cdot \boldsymbol{r} \cdot \frac{\boldsymbol{F}}{\sin \alpha}$$

Gegenüber einer Scheibenkupplung ($\alpha = 90°$) erhöht sich das Moment durch die Keilwirkung des Kegels im Verhältnis $1/\sin \alpha$.

Die zahlenmäßige Auswertung führt nach einer Umstellung auf

$$\boldsymbol{F} = \frac{M \cdot \sin \alpha}{\mu \cdot r} = \frac{50\,\text{Nm} \cdot \sin 30°}{0{,}40 \cdot 0{,}1\,\text{m}} = \mathbf{625\,N}$$

Da die Gleitreibung kleiner ist als die Haftreibung, kann nach dem Einkuppeln die Zustellkraft geringfügig verkleinert werden.

Aufgaben zum Abschnitt 10.6

A 10-36 Die abgebildete Kiste soll mit minimalem Kraftaufwand nach rechts gezogen werden. Unter welchem Winkel greift die kleinstmögliche Kraft an und wie groß ist sie? Die Lösung soll allgemein erfolgen und für $m = 80{,}0$ kg; $\mu_0 = 0{,}35$ ausgewertet werden.

A 10-37 Ein Leiter der Masse m ist wie abgebildet an eine Wand gelehnt. Die Reibung bei A sei sehr gering. Wie groß muß mindestens die Reibungszahl für B sein, damit die unbelastete Leiter nicht abrutscht?

A 10-38 An beiden Stützstellen der skizzierten Leiter ($m = 20$ kg) betrage der Reibungswinkel 10°. Bis zu welcher Höhe kann ein 80 kg schwerer Mann die Leiter besteigen?

A 10-39 Welche Reibungszahl muß für den Aufstellpunkt der skizzierten Leiter gelten, wenn sie unabhängig von Reibung in A, von Eigengewicht und Belastung abrutschsicher stehen soll?

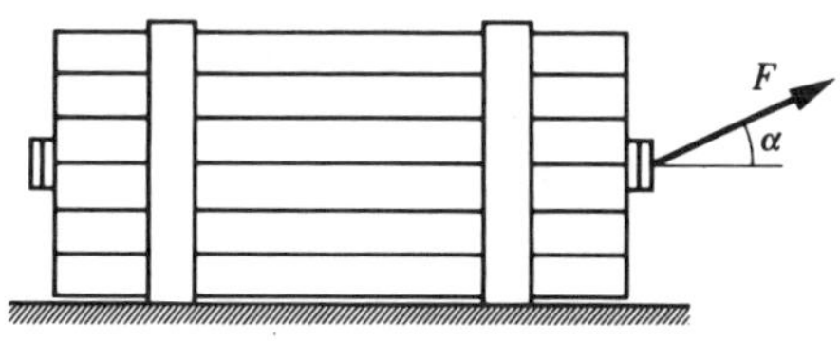

Abb. A 10-36

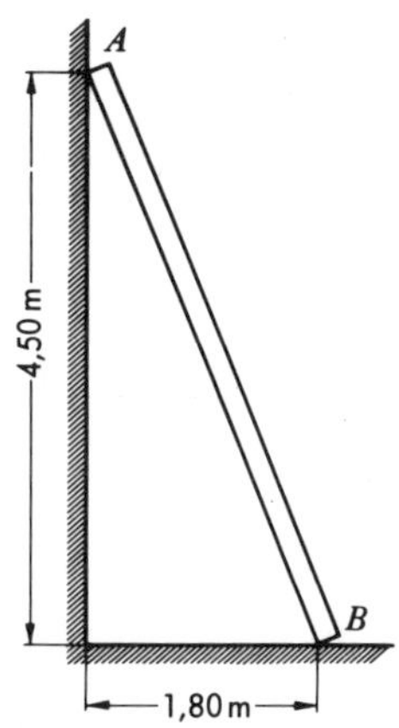

Abb. A 10-37/38/39

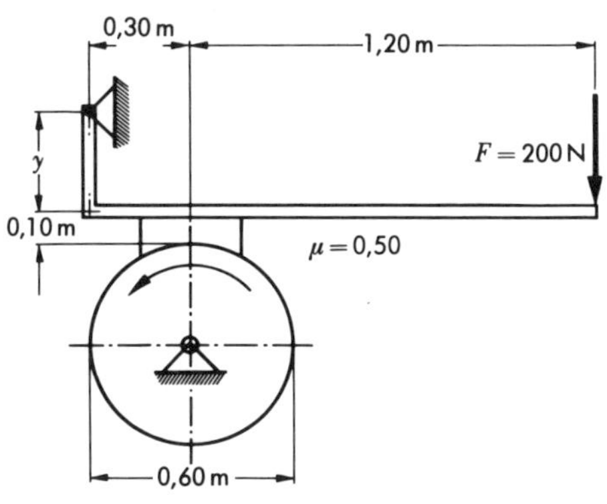

Abb. A 10-40/41

A 10-40 Das Bremsmoment der skizzierten Bremse ist für $y = 100$ mm zu berechnen. Ändert sich das Bremsmoment bei Richtungsumkehr der Trommel?

A 10-41 Die Reibungszahl der skizzierten Bremse kann maximal den Wert 0,70 erreichen. Auch bei einer so hohen Reibung darf die Bremse nicht blockieren. Wie groß darf y maximal ausgeführt werden?

A 10-42 Eine Buchse ist mit geringem Spiel auf eine Welle gesteckt und wie skizziert belastet. Das System soll selbsthemmend sein, d.h. die Kraft darf die Buchse nicht verschieben. Welcher Abstand x muß für den Kraftangriffspunkt mindestens eingehalten werden? Die allgemeine Lösung soll für $h = 50{,}0$ mm; $d = 60{,}0$ mm und $\mu_0 = 0{,}25$ ausgewertet werden.

A 10-43 Eine Buchse soll nach Skizze auf einer Welle durch eine außermittige Kraft verschoben werden. Der Abstand x der Wirkungslinie liegt fest. Mit welcher Abmessung h muß die Buchse mindestens ausgeführt werden, damit das System nicht blockiert? Die allgemeine Lösung soll für $x = 150$ mm; $d = 60{,}0$ mm und $\mu = 0{,}20$ ausgewertet werden.

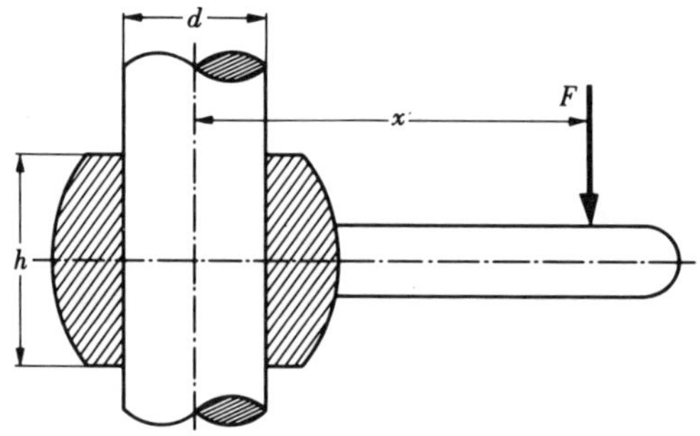

Abb. A 10-42/43

A 10-44 Abgebildet ist der Schaltmechanismus einer Lamellenkupplung im geöffnetem Zustand. Dieser soll auf Selbsthemmung untersucht werden. Wie groß darf die Reibungszahl μ für die Berührungsstelle Hebel/Schiebemuffe im Grenzfall werden, wenn die Kupplung schaltbar bleiben soll? Die Reibung im Gelenk darf vernachlässigt werden.

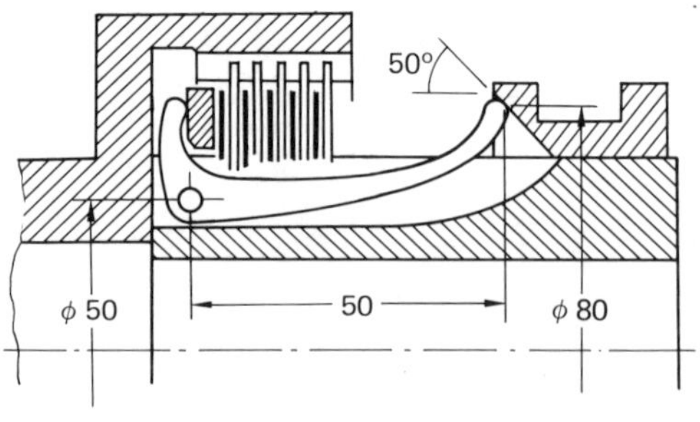

Abb. A 10-44

A 10-45 Eine homogene Platte ist mit geringem Spiel in einer senkrechten Führung gelagert. Die Gewichtskraft ist durch zwei gleiche Gegengewichte ausgeglichen. Es soll untersucht werden, ob die Platte klemmt oder herunterfällt, wenn ein Gegengewicht abreißen sollte. Dabei soll für das Anliegen der Platte in der Führung eine Reibungszahl von 0,4 angenommen werden.

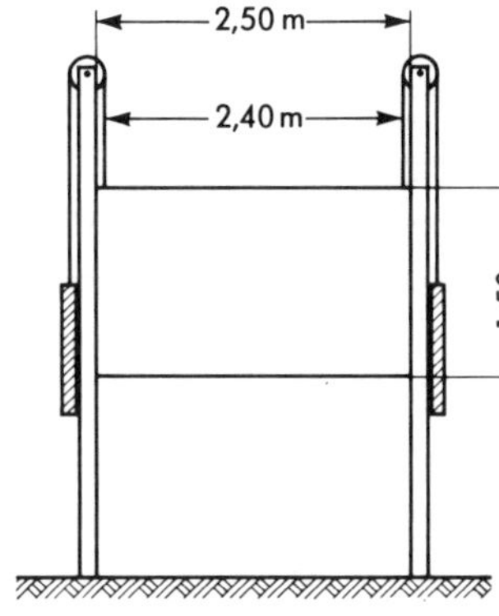

Abb. A 10-45

A 10-46 Drei gleiche Rohre sind wie skizziert gelagert. Wie groß ist mindestens die Reibungszahl für die einzelnen Berührungsstellen?

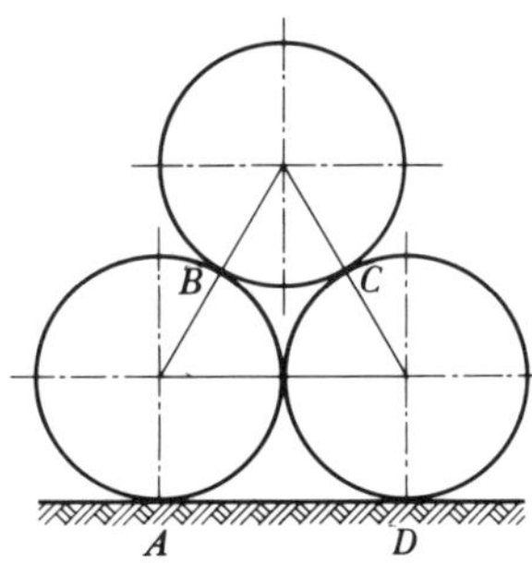

Abb. A 10-46

A 10-47 Abgebildet ist ein Anschlagmechanismus, an dem eine Kraft entweder auf die obere oder untere Prallplatte wirkt. Die untere Kraft soll das Gebilde im Uhrzeigersinn auslenken, die obere umgekehrt. Um eine Klemme auszuschließen, wird ein verhältnismäßig großer Reibungswinkel von 12° (μ_0 etwa 0,2) in den Führungen angenommen. In welchem Abstand y muß die Kraft F jeweils mindestens angreifen?

A 10-48 Eine homogene Walze der Masse m ist nach Skizze an einer senkrechten Wand gelagert. Die Reibungsbedingungen an beiden Berührungsstellen sind gleich. Zu bestimmen ist in allgemeiner Form und für $m = 50$ kg; $\mu_0 = 0{,}30$ die zum Drehen der Walze notwendige Kraft F.

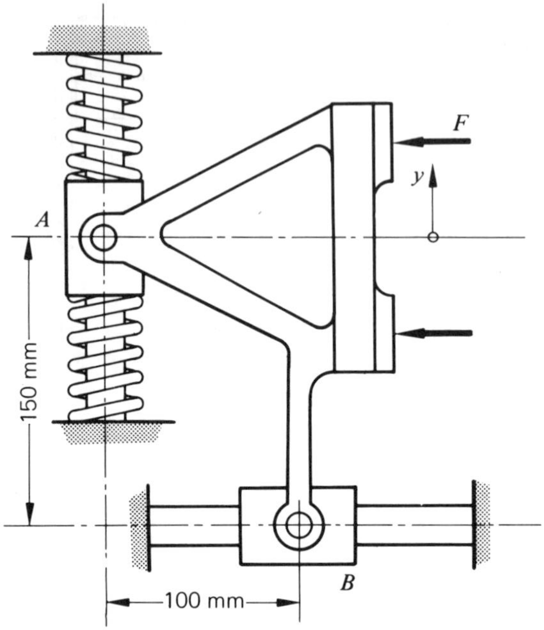

Abb. A 10-47

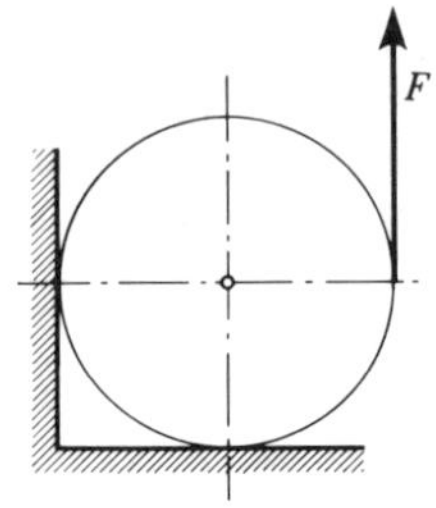

Abb. A 10-48

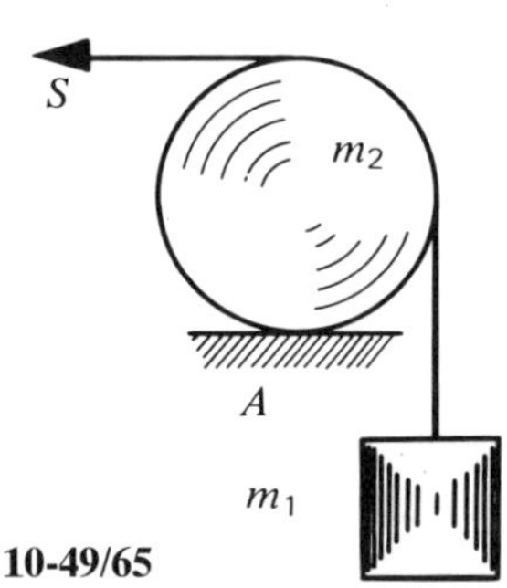

Abb. A 10-49/65

A 10-49 Um eine homogene Walze der Masse m_2 ist ein Seil gelegt, an dessen Ende eine Masse m_1 hängt. Wie groß muß die mindestens erforderliche Reibungszahl für die Berührungsstelle Walze/Unterlage sein? Die Lösung soll allgemein erfolgen. Hinweis: Die Seilkräfte sind nicht gleich.

A 10-50 Die abgebildete Greifklaue wird zum Anhängen von Blechtafeln verwendet. Zu bestimmen sind alle Gelenkkräfte und die mindestens erforderliche Reibungszahl an der Griffstelle, wenn an beiden Blechseiten gleiche Reibungsverhältnisse sind.

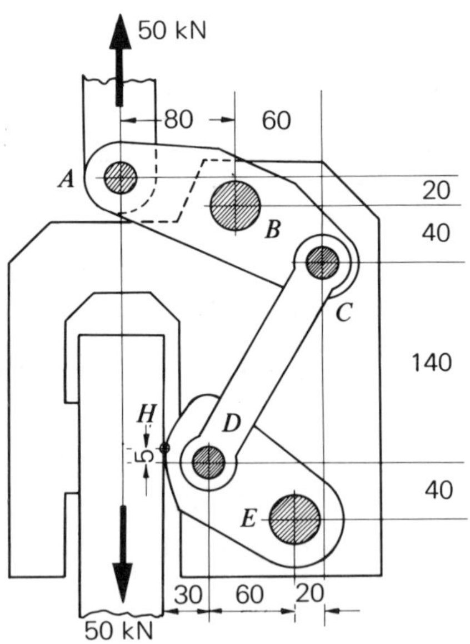

Abb. A 10-50

A 10-51 Die abgebildete Klemmvorrichtung dient zum Festhalten von Platten. Es ist in allgemeiner Form ein Zusammenhang zwischen den Abmessungen *a; r* und der an der Klemmstelle notwendigen Reibung herzustellen. Für die folgenden Daten ist nachzuweisen, daß eine Platte gehalten wird: $a = 10{,}0$ mm; $r = 100$ mm; $\mu_0 = 0{,}20$. Die Gelenkkraft in A ist für eine 100 kg schwere Platte zu bestimmen.

A 10-52 Mit der abgebildeten Klemmvorrichtung soll eine Platte mit einer möglichst kleinen Druckkraft gehalten werden. Für diese Bedingung soll die Abmessung *a* bestimmt werden, wenn $r = 100$ mm und $\mu_0 = 0{,}40$ sind.

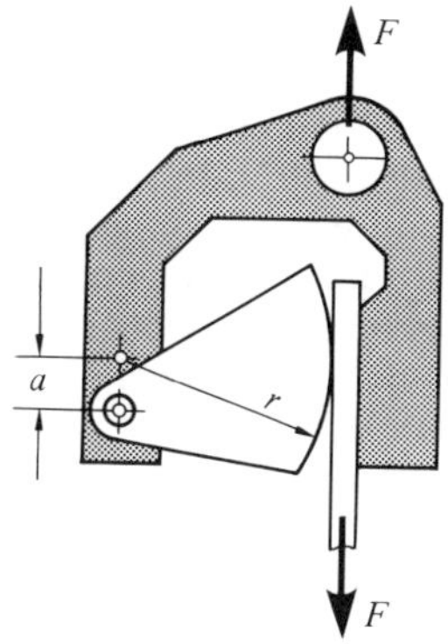

Abb. A 10-51/52

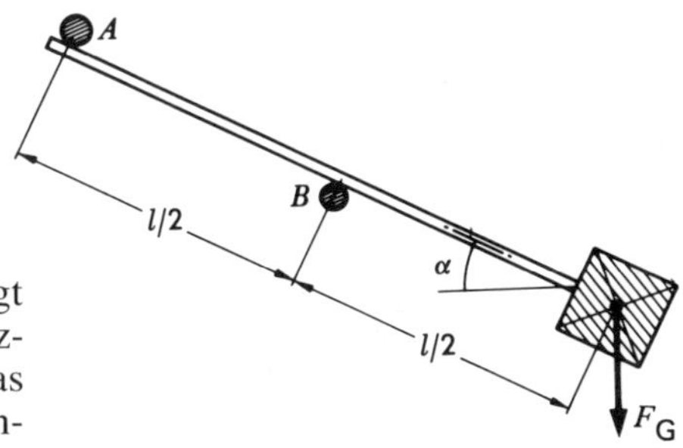

Abb. A 10-53

A 10-53 Eine sehr leichte Stange trägt am Ende eine Masse *m*. Sie ist nach Skizze zwischen zwei Sprossen gesteckt. Das ganze System wird geneigt. Bei dem Winkel α beginnt die Stange zu rutschen. Unter Voraussetzung gleicher Reibung in A und B ist die Reibungszahl zu bestimmen. Die Lösung soll allgemein und für $m = 10$ kg; $l = 1{,}0$ m; $\alpha = 40°$ erfolgen.

A 10-54 Ein homogener Balken wird wie abgebildet, von einem Seil gehalten. Für welchen Winkel α rutscht er auf der Unterlage weg?

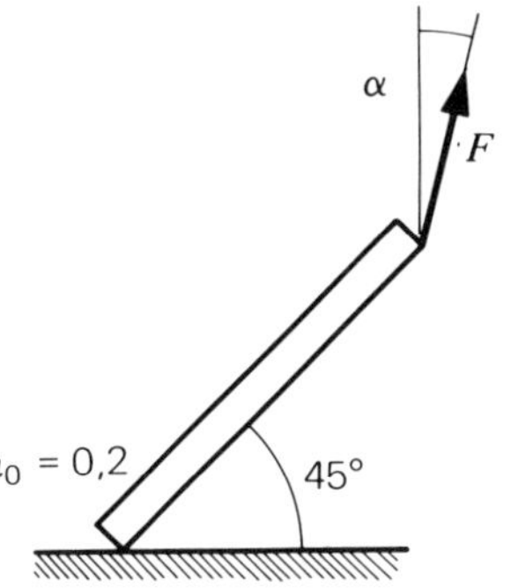

Abb. A 10-54

A 10-55 Die Abbildung zeigt in vereinfachter Form eine Backenbremse. Diese wird mit einer Kraft von $F = 250$ N angezogen. Für die angegebene Drehrichtung und eine Reibungszahl von 0,3 sind das Bremsmoment und alle Gelenkkräfte zu berechnen. Die Kräfte an den Bremsbakken sollen jeweils in der Mitte konzentriert werden.

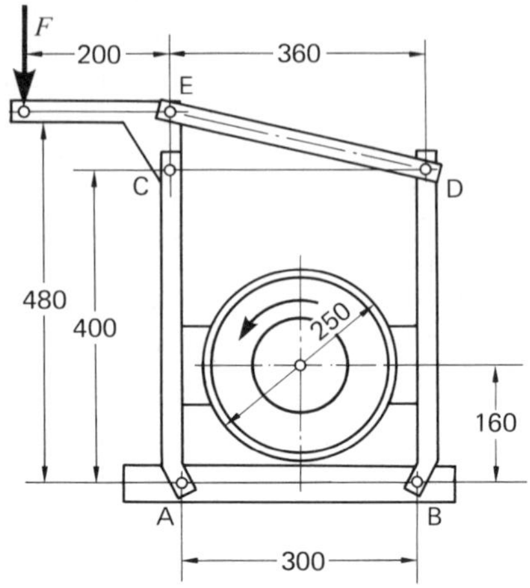

Abb. A 10-55

10.7 Zapfenreibung

In diesem Abschnitt soll die Reibung eines Zapfens in einer Buchse untersucht werden, wobei das Spiel zwischen Zapfen und Buchse klein ist. Dieses Kapitel befaßt sich grundsätzlich mit trockener Reibung. Die nachfolgenden Ausführungen gelten deshalb nicht für ölgeschmierte Gleitlager.

Zunächst werden die Körper als starr angesehen. Unter dieser Voraussetzung berührt ein mit Spiel eingesetzter Zapfen die Buchse linienförmig (Abb. 10-49a). Ein angreifendes Moment rollt den Zapfen zunächst

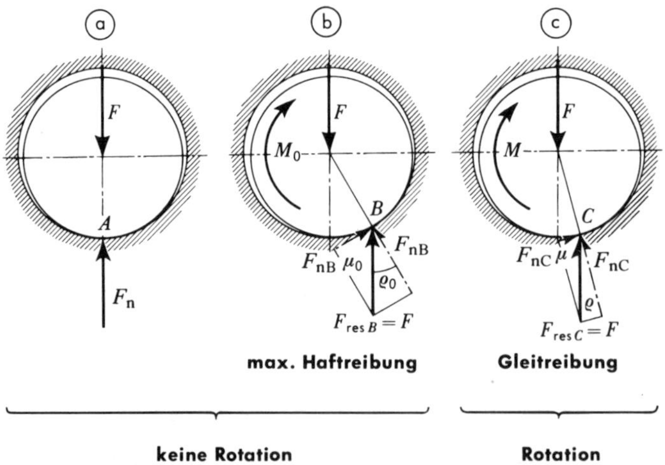

Abb. 10-49: Wellenzapfen in Buchse

in der Buchse so weit, wie es die Haftreibung zuläßt. Das ist in Abbildung b der Punkt *B*. Das aus *F* und F_{resB} gebildete Kräftepaar steht im Gleichgewicht mit dem Moment M_0. Setzt Drehung ein, dann werden die kleineren Gleitreibungskräfte wirksam. Der Zapfen gleitet zurück, bis er sich in eine neue Gleichgewichtslage einspielt. Das ist der Punkt *C*. Das Moment $M < M_0$, das zur Aufrechterhaltung der Rotation notwendig ist, ist im Gleichgewicht mit dem aus *F* und F_{resC} gebildeten Kräftepaar.

Bei geringem Spiel und höherer Belastung des Zapfens muß man die Tatsache in die Überlegungen einbeziehen, daß die Berührung zwischen Zapfen und Buchse nicht linienförmig, sondern auf einer Fläche erfolgt. Die Größe der Berührungsfläche und die Verteilung der Normalkomponenten sind jedoch unbestimmt. Die Resultierenden aller Flächenelemente müssen aber unter dem Reibungswinkel ϱ zur Normalen wirken (Abb. 10-50). Sie tangieren alle einen Kreis mit dem Radius $r \cdot \sin \varrho_0$. Das Reibungsmoment hat die Größe

$$M_R = \Sigma F_{res} \cdot r \sin \varrho$$

$$= \Sigma \frac{F_n}{\cos \varrho} \cdot r \cdot \sin \varrho$$

$$= \Sigma F_n \cdot r \cdot \tan \varrho$$

$$= \Sigma F_n \cdot r \cdot \mu$$

$$M_R = r \cdot \mu \cdot \Sigma F_n$$

Da ΣF_n unbestimmt ist, führt man eine neue Reibungszahl, die *Zapfenreibungszahl* μ_z ein, die auf die Zapfenbelastung *F* bezogen ist.

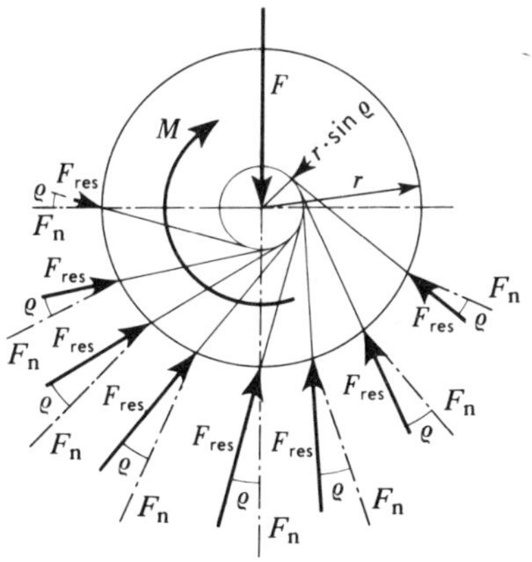

Abb. 10-50: Kräfte am Wellenzapfen

$$\mu_z \cdot F = \mu \cdot \Sigma F_n$$

$$\boldsymbol{M_R = r \cdot \mu_z \cdot F} \qquad \textbf{GL. 10-8}$$

Da $\Sigma F_n > F$ ist (s. Abb. 10-50), muß die Zapfenreibungszahl μ_z größer sein als die Reibungszahl μ. Ihre Größe kann nur experimentell ermittelt werden. Soll die Drehung des Zapfens durch eine exzentrische Kraft F eingeleitet werden, dann muß diese mindestens den Abstand $r \cdot \mu_z = e$ vom Mittelpunkt haben. Nur dann ist das Reibungsmoment $r \cdot \mu_z \cdot F$ größer als das Moment der Kraft F. Der Kreis mit dem Radius $e = r \cdot \mu_z$ heißt *Reibungskreis*.

Beispiel (Abb. 10-51)
Der abgebildete Winkelhebel soll im Uhrzeigersinn gegen die Kraft F_B und die im Zapfen C auftretende Reibung gedreht werden. Für die unten gegebenen Daten ist die dafür erforderliche Kraft F_A zu bestimmen.

$a = 200\,\text{mm}$ $\mu_Z = 0{,}50$

$b = 400\,\text{mm}$ $F_B = 10{,}0\,\text{kN}$

$r = 50\,\text{mm}$

Lösung (Abb. 10-52/53)
Das freigemachte System zeigt die Abb. 10-52. Die analytische Lösung wird dadurch erschwert, daß das Reibungsmoment von der resultieren-

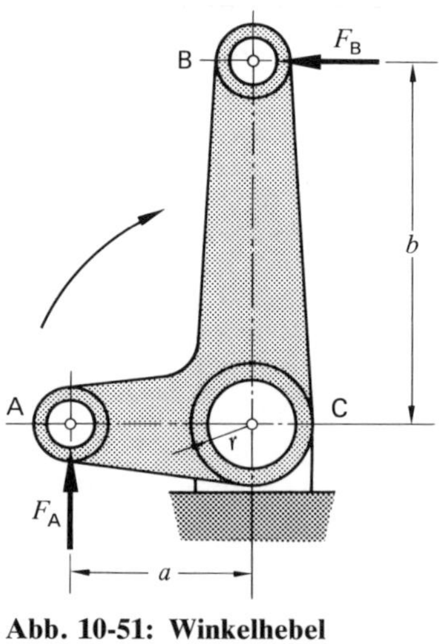

Abb. 10-51: Winkelhebel

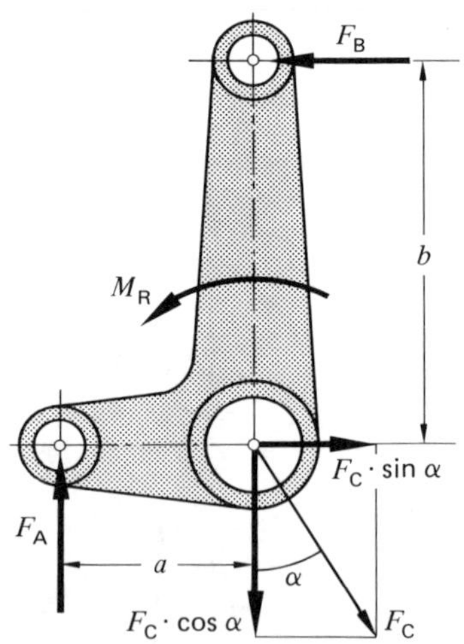

Abb. 10-52: Freigemachter Winkelhebel

den Kraft F_C und nicht nur von einer Komponente verursacht wird. Man kann das Problem sehr schnell iterativ lösen. Im ersten Schritt wird F_C für den reibungsfreien Fall berechnet ($F_A = 20$ kN; $F_C = 22{,}36$ kN). Die Gleichung 10-8 liefert ein Reibmoment von 0,56 kNm. Dieses muß zusätzlich überwunden werden. Das ergibt einen Zuschlag von 0,56 kNm/0,2 m = 2,8 kN auf die Kraft F_A, die dann insgesamt 22,8 kN betragen muß. Dieses Ergebnis könnte man durch einen zweiten Schritt verbessern. Die Änderung gegenüber dem ersten Ergebnis dürfte innerhalb des Streubereichs liegen, der für Reibungszahlen allgemein gilt.

Hier soll die geschlossene Lösung vorgeführt werden.

$$\Sigma M_C = 0 \qquad F_A \cdot a - F_B \cdot b - M_R = 0$$

Die Gleichung 10-8 wird eingeführt

$$F_A \cdot a - F_B \cdot b - F_C \cdot r \cdot \mu_Z = 0 \tag{1}$$

$$\Sigma F_x = 0 \qquad F_C \cdot \sin\alpha - F_B = 0 \tag{2}$$

$$\Sigma F_y = 0 \qquad F_A - F_C \cdot \cos\alpha = 0 \tag{3}$$

Das sind drei Gleichungen für die Unbekannten F_A; F_C und α. Die Gleichungen (2) und (3) werden nach sin α bzw. cos α aufgelöst. Die Beziehung $\sin^2\alpha + \cos^2\alpha = 1$ liefert

$$F_C^2 = F_A^2 + F_B^2$$

Dieses Ergebnis folgt auch unmittelbar aus dem Kräftedreieck. Damit erhält man aus Gleichung (1)

$$F_A \cdot a - F_B \cdot b - \sqrt{F_A^2 + F_B^2} \cdot r \cdot \mu_Z = 0$$

Es wird nach der Wurzel aufgelöst und quadriert. Einfache Umwandlungen führen auf eine quadratische Gleichung für F_A

$$[a^2 - (\mu_Z \cdot r)^2]\, F_A^2 - 2\, a \cdot b \cdot F_B \cdot F_A + [b^2 - (\mu_Z \cdot r)^2]\, F_B^2 = 0$$

Auf die allgemeine Lösung soll hier verzichtet werden. Es werden schon an dieser Stelle Zahlenwerte eingesetzt. Als Einheiten werden festgelegt: Längen in m, Kräfte in kN.

$$3{,}938 \cdot 10^{-2} \cdot F_A^2 - 1{,}60 \cdot F_A + 15{,}94 = 0$$

Das Ergebnis lautet

$$\boldsymbol{F_A = 23{,}15\,\text{kN}}$$

Die Abweichung gegenüber dem bei der ersten Iteration ermittelten Wert beträgt nur 1,5%.

Die am Zapfen angreifende Kraft muß mindestens den Abstand $e = r \cdot \mu_Z$ von der Drehachse haben, wenn sie eine Drehung einleiten soll. Auf dieser Aussage basiert die graphische Lösung des Problems. Den Lage- und Kräfteplan zeigt die Abb. 10-53. Nach diesem Verfahren kann man Verstellkräfte für mehrgliedrige mechanische Systeme mit Reibung schnell bestimmen.

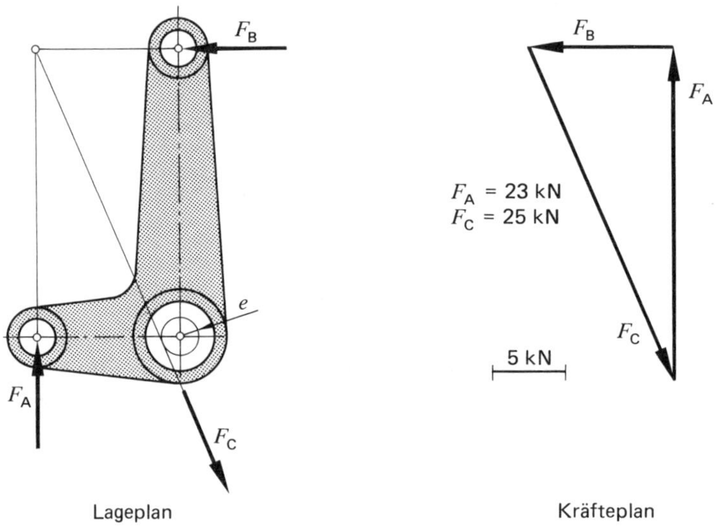

Abb. 10-53: Graphische Lösung für Winkelhebel

Aufgaben zum Abschnitt 10.7

A 10-56 Mit der abgebildeten Rolle wird eine Masse mit konstanter Geschwindigkeit heraufgezogen. Die dazu notwendige Kraft wird gemessen. Zu bestimmen ist die Zapfenreibungszahl in allgemeiner Form und für $m = 50$ kg; $F = 500$ N; $D = 400$ mm; $d = 50$ mm.

A 10-57 An der abgebildeten Rolle wird eine Masse mit konstanter Geschwindigkeit heraufgezogen/abgesenkt. Für eine bekannte Zapfenreibungszahl ist die dazu notwendige Kraft in allgemeiner Form zu bestimmen.

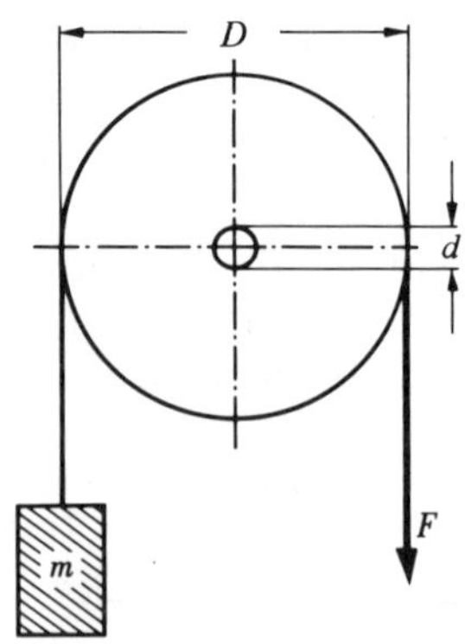

Abb. A 10-56/57

A 10-58 Ein homogener Balken der Masse m_B ist zentrisch auf einen Zapfen des Durchmessers d gesteckt. Eine Masse m wird nach Skizze von der Mitte aus verschoben. In der Position x setzt Bewegung ein. Zu bestimmen ist die Zapfenreibungszahl allgemein und für $m_B = 25{,}0$ kg; $m = 1{,}0$ kg; $d = 80$ mm; $x = 100$ mm.

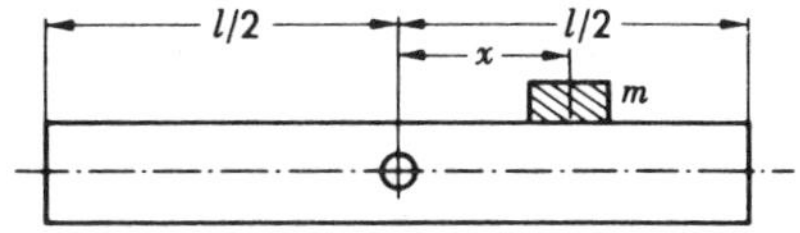

Abb. A 10-58

A 10-59 Der skizzierte Gelenkhebel soll mit der Kraft F im Uhrzeigersinn gedreht werden. Zu bestimmen ist diese für einen Zapfendurchmesser von 30 mm und eine Zapfenreibungszahl von 0,20.

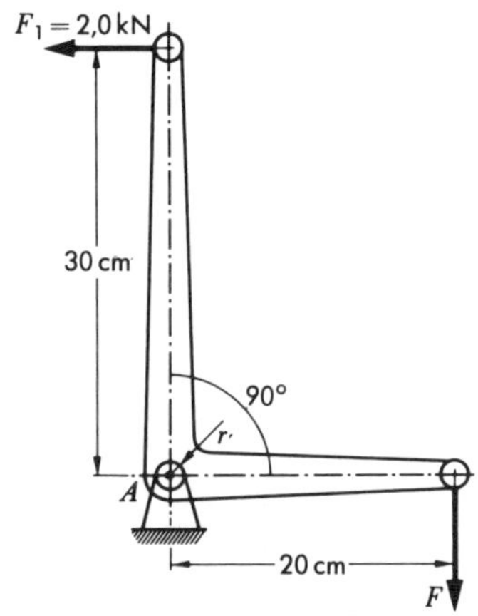

Abb. A 10-59

A 10-60 Der skizzierte Gelenkhebel ist symmetrisch. Er soll im Uhrzeigersinn um den Zapfen A (Durchmesser d, Reibung μ_z) gedreht werden. In allgemeiner Form ist die dazu notwendige Kraft F_C zu berechnen. Es genügt die erste Iteration einer analytischen Lösung.

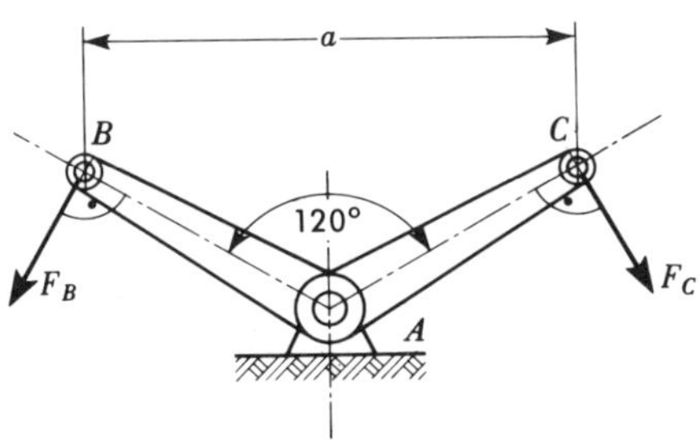

Abb. A 10-60

10.8 Das umgeschlungene Seil

Um einen Zylinder wird ein Seil gelegt und nach Abb. 10-54 an den Enden belastet. Infolge der zwischen Zylinder und Seil wirkenden Reibungskräfte können in gewissen Grenzen die Belastungen unterschiedlich sein. In diesem Abschnitt wird der Zusammenhang zwischen den Seilkräften, der Reibungszahl und der Geometrie untersucht.

Zwischen den Seilkräften S_1 und S_2 im nach Abb. 10-55 umschlungenen Seil soll Gleichgewicht bestehen. Für $S_1 > S_2$ würde ohne Reibungswirkung das Seil im Uhrzeigersinn verschoben werden. Das wird dadurch verhindert, daß am Umfang Reibungskräfte wirken, die insgesamt der Differenz von S_1 und S_2 entsprechen. Die Seilkraft S nimmt, ausgehend von S_2, stetig zu und erreicht am anderen Ende den Wert S_1. Diese Zu-

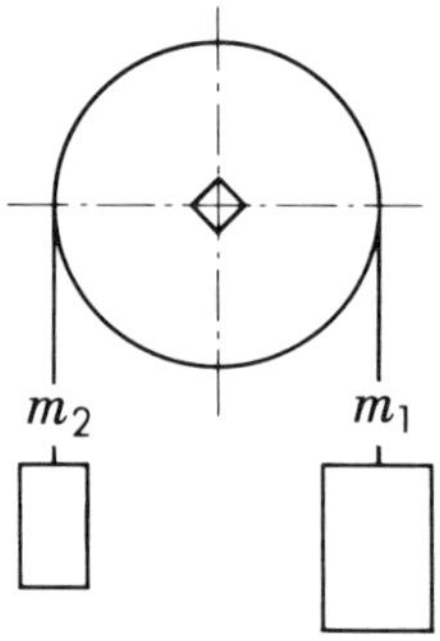

Abb. 10-54: Umschlungenes Seil mit unterschiedlicher Belastung an den Enden

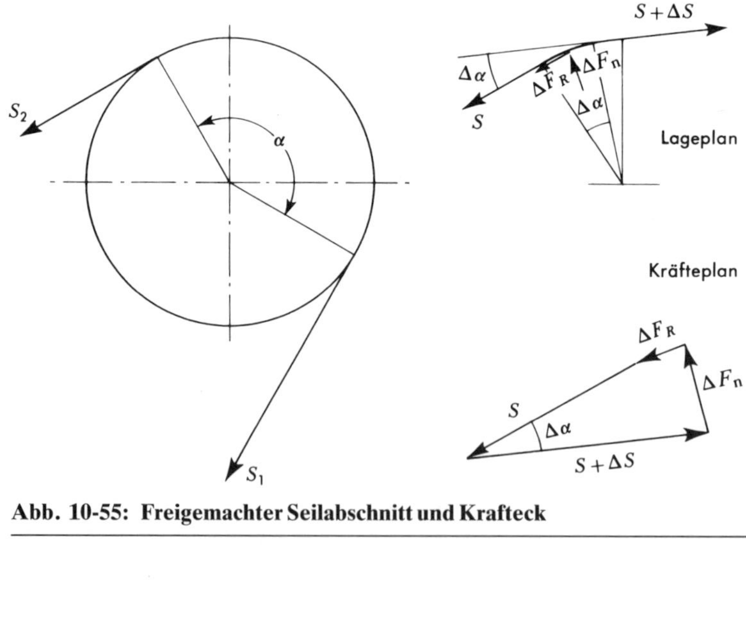

Abb. 10-55: Freigemachter Seilabschnitt und Krafteck

nahme wird exemplarisch an einem Bogenelement betrachtet. In der Abb. 10-55 sind Lage- und Kräfteplan dargestellt. Entlang dem Bogen $\Delta\,\alpha$ wächst S um $\Delta\,S$. Die Schrägstellung der beiden Seilkräfte verursacht eine Normalkraft. Aus dem geschlossenen Krafteck gewinnt man folgende Beziehung.

$$\Delta\,F_{\mathrm{n}} = (S + \Delta\,S)\cdot\Delta\,\alpha = S\cdot\Delta\,\alpha + \Delta\,S\cdot\Delta\,\alpha$$

Der zweite Term ist kleiner von höherer Ordnung. Es verbleibt

$$\Delta\,F_{\mathrm{n}} = S\cdot\Delta\,\alpha \qquad (1)$$

Diese Kraft ist Ursache der Reibungskraft, die die Zunahme der Seilkraft ermöglicht.

$$\Delta\,F_{\mathrm{R}} = \mu_0\cdot\Delta\,F_{\mathrm{n}} = \Delta\,S$$

Insgesamt erhält man mit (1)

$$\mu_0\cdot S\cdot\Delta\,\alpha = \Delta\,S$$

$$\frac{\Delta\,S}{\Delta\,\alpha} = \mu_0\cdot S$$

Der Grenzübergang zum Differential wird durchgeführt.

$$\lim_{\Delta\,\alpha\to 0}\frac{\Delta\,S}{\Delta\,\alpha} = \frac{\mathrm{d}\,S}{\mathrm{d}\,\alpha} = \mu_0\cdot S$$

Nach Trennung der Variablen kann integriert werden.

$$\int_{S_2}^{S_1}\frac{\mathrm{d}\,S}{S} = \mu_0\int_0^{\alpha}\mathrm{d}\,\alpha$$

$$\ln\frac{S_1}{S_2} = \mu_0\cdot\alpha$$

$$\boldsymbol{\frac{S_1}{S_2} = \mathrm{e}^{\mu_0\cdot\alpha}} \qquad \textbf{Gl. 10-9}$$

Diese Gleichung wird auch EYTELWEINsche*) Formel genannt.

*) EYTELWEIN, Johann Albert * 1765 † 1849 deutscher Baumeister.

Die Seilkraft nimmt exponential mit dem Umschlingungswinkel zu. Schon kleine Zunahmen des Umschlingungswinkels α haben erhebliche Vergrößerung des Verhältnisses S_1/S_2 zur Folge. Diesen Effekt macht man sich vielfach zu Nutze. Es seien hier nur der Spill und die Spannrolle am Riementrieb genannt. Die Unterscheidung zwischen Haft- und Gleitreibungszahl ist dann nicht eindeutig möglich, wenn zwischen Scheibe und Seil (Riemen) ein Schlupf vorliegt. Bei einer Leistungsübertragung ist das immer der Fall.

Beispiel (Abb. 10-56)
Abgebildet ist eine Treibscheibe, die die Seilreibungskräfte für die Leistungsübertragung nutzt. Auf der linken Seite befindet sich ein Förderkorb A, auf der rechten eine Gegenmasse B. Diese ist so groß wie die Masse des Förderkorbs plus der halben maximalen Nutzlast. So erreicht man, daß höchstens die halbe Nutzlast gehoben werden muß. Das dazu notwendige Antriebsmoment an der Scheibe darf das Seil nicht zum Durchrutschen bringen. Wie man sich überlegen kann, liegt der ungünstigste Fall vor, wenn der volle Korb nach oben oder der leere Korb nach unten beschleunigt wird. Im Rahmen der Statik soll die Wirkung der Beschleunigung folgendermaßen berücksichtigt werden. Wenn die Masse nach oben, d.h. entgegengesetzt der Gewichtskraft in Bewegung gesetzt wird, soll sie um 10% erhöht in die Rechnung gesetzt werden. Bei beschleunigter Bewegung nach unten sollen 10% abgezogen werden. Wie in der Kinetik gezeigt wird, entspricht das einer Beschleunigung von etwa 1,0 m/s² (10% der Erdbeschleunigung).

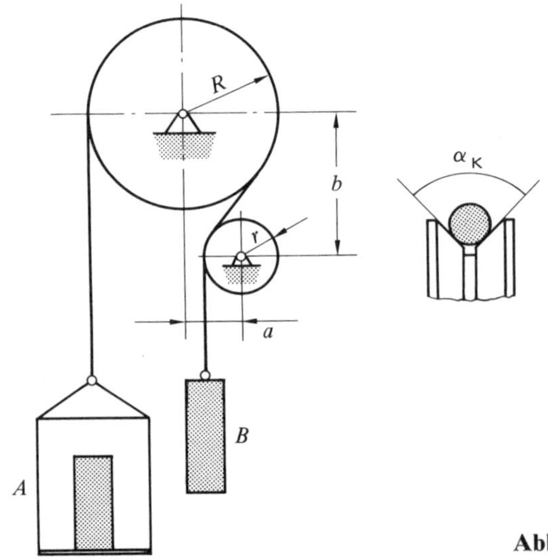

Abb. 10-56: Treibscheibe für Förderkorb

Zur Erhöhung der Reibungswirkung ist die Treibscheibe mit einer Keilnut versehen. Diese würde einen zusätzlichen Seilverschleiß zur Folge haben. Deshalb werden in der Praxis Halbrundnuten verwendet. Für diese gibt es analoge Reibungszahlen.

Für die nachfolgend gegebenen Daten sind zu bestimmen

a) die erforderlichen Reibzahlen und Antriebsmomente für die beiden Grenzfälle,
b) das Antriebsmoment für Heben des voll belasteten Korbes mit konstanter Geschwindigkeit,
c) das Antriebsmoment für Senken des leeren Korbes mit konstanter Geschwindigkeit.

Treibscheibe $R = 1000\,\text{mm}$; Umlenkscheibe $r = 400\,\text{mm}$

Keilnutwinkel $\alpha_K = 80°$

Korb $m_K = 1000\,\text{kg}$; maximale Last $m_L = 1200\,\text{kg}$

Lage der Umlenkscheibe $a = 600\,\text{mm}$; $b = 1500\,\text{mm}$

Lösung (Abb. 10-57)
Zunächst muß aus geometrischen Beziehungen der Umschlingungswinkel berechnet werden. Das Dreieck CDH liefert

$$\tan\gamma = \frac{a}{b} = \frac{0{,}60\,\text{m}}{1{,}50\,\text{m}} \qquad \gamma = 21{,}8°$$

$$l = \frac{a}{\sin\gamma} = \frac{0{,}60\,\text{m}}{\sin 21{,}8°} = 1{,}616\,\text{m}$$

Aus dem Dreieck CED erhält man

$$\cos\beta = \frac{R+r}{l} = \frac{1{,}40\,\text{m}}{1{,}616\,\text{m}} \qquad \beta = 29{,}9°$$

Der Winkel δ ist damit

$$\delta = 90° - \gamma - \beta = 90° - 21{,}8° - 29{,}9° = 38{,}3°$$

Insgesamt erhält man für den Umschlingungswinkel

$$\alpha = 180° + \delta = 218{,}3°; \qquad \alpha^{\cap} = \frac{\pi}{180°} \cdot 218{,}3° = 3{,}809$$

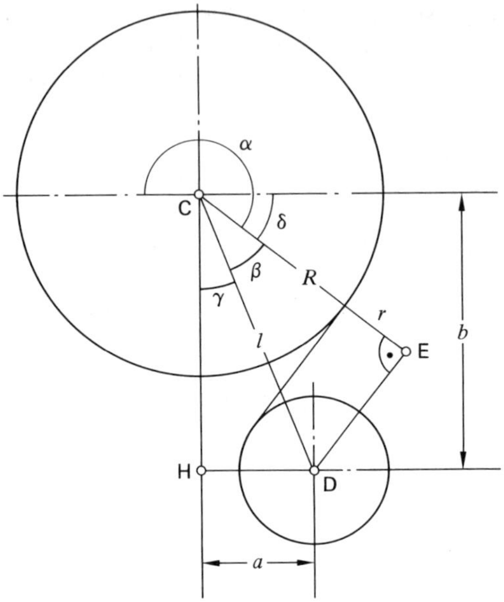

Abb. 10-57: Geometrie Treibscheibe

a) Fall 1: Voller Korb nach oben beschleunigt.

$$m_A = m_K + m_L = 2200\,\text{kg}$$

Die Gegenmasse beträgt nach Aufgabenstellung

$$m_B = m_K + \frac{1}{2}\,m_L = 1600\,\text{kg}$$

Damit sind

$$m_A \cdot g = 2200\,\text{kg} \cdot 9{,}81\,\text{m/s}^2 \cdot 10^{-3}\,\text{kN/N} = 21{,}58\,\text{kN}$$

$$m_B \cdot g = 1600\,\text{kg} \cdot 9{,}81\,\text{m/s}^2 \cdot 10^{-3}\,\text{kN/N} = 15{,}70\,\text{kN}$$

Die Berücksichtigung der Beschleunigung führt auf

$$S_A = 1{,}1 \cdot m_A \cdot g = 23{,}74\,\text{kN}$$

$$S_B = 0{,}9 \cdot m_B \cdot g = 14{,}13\,\text{kN}$$

Da die Scheibe genutet ist, muß mit der Keilnutreibungszahl gerechnet werden. Nach Gleichung 10-9 ist

$$\frac{S_A}{S_B} = e^{\mu' \cdot \alpha}$$

$$\ln \frac{S_A}{S_B} = \mu' \cdot \alpha$$

$$\mu' = \frac{1}{\alpha} \cdot \ln \frac{S_A}{S_B} = \frac{1}{3{,}809} \cdot \ln \frac{23{,}74\,\text{kN}}{14{,}13\,\text{kN}} = 0{,}136$$

Die notwendige Reibungszahl wird aus Gleichung 10-4 berechnet

$$\mu' = \frac{\mu}{\sin \frac{\alpha_K}{2}} \qquad \Rightarrow \qquad \mu = \mu' \cdot \sin \frac{\alpha_K}{2}$$

$$\mu = 0{,}136 \cdot \sin 40° = 0{,}087$$

Die Reibungszahl für geschmierte Flächen dieser Art kann mit 0,12 angenommen werden. Die Kraftübertragung ist möglich.

Der Antrieb muß an der Treibscheibe ein Moment von der Größe

$$M = (S_A - S_B) \cdot R = (23{,}74 - 14{,}13)\,\text{kN} \cdot 1{,}0\,\text{m}$$

$$\boldsymbol{M = 9{,}61\,\text{kNm}}$$

erzeugen.

Fall 2: Leerer Korb wird nach unten beschleunigt.

Jetzt sind

$$m_A \cdot g = 1000\,\text{kg} \cdot 9{,}81\,\text{m/s}^2 \cdot 10^{-3}\,\text{kN/N} = 9{,}81\,\text{kN}$$

$$m_B\, g = 15{,}70\,\text{kN}$$

$$S_A = 0{,}9 \cdot m_A \cdot g = 8{,}83\,\text{kN}$$

$$S_B = 1{,}1 \cdot m_B \cdot g = 17{,}27\,\text{kN}$$

Da $S_B > S_A$ ist, erhält die Gleichung 10-9 die Form

$$\frac{S_B}{S_A} = e^{\mu' \alpha}$$

$$\mu' = \frac{1}{\alpha} \ln \frac{S_B}{S_A} = \frac{1}{3{,}809} \cdot \ln \frac{17{,}27\,\text{kN}}{8{,}83\,\text{kN}} = 0{,}176$$

Auf dem gleichen Weg wie für Fall 1 erhält man

$$\mu = 0{,}176 \cdot \sin 40° = 0{,}113$$

Auch hier kann man davon ausgehen, daß das Seil nicht rutschen würde. Das notwendige Moment an der Scheibe beträgt

$$M = (S_B - S_A) \cdot R = (17{,}27 - 8{,}83)\,\text{kN} \cdot 1{,}0\,\text{m}$$

$$\boldsymbol{M = 8{,}44\,\text{kNm}}$$

b) Bei Bewegung mit konstanter Geschwindigkeit wirken in den Seilen die Gewichtskräfte.

$$M = (m_A \cdot g - m_B \cdot g) \cdot R$$

$$\boldsymbol{M} = (21{,}58 - 15{,}70)\,\text{kN} \cdot 1{,}0\,\text{m} = \boldsymbol{5{,}886\,\text{kNm}}$$

c) Analog gilt für leeren Korb (Heben der Gegenmasse)

$$M = (m_B \cdot g - m_A \cdot g) \cdot R$$

$$\boldsymbol{M} = (15{,}70 - 9{,}81)\,\text{kN} \cdot 1{,}0\,\text{m} = \boldsymbol{5{,}886\,\text{kNm}}$$

In beiden Fällen wird die halbe maximale Last gehoben. Deshalb sind die Momente gleich. Es ist einleuchtend, daß sich das größte Antriebsmoment bei Beschleunigung der vollen Last nach oben ergibt.

Aufgaben zum Abschnitt 10.8

A 10-61/62 Das Bremsmoment der skizzierten Bandbremse ist für die nachfolgenden Daten zu berechnen. Die Ergebnisse der beiden Aufgaben sind zu vergleichen und zu diskutieren.

$F = 300\,\text{N}$; $l = 600\,\text{mm}$; $a = 120\,\text{mm}$; $d = 600\,\text{mm}$; $\mu = 0{,}15$.

A 10-63 Abgebildet ist ein Elektromotor auf einer Wippe. Das vom Motor erzeugte Moment von 70,0 Nm soll vom Riementrieb mit einer Reibungszahl von 0,10 übertragen werden. Die Vorspannung des Riemens soll durch die vom Motor belastete Wippe erzeugt werden. Für beide Drehrichtungen ist die notwendige Hebellänge l zu bestimmen.

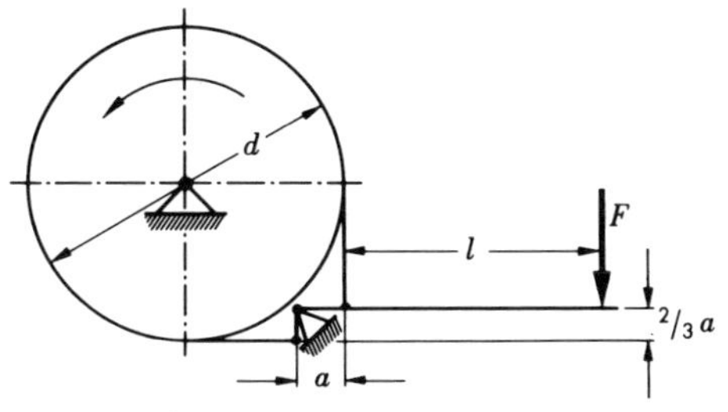

Abb. A 10-61

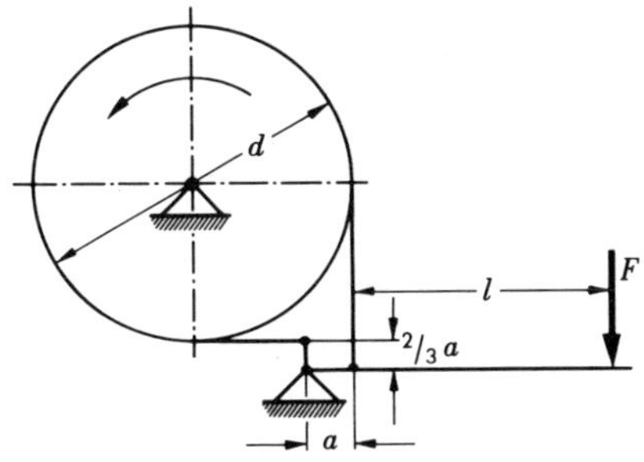

Abb. A 10-62

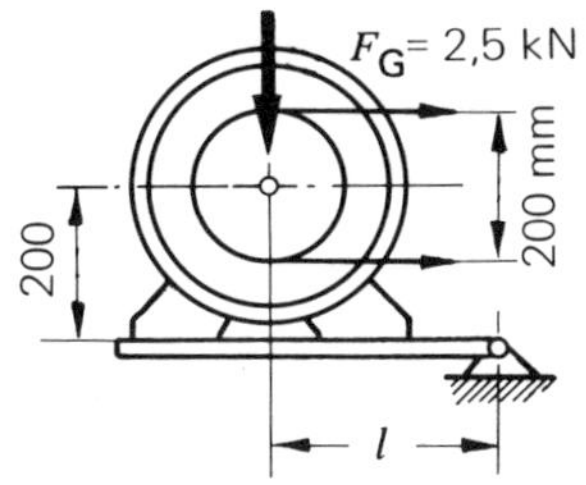

Abb. A 10-63

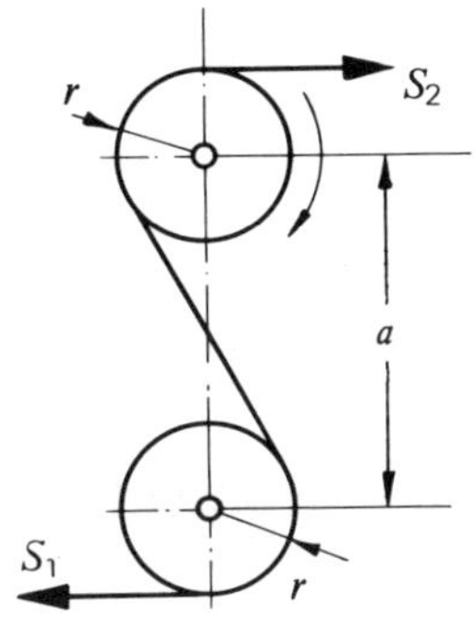

Abb. A 10-64

A 10-64 Die Abbildung zeigt eine Versuchseinrichtung zur Messung der Gleitreibungszahlen an Treibriemen. Die obere Trommel wird angetrieben und gleitet auf dem ruhenden Riemen. Die untere Trommel ist mit vernachlässigbarer Reibung gelagert. Gemessen werden die beiden Seilkräfte S_1 und S_2. Zu bestimmen ist die Reibungszahl in allgemeiner Form und für $a = 600$ mm; $r = 125$ mm; $S_1 = 675$ N; $S_2 = 500$ N.

A 10-65 Für das System Abb. A 10-49 ist die für Gleichgewicht mindestens notwendige Haftreibungszahl Seil/Walze zu bestimmen. An der Auflagestelle A sei die Reibung genügend groß, um ein Wegrutschen der Walze zu verhindern.

A 10-66 Abgebildet ist eine Gurtförderanlage, die von Gewichten vorgespannt ist. Zu bestimmen ist das an der rechten Trommel übertragbare Moment für eine Spannmasse von 200 kg und eine Reibungszahl von 0,20.

A 10-67 Das abgebildete System besteht aus einer festgebremsten Scheibe, über die ein Band gelegt ist. Die Bandenden sind mit einem leichten Stab verbunden. Auf diesem wird von der Mitte ausgehend eine Masse verschoben. Bei einer Exzentrizität x setzt Bewegung ein. Zu berechnen ist die Reibungszahl in allgemeiner Form und für $d = 500$ mm; $x = 50$ mm.

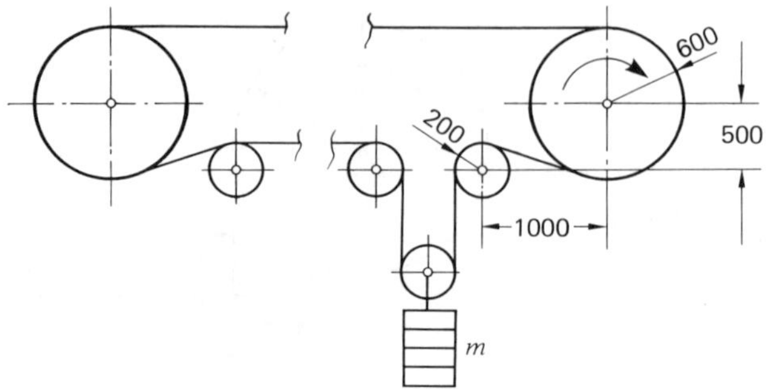

Abb. A 10-66

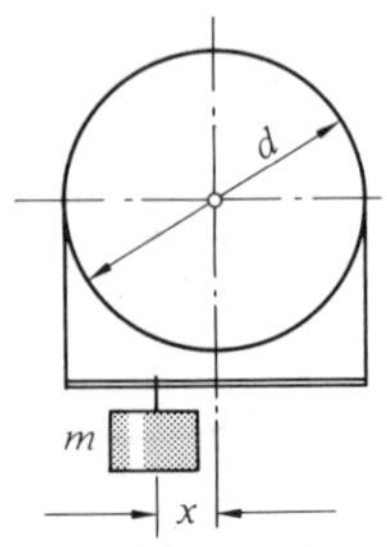

Abb. A 10-67

A 10-68 Ein Schiffstau wird 4,5 mal um einen Poller geschlungen. Auf der Belastungsseite wirkt eine Kraft von 60 kN. Es wird eine Reibungszahl von 0,25 geschätzt. Wie groß muß die Kraft auf der Halteseite sein? Diskussion des Ergebnisses.

10.9 Rollwiderstand

In diesem Abschnitt soll die Reibung untersucht werden, die beim Abrollen eines Rades auf einer Unterlage entsteht. Verursacht wird dieser Rollwiderstand durch die Deformation von Rad und Unterlage. Vereinfacht kann man sich den Vorgang folgendermaßen vorstellen.

Das Rad drückt sich beim Rollen in die Unterlage ein und schiebt eine „Schwelle" vor sich her. Es wirken dabei folgende Kräfte (Abb. 10-58b). Die zur Aufrechterhaltung der Bewegung notwendige Kraft F_t, die Radlast F_L, die Reibungskraft F_R und die Normalkraft F_n. Die resultierende Bodenkraft F_{res} ist im Gleichgewicht mit der resultierenden Kraft an der Radachse. Beide Kräfte sind deshalb kollinear.

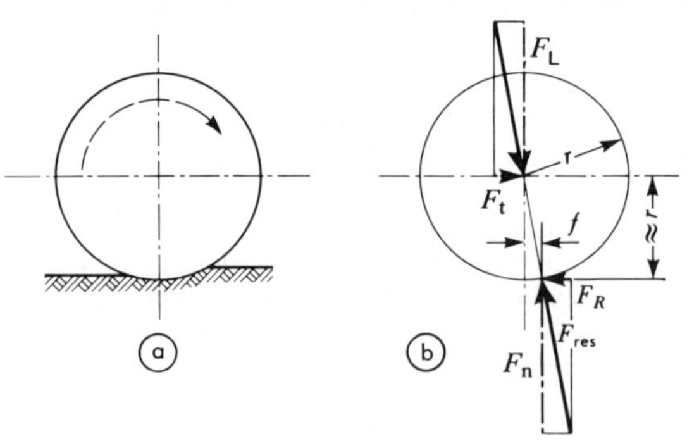

Abb. 10-58: Rollendes Rad mit wirkenden Kräften

Die Momentengleichung für die Radachse ergibt

$$F_R \cdot r = f \cdot F_n$$

$$\boldsymbol{F}_R = \frac{\boldsymbol{f}}{\boldsymbol{r}} \cdot \boldsymbol{F}_n = \mu_R \cdot \boldsymbol{F}_n \quad ; \quad \mu_R = \frac{\boldsymbol{f}}{\boldsymbol{r}}$$ **Gl. 10-10**

μ_R ist die *Rollreibungszahl.* Für ihre Berechnung ist die Kenntnis der Größe f notwendig. Diese wird *„Arm der rollenden Reibung"* genannt. Man kann sich diese Länge folgendermaßen veranschaulichen. Das starre Rad rollt auf starrer Unterlage und wird dabei auf eine starre Schwelle gezogen. Diese ist so hoch, daß sie im Abstand f vor die Radachse geschoben werden kann (Abb. 10-59). Der Aufrollvorgang wiederholt sich fortlaufend. Schon an dieser Deutung erkennt man die starke Vereinfachung, die notwendig war, um einen praktikablen Ansatz zu erhalten. Der physikalische Vorgang zwischen Rad und Unterlage ist äußerst komplex. Deshalb ist es verständlich, daß f keine Konstante ist. Der „Arm der rollenden Reibung" hängt von der Werkstoffpaarung, den Härten, der Oberflächenbeschaffenheit, den Herstellungstoleranzen und der Schmierung ab. Die Berührung erfolgt nicht, wie bei der Erklärung angenommen, linienförmig, sondern auf einer Fläche. Deshalb kommt zusätzlich noch eine Abhängigkeit von der Belastung F_L hinzu.

Aus den oben genannten Gründen findet man in den Taschenbüchern nur wenig Angaben über die Größe von f. Für Stahlrolle auf Stahlunterlage (z.B. Kranbahn) rechnet man mit Werten um f = 0,5 mm. Sind Rolle und Unterlage aus gehärtetem Stahl (Wälzlager), vermindert sich dieser Wert ganz erheblich. Oft ist es nicht möglich, den Rollwiderstand und den Lagerwiderstand der Rolle zu trennen. Man ermittelt dann den gesamten Fahrwiderstand, z.B. mit Hilfe eines Schleppversuches. Da die Belastungen linear eingehen, definiert man als spezifischen Fahrwiderstand den Quotienten Fahrwiderstand zu Gewichtskraft.

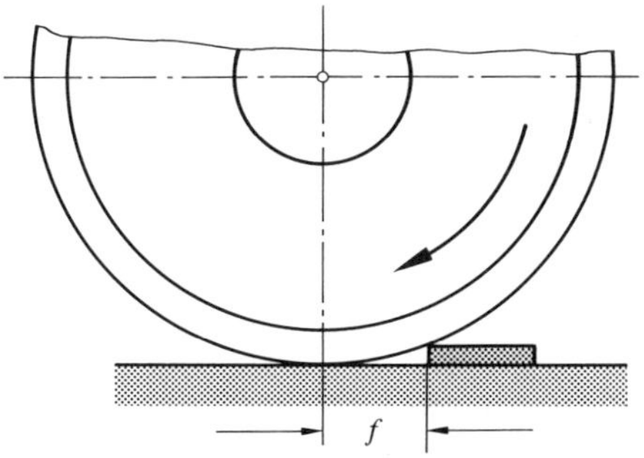

Abb. 10-59: Deutung der Größe f „Arm der rollenden Reibung"

Beispiel (Abb. 10-60)
Die skizzierte Achse der Masse m ist senkrecht belastet. In allgemeiner Form ist die durch die Roll- und Lagerreibung verursachte Widerstandskraft zu ermitteln. Die Gleichung soll für die nachfolgend gegebenen Daten ausgewertet werden.

Achsbelastung $F_L = 200\,\text{kN}$; Masse des Radsatzes $m = 1000\,\text{kg}$

Raddurchmesser $D = 600\,\text{mm}$; Durchmesser Lagerzapfen $d = 100\,\text{mm}$

Arm der rollenden Reibung $f = 0{,}5\,\text{mm}$; Zapfenreibungszahl $\mu_Z = 0{,}005$

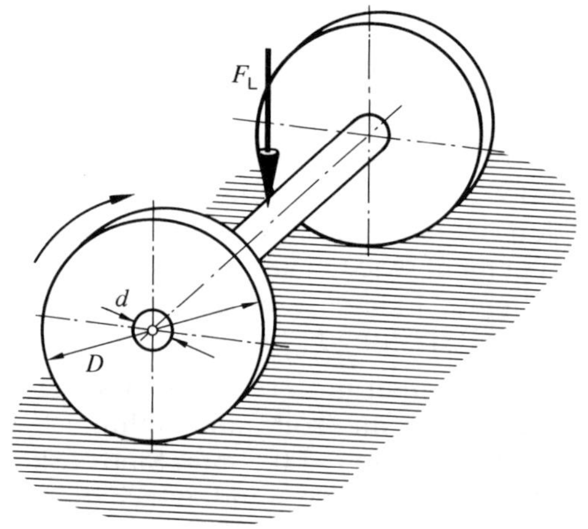

Abb. 10-60: Belastete Achse

Lösung
Die beiden Räder der Achse werden jeweils mit einem Teil der Last beansprucht. Wegen der linearen Zusammenhänge (halbe Last verursacht halbe Widerstandskraft) kann man die volle Belastung an einem Rad zusammengefaßt denken. Die an diesem Rad ermittelte Widerstandskraft entspricht dann der für die Achse.

Der Rollwiderstand wird durch die Summe aus Gewichtskraft und Last verursacht (Gl. 10-10).

$$F_{R1} = \frac{f}{R}\,(F_L + m \cdot g)$$

Der Lagerzapfen wird durch die Resultierende aus Last und Zugkraft beansprucht. Der zweite Anteil kann normalerweise vernachlässigt werden. Das ergibt nach Gleichung 10-8 ein Reibungsmoment am Zapfen von

$$M_R = \mu_Z \cdot r \cdot F_L$$

Dieses Moment wird durch eine zusätzliche Reibungskraft am Radumfang an der Auflagestelle des Rades aufgebracht.

$$F_{R2} \cdot R = \mu_Z \cdot r \cdot F_L$$

$$F_{R2} = \mu_Z \cdot \frac{r}{R} \cdot F_L$$

Der Gesamtwiderstand ist

$$F_W = F_{R1} + F_{R2}$$

$$\boldsymbol{F_W = \frac{f}{R}(F_L + m \cdot g) + \mu_Z \cdot \frac{r}{R} \cdot F_L}$$

Bemerkenswert ist, daß die Widerstandskraft umgekehrt proportional zum Raddurchmesser ist.

Die gegebenen Daten führen auf

$$F_W = \frac{0{,}5\,\text{mm}}{300\,\text{mm}}(200 \cdot 10^3\,\text{N} + 10^3\,\text{kg} \cdot 9{,}81\,\text{m/s}^2) + 0{,}005 \cdot \frac{50\,\text{mm}}{300\,\text{mm}} \cdot 200 \cdot 10^3\,\text{N}$$

$$\boldsymbol{F_W = 516\,\text{N}}$$

Der spezifische Fahrwiderstand ist

$$\frac{F_W}{F_L + m \cdot g} = \frac{516\,\text{N}}{209{,}8 \cdot 10^3\,\text{N}} = 0{,}0025$$

Diesen Quotienten kann man durch einen Schleppversuch ermitteln.

Aufgaben zum Abschnitt 10.9

A 10-69 Der durch die Roll- und Lagerreibung verursachte Fahrwiderstand eines zweiachsigen Wagens ist für die nachfolgend gegebenen Daten zu berechnen.

Gesamtmasse	m_{ges}	$= 2200$ kg;
Masse je Radsatz	m_R	$= 100$ kg
Raddurchmesser	D	$= 400$ mm;
Zapfendurchmesser	d	$= 50$ mm
Rollreibung	f	$= 0{,}5$ mm;
Zapfenreibung	μ_z	$= 0{,}01$

A 10-70 Eine homogene Walze (Radius r) liegt auf einer horizontalen Ebene der Länge l. Die Walze beginnt zu rollen, wenn diese Ebene am Ende um h gehoben wird. Zu bestimmen ist der Arm der rollenden Reibung allgemein und für $r = 60{,}0$ mm; $h = 10{,}0$ mm; $l = 1{,}0$ m.

A 10-71 Die skizzierte homogene Walze wird auf einer horizontalen Unterlage mit der Kraft F mit konstanter Geschwindigkeit gezogen. Zu bestimmen sind der Arm der rollenden Reibung und die Rollreibungszahl. Die allgemeine Lösung ist für $m = 200$ kg; $F = 20$ N; $R = 500$ mm; $r = 100$ mm auszuwerten.

A 10-72 Eine homogene Walze wird wie skizziert durch eine am Umfang wirkende Kraft nach oben gezogen. Die Haftreibung ist so groß, daß ein Rollen möglich ist. Zu bestimmen ist die zum Heraufziehen notwendige Kraft. Die allgemeine Lösung ist für $m = 120$ kg; $d = 200$ mm; $\alpha = 15°$; $f = 0{,}6$ mm auszuwerten.

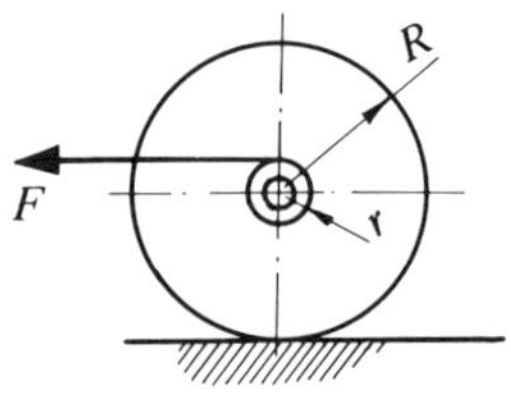

Abb. A 10-71

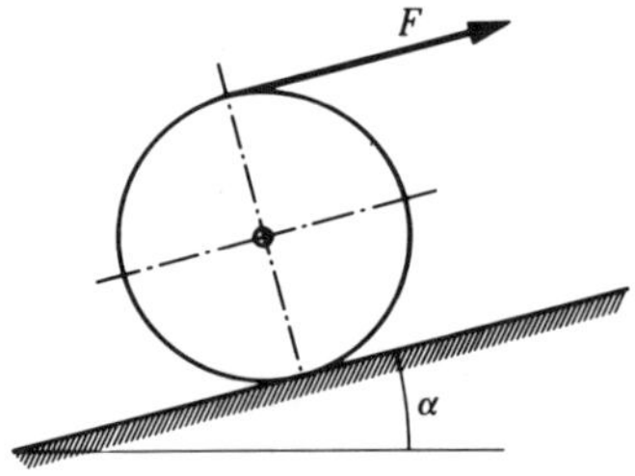

Abb. A 10-72

10.10 Zusammenfassung

Reibungskräfte werden an Berührungsflächen zweier Körper wirksam, wenn versucht wird, einen Körper auf dem anderen zu verschieben. Die Reibungskraft kann zwischen Null und einem Maximalwert je nach der Wirkung von anderen Kräften schwanken. Die Größe der maximalen Haftreibung hängt nicht von der Größe der Berührungsfläche, sondern nur von ihrer Beschaffenheit und der Normalkraft ab.

$$\boldsymbol{F}_{R0} < \mu_0 \cdot \boldsymbol{F}_n \qquad \boldsymbol{F}_{R0\,max} = \mu_0 \cdot \boldsymbol{F}_n \qquad \textbf{Gl. 10-1}$$

Ein analoges Gesetz gilt für die Gleitreibung

$$\boldsymbol{F}_{\mathbf{R}} = \mu \, \boldsymbol{F}_{\mathbf{n}} \qquad \textbf{Gl. 10-2}$$

Anhaltswerte für μ und μ_0 sind in der Tabelle am Ende dieses Abschnitts gegeben.

Die Resultierende von Reibungs- und Normalkraft liegt bei Haftreibung innerhalb eines Kegels bzw. auf dem Kegelmantel mit dem Öffnungswinkel $2\,\varrho_0$, bei Gleitreibung auf dem Kegelmantel mit dem Öffnungswinkel $2\varrho < 2\varrho_0$

$$\mathbf{tan}\,\varrho_0 = \mu_0; \qquad \mathbf{tan}\,\varrho = \mu. \qquad \textbf{Gl. 10-3}$$

Ein auf einer schiefen Ebene liegender Block beginnt zu gleiten, wenn

$$\alpha > \varrho_0$$

(α Neigungswinkel; einfache Bestimmung von μ_0).

Ein Keil wendet die Gesetze der schiefen Ebene an und wird zur Kraftübersetzung benutzt. Er ist selbsthemmend, wenn

$\alpha < (\varrho_{01} + \varrho_{02})$ ist.

α Keilwinkel; ϱ_0 Reibungswinkel an beiden Keilflächen.

Es ist zweckmäßig, beim Lösen von Keilaufgaben die Resultierende von Reibungs- und Normalkraft zu verwenden.

In der Keilnut sind größere Reibungskräfte wirksam als auf der Ebene. Für symmetrische Keilnut gelten die Gleichungen der ebenen Reibung, wenn anstatt μ mit der Keilnutreibungszahl

$$\mu' = \frac{\mu}{\mathbf{sin}\,\dfrac{\alpha}{2}} \qquad \textbf{Gl. 10-4}$$

gerechnet wird (α Keilwinkel).

Zur Drehung eines belasteten Flachgewindes ist das Moment

$$\boldsymbol{M} = \boldsymbol{F}_{\mathbf{a}} \cdot \boldsymbol{r}_{\mathbf{m}} \cdot \mathbf{tan}\,(\varrho \pm \alpha) \qquad \textbf{Gl. 10-6}$$

notwendig. Für $\varrho \geqslant \alpha$ ist die Schraube selbsthemmend.

Diese Gleichung gilt auch für Spitzgewinde, wenn anstatt mit ϱ mit ϱ' gerechnet wird.

$$\tan \varrho' = \frac{\mu}{\cos \frac{\beta}{2}} \qquad \text{Gl. 10-7}$$

β Flankenwinkel

Das Reibungsmoment eines durch F radial belasteten Zapfens beträgt

$$M = r \cdot \mu_Z \cdot F \qquad \text{Gl. 10-8}$$

wobei $\mu_Z > \mu$ ist und durch Versuche ermittelt werden muß.

Ein um eine zylindrische Trommel umschlungenes Seil kann an den Enden unterschiedlich belastet werden. Dabei gilt

$$\frac{S_1}{S_2} = e^{\mu \alpha} \qquad \text{Gl. 10-9}$$

Der Rollwiderstand eines Rades beträgt

$$F_R = \frac{f}{r} F_n = \mu_R \cdot F_n \qquad \text{Gl. 10-10}$$

f „Arm der rollenden Reibung“

f ist wie μ ein Erfahrungswert, der durch Messungen ermittelt wird. Der Rollwiderstand ist bei sonst gleichen Bedingungen um so kleiner, je größer der Raddurchmesser ist.

Stoffeinsparung	μ_0		μ	
	trocken	gefettet	trocken	gefettet
Stahl auf Stahl	0,15 – 0,3	0,1	0,1	0,02 – 0,06
Stahl auf GG	0,2	0,1	0,3	
Holz auf Holz	0,4 – 0,7	0,15 – 0,2	0,2 – 0,4	0,05 – 0,15
Leder auf Metall	0,6	0,2	0,25	0,12
Bremsbelag auf Stahl . .			0,6 – 0,6	0,2 – 0,5
Gummi auf Beton . . .	0,6 – 0,8	naß 0,4 – 0,6		

Tabelle: Reibungszahlen

11. Das räumliche Kräftesystem

11.1 Die räumlichen Komponenten einer Kraft

Eine Kraft ***F*** soll in die senkrecht aufeinander stehenden Richtungen x; y; z eines räumlichen kartesischen Koordinatensystems zerlegt werden (Abb. 11-1). Man kann zunächst die Zerlegung in der aus ***F*** und der y-Achse gebildeten Ebene vornehmen. Das ergibt die beiden Komponenten F_y und F_{xz}. Anschließend wird F_{xz} in der $x-z$-Ebene in die Komponenten F_x und F_z zerlegt. Die Kraft ***F*** bildet die Raumdiagnonale eines Quaders mit den Kantenlängen F_x; F_y; F_z.

Folgende Winkel werden definiert

α_x ∢ zwischen positiver x-Achse und ***F***

α_y ∢ zwischen positiver y-Achse und ***F***

α_z ∢ zwischen positiver z-Achse und ***F***

Es gelten folgende Beziehungen

$$\boldsymbol{F_x = F \cdot \cos \alpha_x}$$

$$\boldsymbol{F_y = F \cdot \cos \alpha_y} \qquad \textbf{Gl. 11-1}$$

$$\boldsymbol{F_z = F \cdot \cos \alpha_z}$$

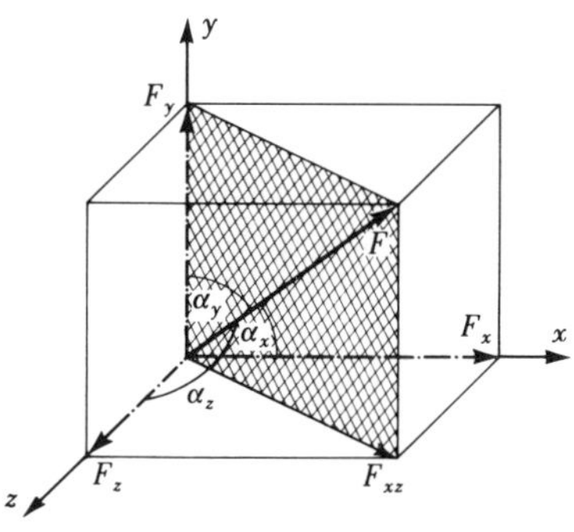

Abb. 11-1: Eine Kraft und ihre Komponenten im räumlichen Koordinatensystem

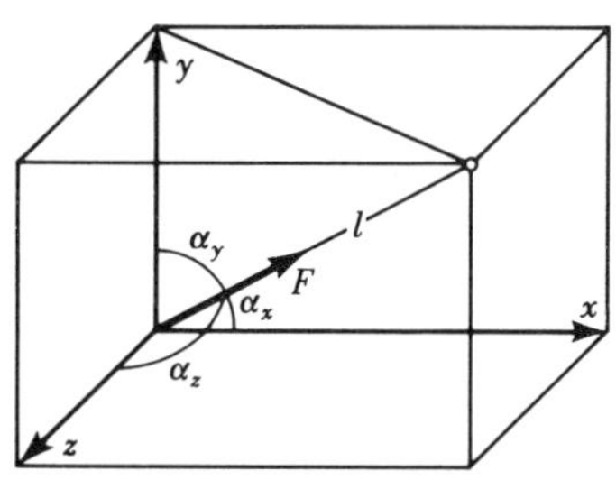

Abb. 11-2: Lage einer Wirkungslinie im räumlichen Koordinatensystem

Nach dem Satz von PYTHAGORAS erhält man

$$\boldsymbol{F^2 = F_x^2 + F_y^2 + F_z^2} \qquad \textbf{Gl. 11-2}$$

$$F^2 = F^2 (\cos^2 \alpha_x + \cos^2 \alpha_y + \cos^2 \alpha_z)$$

$$\boldsymbol{\cos^2 \alpha_x + \cos^2 \alpha_y + \cos^2 \alpha_z = 1} \qquad \textbf{Gl. 11-3}$$

Die Summe der cos-Quadrate der drei Winkel ist gleich 1.

Die Gleichungen 11-1 können auch folgendermaßen geschrieben werden.

$$\boldsymbol{\frac{F_x}{\cos \alpha_x} = \frac{F_y}{\cos \alpha_y} = \frac{F_z}{\cos \alpha_z} = F.} \qquad \textbf{Gl. 11-4}$$

Die letzte Beziehung gestattet ein besonders einfaches Arbeiten.

In vielen Anwendungen ist die Lage der Wirkungslinie durch zwei Punkte gegeben, die den Abstand l haben. Es ist günstig, in einen Punkt nach Abb. 11-2 das räumliche Koordinatensystem zu legen. Die Winkel α kann man jetzt aus folgenden Gleichungen berechnen.

$$\boldsymbol{\cos \alpha_x = \frac{x}{l}}$$

$$\boldsymbol{\cos \alpha_y = \frac{y}{l}} \qquad \textbf{Gl. 11-5}$$

$$\boldsymbol{\cos \alpha_z = \frac{z}{l}}$$

$$\boldsymbol{l^2 = x^2 + y^2 + z^2}$$

Nach Einsetzen in Gleichungen 11-4

$$\boldsymbol{\frac{F_x}{x} = \frac{F_y}{y} = \frac{F_z}{z} = \frac{F}{l}} . \qquad \textbf{Gl. 11-6}$$

11.2 Die Resultierende eines räumlichen Kräftesystems mit gemeinsamem Angriffspunkt

Die Erweiterung der für die Ebene abgeleiteten Beziehung auf die z-Achse ergibt unter Verwendung der Ergebnisse des vorigen Abschnittes:

$$\boldsymbol{F}_{\text{res x}} = \Sigma\, \boldsymbol{F}_{\text{x}} = \Sigma\, \boldsymbol{F}\cos\alpha_{\text{x}}$$

$$\boldsymbol{F}_{\text{res y}} = \Sigma\, \boldsymbol{F}_{\text{y}} = \Sigma\, \boldsymbol{F}\cos\alpha_{\text{y}} \qquad \textbf{Gl. 11-7}$$

$$\boldsymbol{F}_{\text{res z}} = \Sigma\, \boldsymbol{F}_{\text{z}} = \Sigma\, \boldsymbol{F}\cos\alpha_{\text{z}}$$

$$\boldsymbol{F}_{\text{res}} = \sqrt{\boldsymbol{F}_{\text{res x}}^2 + \boldsymbol{F}_{\text{res y}}^2 + \boldsymbol{F}_{\text{res z}}^2} \qquad \textbf{Gl. 11-8}$$

$$\cos\alpha_{\text{x}} = \frac{\boldsymbol{F}_{\text{res x}}}{\boldsymbol{F}_{\text{res}}}$$

$$\cos\alpha_{\text{y}} = \frac{\boldsymbol{F}_{\text{res y}}}{\boldsymbol{F}_{\text{res}}} \qquad \textbf{Gl. 11-9}$$

$$\cos\alpha_{\text{z}} = \frac{\boldsymbol{F}_{\text{res z}}}{\boldsymbol{F}_{\text{res}}}$$

Beispiel (Abb. 11-3)
Die Resultierende der drei gegebenen Kräfte ist nach Größe und Richtung zu bestimmen.

Lösung
Die Komponenten der Resultierenden werden am einfachsten unter Verwendung der Gleichungen 11-6/7 tabellarisch ermittelt.

i	$\frac{F}{\text{kN}}$	$\frac{x_i}{\text{m}}$	$\frac{y_i}{\text{m}}$	$\frac{z_i}{\text{m}}$	$\frac{l}{\text{m}}$	$\frac{F_x}{\text{kN}}$	$\frac{F_y}{\text{kN}}$	$\frac{F_z}{\text{kN}}$
1	4,0	+ 5,0	+ 3,0	+ 4,0	7,07	+ 2,83	+ 1,70	+ 2,26
2	5,0	+ 5,0	+ 2,5	− 8,0	9,75	+ 2,56	+ 1,28	− 4,11
3	7,0	− 10,0	+ 7,0	− 6,0	13,60	− 5,14	+ 3,60	− 3,08
						Σ + 0,25 = $F_{\text{res x}}$	**Σ 6,58** = $F_{\text{res y}}$	**Σ − 4,93** = $F_{\text{res z}}$

Gl. 11-2 als Kontrolle (erste Spalte)

Gl. 11-8 $F_{\text{res}} = \sqrt{F_{\text{res x}}^2 + F_{\text{res y}}^2 + F_{\text{res z}}^2}$

$F_{\text{res}} = \sqrt{0{,}25^2 + 6{,}58^2 + 4{,}93^2}\,\text{kN}$

$\boldsymbol{F}_{\text{res}} = \mathbf{8{,}22\,kN}$

Gl. 11-9 $\cos\alpha_{\text{x}} = \dfrac{F_{\text{res x}}}{F_{\text{res}}} = \dfrac{0{,}25\,\text{kN}}{8{,}22\,\text{kN}}$; $\alpha_{\text{x}} = \mathbf{+\,88{,}2°}$

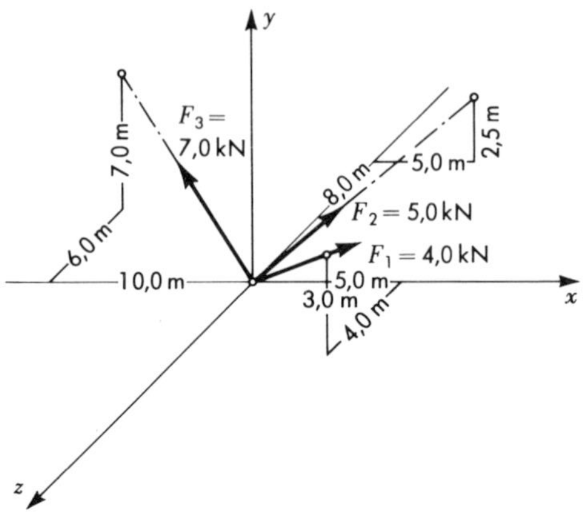

Abb. 11-3: Drei Kräfte im Raum mit gemeinsamem Angriffspunkt

$$\cos\alpha_y = \frac{6{,}58\,\text{kN}}{8{,}22\,\text{kN}}; \qquad \alpha_y = \mathbf{+\,36{,}8°}$$

$$\cos\alpha_z = -\frac{4{,}93\,\text{kN}}{8{,}22\,\text{kN}}; \qquad \alpha_z = \mathbf{126{,}9°}.$$

Aufgaben zum Abschnitt 11.2

A 11-1/2/3 Die Resultierende des Kräftesystems mit gemeinsamem Angriffspunkt ist nach Größe und Richtung zu bestimmen. Die Wirkungslinie geht durch den Ursprungspunkt des Koordinatensystems und durch den Punkt, dessen Koordinaten in der Reiheifolge x y z gegeben sind:

$F_1 =$	2,5 kN	(+3; +4; −2)
$F_2 =$	3,0 kN	(−2; +3; −2)
$F_3 =$	3,2 kN	(−4; −3; +2)
$F_1 =$	4,0 kN	(−5; +2; +4)
$F_2 =$	6,0 kN	(+5; +4; +5)
$F_3 =$	5,0 kN	(−3; −2; −3)
$F_1 =$	15,0 kN	(+1; +1; +1)
$F_2 =$	30,0 kN	(+3; +4; −5)
$F_3 =$	28,0 kN	(−3; −2; +3)
$F_4 =$	10,0 kN	(−1; −2; −4)

A 11-4 Der 8,0 m hohe Mast ist wie skizziert mit drei Seilen verspannt. Alle Seilkräfte sind bekannt. Zu bestimmen sind die Komponenten der Resultierenden in vertikaler Richtung und senkrecht zum Mast. $S_1 = 4{,}0$ kN; $S_2 = 5{,}5$ kN; $S_3 = 3{,}0$ kN.

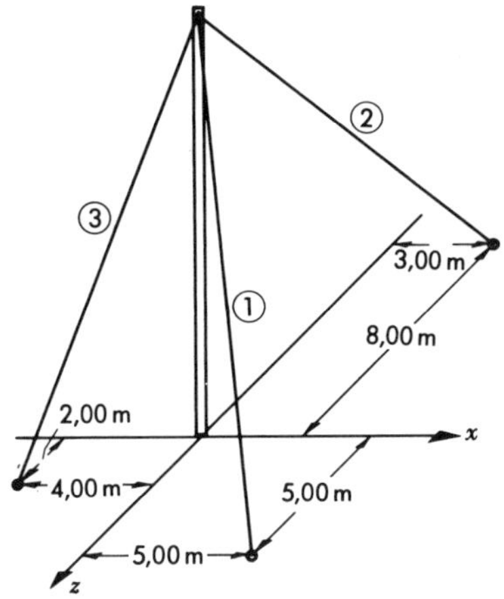

Abb. A 11-4/5/6/7

11.3 Das Moment einer Kraft in bezug auf die x-, y- und z-Achse

Ein Moment kann wie eine Kraft durch einen Vektor dargestellt werden. Dieser steht nach Abb. 11-4 senkrecht auf der Wirkungsebene der verursachenden Kräfte und wird zur Unterscheidung als Doppelpfeil gezeichnet. Die Richtung des Vektors ergibt sich aus dem Drehsinn des Kräftepaars nach der Geometrie einer Schraube mit Rechtsgewinde. Eine solche würde durch das in Abb. 11-4 gezeichnete Kräftepaar nach oben bewegt werden. Deshalb weist auch der zugehörige Vektor nach oben.

Das Momente wie Kräfte Vektoreigenschaft haben, soll an dem System nach Abb. 11-5 demonstriert werden. Die beiden Momente $\boldsymbol{M}_1$ und $\boldsymbol{M}_2$ sollen durch das resultierende Moment ersetzt werden. Dazu werden für sie in Abb. II zwei unterschiedliche Kräftepaare eingeführt. Diese liegen so, daß sich die beiden Kräfte F in der Schnittlinie aufheben. Wegen der freien Verschiebbarkeit von Kräftepaaren ist diese Lage möglich (Abschnitt 3.3.3). Damit verbleibt ein Kräftepaar mit dem Abstand d (Abb. III), das in Abb. IV als Vektor dargestellt ist. Dieses ersetzt M_1 und M_2, ist demnach das resultierende Moment. Man erhält

$$M_{\text{res}} = F\sqrt{a^2 + b^2} = \sqrt{(F \cdot a)^2 + (F \cdot b)^2} = \sqrt{M_1^2 + M_2^2}$$

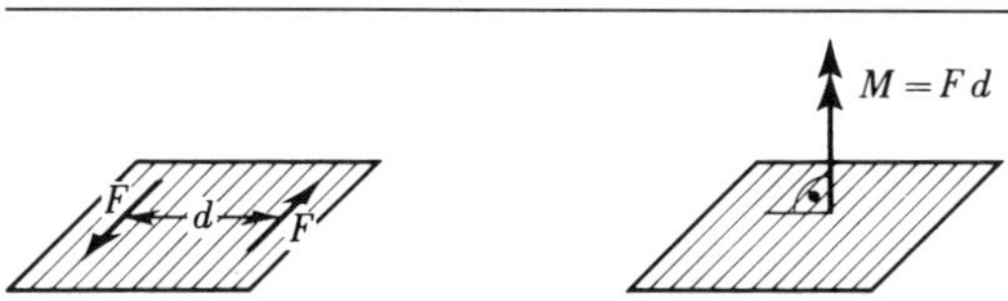

Abb. 11-4: Definition des Momentenvektors

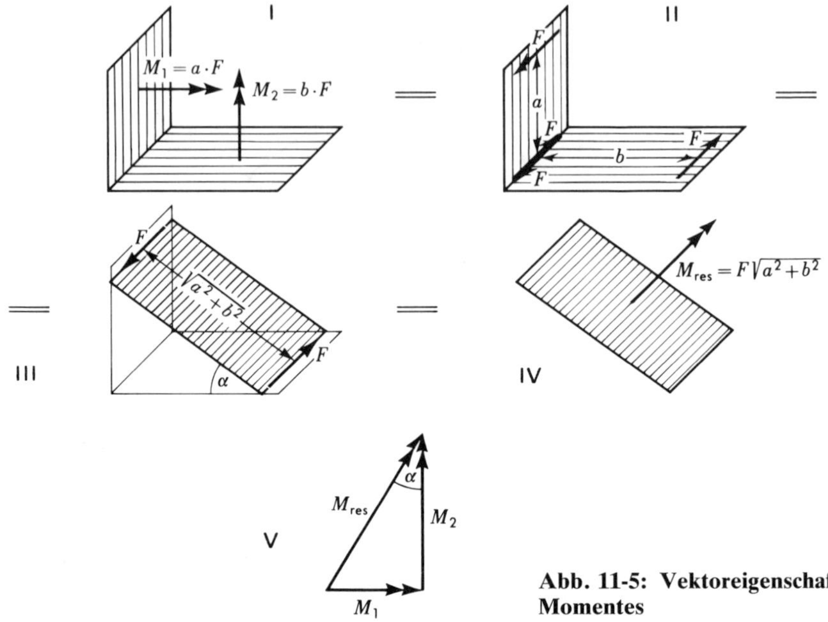

Abb. 11-5: Vektoreigenschaft eines Momentes

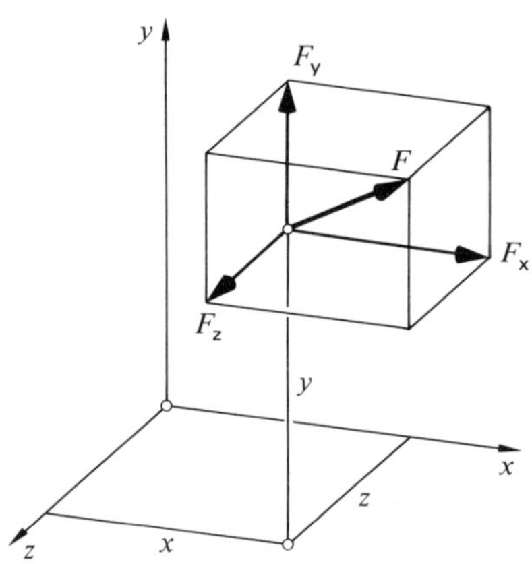

Abb. 11-6: Kraft im Raum

in einer Ebene unter dem Winkel

$$\tan \alpha = \frac{a}{b}$$

zur Horizontalen. Gleiche Ergebnisse liefert das aus den Momentenvektoren gebildete Dreieck nach Abb. V.

Das Moment einer nach Abb. 11-6 beliebig im Raum liegende Kraft soll in bezug auf die Achsen des räumlichen Koordinatensystems bestimmt werden. Kraftkomponenten, die parallel zu einer Achse liegen, haben in bezug auf diese keine Momentenwirkung. Ein einfaches Beispiel soll das veranschaulichen. Eine Tür kann durch ein senkrecht nach unten wirkende Kraft nicht bewegt werden, da sie parallel zu der Drehachse der Tür angreift. Der Umkehrschluß führt zu der Aussage, daß nur die Kraftkomponenten ein Moment ausüben, die in der senkrecht zur Achse liegenden Ebene wirken (vergl. auch Abb. 3-17). Das sind F_y; F_z für die x-Achse, F_x; F_z für die y-Achse und F_x; F_y für die z-Achse. Positiv soll ein Moment sein, dessen Vektor positive Richtung hat. Damit erhält man aus der Abb. 11-6.

$$\boldsymbol{M_x = F_z \cdot y - F_y \cdot z}$$

$$\boldsymbol{M_y = F_x \cdot z - F_z \cdot x} \qquad \textbf{Gl. 11-10}$$

$$\boldsymbol{M_z = F_y \cdot x - F_x \cdot y}$$

Das Moment kann als vektorielles Produkt geschrieben werden.

$$\boldsymbol{M} = \boldsymbol{r} \times \boldsymbol{F} = \begin{vmatrix} \boldsymbol{e}_x & \boldsymbol{e}_y & \boldsymbol{e}_z \\ x & y & z \\ F_x & F_y & F_z \end{vmatrix}$$

$$\boldsymbol{M} = \boldsymbol{e}_x (F_z \cdot y - F_y \cdot z) + \boldsymbol{e}_y (F_x \cdot z - F_z \cdot x) + \boldsymbol{e}_z \quad (F_y \cdot x - F_x \cdot y)$$

Man sollte bei der Aufstellung der Momentengleichungen von der Abbildung bzw. Anschauung ausgehen. Eine zu formelhafte Vorgehensweise kann bei ungenügender Praxis leicht zu Fehlern führen.

Beispiel 1 (Abb. 11-7)
Die Skizze zeigt ein Getriebe mit mehreren Abtriebswellen. Die auf den Getriebekasten einwirkenden Momente sind eingezeichnet. Die Richtungen der Vektoren entsprechen nicht unbedingt den Drehrichtungen der Wellen. Das überlege sich der Leser. Für die nachfolgend gegebenen Daten ist das auf das Getriebe wirkende resultierende Moment nach Größe und Richtung zu bestimmen.

$M_1 = 0{,}50\,\text{kNm}$; $M_2 = 3{,}00\,\text{kNm}$; $M_3 = 4{,}00\,\text{kNm}$

$M_4 = 1{,}60\,\text{kNm}$; $\beta = 30°$ (x-y-Ebene)

Lösung
Man kann alle Vektoren in den Ursprungspunkt des Koordinatensystems verschieben. Z.B. müssen $\boldsymbol{M_3}$ und $\boldsymbol{M_4}$ nicht in der gleichen Ebene liegen

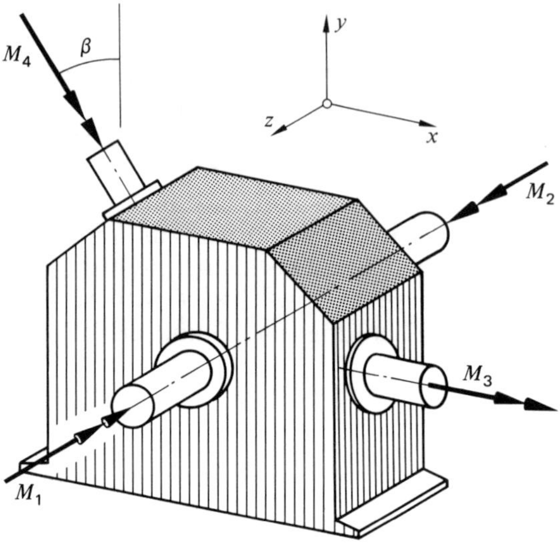

Abb. 11-7: Getriebe mit Belastung durch An- und Abtriebsmomente

oder $\boldsymbol{M}_1$ und $\boldsymbol{M}_2$ nicht kollinear sein. Das folgt aus der Verschiebbarkeit von Kräftepaaren (Abschnitt 3.3.3). Die einzelnen Komponenten ergeben sich zu

$$M_x = M_3 + M_4 \cdot \sin\beta$$

$$M_x = 4{,}00\,\text{kNm} + 1{,}60\,\text{kNm} \cdot \sin 30° = 4{,}80\,\text{kNm}$$

$$M_y = -M_4 \cdot \cos\beta = -\,1{,}60\,\text{kNm} \cdot \cos 30° = -\,1{,}386\,\text{kNm}$$

$$M_z = -M_1 + M_2$$

$$M_z = -\,0{,}50\,\text{kNm} + 3{,}00\,\text{kNm} = 2{,}50\,\text{kNm}$$

Der Betrag des resultierenden Vektors ist

$$M_{res} = \sqrt{M_x^2 + M_y^2 + M_z^2}$$

$$M_{res} = \sqrt{4{,}80^2 + 1{,}386^2 + 2{,}50^2}\,\text{kNm}$$

$$\boldsymbol{M_{res} = 5{,}587\,\text{kNm}}$$

Seine Richtung ist durch folgende Winkel gegeben (vergl. Gl. 11-9).

$$\cos\alpha_x = \frac{M_x}{M_{res}} = \frac{4{,}80\,\text{kNm}}{5{,}587\,\text{kNm}}\;; \qquad \boldsymbol{\alpha_x = 30{,}8°}$$

$$\cos\alpha_y = \frac{M_y}{M_{res}} = -\frac{1{,}386\,\text{kNm}}{5{,}587\,\text{kNm}}; \qquad \boldsymbol{\alpha_y = 104{,}4°}$$

$$\cos\alpha_z = \frac{M_z}{M_{res}} = \frac{2{,}50\,\text{kNm}}{5{,}587\,\text{kNm}}; \qquad \boldsymbol{\alpha_z = 63{,}4°}$$

Dieses auf den Getriebekasten wirkende Moment muß über die Befestigungsschrauben auf das Fundament übertragen werden.

Beispiel2 (Abb. 11-8)
Die Abbildung zeigt einen gekröpften Hebel, der von den Kräften F_1; F_2 und F_3 belastet ist. Dieses System könnte das Detail einer Kurbelwelle sein. Für die unten gegebenen Daten sind folgende, auf die Einspannstelle bezogene Momente zu bestimmen:

a) das resultierende Moment aus M_x und M_y,
b) das Moment M_z.

$F_1 = 6{,}00\,\text{kN}$; $F_2 = 8{,}00\,\text{kN}$; $F_3 = 2{,}00\,\text{kN}$

$a = 200\,\text{mm}$; $b = 250\,\text{mm}$; $c = 150\,\text{mm}$; $\beta = 30°$

Lösung
Eine in Achsrichtung liegende Kraft übt in bezug auf die betrachtete Achse kein Moment aus. Ein Moment ist positiv, wenn es eine Rechtsschraube in positiver Achsrichtung bewegen würde.

$$M_x = +F_2 \cdot c \cdot \sin\beta + F_3 \cdot (a + b)$$

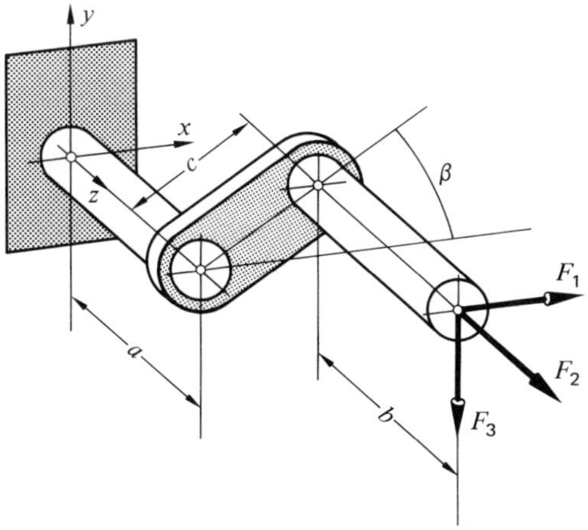

Abb. 11-8: Teil einer Kurbelwelle

$$M_x = +8{,}0\,\text{kN} \cdot 0{,}15\,\text{m} \cdot \sin 30° + 2{,}0\,\text{kN} \cdot 0{,}45\,\text{m} = +1{,}50\,\text{kNm}$$

$$M_y = +F_1(a+b) - F_2 \cdot c \cdot \cos\beta$$

$$M_y = +6{,}0\,\text{kN} \cdot 0{,}45\,\text{m} - 8{,}0\,\text{kN} \cdot 0{,}15\,\text{m} \cdot \cos 30° = +1{,}661\,\text{kNm}$$

$$M_{\text{res}\,xy} = \sqrt{M_x^2 + M_y^2} = \sqrt{1{,}50^2 + 1{,}661^2}\,\text{kNm}$$

$$\boldsymbol{M_{\text{res}\,xy} = 2{,}238\,\text{kNm}}$$

Der Momentenvektor liegt unter dem Winkel

$$\tan\alpha_x = \frac{M_y}{M_x} = \frac{1{,}661\,\text{kNm}}{1{,}50\,\text{kNm}} \qquad \alpha_x = 47{,}9°$$

zur positiven x-Achse. Das eben berechnete Moment verursacht Biegespannungen in der Einspannstelle.

$$M_z = -F_1 \cdot c \cdot \sin\beta - F_3 \cdot c \cdot \cos\beta$$

$$M_z = -6{,}0\,\text{kN} \cdot 0{,}15\,\text{m} \cdot \sin 30° - 2{,}0\,\text{kN} \cdot 0{,}15\,\text{m} \cdot \cos 30°$$

$$\boldsymbol{M_z = -0{,}710\,\text{kNm}}$$

Dieses Moment hat Torsionsspannungen in der Einspannstelle zur Folge.

Aufgaben zum Abschnitt 11.3

A 11-5/6/7 Für den Mast Abb. A 11-4 ist das Moment der Seilkraft $S_1/S_2/S_3$ in bezug auf die eingezeichnete x- und y-Achse zu bestimmen.

A 11-8 Die Abbildung zeigt einen Getriebekasten, an dessen Wellenenden die eingezeichneten Momente wirken. Zu bestimmen ist das resultierende Moment nach Größe und Richtung. $M_1 = 1{,}25$ kNm, $M_2 = M_3 = 2{,}5$ kNm.

A 11-9 Das Moment der Seilkraft, die die abgebildete Platte abstützt, ist in bezug auf die x- und z-Achse in allgemeiner Form zu bestimmen.

A 11-10 Für das skizzierte Kräftesystem sind die Momente in bezug auf die Achsen des eingezeichneten Koordinatensystems zu bestimmen. Die allgemeinen Ansätze sind für $F_1 = 3{,}0$ kN; $F_2 = 2{,}0$ kN; $F_3 = 2{,}5$ kN; $a = 0{,}20$ m auszuwerten.

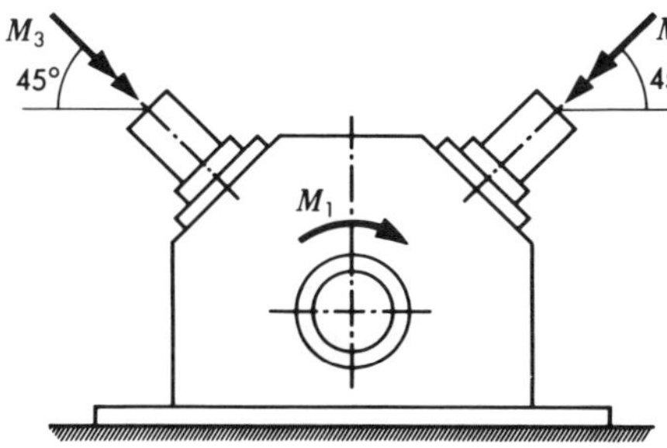

Abb. A 11-8

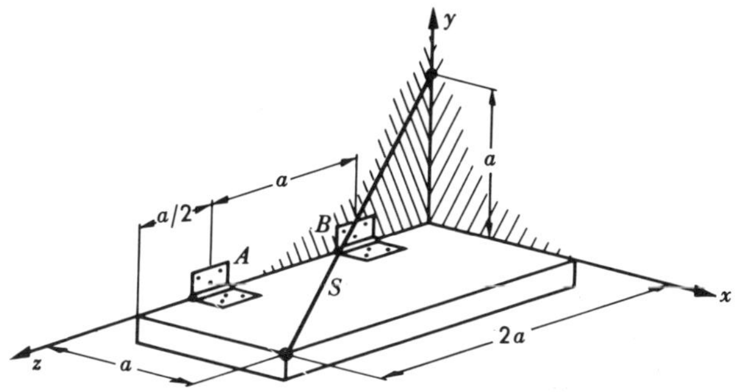

Abb. A 11-9/16

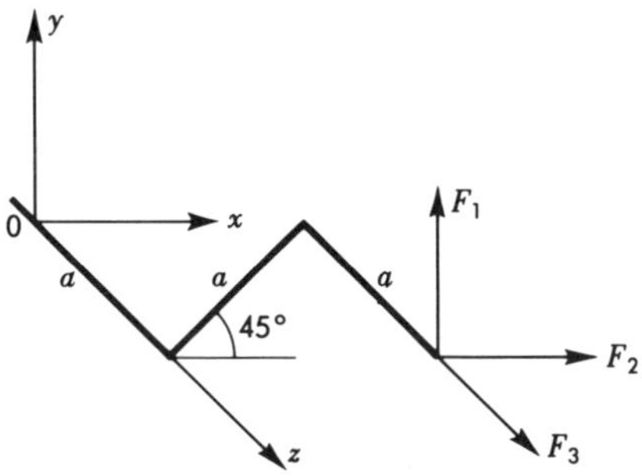

Abb. A 11-10

A 11-11 Eine schwere Tür ($m = 350\,\text{kg}$) ist wie skizziert in zwei Scharnieren aufgehängt. Zu bestimmen sind die durch die Gewichtskraft verursachten Momente in bezug auf die durch das Scharnier A gehende x- und z-Achse.

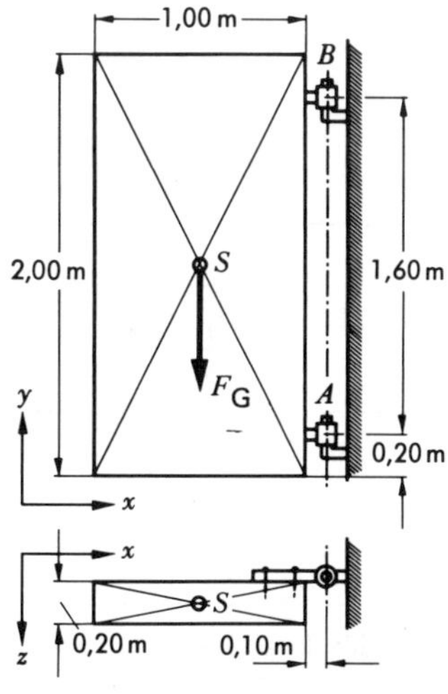

Abb. A 11-11/15

11.4 Das Freimachen

Der mit „Freimachen“ bezeichnete Prozeß ist im Kapitel 5 ausführliche erläutert worden. Alles, was dort ausgeführt wurde, gilt auch für die räumliche Statik.

Die wichtigsten Bauelemente sind in der Tabelle „Lagerungsarten im Raum“ zusammengestellt. Dort sind auch die jeweils übertragbaren Reaktionen angegeben.

Glatte Oberflächen, Stäbe, Pendelstützen und Seile können auf ein Bauteil wie in der ebenen Statik jeweils nur eine Kraft in vorgegebener Rich-

	Wirkende Kräfte und Momente	Anzahl der Unbekannten
 Kugel glatte Oberfläche Seil oder Stab	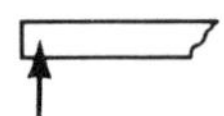 1 Kraft	1
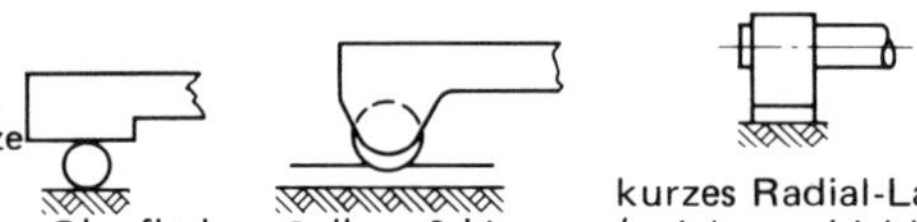 Walze auf rauher Oberfläche Rolle u. Schiene kurzes Radial-Lager (axial verschieblich)	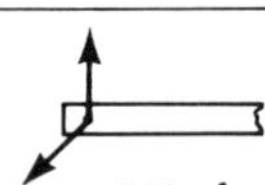 2 Kräfte	2
 Kugelgelenk kurzes Festlager axial fixiert	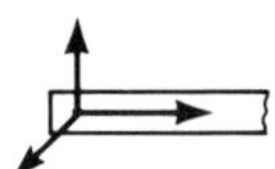 3 Kräfte	3
 Cardan-Gelenk	 3 Kräfte 1 Moment	4
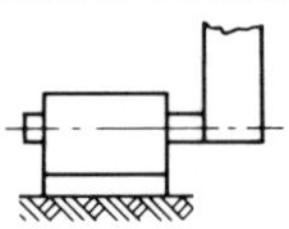 Scharnier axial verschieblich	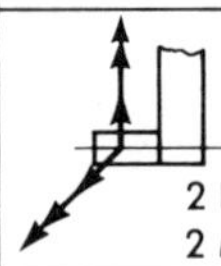 2 Kräfte 2 Momente	4
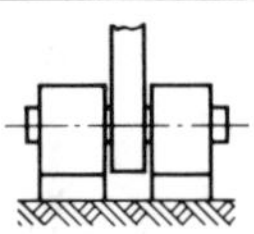 Scharnier axial fixiert	 3 Kräfte 2 Momente	5
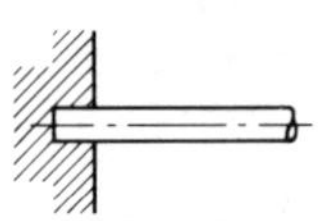 Einspannung	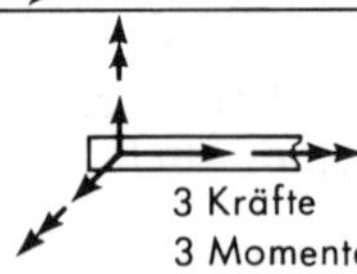 3 Kräfte 3 Momente	6

Tabelle: Lagerungsarten im Raum

tung übertragen. Wird die Verschiebbarkeit in einer Richtung z.B. durch Führungen verhindert, sind zwei Kraftkomponenten möglich. In diese Kategorie gehören Radiallager, die zum Längenausgleich eine axiale Verschiebung zulassen. Ein Kugelgelenk kann kein Moment, dafür alle Kraftkomponenten aufnehmen. Das gilt auch für ein Festlager, das sowohl durch radiale als auch axiale Kräfte belastbar ist. Ein solches Lager kann in gewissen Grenzen einer Schiefstellung der Welle folgen (elastische Deformation der Welle). Deshalb werden beim Freimachen eines Festlagers nur Kraftkomponenten eingeführt.

Ein Kardangelenk kann in Achsrichtung ein Moment übertragen, entspricht sonst aber einem Kugelgelenk. Das ergibt drei Kraftkomponenten und ein Moment. Will man die axiale Kraft vermeiden, muß zusätzlich durch eine Keilnutwelle eine axiale Verschiebbarkeit ermöglicht werden. Das ist die übliche Anordnung z.B. in einem Kraftwagen.

Eine Einspannung kann Verschiebungen und Verdrehungen in alle Richtungen verhindern. Es werden deshalb alle drei Kraft- und Momentenkomponenten übertragen. Das ergibt sechs Reaktionen. Ein Scharnier läßt Verdrehung um eine Achse zu. Wenn es axial fixiert ist, entfällt von den sechs Reaktionen nur eine Momentenkomponente, wenn es axial verschieblich ist, zusätzlich eine Kraftkomponente.

11.5 Die Gleichgewichtsbedingungen

Soll ein räumliches Kräftesystem im Gleichgewicht sein, dann muß genau wie beim ebenen Kräftesystem $F_{res} = 0$ und $M_{res} = 0$ gelten. In der Komponentenschreibweise führt das zu den folgenden Gleichungen:

$$\Sigma \boldsymbol{F}_x = 0; \qquad \Sigma \boldsymbol{M}_x = 0$$

$$\Sigma \boldsymbol{F}_y = 0; \qquad \Sigma \boldsymbol{M}_y = 0 \qquad \textbf{Gl. 11-11}$$

$$\Sigma \boldsymbol{F}_z = 0; \qquad \Sigma \boldsymbol{M}_z = 0.$$

Im allgemeinen Fall stehen sechs unabhängige Bestimmungsgleichungen zur Verfügung, die die Berechnung von sechs Auflagerreaktionen gestatten. Für ein Kräftesystem mit gemeinsamem Angriffspunkt entfallen die Momentengleichungen, d.h. die *Bedingung für ein Kräftesystem mit gemeinsamem Angriffspunkt im Gleichgewicht lautet:*

$$\Sigma \boldsymbol{F}_x = 0; \qquad \Sigma \boldsymbol{F}_y = 0; \qquad \Sigma \boldsymbol{F}_z = 0. \qquad \textbf{Gl. 11-12}$$

Ein starrer Körper ist im Raum statisch bestimmt gelagert, wenn beim Freimachen sich nicht mehr als sechs Auflagerreaktionen ergeben. Das ist eine notwendige, aber nicht hinreichende Bedingung. Für das ebene Kräftesystem wurden Zusatzbedingungen im Abschnitt 6.5 diskutiert.

Für eine Lagerung im Raum mit Elementen, die nur Kräfte übertragen (Festlager, Loslager, Kugelgelenk, Pendelstütze u.ä.), gelten folgende Einschränkungen.

1. Die Wirkungslinien aller Auflagerkräfte dürfen nicht eine Gerade schneiden oder in dieser liegen. Die Momentengleichung bezogen auf diese Gerade ist für diesen Fall ohnehin identisch erfüllt ($0 \equiv 0$).
2. Eine Lagerung muß in mindestens drei Punkten erfolgen, die nicht auf einer Gerade liegen. Diese Aussage folgt unmittelbar aus der vorherigen.
3. In einem Punkt dürfen sich nicht mehr als drei Wirkungslinien der Auflagerreaktionen schneiden. Ein Punkt ist durch drei Stäbe eindeutig im Raum fixiert. Jeder Zusatzstab macht das System statisch unbestimmt.
4. In einer Ebene dürfen höchstens drei Wirkungslinien von Auflagerreaktionen liegen. Für das ebene Kräftesystem stehen drei Gleichgewichtsbedingungen zur Verfügung.
5. Nicht mehr als drei Auflagerreaktionen dürfen parallel sein. Diese Bedingung kann man sich an einem Tisch klar machen. Für senkrechte Belastung (y-Richtung) sind folgende Bedingungen identisch erfüllt ($0 \equiv 0$): $\Sigma F_x = 0$; $\Sigma F_z = 0$ und $\Sigma M_y = 0$. Es verbleiben drei Gleichungen für die Berechnung von drei Kräften. Ein vierbeiniger Tisch ist statisch unbestimmt.

Es gibt Lagerungen, die z.T. im Widerspruch zu den Ausführungen oben stehen. Als Beispiel sei der zweimal verspannte Mast nach Abb. 11-9 an-

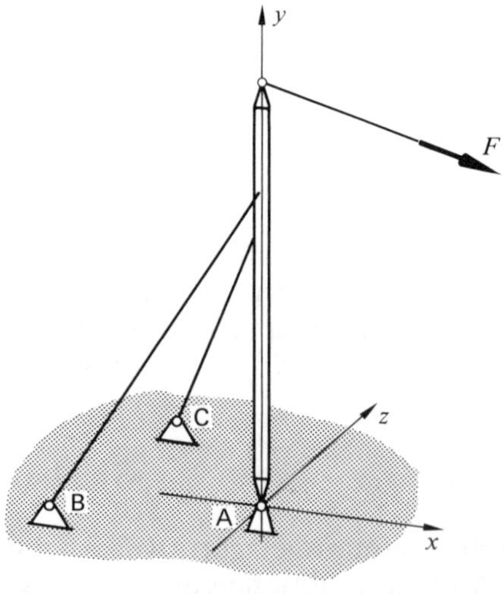

Abb. 11-9: Zweifach verspannter Mast mit Belastung durch ein Seil

geführt. Bei A sei ein Kugelgelenk oder eine gleichartige Abstützung (Anschläge, die ein Wegrutschen verhindern). Am Ende ist ein Seil befestigt, in dem die Kraft F wirkt. Die Auflagerreaktionen F_{Ax}; F_{Az}; F_B; F_C schneiden die y-Achse (= Mastachse), die Kraft F_{Ay} liegt in dieser. Es gibt hier nur fünf Auflagerreaktionen, die zusätzlich die Bedingung 1 verletzen. Hier ist die Bedingung $\Sigma\, M_y = 0$ bezogen auf die Mastachse identisch erfüllt. Der Mast ist nicht durch ein Moment M_y belastbar. Mit dieser Einschränkung kann diese Lagerung brauchbar sein.

Eine Radachse ist normalerweise in einem Fest- und einem Loslager gelagert. Beim Freimachen erhält man 3 + 2 = 5 Auflagerreaktionen. Eine Achse hat einen nicht fixierten Freiheitsgrad, sie dreht sich. Eine Welle überträgt im Gegensatz zu einer Achse ein Drehmoment und damit eine Leistung. Die Momentengleichung bezogen auf die Wellenachse ist die sechste Gleichgewichtsbedingung. Aus dieser wird z.B. die Zahnkraft berechnet, die das Moment in die Welle einleitet.

Beispiel 1 (Abb. 11-10)
Der abgebildete Dreifuß ist mit der in der x-y-Ebene liegenden Kraft F = 10,0 kN belastet. Zu bestimmen sind die drei Stabkräfte.

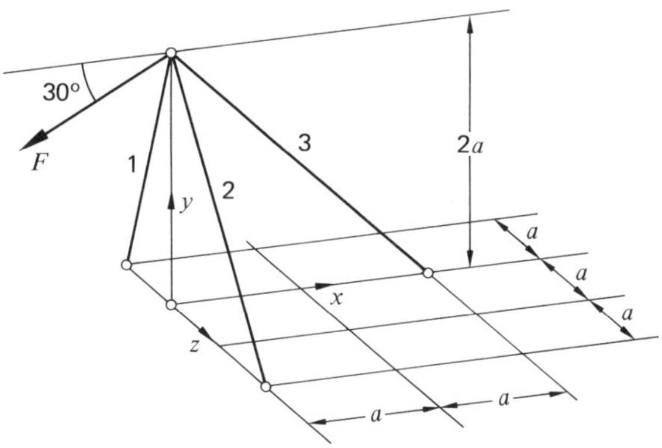

Abb. 11-10: Dreifuß

Lösung (Abb. 11-11/12)
Die vorliegende Geometrie ist besonders einfach. Man kann das System in zwei ebene Kräftesysteme zerlegen, deren Ebenen senkrecht aufeinander stehen. Die eine Ebene wird gebildet von den Stäben 1 und 2, die andere vom Stab 3 und der Kraft F. Hier ist es am einfachsten, mit zwei ebenen Kräftesystemen zu arbeiten.

x-y-Ebene (Abb. 11-11)

Es wirken die äußere Kraft F, die Stabkraft S_3 und die Resultierende aus S_1 und S_2

$\Sigma F_x = 0 \qquad S_3 \cdot \cos 45° - F \cdot \cos 30° = 0$

$$\boldsymbol{S_3} = \frac{\cos 30°}{\cos 45°} \cdot F = \mathbf{12{,}25\,kN}$$

Der Stab ist, wie angenommen, auf Zug belastet.

$\Sigma F_y = 0 \qquad F_{12} - S_3 \cdot \sin 45° - F \cdot \sin 30° = 0$

$$F_{12} = S_3 \cdot \sin 45° + F \cdot \sin 30°$$

$$F_{12} = 12{,}25\,\text{kN} \cdot \sin 45° + 10{,}0\,\text{kN} \cdot \sin 30°$$

$$F_{12} = 13{,}66\,\text{kN}$$

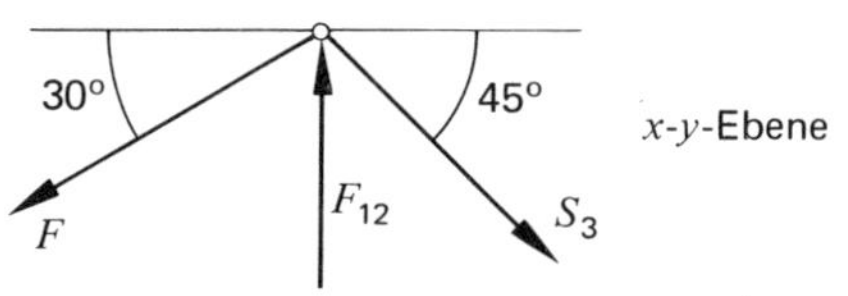

Abb. 11-11: In der x-y-Ebene freigemachter Knoten

y-z-Ebene

Die oben ermittelte Resultierende wird nach Abb. 11-12 in die Stabkräfte S_1 und S_2 zerlegt. Es ist am einfachsten, mit einem gedrehten Koordinatensystem zu arbeiten. Die Kraft S_2 liegt in Richtung $\bar{y}$. Die Winkel ergeben sich zu

$$\tan \delta = \frac{a}{2a} \qquad \delta = 26{,}6°$$

$$\varepsilon = 45° - \delta = 18{,}4°$$

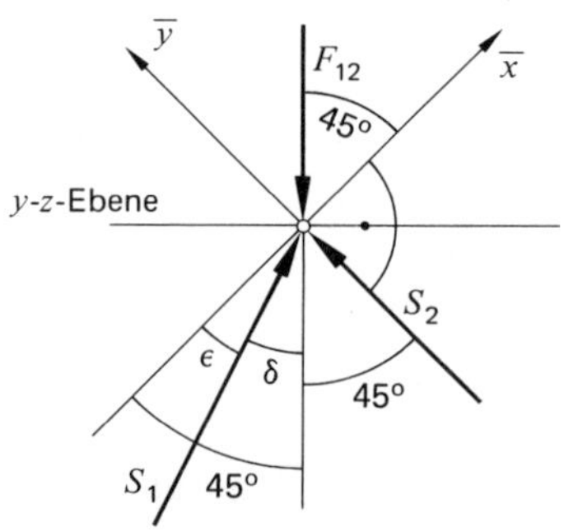

Abb. 11-12: In der y-z-Ebene freigemachter Knoten

Die Gleichgewichtsbedingungen werden aufgestellt.

$\Sigma F_{\bar{x}} = 0 \qquad S_1 \cdot \cos\varepsilon - F_{12} \cdot \cos 45° = 0$

$$S_1 = \frac{\cos 45°}{\cos\varepsilon} \cdot F_{12} = \frac{\cos 45°}{\cos 18{,}4°} \cdot 13{,}66\,\text{kN}$$

$$\mathbf{S_1 = 10{,}18\,kN}$$

$\Sigma F_{\bar{y}} = 0 \qquad S_1 \cdot \sin\varepsilon + S_2 - F_{12} \cdot \sin 45° = 0$

$$S_2 = F_{12} \cdot \sin 45° - S_1 \cdot \sin\varepsilon$$

$$S_2 = 13{,}66\,\text{kN} \cdot \sin 45° - 10{,}18\,\text{kN} \cdot \sin 18{,}4°$$

$$\mathbf{S_2 = 6{,}44\,kN}$$

Die Richtungen der Kräfte wurden beim Freimachen richtig angenommen. Die Stäbe sind auf Druck belastet.

Eine graphische Lösung nach Abschnitt 6.2.2 sollte zur Kontrolle durchgeführt werden.

Beispiel 2 (Abb. 11-13)
Der abgebildete Dreifuß ist mit einer senkrechten Kraft $F = 10{,}0$ kN belastet. Zu bestimmen sind die Stabkräfte.

Lösung
Die Lösung entspricht der von Beispiel Abb. 11-3. In die Punkte A; B und C wird ein räumliches Koordinatensystem gelegt. Angewendet werden die Gleichungen 11-6.

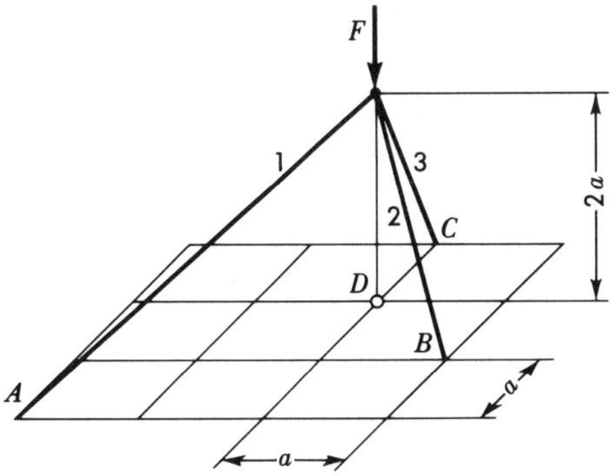

Abb. 11-13: Dreifuß

i	x_i	y_i	z_i	l_i	S_{ix}	S_{iy}	S_{iz}
1	$+2{,}0\,a$	$+2{,}0\,a$	$-2{,}0\,a$	$3{,}464\,a$	$+0{,}5774\,S_1$	$+0{,}5774\,S_1$	$-0{,}5774\,S_1$
2	$-1{,}0\,a$	$+2{,}0\,a$	$-1{,}0\,a$	$2{,}449\,a$	$-0{,}4082\,S_2$	$+0{,}8165\,S_2$	$-0{,}4082\,S_2$
3	0	$+2{,}0\,a$	$+1{,}0\,a$	$2{,}236\,a$	0	$+0{,}8944\,S_3$	$+0{,}4472\,S_3$
äußere Kräfte						$-10{,}0$ kN	
					Σ	Σ	Σ

$$\Sigma F_x = 0 \qquad 0{,}5774\,S_1 - 0{,}4082\,S_2 = 0$$

$$\Sigma F_y = 0 \qquad 0{,}5774\,S_1 - 0{,}8165\,S_2 + 0{,}8944\,S_3 - 10{,}0\,\text{kN} = 0$$

$$\Sigma F_z = 0 \qquad -0{,}5774\,S_1 - 0{,}4082\,S_2 + 0{,}4472\,S_3 = 0$$

Die Lösung dieser drei Gleichungen ergibt

$$\boldsymbol{S_1 = 2{,}47\,\text{kN}}\,(\text{D}); \qquad \boldsymbol{S_2 = 3{,}50\,\text{kN}}\,(\text{D}); \qquad \boldsymbol{S_3 = 6{,}39\,\text{kN}}\,(\text{D})$$

Kontrolle: Einsetzen der Ergebnisse in die Ausgangsgleichungen.

Das simultane Lösen von drei Gleichungen mit drei Unbekannten kann man grundsätzlich umgehen. Zunächst werden in den Punkten A, B und C die Kräfte in x, y, und z-Richtung zerlegt. Um die Momentengleichungen bezogen auf die Verbindungslinien $\overline{AB}$, $\overline{BC}$ und $\overline{CA}$ aufstellen zu können, ist es notwendig, aus geometrischen Beziehungen die Länge der Lote C-$\overline{AB}$; D-$\overline{AB}$; B-$\overline{AC}$; D-$\overline{AC}$ usw. zu berechnen. Die Linie $\overline{AB}$ wird von allen Kraftkomponenten geschnitten außer von S_{3y} und F. Deshalb kann man aus $\Sigma\, M_{AB} = 0$ unmittelbar die Komponente S_{3y} berechnen. Über die Gleichung 11-6 erhält man dann S_3.

Beispiel 3 (Abb. 11-14)
Die abgebildete Zahnradwelle ist Bestandteil eines Getriebes. Angetrieben wird sie am Zahnrad 2 über ein oben liegendes Ritzel. Die Drehrichtung ist dabei so, daß sich die in der Abbildung sichtbaren Teile nach unten bewegen. Das Zahnrad 1 ist im Eingriff mit einem in der Mitte vorn liegenden Zahnrad, das die Leistung abnimmt. Die Schrägverzahnung am Rad 2 steht im Winkel β zur Achsrichtung. Das Lager A ist als Fest-, das Lager B als Loslager ausgebildet.

Für die nachfolgend gegebenen Daten sind zu bestimmen

a) die resultierenden Zahnkräfte,
b) die Lagerkräfte in A und B.

$$a = 100\,\text{mm}; \qquad b = 120\,\text{mm}; \qquad c = 80\,\text{mm}$$

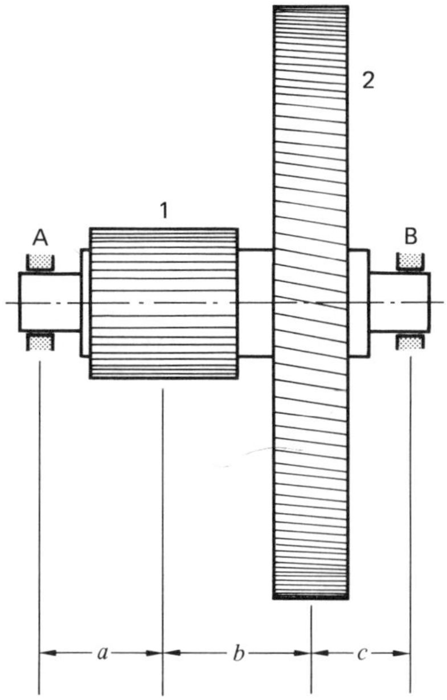

Abb. 11-14: Getriebewelle

Teilkreisdurchmesser $d_1 = 120\,\text{mm}$; $d_2 = 480\,\text{mm}$

Eingriffswinkel der Verzahnung $\alpha = 20°$

Winkel der Schrägverzahnung $\beta = 10°$

Übertragenes Moment $M = 600\,\text{Nm}$

Lösung (Abb. 11-15/16)
Zunächst muß die Zahnkraft an der Zahnflanke in die einzelnen Komponenten zerlegt werden. Die Zusammenhänge zeigt die Abb. 11-15. Die Umfangskomponente F_u wird aus dem übertragenen Moment berechnet. Die Schrägstellung liefert

$$\overline{F}_u = \frac{F_u}{\cos\beta}$$

Diese Kraft verursacht eine Radialkraft, die durch die Zahngeometrie, d.h. den Eingriffswinkel α gegeben ist.

$$F_r = \overline{F}_u \cdot \tan\alpha$$

$$F_r = F_u \cdot \frac{\tan\alpha}{\cos\beta} \quad (1)$$

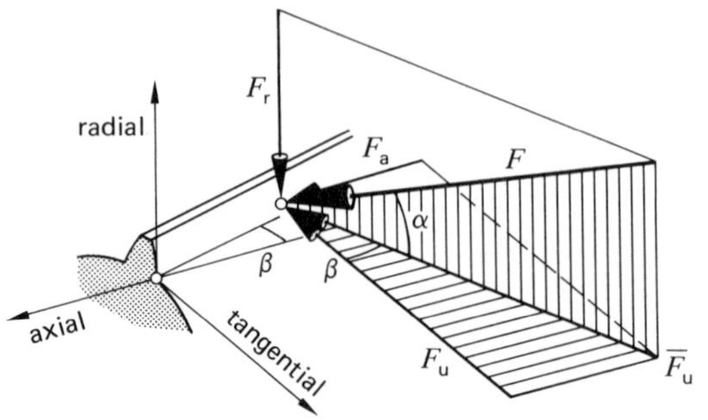

Abb. 11-15: Kraftzerlegung am Zahn einer Schrägverzahnung

Bei Schrägverzahnung entsteht eine axiale Komponente

$$F_a = F_u \cdot \tan\beta \qquad (2).$$

Die Kraft $\overline{F}_u$ beansprucht den Zahngrund auf Biegung, die resultierende Zahnkraft

$$F_{res} = \sqrt{F_u^2 + F_r^2 + F_a^2}$$

ergibt wegen der zulässigen Flächenpressung die notwendige Zahnbreite.

Die freigemachte Welle zeigt die Abb. 11-16. Die Zahnkräfte müssen so eingetragen werden, wie sie tatsächlich wirken. Die Richtungen der Auflagerreaktionen können angenommen werden.

Zahnkräfte.

Rad 1. Die y-Komponente ist die Umfangskraft und errechnet sich deshalb aus dem zu übertragenden Moment.

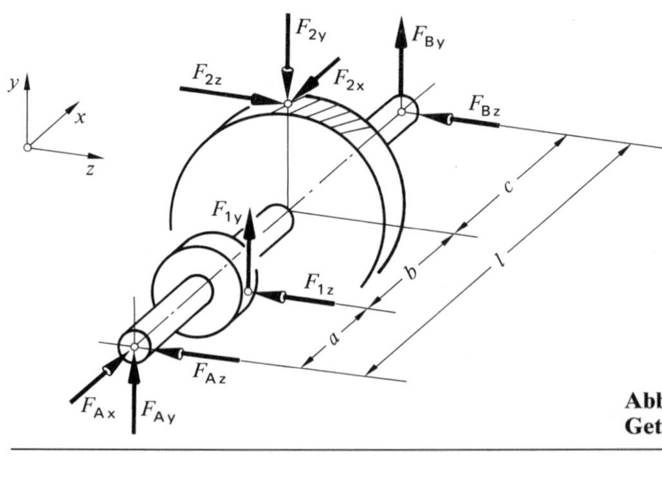

Abb. 11-16: Freigemachte Getriebewelle

$$F_{1y} = \frac{M}{r_1} = \frac{600\,\text{Nm}}{0{,}06\,\text{m}} = 10^4\,\text{N} = 10{,}0\,\text{kN}$$

Nach Gleichung (1) ist für $\beta = 0°$

$$F_r = F_{1z} = F_{1y} \cdot \tan\alpha = 10{,}0\,\text{kN} \cdot \tan 20°$$

$$F_{1z} = 3{,}640\,\text{kN}$$

Die resultierende Zahnkraft ist

$$\boldsymbol{F_1} = \sqrt{F_{1y}^2 + F_{1z}^2} = \sqrt{10{,}0^2 + 3{,}64^2}\,\text{kN} = \mathbf{10{,}642\,kN}$$

Rad 2. Analog erhält man hier:

$$F_{2z} = \frac{M}{r_2} = \frac{0{,}600\,\text{kNm}}{0{,}24\,\text{m}} = 2{,}50\,\text{kN}$$

$$F_{2x} = F_{2z} \cdot \tan\beta \qquad \text{(Gl. (2))}$$

$$F_{2x} = 2{,}50\,\text{kN} \cdot \tan 10° = 0{,}441\,\text{kN}$$

$$F_{2y} = F_{2z}\,\frac{\tan\alpha}{\cos\beta} \qquad \text{(Gl. (1))}$$

$$F_{2y} = 2{,}50\,\text{kN} \cdot \frac{\tan 20°}{\cos 10°} = 0{,}924\,\text{kN}$$

Diese Werte ergeben eine resultierende Zahnkraft von

$$F_2 = \sqrt{F_{2x}^2 + F_{2y}^2 + F_{2z}^2}$$

$$\boldsymbol{F_2} = \sqrt{0{,}441^2 + 0{,}924^2 + 2{,}50^2}\,\text{kN} = \mathbf{2{,}702\,kN}$$

Mit diesen Belastungen werden die Gleichgewichtsbedingungen aufgestellt.

$$\Sigma M_{Az} = 0 \qquad F_{By} \cdot l + F_{2x} \cdot r_z - F_{2y} \cdot (a + b) + F_{1y} \cdot a = 0$$

$$F_{By} = \frac{1}{l}\,[-F_{2x} \cdot r_2 + F_{2y}\,(a + b) - F_{1y} \cdot a]$$

$$F_{By} = \frac{1}{0{,}30\,\text{m}}\,[-\,0{,}441 \cdot 0{,}24 + 0{,}924 \cdot 0{,}22 - 10{,}0 \cdot 0{,}1]\,\text{kNm}$$

$$F_{By} = -3{,}009\,\text{kN}\,(\downarrow)$$

$$\Sigma M_{Ay} = 0 \qquad F_{Bz} \cdot l - F_{2z}(a+b) + F_{1z} \cdot a = 0$$

$$F_{Bz} = \frac{1}{l}\,[F_{2z}(a+b) - F_{1z} \cdot a]$$

$$F_{Bz} = \frac{1}{0{,}30\,\text{m}}\,[2{,}50 \cdot 0{,}22 - 3{,}640 \cdot 0{,}1]\,\text{kNm}$$

$$F_{Bz} = 0{,}620\,\text{kN}\,(\nwarrow)$$

Die resultierende radiale Belastung des Lagers B ist

$$F_{Br} = \sqrt{F_{By}^2 + F_{Bz}^2}$$

$$F_{Br} = \sqrt{3{,}009^2 + 0{,}620^2}\,\text{kN}; \qquad \boldsymbol{F_{Br} = 3{,}072\,\text{kN}}$$

Die Kräftesummationen liefern die Auflagerreaktionen in A

$$\Sigma F_x = 0 \qquad F_{Ax} - F_{2x} = 0$$

$$F_{Ax} = F_{2x} = 0{,}441\,\text{kN}\,(\nearrow)$$

$$\Sigma F_y = 0 \qquad F_{Ay} + F_{1y} - F_{2y} + F_{By} = 0$$

$$F_{Ay} = -F_{1y} + F_{2y} - F_{By}$$

$$F_{Ay} = -10{,}0\,\text{kN} + 0{,}924\,\text{kN} - (-3{,}009\,\text{kN})$$

$$F_{Ay} = -6{,}067\,\text{kN}\,(\downarrow)$$

$$\Sigma F_z = 0 \qquad -F_{Az} - F_{1z} + F_{2z} - F_{Bz} = 0$$

$$F_{Az} = -F_{1z} + F_{2z} - F_{Bz}$$

$$F_{Az} = -3{,}640\,\text{kN} + 2{,}50\,\text{kN} - 0{,}620\,\text{kN}$$

$$F_{Az} = -1{,}760\,\text{kN}\,(\searrow)$$

Kontrolle: z.B. $\Sigma M = 0$ für alle Achsen durch B.
Die radiale Belastung des Lagers A ist danach

$$F_{Ar} = \sqrt{F_{Ay}^2 + F_{Az}^2}$$

$$F_{Ar} = \sqrt{6{,}067^2 + 1{,}760^2}\,\text{kN}; \qquad \boldsymbol{F_{Ar} = 6{,}317\,\text{kN}}$$

Axial muß dieses Lager eine Kraft von

$$\boldsymbol{F_{Aa} = 0{,}441\,\mathrm{kN}}$$

aufnehmen.

Beispiel 4 (Abb. 11-17)
Ein horizontaler Träger ist nach Skizze gelenkig in C gelagert und wird durch die Stäbe 1 und 2 räumlich gestützt. Die Punkte A; B; C liegen in einer Ebene senkrecht zur Trägerachse. Für die vertikale Kraft $F = 6{,}0$ kN sind die Stabkräfte und die Auflagerreaktionen in C zu berechnen.

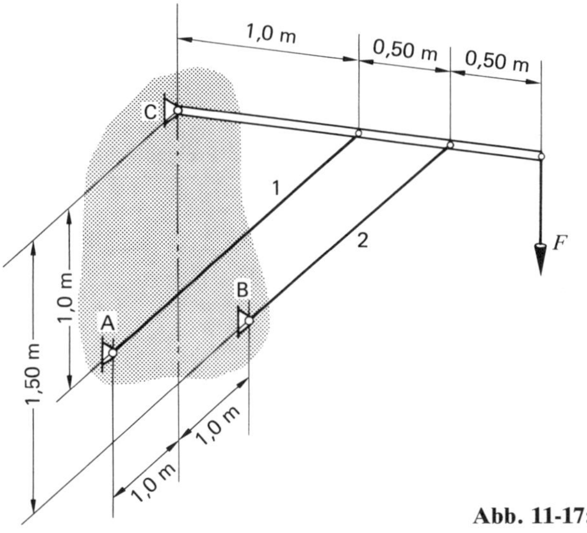

Abb. 11-17: Zweifach abgestützter Träger

Lösung (Abb. 11-18)

$$\Sigma M_{cy} = 0; \qquad S_{1x} \cdot 1\,\mathrm{m} - S_{2x} \cdot 1\,\mathrm{m} = 0$$

$$S_{1x} - S_{2x} = 0 \tag{1}$$

$$\Sigma M_{cz} = 0; \qquad S_{1x} \cdot 1\mathrm{m} + S_{2x} \cdot 1{,}5\,\mathrm{m} - F \cdot 2\,\mathrm{m} = 0. \tag{2}$$

Die Lösung beider Gleichungen ergibt:

$$S_{1x} = 4{,}80\,\mathrm{kN}; \qquad S_{2x} = 4{,}80\,\mathrm{kN}$$

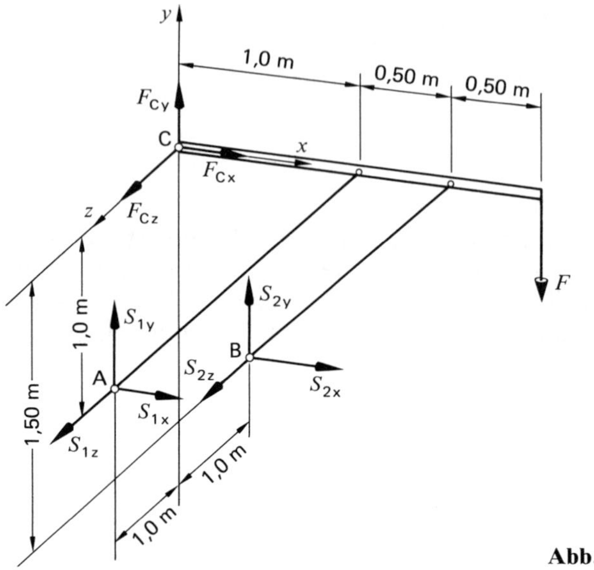

Abb. 11-18: Freigemachter Träger

Nach Gleichung 12-6 ist

$$\frac{S_{1x}}{x_1} = \frac{S_{1y}}{y_1} = \frac{S_{1z}}{z_1} = \frac{S_1}{l_1}$$

$$\frac{S_{1x}}{1} = \frac{S_{1y}}{1} = \frac{S_{1z}}{-1} = \frac{S_1}{\sqrt{3}}$$

$S_{1y} = 4{,}80\,\text{kN}$; $\quad S_{1z} = -4{,}80\,\text{kN}$; $\quad \mathbf{S_1 = 8{,}31\,kN}$

$$\frac{S_{2x}}{x_2} = \frac{S_{2y}}{y_2} = \frac{S_{2z}}{z_2} = \frac{S_2}{l_2}$$

$$\frac{S_{2x}}{1{,}5} = \frac{S_{2y}}{1{,}5} = \frac{S_{2z}}{1{,}0} = \frac{S_2}{2{,}345}$$

$S_{2y} = 4{,}80\,\text{kN}$; $\quad S_{2z} = 3{,}20\,\text{kN}$; $\quad \mathbf{S_2 = 7{,}51\,kN}$

$\Sigma F_x = 0$; $\quad F_{Cx} + S_{1x} + S_{2x} = 0$; $\quad \mathbf{F_{Cx} = -9{,}60\,kN}$ (←)

$\Sigma F_y = 0$; $\quad F_{Cy} + S_{1y} + S_{2y} - F = 0$; $\quad \mathbf{F_{Cy} = -3{,}60\,kN}$ (↓)

$\Sigma F_z = 0$; $\quad F_{Cz} + S_{1z} + S_{2z} = 0$; $\quad \mathbf{F_{Cz} = +1{,}60\,kN}$ (↙).

Kontrolle: Momentengleichung für Achsen durch Punkt A

Aufgaben zum Abschnitt 11.5

A 11-12 Für den nach Skizze belasteten Dreifuß sind die Stabkräfte zu bestimmen.

A 11-13 Der abgebildete Dreifuß ist folgendermaßen verändert. Der Stab 3 ist in D und nicht in C gelenkig gelagert. Für diesen Fall sind die Stabkräfte zu bestimmen.

A 11-14 Der skizzierte Ladebaum ist in A gelenkig gelagert und mit zwei Seilen verspannt. Zu bestimmen sind die beiden Seilkräfte.

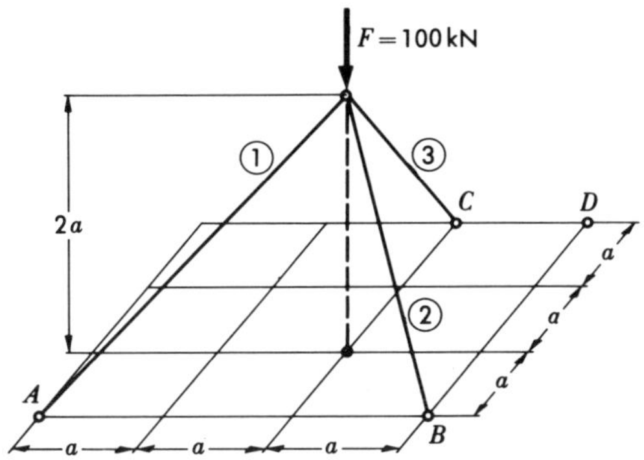

Abb. A 11-12/13

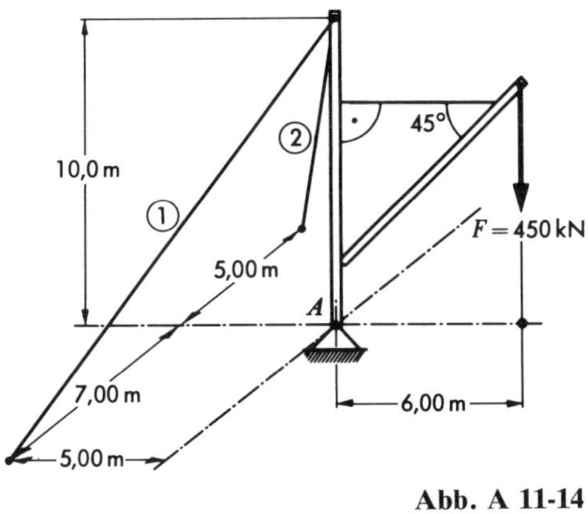

Abb. A 11-14

A 11-15 Die Auflagerreaktionen der Tür Abb. A 11-11 sind für $m = 350$ kg zu bestimmen. Die Tür sitzt im unteren Scharnier auf.

A 11-16 Die Auflagerreaktionen der nach Abb. A 11-9 gelagerten, homogenen Platte sind für $m = 1000$ kg und $a = 0{,}80$ m zu bestimmen. Das Scharnier A ist axial verschieblich.

A 11-17 Die skizzierte Welle ist zweifach gelagert, wobei A ein Fest-, B ein Loslager ist. Für die nachstehend gegebenen Daten sind die Lagerreaktionen zu bestimmen. $F_1 = 8{,}0\,\mathrm{kN}$; $F_2 = 3{,}0\,\mathrm{kN}$; $F_3 = 2{,}0\,\mathrm{kN}$; $F_4 = 4{,}0\,\mathrm{kN}$.

A 11-18 Für die abgebildete Winde sind die Auflagerreaktionen in den Lagern A und B und die Kraft F an der Kurbel zu berechnen.

Trommeldurchmesser	$D = 300\,\mathrm{mm}$;
Abstand der Last vom Lager A	$x_L = 1{,}50\,\mathrm{m}$
Zahnrad 1	$d_1 = 120\,\mathrm{mm}$;
Zahnrad 2	$d_2 = 540\,\mathrm{mm}$
Eingriffswinkel der Verzahnung	20°.

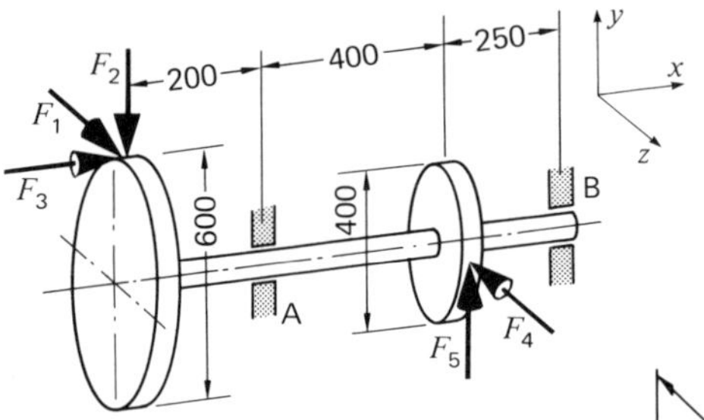

Abb. A 11-17

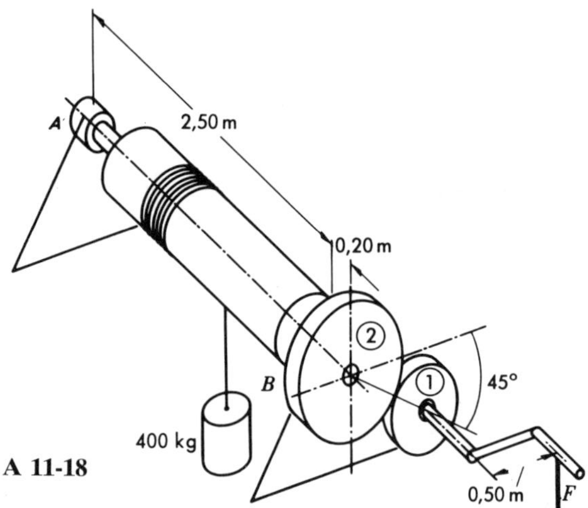

Abb. A 11-18

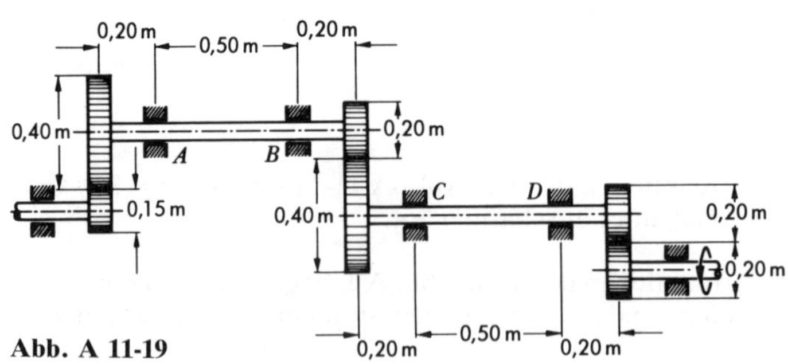

Abb. A 11-19

A 11-19 Die Abbildung zeigt vereinfacht ein Getriebe. Die rechts unten liegende Welle leitet ein Moment von 8,0 kNm ein. Zu bestimmen sind die Auflagerreaktionen in A; B; C; D. Der Eingriffswinkel der Verzahnung beträgt 20°.

A 11-20 Die skizzierte Welle ist in A fest, in B verschieblich gelagert. Das Rad 1 zwischen den Lagern ist mit 10° schrägverzahnt. Die Welle soll ein Moment von 160 Nm übertragen. Zu bestimmen sind alle Zahnkräfte und die Auflagerreaktionen für $d_1 = 120$ mm und $d_2 = 80$ mm. Eingriffswinkel 20°.

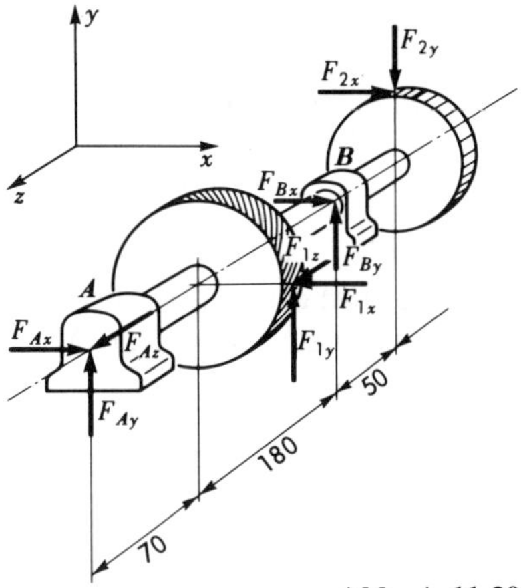

Abb. A 11-20

A 11-21 Das in dem Kapitel „Freimachen" in der Abb. 5-9 gezeigte Getriebe hat folgende Abmessungen: $d_1 = 100$ mm; $d_2 = 300$ mm; AE = CE = 150 mm; ED = EB = 200 mm; Schrägverzahnung 10°; Eingriffswinkel 20°. Für das Moment $M_A = 1{,}0$ kNm sind die Zahn- und Lagerkräfte zu berechnen.

A 11-22 Der eingespannte, gekröpfte Träger ist nach Skizze belastet. Die Kraft F liegt in der x-y-Ebene. Zu bestimmen sind die Auflagerreaktionen in A.

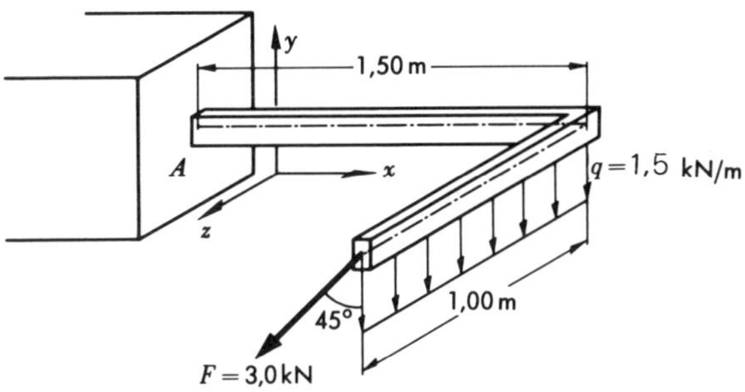

Abb. A 11-22

Zusammenfassung

Je nach den gegebenen Größen werden die Komponenten einer räumlichen Kraft entweder mit den Gleichungen

$$\frac{F_x}{\cos \alpha_x} = \frac{F_y}{\cos \alpha_y} = \frac{F_z}{\cos \alpha_z} = F \qquad \textbf{Gl. 11-4}$$

oder mit den Gleichungen

$$\frac{F_x}{x} = \frac{F_y}{y} = \frac{F_z}{z} = \frac{F}{l} \qquad \text{Gl. 11-6}$$

berechnet.

Analog zum ebenen Kräftesystem berechnet man die Resultierende von Kräften am gemeinsamen Angriffspunkt nach

$$F_{res\,x} = \Sigma\,(F \cdot \cos \alpha_x) \qquad \cos \alpha_x = \frac{F_{res\,x}}{F_{res}}$$

$$F_{res\,y} = \Sigma\,(F \cdot \cos \alpha_y) \qquad \cos \alpha_y = \frac{F_{res\,y}}{F_{res}} \qquad \text{Gl. 11-7/8/9}$$

$$F_{res\,z} = \Sigma\,(F \cdot \cos \alpha_z) \qquad \cos \alpha_z = \frac{F_{res\,z}}{F_{res}}$$

$$F_{res} = \sqrt{{F_{res\,x}}^2 + {F_{res\,y}}^2 + {F_{res\,z}}^2}.$$

Die Momente einer räumlichen Kraft betragen

$$M_x = F_z\,y - F_y\,z$$

$$M_y = F_x\,z - F_z\,x \qquad \text{Gl. 11-10}$$

$$M_z = F_y\,x - F_x\,y.$$

Momente haben Vektoreigenschaft.

Die Gleichgewichtsbedingungen lauten

$$\Sigma F_x = 0; \qquad \Sigma M_x = 0$$

$$\Sigma F_y = 0; \qquad \Sigma M_y = 0 \qquad \text{Gl. 11-11}$$

$$\Sigma F_z = 0; \qquad \Sigma M_z = 0.$$

Die drei Momentengleichungen entfallen für Kräfte am gemeinsamen Angriffspunkt. Für den allgemeinen Belastungsfall ist ein System statisch bestimmt gelagert, wenn sechs Auflagerreaktionen vorhanden sind. Das ist eine notwendige, jedoch nicht ausreichende Bedingung.

Ergebnisse

Ergebnisse zum Kapitel 3

A 3-1 $F_{res} = 4{,}08$ kN; $\alpha = -2{,}8°$

A 3-2 $F_{res} = 647$ N; $\alpha = 100{,}3°$

A 3-3 $F_{res} = 18{,}99$ kN; $\alpha = -51{,}7°$

A 3-4 $F_{res} = 48{,}7$ kN; $\alpha = -61{,}0°$

A 3-5 $F_{res} = 1{,}30$ kN; $\alpha = 6{,}0°$

A 3-6 $F_y = -32{,}3$ kN (↓); $F_x = -6{,}32$ kN (←)

A 3-7 $F_{res} = 19{,}75$ kN; $\alpha = 33{,}9°$

A 3-8 Resultierende in x- und y-Richtung zerlegen. Ansatz: Gl. 3-2 nach F_{1x} und F_{1y} auflösen
$F_1 = 5{,}42$ kN; $\alpha = -24{,}7°$

A 3-9 Ansatz: $\Sigma F_x = 0$; $\Sigma F_y = 0$
$F = 4{,}08$ kN; $\alpha = 177{,}2°$
Mit dem Vektor $\boldsymbol{F}$ wird der aus den gegebenen Vektoren gebildete Linienzug geschlossen (gleichsinnig geschlossenes Krafteck).

A 3-10 Ansatz: $\Sigma F_x = 0$; $\alpha = 48{,}4°$

A 3-11 $F_1 = 66{,}7$ kN; $F_{res} = 105{,}2$ kN

A 3-12 $F_{res} = 74{,}5$ kN $\alpha = 38{,}7°$

A 3-13 $F_x = -9{,}29$ kN (←); $F_y = 23{,}2$ kN (↑)

A 3-14 Winkel für alle Richtungen aus dem Raster berechnen. Alle Kräfte in *x*- und *y*-Richtung zerlegen. Gleichungen 3-2 auswerten. Günstig: gedrehtes Koordinatensystem verwenden.
$F_a = 53{,}6$ kN; $F_c = 63{,}6$ kN
Aus einem nicht maßstäblichen Dreieck können die gesuchten Komponenten mit dem sin-Satz berechnet werden.

A 3-15 $F_1 = \dfrac{m \cdot g}{\tan\beta}$ $F_2 = \dfrac{m \cdot g}{\sin\beta}$
$F_1 = 31{,}6$ kN (→); $F_2 = 34{,}8$ kN (↙)
Aus den Richtungen folgt: Stab 1 wird gezogen, Stab 2 wird gedrückt.

A 3-16 s. Hinweis Aufgabe 3-14
$F_1 = 12{,}04$ kN (↗); $F_2 = 22{,}98$ kN (↘)
Aus den Richtungen folgt: Stab 1 wird gedrückt, Stab 2 wird gezogen.

A 3-17 Kräftedreieck liefert mit sin-Satz

$$F_A = \frac{\sin\beta}{\sin(\alpha + \beta)} \cdot F_G = 8{,}63 \text{ kN}; \qquad F_B = \frac{\sin\alpha}{\sin(\alpha + \beta)} \cdot F_G = 3{,}41 \text{ kN}$$

Beachten: $\sin(180° - x) = \sin x$

A 3-18 $F_n = \dfrac{F}{2\sin\dfrac{\alpha}{2}}$

Je kleiner der Keilwinkel um so größer die Kraftwirkung und um so kleiner der „Hubweg".

A 3-19 $F_R = \dfrac{F}{2\sin\left(\dfrac{\alpha}{2} + \varrho\right)} = 2{,}62\,\text{kN}$

A 3-20 $S = 4{,}92\,\text{kN}$; $S_x = 3{,}73\,\text{kN}\,(\leftarrow)$

A 3-21 $F_A = \dfrac{\cos(\beta - \gamma)}{\sin(\alpha + \beta)}\,F = 8{,}32\,\text{kN}$; $F_B = -\dfrac{\cos(\alpha + \gamma)}{\sin(\alpha + \beta)} \cdot F = 7{,}18\,\text{kN}$

Beachten: $\sin(90° - x) = \cos x$; $\sin(x - 90°) = -\cos x$; $\sin(180° - x) = \sin x$

A 3-22 $F = 2{,}61\,\text{kN}$; $F_n = 1{,}68\,\text{kN}$

A 3-23 $F_S = m \cdot g \cdot \dfrac{\sin\alpha}{\cos\beta} = 1{,}044\,\text{kN}$

A 3-24 $m_B = m_A \cdot \dfrac{\sin\alpha}{\cos(\alpha + \beta)} = 17{,}85\,\text{kg}$

$F_n = g\,(m_A \cdot \cos\alpha + m_B \cdot \sin(\alpha + \beta)) = 295\,\text{N}$

A 3-25 $F = 1{,}70\,\text{kN}$; $\alpha = 120°$

A 3-26 $M_A = -10{,}5\,F \cdot a\,(\curvearrowright)$

A 3-27 $M_A = -75{,}0\,\text{kNm}\,(\curvearrowright)$

A 3-28 $M_A = -5{,}0\,\text{kNm}\,(\curvearrowright)$

A 3-29 Schräge Kräfte in x- und y-Richtung zerlegen ergibt System paralleler Kräfte in x- und y-Richtung

$M_A = 7{,}828\,F \cdot a\,(\curvearrowleft)$

A 3-30 $F_B = 42\,\text{kN}$

Da kein Moment bezogen auf das Gelenk A wirkt, kann eine Drehung um A nicht eingeleitet werden. Die berechnete Kraft F_B stellt sich demnach im statischen Gleichgewicht als Lagerkraft in B ein.

A 3-31 $F_B = 310\,\text{kN}\,(\downarrow)$

A 3-32 $F_{res} = 13{,}5\,\text{kN}\,(\downarrow)$ 0,833 m rechts von A

A 3-33 Mitte $(1{,}3 \cdot q)$, außen q. Mittlere Streckenlast $0{,}5\,(q + 1{,}3 \cdot q) = F_{res}/l$ $\Rightarrow q = 246\,\text{N/cm} \Rightarrow q_{max} = 320\,\text{N/cm}$; $p_{max} = q_{max}/b = 16{,}0\,\text{N/cm}^2$

A 3-34 $F_{res} = -8\text{F}\,(\downarrow)$ — $1{,}31 \cdot a$ rechts von A

A 3-35 $F_{res} = 25\,\text{kN}\,(\uparrow)$ — 3,0 m links von A

A 3-36 $F_{res} = -10{,}5\,\text{kN}\,(\downarrow)$ — im Abstand 3,43 m vom linken Rand

A 3-37 $F_G = 530\,\text{N}$ — im Abstand 1,0 m von der linken Kante

A 3-38 $F_A = 20{,}0\,\text{kN}$; $F_B = 10{,}0\,\text{kN}$; $F_{res} = 0$; $M_{res} = 0$
Siehe Hinweis Lösung A 3-30. Wenn weder eine Drehung um A noch um B erfolgen kann, muß das System in Ruhe sein. In diesem Fall heben sich die Kräfte in ihrer Wirkung gegenseitig auf. Aus diesem Grunde ergeben sich $F_{res} = 0$ und $M_{res} = 0$, wobei der Pol beliebig liegen kann. Die oben angegebenen Lagerkräfte stellen sich im System ein.

A 3-39 Die Kräfte haben die Wirkung eines Kräftepaars, da $F_{res} = 0$ ist.
$F_A = 100\,\text{N}\ (\downarrow)$ $F_E = 100\,\text{N}\ (\uparrow)$

A 3-40 $M = -3{,}0\,\text{Nm}\ (↷)$

A 3-41 $F_A = 4{,}42\,\text{N}\ (\nwarrow)$ $F_B = 4{,}42\,\text{N}\ (\searrow)$

A 3-42 $F_S = 7500\,\text{kN}$
Die Belastung und die Auflagerkraft bilden ein Kräftepaar ($F_{res} = 0$), das vom Kräftepaar der Stabkräfte aufgehoben wird. Insgesamt herrscht Gleichgewicht, d.h. die errechneten Kräfte werden tatsächlich von den Stäben übertragen. Bilden Last und Lagerkraft kein Kräftepaar, muß eine weitere Bedingung erfüllt werden, die in den weiteren Abschnitten behandelt wird.

A 3-43 $F_F = 475\,\text{kN}$
S. Lösung 3-42. An dieser Stelle des Trägers wird der obere Flansch mit 475 kN gedrückt, der untere gezogen. Eine genauere Beschreibung der Beanspruchung liefert die Festigkeitslehre.

A 3-44 $F_A = 8{,}0\,\text{kN}\ (\downarrow)$; $F_B = 8{,}0\,\text{kN}\ (\uparrow)$

A 3-45 $F_{Ax} = 100\,\text{N}\ (\rightarrow)$; $F_B = 100\,\text{N}\ (\leftarrow)$

A 3-46 $M = 3\,M_B$ ↶ unabhängig vom Pol, da Kräftepaare in der Ebene frei verschiebbar sind.

A 3-47 $F_A = 14{,}4\,\text{N}\ (\leftarrow)$; $F_B = 14{,}4\,\text{N}\ (\rightarrow)$

A 3-48 Es ergeben sich zwei Kräfte mit gemeinsamer Wirkungslinie in der Diagonalen.

A 3-49 $F_A = F_{zy}\ (\uparrow)$; $M_A = F_{zy} \cdot r$ (↶)

A 3-50 $M = 100\,\text{Nm}$ (↶); $F = 1{,}19\,\text{kN}$; $\alpha = -82°$

A 3-51 $M_{res} = 0$
An einer Umlenkrolle mit vernachlässigbarer Lagerreibung wirken immer zwei gleiche Seilkräfte. Sie dürfen in die Achse übertragen werden, da $M_{res} = 0$ ist. Das ist eine Vereinfachung für die Lösung entsprechender Aufgaben.

A 3-52 $M = 282\,\text{Nm}$ (↷); $F = 20{,}0\,\text{kN}$

A 3-53 $M = 110\,\text{Nm}$; $F = 10{,}0\,\text{kN}$

A 3-54 $M = 284\,\text{Nm}$

A 3-55 $M = 396\,\text{Nm}$

A 3-56 $F_{res} = 81{,}8\,\text{kN}\ (\downarrow)$ $\alpha = -116{,}2°$
Abstand von A zur Wirkungslinie: 2,36 m rechts

A 3-57 $F_{res} = 12{,}76\,\text{kN}$; $\alpha = -125{,}8°$
Wirkungslinie schneidet Oberkante Raster 26,3 cm vom rechten Rand

A 3-58 $F_{res} = 4{,}47\,\text{kN}$ (↘); $\alpha = -63{,}4°$
Abstand von A zur Wirkungslinie: 1,118 m rechts

A 3-59 $F_{res} = 6{,}133 \cdot F$ (↙); $\alpha = 266{,}4°$
Abstand von A zur Wirkungslinie: $1{,}276 \cdot a$ links

A 3-60 s. A 3-39

A 3-61 s. A 3-26

A 3-62 s. A 3-27

A 3-63 Parallelverschiebung von F, Addition von $M_A = -149{,}1\,\text{Nm}$ (↻)

A 3-64 Parallelverschiebung von F in den Punkt B, Addition von
$F_A = 380\,\text{N}$ (↑); $F_C = 380\,\text{N}$ (↓)

Ergebnisse zum Kapitel 4

A 4-1 $h_1 = \sqrt{\frac{1}{6} \cdot \frac{\varrho_2}{\varrho_1}} \cdot h_2 = 23{,}6\,\text{mm}$

A 4-2 $x_s = 15\,\text{mm}$; $y_s = 19\,\text{mm}$; $z_s = 15\,\text{mm}$

A 4-3 $y_s = 59{,}8\,\text{mm}$;

A 4-4 K = Kugel Z = Zylinder

$$l = \frac{r^2}{d}\sqrt{2\,\frac{\varrho_K}{\varrho_Z}} = 307\,\text{mm}$$

A 4-5 $y_s = 2{,}07\,\text{m}$

A 4-6 Im Grenzzustand „Kippen" liegt Gesamtschwerpunkt über dem Gelenk A
$V = 12{,}15\,\text{l}$

A 4-7 $y_s = 52{,}1\,\text{mm}$

A 4-8 $y_s = 1{,}97\,\text{m}$

A 4-9 $x_s = 1{,}354\,\text{a}$; $y_s = \text{a}$; $z_s = 0{,}833\,\text{a}$

A 4-10 $y_s = 28\,\text{cm}$; $x_s = 38\,\text{cm}$

A 4-11 $x_s = 18{,}8\,\text{cm}$

A 4-12 $m_4 = 6{,}0\,\text{kg}$

A 4-13 47,2 mm von der rechten Kante

A 4-14 $x_s = 22{,}2\,\text{cm}$; $y_s = 22{,}2\,\text{cm}$; $z_s = 25{,}0\,\text{cm}$

A 4-15 $y_s = 10{,}0\,\text{mm}$

A 4-16 $x_s = 0{,}6\,\text{mm}$; $y_s = -13{,}9\,\text{mm}$

A 4-17 $y_s = 14{,}6\,\text{cm}$

A 4-18	$x_s = -12{,}5$ mm;	$y_s = -5{,}6$ mm	
A 4-19	$y_s = 5{,}30$ cm		
A 4-20	$x_s = 32{,}4$ cm;	$y_s = 22{,}6$ cm	
A 4-21	$x_s = 20{,}3$ cm;	$y_s = 21{,}1$ cm	
A 4-22	22,8 mm unter Oberkante		
A 4-23	$x_s = 5{,}65$ m;	$y_s = 2{,}68$ m	
A 4-24	221,3 mm von Unterkante gemessen		
A 4-25	67,3 mm von Unterkante gemessen		
A 4-26	71,8 mm von Unterkante gemessen		
A 4-27	125,5 mm von Oberkante gemessen		
A 4-28	$y = 36{,}3$ cm		
A 4-29	$d = 19{,}54$ cm		
A 4-30	Mittelpunktskoordinaten $x = -12{,}5$ cm;	$y = 0$	
A 4-31	Mittelpunktskoordinaten. Ansätze für x_s und y_s führen auf kubische Gleichung für a (in dm) $a^3 - 13{,}125\,a^2 - 28{,}125\,a + 60{,}750 = 0$ a schätzen und durch Iteration Wert verbessern (0-Durchgang suchen) $a = 13{,}73$ cm; $b = 28{,}86$ cm		
A 4-32	$\alpha = 62{,}5°$		
A 4-33	$x_s = 12{,}9$ cm;	$y_s = 30{,}2$ cm;	$z_s = 15{,}0$ cm
A 4-34	$x_s = 13{,}3$ cm;	$y_s = 25{,}0$ cm;	$z_s = 15{,}0$ cm
A 4-35	$x_s = 22{,}5$ cm;	$y_s = 23{,}75$ cm;	$z_s = 3{,}75$ cm
A 4-36	$x_s = 5{,}56$ cm;	$y_s = 35{,}5$ cm;	$z_s = 20$ cm
A 4-37	$x_s = 25{,}4$ cm;	$y_s = 26{,}9$ cm;	$z_s = 2{,}3$ cm
A 4-38	$x_s = 23{,}8$ cm;	$y_s = 0$	
A 4-39	$x_s = -7{,}57$ cm;	$y_s = 2{,}57$ cm	
A 4-40	$x_s = 18{,}42$ cm;	$y_s = 5{,}94$ cm	
A 4-41	$x_s = 3{,}0$ cm;	$y_s = 1{,}0$ cm;	$z_s = 4{,}0$ cm
A 4-42	$x_s = 0{,}50$ a;	$y_s = 0{,}274$ a;	$z_s = 0{,}113$ a
A 4-43	$x_s = 0{,}286$ a;	$y_s = 0{,}143$ a;	$z_s = -0{,}071$ a
A 4-44	$x_s = 0{,}968$ a;	$y_s = 0{,}266$ a;	$z_s = 0{,}935$ a
A 4-45	$x = 1{,}17$ m		
A 4-46	$x_s = 3{,}65$ m	$y_s = 1{,}23$ m	
A 4-47	$x_s = 19{,}8$ mm		
A 4-48	$x_s = 5{,}9$ mm	$y_s = 12{,}2$ mm	
A 4-49	$x_s = -13{,}0$ mm	$y_s = 4{,}0$ mm	
A 4-50	$V = 282{,}7$ cm^3	$O = 622{,}0$ cm^2	

A 4-51	$V = 2113\,\text{cm}^3$	$O = 2259\,\text{cm}^2$
A 4-52	$V = 78{,}5\,\text{m}^3$	$O = 123{,}3\,\text{m}^2$
A 4-53	$V = 76{,}3\,\text{cm}^3$	$O = 149{,}5\,\text{cm}^2$
A 4-54	$V = 1584\,\text{cm}^3$	$O = 1676\,\text{cm}^2$
A 4-55	$V = 2{,}47\,\text{dm}^3$	$O = 987\,\text{cm}^2$

Ergebnisse zum Kapitel 5

A 5-1 Walze zeichnen, in A und B Kräfte in radiale Richtung einführen.

A 5-2 Träger AB zeichnen. In A die Komponenten F_{Ax} und F_{Ay}, in B die horizontale Kraft F_{B} einführen. Die Richtung (Pfeilspitze) ist frei wählbar, kann aber durch Überlegung gefunden werden.

A 5-3 Rohre einzeln zeichnen. Seile schneiden, Seilkräfte und radiale Berührungskräfte in A einführen.

A 5-4 Gekröpfte Träger AC und BC einzeln zeichnen. In allen Gelenken x- und y-Komponenten einführen. Für C beachten: „actio = reactio". Für *einseitige* Belastung ist BC eine Pendelstütze. Man kann deshalb für diesen Fall auch in C eine Kraft in Richtung BC eintragen.

A 5-5 Im Seil ACB wirkt eine Kraft, die gleich der Gewichtskraft der Masse 2 ist. Kräftesystem bei C: Seil links und rechts schneiden und obige Bedingung einführen. Nach unten wirkt die Gewichtskraft der Masse 1.

A 5-6 Träger ACD und Rolle einzeln zeichnen.
Kräfte an der Rolle: nach unten wirken drei gleiche Seilkräfte der Größe $0{,}5 \cdot m \cdot g$. In E wird eine vertikale Kraft nach oben eingeführt.
Kräfte am Träger: in D Reaktionskraft zu E, in C horizontale Kraft, in A x- und y-Komponenten.

A 5-7 Gekröpften Träger und Rolle einzeln zeichnen. Die Seilkraft ist durchgehend gleich. Entsprechend die Seilkraft am Träger zweimal einführen. In A x- und y-Komponente eintragen.

A 5-8 Beide Träger einzeln zeichnen. Für *ausschließlich vertikale* Belastung sind die x-Komponenten null. In A; B; C jeweils eine Kraft nach oben einführen. In D wirkt am Träger DC eine Stützkraft nach oben, deren Reaktionskraft am Träger AB nach unten.

A 5-9 System ist reibungsfrei. Masse und Keil einzeln zeichnen.
Kräfte an der Masse: 1. Gewichtskraft, 2. horizontale Kraft an der linken Seite, 3. an der Unterseite eine zur Keilfläche senkrechte Kraft.
Kräfte am Keil: 1. auf der Oberseite die Reaktionskraft zu Punkt 3 oben, 2. eine vertikale Kraft an der Unterseite, 3. die eingezeichnete Keilkraft.

A 5-10 Fall a) Stabkräfte gesucht. Alle Stäbe schneiden, an der starren Scheibe wirken neben der Kraft F, die Stabkräfte 1; 2; 3 in Stabrichtung.
Fall b) Auflägerreaktionen in A und B gesucht. In A x- und y-Komponente, in B Kraft in Richtung von Stab 1 einführen. Diese Kraft in x- und y-Komponente zerlegen.
Stabkraft 1 ist gleich der Lagerkraft in B; Resultierende aus Stabkraft 1 und 2 ist gleich der Lagerkraft in A.

A 5-11 Gekröpften Träger zeichnen. In A x- und y-Komponenten und Einspannmoment einführen, in C eine horizontale und vertikale Kraft einführen. Beide sind gleich der Gewichtskraft.

A 5-12 Alle Teile einzeln zeichnen. In B eine vertikale Kraft, in allen anderen Gelenken unter Beachtung von „actio = reactio" x- und y-Komponenten einführen.

A 5-13 Träger BE und AB einzeln zeichnen. Teile CD und EH sind Pendelstützen. Kräfte am Träger BE: in B x- und y-Komponenten, in D Kraft in Richtung CD, in E Kraft in Richtung EH.
Kräfte am Träger AB: Reaktionskräfte zu System BE.

A 5-14 a) unvollständig, es fehlt Moment M an der Spindel
b) unvollständig, es fehlt x-Komponente in A.
c) unvollständig, es fehlen Gewichtskraft und x-Komponente in A.
d) falsche Kraftzerlegung an der Rolle, deshalb fehlt x-Komponente in der Rollenachse ($= m \cdot g$) und Reaktionskraft dazu in der Einspannstelle.

Ergebnisse zum Kapitel 6

A 6-1 $F_A = F_G \cdot \cos\alpha = 819\,\text{N} \nearrow$
$F_B = F_G \cdot \sin\alpha = 574\,\text{N} \nwarrow$

A 6-2 Übersetzung $1/(2\sin\beta)$-fach
Seilkraft wird bei kleinem Winkel β sehr groß. $S = 2{,}87\,\text{kN}$

A 6-3 $S_1 = 2{,}41\,\text{kN}$ (Z); $S_2 = 0{,}067\,\text{kN}$ (D)
$S_3 = 0{,}82\,\text{kN}$ (Z) $S_4 = 0{,}57\,\text{kN}$ (Z)

A 6-4 $S_1 = 2{,}03\,\text{kN}$ (D); $S_2 = 2{,}87\,\text{kN}$ (D)
$S_3 = 5{,}65\,\text{kN}$ (Z); $S_4 = 9{,}75\,\text{kN}$ (D)

A 6-5 $S_4 = -56{,}57\,\text{kN}$ (D) $S_5 = 45{,}98\,\text{kN}$ (Z)

A 6-6 $S_2 = -21{,}96\,\text{kN}$ (D) $S_4 = -41{,}04\,\text{kN}$ (D)

A 6-7 $\tan\alpha = \dfrac{\cos\gamma - \cos\beta}{\sin\gamma + \sin\beta}$ $\alpha = 5{,}0°$

A 6-8 $F = \dfrac{\cos\gamma - \cos\beta}{\sin\alpha} \cdot S = 13{,}8\,\text{kN}$
$F_A = 17{,}7\,\text{kN}\,(\rightarrow)$; $F_B = 17{,}7\,\text{kN}\,(\leftarrow)$;
$F_C = 29{,}4\,\text{kN}\,(\uparrow)$; $F_D = 20{,}3\,\text{kN}$

A 6-9	Winkel Seil-Vertikale $\beta = 34{,}7°$ aus $\tan \frac{\beta}{2} = \frac{r}{a}$		
	$S = \frac{m \cdot g}{\cos\beta} = 3{,}58\,\text{kN}$;	$F_A = \frac{m \cdot g}{\cos\beta}(1 + \sin\beta) = 5{,}62\,\text{kN}$	
A 6-10	$F_2 = 896\,\text{N}\ (\searrow)$;	$F_{Ay} = 1{,}448\,\text{kN}\ (\uparrow)$;	$F_{Ax} = 776\,\text{N}\ (\leftarrow)$
A 6-11	$F_B = 80{,}8\,\text{kN}\ (\leftarrow)$;	$F_{Cx} = 80{,}8\,\text{kN}\ (\rightarrow)$;	$F_{Cy} = 70{,}0\,\text{kN} \downarrow$
A 6-12	$F_A = 3{,}35\,\text{kN}$;	$F_B = 4{,}29\,\text{kN}$	
A 6-13	$F_A = 12{,}9\,\text{kN}$;	$F_B = 27{,}2\,\text{kN}$	
A 6-14	$\alpha = \frac{\beta}{2} = 30°$;	$F_A = m \cdot g \cdot \sqrt{2(1 + \cos\beta)} = 6{,}80\,\text{kN}$	
A 6-15	Tragseil 21, 97 kN;	Schleppseil 4,98 kN	
A 6-16	$h = 0{,}258\,\text{m}$		
A 6-17	$m = 55{,}9\,\text{kg}$		
A 6-18	$F_K = F_E \cdot \frac{1}{2 \cdot \sin\frac{\alpha}{2}}$		
A 6-19	System nach Aufgabe A 5-9 freimachen. Berechnung an der Masse beginnen. $F = m \cdot g \cdot \tan\alpha = 858\,\text{N}$		
A 6-20	$x = 0{,}667 \cdot l$		
A 6-21	$x = 0{,}651\,\text{m}$		
A 6-22	$F_A = 15{,}0\,\text{kN}\ (\uparrow)$;	$F_B = 25{,}0\,\text{kN}\ (\uparrow)$	
A 6-23	$F_A = 46{,}67\,\text{kN}\ (\uparrow)$;	$F_B = 73{,}33\,\text{kN}\ (\uparrow)$	
A 6-24	$F_A = -6{,}67\,\text{kN}\ (\downarrow)$;	$F_B = 36{,}67\,\text{kN}\ (\uparrow)$	
A 6-25	$F_A = 188{,}7\,\text{kN}\ (\uparrow)$;	$F_B = 244{,}6\,\text{kN}\ (\uparrow)$	
A 6-26	$F_A = 15{,}00\,\text{kN}\ (\downarrow)$;	$F_B = 34{,}31\,\text{kN}\ (\uparrow)$	
A 6-27	$F_A = 50{,}0\,\text{kN}\ (\uparrow)$; $F_C = 30{,}0\,\text{kN}\ (\uparrow)$;	$F_B = 40{,}0\,\text{kN}\ (\uparrow)$ $F_D = 30{,}0\,\text{kN}$ ($\uparrow$ am oberen Balken)	
A 6-28	$x = 2{,}63\,\text{m}$		
A 6-29	$F_A = 438\,\text{N}$	$F_B = 692\,\text{N}$	
A 6-30	Seil A muß um 338 mm nach rechts verschoben werden		
A 6-31	120 mm von rechter Bohrung		
A 6-32	1,19 m von Vorderachse		
A 6-33	unbelastet: $F_B = 0$; belastet: $F_A = 0$;	$\Sigma M_A = 0$ $\Sigma M_B = 0$	
	$m_3 = m_1 \cdot \frac{c}{a} - m_2 = 2000\,\text{kg}$;	$x = \frac{b}{\frac{m_1}{m_2} \cdot \frac{c}{a} - 1} = 1{,}50\,\text{m}$	

A 6-34 A $F_K = m \cdot g$ $F_H = 2m \cdot g$ $l_H = \frac{1}{2} l_L$

B $F_K = m \cdot g$ $F_H = m \cdot g$ $l_H = l_L$

A 6-35 $M_A = m \cdot g\,(a + d) = 12{,}75\,\text{kNm}$ ↶ $F = 9{,}81\,\text{kN}$

A 6-36 Beim Freimachen werden sechs Seile geschnitten

$S = \dfrac{m \cdot g}{6}$ $l = 6 \cdot \text{h}$

A 6-37 Beim Freimachen werden sieben Seile geschnitten: $S = 1{,}40\,\text{kN}$
Für außen angebrachte Winde wäre $S = 1{,}64\,\text{kN}$

A 6-38 s. A 6-36

$F = 8 \cdot m \cdot g = 1570\,\text{kN}$; $s = \dfrac{128\,\text{m}}{8} = 16{,}0\,\text{m}$

A 6-39 Momentengleichung für die Achse der oberen Rolle

$F = \frac{1}{2} F_G \left(1 - \frac{r}{R}\right) = 83{,}3\,\text{N}$

Je mehr sich das Verhältnis r/R dem Wert 1 nähert, umso größer ist die Übersetzung

A 6-40 $F_A = 120\,\text{kN}\,(\downarrow)$; $F_B = 130\,\text{kN}\,(\uparrow)$
Man kann F_B in 120 kN und 10 kN aufspalten. Der erste Anteil ergibt mit F_A ein Kräftepaar, das dem Einspannmoment entspricht, der zweite Anteil ist die Auflagerreaktion in y-Richtung.

A 6-41 $q_1 = (6\,\frac{l}{a} + 4)\,\frac{F}{a} = 170\,\text{kN/m}$

$q_2 = (6\,\frac{l}{a} + 2)\,\frac{F}{a} = 160\,\text{kN/m}$

$M = (l + \frac{a}{3})\,F = 1{,}067\,\text{kNm} > 1 \cdot \text{F}\,(!)$

A 6-42 $F_{Ax} = 301\,\text{N}\,(\rightarrow)$; $F_{Ay} = 507\,\text{N}\,(\uparrow)$ $F_B = 787\,\text{N}\,(\rightarrow)$

A 6-43 $F_{Ax} = 0{,}50\,\text{kN}\,(\rightarrow)$; $F_{Bx} = 0{,}50\,\text{kN}\,(\leftarrow)$;
$F_{Ay} = 1{,}50\,\text{kN}\,(\uparrow)$; $F_{By} = 0{,}50\,\text{kN}\,(\uparrow)$;
$F_{Cx} = 0{,}50\,\text{kN}$ (← Teil AC) $F_{Cy} = 0{,}50\,\text{kN}$ (↑ Teil AC)

A 6-44 s. A 6-11

A 6-45 s. A 6-12

A 6-46 s. A 6-13

A 6-47 $F_t = 0{,}90\,\text{kN}$; $F_n = 0{,}69\,\text{kN}$; $F_A = 1{,}13\,\text{kN}$

A 6-48 $F_{Ax} = 61{,}3\,\text{N}\,(\leftarrow)$; $F_{Ay} = 245\,\text{N}(\uparrow)$
$F_{Bx} = 61{,}3\,\text{N}\,(\rightarrow)$; $F_{By} = 0$

A 6-49 $F_{Ax} = 0{,}25\,m \cdot g\,(\leftarrow)$; $F_{Ay} = m \cdot g\,(\uparrow)$;
$F_C = 0{,}75\,m \cdot g\,(\leftarrow)$

A 6-50 $F = \dfrac{h \cdot \sin\alpha + d \cdot \cos\alpha}{2\,(h \cdot \cos\beta - d \cdot \sin\beta)} \cdot m \cdot g = 1311\,\text{N}$; $\tan\beta = \dfrac{h}{d}$

Hinweis Lösungen 6-51 bis 56:
Auf Zug belastete Stäbe können durch ein Seil ersetzt werden.

A 6-51	$S_1 = 0{,}49\,\text{kN}$ (Z);	$S_2 = 2{,}77\,\text{kN}$ (Z)	$S_3 = 2{,}45\,\text{kN}$ (D)
	$F_{Ax} = 2{,}45\,\text{kN}$ (→)	$F_{Ay} = 1{,}96\,\text{kN}$ (↑)	$F_B = 2{,}45\,\text{kN}$ (←)
A 6-52	F_G; S_2; S_3 haben gemeinsamen Schnittpunkt		
	$S_1 = 0$;	$S_2 = 1{,}39\,\text{kN}$ (Z);	$S_3 = 0{,}98\,\text{kN}$ (D)
	$F_{Ax} = 0{,}98\,\text{kN}$ (→);	$F_{Ay} = 0{,}98\,\text{kN}$ (↑);	$F_B = 0{,}98\,\text{kN}$ (←)
A 6-53	$S_1 = S_3 = \dfrac{3F}{\tan 60°}$ (Z);		$S_2 = F$ (D)
A 6-54	$S_1 = S_2 = 0{,}707\,F$ (Z);	$S_3 = F$ (Z)	
A 6-55	$S_1 = 2{,}77\,\text{kN}$ (Z);	$S_2 = 3{,}92\,\text{kN}$ (D);	$S_3 = 2{,}77\,\text{kN}$ (D)
A 6-56	Alle Stabkräfte haben gemeinsamen Schnittpunkt. Für diesen Pol ergibt die Momentengleichung $F = 0$. Das System ist statisch unbestimmt (s. Abschnitt 6.5).		
A 6-57	$S_1 = 100\,\text{kN}$ (Z);	$S_2 = 70{,}7\,\text{kN}$ (D);	$S_3 = 50{,}0\,\text{kN}$ (D)
A 6-58	$S_1 = 2{,}165\,\text{kN}$ (Z);	$S_2 = 2{,}165\,\text{kN}$ (D);	$S_3 = 1{,}250\,\text{kN}$ (Z)
A 6-59	$S_1 = 1{,}20\,\text{kN}$ (Z);	$S_2 = 1{,}20\,\text{kN}$ (Z);	$S_3 = 1{,}20\,\text{kN}$ (D)
A 6-60	$F_A = 0{,}588\,\text{kN}$ (→);	$F_B = 1{,}373\,\text{kN}$ (↑);	$S = 0{,}707\,\text{kN}$
A 6-61	$F_A = 10028\,\text{kN}$ (←);	$F_B = 10028\,\text{kN}$ (→);	$F_C = 2943\,\text{kN}$ (↑)
A 6-62	$m = 21{,}9\,\text{kg}$	$F_A = 391\,\text{N}$	
A 6-63	$F_A = 0{,}877\,\text{kN}$ (↑);	$F_B = 1{,}47\,\text{kN}$ (↗);	$F_C = 1{,}71\,\text{kN}$ (↖)
A 6-64	$S_1 = F_B = 49{,}5\,\text{kN}$;	$S_2 = 35{,}36\,\text{kN}$ (Z);	$S_3 = 60\,\text{kN}$ (D)
	$F_{Ax} = 35{,}0\,\text{kN}$ (→)	$F_{Ay} = 25{,}0\,\text{kN}$ (↓)	
A 6-65	$F_A = m \cdot g$ (↑);	$F_{Bx} = 0$;	$F_{By} = m \cdot g$ (↑)
A 6-66	$F_A = \dfrac{a+r}{2a} m \cdot g$ (↑);	$F_{Bx} = 0$;	$F_{By} = \dfrac{a-r}{2a} m \cdot g$ (↑)
A 6-67	$F_A = \dfrac{1}{2} m \cdot g$ (↑);	$F_{Bx} = m \cdot g$ (←);	$F_{By} = \dfrac{1}{2} m \cdot g$ (↑)
A 6-68	siehe A 6-66		
A 6-69	$F_{Ax} = 56{,}64\,\text{kN}$ (→);	$F_{Ay} = 68{,}67\,\text{kN}$ (↑);	$F_B = 56{,}64$ (←)
A 6-70	$F_{Ax} = 100{,}0\,\text{kN}$ (←);	$F_{Ay} = 125{,}0\,\text{kN}$ (↓)	$F_B = 375{,}0\,\text{kN}$ (↑)
A 6-71	$F_{Ax} = 21{,}56\,\text{kN}$ (→);	$F_{Ay} = 3{,}33\,\text{kN}$ (↓);	$S = 24{,}89\,\text{kN}$
A 6-72	$S = q \cdot l/3$;	$F_{Ax} = q \cdot l/2$ (←);	$F_{Ay} = S \cdot \cos 30°$ (↓)
A 6-73	$F_F = 13{,}7\,\text{N}$	$F_R = 24{,}7\,\text{N}$	$\alpha = -54°$
A 6-74	$F_{Ax} = m \cdot g$ (←);	$F_{Ay} = m \cdot g$ (↑);	$M_A = (a-b)\,m \cdot g$ (↶)
A 6-75	Momentenvektor ist frei verschieblich		
	$F_A = 625\,\text{N}$ (↓);	$F_B = 0$;	$F_C = 625\,\text{N}$ (↑)
A 6-76	Unabhängig vom Angriffspunkt ist $M = 2a \cdot F$. Bedingung für Abheben ist $F_B = 0$.		

A 6-77 Pleuelkraft 6,38 kN; Seitenführungskraft 1,13 kN; Moment 262 Nm

A 6-78 $M = 1{,}84\,\text{kNm}$

A 6-79 $F = 4{,}12\,\text{kN}$ $\quad M = 206\,\text{Nm}$

A 6-80 $M = \frac{1}{i}\left(m_B \cdot g \cdot \sin 60° \cdot r_B - \frac{1}{2} m_A \cdot g \cdot r_A\right) = 6{,}04\,\text{kNm}$

A 6-81 Vorderachse 4,89 kN; Hinterachse 4,87 kN;
Antriebskraft 1,68 kN

A 6-82 $F_{Ax} = 5{,}53\,\text{kN}\,(\leftarrow)$; $F_{Ay} = 3{,}78\,\text{kN}\,(\uparrow)$ $M_A = 24{,}88\,\text{kNm}\,(\circlearrowleft)$
$F_{Bx} = 5{,}53\,\text{kN}\,(\rightarrow)$; $F_{By} = 6{,}13\,\text{kN}\,(\uparrow)$; $M_B = 32{,}07\,\text{kNm}\,(\circlearrowright)$

A 6-83 $s = \frac{\varrho \cdot \pi \cdot r^3 \cdot g}{F}$

$s = 1$ Wirkungslinie von F_{res} liegt in A
$s > 1$ Wirkungslinie von F_{res} liegt in der Auflagefläche
$s < 1$ Wirkungslinie von F_{res} liegt außerhalb der Auflagefläche, Körper kippt

A 6-84 $m_3 = \frac{s_B \cdot m_1 \cdot c - m_2 (a - b)}{a + d}$; $\quad s_A = \frac{m_2 \cdot b + m_1 (a + c)}{m_3 \cdot d}$

Ergebnisse zum Kapitel 7

A 7-1 $F_A = 16{,}25\,\text{kN}\,(\uparrow)$ $F_{Bx} = 5{,}00\,\text{kN}\,(\leftarrow)$; $F_{By} = 3{,}75\,\text{kN}\,(\uparrow)$

A 7-2 $F_{Ax} = 11{,}0\,\text{kN}\,(\rightarrow)$; $F_{Ay} = 5{,}5\,\text{kN}\,(\uparrow)$ $F_B = 16{,}5\,\text{kN}\,(\uparrow)$

A 7-3 $F_{Ax} = 1{,}00\,\text{kN}\,(\rightarrow)$; $F_{Ay} = 0{,}75\,\text{kN}\,(\uparrow)$; $F_B = 2{,}25\,\text{kN}\,(\uparrow)$

A 7-4 $F_A = 188{,}7\,\text{kN}\,(\uparrow)$; $F_B = 244{,}6\,\text{kN}\,(\uparrow)$

A 7-5 Es genügt, Gesamtsystem freizumachen
$F_A = 15{,}0\,\text{kN}\,(\uparrow)$; $F_B = 25{,}0\,\text{kN}\,(\uparrow)$

A 7-6 $F_{Ax} = 65{,}3\,\text{kN}\,(\leftarrow)$; $F_{Ay} = 9{,}33\,\text{kN}\,(\downarrow)$; $F_B = 92{,}4\,\text{kN}\,(\nearrow)$

A 7-7 $F_A = 2{,}50\,\text{kN}\,(\uparrow)$; $F_B = 82{,}5\,\text{kN}\,(\uparrow)$; $F_C = 25{,}0\,\text{kN}\,(\uparrow)$

A 7-8 $F_{Ax} = 280\,\text{kN}\,(\leftarrow)$; $F_{Ay} = 505\,\text{kN}\,(\uparrow)$; $F_B = 361\,\text{kN}\,(\uparrow)$

A 7-9 $F_{Ax} = 11{,}0\,\text{kN}\,(\leftarrow)$; $F_{Ay} = 286{,}1\,\text{kN}\,(\uparrow)$; $F_B = 67{,}9\,\text{kN}\,(\uparrow)$

A 7-10 $F_{Ax} = 40{,}00\,\text{kN}\,(\leftarrow)$; $F_{Ay} = 11{,}22\,\text{kN}\,(\uparrow)$; $F_B = 16{,}34\,\text{kN}\,(\uparrow)$

A 7-11 $F_{Ax} = 106{,}7\,\text{kN}\,(\rightarrow)$; $F_{Ay} = 120\,\text{kN}\,(\uparrow)$; $F_B = 386{,}7\,\text{kN}\,(\leftarrow)$

A 7-12 $F_{Ax} = 60\,\text{kN}\,(\rightarrow)$; $F_{Ay} = 119\,\text{kN}\,(\uparrow)$; $F_B = 121\,\text{kN}\,(\uparrow)$

A 7-13 $F_{Ax} = 0\,(\rightarrow)$; $F_{Ay} = 1{,}1\,\text{kN}\,(\downarrow)$; $F_B = 1{,}1\,\text{kN}\,(\uparrow)$

A 7-14 $x = 4{,}85\,\text{m}$ $F_{Ay} = F_B = 6{,}625\,\text{kN}\,(\uparrow)$

A 7-15 $F_A = 0{,}5 \cdot q \cdot a = 600\,\text{kN}$; $F_B = q \cdot a = 1200\,\text{kN}$
$F_C = 2{,}5 \cdot q \cdot a = 3000\,\text{kN}$; $F_D = 0{,}5\,q \cdot a = 600\,\text{kN}$

A 7-16 $F_D = 0$ für DC = 8,49 m
$F_A = 497$ kN; $F_B = 1406$ kN; $F_C = 2897$ kN

A 7-17 $F_A = 1200$ kN (↑); $F_B = 4800$ kN (↑)
$F_C = 600$ kN (↑); $F_D = 3000$ kN (↑)
$F_E = 1200$ kN (↑ am linken Abschnitt)
$F_H = 1200$ kN (↑ am rechten Abschnitt)

A 7-18 a) $F_A = F_G$ (↑); $M_A = (a + r) \cdot F_G$ (↶)
b) wie a)
c) $F_A = F_G$; $M_A = a \cdot F_G$ (↶)
d) wie a)
e) $F_A = 2\,F_G$; $M_A = \mathrm{a} \cdot 2F_G$ (↶)
f) $F_{Ax} = F_G$; $F_{Ay} = F_G$; $M_A = 0$

A 7-19 Für alle Belastungsfälle $F_{Ax} = 0$; $F_{Ay} = 0$; $M_A = 2{,}0$ kNm (↶)

A 7-20 $F_{Ax} = 13{,}50$ kN (→); $F_{Ay} = 59{,}40$ kN (↑);
$M_A = 86{,}25$ kNm (↶)

A 7-21 $F_{Ax} = 2{,}55$ kN (→); $F_{Ay} = 7{,}36$ kN (↑);
$M_A = 4{,}99$ kNm (↶)

A 7-22 $F_{Ax} = 3{,}0$ kN (→); $F_{Ay} = 4{,}50$ kN (↑);
$M_A = 0{,}70$ kNm (↶)

A 7-23 $M_A = \frac{1}{6} \varrho \cdot g \cdot b\,(H^3 - h^3) = 155{,}3$ kNm (↶)

$F_{Ax} = \frac{1}{2} \varrho \cdot g \cdot b\,(H^2 - h^2) = 123$ kN (←)

A 7-24 $M_A = 4{,}24$ kNm (↶); $F_A = 7{,}06$ kN (↓)
$M_B = 5{,}18$ kNm (↷); $F_B = 4{,}71$ kN (↓)
} An den Stangen wirkend

A 7-25 $F_A = 4{,}90$ kN (↑); $M_A = 1{,}47$ kNm (↷)
$F_B = 3{,}92$ kN (↑); $M_B = 0{,}785$ kNm (↶)
} Am Block wirkend

Ergebnisse zum Kapitel 8

A 8-1 $F_{Ax} = 60$ kN (→); $F_{Bx} = 60$ kN (←)
$F_{Ay} = 60$ kN (↑) $F_{By} = 20$ kN (↓)
$F_{Cx} = 60$ kN (← Teil AC) $F_{Cy} = 40$ kN (↓ Teil AC)

A 8-2 $F_{Ax} = 5{,}0$ kN (←); $F_{Bx} = 5{,}0$ kN (→)
$F_{Ay} = 2{,}0$ kN (↑); $F_{By} = 0$
$F_{Cx} = 5{,}0$ kN (→ Teil AC) $F_{Cy} = 4{,}0$ kN (↓ Teil AC)

A 8-3 $F_{Ax} = 1{,}31$ kN (→); $F_{Bx} = 1{,}31$ kN (←)
$F_{Ay} = 17{,}0$ kN (↑); $F_{By} = 22{,}2$ kN (↑)
$F_{Cx} = 20{,}9$ kN (← Teil AC) $F_{Cy} = 2{,}62$ kN (↑ Teil AC)

A 8-4 $F_{Ax} = 4{,}36$ kN (←); $F_{Bx} = 1{,}64$ kN (←)
$F_{Ay} = 1{,}64$ kN (↑) $F_{By} = 4{,}36$ kN (↑)
$F_{Cx} = 1{,}64$ kN (→ Teil CB) $F_{Cy} = 4{,}36$ kN (↓ Teil CB)

A 8-5	$F_{Ax} = 5{,}0\,kN\,(\leftarrow)$;	$F_{Bx} = 20{,}0\,kN\,(\leftarrow)$	
	$F_{Ay} = 27{,}0\,kN\,(\uparrow)$	$F_{By} = 7{,}0\,kN\,(\downarrow)$	
	$F_{Cx} = 5{,}0\,kN$ ($\leftarrow$ Teil AC)	$F_{Cy} = 27{,}0\,kN$ ($\downarrow$ Teil AC)	
A 8-6	$F_{Ax} = 0{,}308\,kN\,(\leftarrow)$;	$F_{Bx} = 9{,}69\,kN\,(\leftarrow)$	
	$F_{Ay} = 25{,}59\,kN\,(\uparrow)$	$F_{By} = 48{,}41\,kN\,(\uparrow)$	
	$F_{Cx} = 0{,}308\,kN$ ($\leftarrow$ Teil CB)	$F_{Cy} = 8{,}41\,kN$ ($\downarrow$ Teil CB)	
A 8-7	$F_A = 2{,}25\,kN\,(\uparrow)$;	$F_B = 2{,}75\,kN\,(\uparrow)$	
	$S = 2{,}0\,kN$	$F_{Cx} = 2{,}0\,kN$ ($\rightarrow$ Teil BC)	
	Antwort: Die Seilkraft wird von den x-Komponenten der Lagerkräfte aufgenommen		
A 8-8	Winkel CAB = β		
	$\tan\beta = \frac{a+b}{2a} \cdot \frac{S}{F_H}$; $l_{AC} = l_{BC} = \frac{a}{\cos\delta} = 53{,}4\,mm$;		
	$l_{AD} = 80{,}1\,mm$		
A 8-9	Symmetrie; Teil ACE:		
	$F_{Ax} = 17{,}0\,kN\,(\rightarrow)$;	$F_{Cx} = 74{,}2\,kN\,(\leftarrow)$	
	$F_{Ay} = 9{,}81\,kN\,(\uparrow)$;	$F_{Cy} = 0$	
	$F_{Ex} = 57{,}2\,kN\,(\rightarrow)$;	$F_{Ey} = 9{,}81\,kN\,(\downarrow)$	
A 8-10	$F_{Ax} = 4{,}0\,kN\,(\rightarrow)$;	$F_{Bx} = 10{,}0\,kN\,(\leftarrow)$	
	$F_{Ay} = 12{,}0\,kN\,(\downarrow)$	$F_{By} = 12{,}0\,kN\,(\uparrow)$	
	Stab CD = 8,0 kN (Zug)	Stab EH = 17,0 kN (Druck)	
A 8-11	Keine x-Komponenten		
	$F_A = F_B = 0{,}50\,F\,(\uparrow)$;	$F_C = 0{,}25\,F$ ($\downarrow$ Teil AE);	
	$F_D = 0{,}75\,F$ ($\uparrow$ Teil AE);		
A 8-12	$F_{Ax} = 0$;	$F_{Bx} = 0$	
	$F_{Ay} = 1{,}125\,kN\,(\uparrow)$;	$F_{By} = 1{,}875\,kN\,(\uparrow)$	
	$F_{Cx} = 2{,}40\,kN$ ($\rightarrow$ Teil DB);	$F_{Dx} = 2{,}40\,kN$ ($\leftarrow$ Teil DB)	
	$F_{Cy} = 0{,}75\,kN$ ($\downarrow$ Teil DB);	$F_{Dy} = 1{,}125\,kN$ ($\downarrow$ Teil DB)	
	$F_{Ex} = 2{,}40\,kN$ ($\leftarrow$ Teil DE)	$F_{Ey} = 1{,}875\,kN$ ($\uparrow$ Teil DE)	
A 8-13	$F_{Ax} = 4{,}89\,kN\,(\leftarrow)$;	$F_{Bx} = 4{,}89\,kN\,(\rightarrow)$	
	$F_{Ay} = 1{,}67\,kN\,(\downarrow)$	$F_{By} = 3{,}67\,kN\,(\uparrow)$	
	$F_{Cx} = 5{,}61\,kN$ ($\leftarrow$ Teil CH)	Hubkolben $F = 1{,}61\,kN$	
	$F_{Cy} = 0{,}23\,kN$ ($\downarrow$ Teil CH)		
A 8-14	$F_{Ax} = F\,(\leftarrow)$;	$F_{Dx} = F$ ($\leftarrow$ Teil BE)	$F_B = 3\,F\,(\uparrow)$
	$F_{Ay} = 2\,F\,(\downarrow)$;	$F_{Dy} = F$ ($\downarrow$ Teil BE)	$F_E = 2\,F$ ($\uparrow$ Teil CE)
A 8-15	$F_{Ax} = 10{,}0\,kN\,(\leftarrow)$	$F_{Ay} = 30{,}0\,kN\,(\uparrow)$	
	$F_{Bx} = 30{,}0\,kN$ ($\rightarrow$ Teil AB)	$F_{By} = 10{,}0\,kN$ ($\uparrow$ Teil AB)	
	$F_C = F_D = 56{,}57\,kN$ ($\nearrow$ Teil BE)		
	$F_E = F_H = 14{,}14\,kN$ (Pendelstütze)		
A 8-16	$F_{Ax} = 4{,}29\,kN$ ($\rightarrow$ Teil DA);	$F_{Ay} = 8{,}33\,kN$ ($\uparrow$ Teil DA)	
	$F_{Bx} = 4{,}29\,kN$ ($\leftarrow$ Teil CB);	$F_{By} = 0$	
	$F_{Cx} = 4{,}29\,kN$ ($\leftarrow$ Rad);	$F_{Cy} = 0$	
	$F_{Dx} = 4{,}29\,kN$ ($\rightarrow$ Rad);	$F_{Dy} = 10{,}0\,kN$ ($\downarrow$ Rad);	
	Federbein $F_E = 18{,}33\,kN$ ($\uparrow$ Rahmen)		

A 8-17 $F_{Ax} = 392\,kN\,(\rightarrow)$; $F_{Ay} = 363\,kN\,(\uparrow)$
$F_B = 392\,kN\,(\leftarrow)$
$F_{Cx} = 118\,kN\,(\rightarrow$ Teil AC) $F_{Cy} = 284\,kN\,(\downarrow$ Teil AC)
$F_{Dx} = 118\,kN\,(\rightarrow$ Teil DH) $F_{Dy} = 78{,}5\,kN\,(\uparrow$ Teil DH)
$F_{Ex} = 69{,}3\,kN\,(\rightarrow$ Teil DH) $F_{Ey} = 28{,}7\,kN\,(\downarrow$ Teil DH)
$F_{Hx} = 69{,}3\,kN\,(\leftarrow$ Teil DH) $F_K = 166{,}4\,kN$ (Seilkraft)

A 8-18 $F_A = 1{,}00\,kN$; $F_B = 2{,}66\,kN$;
$F_C = 0{,}89\,kN$; $F_s = 1{,}77\,kN$

A 8-19 $F_A = 633\,kN$; $F_B = 664\,kN$; $F_C = 633\,kN$
$F_D = 937\,kN$; $F_E = 756\,kN$; $F_H = 264\,kN$
$F_I = 937\,kN$; $F_K = 1003\,kN$; $F_L = 264\,kN$

A 8-20 $F_A = 3{,}31\,kN \perp$ Führung
$F_{Bx} = 3{,}27\,kN\,(\leftarrow)$; $F_{By} = 0{,}50\,kN\,(\downarrow)$ $M_B = 2{,}54\,kNm$

A 8-21 $F_A = 3{,}76\,kN \perp$ Führung
$F_{Bx} = 0{,}62\,kN\,(\leftarrow)$; $F_{By} = 0{,}84\,kN\,(\downarrow)$ $M = 1{,}09\,kNm$

A 8-22 $F = 2\,a \cdot q$; $S_1 = F\,(D)$; $S_2 = F\,(Z)$
$F_A = F(\uparrow)$; $F_B = F(\uparrow)$

A 8-23 $S_1 = 1{,}886 \cdot F\,(D)$; $S_2 = 0{,}943 : F\,(Z)$
$F_{Ax} = 0{,}667 \cdot F(\rightarrow)$; $F_{Bx} = 0{,}333 \cdot F(\rightarrow)$
$F_{Ay} = 0{,}667 \cdot F(\uparrow)$; $F_{By} = 0{,}667 \cdot F(\downarrow)$

A 8-24 Hinweis: Stab 5 und Gelenk C schneiden und Teilsysteme betrachten.
$S_1 = S_4 = 0{,}707 \cdot F\,(D)$; $S_2 = S_3 = 0{,}50 \cdot F\,(Z)$
$S_5 = 0{,}50 \cdot F\,(D)$
$F_{Cx} = 0{,}50 \cdot F(\leftarrow$ rechts) $F_{Cy} = 0{,}25 \cdot F(\uparrow$ rechts)

A 8-25 linker Hydraulikkolben 44,1 kN; rechter Hydraulikkolben 29,4 kN
$F_{Ex} = 9{,}57\,kN\,(\rightarrow$ Teil AC) $F_{Ey} = 25{,}1\,kN\,(\uparrow$ Teil AC)
$F_{Hx} = 6{,}38\,kN\,(\leftarrow$ Teil HB) $F_{Hy} = 16{,}71\,kN\,(\uparrow$ Teil HB)

A 8-26 $F_{Ax} = 22{,}6\,kN\,(\rightarrow$ Teil AC) $F_{Ay} = 17{,}1\,kN\,(\uparrow$ Teil AC)
$F_B = 43{,}5\,kN\,(\leftarrow$ Teil BD) $F_C = F_D = 69{,}6\,kN$
$F_H = 113\,kN\,(\rightarrow$ Teil BC)

Ergebnisse zum Kapitel 9

A 9-1

i	S_i/kN
1	+ 20,0
2	− 28,3
3	+ 30,0
4	− 10,0
5	− 14,1
6	+ 20,0
7	+ 10,0

A 9-2

i	S_i/kN
1	+ 14,14
2	− 10,00
3	− 14,14
4	+ 20,00
5	+ 28,28
6	− 40,00
7	+ 14,14

A 9-3

i	S_i/kN
1	+ 100,0
2	− 86,6
3	0
4	+ 100,0
5	+ 70,7
6	− 136,6
7	0

8	– 14,1
9	+ 10,0

8	+ 42,43
F_{Bx}	30,00 →
F_{By}	10,00 ↓

weitere nach Symmetriebedingungen
$F_A = 50{,}0\,\mathrm{kN}\downarrow$
$F_B = 200{,}0\,\mathrm{kN}\uparrow$

A 9-4

i	S_i/kN
1	– 200
2	+ 224
3	0
4	– 200
5	0
6	+ 224
7	– 300
8	+ 283
9	– 200
10	+ 200
11	0
12	– 300
13	0
14	+ 200
15	0
16	– 300
17	0
18	+ 141

A 9-5

i	S_i/kN
1	+ 100,0
2	0
3	0
4	+ 100,0
5	+ 100,0
6	0
7	– 100,0
8	0
9	– 70,7
10	+ 70,7
11	– 70,7
12	+ 70,7
13	0

A 9-6

i	S_i/kN
1	– 10,0
2	+ 14,1
3	– 5,0
4	– 15,0
5	+ 7,1
6	– 5,0
7	+ 21,2
8	+ 5,0
9	0

A 9-7

i	S_i/kN
1	– 154
2	+ 102
3	+ 51
4	– 115
5	– 77

A 9-8

i	S_i/kN
1	+ 226
2	– 320
3	– 160
4	+ 160
5	+ 453
6	– 480
7	– 320
8	+ 480
9	– 679

A 9-9

i	S_i/kN
1	+ 2000
2	– 2828
3	+ 2000
4	– 2000
5	– 1131
6	+ 2800
7	0
8	+ 2800
9	– 3960

A 9-10

i	S_i/kN
1	– 96,9
2	+ 16,7
3	– 23,6
4	+ 16,7
5	– 67,1
6	+ 1,7
7	– 54,1
8	+ 60,0
9	– 54,1
10	+ 1,7

A 9-11

$V\,i$	S_i/kN
1	– 66,7
2	0
3	0
4	0
5	+ 100,0
6	0
7	0
8	0
9	0

A 9-11

$O\,i$	S_i/kN
1	+ 33,3
2	+ 33,3
3	+ 200,0
4	+ 200,0
5	– 100,0
6	– 100,0
7	0

A 9-11

$U\,i$	S_i/kN
1	0
2	− 66,7
3	− 66,7
4	0
5	+ 100,0
6	+ 100,0
7	+ 100,0
8	+ 100,0

A 9-11

$D\,i$	S_i/kN
1	− 47,1
2	+ 47,1
3	− 188,1
4	− 282,8
5	− 141,4
6	0
7	0
8	− 141,4

A 9-12

i	S_i/kN
1	+ 175
7	− 212
8	+ 79

A 9-13

i	S_i/kN
10	− 375
11	0
12	+ 375

A 9-14

i	S_i
12	− 6,50 F
13	+ 2,60 F
14	+ 4,33 F

A 9-15

i	S_i/kN
6	− 750
7	0
8	+ 500

A 9-16

i	S_i/kN
2	− 233
3	− 200
4	+ 189

A 9-17

i	S_i/kN
1	− 30,0
2	− 41,5
3	+ 18,5
4	− 9,2
5	− 36,0
6	+ 6,0

A 9-18 bis 23 siehe Ergebnisse der entsprechenden Aufgabe.

Ergebnisse zum Kapitel 10

A 10-1 Aus Krafteck: $F = \dfrac{\sin(\alpha \pm \varrho)}{\cos(\beta \mp \varrho)}\, m \cdot g$ Beachten: $\sin(90° + \alpha) = \cos\alpha$

a) oberes Vorzeichen; $\varrho = \varrho_o = 8{,}53°$ $F = 5{,}86$ kN

b) oberes Vorzeichen; $\varrho = 5{,}71°$ $F = 5{,}41$ kN

c) unteres Vorzeichen; $\varrho = \varrho_o = 8{,}53°$ $F = 2{,}81$ kN

A 10-2 $F_{max/min} = \mathrm{m} \cdot \mathrm{g} \cdot \tan(\alpha \pm \varrho_o)$; $35{,}7\,\mathrm{N} < \mathrm{F} < 82{,}3\,\mathrm{N}$;
$\mathrm{F_R} = 5{,}8\,\mathrm{N}\ (\nwarrow)$

A 10-3 Grenzfall „kippen“: F_{res} greift an Kippkante an $\Rightarrow \Sigma M_{Kante} = 0$

$$h = \frac{B \cdot \cos\alpha - H \cdot \sin\alpha}{2(\mu_o \cdot \cos\alpha - \sin\alpha)} = 0{,}962\,\mathrm{m};\ F = 1{,}09\,\mathrm{kN}$$

A 10-4 F_{min} für $F \perp F_{res} \Rightarrow \alpha_2 = \varrho$

A 10-5 $$\mu_o = \frac{2 \cdot \dfrac{m_B}{m_A} + \sin\alpha}{\cos\alpha} = 0{,}69$$

A 10-6 $\mu_o = \dfrac{1}{\cos\alpha}\left(\dfrac{m_{B\,max}}{2\,m_A} - \sin\alpha\right) = \dfrac{1}{\cos\alpha}\left(\sin\alpha - \dfrac{m_{B\,min}}{2\,m_A}\right) = 0{,}144$

A 10-7 $F = (2\,m_1 + m_2)\cdot g\cdot\mu_o\cdot\cos 20° - m_2\cdot g\cdot\sin 20° = 80{,}4\,\text{N}$
$F_A = 142\,\text{N}$

A 10-8 $\dfrac{m_2}{m_1} = 2\,\dfrac{\sin\alpha \mp \mu\cdot\cos\alpha}{\sin\beta \pm \mu\cos\beta} = 0{,}677$ bis $1{,}76$

A 10-9 Zuerst S aus System 1 bestimmen; F = 386 N

A 10-10 $F_{min} \perp F_{res\,2}$ $\quad F_{min} = 345\,\text{N}$

A 10-11 **a)** $\Sigma M = 0$ für Auflagestelle Walze $x = 0{,}21\,\text{m}$
b) $\sin\varrho_{min} = \dfrac{x}{r}$ $\quad \mu_{min} = 0{,}47$
c) $\mu = \tan 15°$

A 10-12 $F_s = \dfrac{m\cdot g\cdot\sin\alpha}{1-\mu_A} = 1{,}23\,\text{kN};$ $\quad \mu_{oB} = \dfrac{\mu_A\tan\alpha}{1-\mu_A\,(1-\tan\alpha)} = 0{,}126$

A 10-13 $\mu_o = \pm\,\dfrac{r-h}{h}\tan\alpha;$ $\quad F = m\cdot g\,(\sin\alpha \pm \mu_o\cdot\cos\alpha)$
$+$ für $h < r$ $\quad -$ für $h > r$
Für $h > r$ verringert sich die Kraft F, weil die Reibungskraft in gleicher Richtung wirkt!

A 10-14 $F_K = \dfrac{\sin 15°}{\sin 80°\cdot\cos 5°}\,F_L = 5{,}28\,\text{kN}$

A 10-15 $F_L = 7{,}58\,\text{kN}$

A 10-16 Kräftedreiecke entsprechen denen von A 10-14 $\Rightarrow F_K = 5{,}28\,\text{kN}$
Die Hubgeschwindigkeit wird gegenüber A 10-14 halbiert.

A 10-17 $F_K = 2{,}47\,\text{kN}$

A 10-18 $F = 4{,}63\,\text{kN}$

A 10-19 F_{res} an Keil und Unterlage sind Kollinear: $\alpha = 61{,}4°$

A 10-20 $F = 1{,}10\,\text{kN}$

A 10-21 Kraft am Hydraulikkolben $F_H = \dfrac{2\cdot\sin\left(\dfrac{\alpha}{2}+\varrho\right)\cdot\cos\varrho}{\cos\left(\dfrac{\alpha}{2}+2\,\varrho\right)}\cdot F_s = 6{,}45\,\text{kN};$
$d = 28{,}7\,\text{mm}$

A 10-22 $\varrho = \dfrac{\alpha}{2};$ $\quad \varrho = \alpha$

A 10-23 Keil freimachen $\Rightarrow F_{res}$ Berührungsstelle; Platte freimachen
$\Rightarrow \Sigma M_A = 0$
$F_K = \dfrac{\sin(\alpha + 2\,\varrho)}{2\cos\varrho\cdot[\cos(\alpha+\varrho) - \sin(\alpha+\varrho)]}\,m\cdot g = 260\,\text{N}$
Selbsthemmung: Wirkungslinie von F_{res} geht durch A $\Rightarrow \alpha = 28{,}3°$

A 10-24 $\mu = \tan \frac{\alpha}{2}$; $F = \frac{m \cdot g}{2 \cdot \sin \frac{\alpha}{2}}$

A 10-25 $\beta = 2\,\varrho = 9{,}2°$
Wirkungslinie der Klemmkraft verbindet Berührungspunkte der Kugel. Abstand der Wirkungslinie von der Achse multipliziert mit Klemmkraft ergibt von einer Kugel übertragenes Moment.

A 10-26 $F_s = \frac{2 \sin\left(\frac{\alpha}{2} + \varrho\right)}{\cos \varrho} F_p = 47{,}3\,\text{kN}$

A 10-27 $F = 1{,}43\,\text{kN}$

A 10-28 $F = 381\,\text{N}$

A 10-29 $M = 28\,\text{Nm}$

A 10-30 M 20: $M = 16{,}5\,\text{Nm}$; M 20×1,5: $M = 21{,}4\,\text{Nm}$
Schrauben mit Feingewinde sind sicherer gegen Lösen.

A 10-31 Heben: $M = 39\,\text{Nm}$; Senken: $M = 7{,}2\,\text{Nm}$

A 10-32 $F = 5{,}0\,\text{kN}$; $M = 1{,}59\,\text{Nm}$

A 10-33 $F = 22{,}9\,\text{kN}$; $M = 8{,}35\,\text{Nm}$

A 10-34 Anziehen $F = 208\,\text{N}$; Lösen $F = 43\,\text{N}$

A 10-35 $F_A = F_B = F_S = 0{,}90\,\text{kN}$; $F_C = 1{,}40\,\text{kN}$;
$F_D = F_E = 1{,}08\,\text{kN}$

A 10-36 $\alpha = \varrho_o = 19{,}3°$; $F_{min} = m \cdot g \cdot \sin\alpha = 259\,\text{N}$

A 10-37 $\tan \varrho = \frac{0{,}9\,\text{m}}{4{,}5\,\text{m}} = \mu_{min} = 0{,}20$

A 10-38 $h = 2{,}01\,\text{m}$

A 10-39 F_{res} in Richtung Leiter $\Rightarrow \mu_{o\,min} = 0{,}40$

A 10-40 $M = 225\,\text{Nm}$; Richtungsumkehr $M = 113\,\text{Nm}$

A 10-41 $y = 0{,}33\,\text{m}$

A 10-42 $x_{min} = \frac{h}{2\mu}$ unabhängig von d

A 10-43 $h_{min} = 2\mu \cdot x$ unabhängig von d

A 10-44 $\varrho = 23{,}3°$ $\mu = 0{,}43$

A 10-45 Grenzwert $\mu_o = 0{,}625 \Rightarrow$ Platte rutscht herunter

A 10-46 B; C $\mu_o = 0{,}268$; Auflage $\mu_o = 0{,}089$

A 10-47 $+30\,\text{mm} > y > -27\,\text{mm}$

A 10-48 $F = \frac{\mu + \mu^2}{1 + \mu + 2\mu^2} m \cdot g = 129\,\text{N}$

A 10-49 $\tan \varrho_o = \mu_o = \frac{m_1}{2(m_1 + m_2)}$

A 10-50 $\mu_0 = 0{,}18$; $F_B = 102\,\text{kN}$; $F_C = F_D = 55{,}6\,\text{kN}$; $F_E = 133\,\text{kN}$

A 10-51 $F_A = 4{,}93\,\text{kN}$

A 10-52 $a = \mu \cdot r = 40\,\text{mm}$; $F_{\min} = \dfrac{m \cdot g}{2 \sin \varrho}$

A 10-53 $\mu = \dfrac{\tan \alpha}{3} = 0{,}28$

A 10-54 $\tan(90° - \alpha) = 2 + \dfrac{1}{\mu_0}$; $\alpha = 8{,}1°$

A 10-55 $M = 116\,\text{Nm}$; $F_A = 1{,}27\,\text{kN}$; $F_B = 1{,}07\,\text{kN}$;
$F_C = 0{,}74\,\text{kN}$; $F_E = F_D = 0{,}64\,\text{kN}$

A 10-56 $\mu_Z = \dfrac{D\,(F - m \cdot g)}{d\,(F + m \cdot g)} = 0{,}077$

A 10-57 $F = \dfrac{D \pm \mu_Z \cdot d}{D \mp \mu_Z \cdot d}\, m \cdot g$

A 10-58 $\mu_Z = \dfrac{x}{r} \cdot \dfrac{m}{m_{\text{ges}}} = 0{,}096$; r Zapfenradius

A 10-59 $F = 3{,}05\,\text{kN}$

A 10-60 $F_C = F_B\,(1 + 2\,\mu_Z \cdot \dfrac{d}{a} \cdot \sin^2 60°)$

A 10-61 $M = 408\,\text{Nm}$ Differenzbremse

A 10-62 $M = 206\,\text{Nm}$ Summenbremse
Die Summenbremse erfordert für das gleiche Bremsmoment eine größere Bremskraft, da S_2 der Kraft F entgegenwirkt.

A 10-63 ↶ $l = 388\,\text{mm}$; ↷ $l = 332\,\text{mm}$

A 10-64 $\alpha = 2{,}00\,\text{rad}$ $\mu = \dfrac{1}{\alpha} \ln \dfrac{S_1}{S_2} = 0{,}15$

A 10-65 $\mu_0 = \dfrac{2}{\pi} \ln 2 = 0{,}441$

A 10-66 $\alpha = 3{,}475\,\text{rad}$; $S_2 = \dfrac{1}{2}\, m \cdot g$; $M = 591\,\text{Nm}$

A 10-67 $\mu = \dfrac{1}{\pi} \ln \dfrac{r + x}{r - x} = 0{,}129$

A 10-68 $S = 51\,\text{N}$ Sehr große Kraftdifferenzen bei großem Umschlingungswinkel möglich.

A 10-69 $F_W = 78{,}5\,\text{N}$

A 10-70 $f_0 = \dfrac{h}{l} \cdot r = 0{,}60\,\text{mm}$

A 10-71 $f = (R + r)\, \dfrac{F}{m \cdot g} = 6{,}1\,\text{mm}$; $\mu_R = 0{,}012$

A 10-72 $F = m \cdot g \left(\dfrac{f}{d} \cos \alpha + \dfrac{\sin \alpha}{2}\right) = 156\,\text{N}$
Ansatz: Momentengleichung für „Aufrollpunkt“.

Ergebnisse zum Kapitel 11

A 11-1	$F_{res} = 3{,}53\,\text{kN}$		
	$\alpha_x = 133{,}7°$;	$\alpha_y = 50{,}3°$;	$\alpha_z = 109{,}8°$
A 11-2	$F_{res} = 4{,}31\,\text{kN}$		
	$\alpha_x = 125{,}3°$;	$\alpha_y = 62{,}1°$;	$\alpha_z = 48{,}0°$
A 11-3	$F_{res} = 10{,}00\,\text{kN}$		
	$\alpha_x = 82{,}6°$;	$\alpha_y = 21{,}2°$;	$\alpha_z = 109{,}7°$
A 11-4	axial: $F = 9{,}38\,\text{kN}$;	senkrecht: $F = 2{,}33\,\text{kN}$	
A 11-5	$M_{x1} = +15\,\text{kNm}$;	$M_{z1} = -15\,\text{kNm}$	
A 11-6	$M_{x2} = -30{,}1\,\text{kNm}$;	$M_{z2} = -11{,}3\,\text{kNm}$	
A 11-7	$M_{x3} = +5{,}24\,\text{kNm}$;	$M_{z3} = +10{,}47\,\text{kNm}$	
A 11-8	$M_{res} = 3{,}75\,\text{kNm}$		
	M_{res} liegt in der Symmetrieebene und wirkt unter 70,5° zur Achse M_1 nach unten		
A 11-9	$M_x = -0{,}816 \cdot S \cdot a$;	$M_z = 0{,}408 \cdot S \cdot a$	
A 11-10	$M_x = -846\,\text{Nm}$;	$M_y = 446\,\text{Nm}$;	$M_z = 141\,\text{Nm}$
A 11-11	$M_x = 343\,\text{Nm}$	$M_z = 2060\,\text{Nm}$	
A 11-12	$S_1 = 33{,}3\,\text{kN}$	$S_2 = 54{,}4\,\text{kN}$	$S_3 = 47{,}1\,\text{kN}$
A 11-13	$S_1 = 50{,}0\,\text{kN}$	$S_2 = 40{,}8\,\text{kN}$	$S_3 = 50{,}0\,\text{kN}$
A 11-14	$S_1 = 297\,\text{kN}$;	$S_2 = 386\,\text{kN}$	
A 11-15	$F_{Ax} = 1{,}29\,\text{kN}\ (\leftarrow)$;	$F_{Ay} = 3{,}43\,\text{kN}\ (\uparrow)$	$F_{Az} = 0{,}22\,\text{kN}\ (\downarrow)$
	$F_{Bx} = 1{,}29\,\text{kN}\ (\rightarrow)$;	$F_{Bz} = 0{,}22\,\text{kN}\ (\uparrow)$	
A 11-16	$S = 12{,}01\,\text{kN}$	$F_{Ax} = 2{,}45\,\text{kN}\ (\nwarrow)$;	$F_{Ay} = 2{,}45\,\text{kN}\ (\downarrow)$
	$F_{Bx} = 7{,}36\,\text{kN}\ (\searrow)$;	$F_{By} = 7{,}36\,\text{kN}\ (\uparrow)$	$F_{Bz} = 9{,}81\,\text{kN}\ (\swarrow)$
A 11-17	$F_5 = 12{,}0\,\text{kN}$ aus $\Sigma M_x = 0$		
	$F_{Ax} = 2{,}0\,\text{kN}\ (\leftarrow)$;	$F_{Ay} = 0{,}69\,\text{kN}\ (\downarrow)$;	$F_{Az} = 8{,}92\,\text{kN}\ (\nwarrow)$
	$F_{Bx} = 0$;	$F_{By} = 8{,}31\,\text{kN}\ (\downarrow)$;	$F_{Bz} = 4{,}92\,\text{kN}\ (\searrow)$
A 11-18	$F_A = 1{,}74\,\text{kN}$;	$F_B = 1{,}06\,\text{kN}$	
A 11-19	$F_A = 44{,}2\,\text{kN}$;	$F_B = 66{,}3\,\text{kN}$	$F_C = 40{,}0\,\text{kN}$;
	$F_D = 106{,}7\,\text{kN}$		
A 11-20	$F_{Ax} = 1{,}62\,\text{kN}\ (\rightarrow)$;	$F_{Ay} = 2{,}21\,\text{kN}\ (\downarrow)$;	$F_{Az} = 0{,}47\,\text{kN}\ (\nearrow)$
	$F_{Bx} = 4{,}64\,\text{kN}\ (\leftarrow)$;	$F_{By} = 1{,}00\,\text{kN}\ (\uparrow)$;	$F_{Bz} = 0$
A 11-21	$F_{Ax} = 4{,}73\,\text{kN}$	$F_{Bx} = 2{,}66\,\text{kN}$	$F_{Ay} = 11{,}73\,\text{kN}$
	$F_{By} = 8{,}57\,\text{kN}$	$F_{Az} = 3{,}53\,\text{kN}$	
	$F_{Cx} = 2{,}71\,\text{kN}$	$F_{Dx} = 4{,}68\,\text{kN}$	$F_{Cy} = 11{,}43\,\text{kN}$
	$F_{Dy} = 8{,}57\,\text{kN}$	$F_{Cz} = 3{,}53\,\text{kN}$	$M_D = 3{,}0\,\text{kNm}$
A 11-22	$F_{Ax} = 2{,}12\,\text{kN}\ (\rightarrow)$;	$F_{Ay} = 3{,}62\,\text{kN}\ (\uparrow)$;	$F_{Az} = 0$
	$M_{Ax} = 2{,}87\,\text{kNm}\ (\twoheadleftarrow)$	$M_{Ay} = 2{,}12\,\text{kNm}\ (\upuparrows)$	
	$M_{Az} = 5{,}43\,\text{kNm}\ (\swarrow)$		

Sachwortverzeichnis